催化裂化工艺技术手册

许友好　李　宁　华仲炯　编著

中国石化出版社

内　容　提　要

本书系统论述了催化裂化工艺基础知识和基本原理，专为催化裂化专家班学员量身打造的培训前自学读本，同时也可以作为复合型炼油技术专家班学员培训教材。主要内容包括催化裂化工艺概况，气固流态化基础知识和基本原理，烃类化学反应基本原理及其在催化裂化工艺中应用，裂化催化剂组成、性能及日常技术管理，催化裂化原料组成与性质，产物组成与性质，催化裂化反应工程与再生工程的基础知识和基本原理，催化裂化装置生产过程的清洁化技术概述。

本书对催化裂化工艺基础知识和基本原理叙述系统全面，内容通俗易懂，言简意赅，是一本具有一定理论水平和实用价值的专业培训教材。适合从事炼油行业的初级或中级科技工作者，包括教育、科研、设计和生产等方面的专业人员以及大专院校学生作为培训教材或者自学教材使用。

图书在版编目(CIP)数据

催化裂化工艺技术手册／许友好，李宁，华仲炯编著．—北京：中国石化出版社，2018.12(2021.6 重印)
ISBN 978-7-5114-5128-6

Ⅰ.①催… Ⅱ.①许… ②李… ③华… Ⅲ.①催化裂化-技术手册 Ⅳ.①TQ031.3-62

中国版本图书馆 CIP 数据核字(2018)第 292543 号

中国石化出版社出版发行
地址：北京市东城区安定门外大街 58 号
邮编：100011　电话：(010)57512500
发行部电话：(010)57512575
http://www.sinopec-press.com
E-mail:press@sinopec.com
北京科信印刷有限公司印刷
全国各地新华书店经销

*

787×1092 毫米 16 开本 24.5 印张 602 千字
2018 年 12 月第 1 版　2021 年 6 月第 2 次印刷
定价：198.00 元

前　言

承蒙陈俊武院士的厚爱，戴厚良院士的信任，让我承担催化裂化装置专家班教学任务。2016年和2017年两年教学期间，陈院士时常当面给予教诲与指导，戴院士多次批示给予肯定与鼓励，炼油事业部原主任赵日峰、管理干部学院原院长周志明、炼油事业部主任俞仁明更是多次亲自参与教学活动，并直接给予指导与帮助，我们教学团队倍感鼓舞，同时也感受责任重大。徐惠老师、李鹏处长、张育民主任、冯会老师、王伟老师和我本人紧密合作，相互分工，忘我工作，继承与发展了陈俊武院士开创的三段式回归教学理念，培养出66位催化裂化技术骨干，为中国石化举办其他炼油技术专家班提供了范例。

在2016年教学期间，我觉得应该为催化裂化专家班学员量身打造一本培训前的自学教材，以便学员在培训前较短的复习时间内对催化裂化工艺基础知识和基本原理能够有比较全面的理解与掌握，为后续教学打下良好的基础。2016年下半年，我就着手准备这方面资料，记得2017年鸡年春节期间，我重温两部有机化学教材，戏称鸡年啃有“鸡”(机)，随后进入编写阶段。同时邀请第一期专家班学员李宁和华仲炯一起参与编写，也作为教学工作的延续。

本书分为9章，主要内容包括催化裂化工艺概况，气固流态化基础知识和基本原理，烃类化学反应基本原理及其在催化裂化工艺中应用，裂化催化剂组成、性能及日常技术管理，催化裂化原料组成与性质，产物组成与性质，催化裂化反应工程与再生工程的基础知识和基本原理，催化裂化装置生产过程的清洁化技术概述。李宁编写催化裂化工艺概况(第1章)，华仲炯编写催化裂化装置生产过程的清洁化技术概述(第9章)，其余章节由我负责编写并对全书进行统稿。本书名为《催化裂化工艺技术手册》，实际上是对催化裂化工艺基础知识和基本原理进行系统全面论述，力求做到内容通俗易懂，言简意赅，希望成为一本具有一定理论水平和实用价值的培训与自学教材。

李宁和华仲炯两位同志是生产一线负责人，日常工作极其繁忙，我本人这两年既进行教学工作，又推广技术，在外出差较多，我们均是利用业余休息时间或出差途中编写这本教材。我时常在万米高空的飞机上、熙熙攘攘的机场休息室、寂静无声的宾馆房间、节假日无人打扰的办公室编写这本教材。只是希望我们的付出能够使学习这本教材的科技工作者收获更大，这是我们的编写初衷和目的。

鲁维民、王新、白旭辉、张博函、左严芬等同志对本书进行了修改和校对；中国石化出版社张正威同志负责组织本书出版工作，并提出了许多修改建议，在此一并表示诚挚的感谢。

受到时间、精力和编者水平所限，本书肯定存在不足和错误的地方，恳请读者批评指正。

许友好

2018 年 12 月

目　　录

第 1 章　催化裂化工艺概论 ……………………………………………………… (1)
1.1　流化催化裂化工艺在重油转化中的作用 …………………………………… (1)
1.2　反应再生部分 ………………………………………………………………… (4)
1.3　产品分馏系统 ………………………………………………………………… (9)
1.4　产品吸收稳定 ………………………………………………………………… (13)
1.5　产品精制系统 ………………………………………………………………… (18)
1.6　再生烟气治理 ………………………………………………………………… (25)
第 2 章　催化裂化过程反应化学 ……………………………………………… (26)
2.1　共价键基础理论 ……………………………………………………………… (26)
2.2　正碳离子化学 ………………………………………………………………… (35)
2.3　催化裂化反应机理 …………………………………………………………… (43)
2.4　催化裂化工艺过程反应化学类型 …………………………………………… (45)
2.5　反应热力学 …………………………………………………………………… (51)
2.6　不同烃类化合物的反应化学 ………………………………………………… (53)
2.7　催化裂化过程反应化学 ……………………………………………………… (68)
2.8　催化裂化过程反应化学发展历程 …………………………………………… (78)
第 3 章　气固流态化 …………………………………………………………… (84)
3.1　颗粒的物理特性及常用的术语 ……………………………………………… (84)
3.2　流态化基础知识 ……………………………………………………………… (93)
3.3　流化床基本特性 ……………………………………………………………… (102)
3.4　催化剂颗粒流态化输送 ……………………………………………………… (111)
3.5　气固分离技术 ………………………………………………………………… (125)
3.6　小结 …………………………………………………………………………… (130)
第 4 章　裂化催化剂 …………………………………………………………… (132)
4.1　裂化催化剂发展历程概述 …………………………………………………… (132)
4.2　催化裂化催化剂的组分及其作用 …………………………………………… (135)
4.3　裂化催化剂的活性本源 ……………………………………………………… (146)
4.4　裂化催化剂化学组成和物理性质 …………………………………………… (151)
4.5　裂化催化剂的吸附和扩散 …………………………………………………… (158)
4.6　催化剂日常分析与管理 ……………………………………………………… (162)
4.7　小结 …………………………………………………………………………… (169)

第 5 章　原料组成与性质 …………………………………………………………（170）
5.1　石油烃类组成与性质……………………………………………………（170）
5.2　原料性质及其分析………………………………………………………（182）
5.3　原料可裂化性能…………………………………………………………（190）
5.4　原料中的杂质及其危害…………………………………………………（194）
5.5　小结………………………………………………………………………（208）
第 6 章　产物性质及组成 …………………………………………………………（209）
6.1　气体组成及杂质…………………………………………………………（209）
6.2　汽油性质…………………………………………………………………（212）
6.3　循环油性质………………………………………………………………（227）
6.4　油浆性质…………………………………………………………………（232）
6.5　焦炭………………………………………………………………………（234）
6.6　小结………………………………………………………………………（237）
第 7 章　催化裂化反应工艺 ………………………………………………………（239）
7.1　反应器及相应的工艺演变历程…………………………………………（239）
7.2　流化催化裂化工艺………………………………………………………（244）
7.3　反应系统工程与设备……………………………………………………（264）
7.4　反应工艺参数……………………………………………………………（281）
7.5　小结………………………………………………………………………（296）
第 8 章　烧焦再生工艺 ……………………………………………………………（298）
8.1　烧焦再生工艺开发历程…………………………………………………（298）
8.2　再生器结构与关键设备…………………………………………………（309）
8.3　再生工艺…………………………………………………………………（313）
8.4　再生工艺参数……………………………………………………………（333）
8.5　焦炭燃烧产物……………………………………………………………（338）
8.6　小结………………………………………………………………………（341）
第 9 章　生产过程清洁化 …………………………………………………………（343）
9.1　再生烟气组分及排放标准………………………………………………（343）
9.2　再生烟气脱硫技术………………………………………………………（344）
9.3　催化裂化烟气脱硝技术…………………………………………………（364）
9.4　催化裂化再生烟气除尘技术……………………………………………（378）

第1章　催化裂化工艺概论

1.1　流化催化裂化工艺在重油转化中的作用

原油中的轻馏分段约占20%~25%，中间馏分段约占35%~40%，重馏分段约占35%~45%；而市场需求轻馏分段约占38%~41%，中间馏分段约占40%~41%，重馏分段约占17%~21%，如图1-1所示。由于原油中的重馏分段比例高于市场需求约为14~28个百分点，而轻馏分段的油品经济价值远高于重馏分段油品，从而促进了重油转化技术开发与应用。

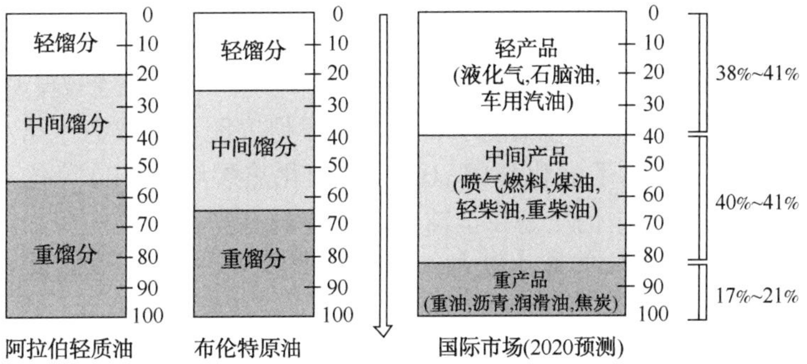

图1-1　原油中的各馏分段分布与市场对各馏分段需求量对比

重油转化技术分为脱碳工艺和加氢工艺。已广泛应用的脱碳工艺有深拔减压蒸馏、减黏、延迟焦化、溶剂脱沥青、气化和渣油催化裂化技术。加氢工艺分为渣油加氢处理和加氢裂化技术。在这些重油转化技术中，催化裂化工艺是最重要的重油转化技术，原因在于不仅将重油转化，而且转化为高价值的汽油和液化气。对于炼油企业来说，催化裂化装置是取得经济效益的关键，它的成功运行与否决定了炼油厂在当前市场中能否保持竞争力。在全世界，正在运行的催化裂化装置大约有350套，总加工能力超过735Mt/a[1]。

催化裂化工艺最初是加工柴油馏分，将柴油馏分转化为汽油。20世纪40年代，ESSO公司开发出流化催化裂化工艺(fluid catalytic cracking process，FCC)。FCC工艺最初所加工原料油为减压馏分油(简称VGO)，随后在VGO原料中掺入其他重油加工工艺所生产的馏分油，如焦化重馏分油，以生产更多的汽油来满足市场需求。

1965年5月5日，我国第一套600kt/a同高并列式流化催化裂化装置在抚顺石油二厂建成投产，所加工的原料为大庆减压馏分油。20世纪60年代后期，国外石油公司开发出分子筛催化剂和提升管反应器的催化裂化工艺。这一突破性的催化裂化技术很快就引起了我国炼油界科技人员的关注，并在1974年8月首先将玉门炼油厂120kt/a同高并列式装置改造成为高低并列式提升管催化裂化装置，所加工的原料仍然为较优质的减压馏分油。

原油经常压蒸馏后，常压渣油输送到减压蒸馏装置，减压馏分油作为 FCC 装置的原料油。减压渣油输送到延迟焦化装置或减黏装置，所生产的馏分油也作为 FCC 装置的原料油，更重的产品作为燃料油。此时，FCC 工艺在炼油工艺流程中的位置与作用见图 1-2[2]。

由于 VGO 中的硫含量过高，其他重油加工工艺所生产的馏分油中的氢含量偏低，可裂化性能较差，同时产品质量标准要求提高(如要求更低的硫含量)，从而使 FCC 装置所加工的馏分油必须先进行加氢预处理，脱除其中的硫、氮等杂质，部分饱和多环芳烃以提高原料油的可裂化性能。此时，在图 1-2 基础上，增加馏分油加氢精制装置，其炼油工艺流程见图 1-3。

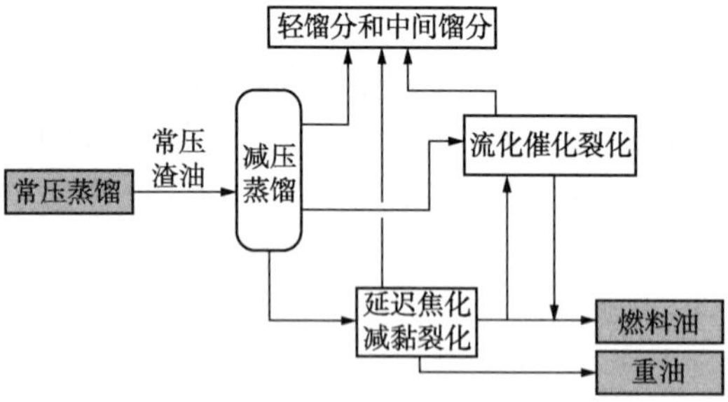

图 1-2 早期 FCC 工艺在炼油工艺流程中的位置与作用

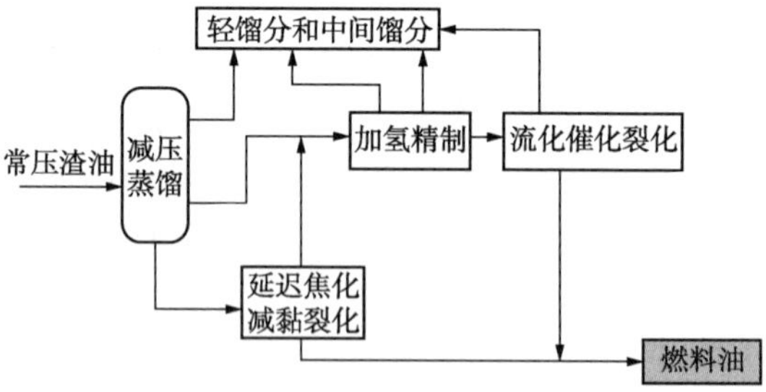

图 1-3 引入馏分油加氢精制的炼油工艺流程

20 世纪 80 年代中期以来，中国石化石油化工科学研究院一直致力于重油催化裂解制取低碳烯烃技术的研究，开发出了催化裂解(DCC)、催化热裂解(CPP)等技术，并实现了工业化，其中 DCC 工艺技术至今仍然是在全球范围内最具有竞争力多产丙烯的催化裂化工艺技术。DCC 工艺技术自 1990 年工业化以来，在国内外已有多套工业装置投产，先后出口到泰国、沙特和印度等国家，最大单套催化裂解装置处理能力为 4.6Mt/a。为了生产更多的低碳烯烃，DCC 工艺要求原料油中的氢含量大于 12.5%，最好大于 13%。因此，DCC 装置所加工的原料油一般选择馏分油，最好是加氢馏分油。DCC 工艺在炼油工艺流程中的位置与作用见图 1-4。

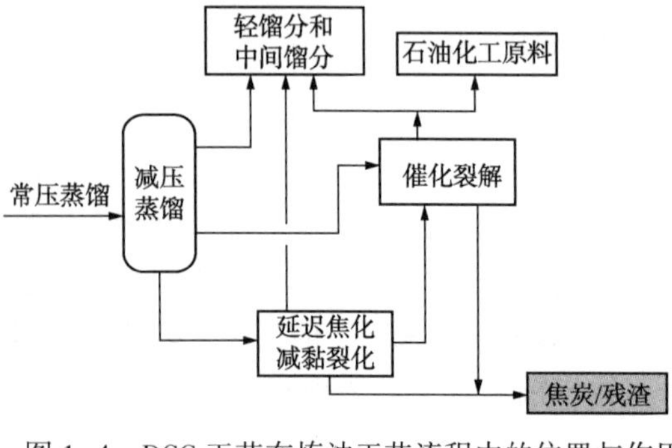

图 1-4 DCC 工艺在炼油工艺流程中的位置与作用

20 世纪 70 年代以来，由于能源危机改变了石油炼制产品需求的结构，对重质油料或称之为渣油的需要量稳步下降，而对汽、柴油这样的轻馏分则在增加。正是市场需求的变化促进了重油催化裂化工艺迅速发展。我国渣油催化裂化工艺自 1983 年 9 月成功地进行大庆常压渣油的工业试验后，经过多年的研究和生产实践积累，已掌握了原料雾化、内外取热、提升管出口快速分离、重金属钝化、催化剂预提升等一整套渣油催化裂化工艺的核心技术，使我国渣油催化裂化技术处于国际先进水平，部分工艺技术处于国际领先水平。渣油催化裂化工艺可以直接加工较优质的常压渣油，此时，不需要设置减压蒸馏装置。当常压渣油性质一般时，可以将部分常压渣油输送到减压蒸馏装置，所生产的减压馏分油与剩下的常压渣油混合以满足 FCC 装置对原料性质的要求。此时，炼油工艺流程更加复杂，如图 1-5 所示。

当常压渣油性质较差时，考虑到劣质重油高效利用，首先选择常压渣油加氢处理技术，将渣油中的部分金属、硫、残炭脱除以满足渣油 FCC 工艺对原料油性质的要求。此时，炼油工艺流程得到简化，如图 1-6 所示。

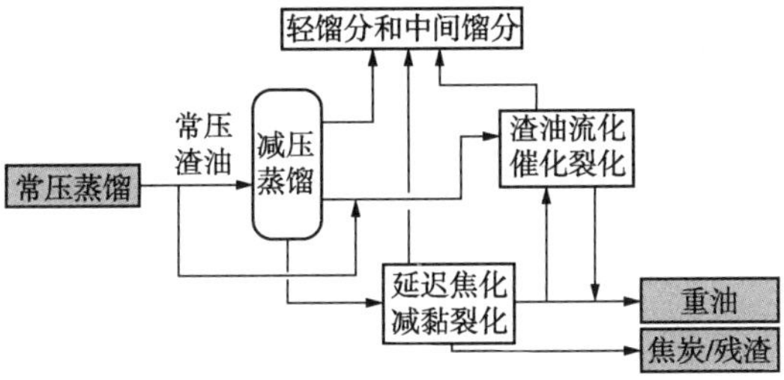

图 1-5　渣油 FCC 工艺在炼油工艺流程中的位置与作用

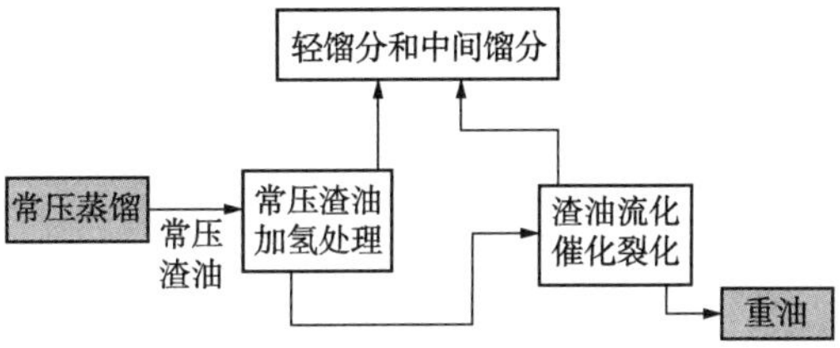

图 1-6　常压渣油加氢处理与重油催化裂化联合流程

随着我国汽车工业的迅速发展，车用燃料的消耗量将与日俱增，由此必将导致汽车尾气中污染物释放到大气中的总量越来越大。因汽车尾气排放而造成的大气污染问题也会越来越严重。为此，我国汽油质量升级步伐不断加快，降低催化裂化汽油中的烯烃含量和硫含量是我国催化裂化工艺所面临的巨大挑战。中国石化基于自身积累和优势，发明了变径流化床反应器，构建了基于变径流化床反应器分区调控复杂气固催化反应平台技术，相继开发出多产异构烷烃的催化裂化工艺（MIP）和高选择性的催化裂化与加氢处理集成工艺（IHCC）。MIP 工艺不仅实现了汽油烯烃含量大幅度降低且降低幅度可控，同时改善了重油转化能力，增加了液体收率。IHCC 工艺使干气和焦炭产率明显降低，大幅度提高了液体收率。IHCC 与渣油加氢处理联合流程见图 1-7。

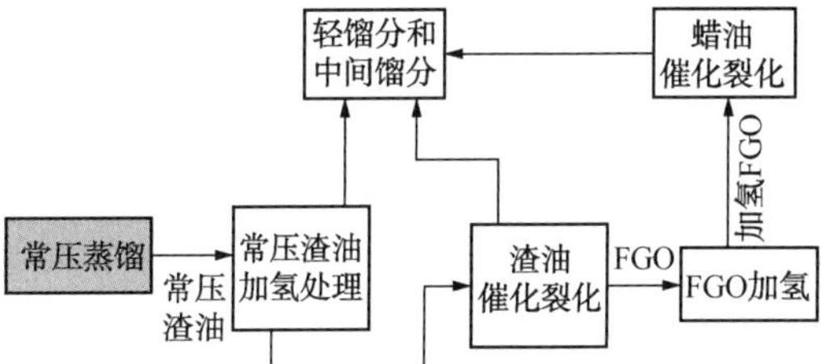

图 1-7　IHCC 与渣油加氢处理联合流程

随着炼油技术不断发展，炼油工艺流程越来越复杂，典型的燃料型炼油工艺流程及 FCC 地位与作用见图 1-8。原油首先通过原油蒸馏装置切割分成几种中间物料：石脑油、煤油馏分、柴油馏分以及常压重油，常压重油加热后通过减压塔分离得到蜡油和减压重油，减压重油被送往延迟焦化装置、溶剂脱沥青装置或/以及减黏裂化装置处理，此外也可以和常压重油混合经渣油加氢装置处理作为催化裂化原料，催化裂化装置生产的产品再进行产品后处理，才能转化为液态烃、汽油、柴油、煤油、燃料油产品以及化工原料。

FCC 工艺在炼油工业中一直处于重要地位。预计在一个相当长的时期，FCC 工艺在炼油工业中的地位与作用仍然无法被取代。FCC 工艺自诞生起，就处于不断的变革与发展中，多次实现了台阶式进步。但就工艺流程而言，通常 FCC 装置分成以下五个部分：

（1）反应再生；

（2）产品分馏；

（3）产品吸收稳定；

（4）产品精制；

（5）再生烟气治理。

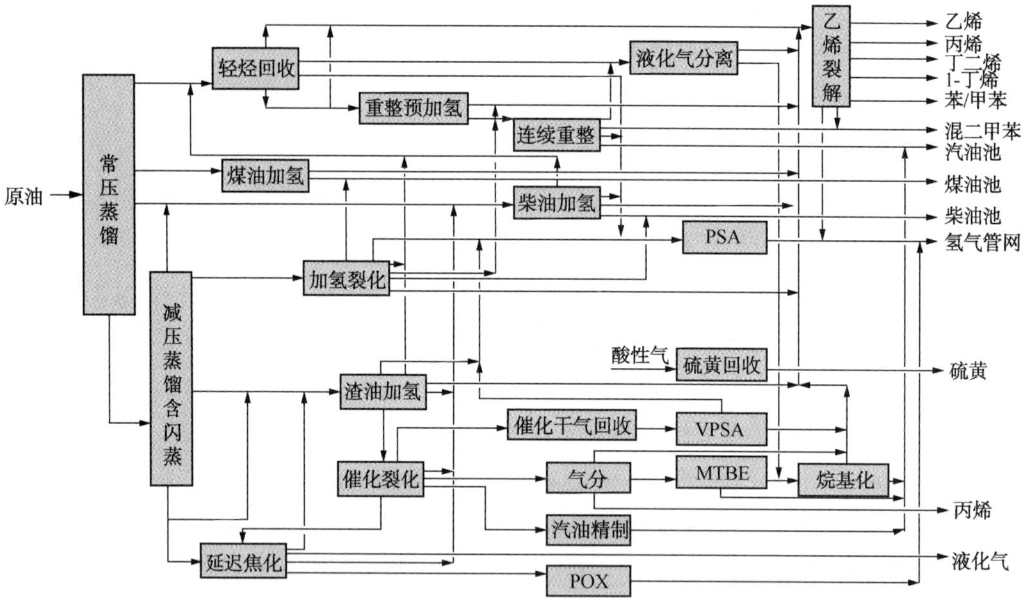

图 1-8 燃料型炼油技术流程及 FCC 地位与作用

1.2 反应再生部分

反应与再生系统是 FCC 工艺的核心，第 7 章和第 8 章进行了详细论述，此处只简单介绍反应与再生系统的原则流程[1,3]。

1.2.1 原料换热系统

为控制 FCC 装置进料连续稳定，原料一般先被输送到缓冲罐，再由进料泵供料。此外，原料缓冲罐还可以将原料中可能存在的水或水蒸气闪蒸后通过气相平衡线送入分馏塔，避免影响原料泵运行、提升管操作等。原料从缓冲罐出来后，通常被加热到 180~370℃。热源一般为主分馏塔底循环油和/或加热炉。原料首先经过换热器与主分馏塔的高温物料进行换热，通常与塔顶回流油、轻循环油产品和塔底循环油换热，如图 1-9 所示。

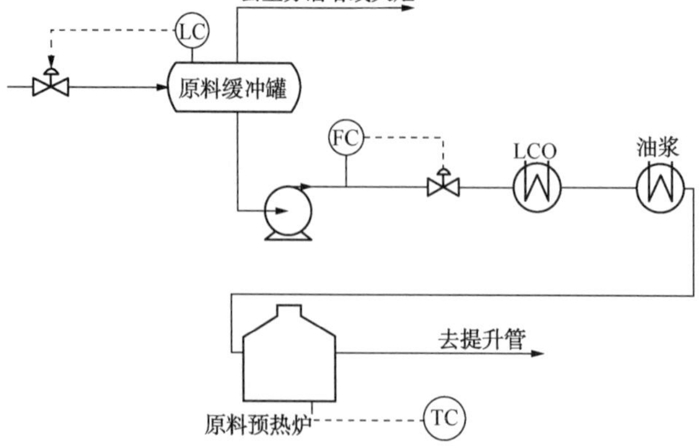

图 1-9 原料换热流程

随着催化裂化原料的重质化，大多数 FCC 装置使用分馏塔的过剩热量已经能够满足 FCC 原料预热的要求，但部分以馏分油为原料的 FCC 装置仍保留有加热炉。使用加热炉进行预热的 FCC 装置，可将预热温度作为控制剂油比的自由变量。当装置热量不足时，提高预热温度可提高装置处理能力。

1.2.2　催化反应系统

1.2.2.1　催化裂化反应部分

原料经预热后，在提升管底部附近进入提升管与再生催化剂接触。剂油比(质量)一般在(4~9)：1。催化剂在再生器所携带的热量加热原料以达到反应所需的温度。在提升管内进行的催化裂化反应是吸热反应，所需要的能量可由循环催化剂提供。再生催化剂温度一般低于 700℃。

原料以气相状态在催化剂上发生催化裂化反应，但随着原料的重质化，原料与催化剂接触时无法实现完全汽化，因此原料在催化剂外表面的预裂化显得尤为重要，无论是发生在外表面的热裂化还是催化裂化，均使原料裂化成能在催化剂孔道内自由扩散的小分子，进而继续发生裂化生成更小的分子，裂化反应导致反应油气体积膨胀是携带催化剂在提升管中上升的主要驱动力。

在反应器出口处，带炭催化剂与油气迅速分离，以快速中止汽油等目标产物进一步裂化生成气体和焦炭。工业上通常采用惯性分离和旋风分离两种形式，目前以旋风分离器为主。

提升管反应器为垂直立管，为避免高速催化剂对提升管金属壁的磨损和减少提升管的热损失，在提升管内设有厚度为 12cm 左右的隔热和耐磨衬里。提升管直径和高度是由反应时间和装置加工量来确定的。提升管内流体的理想流动方式为活塞流，以使催化剂和反应油气在提升管内返混最小，提高传质效率。原料通常用水蒸气进行雾化，油滴粒径约为 60μm，较小的油滴提高了原料与催化剂活性酸中心接触的可能性。实际上应用高活性的分子筛催化剂，大部分裂化反应都发生在 3s 或更短的时间内，因此常规催化的提升管反应时间一般为 2~4s。变径流化床反应器由于增设第二反应区，反应时间相应增加，一般为 6~8s。在第二反应区强化了负氢离子转移，提高了氢转移反应和重油转化能力。

设计提升管出口的油气线速一般为 15.0~25.0m/s。对于常规等直径提升管，烃类的平均停留时间大约为 2s(以出口线速计算)。经过催化裂化反应过程后，一种氢含量很低的物质，即焦炭沉积在催化剂上，使催化剂活性大幅度降低。

1.2.2.2　油气与催化剂分离

催化剂从提升管反应器出来，通过旋风分离器后便进入了沉降器汽提段。FCC 装置一般采用惯性分离器或者旋风分离器，与提升管的出口相连，将大部分催化剂与反应油气分开。在惯性分离器内气流主要发生急速转向，或先冲击在挡板上再急速转向，其中固体颗粒由于惯性效应，其运动轨迹与气流轨迹不一样，从而使得两者获得分离，具有占据空间小、投资省、压降低的特点，但也存在分离效率低的缺点，仅为 75%~90%。旋风分离器是使气体在入口产生高速旋转运动，颗粒所受离心力比其重力大数百至几千倍，使气体和催化剂颗粒分离，具有结构简单、造价低、维护方便、效率高等特点，分离效率为99.9%以上，但缺点是压降高。

大多数FCC装置使用单级或两级旋风分离器以分离留在油气中的催化剂微粒。旋风分离系统将催化剂收集并通过料腿和挡板/翼阀送往汽提段。产品油气经过旋风分离系统后进入主分馏塔进行回收。典型的两级旋风分离系统的分离效率在99.995%以上。为尽量减少反应产物的热裂化反应和目的产品的非选择性催化裂化，必须使催化剂与反应油气在沉降器内迅速分离，以减少催化剂与反应油气在沉降器内的接触时间。

1.2.2.3 待生催化剂汽提

当待生催化剂落入汽提段时，催化剂颗粒间的烃类和催化剂微孔中的烃类也进入了汽提段，其中催化剂颗粒间的烃类占75%，催化剂微孔中的烃类占25%。在一般操作条件下，当汽提段床层密度ρ_b为500kg/m^{3}时，油气约为1个百分点。如果颗粒与颗粒之间空隙内的油气被置换出来，而颗粒内部空隙的油气未置换，则油气约为0.25个百分点，数量仍相当可观。研究结果表明，如从催化剂上汽提出全部可汽提的油气，可使焦炭量减少20%~40%。因为氢的燃烧热值高，因此降低焦炭中的氢含量可以降低再生器温度，同时减少水蒸汽生成，从而减少催化剂的水热失活程度，相应提高了理想产品收率。

汽提段用汽提水蒸气脱除这些催化剂微粒之间夹带的烃类，汽提蒸汽用量为0.8~3.5kg/1000kg催化剂，如采用新的挡板设计可降低蒸汽耗量。通常，较理想的汽提蒸汽用量为2~3kg/1000kg催化剂，超出此范围收效并不大，但不应小于1kg/1000kg催化剂。当采用重油进料时，蒸汽用量要大得多，甚至可达4~5kg/1000kg催化剂。此外，较大的汽提蒸汽用量对SO_x转移催化剂是有利的。汽提水蒸气较难处理吸附的烃类和催化剂微孔中的烃类，因而反应仍在汽提段中进行，并且这些反应受反应器温度和在汽提段中停留时间的影响。较高的温度和较长的停留时间有利于附着的烃类转化为“更轻的”产品。带挡板和不带挡板的汽提段设计均已在工业上应用。汽提段一般设计水蒸气空塔速度为0.23m/s，催化剂流率为2.4~3.4t/(min·m^2)。催化剂流率太高会导致下落的催化剂夹带水蒸气，从而降低汽提蒸汽的效率。

应当尽量减少携带烃类蒸气进入再生器的量，但是并非所有烃类油气都可以在汽提段从催化剂微孔中被取代出来，其中一部分随待生催化剂进入再生器。而这些烃类油气/液体具有比催化剂上的焦炭更高的氢碳比。这些富氢烃类进入再生器的缺点为：

(1) 液体产品损失。这些烃类本应该作为液体产物，由于汽提不充分，在再生器内被烧掉。

(2) 生产能力降低。氢气燃烧生成水是碳燃烧生成二氧化碳所产生的热量的3.7倍，由于过多的烃类燃烧所造成的再生器温度上升一方面影响剂油比进而影响产品分布，另一方面会超过再生器构件所能承受的温度极限，因而必须降低装置进料量。

(3) 催化剂活性损失。较高的再生器温度及较高的水蒸气分压会破坏催化剂的晶格结构，从而降低催化剂活性。

待生催化剂进入再生器一般由滑阀控制，此滑阀由汽提段的催化剂料位控制。汽提段中催化剂的料位提供压头，使催化剂流向再生器，滑阀压降控制在20~40kPa。滑阀的内表面通常覆有耐火材料以防止磨蚀。

1.2.3　催化剂再生系统

1.2.3.1　催化剂再生部分

催化剂再生过程主要起两种作用：恢复催化剂活性和为原料催化裂化提供热量。进入再生器的待生催化剂上的焦炭含量在0.4%~2.5%之间，焦炭的主要成分为碳、氢及痕量的硫和氮。

主风机的作用是将新鲜空气输送到再生器，为催化剂在再生器床层中保持流动状态提供足够的气体线速和压力。新鲜空气是由一个位于再生器底部的空气分配器进入再生器。空气分配器的设计对于催化剂高效再生是非常重要的。空气分配器一般设计压降为7~15kPa，以保证气流为正压时通过所有喷嘴。再生器分为密相和稀相两段。再生器中气体线速一般为0.6~1.2m/s，大部分催化剂直接集中在空气分配器上方的密相床层，稀相段在密相床层上方直到旋风分离器入口。

1.2.3.2　立管/滑阀

从再生器出来的催化剂上的碳含量一般降到0.1%以下。催化剂向下流入输送管(称为立管)。立管提供必需的压头使催化剂在装置内循环。一些立管伸入再生器，顶端常常设置“催化剂料斗”，在再生器内部的催化剂料斗为倒转的锥形设计。在再生催化剂进入立管之前，料斗为再生催化剂“脱气”提供了足够的时间。

立管直径根据循环催化剂流率确定，流率范围一般为500~1500kg/(s·m^2)。在多数情况下，足够的烟气随再生催化剂一起流下，以保持它为流化状态，然而较长的立管可能需要外部注入松动气体保持催化剂为流化状态，在立管的各个部位要注入某种气体介质如空气、水蒸气、氮气或燃料气。在设计合理的立管中，催化剂密度在560~720kg/m^3之间。

催化剂由再生器流向提升管的速度通常由滑阀或塞阀控制。滑阀的操作类似于可变孔板的操作，通常由反应温度控制。它的主要作用是供应足够的催化剂以加热原料并达到所需的反应温度。在早期催化裂化装置设计中，再生催化剂的流动主要通过调节反应器与再生器之间的压差来控制。

1.2.3.3　催化剂分离

再生烟气离开再生器密相段时，会夹带一些催化剂颗粒。夹带量主要决定于再生烟气线速度。较大的催化剂颗粒，一般为50~90μm，落回到密相床，而较小的催化剂颗粒，一般为0~50μm，悬浮在稀相段，被带入旋风分离器。

再生器顶部一般设置4~16组平行的一级和二级旋风分离器。旋风分离系统设置目标就是回收直径大于20μm的催化剂颗粒，回收的催化剂通过旋风分离器料腿返回到再生器。一级旋风分离器入口的中心线应设在夹带沉降高度以上部位，否则，过多的催化剂夹带会引起严重的催化剂损失。

1.2.3.4　烟气热量回收措施

烟气离开旋风分离器进入再生器顶部的集气室，高温烟气携带大量的能量，应用多种热量回收措施回收这些热量。在一些装置，烟气被送往 CO 锅炉，显热和燃烧热都被用于产生高压蒸汽。在另外一些装置，烟气通过利用管壳式换热器或箱式换热器与锅炉入水换热以产生蒸汽。

大多数装置中，烟气经过降压孔板室，压力降低约 2/3，降压孔板室内设有一组带孔的钢板，为再生器压力控制阀上游保持一给定的背压。在一些大型的装置中，应用烟气轮机机组回收压力能。为保护烟机叶片免受催化剂颗粒的侵蚀，烟气首先进入第三级分离器分离出催化剂粉尘。第三级分离器安装在再生器外部，装有大量的旋风管，可以从烟气中分离出 70%~95%的粉尘。

烟气轮机(膨胀透平)机组通常包括 4 个部分：烟机、电动机/发电机、主风机和蒸汽轮机，如图 1-10 所示。蒸汽轮机主要用于开工，并且经常作为烟机发电不足的补充。电动机/发电机作为速度控制器和调速轮，可以产生和消耗电力。在一些 FCC 装置中，烟机的马力超过驱动主风机所需的电力，过剩的电力输出到炼油厂电力系统。如果烟机所产生的电力少于主风机所需的电力，电动机/发电机就为动力系统提供电力。

从烟机出来后，烟气通过蒸汽发生器以回收热能。根据当地环境保护条例，在余热锅炉下游设置静电除尘器(ESP)或湿气吸收塔，然后排放到空气。有些装置应用 ESP 除去烟气中 5~20μm 的催化剂粉尘。一些装置应用湿气吸收塔不仅从烟气中除去催化剂粉尘，还能除去硫化物。

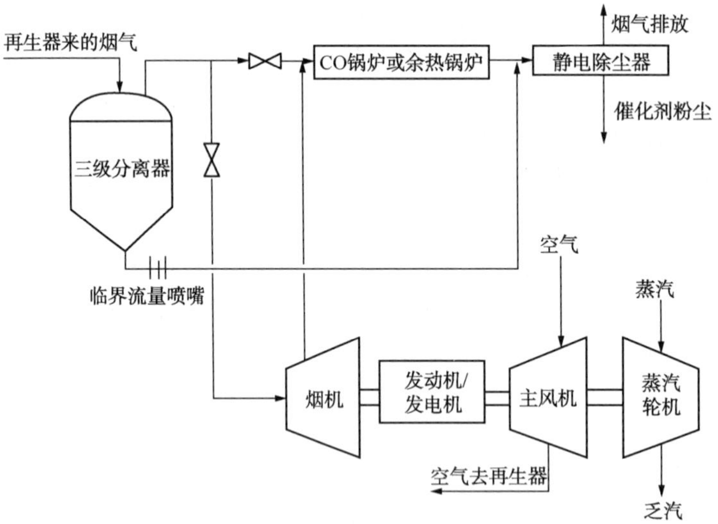

图 1-10 典型的烟气能量回收流程

1.2.3.5 催化剂处理设施

即使反应器和再生器的旋风分离系统操作正常，小于 20μm 的催化剂微粒仍然会从两器中逸出。来自反应器的催化剂粉尘收集在分馏塔底油浆储存罐中。来自再生器的催化剂粉尘由静电除尘器回收或损失在环境中。与催化剂损失有关的因素有：

(1) 旋风分离系统分离效率；

(2) 反应油气与烟气的高线速；

(3) 催化剂的物理性质；

(4) 由于催化剂颗粒相互碰撞或与容器内构件碰撞而造成的催化剂磨损。

催化剂活性会随着催化剂在反应再生系统停留时间延长而降低。活性损失的原因主要是由于FCC原料中存在镍、钒和钠等杂质，以及再生器内部的高温水热失活所造成的。为维持反应所需的催化剂活性，需向装置中不断地加入新鲜催化剂。新鲜催化剂储存在新鲜催化剂储罐中，大多数装置通过催化剂加料机自动加入到再生器中。

FCC装置中的催化剂称为平衡催化剂。一定量的平衡催化剂定期卸出并存储在平衡催化剂储罐中，以便于进行后处理。加工渣油原料的装置，可以利用从加工轻质低硫原料的装置卸出的质量较好的平衡催化剂。当渣油原料含有大量的杂质，如金属，需要使用较多的新鲜催化剂，或同时使用质量较好的平衡催化剂时，可以降低催化剂费用，提高经济效益。

1.3 产品分馏系统

从沉降器出来的气态烃、汽油、轻循环油、重循环油及油浆的混合物，并夹带少量催化剂粉末，进入分馏塔下部，油气在塔中经塔板向上流动，不断通过冷凝和重新汽化而完成分馏过程。分馏塔的作用是将反应器(沉降器)来的气态产物，经分馏后得到富气、粗汽油、轻循环油、重循环油和油浆。分馏塔顶出来的汽油和富气的混合物，经油气分离罐分离出粗汽油和富气，粗汽油送往稳定-吸收部分，富气经气压机压缩后也送往稳定-吸收系统。由上而下在分馏塔的不同层塔板分别抽出轻循环油和重循环油。由塔底抽出带有催化剂粉末的重油称为油浆。轻循环油一般经精制后作为调合组分送出装置。循环油浆一部分经冷却后返回分馏塔底部的换热段，循环油浆的量很大，而且温度高(300~350℃)，可利用的热量很大，除了与原料油换热以外，还可以发生压力为1.0MPa或更高压力的蒸汽或作其他热源用。重循环油以及部分油浆的处理则根据操作方案和反应条件不同而变化，当采用回炼操作方案时，重循环油作为反应进料返回到反应-再生部分；油浆既可作为产品送出装置，也可作反应进料，视装置的烧焦负荷和热平衡而定；当采用单程操作时，重循环油和油浆均作为产品送出装置[3]。

分馏系统的压力以及反应系统的压力是由气压机入口压力控制的。催化裂化装置早期典型的分馏部分工艺流程如图1-11所示，催化裂化分馏塔简单结构如图1-12所示。

分馏塔过剩热量大，为了取走过剩热量并提供足够的局部回流使分馏塔的负荷比较均匀，在塔的不同位置建立循环回流取热系统。催化裂化分馏塔一般采用四处循环回流(包括循环油浆)，而且下面三个循环回流取走的热量约占全塔回流热的80%，因为热源温度较高，可利用的热量大，因此，这个流程的热回收率是很高的。由于大部分的回流热在塔的19层塔板以下取走，从而19层塔板以上的负荷较小，上部的直径可以缩小以节省钢材(对于1.2Mt/a催化裂化装置，上部的直径为4200mm，下部直径为5800mm)。分馏塔采用顶部循环回流，而不是用塔顶冷回流，这种流程的优点是抽出侧线的温度高(例如顶循环回流抽出温度为138℃，而塔顶温度只有110℃)，一方面用水或空气冷却时传热温差大，在取走同样数量的回流热时可以节省传热面积；另一方面由于温位较高，可作为低温热利用(例如作为气分脱丙烷塔热源)。这种流程存在影响分馏精度的问题，但现有的分馏精确度能够满足产品质量的需要。

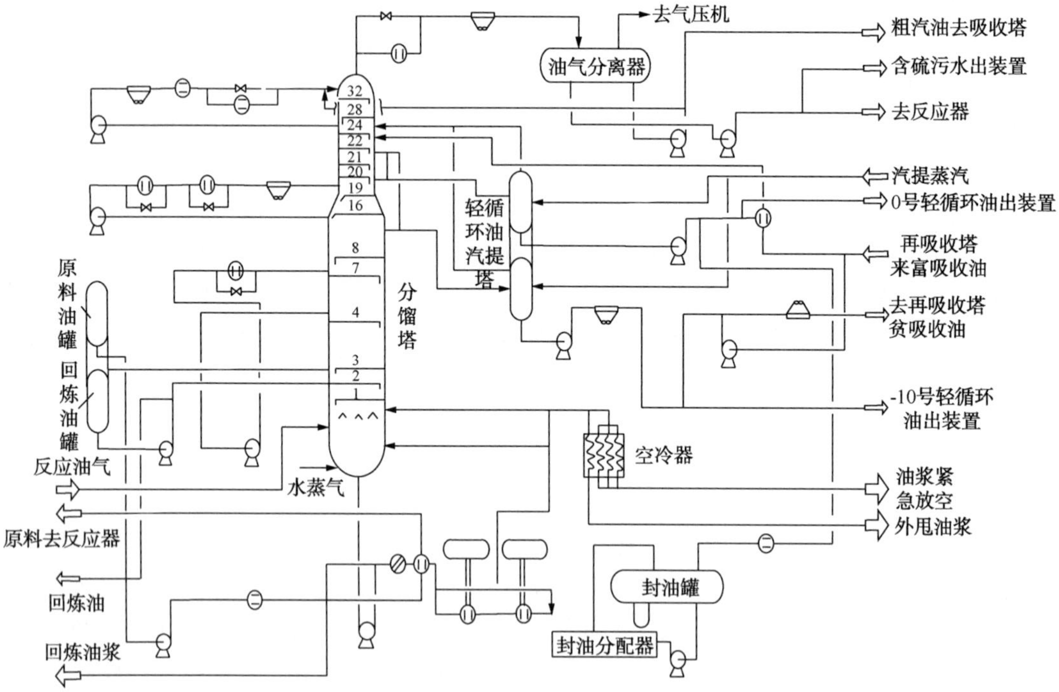

图 1-11　催化裂化分馏系统工艺流程

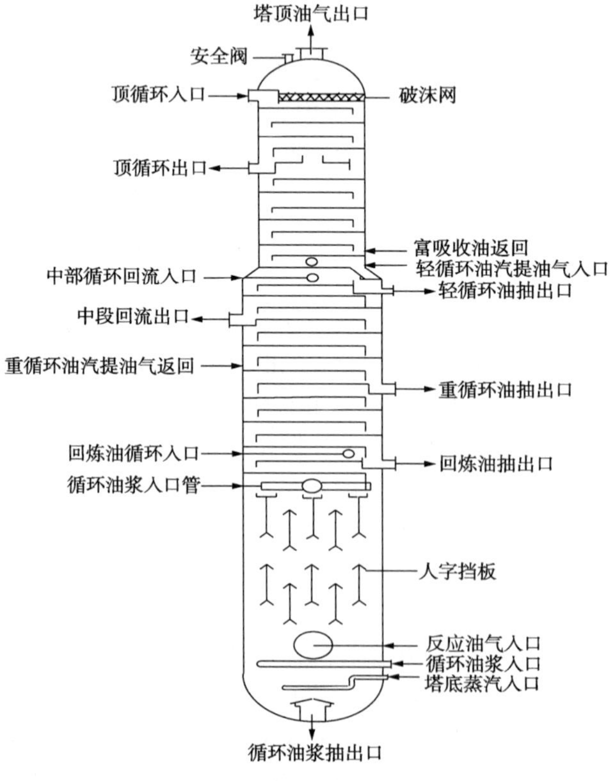

图 1-12　催化裂化分馏塔简单结构示意图

分馏塔通常设计有3个侧线：

(1) 重循环油(HCO)：作为侧线抽出物，早期作为催化裂化重柴油馏分使用，或作为回炼油返回提升管；现在很少作为产品，只有少数装置作为回炼油返回提升管回炼。

(2) 轻循环油(LCO)：作为侧线抽出物，是唯一可以作为产品的侧线物料。LCO从分馏塔出来后通过汽提塔控制闪点，再经过改质处理后作为柴油的调合组分或经过脱硫后作为燃料油调合组分。在一些装置中，部分LCO经过汽提或不经汽提，进入吸收稳定系统的再吸收塔作为吸收用油。

(3) 重石脑油：作为侧线抽出物，可作为吸收稳定系统的吸收油。

催化裂化分馏塔的一个重要特点是塔的底部有一个油浆换热段。从塔底抽出循环油浆，经过换热和冷却后返回塔内与上升的油气逆流接触，将450℃以上且夹带有催化剂粉尘的过热油气迅速冷却下来，以避免结焦，同时也将所夹带的催化剂粉尘洗涤下来。油浆换热段由于温度较高，同时又有催化剂粉尘，因此，一般采用挡板而不用塔盘，常用的是人字形挡板。

为了避免分馏塔底结焦，分馏塔底温度应控制不超过350℃。冷却后的循环油浆有两个返回口，一路返回油浆换热段的上部，另一路返回分馏塔底，以便于调节油浆取热量和塔底温度。为避免油浆在塔底结焦，塔底应设搅拌蒸汽或搅拌油浆，同时在塔底抽出处和油浆泵入口管线上安装过滤网，以减少油浆泵的磨损。

从分馏塔底抽出来的最重馏分油称为油浆。当FCC装置处理劣质原料，再生器烧焦能力不足、将具有高芳烃含量的油浆作为针状焦以及与减压渣油混兑可生产燃料油等产品的原料以及其他用途时，需要排出一定量的油浆。分馏塔人字形挡板之上为精馏段，是由多层塔盘(浮阀或固舌型塔盘)、侧线抽出口以及顶部油气分离器组成。舌阀塔盘是在薄钢板上冲出许多半开的舌状孔，翘起的舌片与塔板呈20°角，气体从下面通过舌孔斜向射出塔板，塔板上液体的流向和气体喷出的方向相同，汽液两相处于激烈的喷射接触，舌孔为三角形排列，如图1-13所示；轻循环油为全抽出，其他则为集油箱式半抽出，全抽出口下部塔盘的内回流靠外循环回流来提供，两种侧线抽出口如图1-14所示；塔顶油气混合物从油气分离器两端进入，粗汽油出口装有破涡器，可防止泵抽空，顶部富气出口设有不锈钢丝编成的破沫网，防止富气带汽油进入气压机，油和水是在脱水包中分层的，由脱水包底部排水，油气分离器如图1-15所示。

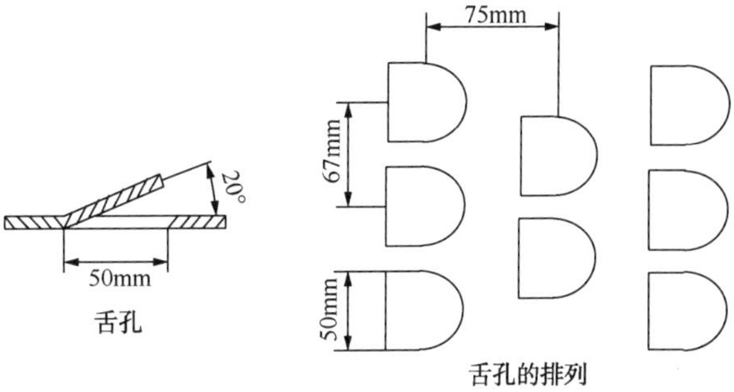

图1-13　舌孔及其排列示意图

分馏塔进料中含有较多的不凝气体，包括富气、水蒸气和少量由再生器带过来的烟气。不凝气体不参与精馏过程，可以看作是惰性气体，起到降低油气分压作用，从而降低了各个馏分的沸点。因此塔的各侧线馏出温度都比该侧线馏分的常压泡点低，塔顶温度也比汽油的常压露点低得多，塔顶汽油当控制干点为200℃时常压露点约为145℃，而塔顶温度只有100~110℃；轻循环油常压泡点约为250℃，而塔的馏出口温度只有200℃。

粗汽油和富气以油气状态离开分馏塔，在塔顶冷凝器中冷却并部分凝结，然后流入一个

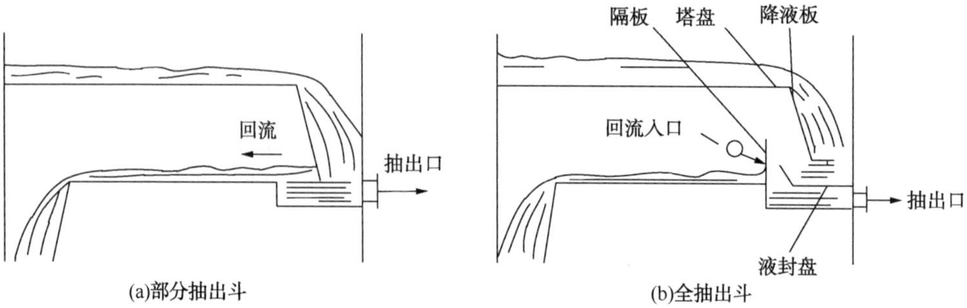

图 1-14 侧线抽出口结构示意图

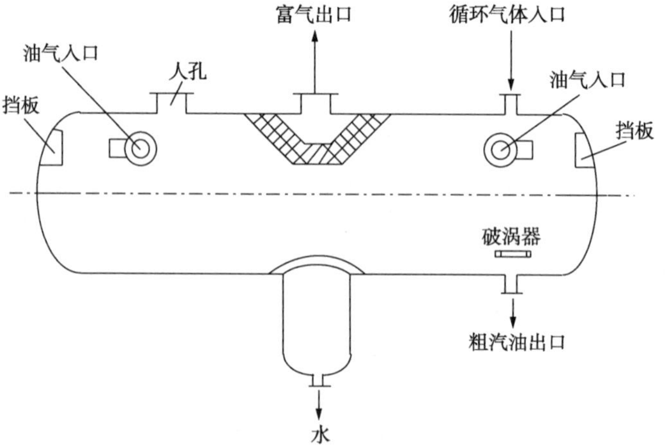

图 1-15 油气分离器结构示意图

塔顶回收罐，操作压力一般小于 0.15MPa(表压)，在此罐内分离为粗汽油、富气和水。富气进入富气压缩机，此时富气中不仅含有乙烷及更轻的气体，而且还含有大约 95%的 C_3和 C_4以及 10%的石脑油。“富气”的意思就是指油气中含有可凝结的组分。

粗汽油被分为两部分，一部分用泵打回主分馏塔进行回流，一部分进入吸收稳定装置。冷凝水也分开，其含有高浓度的硫化物、氨以及氯等杂质，因此经含硫氨污水缓冲罐后送到硫黄回收装置。随着原料的重质化，原料中硫、氮、氯等杂质含量急剧增加，分馏塔塔顶系统结盐腐蚀的风险急剧增加，因此部分炼厂分馏塔设置两级冷凝回流罐，将一级回流罐的较高温度的粗汽油作为冷回流，减少塔内液态水的形成，降低塔内结盐风险；此外部分炼厂设置塔顶脱盐系统在线脱除部分铵盐，降低塔内结盐风险。来自炼油厂其他装置的气体或轻质物料也在此回收 LPG。

随着催化裂化工艺的发展以及催化原料的重质化，操作方式趋向于单程裂化和外甩部分油浆。因此，渣油催化裂化装置分馏系统流程也作相应的变化，其分馏系统的流程见图 1-16,具有以下特点：

(1) 分馏塔顶可采用两段冷凝，以热回流取代典型流程中的顶循环回流。

(2) 在塔顶与轻循环油抽出板之间可设立汽油重馏分油循环回流，并用汽油重馏分油代替轻循环油作为再吸收塔的吸收剂。由于汽油重馏分油的密度与相对分子质量的比值比轻循环油大，而且芳烃含量较少，因而其吸收能力和选择性都优于轻循环油。

(3) 采用单程裂化操作方案，没有回炼油出口，油浆也不回炼，在轻循环油抽出板下只设一个中段回流，即重循环油回流。由于中段回流的取热量较少，只能满足稳定塔再沸器所需的热量，解吸塔再沸器需另辟热源(如水蒸气)。

(4) 渣油催化裂化生焦率高，所需的原料预热温度低，完全可以用原料与油浆换热达到预热温度，原料加热炉在正常生产时不使用。

(5) 随着回炼比减小，分馏塔的上、下部负荷趋于均匀，分馏塔上下直径的差别也逐渐减少。

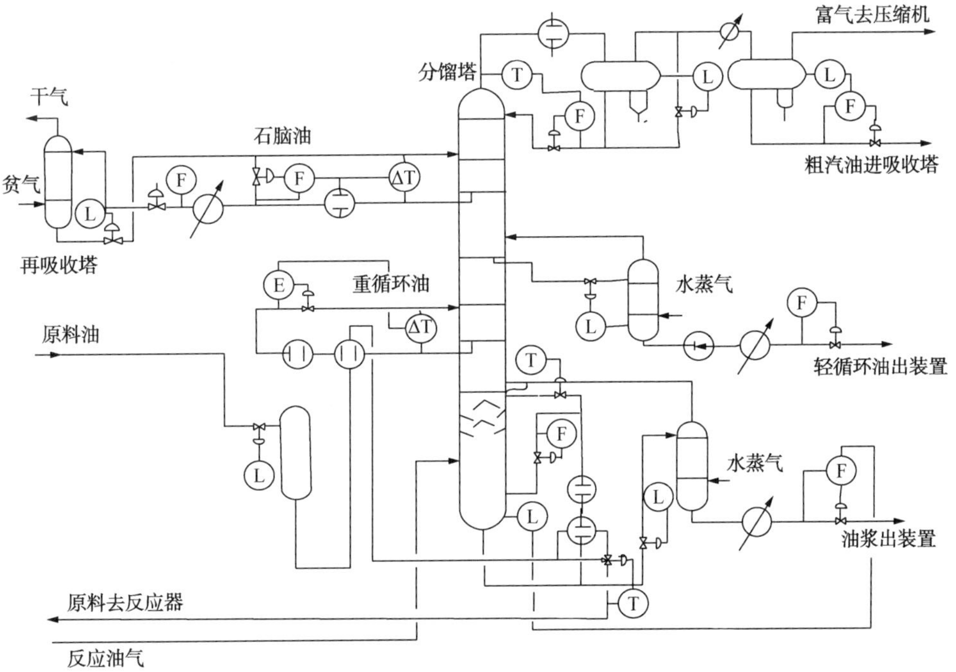

图 1-16　渣油催化裂化装置分馏部分工艺流程

1.4　产品吸收稳定

吸收稳定系统的作用就是加工来自分馏塔顶油气分离器的粗汽油和富气，目的是分离出干气、液化气和稳定汽油。干气主要是甲烷和碳二组分，其中碳三组分的含量应不大于 3%(v)；液化气是 C_3 和 C_4 组分，其中碳二组分的含量应不大于 1%(v)，碳五组分含量应尽可能小；稳定汽油馏程和蒸发性能要合格。吸收稳定系统包括吸收解吸塔、再吸收塔和稳定塔及相应的冷换设备。吸收解吸塔可以采用一个塔，也可以将吸收塔和解吸塔分开。按照吸收解吸塔的结构，通常将吸收稳定部分的流程分为单塔流程和双塔流程两种，分别见图 1-17 和图 1-18。

单塔流程和双塔流程的主要工艺路线是一样的：在吸收塔(或吸收解吸塔)塔顶用粗汽油作为吸收剂，当粗汽油量不够时，可以补充一部分稳定汽油，吸收压力一般为 0.8～1.6MPa(绝)。吸收剂在吸收塔(或吸收解吸塔的吸收段)中与压缩富气逆流接触，将富气中的 C_3 尽可能地吸收下来，然后在解吸塔(或吸收解吸塔的脱吸段)中把富吸收油中的 C_2 脱

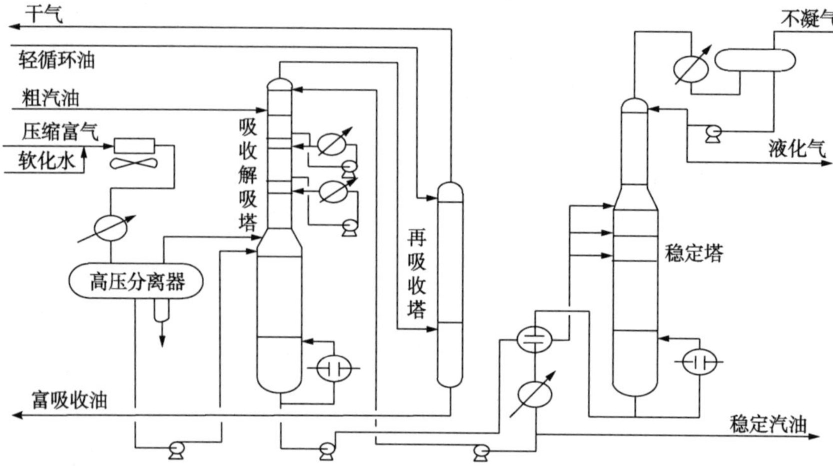

图 1-17　吸收稳定部分单塔流程

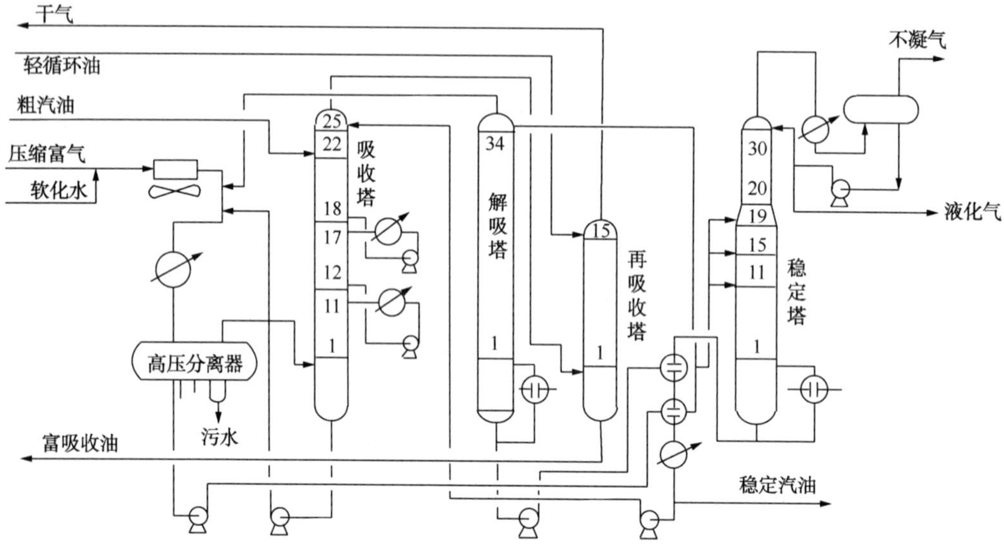

图 1-18　吸收稳定部分双塔流程

除，在解吸塔(或吸收解吸塔)塔底得到脱乙烷汽油。吸收塔(或吸收解吸塔)塔顶的贫气进入再吸收塔，用分馏塔的柴油或中段回流(也有使用重石脑油)作为吸收剂，将被吸收塔(或吸收解吸塔)顶贫气带走的汽油回收下来，富吸收油再返回分馏塔。解吸塔(或吸收解吸塔)底的脱乙烷汽油去稳定塔，将汽油中的 C_4以下的轻烃脱除掉，在塔顶得到液化气，在塔底得到稳定汽油。

单塔流程是早期 FCC 装置通用的，但目前已应用较少。吸收和解吸合用一个塔，流程较简单，但受到一定的限制。由于塔内存在内循环且吸收解吸要求的操作条件正相反，很难同时满足高吸收率和高脱吸率的要求。双塔流程需要增加一台富吸收油泵，但可以同时满足高吸收率和高脱吸率的要求。有的催化裂化装置由单塔流程改为双塔流程后，C_3的吸收率由 62.2%提高到 82.7%，C_2的脱吸率由 42.9%提高到 100%，操作上也比单塔流程灵活和简便。但无论是单塔流程，还是双塔流程，即使吸收温度保持在40℃左右，吸收压力保持在2.0MPa左右，C_3回收率也只有约92%。因此，干气中携带有少量的C_3和C_4。为此，采用低温回收工艺就可以回收干气中少量的C_3和C_4，如图1-19所示。在脱乙烷塔塔顶温度为-20℃、绝对压力为1.7MPa的情况下可回收干气中93%的丙烯，使总的丙烯回收率达99%。

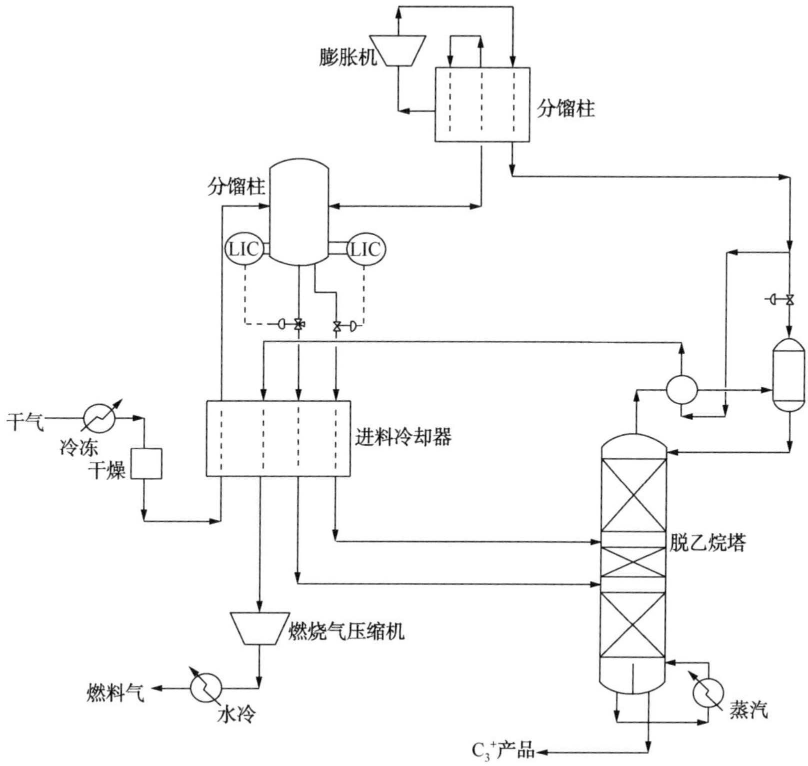

图1-19　低温回收C_3工艺流程

吸收稳定系统从富气压缩机开始。富气压缩机一般使用两级离心压缩机，一般与电动机或多级汽轮机连在一起，汽轮机一般由3.5MPa蒸汽驱动，蒸汽经汽轮机减压为1.0MPa蒸汽供下游装置使用或冷凝为凝结水送去锅炉。来自分馏塔顶油气分离器的富气经一级压缩后，冷却并进入中间凝液罐，部分油气被冷凝，并在中间凝液罐闪蒸，形成凝缩油、水和不凝气。凝缩油由泵送入凝缩油罐或解吸塔，也可以自压进入分馏粗汽油罐。不凝气经二级压缩后，先通过一个冷却器，再进入凝缩油罐。从解吸塔和吸收塔来的循环物料也可注入凝缩油罐。同时注入洗涤水以稀释污染物，如可以造成设备堵塞的铵盐等。

凝缩油罐顶流出油气含有大量的C_3和更重的组分，吸收塔的作用就是回收这些组分。油气从吸收塔底部塔板下面进入，向上流动与吸收油接触，重质组分被吸收油吸收。吸收油有两个来源，一是来自于主分馏塔油气分离器的粗汽油，从顶部塔板下面几个塔板处进入吸收塔；二是来自冷却的稳定汽油，一般从顶部塔板进入，它的蒸气压较低，可以作为补充吸收剂。稳定汽油和粗汽油通常称为“贫油”。吸收过程是放热过程，为提高C_3^+的回收率，需取走吸收时放出的热量，通常设置多个中段回流冷却系统。在部分FCC装置中，补充吸收剂溴化锂深度冷却处理(冷至5℃左右)，以增强C_3^+的回收能力。

从吸收塔顶出来的贫气进入再吸收塔。由于贫气夹带少量的轻汽油组分，再吸收塔的作用就是回收这些轻汽油组分。贫吸收油是经过汽提或未经汽提的轻循环油，用它来对干气进行最后的吸收处理。一些装置不用轻循环油，而用从分馏塔来的重石脑油冷却后作为贫吸收油。贫吸收油从再吸收塔顶部塔板之上进入再吸收塔，而贫气从底部塔板之下进入再吸收塔，两者逆流接触，富吸收油从塔底流出，返回主分馏塔，而贫气从再吸收塔顶流出，进入精制装置脱除 H_2S，然后进入炼油厂燃气系统或进入乙苯装置回收其中的乙烯。

来自凝缩油罐的液体主要含有 C_3及更重的烃类化合物，同时还含有少量的 C_2、H_2S 和夹带的一些水，解吸塔的作用就是除去这些物质。液体从解吸塔顶进入，解吸所需的热量由外部的重沸器提供，传热介质为蒸汽或循环油。被重沸器加热解吸出的气体在解吸塔中向上流动，由塔顶经富气经冷凝器返回凝缩油罐，作为吸收塔的原料。解吸后的脱乙烷汽油由塔底流出进入稳定塔。通常，在解吸塔中至少安装一个出口，以脱除夹带的水，这部分水自压送往凝缩油罐。

由于脱乙烷汽油含有 C_3和 C_4，稳定塔的作用是从脱乙烷汽油中分离出 C_3和 C_4。脱乙烷汽油从稳定塔的中部进入后，由于稳定塔的操作压力低于解吸塔，造成部分原料会汽化。这一压力降是由控制阀调整解吸塔塔底液面方式来实现。由于这个压降，部分原料通过控制阀而汽化。稳定塔顶流出的产品包括 C_3和 C_4混合物，塔底产品为稳定汽油。分离这些产品所需的热量由外部重沸器提供，热源一般来自分馏塔的重循环油，也可以利用蒸汽。塔顶流出产品全部在塔顶冷凝器冷凝，冷却后的液体一部分用泵抽出并返回塔作为回流，剩余部分送往精制装置以脱除 H_2S 和 RSH 等硫化合物，再进入气体分离装置。C_3和 C_4混合物可送往醚化或烷基化装置作为原料，也可以作为脱丙烷塔的原料，将 C_3与 C_4分开。C_3作为石油化工原料进一步加工，C_4则进行烷基化反应。稳定汽油可以为解吸塔重沸器提供热量或与脱乙烷汽油进行换热而得到冷却，然后再经过空冷或水冷却器。一部分稳定汽油作为贫油用泵打回吸收塔，其余部分通过精制装置脱硫处理，作为汽油调合组分。

按照汽油脱硫工艺需求，稳定汽油可切割成轻馏分和重馏分。针对汽油轻馏分和重馏分组成的差异和硫含量不同，采用相适宜的技术和工艺条件进行处理，实现汽油调合组分更加优化。更精细切割，可以将稳定汽油切割三段馏分，中间馏分辛烷值较低，可进行改质。

催化裂化原料中含有低浓度的有机硫和氮化合物。有机氮化合物裂化后会产生氰化氢（HCN）、氨（NH_3）及其他氮化合物。有机硫化合物裂化后会产生硫化氢（H_2S）及其他硫化合物。FCC 吸收稳定系统有水存在，在 H_2S、NH_3 和 HCN 存在下，便可导致腐蚀。腐蚀可能是下列类型中的一种或全部：

（1）由硫氢化铵引起的一般腐蚀；

（2）氢气泡疤和/或脆化；

（3）污垢沉积下的麻点状腐蚀。

硫氢化铵是由氨与硫化氢反应而生成：

$$NH_3 + H_2S \longrightarrow (NH_4)HS \qquad (1-1)$$

质量比：$m(NH_3)/m(H_2S) = 17/34 = 0.5$

硫氢化铵对钢铁腐蚀强烈，腐蚀产物是氢气和硫化铁。反应一般为自终止反应，因为硫化铁覆盖在金属表面形成保护膜，抑制进一步腐蚀。然而，当氰化物存在时，硫化铁就会脱落，硫氢化物腐蚀就不再是自终止反应。氰化氢是在提升管中由氨和CO反应而生成的，氰化铵由氰化氢与氨反应生成。氰化铵会溶解在潮湿的环境中并电离成氨离子和氰离子，氰离子与不溶性的硫化铁反应生成可溶性的铁氰络合物，这就破坏了硫化铁保护膜，暴露出的金属继续腐蚀。随着腐蚀的进行，产生的氢原子便嵌入金属表面，引起氢气泡疤，导致应力腐蚀破裂(SCC)。

化学反应为：

(1) 氰化氢的产生

$$CO + NH_3 \longrightarrow HCN + H_2O \tag{1-2}$$

(2) 氰化铵的生成

$$HCN + NH_3 \longrightarrow NH_4CN \tag{1-3}$$

(3) 在水中电离

$$NH_4CN \longrightarrow NH_4^+ + CN^- \tag{1-4}$$

(4) 氰化物的腐蚀

$$FeS + \text{氰化物} \longrightarrow \text{铁氰络合物} + \text{硫化铵} \tag{1-5}$$

氨还可以与硫化氢反应生成硫化铵：

$$2NH_3 + H_2S \longrightarrow (NH_4)_2S \tag{1-6}$$

质量比：

$$m(NH_3)/m(H_2S) = 2 \times 17/34 = 1.0$$

氨可以与硫化氢反应生成硫化铵，硫化铵不具有腐蚀性，但它可以沉淀，同时硫化铵具有吸潮性，在它沉淀的地方引起电化学反应，可能发生腐蚀和麻点状腐蚀。从FCC出来的酸性水一般包括硫化铵和硫氢化铵的混合物，氨与硫化氢之比为0.5~1.0。大多数炼油厂采用连续水洗作为控制腐蚀和氢气泡疤的主要方法。水的最佳来源是蒸汽冷凝水或酸性水汽提塔经过汽提的水。也可以使用聚硫酸铵中和氰化氢，控制氢应力破裂。在吸收稳定系统中，腐蚀性的物质(H_2S、HCN和NH_3)大多聚集在高压位置，在一级和二级压缩机出口处通常注入水，水与高温气体接触洗去这些物质。通常采用两种注入方法：同向阶梯式和逆向阶梯式。

在同向阶梯式[图1-20(a)]注入操作中，通常向一级压缩机的出口注水，并在级间冷却罐冷凝，从级间冷却罐出来，由泵打入二级压缩机出口，在冷却器冷凝，收集于HPS，从高压分离器出来后，加压进入酸性水汽提塔。

在逆向阶梯式[图1-20(b)]注入操作中，新鲜水注入二级压缩机出口。含腐蚀性物质的水加压进入一级出口，然后回到主分馏塔塔顶。水从塔顶接收器出来，由泵打入酸性水汽提塔。逆向阶梯式注入操作少用1台泵，但从第二级捕获的氧化物的一部分会排放到级间罐，形成氧化物循环。从结果上看，同向阶梯式注入操作在减少氧化物腐蚀方面效果更好。

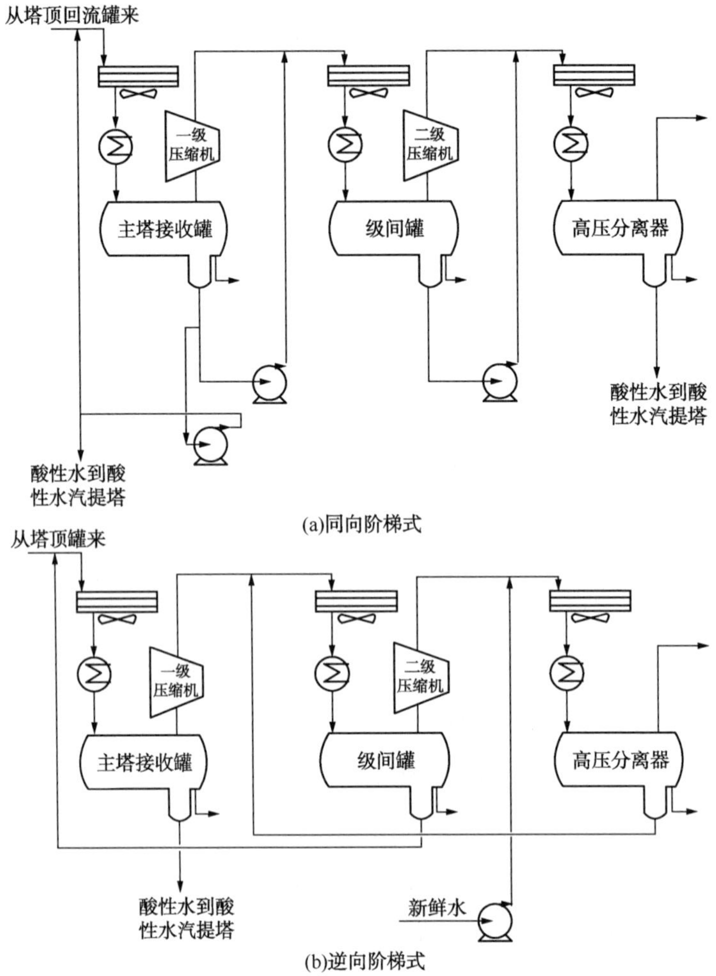

图 1-20 水洗系统典型操作图解

1.5 产品精制系统

产品精制部分的作用主要是将来自吸收稳定部分的干气、液化气和稳定汽油通过产品精制过程，除去酸性杂质生产出合格的产品。产品精制部分的设置因厂而异，有的同催化裂化装置一体，有的则分立[3]。

FCC 装置产的干气、液化气和汽油含有含硫化合物，需要处理后才能供下游装置或作为调合组分。干气中含有较高浓度的硫化氢(H_2S)。液化气含有较高浓度的硫化氢(H_2S)、一定量硫醇(R—SH)以及微量的酚类(Ar—OH)和环烷酸(R—COOH)、羰基硫和元素硫。汽油中主要的硫化物种类有：硫醇、硫醚、噻吩、烷基噻吩等。

硫化氢是有毒气体，对于加热炉及锅炉，硫化氢一般控制在 20mg/m^3以内。工业常用脱 H_2S 的方法：化学吸收法、物理吸收法、直接气化法、干式床层法、特殊溶剂法。目前主要是化学吸收法，即胺脱法。胺处理无法脱除硫醇，因此液化气脱硫后设置碱处理这一最后的精加工工艺，以脱除液化气中硫醇。表 1-1 列出了一些重要的碱处理化学反应。

表1-1　石油工业碱处理装置中常见的酸碱反应

反应物		产　物	反应物		产　物
二氧化碳			硫醇硫		
$CO_2+2NaOH$	⟶	$Na_2CO_3+H_2O$	$RSH+NaOH$	⟶	$RSNa+H_2O$
硫化氢			环烷酸		
$H_2S+2NaOH$	⟶	Na_2S+2H_2O	$RCOOH+NaOH$	⟶	$RCOONa+H_2O$

1.5.1　气体精制

相较于早期采用乙醇胺(MEA)或二乙醇胺(DEA)等吸收剂，甲基二乙醇胺(MDEA)具有高选择性、高处理能力、能耗低、低腐蚀性、无降解变质、损失小等特点，因此胺脱的吸收剂一般选用MDEA。

干气从脱硫塔底部进入，与来自胺再生器冷却的贫胺溶液逆流接触，脱除其中的硫化氢等酸性气体，吸收后富液经再生后可循环使用。净化干气从脱硫塔顶出来，进入沉降罐分离夹带的溶剂，然后作燃料气或用作干气提浓等。富胺溶液从脱硫塔底部流出，进入闪蒸分离器，将溶解的烃类从胺液中分离出来。富胺溶液再用泵从分离器打入胺再生器。在胺再生器中，富胺溶液经过加热，进行酸碱反应的逆反应，热量由蒸汽重沸器供给。热的贫胺溶液从胺再生器底部泵出，在贫富胺换热器与富胺溶液换热，然后进入冷却器，再返回脱硫塔。一部分富胺溶液流经颗粒过滤器和炭床层过滤器，颗粒过滤器除去尘土、铁锈和硫化铁。炭床层过滤器在颗粒过滤器下游，可以从胺溶液中将残余烃类除去。含有少量胺的酸性气从塔顶离开胺再生器，流经冷凝器到收集器。酸性气被送往硫黄装置，而冷凝的液体回流到胺再生装置。

LPG从脱硫塔底部进入，在脱硫塔内，胺通常为连续相，胺-烃界面在脱硫塔的顶部，用界面高度控制胺的流出。如果在液-液接触塔中，烃类作为连续相，在这种情况下，界面控制在接触塔的底部。净化液化气从脱硫塔顶出来，进入液化气脱硫醇部分。在出口处常安装一个凝聚过滤器，以回收携带的胺。LPG脱硫塔的操作类似于干气脱硫塔，所不同的是，前者为液-液接触塔。

1.5.2　液化气脱硫醇

液化气脱硫醇工艺分为无碱催化氧化脱臭技术、硫醇无碱转化组合技术、络合脱除技术、吸附脱硫技术、催化氧化-吸附技术、Merox抽提-氧化脱臭技术、纤维膜分离技术、物理-化学混合溶液技术。

Merichem公司20世纪70年代开发的纤维膜分离技术应用较广泛。由于纤维膜接触器有效应用了重力场和表面亲和力原理，是一种不同于传统工艺的全新理念。特殊的非分布式液膜之间平面接触是液化气和碱液在纤维膜接触器的接触状态，见图1-21。其机理是利用碱液和液化气在金属丝上表面张力不同，其对金属丝的附着力就不同，且碱液由于是极性物质其附着力要大于液化气，因此当液化气和碱液分别沿着金属纤维丝向下流动时，碱液优先附着在金属纤维丝上。碱液在向下流动过程中被纵横交错的金属纤维丝扩展成为一层极薄的液膜，从而碱液在金属纤维丝表面形成极大面积的碱膜，而与此同时液化气从已被碱液浸润湿透的金属纤维丝上同时向下流动，则液化气与碱液之间的摩擦力会使碱膜变得更薄，碱液与液化气之间的接触就变成了近乎在平面膜上接触，在接触过程中同时进行酸碱反应，并且硫醇与碱液反应生成的硫醇钠转移到碱液传质的过程，见图1-22。依据纤维膜的性能特点，传质效率高、接触面积大、投入少和加工负荷高是纤维膜接触器的优点。

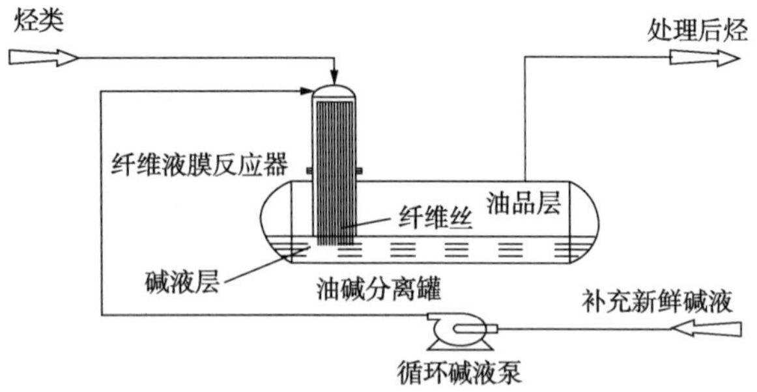

图1-21 纤维膜反应器工作原理

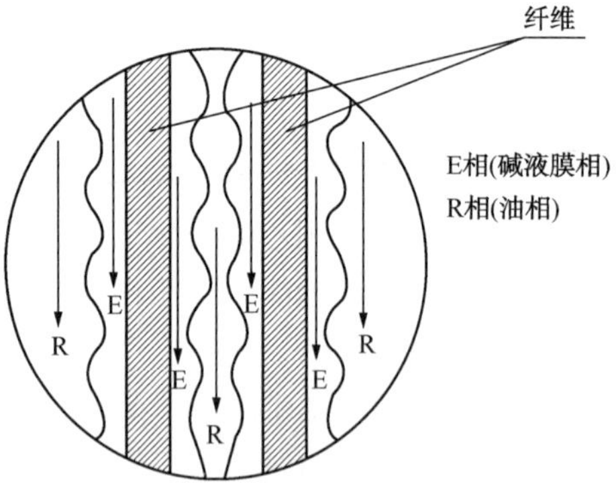

图1-22 纤维膜反应器内纤维表面两相流动示意图

萃取效率低和碱浓度限制是常规混合-沉降系统中普遍存在的问题，但上述问题被纤维膜接触器有效地解决。随着纤维膜接触器中烃碱比的降低使得萃取效率大幅上升。纤维膜接触器是由一束束长而连续的小直径金属纤维丝构成的静态接触设备，纤维丝通过一根管或其他圆柱形的容器加以固定，但必须保证纤维丝有足够的安装截面积，以提供发生反应过程中所需的接触场所。

纤维膜脱硫醇工艺处理的液化气需预先进行脱硫处理，如图1-23所示，处理后的液化气使用苛性钠水溶液脱除其中的有机硫及少量无机硫，使液化气中的小分子硫醇和少量的硫化氢分别与苛性钠反应生成硫醇钠和硫化钠并且溶解于水相中形成碱渣，碱渣需进行氧化处理，使苛性钠得到再生并将硫醇钠氧化为二硫化物，氢氧化钠循环使用；当污染物(主要为

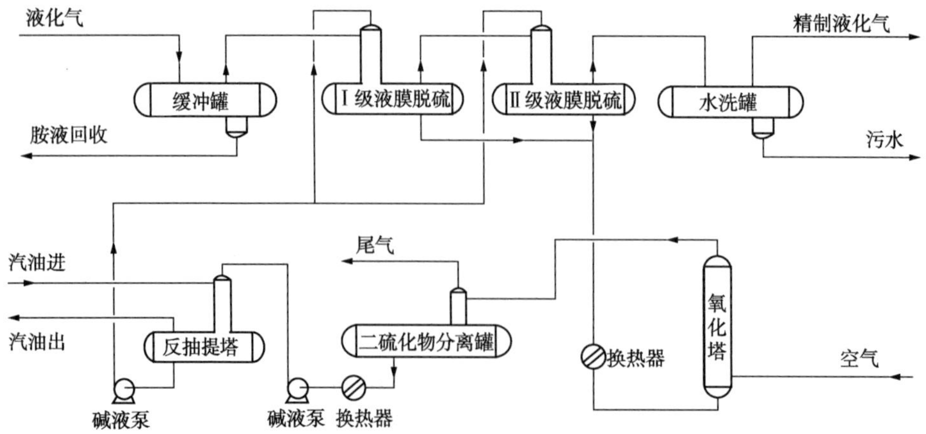

图1-23 纤维膜液化气脱硫醇流程图

硫代硫酸钠)累积到一定程度开始影响脱硫醇效率时，需外排部分碱渣。

液化气中硫醇、硫化氢与苛性钠的化学反应如下：

$$H_2S + 2NaOH \longrightarrow Na_2S + 2H_2O \tag{1-7}$$

$$RSH + NaOH \longrightarrow RSNa + H_2O \tag{1-8}$$

碱渣氧化再生时发生的化学反应如下：

$$2RSNa + H_2O + 1/2O_2 \longrightarrow RSSR + 2NaOH \tag{1-9}$$

$$2Na_2S + H_2O + 2O_2 \longrightarrow Na_2S_2O_3 + 2NaOH \tag{1-10}$$

纤维膜脱硫醇接触器相较于填料塔和板式塔，其特点如下：

(1) 有效增加了单位体积内的传质面积；

(2) 由于其结构特点使得传质效率更高；

(3) 有效解决了液化气和碱液的夹带问题；

(4) 大幅缩短了相分离停留时间而使得设备尺寸减少；

(5) 降低了能量消耗；

(6) 传质效率高，处理通量大幅增加；

(7) 大幅降低了投资和运行费用；

(8) 应用该技术对现有装置升级改造投入少效果好；

(9) 碱渣排放少，有效减少了对环境的污染并降低了安全风险。

1.5.3 汽油脱硫技术

车用汽油质量标准要求硫含量低于 10μg/g，因此，催化裂化汽油必须经过汽油脱硫装置处理后生成超低硫含量的汽油，方可作为车用汽油组分。国内 FCC 汽油脱硫技术分为吸附脱硫和加氢脱硫。使用最为广泛的吸附脱硫技术是 S Zorb 工艺，汽油加氢脱硫工艺技术种类数量较多，大体归纳为选择性加氢脱硫类(如 Prime-G$^+$、RSDS、DSO 等)、加氢脱硫恢复辛烷值类(如 ISAL、OCTGAIN、Gardes 等)。

1.5.3.1 S Zorb 技术

FCC 汽油吸附脱硫工艺(S Zorb)是由 Conoco Phillips 公司开发，2007 年被中国石化买断后进行了系统的优化与创新，成为 FCC 汽油脱硫关键技术。S Zorb 工艺采用连续的吸附、再生、还原工艺路线，通过专用的催化剂选择性地吸附含硫化合物中的硫原子达到脱硫目的；使用全馏分汽油单段脱硫工艺，工艺过程中不产生 H_2S，原料汽油中的硫从再生烟气以 SO_2 方式排出。具有脱硫深度高，氢耗、能耗及操作费用低，产品辛烷值损失少等优点。目前国内已建成 33 套 S Zorb 工业装置，处理超过 48Mt/a 的催化裂化汽油，产品硫含量低于 10μg/g，加工量已占全国 FCC 汽油脱硫装置加工总量的 60%。S Zorb 第一代、第二代工艺流程如图 1-24、图 1-25 所示。

基于吸附作用原理对汽油进行脱硫，通过吸附剂选择性地吸附汽油中硫醇、二硫化物、硫醚和噻吩类等含硫化合物的硫原子而达到脱硫目的，然后通过对吸附剂再生，使其变为 SO_2 进入再生烟气中，烟气再去硫黄或碱洗装置。典型的脱硫反应如下：在 S Zorb 过程中有

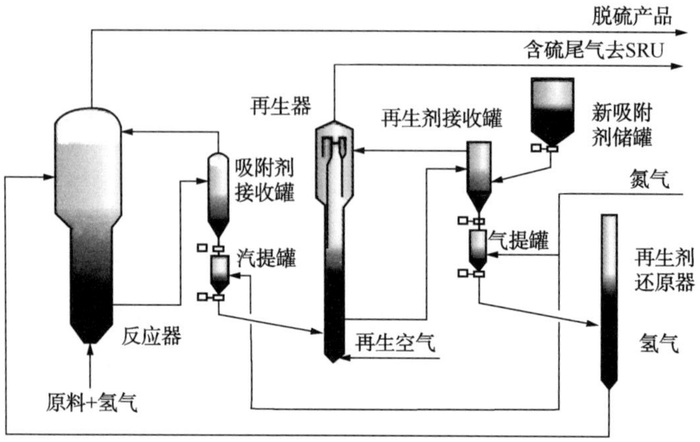

图 1-24　第一代 S Zorb 技术反再和吸附剂输送原则流程

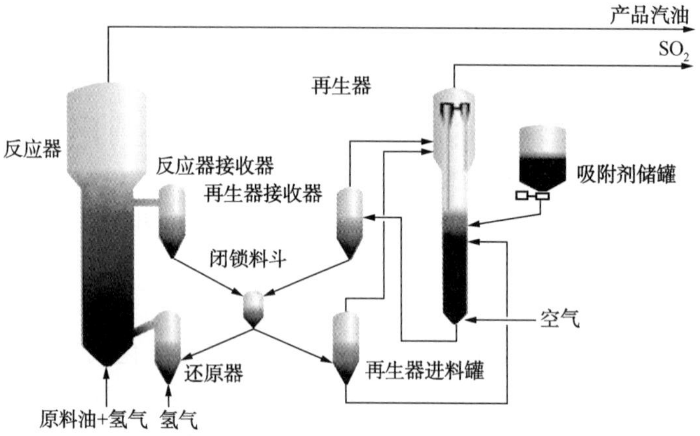

图 1-25　第二代 S Zorb 技术反再和吸附剂输送原则流程

五步主要的化学反应：①硫的吸附；②烯烃加氢；③烯烃加氢异构化；④吸附剂氧化；⑤吸附剂还原。前三个反应在反应器内进行，第四个反应在再生器内进行，第五个反应在还原器内进行。

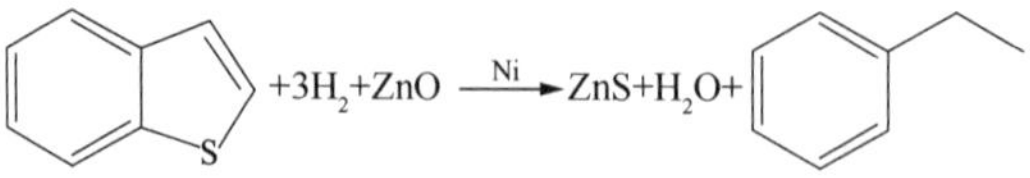

(1 － 11)

S Zorb 技术具有以下特点：

(1) 反应产物没有 H_2S 存在，避免了 H_2S 与汽油中烯烃再次反应结合生成硫醇的问题；

(2) 脱硫率高，产品辛烷值损失(烯烃饱和)小，氢耗小，能耗低(全馏分单段脱硫)，产品液体收率高；

(3) 能较经济地将汽油中的硫含量降至 10μg/g 或更低。

在 S Zorb 装置生产过程中，汽油烯烃饱和率对辛烷值损失影响较大。汽油烯烃饱和率越高，其辛烷值损失就越高。吸附处理后的汽油烯烃饱和率与其辛烷值损失变化关系见图1-26。

S Zorb 装置汽油吸附脱硫工业运行结果表明，过高或是过低的再生吸附剂载硫量都会造

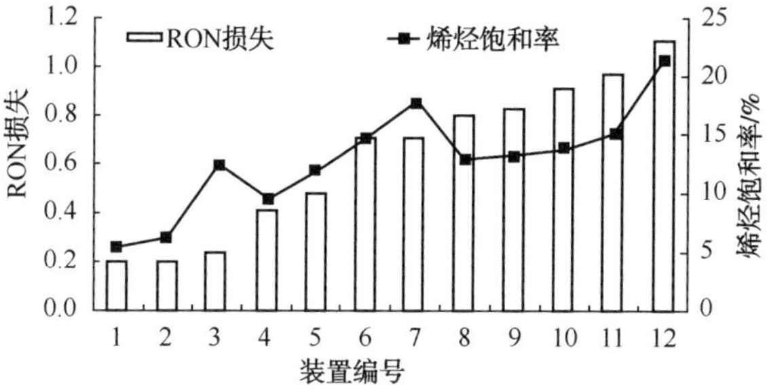

图 1-26　S Zorb 装置处理后汽油烯烃饱和率与其辛烷值损失变化关系

成汽油产品 RON 损失增加，当原料硫含量小于 100μg/g 时，再生吸附剂载硫量控制在 8%～8.5%较为合适；当原料硫含量为 150～250μg/g 时，再生吸附剂载硫量控制在 6%～7%较为合适；原料硫含量大于 300μg/g，再生吸附剂载硫量控制在 5%～6%较为合适。因此，针对不同的汽油原料硫含量，需要控制好适当吸附剂载硫量。在此定义脱硫辛烷值损失参数，即为汽油产品硫含量每降低 100μg/g，其 RON 损失值，代号为 RLS，RLS 与再生吸附剂载硫变化关系见图 1-27。

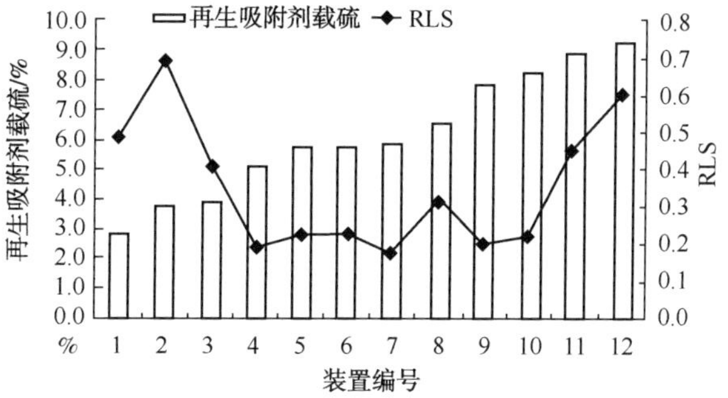

图 1-27　RLS 与再生吸附剂载硫量变化关系

当汽油原料硫含量较低时，脱硫反应对吸附剂活性要求较低，可适当控制较高的吸附剂载硫量，但载硫量过高后，势必对氢油比、吸附剂循环量、空速等需求增加，结果会造成汽油辛烷值损失增大；当汽油原料硫含量较高时，则需适当控制低的吸附剂载硫量，但载硫量过低后，吸附剂活性过高，会增加汽油烯烃饱和，反而造成汽油辛烷值损失增加。

1.5.3.2　汽油加氢脱硫技术

汽油加氢脱硫工艺技术无论是选择性加氢脱硫类(如 Prime-G$^+$、RSDS、DSO 等)，还是加氢脱硫恢复辛烷值类(如 Gardes)，其工艺流程包括 FCC 汽油预加氢、轻重汽油分离、重汽油加氢脱硫(部分连接辛烷值恢复反应器)、轻汽油可以直接与加氢脱硫后的重汽油混合或者经醚化反应后再与加氢脱硫后的重汽油混合。典型 FCC 汽油加氢脱硫及轻汽油醚化联合工艺原则流程见图 1-28。

在加氢脱硫装置生产过程中，汽油烯烃饱和率对辛烷值损失影响较大。汽油烯烃饱和率越高，其辛烷值损失就越高。汽油加氢脱硫装置汽油产品辛烷值损失根本原因与 S Zorb 装置相同，都是脱硫反应过程中烯烃饱和造成的。汽油加氢脱硫装置汽油烯烃饱和率与其辛烷值损失变化关系见图 1-29。

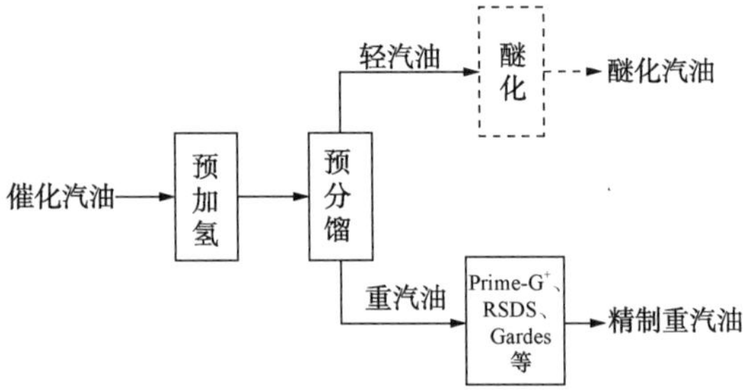

图 1-28　典型 FCC 汽油加氢脱硫及轻汽油醚化联合工艺原则流程

汽油加氢脱硫装置汽油产品辛烷值损失与汽油原料硫及不同工艺关系见图 1-30，从图中可以看出，辛烷值损失大小主要受原料硫含量高低的影响，总的趋势是汽油原料硫含量高，其辛烷值损失较多。但 RLS 与汽油原料硫含量的关系不明显，反而与汽油脱硫工艺类型有关，PG 技术具有相对较低的 RLS 值。

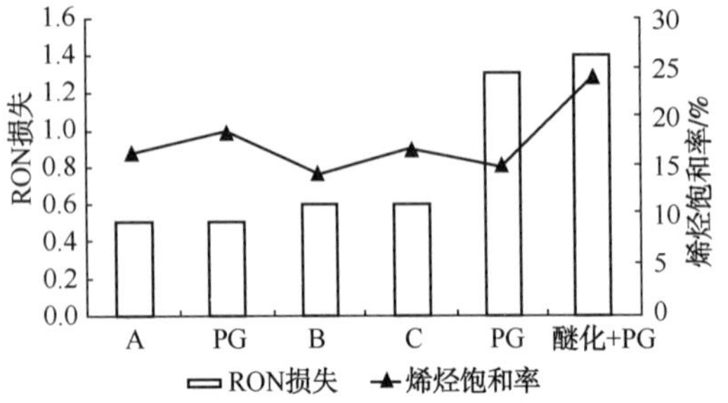

图 1-29　汽油加氢脱硫装置汽油烯烃饱和率与其辛烷值损失变化关系

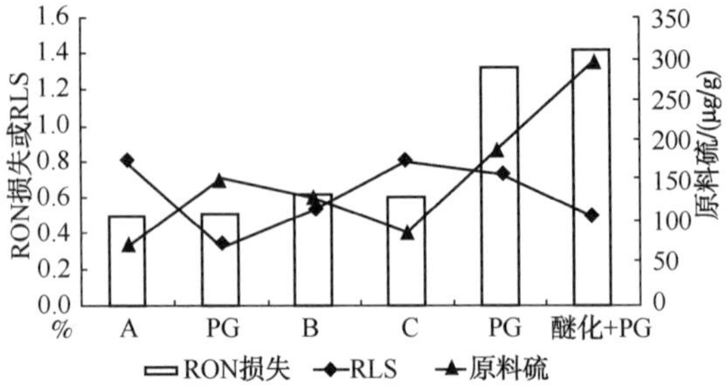

图 1-30　汽油加氢脱硫装置汽油辛烷值损失与原料硫含量变化关系

1.5.3.3　S Zorb 与汽油加氢脱硫技术比较

对 S Zorb 吸附脱硫装置和汽油加氢脱硫装置生产运转数据进行统计分析，两种技术关键指标比较见表 1-2。从表 1-2 可以看出：

(1) 运转周期：汽油加氢脱硫装置运转周期最长的已超过了 5 年(64 个月)，平均值为 45 个月；S Zorb 装置运转周期最长的也达到了近 4 年时间(45 个月)，最短仅 15 个月，平均值为 25 个月，大多数 S Zorb 装置难以做到与催化裂化装置同步。影响 S Zorb 装置长周期运行的主要因素为反应器过滤器差压超高、程控阀故障率高以及吸附剂输送线路管线设备磨损泄漏，而这些因素源于它的工艺原理及设计理念，对设备和操作提出了更高的要求。

(2) 综合能耗：S Zorb 装置优势明显，能耗平均值为 6.6kgEO/t、最高 10.1kgEO/t，都远低于汽油加氢脱硫装置。主要是因为汽油加氢脱硫装置涉及操作单元较多，能量损失较大，尤其是轻重汽油分离需要较多的热源。

(3) 脱硫能力：汽油加氢脱硫装置在原料硫含量相对较低的条件下，产品硫含量却更高，若进一步降低产品硫含量，其他指标势必变差，S Zorb 装置在同等条件下脱硫能力更强。S Zorb 装置汽油辛烷值损失比汽油加氢脱硫装置低 0.23 个单位，折合每脱 100μg/g 硫的辛烷值损失也要低 0.24 个单位，S Zorb 装置汽油辛烷值损失指标优势明显；而汽油加氢脱硫装置精制汽油收率平均为 99.38%，比 S Zorb 装置高 0.43 个百分点，分析原因主要是汽油加氢装置反应压力和温度较低，发生裂化副反应程度低；氢耗指标二者基本相当。

(4) 操作难易程度方面：S Zorb 装置采用的是流化床，吸附剂流化控制程序复杂，反应影响因素多且关联性强；汽油加氢装置采用的是固定床，操作相对稳定，反应因素较少且影响相对单一。

表 1-2　S Zorb 装置与汽油加氢脱硫装置关键指标参数比较

项　目	S Zorb			汽油脱硫加氢			平均值差
	最小	最大	平均	最小	最大	平均	
长周期运行/月	15	45	25	24	64	45	20
能耗/(kgEO/t)	3.3	10.1	6.6	16.2	24.5	20.1	13.5
原料硫含量/(μg/g)	89	380	177	72	294	155	-22
产品硫含量/(μg/g)	2.0	5.9	3.5	7.1	15.0	10.7	7.1
RON 损失	0.20	1.10	0.59	0.50	1.40	0.82	0.23
脱 100μg/g 硫 RON 损失	0.17	0.71	0.37	0.34	0.81	0.61	0.24
精制汽油收率/%	98.35	99.40	98.95	99.15	99.66	99.38	0.43
氢耗/%	0.11	0.54	0.33	0.09	0.53	0.28	-0.05
反应压力/MPa	2.2	3.0	2.6	1.8	2.1	1.9	-0.64
反应温度/℃	410	423	417	196	275	236	-181
操作难易程度	流化床：控制程序复杂，反应因素多且相关性强			固定床：操作稳定，因素较少影响单一			

1.6　再生烟气治理

催化裂化装置气体污染主要来源于再生器烧焦时产生的烟气，其中有些装置的 CO 约占 6%～10%(v)，这种烟气需在 CO 锅炉中烧掉 CO，以防止污染大气，同时回收热量。大多数装置采用 CO 助燃剂在装置内将烟气中的 CO 烧掉，使烟气中的 CO 量降至 0.05%～0.2%(v)。再生烟气中的 SO_x 含量与原料硫含量存在相关性，原料中 10%～20%的硫沉积在焦炭中，在再生过程中约 90%以上转化为 SO_2、约 10%以下转化为 SO_3。再生烟气中的 NO_x 排放量决定于原料中的总氮量和再生工艺类型，一般 FCC 再生烟气中 NO_x 的量为 40～500μL/L。FCC 再生烟气还携带有大量催化剂粉尘，如直接排空将严重污染大气。一般来说，从再生器出来的烟气中含催化剂浓度约为 0.8～1.5g/Nm^3，经三级旋风分离器处理后的烟气出口的催化剂浓度约为 0.2g/Nm^3。本书第 9 章详细论述了再生烟气治理技术与应用。

参 考 文 献

[1] RezaSadeghbeigi. 流化催化裂化手册(Fluid Catalytic Cracking Handbook)：第 3 版[M]. 王红霞，译. 北京：石油工业出版社，2018.
[2] 陈俊武，许友好. 催化裂化工艺与工程[M]. 3 版. 北京：中国石化出版社，2015.
[3] 许友好. 催化裂化化学与工艺[M]. 北京：科学出版社，2013.

第 2 章　催化裂化过程反应化学

2.1　共价键基础理论

碳元素和氢元素组成的化合物超过了几百万种，形成了极其庞大的烃类化合物“家族”，这与碳原子的成键特点和碳原子间的结合方式有关。同时，离子键理论也无法解释 H_2、O_2、N_2等同核双原子分子的形成。1916 年，Lewis(路易斯)提出共价键的概念，即原子间共享电子对所形成的化学键。碳原子最外层有 4 个电子，不易失去或获得电子而形成阳离子或阴离子，碳原子通过共价键与氢、氧、氮、硫、磷等多种非金属形成共价化合物。

为什么原子间共享电子对就可促使两个原子结合在一起而形成共价键呢？这一难题直到 1927 年 Heitler 和 London 将量子力学应用到最简单的 H_2分子上时才得以圆满地解决，并形成了共价键成键的价键理论和分子轨道理论。价键理论是指形成化学键的电子只处在连接此化学键的两原子间的区域内运动，而分子轨道理论是指形成化学键的电子遍布在整个分子区域内运动[1,2]。

2.1.1　价键理论

原子的核外电子能量是不同的。按电子的能量差异，可以将核外电子分成不同的能层(即电子层)。在原子轨道上的电子能量由主量子数 n 所决定，当 n 由 1 增加至 2 至 3…时，轨道能量增加，因为电子距离原子核越来越远，其能量也就越高。当 $n=1$ 时，只有一种轨道存在的可能性，即 1s 轨道；当 $n=2$ 时，有两种可能轨道 2s 和 2p；而当 $n=3$ 时，则有三种可能轨道，即 3s，3p 和 3d 轨道。即使处于同一能层的电子，能量也可能不同，对于同主量子数 n，s 轨道较 p 轨道稳定，而 p 轨道又比 d 轨道稳定。s 轨道对原子核成球形对称，p 轨道呈哑铃形，有三种不同方向，分别指向 x，y，z 轴上。d 轨道有 5 个，分别指向不同的方向。1s<2s<2p<3s<3p…核外电子的排布遵循能量最低原则(aufbau principle)，即优先进入能量较低的原子轨道。每个轨道最多可以填充两个电子(Pauli 不相容原理，Pauli exclusion principle)。当电子数目少于能量相同的轨道(即简并轨道，degenerate orbitals)数时，则以电子占据越多的轨道越稳定，以避免电子间的相互排斥(Hund 规则，Hund’s rule)。

共价键理论建立在对氢原子电子结构的认识基础之上。氢原子由一个带正电荷的质子和一个带负电荷的电子组成。由于质子远比电子重，可以看成是电子在质子的吸引下运动(如图 2-1)。

图 2-1　电子围绕核运动示意图

对于氢原子来说，只有一个电子，故该电子占有 1s 轨道。这种状态称为氢原子的基态(ground state)，表示能量最低。如果该电子占有 2s 或 2p 轨道时，原子的能量就会很高，这时称为激发态(excited state)。一般只有吸收一定能量的光子，电子才能从基态跃迁到激发态。根据量子力学原理，氢原子的电子只能在特定的原子轨道上运动，这些原子轨道有特定的能量和形状，更确切地说是电子云密度分布在原子核周围的特定区域。

氢原子总是以 1 s 轨道与其他原子成键。氢原子一般与另一个原子共享一对电子而形成一个化学键，而碳原子的最外层电子有 4 个，它可以与四个氢原子共享 4 对电子而形成 4 个化学键，如甲烷分子。在乙烯分子中，每个碳原子各自与两个氢原子结合，而两个碳原子之间再互相共享 2 个原子而使每个原子都处于八隅体状态。

2.1.2　分子轨道理论

分子轨道理论(molecular orbital theory)认为，原子在相互结合形成共价键时，由原子轨道组成分子轨道(molecular orbitals)，分子轨道属于整个分子。与原子轨道类似，分子轨道描述了分子中的电子云分布情况，分子轨道也有特定的尺寸、形状和能量，电子进入分子轨道同样符合能量最低原则、Pauli 不相容原理和 Hund 规则。

当原子间形成化学键而生成分子时，每个电子就受到分子中所有原子核和其他所有电子的作用，电子的运动状态需要用分子轨道来描述。以两个氢原子成键生成氢分子为例来认识分子轨道理论，如图 2-2 所示。当两个氢原子分离很远时，它们各自独立，每个氢原子的单电子可以用 1s 轨道来描述。当两个氢原子逐渐接近时，氢原子 A 的电子开始受到氢原子 B 核的吸引，氢原子 B 的电子也开始受到氢原子 A 核的吸引，同时，两个核之间以及两个电子间也开始产生相互排斥。此时，两个 1s 轨道开始产生相互作用，也即原子轨道开始发生重叠，这种作用随着两个原子间距离的缩小而增加。当两个原子间的距离达到一个特定值(γ_0)时，体系的能量达到最低，即表示两个氢原子之间形成了共价键。γ_0就是氢分子的 H—H 键的键长(bond length)，而这个过程得到的稳定能 E_0就是氢分子的 H—H 键的键能(bond dissociation energy)。成键过程所释放的能量，也正是断裂该键所需要的能量，所以键能的高低代表了键的强度或稳定性，所以也称为键强(bond strength)。

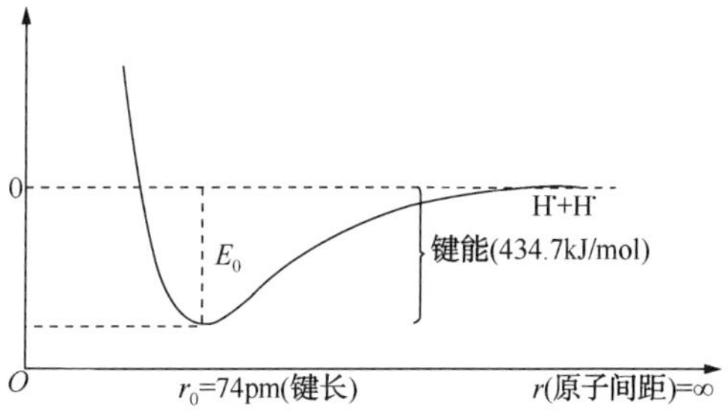

图 2-2　两个氢原子相互靠近时的能量变化示意图

量子力学认为，当两个氢原子相互接近时，如果它们的电子自旋是反平行的，原子间的相互作用是吸引的，体系能量随核间距离缩小而降至最低值，即形成化学键，形成稳定的 H_2分子；如果它们的电子自旋是平行的，原子间的相互作用是排斥的，不能形成化学键，得不到稳定的 H_2分子。形成 H_2分子基态的电子云分布在核间区域密度较大，这是由两个氢原子原来的 1s 轨道上电子云重叠所致，如图 2-3(a)所示。在相斥态则相反，两个氢原子的电子云重叠部分很少，如图 2-3(b)所示。

s 轨道成键原理完全可以应用到 p 轨道成键情况。两个 p 轨道可以有两种结合方式成键。一种是“头对头”的方式，另一种是“肩并肩”的方式。通过头对头重叠而生成的两个分子轨道(成键的和反键的轨道)沿键轴方向是对称的，分别称为 σ 和 σ^* 分子轨道，相应的键称为 σ 键(σ bonds)，前述的 H—H 键也是 σ 键。而两个 p 轨道通过肩并肩重叠的方式形成的两个轨道不具有这种对称性特征，分别称为 π 和 π^* 分子轨道，相应的键称为 π 键(π

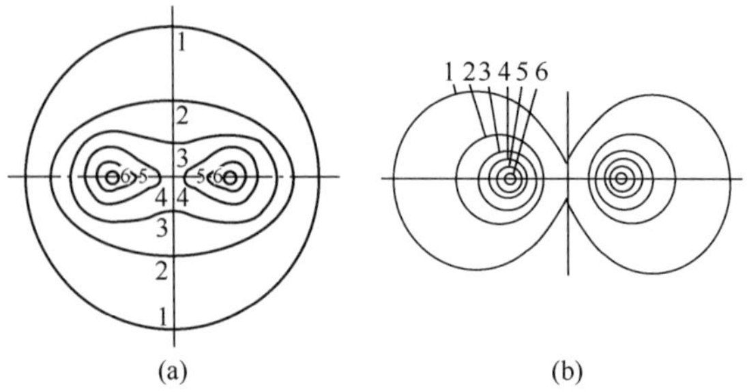

图 2-3　H_2分子的两种状态的电子云密度示意图

bonds)。由于头对头的重叠比肩并肩的重叠更加有效，所以 σ 和 σ* 分子轨道的能级分裂大于 π 和 π* 分子轨道的能级分裂。换句话说，即 σ 键一般强于 π 键，如图 2-4 所示。

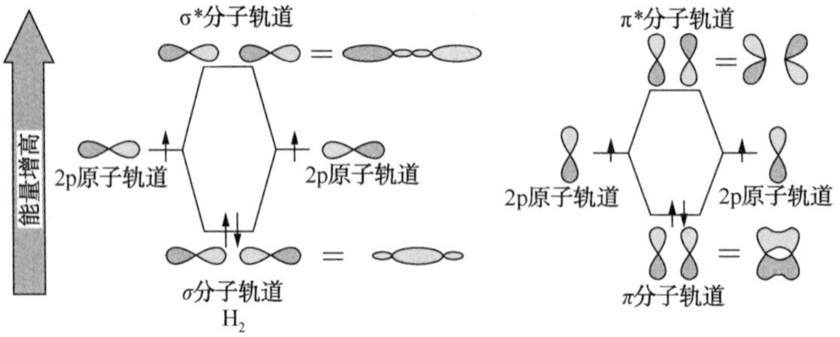

图 2-4　p 轨道形成 σ 键和 π 键的示意图

2.1.3　杂化轨道理论

杂化轨道理论是价键理论的延伸。价键理论核心是两个自旋电子反平行的未成对电子进行最大限度的重叠，形成一个能量比两个孤立原子的能量还要低的化学键。因此，共价键的本质是原子间的原子轨道相互重叠，达到电子共享目的。这种成键方式决定了共价键具有饱和性和方向性。饱和性是指每个原子的最外层轨道充满后就不能再结合其他原子的电子。方向性是指原子轨道具有一定的方向，原子结合组成分子时，各原子轨道之间一般只有在轴向方向上进行重叠才能有效成键。因此分子内各键之间的夹角(称为键角，bond angles)是一定的。

对分子中键角的研究发现，很多分子的键角并不等于原子轨道间的夹角。例如，2s 轨道是球形的，三个简并的 2p 轨道相互垂直，每个 p 轨道呈哑铃形，且哑铃的两瓣位相相反。氧原子的价电子排布是 $2s^2 2p^4$，即两个单电子分别在两个相互垂直的 2p 轨道中，当氧原子与氢原子组成水分子时，如果以氧原子的两个 2p 轨道上的单电子与两个氢原子的 1s 轨道单电子分别成键，则 H—O—H 的键角应为 90°，而实际测得的键角是 104.5°。类似的，NH_3 分子中 H—N—H 的键角应为 90°，实际测得 107.3°。实验测得最简单的 CH_4分子中 H—C—H 键角为 109.5°。为了解释这种现象，Pauling 于 1931 年提出了杂化轨道理论(hybrid orbital theory)。

上述分子中的氧、氮和碳并不是简单地以 2p 轨道与氢原子的 1s 轨道成键，而是在成键前，氧、氮和碳原子的 2s 轨道和 2p 轨道先进行了杂化。就是说，氧、氮和碳原子在化合过程中为了使形成的化学键强度更大，更有利于体系能量的降低，趋向于将原有的原子轨道进一步线性组合成新的原子轨道，这种线性组合就称为杂化(hybridization)，线性组合成的原子轨道(或杂化后的原子轨道)称为杂化轨道。实际上杂化是一个能量的重组均化过程，经过了能量均化后的杂化轨道，其形状更有利于形成共价键时轨道之间的重叠，从而形成能量更低和更稳定的共价键。对于碳原子，常用 sp^3、sp^2 和 sp 来表示其杂化轨道，下面分别论述。

2.1.3.1　sp^3 杂化与碳-氢、碳-碳单键

碳原子的电子构型为 $1s^2 2s^2 2p_x{}^1 2p_y{}^1 p_z{}^0$，其中 1s 轨道中的两个电子不参与成键。首先是 2s 轨道中的一个电子激发到 2p 轨道中，然后由能量较低的 2s 轨道与能量较高的三个 2p 轨道进行杂化，形成四个能量相同的 sp^3 杂化轨道(sp^3-hybrid orbitals)。每个 sp^3 杂化轨道含有 1/4 的 s 轨道成分，3/4 的 p 轨道成分，其能量高于 2s 轨道，低于 2p 轨道，如图 2-5 所示。

sp^3 杂化轨道的形状类似 p 轨道，具有相位相反的两瓣，与 p 轨道不同之处在于 sp^3 杂化轨道的两瓣大小不同。其中正相位的一瓣较大，由 p 轨道的正相位部分与 s 轨道相加而得；负相位的一瓣较小，由 p 轨道的负相位部分与 s 轨道相减而得。四个简并的 sp^3 杂化轨道采用相互尽可能远离的方式在空间排布，以减少电子间的相互排斥作用，即形成四面体结构，轨道夹角为 109.5°。每个 sp^3 杂化轨道上各排布一个自旋量子数相同的电子，即自旋平行的电子。

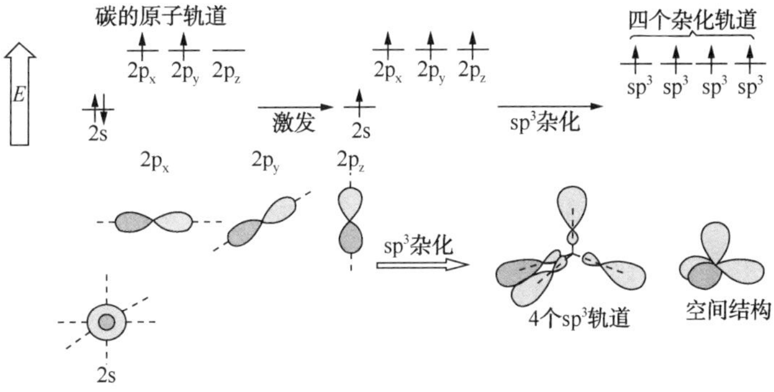

图 2-5　碳原子的 sp^3 杂化轨道及其空间排布图

甲烷分子的轨道成键图以及球棍模型、比例模型如图 2-6 所示。在甲烷分子中，碳原子以 sp^3 杂化轨道与氢原子的 1s 轨道形成 σ 键。四个 C—H 键的键角等于碳的 sp^3 杂化轨道的键角，即 109.5°。因此，甲烷分子的形状为正四面体。

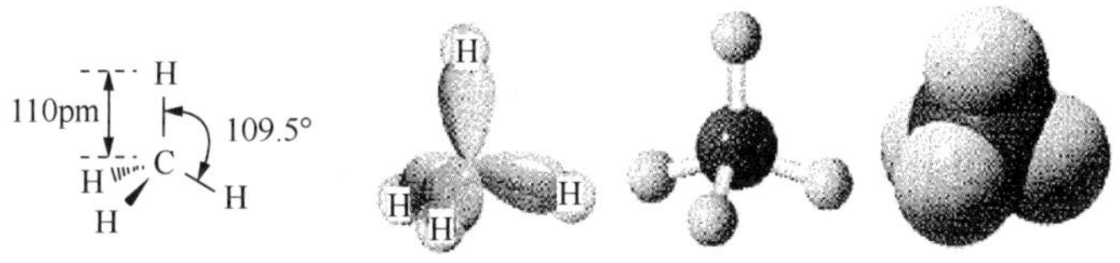

图 2-6　甲烷的轨道成键与球棍模型、比例模型示意图

2.1.3.2 sp^2杂化与碳-碳双键

sp^2杂化轨道（sp^2-hybrid orbitals）是指由一个 2s 轨道与两个 2p 轨道进行杂化，形成三个简并的杂化轨道。每个 sp^2杂化轨道含有 1/3 的 s 轨道成分，2/3 的 p 轨道成分，其能量高于 2s 轨道，低于 2p 轨道。单个 sp^2杂化轨道的形状类似于 sp^3杂化轨道。由于电子间的相互排斥作用，三个 sp^2杂化轨道处于相互远离的方向，即分别伸向平面三角形的三个顶点，轨道间夹角为 120°。余下一个未杂化的 $2p_z$轨道垂直于三个 sp^2杂化轨道所在的平面。三个 sp^2杂化轨道与一个 $2p_z$轨道的空间排布如图 2-7 所示。在 sp^2杂化的碳原子中，4 个最外层电子中的 3 个自旋平行占据三个 sp^2杂化轨道，另外 1 个单电子占据 $2p_z$轨道。

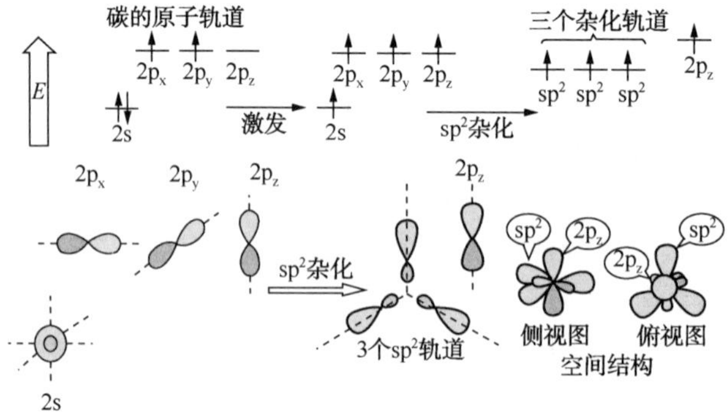

图 2-7　碳原子的 sp^2杂化轨道与 $2p_z$轨道的空间排布图

乙烯分子的两个碳原子采用 sp^2杂化轨道。乙烯分子的成键情况以及乙烯分子的球棍模型如图 2-8 所示。在乙烯分子中，两个碳原子各以一个 sp^2杂化轨道相互重叠形成一个 C—Cσ 键，其余的 sp^2杂化轨道分别与氢原子的 1s 轨道形成四个 C—Hσ 键，这样，两个碳原子和四个氢原子处于同一平面上。因此，乙烯是一个平面分子。两个碳原子未杂化的 $2p_z$轨道相互平行地侧面重叠形成 π 键。π 键的电子云分布在乙烯分子所在平面的上下两方。

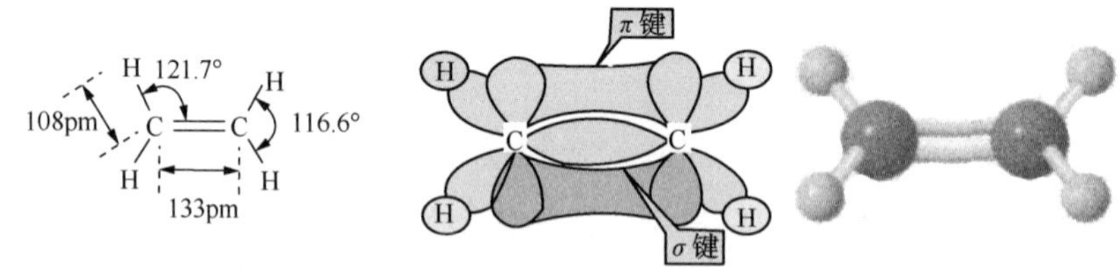

图 2-8　乙烯的成键情况和分子球棍模型示意图

乙烯分子 C═C 双键分别是 σ 键和 π 键。σ 键是由轨道重叠程度较大的 sp^2-sp^2形成的，因而键的强度较强；π 键是由 p-p 侧面相叠而形成的，重叠程度较低，因而键的强度较弱。因此碳-碳双键中的 π 键比较活泼，易发生多种不同的反应，如亲电加成反应。同时由于 π 键的形成限制了绕 σ 键的轴向旋转，烯烃存在顺反异构体。

2.1.3.3 sp 杂化与碳-碳三键

sp 杂化轨道（sp-hybrid orbitals）是指一个 2s 轨道与一个 2p 轨道进行杂化，形成两个简并轨道，如图2-9所示。每个sp杂化轨道含有1/2的s轨道成分，1/2的p轨道成分，其能量高于2s轨道，低于2p轨道。sp杂化轨道的形状类似于sp^3杂化轨道。由于电子间的相互排斥作用，这两个轨道处于相互远离的方向，即轨道间夹角为180°，处于同一直线上。余下两个$2p_y$、$2p_z$轨道与两个sp杂化轨道所在的直线相互垂直。

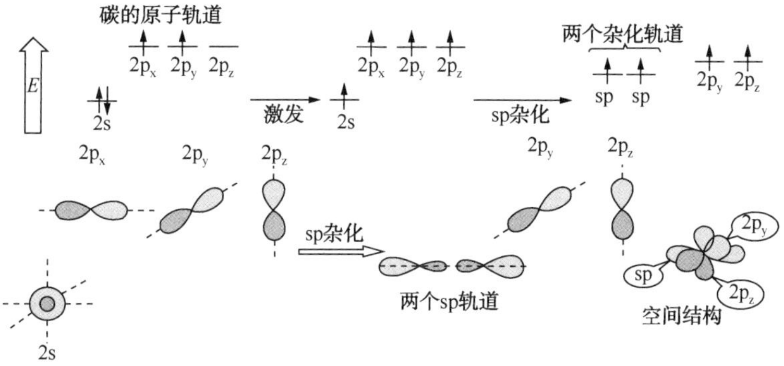

图2-9 sp杂化碳原子的轨道与$2p_y$，$2p_z$轨道的空间排布图

在乙炔分子中，碳原子采取sp杂化轨道成键，两个碳原子各自用一个sp杂化轨道与氢原子的1s形成一个σ键，这样成一个直线形分子。同时两个碳原子之间分别以$2p_y-2p_y$，$2p_z-2p_z$侧面重叠形成两个相互垂直的π键，这两个π键分别处于C—Cσ键的上下两方和前后两方。乙炔的成键情况与分子球棍模型如图2-10所示。

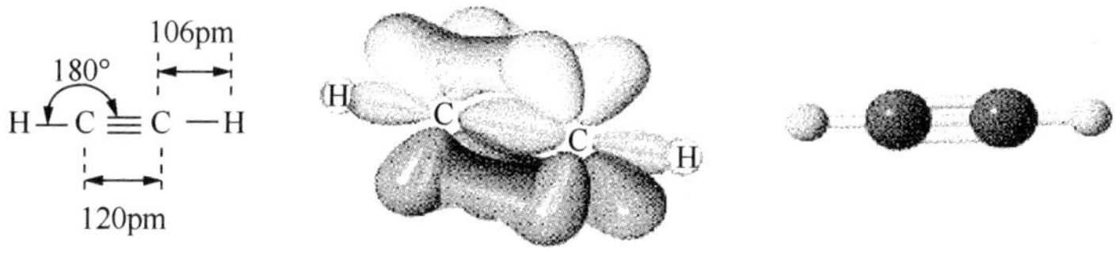

图2-10 乙炔的成键情况和分子球棍模型示意图

乙炔分子碳碳三键包含一个由sp-sp形成的σ键和两个由p-p形成的π键。与乙烯类似，π键的键强度较弱，易发生亲电加成反应等多种不同的反应。

2.1.3.4 碳原子不同杂化轨道的比较

从$sp^1 \to sp^2 \to sp^3$，杂化轨道中s轨道成分逐渐减少(50%→33.3%→25%)，轨道与核的距离逐渐增大，因此，形成的键也越来越长，键强度减弱。

表2-1中列出了sp^3、sp^2、sp杂化的碳原子所形成的σ键的键角、键长、键能。从表2-1的数据可以清楚地看出C—H键的键长从乙烷到乙烯到乙炔不断缩短，键能不断增大。

表2-1 乙烷、乙烯、乙炔中C—C、C—H键的键参数对比

分子	碳的杂化状态	键角	C—C键键长/nm	C—C键键能/(kJ/mol)	C—H键键长/nm	C—H键键能/(kJ/mol)
乙烷	sp^3	109.5°	0.154	368	0.110	423
乙烯	sp^2	120°	0.133	636	0.108	448
乙炔	sp	180°	0.120	837	0.106	548

不同杂化状态的碳原子具有不同的电负性。从 $sp \rightarrow sp^2 \rightarrow sp^3$，由于杂化轨道中 s 成分减少，与原子核的距离越来越远，原子核对杂化轨道中电子的吸引能力也越来越弱，使得不同杂化状态的碳的电负性不同，其顺序为

$$\chi_{Csp} > \chi_{Csp^2} > \chi_{Csp^3}$$

杂化轨道理论说明了碳原子可以通过不同的杂化轨道与另外的碳原子或其他元素的原子成键。当同种元素的原子形成共价键时，成键的两个原子电负性相同，共享电子对平均为两个原子所共有，这种共价键称为非极性共价键(nonpolar covalent bonds)，如 H—H、C—C 共价键。由非极性共价键形成的分子没有极性，称为非极性分子(nonpolarmolecules)。相反，不同种元素的原子间成键，如 C—Cl、C—O 和 C—N 等共价键中，由于成键的两个原子之间的电负性不相同，共享电子对较多地被吸引在电负性较大的元素原子核外围运动，表现出净电荷分离情况，电负性较大的原子端显示部分负电荷，而电负性较小的原子端显示部分正电荷。这种共价键被称为极性共价键(polar covalent bonds)，相应的具有极性的分子称为极性分子(polar molecules)。

键长、共价半径、范德华(van der Waals)半径、键能、键角和共价键极性均为共价键的性质。

2.1.4 共振论

共振论是 Pauling 于 1931 年提出的，认为“有些分子的真正结构是两个或两个以上的价键结构式的共振结果”，这些价键结构式被称为共振结构(resonance structures)。如苯的结构可以用两个共振结构表示如下：

共振极限结构式

共振杂化体

一般称左边的两个结构式为共振极限结构式(resonance contributors)，右边的非经典结构称为共振杂化体(resonance hybrid)。共振杂化体才代表了这些分子或离子的真实结构，而每个共振极限结构式是不存在的，它只存在于人们的想像中。

对于苯的结构，可以用杂化轨道理论和分子轨道理论给出很好的解释。杂化轨道理论认为，苯环的六个碳原子均采用 sp^2 杂化轨道成键，每个碳原子分别用三个 sp^2 杂化轨道与两个碳原子和一个氢原子形成 σ 键，组成一个平面六元环，余下一个 p 轨道，相互间侧面重叠形成一个大 π 键。π 电子云分布在环平面的上下两方(见图 2-11)。在苯环中，六个 p 轨道电子形成一个大 π 键，其运动范围扩大到整个苯环的六个碳原子。这种电子的离域将产生一个离域能，从而降低体系的能量，稳定化合物。

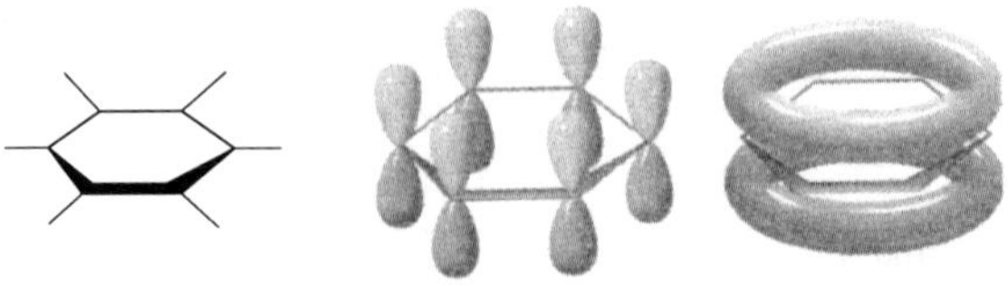

图 2-11 苯的成键情况示意图

2.1.5　键的断裂方式与反应活性中间体的基本结构

烃类化合物发生化学反应一般要经过若干步骤，其中共价键断裂是关键步骤，并产生非常活泼的中间体，称之为反应活性中间体(active intermediates)。共价键断裂方式分为均裂和异裂。均裂就是指原来共享电子对成键的两个原子各自带走一个电子，从而形成两个带单电子的片断，这种片断称为自由基(radicals)。与均裂不同，异裂则是指原来共享的电子对被成键的两个原子之一带走，通常中性分子发生异裂形成了一个带负电荷的片断和一个带正电荷的片断，前者称为负离子(anions)，后者称为正离子(cations)。碳-碳或碳-氢共价键均裂生成自由基，共价键异裂生成正碳离子、负碳离子。碳自由基、正碳离子和负碳离子是多种反应的重要中间体，具有很高的能量，在反应过程中存在的时间非常短。

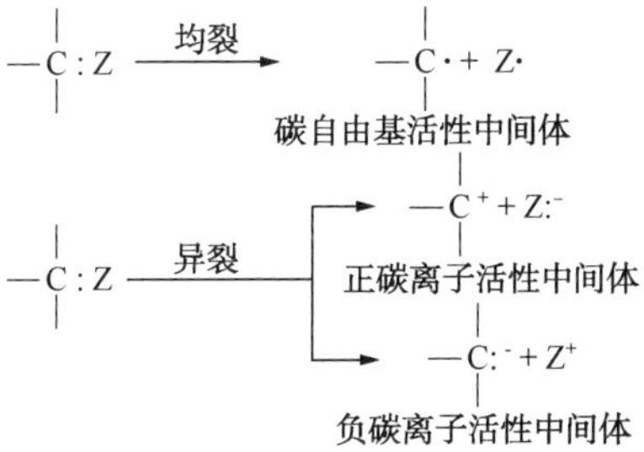

2.1.5.1　自由基

典型的碳自由基有甲基自由基 $CH_3\cdot$ (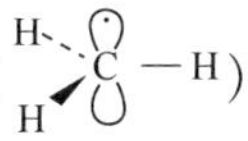)、烯丙基自由基 $CH_2=CH—CH_2\cdot$ (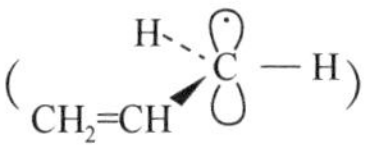)、苯甲基自由基 —$CH_2\cdot$ 等，这些自由基都带有单个电子的碳的价电子层有 7 个电子。由于电子未配对，倾向于获得电子，因此碳自由基具有亲电性。碳自由基的稳定性顺序与正碳离子类似，详见正碳离子章节。在碳自由基中，碳原子采用 sp^2 杂化方式，并使用三个 sp^2 杂化轨道形成三个 σ 键，形成一个平面三角形结构，键角约为 120°，而在垂直于该平面的 2p 轨道上有一个单电子。甲基自由基的结构如图 2-12 所示。

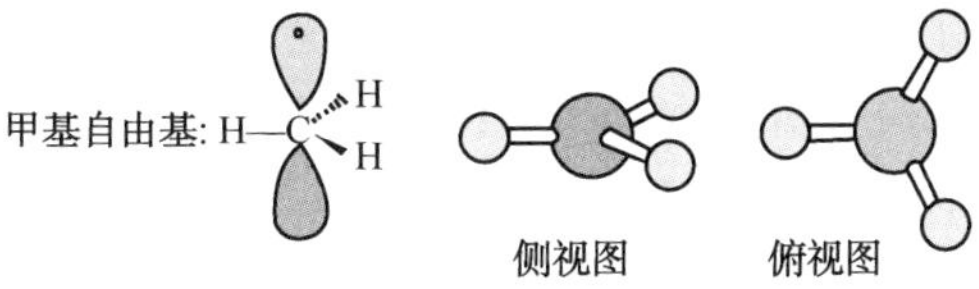

图 2-12　甲基自由基结构

2.1.5.2　正碳离子

正碳离子的结构与碳自由基类似，也是平面结构，其中心碳原子也是采用 sp^2 杂化轨道成键。缺电子的碳原子以 3 个 sp^2 杂化轨道与 3 个其他原子相连形成 3 个 σ 键，这样缺电子的碳和以 σ 键相连的原子处在同一个平面内，2 个 σ 键的键角约为 120°，不同之处在于碳正离子中，缺电子碳原子有 1 个空的 2p 轨道垂直于上述平面，带一个正电荷，因此具有很强的亲电能力。甲基正离子的结构如图 2-13 所示。

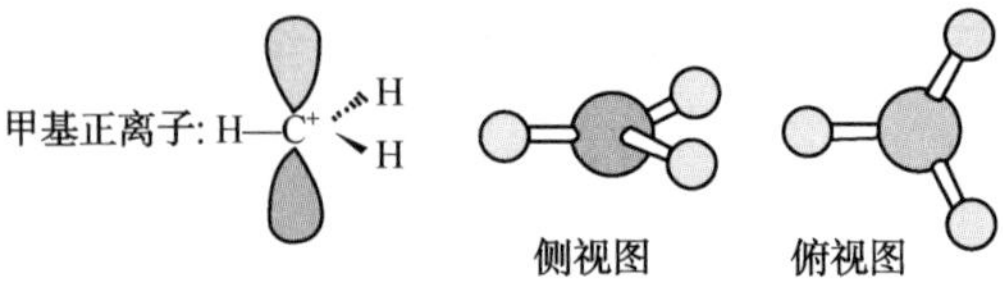

图 2-13 甲基正离子结构

在正碳离子中，带有正电荷的碳的价电子层只有 6 个电子，是缺电子活性中间体，是寻找电子的试剂，即正碳离子是亲电试剂。典型的正碳离子有异丙基正离子 $CH_3C^+HCH_3$(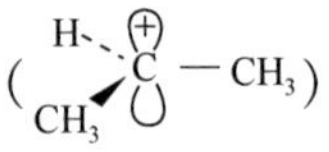)、叔丁基正离子$(CH_3)_3C^+$(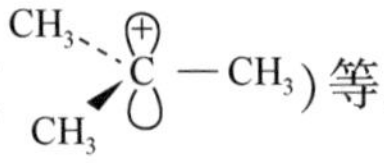)等。

2.1.5.3 负碳离子

三价碳原子上带有负电荷的物种称负碳离子活性中间体，如甲基负碳离子、苯甲基负碳离子等。负碳离子的结构和正碳离子或碳自由基不同。简单的碳负离子构型是三角锥形。带负电荷的碳原子以 3 个 sp^3杂化轨道与 3 个其他原子通过 σ 键相连，未成键电子对与三个共价键形成一个四面体结构。例如，甲基负碳离子的结构如图 2-14 所示。

第 4 个 sp^3杂化轨道带有一对电子，如图 2-15 所示的构型Ⅰ和Ⅱ。构型Ⅰ和Ⅱ通过“翻转”可以迅速转变。

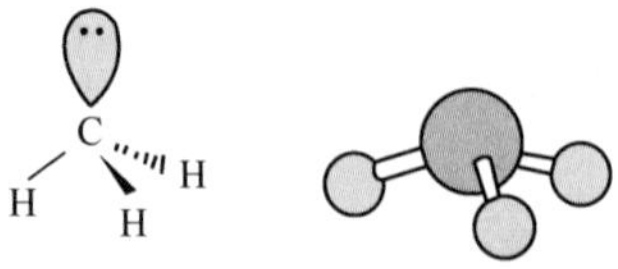

图 2-14 甲基负碳离子结构

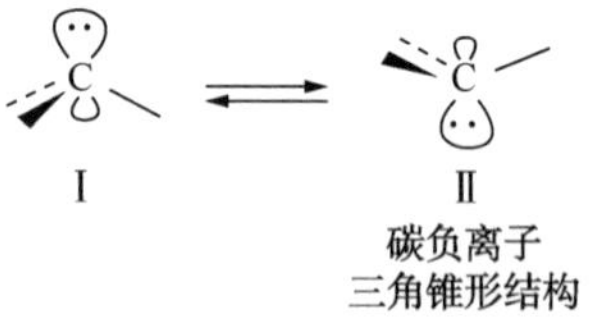

图 2-15 负碳离子构型Ⅰ和Ⅱ

在负碳离子中，带负电荷碳的价电子层有 8 个电子，有三对成键电子和一对未成键电子(或称成对电子)，这样的四对电子需要采取相互远离的方式排列，以降低相互排斥的能量。

负碳离子是亲核试剂。负碳离子是由 C—H 键在碱的作用下脱质子而形成，这种脱质子作用其实是 C—H 键酸性的体现。通常是酸性越强的氢越容易脱去，而氢的酸性大小是直接与形成负碳离子的稳定性相关。由于烷基具有给电子作用，伯、仲和叔负碳离子的稳定性顺序与正碳离子和碳自由基不同，其稳定性顺序为：

伯负碳离子 > 仲负碳离子 >叔负碳离子

2.1.6 过渡状态理论

过渡状态理论认为：化学反应不是只通过分子间的简单碰撞就能完成的，而是要经过一个中间的过渡状态，即反应物分子在相互接近的碰撞中，先被活化，形成活化复合物(过渡态)。这个活化复合物与反应物间成动态平衡。活化复合物分解得反应产物。例如：

$$\underset{\text{反应物}}{A+B—\dot{C}} \rightleftharpoons \underset{\text{过渡态}}{[A \cdots B \cdots C]} \longrightarrow \underset{\text{反应产物}}{A—B+C}$$

在 A、B—C 反应体系中，A 接近 B—C 分子中 B 原子引起反应时，B 和 C 之间的共价键的键长开始变长，键的强度开始减弱，B—C 键开始断裂；与此同时，A 和 B 之间的共价键开始形成。旧键开始断裂时吸收的能量较多，新键开始生成时放出的能量较少，放出的能量不足以补偿吸收的能量，所以随着反应的发生，体系能量开始升高（图 2-16直观地说明了反应体系能量与反应进程的关系）。反应进程继续前进，旧键进一步断裂，新键进一步生成，体系能量随着升高。当反应进程前进到 T 点时，体系的能量达到极大，此时体系称过渡态，如图 2-16 所示。由于过渡态处于能量曲线上的极大位置，因此是不稳定的，是分离不出来的，其结构也不能直接测定。到达过渡态后，反应继续沿着反应进程前进，能量逐步下降，最后 B—C 共价键完全断裂，A—B 共价键完全生成，得到产物 A—B 和 C，反应完成。如果反应沿着反应进程后退，能量也下降，最后 B—C 共价键重新生成，A—B 共价键重新断裂，又恢复为反应物 A 和 B—C，反应没有发生。

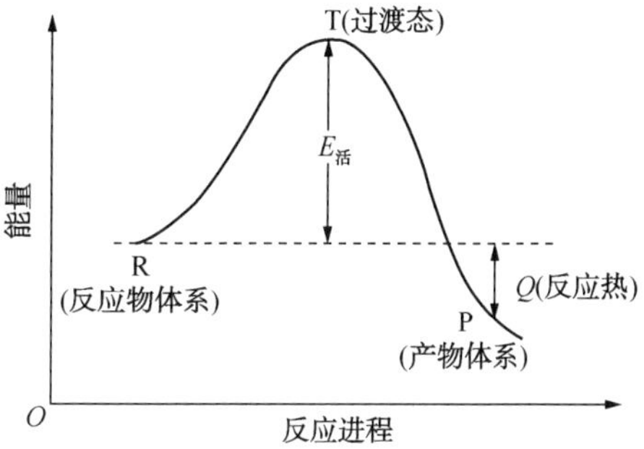

图 2-16　能量-反应进程图

在图 2-16 中，从反应物（R）转变为产物（P）要经过过渡态（T）。T 与 R 之间的能量差称为活化能，用 $E_{活}$表示。活化能是决定反应速率的主要因素，活化能大，能垒高，反应物越过过渡态困难，反应就慢；反之，活化能小，反应就快。在常温下，活化能小于 40kJ/ mol，反应速率快；大于 120kJ/ mol，反应速率慢。R 和 P 之间的能量差是反应热。因为 P 点能量较低，所以上述反应是放热反应，放出的热量等于 Q。

2.2　正碳离子化学

正碳离子（Carbocations）化学理论的研究已历经百年，作为一种合理地揭示碳氢化合物反应科学的完整方法已被广泛地接受，是正确理解催化裂化过程反应化学的基础知识[3,4]。

2.2.1　正碳离子类型

正碳离子化学围绕着两种正碳离子：一种是早被广泛接受的经典的正碳离子 R_3C^+；另一种是 20 世纪 70 年代所发现的非经典的 R_5C^+型正碳离子。

前面所论述的正碳离子为经典正碳离子（三配位正碳离子）。其结构是具有一个平面结构，中心碳原子和周围三个原子的键是通过 sp^2杂化键结合在一起，不存在着特殊的空间结构限制，如图 2-17 所示。经典正碳离子（carbenium）在不饱和烃 π 电子给予体的亲电反应中扮演着重要角色。非经典正碳离子（五配位正碳离子）是由正电荷中心（质子和正碳离子）亲电攻击 σ 键所形成的，碳与 8 电子以价环的方式形成的五配位结构，价环是由 3 个单一的 σ 键和一个包含 3 个原子中心和 2 个电子的“特殊键”所构成的，以 1C2H、2C1H 和 3C 三种形式存在，如图 2-18 所示。非经典正碳离子通常是不稳定的，经 α 断裂生成经典的正碳离子。而非经典正碳离子（carbonium）则是饱和烃 σ 电子给予体亲电反应优选的中间体。

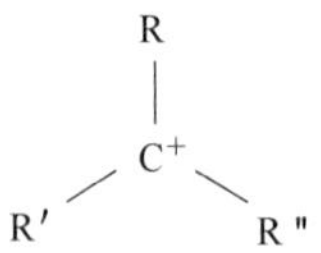

图 2-17　经典正碳离子(R_3C^+)

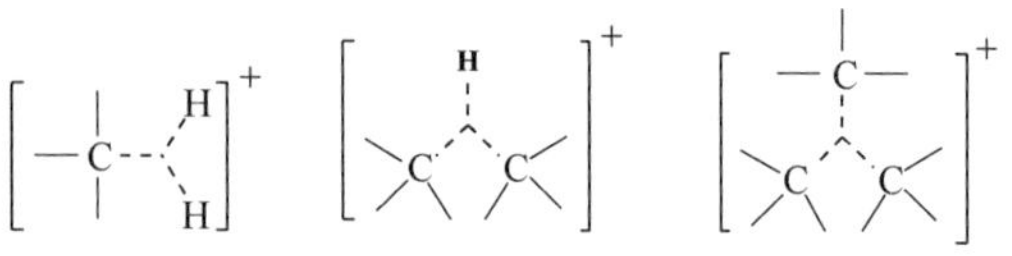

(a) 1C2H　(b) 2C1H　(c) 3C

图 2-18　非经典正碳离子三种形式

2.2.2　正碳离子的形成

2.2.2.1　经典正碳离子的形成

(1)链烷烃分子被 Brönsted 酸质子 H^+(proton)攻击，先形成一个 3 个原子中心和 2 个电子的特殊键(非经典正碳离子)，然后发生 C—H 键的质子化反应，断裂形成一个经典正碳离子和氢分子，反应方程式如下：

$$C_nH_{2n+2} + H^+ \longrightarrow C_nH_{2n+1}{}^+ + H_2$$

C—C 键也可以经历质子化反应生成一个较小的正碳离子和烷烃，反应方程式如下：

$$C_nH_{2n+2} + H^+ \longrightarrow (C_nH_{2n+3})^+ \longrightarrow (C_iH_{2i+1})^+ + C_{n-i}H_{2(n-i)+2}$$

(2) 正碳离子 R^+ 从饱和烃中抽取一个负氢离子 H^-，形成另一个正碳离子，其反应如下：

$$R—CH_2—CH_2—CH_3 + R^+ \rightarrow R—CH^+—CH_2—CH_3 + R—H$$

(3) 从烯烃中抽取一个负氢离子。

从烯烃中抽取一个负氢离子与一个质子反应生成氢分子，或者与一个正碳离子反应，造成此正碳离子解吸生成烷烃。两者的正碳离子生成的反应式如下：

$$R—CH_2—CH═CH_2 + H^+ \rightarrow R—CH^+—CH═CH_2 + H_2$$

$$R—CH_2—CH═CH_2 + R—CH^+— R \rightarrow R—CH^+—CH═CH_2 + R—CH_2—R$$

形成的烯丙基经典正碳离子要比相对应的饱和烃基经典正碳离子稳定得多。

(4) 引入一个质子或一个正碳离子到具有双键或三键的不饱和烃分子。

对于烯烃，在催化剂上的酸质子作用下，其正碳离子生成的反应式如下：

$$R_1CH═CHR_2 + HX \rightleftharpoons R_1CH^+CH_2R_2 + X^-$$

对于芳烃，在催化剂上的酸质子作用下，其正碳离子生成的反应式如下：

当一个正碳离子引入到烯烃分子时，优先生成新的正碳离子部位是质子电荷位于取代基最多的碳上，从而所生成的新正碳离子要比原正碳离子稳定得多，其正碳离子生成的反应式如下：

$$R—CH═CH_2 + R'^+ \longrightarrow R—CH^+—CH_2—R'$$

2.2.2.2　非经典正碳离子的产生

由于 σC—H 键和 σC—C 键的弱碱性，只有超强的酸或是亲电试剂进攻 σC—H 键和

σC—C 键，才能生成非经典正碳离子。非经典正碳离子是由不同类型的亲核电子（electrophilies）攻击而产生的，其生成方式如下：

（1）质子 H^+对烷烃分子的 σC—H 键和 σC—C 键攻击，生成一个三中心两电子键的五配位正碳离子，其正碳离子生成的反应式如下：

$$R_nH_{2n+2}+HX \rightleftharpoons R_nH_{2n+3}^{+}+X^{-}$$

由质子进攻 σC—H 键生成一个 3 个原子中心和含 2 个电子的特殊键 1C2H，如图 2-18（a）所示；由质子进攻 σC—C 键形成一个 3 个原子中心和含 2 个电子的特殊键 2C1H，如图 2-18（b）所示。

（2）经典正碳离子对烷烃分子 σC—C 键攻击，生成一个三中心两电子 3C 型假设键或者经典正碳离子对氢分子的攻击，生成一个 3 个原子中心和含 2 个电子的特殊键 1C2H。3C 型键结构如图 2-18（c）所示，其中 3 个原子中心是 3 个 C 原子。

2.2.3　正碳离子稳定性

对于经典正碳离子，叔正碳离子要比仲正碳离子稳定得多，而仲正碳离子要比伯正碳离子稳定得多，最不稳定的正碳离子为 CH_3^+。正碳离子稳定性的相对大小数量级为：

叔碳（CR_3^+）>仲碳（CR_2H^+）>>伯碳（CRH_2^+）>>>甲基碳（CH_3^+）

任何给电子效应都会使正碳离子更稳定，这些给电子效应主要有不饱和键的共轭效应以及烷基给电子超共轭效应。烯丙基型和苯甲基型正碳离子存在共轭效应，而正碳离子存在超共轭效应，见图 2-19。

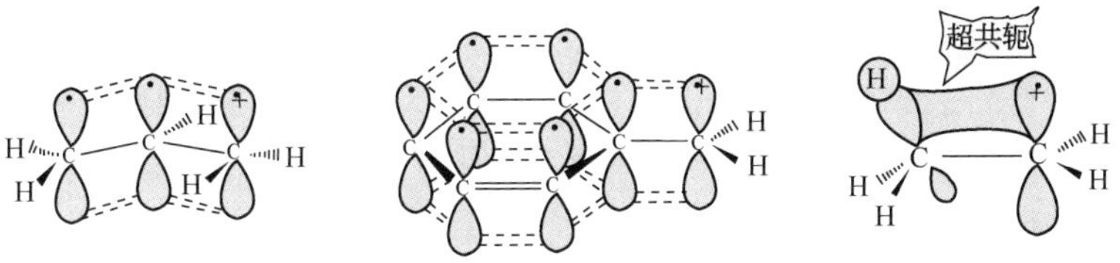

图 2-19　烯丙基型和苯甲基型正碳离子的共轭效应以及正碳离子的超共轭效应

考虑给电子效应，正碳离子的稳定性顺序如下：

叔碳苄基型>叔碳烯丙型>仲碳苄基型>仲碳烯丙型>[叔碳>仲碳~伯碳苄基型~伯碳烯丙型>伯碳]>CH_3^+

其中，方框中部分是与碳自由基的稳定性不同的部分。这种不同反映了正碳离子的缺电子特征。正是由于正碳离子的缺电子，超共轭效应对于正碳离子的稳定作用强于对碳自由基的稳定作用。

正碳离子的本征反应活性显然是与其稳定性相反的，如夺取负氢离子，伯正碳离子反应活性要比仲正碳离子大得多，相应地大于叔正碳离子。

非经典正碳离子的稳定性规则大体与经典正碳离子相类似。烷基非经典正碳离子的稳定性随着分子中碳数的增加和带电荷碳上取代基数目的增加而增加。

2.2.4　正碳离子主要反应

经典正碳离子涉及异构化、β-断裂、自烷基化的环化、质子迁移、负氢离子转移、烷基化（聚合作用）等反应。在此只论述异构化、β-断裂和负氢离子转移。

2.2.4.1 异构化反应

正碳离子异构化反应分为无环结构和有环结构，无环结构又分为饱和与不饱和烷基正碳离子，而有环结构分为饱和、烯基、二烯基和烷基苯正碳离子。总之，正碳离子异构化反应可划分为以下三种类型：

I_1：正电荷中心位置因负氢离子转移而产生改变，而含离子骨架碳数未发生改变；

I_2：异构反应是由烷基 R^- 转移而发生的，造成含离子骨架碳数发生改变，但支链度没有改变；

I_3：异构反应主要是正碳离子骨架发生重排反应，伴随着支链度的改变。

从 I_1 到 I_3，异构化反应速率快速降低。这三种异构化反应通常情况也分成 A 和 B 两大类型：A 型异构化反应没有改变含骨架碳的支链度（I_1 和 I_2）；B 型异构化反应改变了含骨架碳的支链度（I_3）。

（1）异构化反应 I_1——负氢离子迁移

随着一个中间过渡状态的生成开始，类型 A 的重排反应就随之发生，其中负氢离子在两个相邻碳之间形成桥键，以负氢离子转移到原带正电荷碳上而结束。

图 2-20（a）末端位置上的两种典型的正碳离子形态在转化过程中是最稳定的，这两种正碳离子称为“σ 配合物”。而桥形的中间体（即 π 配合物）的稳定性略差一些，但也位于能量位势的低位。1，2 迁移发生很快，其速率取决于开始和最终碳的类型，递减顺序如下：T—T>T—S>S—S。（其中 S 表示仲碳离子；而 T 表示叔碳）。

1,3 迁移将涉及到一个过渡状态，其中氢在 1 和 3 碳之间形成了一个简单的桥键，即为质子化环丙烷结构，因为这样具有较低的势能。1,3 迁移肯定要比 1,2 迁移慢，因而其存在可能性小。1,2 和 1,3 迁移都属于 1，*n* 迁移的范围。对于在石油炼制反应过程中大部分的分子结构，1,2 迁移反应是最主要的转移反应，负氢离子转移的速率要比烷基基团快得多。

（2）异构化反应 I_2——烷基迁移

与前面的例子一样，烷基 R^- 迁移属于 1，*n* 迁移范围。1,2 迁移是最普遍的，而 1,3 迁移也要考虑。发生 1,2 迁移的 R^- 基团涉及到下列一系列基本步骤，如图 2-20（b）所示，由一种 σ 型离子配合物经一种 π 型配合物转变成另一种 σ 型离子配合物，同时伴随着正电荷迁移方向与烷基迁移相反。甲基的迁移相对比较容易，但仍然要比负氢离子转移慢得多并且难得多。烷基基团的迁移速率递减顺序为：CH_3^-> $C_2H_5^-$> $C_3H_7^-$>i-$C_3H_7^-$> t-$C_4H_9^-$。

（3）异构化反应 I_3——主链上正碳离子的骨架重排

在直链上起初是甲基支链，按 B 型异构化反应机理进行反应后，出现乙基支链，中间涉及内部的碳原子形成环状正碳离子，如图 2-20（c）所示。通过环状正碳离子异构化几乎是大多数烷基正碳离子 B 型重排反应唯一途径，这是因为此反应途径所需求的能量低。在这些环状正碳离子中，最常见的环状正碳离子是质子化环丙烷正碳离子（Protonated CycloPropane，简称为 PCP），而其他可能的环状离子是质子化环丁烷正碳离子（Protonated CycloButane，简称为 PCB）和质子化环戊烷正碳离子。B 型异构化反应比 A 型异构化要慢得多，两者速率之间相差数量级至少 10^3。

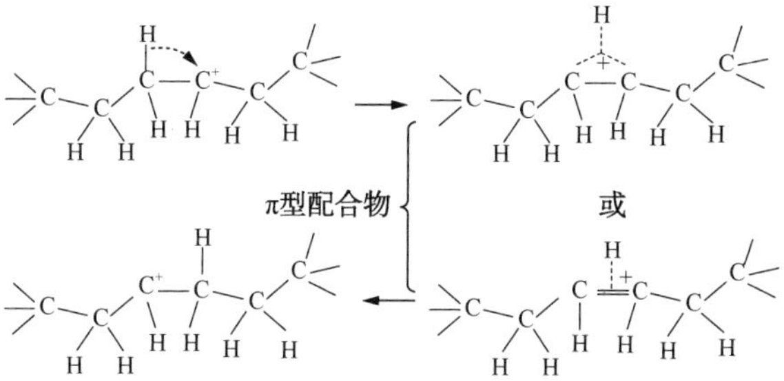

(a)由π配合物中间体进行的H转移

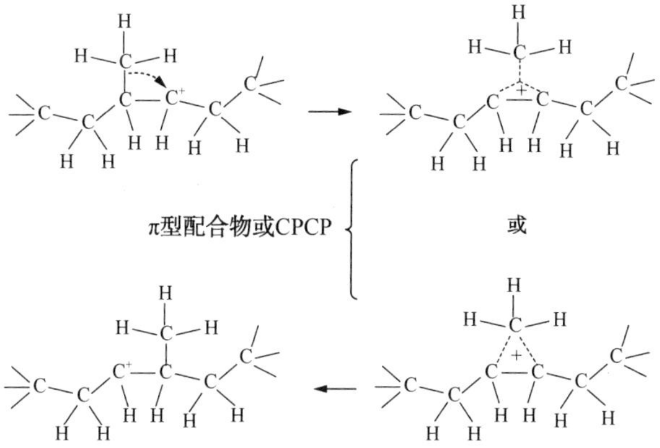

(b)由π配合物(或CPCP离子)中间体进行的甲基转移

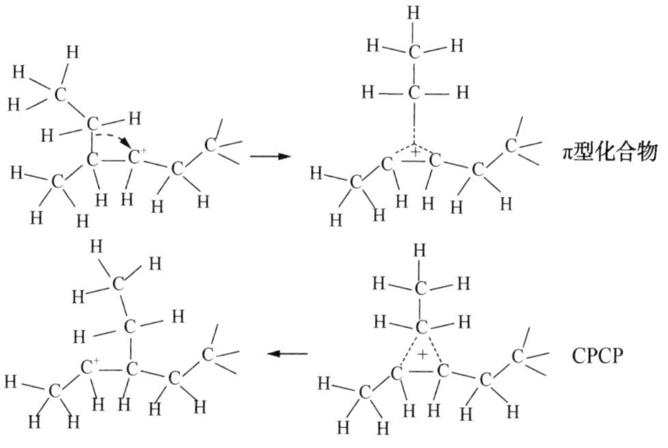

(c)乙基的迁移伴随着主链上碳原子数目的改变

图 2-20　异构化反应

2.2.4.2　β-断裂反应

在正碳离子的 C—H 或是 C—C 断裂机理中，β-断裂反应机理到目前为止是最为熟悉的。正如其名所指，β-断裂机理是指在带正电荷的碳 β 位的 C—H 或 C—C 键处发生断裂，如图 2-21 所示。

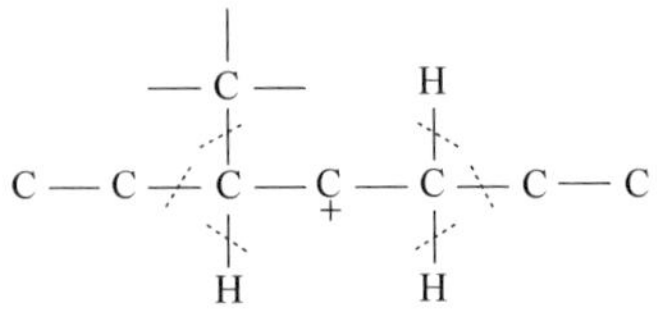

图 2-21 位于带正电的碳 β 位的 C—H 或是 C—C 键和可能断裂的位置

典型的叔正碳离子结构发生 β-断裂反应是相当有利的，因为导致生成另一个较小的叔正碳离子和烯烃。这种结构称为 ααγ，如图 2-22 所示。

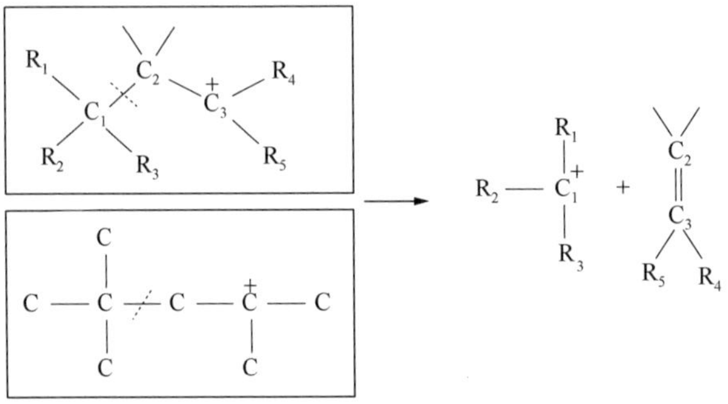

图 2-22 正碳离子 ααγ 结构—β-断裂反应最有利的结构

正碳离子$(C_mH_{2m+1})^+(m\geqslant 4)$的 β-断裂反应类型如下：

类型 A：β-断裂前后的正碳离子都是叔正碳离子，即表示为 T→T；

类型 B：β-断裂前后的正碳离子一个是仲正碳离子，另一个是叔正碳离子，又细分为类型 B_1，即表示为 S→T；类型 B_2，即表示为 T→S；

类型 C：β-断裂前后的正碳离子是两个仲正碳离子，即表示为 S→S；

类型 D：β-断裂前后的正碳离子一个是伯正碳离子，另一个是仲正碳离子。

当正碳离子是必须含有至少 8 个碳原子且对应的甲基基团的位置在链的 ααγ 位，那么 A 型 β-断裂反应是最快地发生裂化反应；当正碳离子分子只含有 7 个碳原子时，那么最快的 β-断裂反应变为 B 型(B1 或 B2)；当只有 6 个碳原子，那么 C 型 β-断裂反应是最快的；当只有 4 或 5 个碳原子，那么 D 型 β-断裂反应是最快的，详细见表 2-2。由于含有 2 到 5 个碳原子的正碳离子反应过程涉及至少生成一个伯正碳离子而不利于 β-断裂反应，因而形成一种离子类，难以发生断裂。

表 2-2 正碳离子$(C_mH_{2m+1})^+$的各种 β-断裂反应类型$(m\geqslant 4)$

模 式	$m\geqslant$	成 分	β 断裂产物		所涉及的离子	反应活性①
A	8	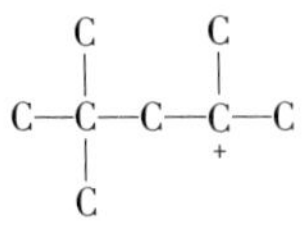	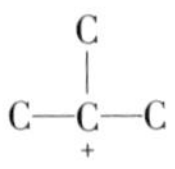	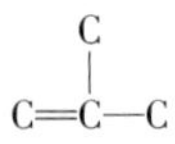	T→T	VH
B1	7	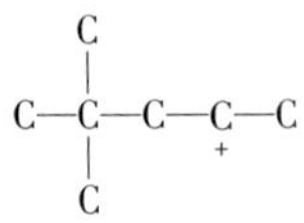	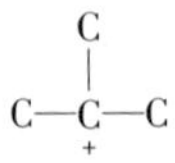	C=C—C	S→T	M 至 H

续表

模　式	$m \geq$	成　分	β 断裂产物		所涉及的离子	反应活性①
B2	7	C—C(C)—C—C(C)(+)—C	C—C(+)—C	C=C(C)—C	T→S	M
C	6	C—C(C)—C—C(+)—C	C—C(+)—C	C=C—C	S→S	L
D	4	C—C—C—C(+)—C	C—C(+)	C=C—C	S→P	VL

① VH=很高，H=高，M=中等，L=低，VL=很低。

β-断裂反应所形成的最小物种应含有 3 个碳原子，而不利于 C_1 和 C_2 产物生成。相反，这些 C_1 和 C_2 分子通常情况下是非经典正碳离子的 α-断裂所产生的或者是来源于热裂化过程自由基断裂。

A、B、C、D 型 β-断裂反应和 A、B 型异构化反应的相对反应速率列于表 2-3。这些相对值只是粗略地表明各种正碳离子的 β-断裂和异构化可能反应类型之间相对速率差异。表 2-3 所列的比较速率值是以 B2 型 β-断裂反应为基准(其值为 1)。

表 2-3　各种正碳离子异构化和裂化反应模式的相对反应速率

反　应	类型①	所涉及的离子	相对反应速率
β-断裂	A	T→T	170
异构化	A	π 型配合物或(CPCP)	56
β-断裂	B1	S→T	2. 8
β-断裂	B2	T→S	1(基态)
异构化	B	$EPCP^2$	0. 8
β-断裂	C	S→S	0. 4
β-断裂	D	S→P	≈0

① 类型：β-断裂或异构化反应类型。

从表 2-3 可以看出，最快的反应是 A 型 β-断裂反应(对应的甲基侧链基团在直链的 ααγ 位)和 A 型异构化反应，同时前者要比后者至少快 3 倍。关于双侧链的同分异构体的 β-断裂反应，B1 型的相对速率平均要比 B2 型快。这两个 β-断裂反应速率要比 B 型异构化(EPCP 反应中间体)稍微快点。D 型 β-断裂反应速率可被忽略。此外，对于长链烷烃，B1 型 β-断裂反应要大于 B2 型；对于 B 型异构化(EPCP 路径)，单侧链变为双侧链正碳离子的反应速率与双侧链变为三侧链正碳离子的反应速率接近。

当正碳离子中的碳数至少等于 8 时，它将会发生一系列复杂的比较快的异构化反应(负氢离子转移、甲基转移和骨架重排反应)和裂化反应。8 个碳以上的直链烷烃的正碳离子异构化和裂化反应路径如图 2-23 所示。

从图 2-23 中各种异构化和裂化反应路径反应速率的比较，可以得到重要的结论如下：

(1) 正碳离子的 A 型异构化反应(烷基转移)比 B，C 特别是 D 型 β-断裂反应快得多。只有正碳离子具有 ααγ 结构型的三侧链异构体时，A 型 β-断裂反应才显著比 A 型异构化反应快，但这种 ααγ 结构只有在碳数 $m \geq 8$ 时才可能出现。

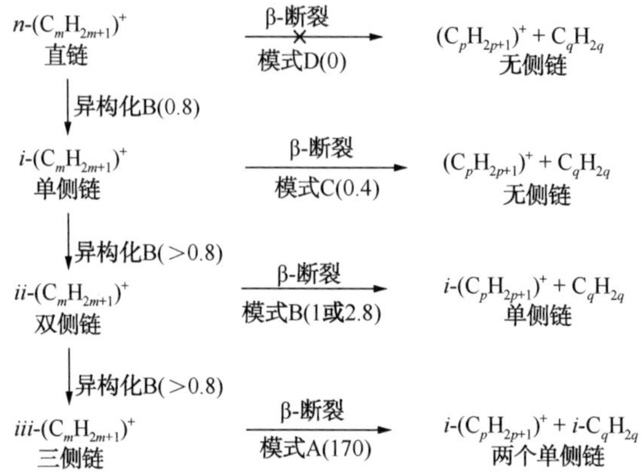

图 2-23　正碳离子 n-$(C_mH_{2m+1})^+$的异构化-裂化两种反应途径

(2) 三侧链正碳离子结构一形成，就会紧接着发生 β-断裂反应(除了 2，2，3-TMB)。在一般情况下，经过一次或连续几次 A 型异构化反应(相对速率 56)后，三侧链正碳离子形成了有利断裂的 ααγ 结构，从而促进了其裂化反应。

(3) B 型异构化反应(经 PCP 改变了支链度)要比 C 型 β-断裂反应稍微快一点，但比 B 型 β-断裂反应稍微慢一点点。因此，由于最容易断裂的异构体通过 A 型异构化反应很快能达到平衡，一旦第一个具有双侧链的正碳离子出现，裂化反应就开始缓慢进行。能发生裂化反应的双侧链异构体只有在 $m \geqslant 7$ 时才会形成(在戊烷和己烷中不存在这种结构)。这就清楚地解释了 $m=6$ 和 $m=7$ 时裂化反应速率的差异。

2.2.4.3　负氢离子转移反应

负氢离子转移反应的提出是基于经典正碳离子双分子反应机理，认为三配位正碳离子($R_2^+Z^-$)一旦形成，三配位正碳离子 R_2^+就是负氢离子受体，而烷烃分子(R_1H)是负氢离子供体。在固体酸催化剂作用下，三配位正碳离子 R_2^+会从烷烃分子中抽取负氢离子发生负氢离子转移反应，自身转化成产物烷烃(R_2H)的同时，使烷烃分子形成一个新的 R_1^+，从而使大分子烷烃裂化反应不断进行，反应方程式如下：

$$R_1H+R_2^+Z^- \longrightarrow R_1^+Z^- +R_2H$$

也就是说，三配位正碳离子与烷烃分子之间的负氢离子转移反应对双分子裂化反应的传递至关重要，通过进行负氢离子转移反应使反应物中大分子烃类不断消耗，从而使反应深度不断增加。同时，降低了烷烃生成 Carbonium ions 的几率。在 $R_1H+R_2^+Z^- \longrightarrow R_1^+Z^- +R_2H$ 反应中，反应方向取决于 R_1^+和 R_2^+的稳定性，反应向正碳离子较稳定的一方进行，R_1^+和 R_2^+的生成热之差是负氢离子转移反应的推动力。不同碳数正碳离子从烷烃抽取负氢离子所需能量列于表 2-4。

表 2-4　不同碳数烷烃负氢离子转移反应特性

烷　烃	C_6			C_{16}			C_{32}		
正碳离子	C_4	C_6	C_{12}	C_4	C_6	C_{12}	C_4	C_6	C_{12}
能垒/(kJ/mol)	78.7	103.3	112.8	42.2	67.2	76.4	24.9	49.9	59.1

从表2-4可以看出，不管正碳离子碳数如何变化，同碳数正碳离子从 C_6、C_{16} 和 C_{32} 烷烃中抽取负氢离子所需要的能量均依次降低，如 C_4 正碳离子从三种烷烃抽取负氢离子所需要的能量依次为78.7kJ/mol、42.4kJ/mol和24.9kJ/mol。这说明当反应体系中已存在相同的三配位正碳离子时，原料中烷烃相对分子质量越大，将越容易被抽取负氢离子发生双分子裂化反应。从表2-4还可以看出，碳数越大的正碳离子抽取负氢离子所需要的能量也越高，这表明碳数越大的正碳离子易于发生β键断裂反应，难于发生负氢离子转移反应。

2.3　催化裂化反应机理

即使以正碳离子为过渡态或中间体来解释催化裂化反应机理，仍然难以完整地描述催化裂化过程化学反应。到目前为止，已形成以下几种典型的催化裂化反应机理。

2.3.1　双分子裂化反应机理(Classical bimolecular mechanism)

气相中的烷烃分子和催化剂表面吸附的三配位正碳离子发生负氢离子转移反应，新生成的三配位正碳离子随后发生β-断裂反应。经典的正碳离子作为一个链载体(Chain carrier)，将β-断裂反应和负氢离子转移反应联系起来，此过程涉及到两个分子，因而称为双分子裂化反应机理，如图2-24所示。而作为链载体的正碳离子一般认为是可能形成的最稳定的正碳离子，如叔正碳离子。

2.3.2　单分子裂化反应机理(Protolytic cracking mechanism)

作为催化裂化反应的引发，烷烃C—C键和C—H键可以在固体酸上质子化生成五配位正碳离子carbonium ion，很容易分解为一个甲烷、乙烷或氢气和与之对应的三配位正碳离子carbenium ions，而carbenium ions从催化剂上脱附后，产生对应烯烃。质子化裂化反应机理通常也被称为质子化裂化反应或单分子裂化反应，如图2-25所示。

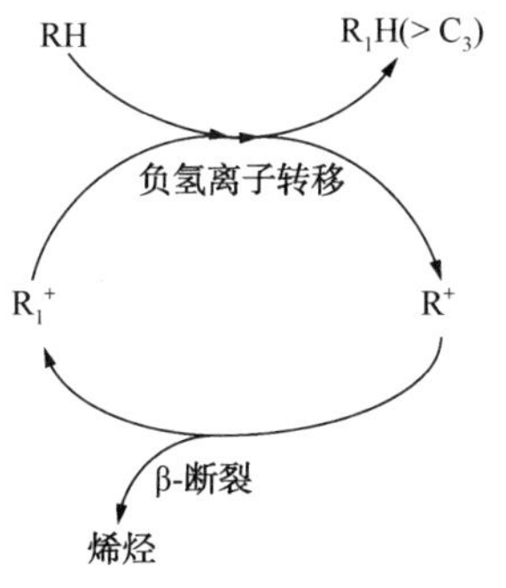

图2-24　双分子裂化反应机理

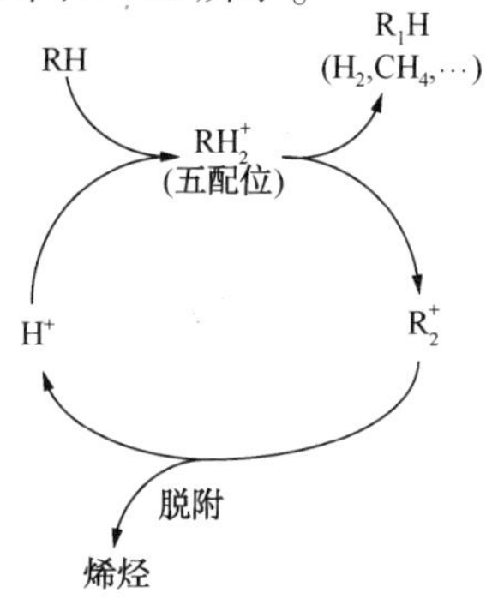

图2-25　单分子的质子化裂化反应机理

Haag-Dessau还发现，高温、低烃分压和低转化率条件下对单分子裂化反应有利；而低温、高烃分压和较高转化率下对双分子裂化反应有利。此外，分子筛结构影响两种反应机理的相对贡献，如HZSM-5由于其孔径小将抑制双分子裂化反应，从而有利于单分子裂化反应的进行。Haag-Dessau裂化机理成功地解释了烷烃裂化反应的自催化特征：反应初期，烷烃分子先通过质子化裂化反应产生烯烃，由于烯烃比烷烃更易接受质子，则随着转化率的增加，烯烃将逐渐赢得对质子的竞争，结果一旦烯烃达到一定浓度，双分子裂化反应将多于单分子裂化反应而占主导地位。

2.3.3 链反应机理

催化裂化反应机理区分为单分子和双分子反应机理，可能忽视了两种反应机理的内在联系，且容易造成误解。由于三配位正碳离子贯穿于整个催化裂化反应过程，其在两种反应机理中均存在，而且两种反应机理存在着某种联系，因此就需要用统一的观点来看待整个裂化反应过程。催化裂化链反应机理分为：

（1）链引发：链反应由 C—H 键和 C—C 键在 Brönsted 酸中心上引发，所形成的五配位的 Carbonium ions 分解为 Carbenium ions 和引发反应的产物甲烷和氢分子。

（2）链传递：链载体即 Carbenium ions 通过异构化和负氢离子转移反应传递链反应。

（3）链终止：Carbenium ions 脱附生成相应的烯烃后，链反应过程即告终止，B 酸中心恢复活性，稳态下达到脱附平衡。

2.3.4 质子化环丙烷裂化反应机理

正构烷烃在催化剂上裂化所生成的产物中含有大量的异构烷烃，同时 C_6 以上的正构烷烃裂化速率随碳数增加而几乎呈指数上升，经典正碳离子机理难以解释这一实验现象。质子化环丙烷裂化反应机理可以解释这些实验现象。正构烷烃的正碳离子首先形成质子化环丙烷中间体（PCP），然后发生异构化反应（见图 2-26）或裂化反应（见图 2-27）。质子化环丙烷发生 β-断裂反应分别产生叔正碳离子和 α-烯烃，其中叔正碳离子可以经负氢离子转移反应而生成异构烷烃，主要产物为异构烷烃和直链烯烃。这就解释了为什么正构烷烃产生的轻烷烃中异构/正构比高于热力学平衡值的问题，解释了为什么裂化反应中 C_1 和 C_2 难以生成，而 C_3 是最小的反应产物这一问题，解释了为什么反应速率随着烃类链长的增加而显著增加这一问题，尤其 C_6 和 C_7 反应速率发生突变的现象。

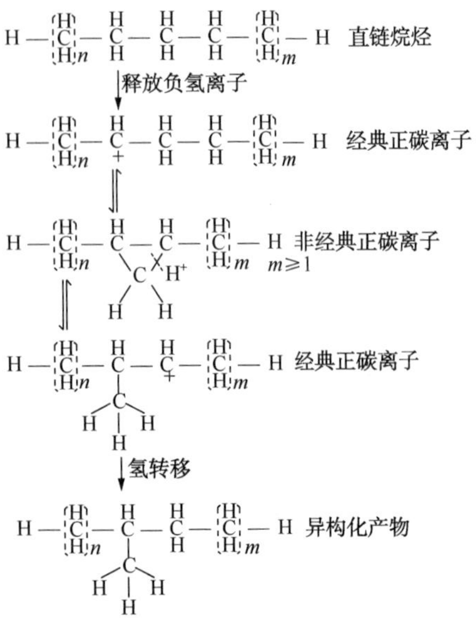

图 2-26 正构烷烃异构化反应机理

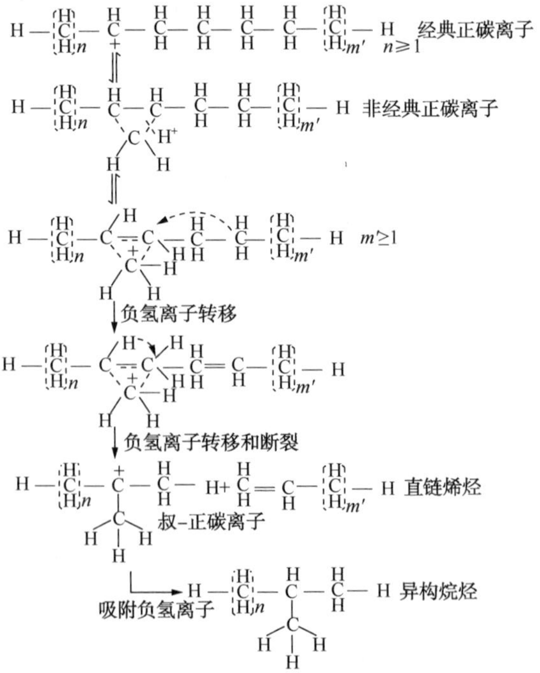

图 2-27 直链烷烃质子化环丙烷裂化反应机理

PCP 的断裂不仅避免产生 α 位正碳离子，而且可以解释正构烷烃裂化产物中异构烷烃含量高，产物分布主要集中在 $C_3 \sim C_7$之间等现象，这些现象也与正十二烷和正十六烷在催化剂上发生裂化反应所产生的产物分布比较一致。此外，PCP 机理也可以比较好地解释 i-C_4烯烃和烷烃较多(与丙烯相当甚至更多)的原因。烯烃裂化反应也如此，比如辛烯可以产生叔正碳离子中间体，而戊烯不可能产生叔正碳离子。当 $C_5^= \sim C_8^=$烯烃在 ZSM-5 分子筛上进行裂化反应时，裂化反应速率随碳数增加而迅速增加，辛烯的裂化反应速率是已烯的 20 倍左右。

从上述几种典型的催化裂化反应机理可以看出，虽然这些机理都能解释催化裂化过程反应中所呈现的规律和现象，但用其中一种反应机理来解释均不够完善，在催化裂化工艺过程反应中，始终涉及到单、双分子反应机理、链反应机理和 PCP 机理。质子化裂化反应和负氢离子转移反应贯穿于其中，是催化裂化过程中反应引发和反应传递的重要使者。

2.4 催化裂化工艺过程反应化学类型

催化裂化工艺过程反应化学主要涉及裂化反应(α 和 β-断裂)、异构化反应、氢转移反应、烷基化反应、环化反应、脱氢反应和缩合及其生焦反应。这些反应类型发生的程度影响着催化裂化的产物分布和产品性质。

2.4.1 裂化反应

裂化反应是催化裂化工艺过程反应的最重要反应之一。前面已论述，裂化反应涉及双分子反应机理和单分子反应机理，裂化反应可以用链反应来表示，通常分成三个阶段，一是链引发初始阶段，二是链传递阶段，三是链终止阶段。

2.4.1.1 反应引发阶段

在催化裂化工艺过程反应初始阶段，原料中的烷烃分子在催化剂 B 酸性位上质子化生成非经典的正碳离子，以该正碳离子为过渡态进行断裂。3 种断裂途径是以 3-甲基戊烷在酸性催化剂上反应途径为例(见图 2-28)，途径①是非经典的正碳离子断裂为甲烷和一个经典的正碳离子；途径②是非经典的正碳离子断裂为乙烷和一个经典的正碳离子；途径③是非经典的正碳离子断裂为氢气和一个经典的正碳离子。不同结构的经典的正碳离子统一代号为 C^+，以便于描述 C^+反应传递过程。

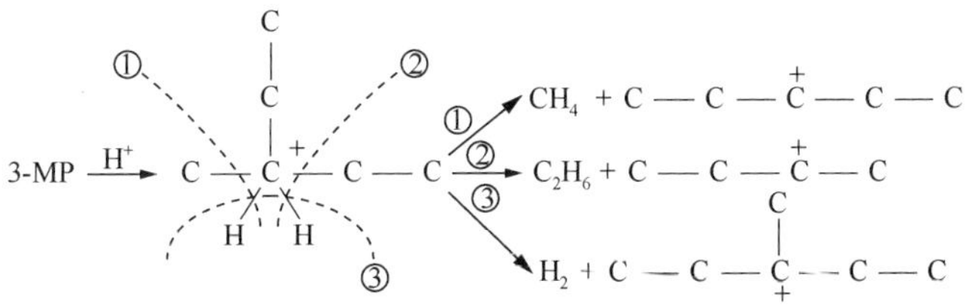

图 2-28 3-甲基戊烷在酸性催化剂上以非经典正碳离子为过渡态的反应途径

2.4.1.2 反应传递阶段

随着裂化反应的进行，反应过渡态以经典的正碳离子为主，裂化反应进入到反应传递阶段。此时发生的反应包括β-断裂反应，生成丙烯；异构化反应，生成支链度高的异构烷烃和烯烃；与大分子烷烃分子进行氢负离子转移反应，生成新的经典的正碳离子；与烯烃分子进行叠合反应，生成更大的正碳离子等等，其中正碳离子和烷烃分子之间发生了负氢离子转移，传递了裂化反应，负氢离子转移起到了双分子裂化反应的二传手作用。降低负氢离子转移反应速率，也就是降低了双分子裂化反应速率，因此，负氢离子转移反应成为裂化反应的控制步骤，此时可按双分子反应机理进行裂化反应。双分子重排-传递步骤如图2-29所示。

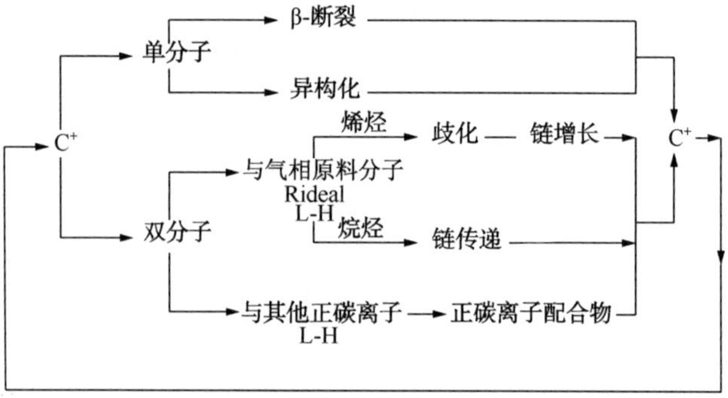

图2-29 裂化反应经典正碳离子传递示意图

2.4.1.3 链终止阶段

当经典的正碳离子从催化剂上解析而自身失去一个质子转化为烯烃分子，催化剂上的酸性中心恢复；或者经典的正碳离子从供氢体(如焦炭)捕获到一个负氢离子而自身转化为烷烃分子时，链反应终止；或者正碳离子自身不断释放负氢离子，而自身变成多环芳烃，甚至焦炭前身物。链终止三种方式如图2-30所示。

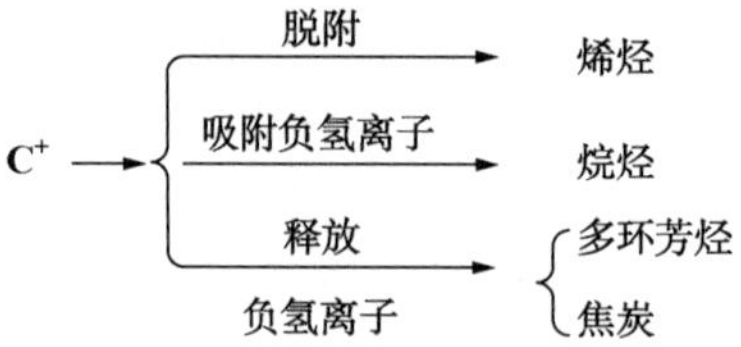

图2-30 裂化反应经典正碳离子终止示意图

由于烷基通过诱导效应和超共轭效应使得正碳离子总是向最稳定状态进行反应，因此所形成的正碳离子还会进一步进行异构化和β-断裂，导致催化裂化气体中的C_3、C_4含量很高。

2.4.1.4 裂化反应可控性

由于烃类分子链的长短不同，裂化反应所需的活化能也不同。随着烃类分子链的长度缩短，活化能增加，裂化反应难度也相应地增加。因此，可以有目的地设计工艺条件和选择催化剂活性组元，调控裂化反应深度，为此，提出了对烃类裂化反应进行选择性地控制概念，即裂化反应的可控性。氢转移反应在裂化反应深度和方向上起着重要作用，氢转移反应作用是一方面饱和产品中烯烃，使产品质量得到改善；另一方面终止裂化反应，从而保留较多的相对分子质量大的产物，即增加汽油和柴油的产率，降低气体产率。因此，氢转移反应在控制烃类裂化反应深度上起着重要作用，从而使催化裂化工艺技术具有生产方案的多样性。在催化裂化工艺中，烃类裂化反应深度控制在下列三个层次：

① 最大量轻质油馏分；

② 最大量汽油馏分；

③ 最大量汽油馏分和液化气。

2.4.1.5 裂化反应表征参数

在催化裂化反应过程中，单分子裂化反应机理和双分子裂化反应机理同时存在，最终产物分布将取决于二者发生的相对比例。“裂化机理比例”(cracking mechanism ratio，CMR)的概念是用于定量描述双分子裂化反应和质子化裂化反应发生的比例。如果质子化裂化反应占主导，产物中将主要是甲烷、乙烷和乙烯；如果是双分子反应占主导，产物将主要是异丁烷和丙烯等。因此CMR定义如下：

$$CMR = \frac{C_1 + \sum C_2}{i - C_4^0} \tag{2-1}$$

式中，C_1是甲烷的摩尔选择性，$\sum C_2$是乙烷和乙烯的摩尔选择性，i-C_4^0是异丁烷的摩尔选择性。CMR高(CMR>1)表示质子化裂化反应显著；CMR低(1>CMR>0)则意味双分子反应机理占主要地位。

2.4.2 异构化反应

在催化裂化工艺过程中，最容易发生的是烯烃双键异构化反应，还会发生甲基转移异构化反应(骨架异构化反应)。烯烃双键异构化在催化裂化催化剂上是很迅速的，当反应温度500℃时，双键转移和顺-反异构化可望达到平衡，通常测得正丁烯平衡时30%为1-丁烯，70%为2-丁烯，其反/顺比值为1.30。C_5和C_6烯烃的双键位置也显示了平衡分布。烯烃的支链异构化反应也很快，在催化裂化反应条件下可达到平衡，例如在反应温度500℃时，正丁烯转化为异丁烯或其逆反应的速率几乎相等。烯烃异构化在催化裂化条件下属于平衡时不完全的反应，故异丁烯与总丁烯的比值受平衡限制，各种丁烯异构体的平衡值见表2-5。戊烯的支链化比丁烯还快，在520℃各种戊烯异构物的平衡值见表2-5。

表2-5 各种碳四或碳五烯烃异构体对总碳四或碳五烯烃的热力学平衡值

化合物	平衡值	化合物	平衡值
1-丁烯	0.138	1-戊烯	0.048
顺-2-丁烯	0.166	顺-2-戊烯	0.155
反-2-丁烯	0.245	反-2-戊烯	0.119
异丁烯	0.451	2-甲基-1-丁烯	0.236
		2-甲基-2-丁烯	0.430
		3-甲基-1-丁烯	0.052

在不同温度下计算的异丁烯与总丁烯之比的平衡值示于图2-31，从图2-31可以看出，平衡值随温度的升高而下降，在510~538℃时，此值为0.45。在常规的催化裂化工艺条件

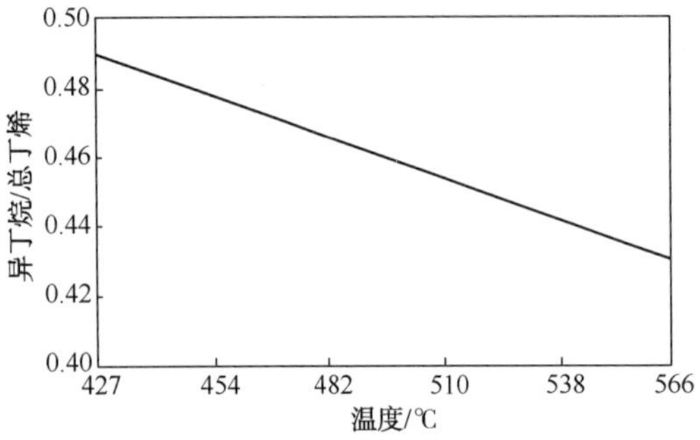

图 2-31 异丁烯与总丁烯之比平衡值

下，该值尚未达到平衡，一般在 0.2～0.35 之间。

烯烃度(烯烃/烷烃)和异构化指数(BI，即异构烷烃/正构烷烃)可以用来关联催化裂化汽油辛烷值。随着烯烃度的增加，催化裂化汽油研究法辛烷值提高，而马达法辛烷值没有明显提高；支链化程度的增加则对马达法辛烷值有重要贡献。表 2-6 列出了典型催化裂化汽油中 C_5～C_9烷烃的异构产物分布及 BI 值。虽然催化裂化过程中的异构化反应主要是烯烃异构化反应，但裂化汽油中烯烃支链化程度比烷烃支链化程度要低。这是由于异构烯烃易生成叔正碳离子而通过氢转移反应生成异构烷烃之故。此外，汽油中的异构烯烃也易于再裂化而生成气体。

表 2-6 催化裂化汽油中 C_5～C_9饱和烃的异构物分布 %

组　成	C_5	C_6	C_7	C_8	C_9
正构烷烃	10～20	8～16	12～22	17～28	7～14
单支链烷烃	80～90	68～78	58～66	50～66	53～61
双支链烷烃	0	13～16	16～25	16～22	25～39
三支链烷烃	0	0	0.9～2.5	≤1	0～2.5
BI	4～7.5	5～11	3～6	2.5～5	5～12

2.4.3 氢转移反应

氢转移反应是一种双分子反应，其过程涉及供氢体和受氢体，取决于反应情况，烯烃可以是它们中的任一个。氢转移反应涉及正碳离子，存在着两个连续的反应步骤：负氢离子转移和质子转移。氢转移反应过程如图 2-32 所示。

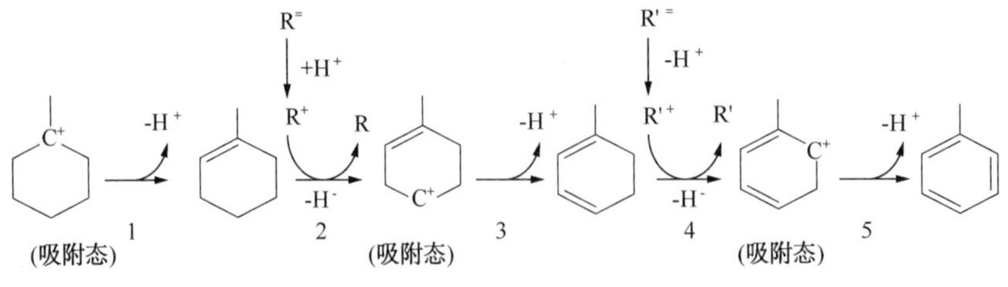

图 2-32 烯烃生成芳烃反应途径

分为两种类型的氢转移反应，如下方程所示。

氢转移反应类型Ⅰ：

$$\underset{\text{烯烃}}{3C_nH_{2n}} + \underset{\text{环烷烃(烯烃)}}{C_mH_{2m}} \longrightarrow \underset{\text{烷烃}}{3C_nH_{2n+2}} + \underset{\text{芳烃}}{C_mH_{2m-6}}$$

氢转移反应类型Ⅱ：

$$C_nH_{2n} \xrightarrow{\text{吸收负氢}} C_nH_{2n+2}$$

烯烃转化需要生成烷烃和芳烃，最好进行氢转移反应类型Ⅰ，抑制氢转移反应类型Ⅱ；反之，烯烃转化需要生成更多的烷烃，最好进行氢转移反应类型Ⅱ，抑制氢转移反应类型Ⅰ。氢转移反应的氢来源主要从三方面得到：环烷及环烯转化成芳烃；烯烃脱氢环化生成环烯；芳烃缩合生成焦炭。由此可以看出，氢转移反应对催化裂化的产物分布，尤其是产品组成的影响起着重要的作用。

氢转移反应的主要作用是减少产物中的烯烃含量，强烈影响产物的相对分子质量分布和焦炭产率。Jong 以减压馏分油为原料，用裂化产物中的丁烷与丁烯之比，即氢转移系数(HTC)来表示氢转移反应程度：

$$HTC = \frac{i-C_4 + n-C_4}{i-C_4^= + n-C_4^=} = \frac{i-C_4 + n-C_4}{\text{总 } C_4^=} \tag{2-2}$$

2.4.4　缩合反应

催化裂化过程反应不仅存在着缩合反应，并且缩合反应起到了重要的作用。焦炭生成与缩合反应密切相关。叠合反应也是一种缩合反应，属于特殊的缩合反应。典型的缩合反应可能是小分子单烯烃经过正碳离子中间体发生叠合、负氢离子转移、环化反应，最终生成芳烃。一旦芳烃生成，就可与其他芳烃或烯烃缩合生成高相对分子质量的烃类和焦炭。

2.4.5　其他反应类型

(1) 脱氢反应

原料中的烃类在催化裂化催化剂上发生脱氢反应活性是相当低的，可以忽略不计，但在两种情况下会发生脱氢反应，一是原料中含有较多的环烷烃；二是催化剂表面上沉积金属 Ni 和 V。

(2) 歧化反应/烷基转移

相同分子在一定条件下由于相互之间的基团转移而生成两种不同分子的反应过程。一般来说，歧化反应涉及的范围相对较广，涉及有机化合物的歧化反应如烷基芳烃、烯烃和烷烃等烃类。

(3) 环化反应

烯烃生成正碳离子后可环化生成环烷及芳烃。如正十六烯生成正碳离子后，能自身烷基化形成环状结构。生成的环正碳离子异构化后能吸取一个负氢离子生成环烷烃，或失去质子生成环烯烃。环烯烃再进一步反应，直到生成芳烃。

(4) 烷基化

C—C 键的形成在叠合与烷基化时发生。异构烷烃与烯烃烷基化时需要较强的酸。正碳

离子对芳烃的 π 电子攻击发生芳烃的烷基化：

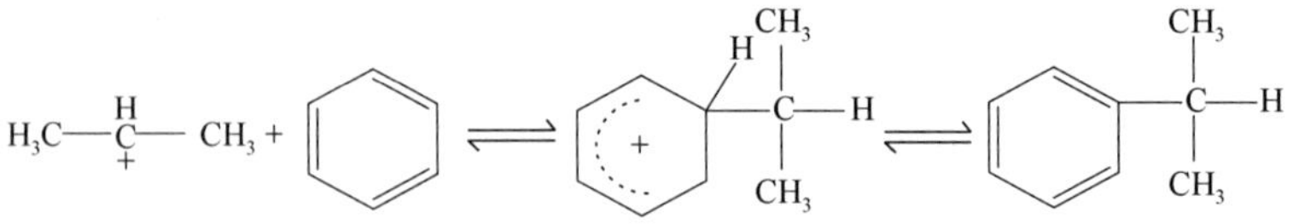

（5）芳构化反应

烃类芳构化过程是一个极为复杂的多种化学反应的宏观综合，涉及烃类裂化、脱氢、环化、异构化、氢转移、低聚等反应类型组合，同时也有少量的烷基化、歧化等反应发生。在催化裂化工艺过程中，随着烃类裂化反应的进行，大分子不断地裂解生成小分子烯烃，而小分子的烯烃经环化脱氢生成芳烃。

2.4.6 热裂化反应及其与质子化裂化的差异

2.4.6.1 热裂化反应

（1）热裂化反应的动力学特征

对于绝大多数烃类，当反应温度小于450℃时，其热裂化速率是较低的；当温度超过600℃时，所有烃类（除 CH_4外）的热裂化速率都是很高的。随着烃类相对分子质量的增加（即沸点升高），热裂化速率也增加，并且烯烃的热裂化速率明显高于同碳数的正构烷烃。馏分油热裂化速率常数见图2-33。热裂化属于非催化的自由基反应，其活化能远比催化裂化高，因此反应温度越高，热裂化反应越显著[4]。

（2）热裂化程度的判据

通常采用“$(C_1+C_2)/i\text{-}C_4$”比值可以比较好地区分催化裂化和热裂化反应。$(C_1+C_2)/i\text{-}C_4$比值低于0.6时，以催化裂化反应为主；在0.6~1.2时，介于催化裂化和热裂化之间；但大于1.2较多时，热裂化就比较严重。$(C_1+C_2)/i\text{-}C_4$比值与催化裂化汽油的异构化程度有很好的对应关系，因为只有真正的正碳离子催化裂化，才有明显的侧链产品。因此，可以用图2-34来说明热裂化与催化裂化的相对程度。

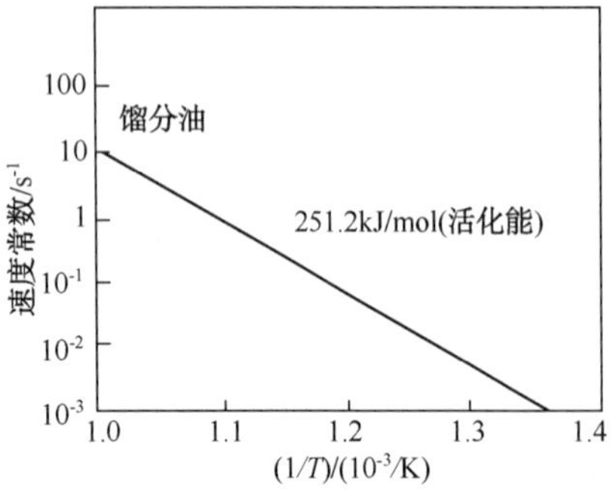

图2-33　热裂化速率常数

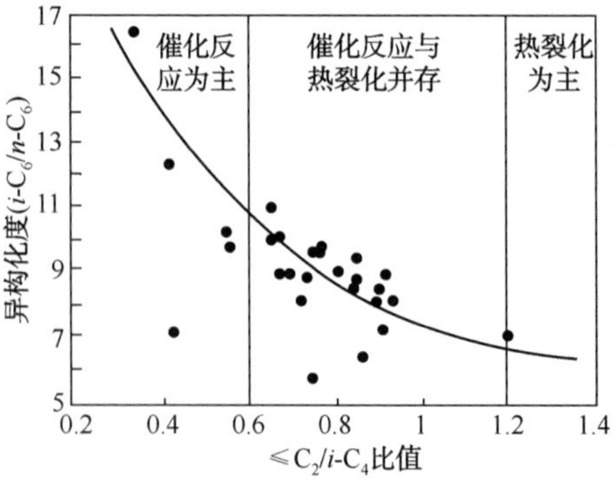

图2-34　汽油异构化度与$\leqslant C_2/i\text{-}C_4$比值的关系（实验室实验数据）

衡量热裂化程度的另一个指标是丁二烯含量，它与$\leqslant C_2/i\text{-}C_4$比值有很好的对应性。随着提升管顶部温度的提高，$C_4$馏分中丁二烯的含量将剧烈上升，当该温度由520℃提高到

540℃时(对常规的旋分器)，丁二烯的含量可由4000μg/g左右上升到10000μg/g左右。此外，可以采用$C_4/(C_3+C_4)$比值作为指标，当该比值在0.5左右时，意味着热裂化为主；而在0.65~0.70时，则以催化裂化为主。

2.4.6.2 热裂化与质子化裂化的差异

催化裂化反应过程所产生的H_2、C_1和C_2等小分子是热裂化反应造成的，还是催化裂化反应造成的，或者是热裂化反应和催化裂化反应共同造成的？如果是热裂化反应和催化裂化反应共同造成的，那么是否能区分热裂化反应和催化裂化反应各自的影响程度，从而有利于控制干气或干气某种组分的产生。以FCC汽油重馏分为原料，分别采用惰性石英砂及酸性催化剂，在反应温度为300~700℃范围内进行热裂化和催化裂化实验，得到热裂化和催化裂化的干气收率随反应温度的变化如图2-35所示。

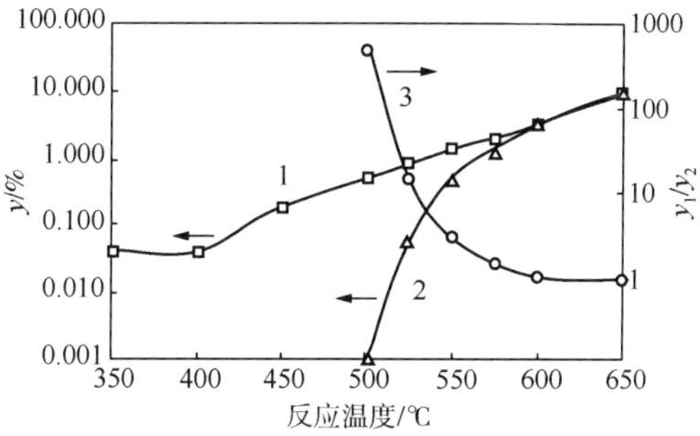

图2-35　FCC汽油重馏分FCC和热裂化反应中干气收率随反应温度的变化

1—催化剂；2—石英砂；3—催化裂化和热裂化干气产率之比

从图2-35可以看出，当反应温度为300~500℃时，FCC汽油重馏分催化裂化所得的干气100%由单分子裂化反应所产生的；525℃时，93%的干气由单分子反应产生的；550℃时，63%的干气由单分子裂化反应产生的；大于600℃时，干气几乎100%由热裂化反应所产生的。由此可以看出，FCC汽油重馏分的热裂化起始反应温度为500℃左右。

2.5 反应热力学

在有些反应系统中，热力学数据对预测反应可能进行的程度及选择最佳操作条件有很大价值。催化裂化不属于这类反应系统，因为主要的裂化反应是不可逆反应。但从热力学数据可以了解在催化裂化条件下可能进行的化学反应，并可预测几个二次反应的平衡数据。

热力学的另一个用途是从热焓数据计算反应热。表2-7列出了催化裂化的一些重要反应的一些热力学数据，包括不同温度下的平衡常数。在催化裂化反应条件下，大部分可能进行的化学反应都没有达到平衡。实际上，裂化反应达到平衡时几乎全部转化为石墨及氢。除了甲烷以外，所有烃类在温度高于200℃时的裂化反应，自由能容易改变。烯烃异构化及芳烃脱烷基反应在催化裂化条件下是可以达到平衡的[4]。

表 2-7　催化裂化过程中烃类化学反应的热力学数据

反应类别	化学反应	$\lg K_E$(平衡常数)			
		427℃	454℃	510℃	527℃
裂化					
烷烃裂化	$n-C_{10}H_{22} \longrightarrow n-C_7H_{16}+C_3H_6$	—	2.04	2.46	—
烯烃裂化	$1-C_8H_{16} \longrightarrow 2\ \ 1-C_4H_8$	1.47	1.68	2.10	2.23
	$1-C_8H_{16} \longrightarrow 1-C_6H_{12}+C_2H_4$	0.380	—	—	1.52
氢转移	$4C_6H_{12} \longrightarrow 3C_6H_{14}+C_6H_6$	—	12.44	11.09	—
	 $+3\ \ 1-C_5H_{10} \longrightarrow 3n-C_5H_{12}+C_6H_6$	—	11.22	10.35	—
异构化					
烯烃异构化	$1-C_4H_8 \longrightarrow$ 反$-2-C_4H_8$	0.212	0.32	0.25	0.09
烯烃异构化	$1-C_4H_8 \longrightarrow i-C_4H_8$	0.387	—	—	0.236
烷烃异构化	$n-C_4H_{10} \longrightarrow i-C_4H_{10}$	-0.297	-0.20	-0.23	-0.36
芳烃异构化	$o-C_6H_4(CH_3)_2 \longrightarrow m-C_6H_4(CH_3)_2$	0.328	0.33	0.30	0.303
环烷异构化	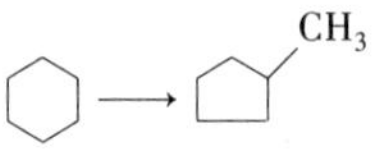	0.955	1.00	1.09	1.10
烷基转移	$C_6H_6+m-C_6H_4(CH_3)_2 \longrightarrow 2C_6H_5CH_3$	—	0. 65	0.65	0.65
环化					
烯烃环化	$1-C_7H_{14} \longrightarrow$ 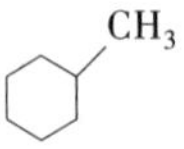	—	2.11	1.54	—
	$1-C_6H_{12} \longrightarrow$ 	1.18	—	—	0.375
烷烃脱氢环化	$n-C_6H_{14} \longrightarrow$ 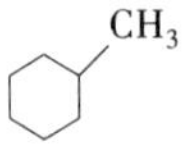 $+H_2$	-1.16	—	—	-0.750
烷基芳烃脱烷基	$i-C_3H_7-C_6H_5 \longrightarrow C_6H_6+C_3H_6$	0.164	0.41	0.88	1.05
脱氢					
环烷脱氢	 $+H_2$	-1.34	—	—	-0.264
烷烃脱氢	$n-C_6H_{14} \longrightarrow 1-C_6H_{12}+H_2$	—	-2.21	-1.52	—
	$C_3H_8 \longrightarrow C_3H_6+H_2$	-2.39	—	—	-1.19
	$n-C_4H_{10} \longrightarrow$ 反$-2-C_4H_8+H_2$	-2.26	—	—	-1.15
叠合	$3C_2H_4 \longrightarrow 1-C_6H_{12}$	—	—	—	-1.20
烷基化	$1-C_4H_8+i-C_4H_{10} \longrightarrow i-C_8H_{18}$	—	—	—	-3.3

从热力学角度分析来看，在常压、反应温度为400~500℃时，将烃类在固体酸性催化剂上发生的化学反应分为三类。第一类是平衡时基本上进行完全的反应(超过95%)，如长链的烷烃或烯烃的裂化及环烷与烯烃间的氢转移。第二类是平衡时进行不完全的反应，如异构

化及烷基转移等反应，对这类反应从平衡值观察其差异可能具有动力学意义。第三类是第一类反应的逆反应，在催化裂化条件下很少发生。

表2-7所列的裂化反应及氢转移反应为第一类反应示例，其平衡常数 K_E 值较大，在510℃时两种反应的 $\lg K_E$ 分别为2.10及10.35。特别是长链的烷烃及烯烃裂化反应可超过95%。表2-7所列的第二类反应有异构化、环化、脱烷基及脱氢等反应，这类典型反应的平衡常数是有意义的。表中最后列出的叠合及烷基化属第三类反应，其平衡常数值较小，如烷基化反应在527℃时的 $\lg K_E$ 值仅-3.3。这些反应由于热力学的原因在高的裂化反应温度下是不利的。

2.6 不同烃类化合物的反应化学

2.6.1 烷烃

烷烃只是含有弱碱性的σC—H和σC—C键，对酸的亲和力非常小，在酸催化剂上生成非经典的正碳离子，然后断裂生成经典的正碳离子。烷烃分子链长短不同，裂化反应所需的活化能也不同；烷烃分子越大，裂化活化能越低，裂化反应也越容易发生，而分子越小，裂化活化能越高，裂化反应越难以发生；对于相同的碳数，异构烷烃裂化反应速率高于正构烷烃，且碳数越大，其差异也随之增大，如图2-36所示。

n-C_8、n-C_{12}和n-C_{16}烷烃裂化产品碳数分布绘于图2-37。从图2-37可以看出，三种烷烃的产品分别为 C_2～C_6、C_2～C_8和 C_2～C_{12}。每摩尔原料裂化生成产物的摩尔数随原料分子中碳原子数的增加而增多；n-C_8裂化产物主要为 C_3～C_5烃类，n-C_{12}和n-C_{16}等长链烷烃的裂化产物主要为 C_3～C_6烃类，其中 C_4产率最高；随着反应物分子碳数的增加，C_3、C_4产率逐渐降低，而 C_6^+产率有所增加，同时裂化产物分布也越接近。

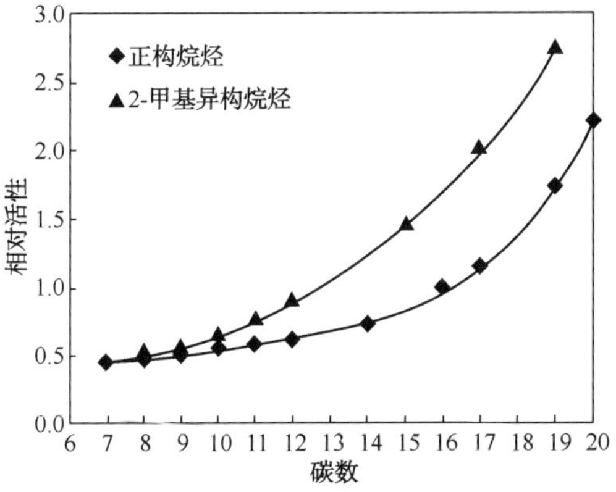

图2-36 烷烃的裂化反应能力与碳数大小的关系

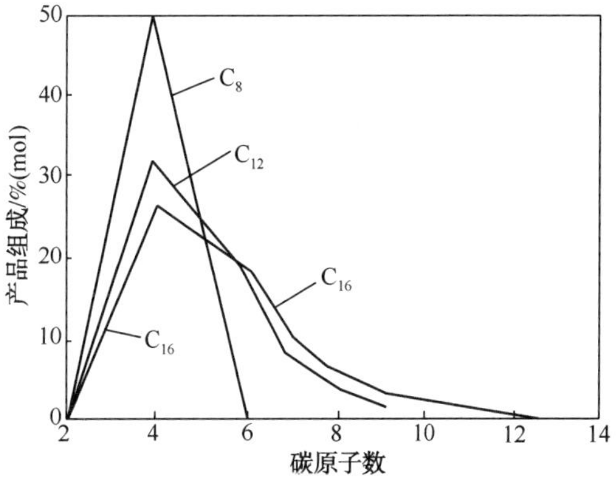

图2-37 n-C_8、n-C_{12}和n-C_{16}烷烃裂化产品碳数分布

烷烃碳原子数相同，但异构程度不同对反应转化率的影响也不同，如表2-8所示。表中列出了五种己烷异构体。带有季碳原子的转化率最低，其次是正己烷，2-甲基戊烷与3-甲基戊烷都是一个叔碳原子，其转化率相近，2，3-二甲基丁烷有两个叔碳原子，其转化率最高。

表 2-8 不同己烷异构体反应性能的比较

己烷异构体	转化率/%	己烷异构体	转化率/%
C—C—C—C—C—C	13.8	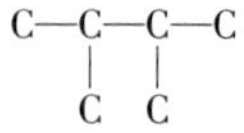	31.7
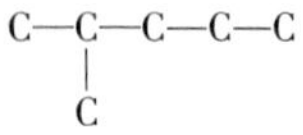	24.9	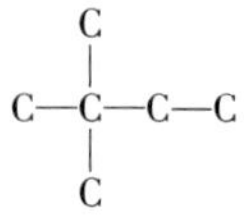	9.9
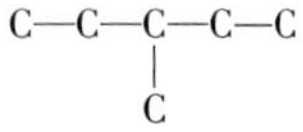	25.4		

在 ZSM-5 分子筛上，碳原子数相同，异构程度越高，其反应相对活性越低，如表 2-9 所示。

表 2-9 己烷和庚烷异构体的相对裂化活性

己烷异构体	相对活性	庚烷异构体	相对活性
C—C—C—C—C—C	0.71	C—C—C—C—C—C—C	1.0
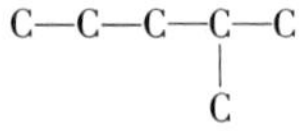	0.38	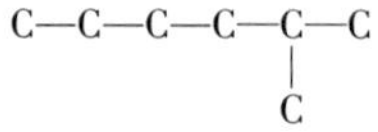	0.52
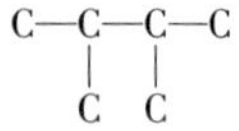	0.09	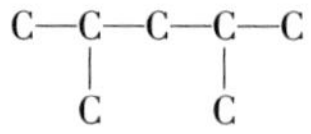	0.09

2.6.2 烯烃

烯烃具有双键结构，其在固体酸催化剂上形成正碳离子反应中间体速率要比烷烃容易得多。和烷烃相比，烯烃反应速率较快并涉及不同类型的反应选择。小分子烯烃(碳数小于 7)进行双分子的氢转移、叠合/烷基化等这些导致生成较重组分如焦炭的反应占据优势，而大分子烯烃(碳数大于 7)直接进行裂化反应和氢转移反应较为显著。烯烃在固体酸性催化剂上可能发生的反应类型见图 2-38。从图 2-38 可以看出，烯烃的异构化、裂化反应、氢转移和聚合反应是烯烃转化的主要反应类型，下面主要论述烯烃的异构化、裂化反应、氢转移和聚合反应。

(1) 异构化反应

烯烃的异构化反应也分为快速的 A 型异构化反应和较慢的 B 型异构化反应。各类型异构化反应快慢按降序排列如下：顺-反异构化>双键位置异构化>不改变侧链程度的骨架异构化>改变侧链程度的异构化。对于直链烯烃来说，温度升高更有利于 A 型异构化反应发生，而对 B 型异构化反应(带侧链烯烃，特别是随着侧链数目的增加)是不利的。

(2) 裂化反应

烯烃很容易在催化剂上形成经典正碳离子，烯烃的裂化反应只按照 β-断裂进行。各种 1-烯烃在 510℃下的裂化速率 k_0 和对应的直链烷烃在 510~540℃下的裂化速率 k_p 列于表 2-10。从表 2-10 可以看出，1-烯烃的反应活性随分子中碳原子数由 5 到 8 增加时很快地增加。与之相对应的烷烃同样适用。烯烃的反应活性总是比烷烃高很多。

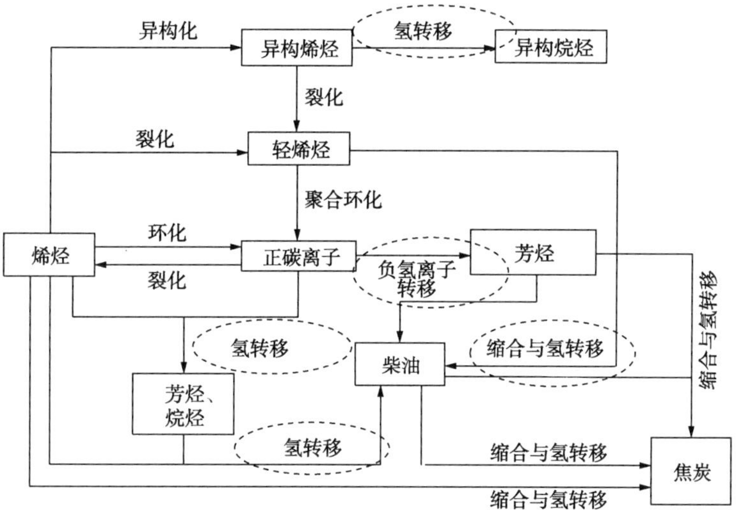

图2-38　烯烃在固体酸性催化剂上可能发生的反应类型

表2-10　烯烃和烷烃在HZSM-5分子筛上的裂化反应

碳　数	速率常数		速率常数比(k_o/k_p)
	烷烃 k_p/s^{-1}	烯烃 k_o/s^{-1}	
4	0.08	—	—
5	0.30	9.5	32
6	0.84	231.0	275
7	1.49	1823.0	1220
8	2.25	5732.0	2550

烯烃在催化剂HZSM-5上裂化生成低碳烯烃的选择性列于表2-11。从表2-11可以看出，2-$C_5^=$裂化有利于生成乙烯和丙烯，$C_6^=$裂化有利于生成丙烯，$C_7^=$裂化有利于生成丙烯和丁烯，$C_8^=$裂化时丁烯选择性最高，丙烯和戊烯基本相当。

表2-11　烯烃在催化剂HZSM-5上裂化生成低碳烯烃的选择性

原　料	转化率/%	选择性/%(mol)				i-$C_4^=$/$C_4^=$%
		$C_2^=$	$C_3^=$	$C_4^=$	$C_5^=$	
2-$C_5^=$	7.7	31.7	38.3	11.9	—	35.4
1-$C_6^=$	20.1	7.0	83.6	7.9	0.6	26.0
1-$C_6^=$	34.0	7.4	83.2	8.0	0.7	28.3
1-$C_6^=$	65.5	7.5	83.4	7.9	0.7	34.2
1-$C_7^=$	94.1	0.9	47.3	47.7	0.9	74.2
1-$C_8^=$	85.0	痕量	27.5	44.4	28.0	44.0

(3) 聚合反应

烯烃的齐聚/聚合反应活性取决于由质子化产生的正碳离子的稳定性，从这方面来说叔碳离子的活性要比仲碳离子高很多。由于烯烃生成仲正碳离子具有较低的反应活性，可以解释烯烃齐聚反应通常伴随着平行或者顺序的双键位置异构和骨架异构甚至氢转移反应，结果形成各种反应产物。相比之下，当烯烃直接形成叔碳离子时，齐聚反应速率要比异构化反应快。

(4) 氢转移反应

由于烯烃是不饱和的，发生氢转移反应很容易。在催化裂化过程中，烯烃分子和5或6个碳的环烷烃(例如，属于多环烷烃或环烷-芳烃)之间会发生氢转移反应，在这种情况下，受氢分子为烯烃，烯烃饱和生成烷烃，而环烷烃如果含有6个碳原子则变成芳香烃；如果含有5个碳原子，则生成环戊二烯，极易发生聚合反应。在烯烃中，含有亚乙烯基双键 CH_2═CR^1R^2 的烯烃能够形成叔正碳离子，具有最高的氢转移活性。这解释了为什么重质原料催化裂化过程中生成大量的异丁烯产物，同时异丁烯通过和不饱和的多环分子(如焦炭前身体)发生氢转移反应转变为异丁烷。烯烃所涉及的氢转移是许多石油炼制和石油化工工艺中焦炭生成的关键反应之一。

(5) 不同类型的烯烃反应活性

不同碳数正构烯烃的裂化反应速率常数列于表2-12。从表2-12可以看出，正十六烯及正十二烯在两种催化剂上的裂化反应速率分别约为正辛烯的三倍及二倍。

表2-12 不同碳数正构烯烃的裂化反应速率常数

烃 类	n-C_8H_{16}		n-$C_{12}H_{24}$		n-$C_{16}H_{32}$	
催化剂	Si-Al	REHX	Si-Al	REHX	Si-Al	REHX
裂化反应速率常数/s^{-1}	868	792	1958	1931	2833	2502
催化剂上炭/%	0.8	7.8	1.7	7.9	0.9	6.5

在较低反应温度和常压下，甲烷、乙烷、丙烷等小分子低碳烷烃在分子筛催化剂上发生催化裂化反应几乎是不可能，而乙烯、丙烯和丁烯等小分子低碳烯烃却很容易在分子筛催化剂上发生异构化反应、齐聚反应、裂化反应、氢转移反应以及环化或芳构化反应。例如，在反应温度为390℃，重时空速为0.5h^{-1}，常压条件下，丙烯在HZSM-5催化剂上反应几乎全部转化为烷烃和芳烃，丙烯在HZSM-5催化剂上反应途径为。

$$C_3^{=} \rightleftharpoons C_2 \sim C_{10}\text{烯烃} \xrightarrow{\text{氢转移}} BTX + C_2H_6 + CH_4 + H_2$$

同样，在常压和反应温度213℃反应条件下，乙烯在REX型分子筛催化剂上首先发生双聚和多聚反应，然后再发生裂化反应、环化脱氢反应，最后生成大分子烷烃、芳烃以及焦炭。因此，在开发多产低碳烯烃的催化裂化工艺时，通常注入较多的水蒸气以降低低碳烯烃分压，减轻其相互聚合反应。

2.6.3 环烷烃(烷基单环烷烃和烷基多环烷烃)

环烷烃是含有介于3个和8个以上碳之间的饱和环状结构，可能含有一个或多个烷基侧链(烷基环烷烃)，它们可以含有一个环(单环环烷烃)或是多个相邻的环(多环环烷烃)。由于环张力的存在，3元环和4元环很容易开环，随后主要发生聚合反应。4元环可异构化成5元环或开环并聚合，可能发生的途径主要由烷基侧链类型决定的。7元环特别是8和9元环相对较不稳定，更容易发生异构化反应生成5或6元环而不是开环。5或6元环具有最小的环张力，因此5或6元环是最为稳定的，这就解释了为什么石油馏分中几乎所有的环烷烃环都是以这种形式存在的。5元环和6元环之间的稳定性差异非常小但随温度变化很大。表2-13给出了环己烷-甲基环戊烷(CyC_6-$MCyC_5$)之间的平衡浓度，在低于130~140℃时CyC_6更稳定，温度升高对五元环有利。

表2-13　CyC_6-$MCyC_5$之间平衡受温度的影响

温度/℃	液体产品/%(mol)		温度/℃	液体产品/%(mol)	
	$MCyC_5$	CyC_6		$MCyC_5$	CyC_6
27	11.4	88.6	100	33.5	66.5
59	20	80	120	40	60
80	25	75	150	63	37

2.6.3.1　烷基环烷烃反应类型

环烷烃含有较多的仲碳原子，在十氢萘及带取代基的环烷烃中含有较多的叔碳原子，环烷烃比相应的直链烷烃裂化反应速率快得多。环烷烃裂化时，由于氢转移反应而生成大量的异构化和芳构化产物。同样，环烯烃比相应的环烷烃具有更快的β-断裂速率，并具有更强的异构化和氢转移反应趋势。此外，环烷烃如果带有较长的烷基侧链，含有叔碳原子，断侧链反应要比开环裂化快，并且生成低碳环烷烃和芳烃。环烷烃在催化剂上所经历的主要反应：

(1) 环和侧链烷基的异构化和裂化反应；

(2) 通过氢转移的环脱氢反应；

(3) 侧链烷基的环化、脱氢和缩合等反应。

对于环烷烃的异构化和裂化反应，特别是涉及环烷烃上环的反应，热力学因素起到决定性的作用，环收缩和扩张(例如由环己烷变为环戊烷)的异构化反应与反应温度有关，温度增加有利于从6元环变成5元环。反应温度高(>350℃到400℃)有利于开环(或裂化)反应。烷基环烷烃的反应可分别考虑环和烷基反应的可能性，然后再研究烷基环烷烃的环对侧链烷基反应的影响。

2.6.3.2　烷基环烷烃和烷烃反应活性比较

对于一定的碳原子总数，单分子中叔碳可能分布在环上或者是在烷基侧链上，而环外碳可以分布在几个短链上或者在一个长链上。当碳数大于5~7时，随着碳数的增加，反应速率迅速增加。环烷烃的总体活性高于相对应的碳数的链烷烃，见图2-39。从图2-39可以形成以下结论：

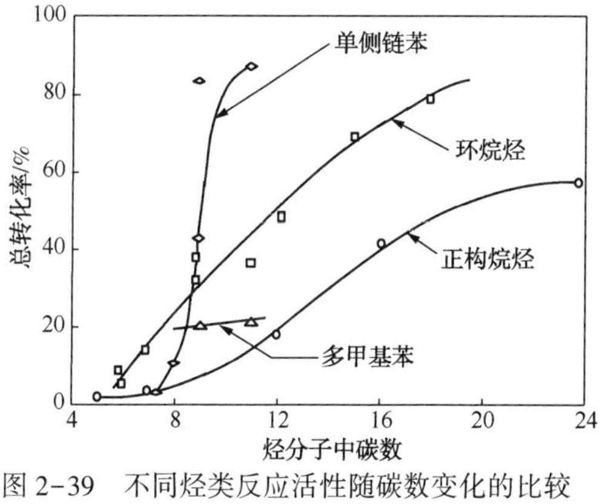

图2-39　不同烃类反应活性随碳数变化的比较

(1) 与直链烷烃相比，环烷烃反应速率高。这是因为烷基环烷烃除容易发生裂化反应外，还会发生异构化和氢转移。对于单环烷烃，环上每增加一个单侧链就会产生一个叔碳原子，从而增加了其反应活性，而对于直链烷烃，每增加一个侧链，只能增加一个仲碳原子。烷基环烷烃的反应产物除裂化反应产生外，还由异构化反应和氢转移反应产生的；而烷烃的反应产物主要是由裂化反应所产生的。

（2）对于这两种烃化合物，当碳原子数大于一定值后，裂化反应速率急剧增加。直链烷烃一般大于8，烷基环烷烃一般大于10。

2.6.3.3 环状正碳离子环的反应

环烷烃的环可进行三种类型的反应：环的异构化、β-断裂开环和氢转移反应。

（1）异构化反应

环状正碳离子各种可能的异构化反应速率大小顺序为：顺-反异构和负氢离子迁移≥甲基取代基迁移≥环的收缩-扩张(通过B型异构化)。

烷基环烷烃异构化反应分为A和B重排反应。而A型异构化反应又分为A1和A2两种类型。A1型为外环式异构化反应，不改变环中和烷基侧链中各自的碳原子个数：这种机理用于烷基的1，2环外式迁移(围着环)。A2型为内环式异构化反应，同时改变环中各个碳和烷基侧链中碳原子个数，但没有改变环上取代基的个数。

B型异构化反应是在5和6(或6和7)元环发生互变时，伴随着环取代基数目的改变。环的收缩-扩张型机理涉及质子化环丙烷(PCP)反应中间体，与直链烷烃骨架异构化反应(B型)机理一样。B型(内环式)迁移要比前两种迁移A1，A2型慢得多。例如，乙基环戊烷($ECyC_5$)异构化成甲基环己烷($MCyC_6$)的速率要比甲基环戊烷($MCyC_5$)转变成环己烷(CyC_6)的速率快得多，这是因为第一个异构化反应是A2型异构化反应，而第二个是涉及到PCP反应中间体的B型异构化反应。5或6元环的A和B型异构反应重要特征：

① 5或6元环要比烷基链对应的A和B型异构化反应快得多；

② 环的出现有利于烷基侧链的骨架异构化反应；

③ $2-MCyC_5$异构化转变成$3-MCyC_5$，CyC_6异构化转变成$MCyC_5$和$MCyC_5$异构化转变成CyC_6的相对速率可归类成以下次序：$2-MCyC_5/CyC_6/MCyC_5=9/3/1$。

（2）环的开环

环烷烃在酸性催化剂上的裂化反应可由环状非经典正碳离子的α-断裂或环状经典正碳离子的β-断裂进行。在此只讨论环状经典正碳离子的β-断裂的开环机理。

表2-14列出了在最有利于β-断裂的各种结构中，异构烷烃和烷基环烷烃相对裂化速率的顺序随碳数的变化(从碳原子数5到8)。从表2-14可以看出，环烷烃开环反应的活性是由环上的叔碳数、它们的相对位置和可能存在的异构体数目所决定。当烃类分子中碳数等于6时，环烷烃开环速率要比烷烃裂化速率快，随着碳数的增加，开环反应速率增加并不是很快，从二甲基环己烷开始，环烷烃与对应碳数的烷烃裂化反应相比，其开环反应速率就慢得多。对这两类烃来说，相同碳数时，最有利的裂化反应方式是相同的：对于烷烃和甲基环烷烃(C_8)来说，最佳裂化反应是A型；对于C_7来说，对应的是B型；对于C_6来说，对应的是C型。与对应链烷烃β-断裂相比，开环反应速率随着碳原子数的增加而缓慢地增加，环阻碍着β-断裂。环的阻力极大地消除了β-断裂反应A，B和C型之间存在的差异。

表 2-14　各种甲基环烷烃开环速率 V_0 和对应异构烷烃 β-断裂速率 $\dot{V}_c$ 的近似相对分类

模式	$M\geqslant$	反应物(甲基环烷烃)	开环产物	涉及离子	速率分类
A	8	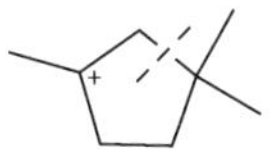	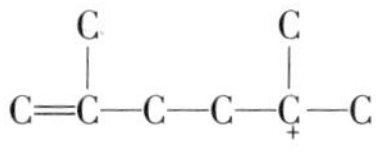	T→T	$V_0<V_c$
B1	7	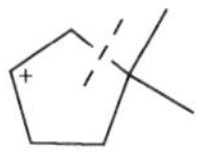	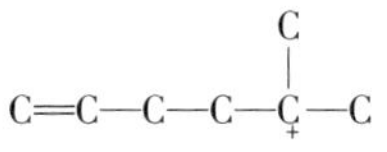	S→T	$V_0\approx V_c$
B2	7		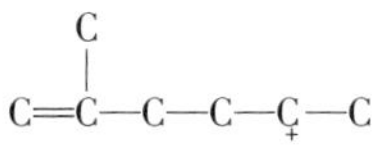	T→S	$V_0\approx V_c$
C	6	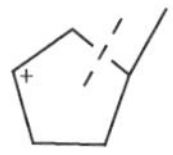	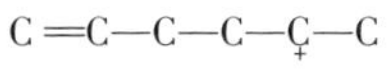	S→S	$V_0>V_c$
D	5	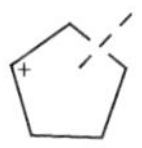	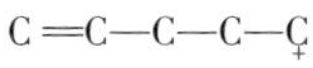	S→P	(没有数据)

注：型式，β-断裂模式；T—叔正碳离子；S—仲正碳离子；P—伯正碳离子；V_0—开环速率，V_c—开环产物 β 断裂速率(或对应异构烷烃)。

双环烷烃中 2 个叔碳原子的存在可以解释萘烷裂化速率高于环已烷，双环环烷烃如萘烷第一个环的开环要比第二个更容易并得到实验证实。环烷烃相对开环速率表示如下：

$$\text{多环}\xrightarrow{k_m=1}\text{双环}\xrightarrow{k_2=1.4}\text{单环}\xrightarrow{k_1=0.2}\text{烷烃}$$

由此可以看出，环烷烃开环的阻力在于单环烷基环烷烃的开环。

(3) 氢转移反应(HT)

环烷烃具有较强的氢转移反应趋势，因为这样可以生成稳定的芳香烃。与饱和环相比，在部分未饱和环上的氢转移反应速率更快，选择性更好，这是因为最初负氢离子在环烯烃上的转移速率要比在饱和环上容易，形成一个 π-烯丙基型的稳定不饱和正碳离子，只需较少基元反应的步骤就可以转变成对应的芳香环。

2.6.3.4　烷基侧链的反应

(1) 烷基侧链的异构化反应

烷基侧链的异构化反应就是与环相连接的烷基碳数目发生改变，包括侧链上碳数或侧链程度的改变。由五元环变成六元环(反之亦然)对烷基侧链反应活性的影响较大。扩环-缩环导致消除或增添外环碳原子，或者是一个单独的甲基(B 型异构化)或者是包含在已存在的烷基侧链中(A2 型异构化)。环上侧链烷基重排分为带有几个短烷基侧链的环和带有一个长烷基侧链的环。例如 DMCyC_6 可以转变成 ECyC_6，是经过两种异构化反应步骤(即 A2 型和 B 型)来实现的，如图 2-40 所示。

(2) 侧链的断裂

裂化反应是位于烷基侧链上或环和侧链之间碳-碳键的 β-断裂。尽管 β-断裂对环或是环上的烷基侧链都是可能的，但在侧链上 β-断裂速率会更快。

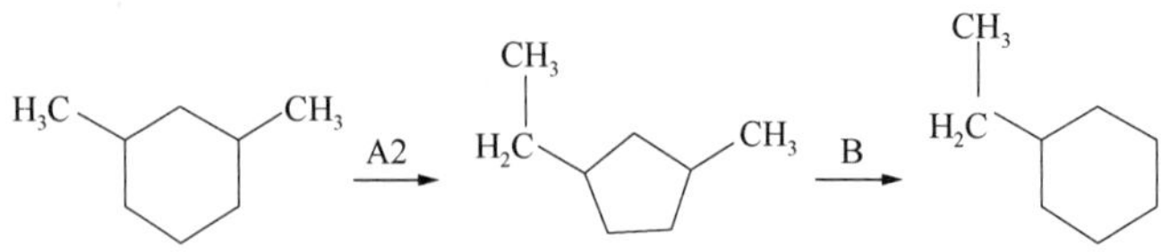

图 2-40 $DMCyC_6$转变成 $ECyC_6$的异构化步骤

2.6.3.5 不同类型的环烷烃反应活性

(1) 单环环烷烃

在反应温度为500℃时，环己烷仅有少量分解，但产物中含有较高浓度的氢气，说明在此反应温度下，脱氢反应速率要大于裂化反应速率。异丙基环己烷及戊基环己烷裂化时生成较少的氢气，说明高沸点环烷烃的裂化反应速率大于脱氢反应速率。总之，环烷烃裂化产物中的氢气产率要高于相应的烷烃裂化产物中的氢气产率。

甲基环己烷裂化产物中的裂化气(H_2+ C_1~C_4)产率为 25%，而相应的正庚烷裂化产物中的裂化气产率仅为 6.5%。由此可以看出，带取代基的环烷烃裂化反应较快，裂化产物也与链烷烃有很大的不同。环烷烃裂化产物中含有较多的异构烃和芳烃。烷基环烷烃裂化反应具有以下特点：

① 有利于 β-断裂的裂化反应生成 C_3、C_4馏分；

② 异构化反应显著，生成较多的 C_5~C_8环戊烷及环戊烯和 C_4~C_8异构烷烃及烯烃；

③ 生成一定量的芳烃，其中甲苯产率最高；

④ 生成一定量的焦炭，说明在发生裂化反应同时，也发生氢转移反应和缩合反应；

⑤ 产物中含有较高的异构烷烃，这是由烯烃先发生异构化反应，然后再经氢转移反应而生成的。

(2) 双环环烷烃

双环环烷烃在催化裂化过程中主要发生裂化反应与氢转移反应，详见十氢萘在 Y 型分子筛催化剂上的裂化产物分布，见表 2-15。表 2-15 同时列出四氢萘的裂化产物分布以便于比较十氢萘。

表 2-15 十氢萘和四氢萘在 Y 型分子筛催化剂上的裂化产物分布 %

项　目	十氢萘	四氢萘	项　目	十氢萘	四氢萘
反应温度/℃	500	500	反应温度/℃	500	500
转化率/%	87.66	86.54	转化率/%	87.66	86.54
裂化气产率	16.67	5.86	甲基环己烷	1.49	0.24
H_2	0.03	0.03	其他环己烷	12.26	—
C_1~C_2	0.61	0.24	苯	1.55	6.29
丙烷	5.30	2.10	甲苯	5.59	5.36
丙烯	0.95	0.66	二甲苯	9.51	13.42
异丁烷	6.48	1.08	C_3取代苯	5.86	2.35
正丁烷	2.62	1.19	环戊基苯	3.63	3.70
C_4烯烃	0.36	0.18	其他苯	—	7.28
液体产率	81.96	92.88	四氢萘	2.01	13.46
2-甲基丁烷	3.32	0.77	萘	3.53	26.14
2-甲基戊烷	2.77	0.41	萘系	4.38	10.30
甲基环戊烷	7.37	0.77	十氢萘	12.34	0.21
二甲基环戊烷	2.49	0.40	焦炭	1.37	1.26

从表 2-15 可以看出，十氢萘在转化率达到 87.66%时，反应主要产物是带侧链的环戊烷和环己烷以及异丁烷，还有单环芳香烃，萘以及萘系产率只有 7.91%。相比之下，四氢萘在转化率达到 86.54%时，大部分产物是芳烃，最主要是萘以及萘系，还有各种简单的单环芳烃（苯、甲苯和各种多甲基苯），少量的单环环烷烃和少量的链烷烃。产物中分子氢和 C_1 和 C_2 型碳氢化合物很少，说明质子化裂化反应是次要反应。由此可以推导十氢萘直接裂化生成 C_4 及环状 C_6 碎片。这些碎片可以形成相应的烯烃，或通过与十氢萘分子之间发生氢转移反应而生成饱和产物。气体产物中含有一定比例的丙烷及丙烯，可能是由十氢萘或其异构物或其裂化产物裂化生成的。烷基苯的生成可以认为是部分十氢萘发生氢转移反应生成四氢萘，四氢萘的饱和环再发生断裂反应生成烷基苯，因为十氢萘裂化生成的烷基苯与四氢萘裂化生成的烷基苯是相似的。产品中的萘可以认为是经两次氢转移反应而生成的，首先生成四氢萘，然后再经负氢离子转移生成萘。

（3）多环环烷烃

环烷烃由于具有仲碳和叔碳原子，在催化剂作用下容易形成仲正碳离子和叔正碳离子，因此环烷烃的裂化速率比烷烃快很多。然而随着环烷环数的增加，其分子直径明显增大，三环以上环烷烃在分子筛催化剂上反应速率有所降低。不管如何，多环环烷烃的裂化反应速率要高于相同相对分子质量的烷烃。多环环烷烃在分子筛催化剂上反应具有以下特点：

① 多环环烷烃第一个环裂化的速率与对应相同相对分子质量的单环烷基环烷烃以及具有相同相对分子质量且相同数目叔碳的链烷烃几乎相近：例如十氢萘和 2，7 二甲基辛烷就是这种情况。单环烷基环烷烃通过消去反应的裂化反应速率较快，从而证实了第一个环开环的阻力要比第二个环小很多。

② 裂化所得到的最主要产物是轻链烷烃，其中异构烷烃/正构烷烃（i/n）之比较高，同时还有以五元环为主的单环环烷烃。

③ 环烷烃不饱和程度对反应选择性有重要影响。

总之，双环环烷烃和多环环烷烃是生产汽油馏分的最好原料，这是因为双环中的第一个环或多环中的除最后一个环外都容易开环断裂，留下一个不饱和链在最后一个环上，而最后一个环又难以开环断裂，但可以通过一系列氢转移反应脱去环上的负氢离子而生成芳烃，从而留在汽油馏分中。对于汽油生产方案，环烷烃比烷烃更容易地转化为芳烃。

2.6.4　芳烃（烷基-和多环芳香烃）

出现在石油馏分中的芳烃化合物，包含有一个或多个六元芳环，通常芳环上含有烷基侧链或/和饱和环。芳环由于其高度的共轭效应而非常稳定。最稳定的是苯环，是石油馏分中最常见的一种碳氢化合物。由于苯环具有高稳定性，几乎不可能仅仅通过纯粹的酸性路径就破坏它的苯核结构。对于固体酸催化剂，芳环化合物可以在环和烷基侧链上进行如下反应：

（1）烷基芳烃的异构化反应，包括芳环或者仅仅是烷基侧链的异构化反应。

（2）芳环联结处或烷基侧链内的裂化反应。

（3）改变环上烷基侧链数目的歧化-烷基迁移反应。

（4）烯烃与芳环生成烷基芳烃的烷基化反应。

(5) 环上烷基侧链的环化反应(自-烷基化)。

(6) 芳环缩合反应。

2.6.4.1 烷基芳烃反应

(1) 初始正碳离子

烷基芳烃所发生的反应会涉及三种不同的正碳离子：烷基苯型正碳离子、苯基烷烃型正碳离子和苯基烷烃非经典型正碳离子，如图 2-41 所示。

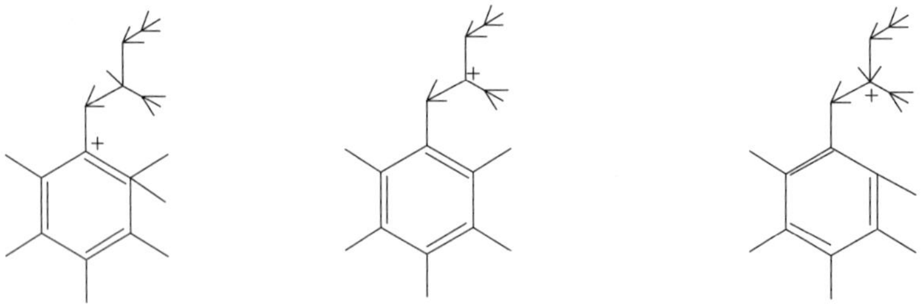

$C_6H^+_6—C_nH_{2n+1}$ (a)烷基苯型正碳离子　　$C_6H_5—C_nH^+_{2n}$ (b)苯基烷烃型正碳离子　　$C_6H_5—C_nH^+_{2n+2}$ (c)苯基烷烃型非经典正碳离子

图 2-41　烷基芳烃转变过程涉及的三种正碳离子

烷基苯型正碳离子，化学式为$(C_{n+6}H_{2n+7})^+$，由质子化芳环得到：

$$C_6H_5—C_nH_{2n+1}+H^+ \longrightarrow C_6H_6^+—C_nH_{2n+1}$$

苯基烷烃型正碳离子，化学式为$(C_{n+6}H_{2n+5})^+$，由烷基侧链移去一个负氢离子得到：

$$C_6H_5—C_nH_{2n+1}+R^+ \longrightarrow C_6H_5—C_nH_{2n}^+ +RH$$

在这类正碳离子中，存在着一个特例，即苯基烷烃型正碳离子所带的正电荷处于连接芳环的侧链碳上。这样的离子属于取代环上处于 α 位的 C_α 的苯基型离子 $C_6H_5—CH^+—C_{n-1}H_{2n-1}$。

苯基烷烃非经典型正碳离子，化学式为$(C_{n+6}H_{2n+7})^+$，由烷基侧链在超强酸上质子化得到：

$$C_6H_5—C_nH_{2n+1}+H^+ \longrightarrow C_6H_5—C_nH_{2n+2}^+$$

与烷基苯型正碳离子相同，但是它们的结构和稳定性却不一样，因为这种正碳离子很不稳定，趋向于通过 α-断裂快速发生裂化反应。在这两种类型正碳离子形态之间很可能存在着一个平衡，迁移方向高度趋于较稳定的烷基苯型正碳离子。大多数的反应涉及烷基苯型正碳离子和苯基烷烃型正碳离子。

(2) 烷基芳烃主要反应

① 异构化反应

烷基芳烃的异构化反应分为芳环上的异构化反应和烷基侧链的异构化。芳环上的异构化反应与环烷烃相类似，涉及 A 型和 B 型异构化反应。与环烷烃的 A1 型异构化反应相类似，烷基取代基由外环 1,2 位迁移所发生的异构化反应，既没有改变环中碳数也没有改变取代基数目。例如二甲苯，甲基基团 CH_3^- 从烷基苯型正碳离子环上一个碳迁移到另一个碳。

与环烷烃的 A2 型异构化反应相类似，烷基芳烃 A2 型异构化反应过程涉及到二烯环状正碳离子(环内异构化反应)的收缩或/和扩张反应。在 B 型异构化中，由二己烯正碳离子环的收缩-扩张(内环式异构化)的 B 型异构化反应将会改变芳环上取代基数目(即改变支链化程度)，以解释六甲基苯消去反应。在此不作论述。

在苯基庚烷长侧链的裂化反应过程中观察到烷基侧链的异构化，庚烷基链裂化生成的碎片要比庚烷裂化所生成的产物含有更多的异构体。这可能是苯基的存在有利于庚烷基链在裂化之前先发生重排反应。

② 裂化反应

裂化反应主要包含芳环连接处的 β-断裂反应，烷基侧链内的裂化反应以及烷基侧链碳数对裂化方式的影响。

芳环连接处的 β-断裂反应存在着两种烷基苯型正碳离子的 β-断裂方式：一是烷基苯型正碳离子直接脱烷基；二是消去(剥皮)反应，在此不作论述。

烷基侧链断裂的方式取决于侧链上碳数。甲苯的脱烷基反应是非常困难的。对于含有 2 到 3 个碳的烷基侧链，芳环连接处的脱烷基或者断裂是裂化反应仅有的可能。当烷基侧链大于 4 个碳原子时，可能发生侧链内部的 β-断裂。对于苯基离子，位于环 β 位的 C—C 键断裂反应优于离环较远的 C—C 键的 β-断裂反应。对于正丁基苯，仲苯基丁基正碳离子侧链内部的 β-断裂解释了丙烯和甲苯的生成。对于至少含有 6 到 7 个碳的长烷基侧链，除了环的 α 位置或环的 β 位置的 C—C 键的 β-断裂和相对应的烷烃 β-断裂基本相当，优先按 B 型裂化反应，特别是按 A 型裂化反应进行，通常首先涉及苯基烷烃型正碳离子的重排反应。

③ 歧化反应或烷基转移

歧化反应/烷基转移反应根据侧链的长度可以采用不同的机理。例如，一个甲基基团，通过双分子反应从一个环转移到另外一个环上面去，甲基基团总是至少连接在这两个环中的一个上。更长侧链(乙基或更长)也可以按照前面机理从一个环迁移到另外一个环上面去，但也可以通过脱烷基离开第一个环，再通过烷基化反应连到第二个环上面去。短烷基侧链就是甲基基团，最简单和最典型例子就是二甲苯双分子反应机理。长侧链歧化反应/烷基转移反应的例子就是乙基苯，包含引发阶段、传递阶段(链机理)和链反应终止等一系列基元步骤。在侧链碳数大于 2 时，烷基化/脱烷基的歧化反应机理很可能成为主要的反应机理，随着链长度的增加，将会更加明显。

④ 烯烃与芳烃的烷基化反应

烯烃与芳烃的烷基化的基元反应步骤开始是由烯烃质子化生成的正碳离子对芳香环 π 键的进攻，该步骤生成烷基苯型正碳离子，其初始是一个 π 型配体，然后转变成 σ 型配体，在接下来的步骤中，通过向烯烃(传递阶段)提供一个质子或者失去一个质子使 B 酸再生(终止阶段)而脱附形成烷基苯。

⑤ 芳烃环数增加的烷基芳烃的自烷基化反应

由烷基侧链上抽取一个负氢离子所形成的苯基烷烃型正碳离子能攻击芳核，如果侧链足够长(至少 4 个碳，如图 2-42 所示)则可以形成闭合环。

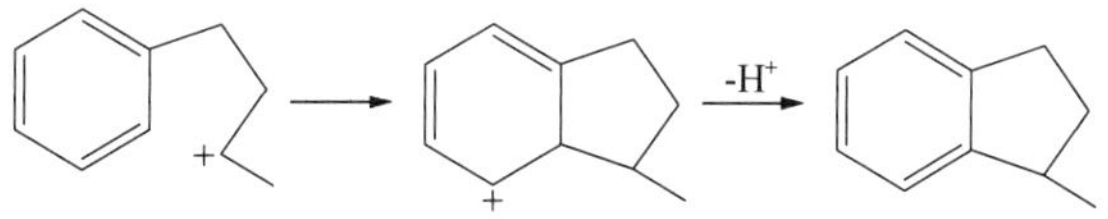

图 2-42 烷基芳香烃的自烷基化的环化反应

所形成的新环至少含有5个碳，2个碳由两个环共同拥有。对于丙基苯，这个反应可以忽略。如果烷基侧链含有4个碳原子，由自烷基化形成的新环，通过氢转移的脱氢和异构化组合可以形成第二个芳环而不涉及伯正碳离子的形成。自烷基化反应会产生焦炭前躯体的多环芳烃。

2.6.4.2 不同类型芳烃反应活性

芳香环很难发生开环裂化反应。苯环几乎不裂化，萘环只发生轻微的裂化，三环以上的芳环虽然发生少量的裂化反应，但主要是通过缩合反应而生成焦炭。烷基苯是芳烃化合物中最具有反应活性的，适合于生产高辛烷值汽油。裂化反应速率随着断裂的正碳离子的稳定性而变化，其顺序为：

叔丁基>异丙基>乙基>甲基

随着侧链长度和苯环 α 位上 C_α 上侧链取代基的增加，脱烷基反应越容易发生。当侧链长度增长，其他两类反应就会出现：侧链内部的裂化反应和自烷基化的环化反应，并且这两类反应将会越来越显著，尽管脱烷基反应从整体上来说仍然是主要的反应。

芳环或环烷环上长链烷基侧链的裂化主要发生烷基侧链的断裂反应，且烷基侧链裂化反应比例随着烷基侧链长度的增加而增加，烷基单环芳烃反应途径和反应速率见图2-43，随着反应进行，侧链烷基的碳数越来越少，反应速率也越来越低。

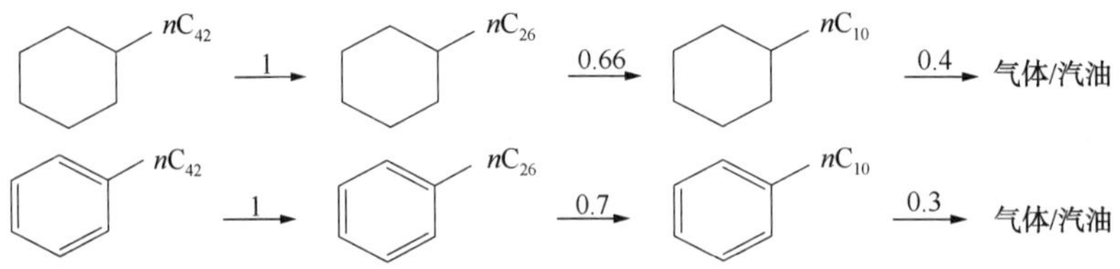

图2-43 长链单环芳烃裂化反应途径及其反应速率

四氢萘在Y型分子筛催化剂上发生环烷环开环、氢转移和很少量的异构化反应。从四氢萘的分子结构及主要裂化产物来看，四氢萘环烷环开环反应比例约为54%，氢转移反应的比例约为43%，异构化反应的比例为2%~3%。此外，还有少量的缩合反应发生，生成焦炭。

八氢菲混合物分别在Y型分子筛催化剂和ZSM-5分子筛催化剂上进行反应，主要生成物为丙烷、丙烯、丁烷、丁烯、甲基戊烷和环戊烷、环己烷类环烷烃、苯、C_1~C_4烷基取代苯、四氢萘、萘、烷基萘、联苯、菲、芘等，焦炭产率较低，并且在Y型分子催化剂上的转化率高于ZSM-5分子筛。在Y型分子筛催化剂上，八氢菲裂化开环反应比例约为79.8%，而氢转移、缩合生焦反应比例约为20.2%。在ZSM-5型分子筛催化剂上，八氢菲裂化开环反应比例约为73.9%，而氢转移、缩合生焦反应比例约为26.1%。

与四氢萘的氢转移和十氢萘的裂化开环为主不同的是，长侧链双环环烷烃、双环环烷芳烃和双环芳烃首先发生的是烷基侧链的断裂、脱烷基反应生成甲基、二甲基或三甲基萘或氢化萘，其侧链的断裂伴随着氢转移反应生成芳烃碎片，其反应途径及反应速率如图2-44所示。

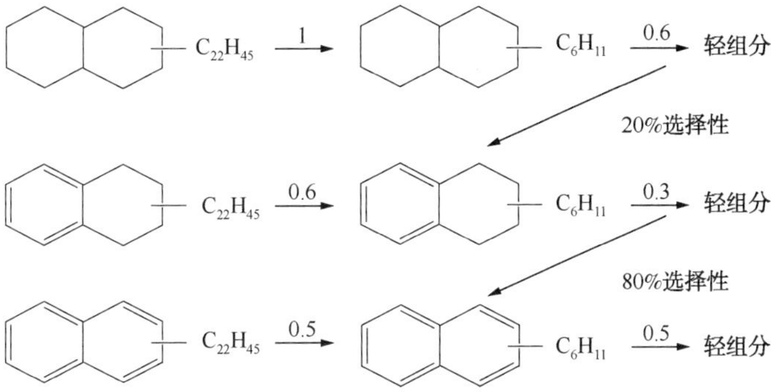

图 2-44　长链双环烃催化裂化反应途径

2.6.4.3　多环芳烃对裂化反应的阻碍作用

多环芳烃与烷烃、环烷烃并存会对烷烃、环烷烃的裂化反应具有阻碍作用，降低烷烃、环烷烃的裂化反应速率。实验结果表明：摩尔比为 10%的单环芳烃对正十六烷的裂化反应速率基本没有大的影响；掺入摩尔比为 10%~16%的萘时正十六烷的裂化反应速率常数下降了 28%；当只掺入摩尔比为 2%的二氢苊时，正十六烷的裂化反应速率下降显著，如图 2-45 所示。

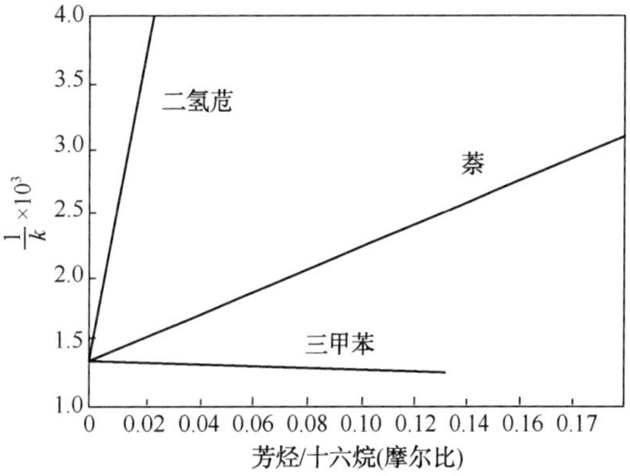

图 2-45　芳烃对正十六烷裂化反应速率的影响

这种现象说明贫氢芳烃随芳环数的增加对正构烷烃裂化反应速率的影响逐渐变大，三环芳烃的比例很小，已导致烷烃裂化反应速率的明显下降。这主要是由于多环芳烃极性强，吸附在催化剂中心活性位难以从催化剂表面上脱附，从而阻碍烷烃在活性位上吸附、裂化，且芳烃自身发生氢转移缩合生焦，降低催化剂活性抑制烷烃裂化。如果芳烃和烯烃同时存在，会对焦炭生成起协同作用。这种影响是由于芳烃在活性中心上的强烈吸附所致。像多环芳烃这类分子的吸附，很难使其从催化剂表面上脱附，很可能与烯烃产物竞相生成焦炭前身物。其次，烯烃极易与芳烃发生烷基化反应，在贫氢氛围内，足够长的烷基芳烃自芳构化、脱氢、最后生成焦炭。因此，多环芳烃在常规催化裂化条件下，尤其是烯烃含量较高时，不仅难于裂化，还会阻碍其他烃类的裂化。

2.6.5　不同烃类催化反应差异比较

在碳原子数相同时，反应活性按大到小的顺序排列如下：烯烃 > 带 C_3或 C_3^+烷基链的芳烃 > 异构烷烃和环烷烃 > 多甲基芳烃 > 正构烷烃 > 芳香环。不同烃类分子在催化剂上反应活性和反应途径取决于烃类的自身结构。烯烃最易裂化，而芳烃是很难裂化。不同类型的烃类催化裂化反应活性差异较大，如表 2-16 所列。

表 2-16 各种烃类的催化裂化反应活性大小

化合物	碳原子数	转化率/%	化合物	碳原子数	转化率/%
正庚烷	7	3	1,3,5-三甲苯	9	20
正十二烷	12	18	异丙苯	9	84
正十六烷	16	42	环己烯	6	62
2,7-二甲基辛烷	10	46	正十六烯	16	90
十氢萘	10	44			

各种烃类的催化裂化反应速率随相对分子质量的增加而增加。例如，以相对分子质量为500的烷烃裂化反应速率为1，而相对分子质量为300时裂化反应速率就降为0.63左右，这是在无定形催化剂上的试验结果，而在分子筛催化剂上，裂化反应速率和相对分子质量大小的关系并不如此明显。带有叔碳原子的烃类，可直接被抽取负氢离子而生成稳定的叔正碳离子，然后很快裂化。芳烃环上的侧链在三个碳原子以上时，裂化也进行得相当快。早期的研究估算叔碳的反应活性为仲碳的10倍，为伯碳的20倍，可能差异更大。带侧链的烷烃，如2,7-二甲基辛烷比正十二烷的裂化要快得多；十氢萘和2,7-二甲基辛烷都有叔碳原子，两者的裂化反应速率相当。在分子筛催化剂上也观察到类似的反应结果。

2.6.6 非烃化合物的反应化学

催化裂化原料中非烃化合物主要是指硫化物、氮化物和氧化物。研究这些化合物在催化裂化工艺过程中的反应化学，为这些化合物对催化裂化产物分布和产品质量产生不良影响提供理论分析基础。

2.6.6.1 氮化物

油品中的氮化物有碱性氮化物和非碱性氮化物。常见的碱性氮化物是吡啶和喹啉等，当随油品相对分子质量增加时，则有苯并吡啶(喹啉)、二苯并吡啶(10-氮杂蒽)；常见的非碱性氮化物是吡咯，当随油品相对分子质量增加时，则有苯并吡咯(吲哚)、二苯并吡咯(咔唑)等。

氮化物使催化裂化催化剂中毒的原因是它牢固地吸附于由配位不饱和的铝原子形成的非质子酸中心上或/和质子酸中心作用，使质子酸中心减少。因此，氮化物对催化裂化反应的影响最为显著。碱性氮化物的影响大于非碱性氮化物，碱性氮化物对非碱性氮化物的裂化反应具有明显的抑制作用，使得非碱性氮化物的氨氮转化率明显地降低。

氮化合物从分子结构上可以分为三类，Ⅰ类为吡啶氮杂环，如吡啶、喹啉、吖啶；Ⅱ类为吡咯氮杂环，如吲哚、咔唑；Ⅲ类为苯胺、二氢吲哚、四氢喹啉等。Ⅰ类氮化合物难以发生直接裂化开环反应，但可以发生氢转移反应，随后就会发生裂化开环反应并生成氨；Ⅱ类氮化合物较易发生裂化开环反应，生成氨和苯胺等含氮中间产物；Ⅲ类氮化合物可以裂化转化为氨。各类氮化合物对催化裂化催化剂毒性大小的顺序如下：

吡啶>喹啉>吡咯>异喹啉 ≈ 六氢吡啶>苯胺

2.6.6.2 硫化物

硫化物分为非噻吩类和噻吩类。由于非噻吩类和噻吩类具有不同的结构，因此，非噻吩类和噻吩类的硫化物裂化机理存在着差异。

（1）非噻吩类硫化物

非噻吩类硫化物主要为烷基硫醚和烷基硫醇。不同结构硫醇裂化能力由低到高的顺序为：

乙基硫醇<丙基硫醇< 丁基硫醇<异丙基硫醇< 2-丁基硫醇

（2）噻吩类硫化物

噻吩首先吸附在分子筛催化剂的 B 酸中心上，B 酸中心与噻吩之间发生缓慢的氢转移反应，H^+加到噻吩环的 S 位上，形成 S 位正碳离子，然后 C—S 键断裂生成硫醇类，硫醇类再裂化生成 H_2S 为主。

（3）硫化氢和烯烃催化转化反应

在催化裂化条件下，烯烃或二烯烃与 H_2S 加成首先生成硫醇中间体，硫醇中间体接着环化生成四氢噻吩衍生物，四氢噻吩衍生物很容易生成噻吩类化合物，如图 2-46 所示。

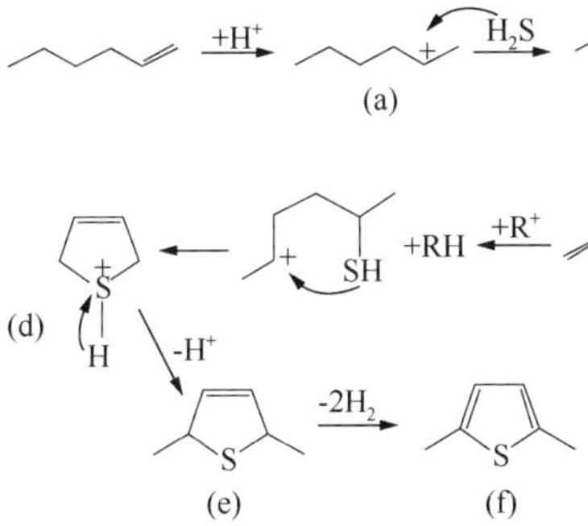

图 2-46　1-己烯与 H_2S 反应生成 2,5-二甲基噻吩的反应机理

（4）硫化物在催化裂化过程中反应

在催化裂化过程反应中，原料中的硫化物反应途径见图 2-47。从图 2-47 可以看出，H_2S 是二次不稳定产物，可与烯烃反应而转化为硫化物；硫醇和硫醚是一次不稳定产物，容易裂化，这部分化合物绝大部分裂化生成 H_2S。噻吩是一次稳定产物，而烷基噻吩是一次不稳定产物。烷基噻吩由于易形成叔碳离子的中间物而比噻吩反应更快。四氢噻吩是二次不稳定产物，苯并噻吩和烷基苯并噻吩是一次不稳定和二次稳定产物。因此，噻吩类化合物中除有一部分也裂化开环生成 H_2S 外，还有部分经侧链断裂反应进入轻质产物，与芳烃环合并的噻吩类化合物则易于缩合进入焦炭。硫化物反应脱硫的难度次序为：

噻吩、苯并噻吩>烷基噻吩>四氢噻吩>硫醇

催化裂化汽油的硫化物，除了少量的硫醇、硫醚、二硫化物外，主要是沸点高、反应活性低的噻吩类化合物，其中大部分是不同取代的烷基噻吩等。这些汽油硫化物除了来自原料中硫化物裂解外，还有烯烃与硫化物二次反应所产生的硫化物。影响 FCC 汽油中硫含量的反应主要有以下三类：

① 硫化物裂化反应，如硫醇、硫醚裂化生成硫化氢；

② 噻吩类化合物发生烷基化或环化反应，生成更重馏程的硫化物或焦炭；

③ H_2S 与汽油中的烯烃反应生成硫醇和噻吩。

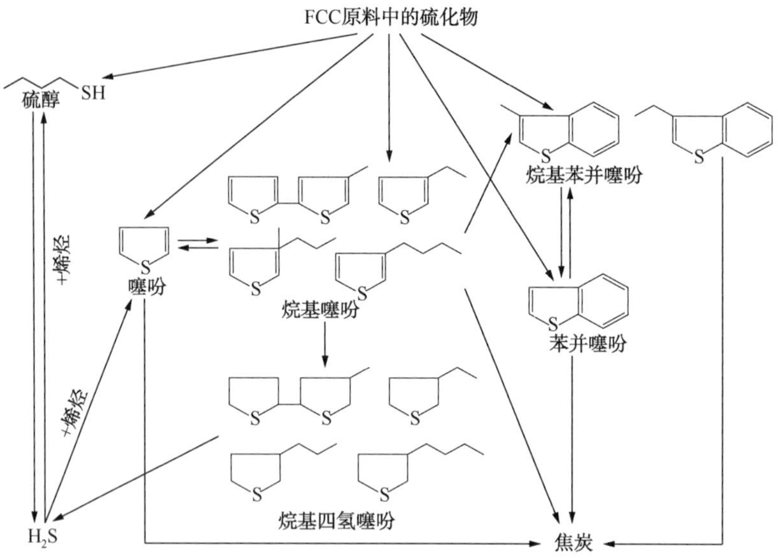

图 2-47 FCC 过程反应中硫化物在催化剂上反应途径

2.7 催化裂化过程反应化学

2.7.1 馏分油初始裂化反应及过程反应化学

原料的烷烃分子裂化首先由质子化裂化反应引发，生成初始反应产物和对应的经典的三配位正碳离子。而经典的三配位正碳离子会和烷烃分子发生负氢离子转移反应，生成新的三配位正碳离子，从而进行链传递反应。正是这两条单、双分子反应途径使反应物烷烃分子不断消耗，从而使反应深度不断增加。

2.7.1.1 质子化裂化反应

干气是单分子裂化反应的特征产物，可以采用干气选择性随馏分油反应深度的变化关系来研究质子化裂化反应随馏分油反应深度变化的关系。对于大庆馏分油在催化剂上反应，干气选择性随反应深度的变化见图 2-48。

从图 2-48 可以看出，反应引发后（低转化率），干气的选择性较高；随着反应深度的增加，干气选择性的变化趋势为由高到低。但在较高反应深度下，随反应深度的进一步增加，干气的选择性不但没有降低，反而出现了增加的趋势。这表明反应初期质子化裂化反应比较突出；随着反应深度的增加，质子化裂化反应会逐渐减弱至最低值；随着反应深度进一步增加，质子化裂化反应又会出现明显增强的趋势。此外，从图 2-48 还可以看出，在中、低反应深度下，高反应温度下

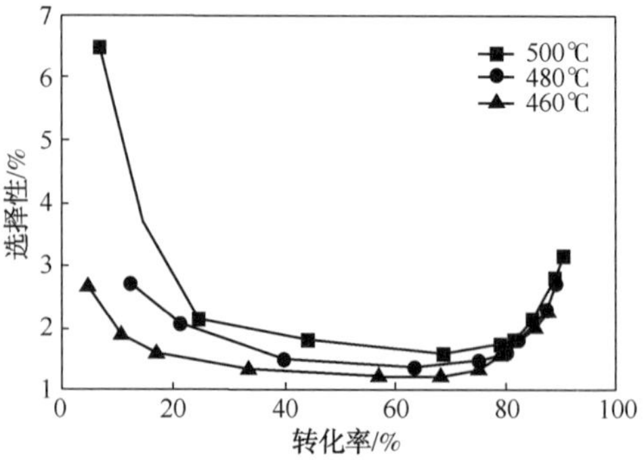

图 2-48 干气选择性随反应深度的变化

干气选择性也高，这表明高反应温度有利于质子化裂化反应，这一点和基于纯烃的结论一致。

2.7.1.2　负氢离子转移反应

大庆馏分油在催化剂上反应产物中的 $C_4 \sim C_{12}$ 的烷烃和烯烃随反应深度的变化见图 2-49。从图 2-49 可以看到，在一定的反应深度范围内(10%~70%)，烷烃和烯烃随反应深度的变化趋势一致，并且烯烃和烷烃摩尔比大于 1.0，这表明双分子裂化反应起主导作用。此时负氢离子转移作为双分子裂化反应的基元反应参与其中，符合负氢离子转移反应作为双分子裂化反应的基元反应特征。

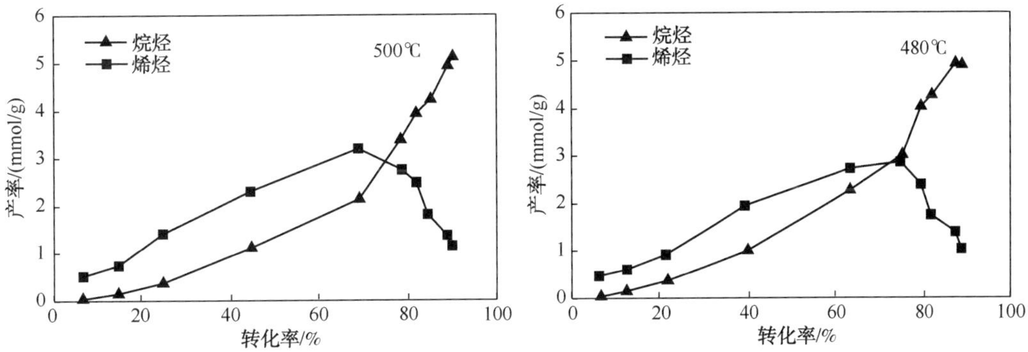

图 2-49　$C_4 \sim C_{12}$ 烷烃、烯烃随反应深度的变化关系

当反应深度进一步增加，烷烃则明显增加，而烯烃则明显减少，烷烃产率明显高于烯烃，烯烃和烷烃摩尔比小于 1.0，这表明反应后期出现的烷烃明显增加的同时对应着烯烃明显减少的试验结果是由于氢转移反应起主导作用所致。此时负氢离子转移作为氢转移反应的基元反应参与其中，符合负氢离子转移反应作为氢转移反应的基元反应特征。

因此，对于馏分油而言，从反应前期(约 10%)至反应中后期(70%)，主要发生双分子裂化反应，此时负氢离子转移反应主要作为裂化反应的基元反应参与其中；而反应深度进一步增加(>70%)，则主要发生氢转移反应，而此时负氢离子转移反应主要作为氢转移反应的基元反应参与其中。

2.7.1.3　氢转移反应

烃类的裂化反应从理论上应得到高产率的烯烃。按经典的正碳离子反应机理，每一次裂化会得到一个烯烃。在馏分油催化裂化过程中，典型的是一个分子原料生成约三个分子的产物，以此推理产物中的烯烃与烷烃之比应为 2∶1。实际上，在硅铝催化剂上裂化时，烯烃的比例要低于此数，而在分子筛催化剂上，产物中可能含有更少的烯烃，这主要是由于氢转移反应起着一定的作用。氢转移反应的主要影响是：减少了产物烯烃含量；强烈影响了产物的相对分子质量分布；影响了焦炭的生成。

氢转移反应在催化裂化工艺过程反应中起到了巨大作用，下面以异丁烷与异丁烯的摩尔产率比为参数对重质油在酸性催化剂上发生的负氢离子转移反应进行分析。在反应温度 500℃下，馏分油在催化剂上反应时所生成的异丁烷和异丁烯的摩尔比随反应深度的变化见

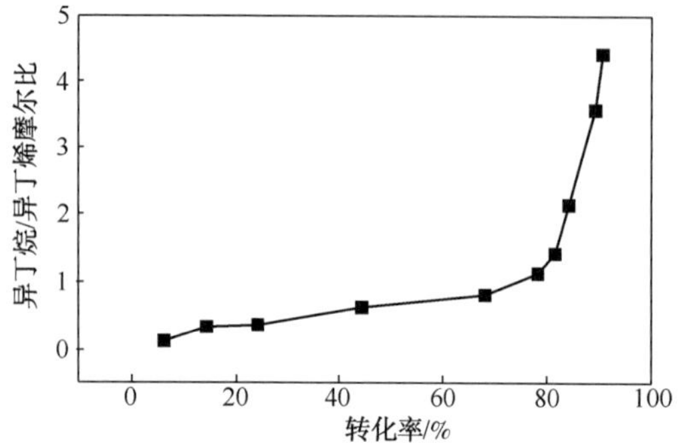

图 2-50　500℃下异丁烷/异丁烯摩尔比随反应深度的变化

图 2-50。从图 2-50 可以看出，在整个反应深度范围内，异丁烷/异丁烯随反应深度变化的关系既不是线性关系，也不是很好的指数关系，尤其是较低反应深度下试验结果与指数关系偏离很大。以转化率 70% 为界，将图 2-50 分为两个图 2-51和图 2-52，转化率范围在 10%～70%之间对应的异丁烷/异丁烯摩尔比随反应深度的变化见图 2-51。转化率大于 70%对应的异丁烷/异丁烯随反应深度的变化见图 2-52。

从图 2-51 可以看出，负氢离子转移反应作为双分子裂化的基元反应几率随着反应深度的增加而明显地减少，同时，作为氢转移反应的基元反应几率却在不断地增大。从图 2-52 可以看出，当转化率大于 70%时，异丁烷/异丁烯摩尔之比与转化率符合很好的指数拟合关系，这表明负氢离子转移反应主要成为氢转移反应的基元反应，起到了反应链终止作用，同时将烯烃转化为烷烃。

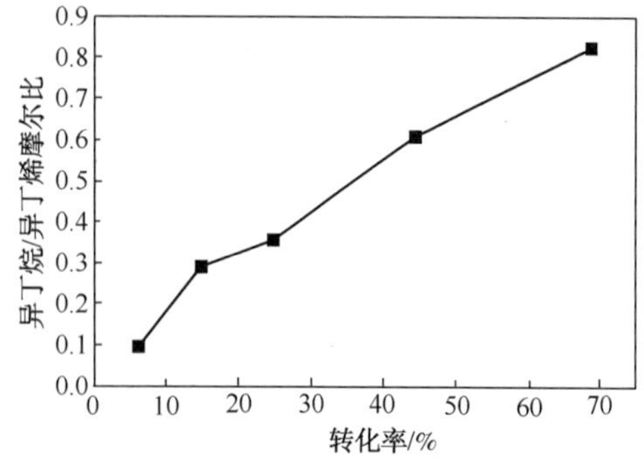

图 2-51　反应前期至中后期的异丁烷/异丁烯摩尔比随反应深度的变化

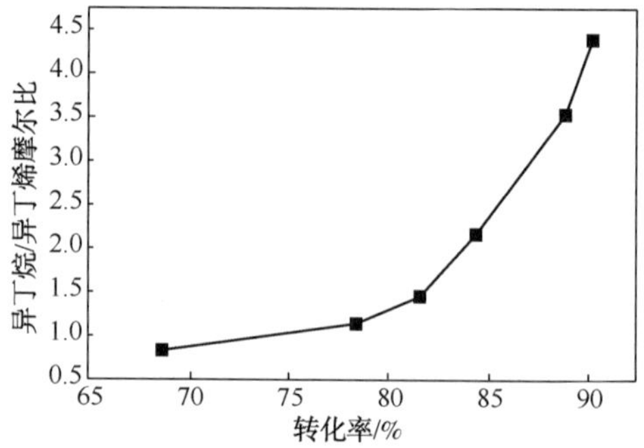

图 2-52　反应后期的异丁烷/异丁烯摩尔比随反应深度的变化

在不同反应温度下，馏分油在催化剂上反应时所生成的焦炭产率随反应深度的变化关系见图 2-53。从图 2-53 可以看出，从反应前期(5%～10%)至反应中后期(60%～70%)，焦炭产率随反应深度增加而略有增加，或者说焦炭产率在该反应深度范围内变化不明显；但当反应深度进一步增加(>60%～70%)，则可以发现焦炭产率随反应深度出现大幅度明显增加趋势。

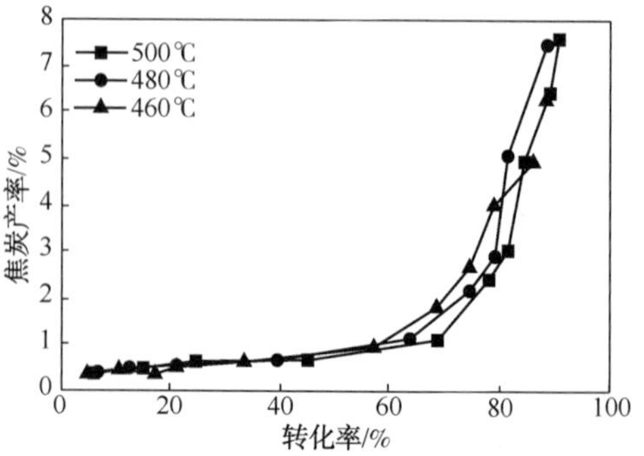

图 2-53　不同反应温度下焦炭产率随反应深度的变化

2.7.1.4　氢转移反应调控裂化反应深度和方向

裂化反应和氢转移反应都涉及到负氢离子转移反应作为其基元反应。从馏分油催化裂化反应深度从低至高上进行整体分析，可以发现负氢离子转移将裂化反应和氢转移反应紧密地联系在一起，从而有利于控制裂化反应深度和方向。

在反应前期至反应中后期的反应深度区间，尽管不同的反应温度对反应区间的范围略有一定影响，但很明显汽油中异构烷烃和烯烃随反应深度的变化趋势几乎完全一致。汽油产物中各组分浓度（PONA 分析数据）随反应深度的变化见图 2-54。在图 2-54 中，将反应深度的变化划分为三个区，分别定义为反应初期、反应前中期和反应后期，各自对应的转化率范围为<30%、30%～70%、>70%。在反应初期，即引发阶段，由于原料中烷烃等发生质子化裂化反应，从而产生干气、低碳烷烃和吸附在催化剂活性点上三配位正碳离子；而原料中的烷基芳烃也会发生质子化裂化反应，会生成汽油中芳烃和对应的三配位正碳离子。而由于反应初期气相中烯烃很少，从而会导致三配位正碳离子极易脱附生成烯烃，从而导致反应初期汽油中烯烃浓度相对较高。反应中期，主要发生负氢离子转移和β-断裂等反应。由于催化剂上空的活性点仍较多，反应初期生成的汽油烯烃会重新吸附在活性点上生成三配位正碳离子，随后进行负氢离子转移和β-断裂反应，从而导致汽油中烯烃缓慢降低，异构烷烃缓慢增加。而汽油中的芳烃和饱和环烷烃浓度基本保持不变。反应后期，由于大量相邻的活性点被三配位正碳离子和其他授氢分子所占据，导致大量氢转移反应的发生，从而导致汽油中烯烃含量大幅度减少，相对应异构烷烃含量大幅度增加，汽油中烷烃和芳烃含量均高于烯烃含量。

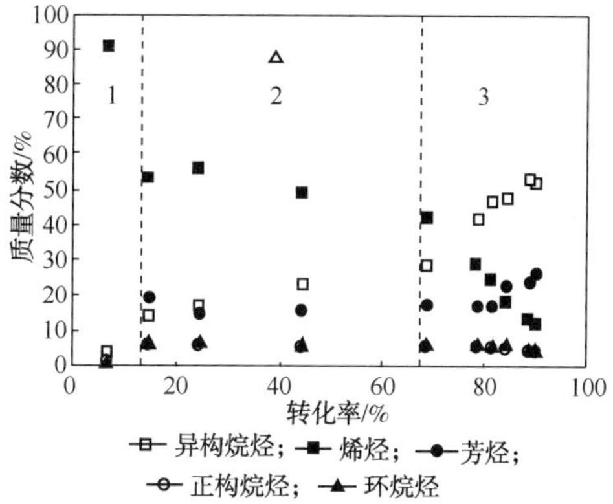

图 2-54 汽油中各组分浓度随反应深度的变化

2.7.1.5 异构化反应

馏分油在 Y 型分子筛催化剂上反应所产生的汽油中的单甲基烷烃、二甲基烷烃、三甲基烷烃和未知类型异构烷烃的摩尔选择性随反应深度的变化见图 2-55。从图 2-55 可以看出，汽油中烷烃主要以单甲基烷烃为主，约占汽油异构烷烃的 67%～90%。随反应深度的增加，单甲基烷烃选择性增加；二甲基烷烃约占汽油异构烷烃的 10%～15%，其选择性随反应深度的增加而有所降低；三甲基烷烃占汽油异构烷烃的比例极低，甚至低于 1%。

馏分油在 ZSM-5 型分子筛催化剂和 Y 型分子筛催化剂上反应所产生的汽油中的异构烷烃摩尔产率随反应深度的变化见图 2-56。从图 2-56 可以看出，Y 型分子筛催化剂上产生的单甲基烷烃和多甲基烷烃明显要高于 ZSM-5 型分子筛催化剂，这表明催化剂的分子筛孔结构对异构有重要影响，大孔更有利于异构。同时还可以看出，随着反应深度的增加，汽油馏分中的各异构烷烃摩尔产率均有所增加，其中单甲基烷烃摩尔产率随反应深度增加更明显。

汽油馏分中的异构烷烃主要是单甲基异构体。单甲基异构体主要是通过质子化环丙烷（PCP）中间体进行异构反应所生成的。多甲基烷烃是由单甲基烷烃进一步通过质子化环丙烷中间体（PCP）生成。汽油中的支链烷烃的生成途径见图 2-57，图中粗线条表示较易生成，细线条表示较难生成。

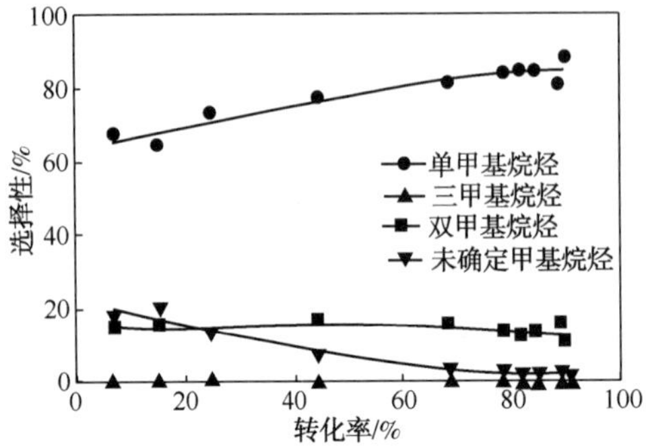

图 2-55 烷烃异构体选择性随反应深度的变化

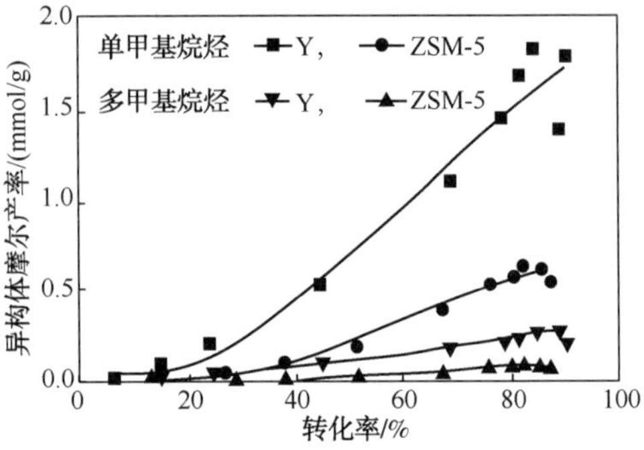

图 2-56 汽油烷烃单、多甲基异构体的摩尔产率

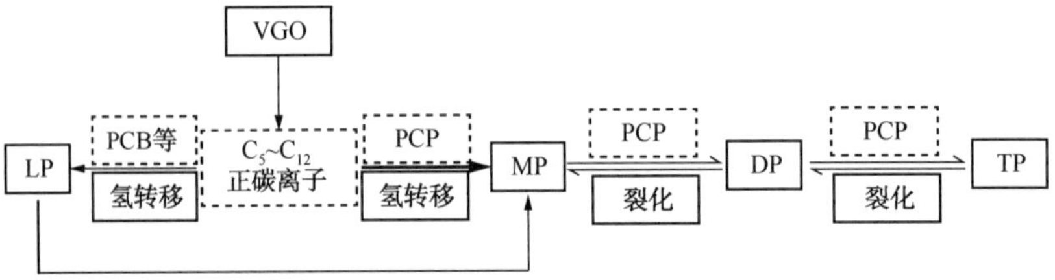

图 2-57 汽油馏分支链烷烃生成途径

LP—长支链异构体；MP—单甲基支链烷烃；DP—双甲基支链烷烃；TP—三甲基支链烷烃

2.7.1.6 缩合反应及焦炭的生成

(1) 焦炭的化学组成与结构

当提升管出口温度为530℃时，待生催化剂上的碳约50%是预石墨化的碳，但经水蒸气汽提15min后，约90%是预石墨化的碳。当馏分油在分子筛催化剂上裂化反应时，沉积在分子筛催化剂上的焦炭，有较大部分组成是带烷基侧链的3~7个环的多环芳烃，其结构如图2-58所示。

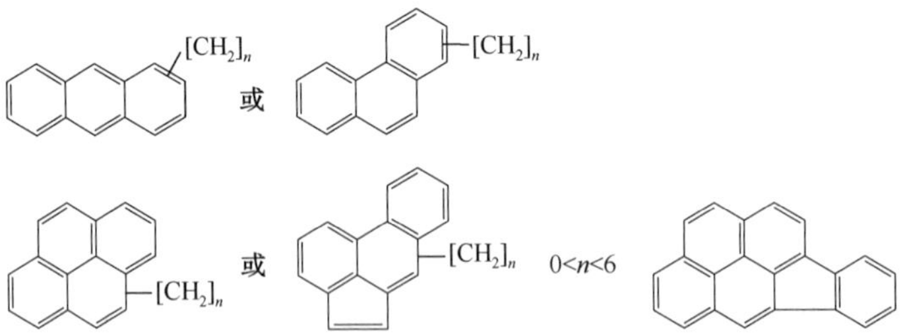

图 2-58 未汽提待生催化剂上的焦炭结构组成

从图2-58可以看出，焦炭中的多环芳烃带有烷基侧链，其中烷基侧链在汽提器发生裂化反应转化为气态产物，造成待生催化剂上的焦炭含量不断下降，同时其氢含量也不断降低，焦炭趋向石墨化的碳，这表明焦炭本身具有反应性能。

(2) 缩合反应与催化焦的生成

工业FCC装置中的待生催化剂上的焦炭可划分为四类：催化焦(C_{CAT})、附加焦(C_{ADD})、污染焦(C_{CT})和可汽提焦或剂油比焦(C_{ST})。催化焦是指烃类在酸性中心上发生催化裂化反应而生成的副产品，是一种高沸点缩合物，其氢含量约在 3%～5%。Voorhies 提出催化焦与催化剂停留时间密切相关，即

$$C_{CAT} = k\,\tau_c^n$$

式中　C_{CAT}——催化焦,%；

k——常数；

τ_c——催化剂停留时间；对于分子筛催化剂，n 通常取 0.1～0.3。

在馏分油 FCC 工艺中，催化焦与原料油中多环芳烃密切相关，由于二次加工的馏分油如焦化馏分油、回炼油及澄清油含有大量多环芳烃，回炼油及澄清油回炼会导致焦炭产率明显增加，并且随着回炼比增加，焦炭产率也相应地增加；含有较多的多环芳烃的馏分油原料，其多环芳烃在反应时会附着在 FCC 催化剂表面而易于缩合生焦，从而导致催化剂裂化性能降低，转化率和汽油收率下降。不同烃类焦炭生成速率递减顺序如下：

多环芳烃>双环芳烃>单环芳烃>烯烃>环烷烃>烷烃

催化焦的形成复杂程度主要由反应物分子所决定，若反应物分子是烷烃，则首先发生裂化反应生成烯烃，烯烃低聚生成 C_6^+烯烃，C_6^+烯烃再通过氢转移反应生成二烯烃，二烯烃低聚形成环烷烃，再通过三次负氢离子转移反应生成芳香烃，最后转变成可溶焦；若反应物分子是环烷烃，则反应历程只包括后面两步；若反应物分子是芳香烃，则反应历程只包括最后一步，这就是反应物为芳香类化合物时，其催化焦产率更高的主要原因。多环芳烃容易吸附而难以脱附，可以直接形成焦炭，同时，多环芳烃可以快速与烯烃反应生成焦炭。

2.7.2　渣油催化裂化过程反应化学

渣油催化裂化(简称 RFCC)所加工的原料是由烷烃、环烷烃、芳烃、胶质、沥青质以及含硫、氮、氧的非烃化合物所组成的。渣油原料中饱和烃含量较低，主要是以烷基侧链形式存在。尽管饱和烃和带烷基侧链的芳烃相对分子质量远大于馏分油，但在 RFCC 工艺操作条件下，均能以气化状态与分子筛催化剂接触反应，其过程反应化学与馏分油催化裂化过程反应化学大同小异，只是受到多环芳烃的阻碍，裂化反应速率将有所降低，反应的选择性将有所变差。而原料中的减压渣油是一个比较稳定的胶体分散体系，其中的分散相是由沥青质及重胶质构成的超分子结构，分散介质则为由轻胶质、芳香分及饱和分组成的混合物。如果难以有效地分解停留在催化剂外表面上的高沸点胶体的减压渣油，那么就会造成重胶质、轻胶质，甚至芳香分转化为沥青质，从而导致焦炭产率大幅度增加。

提升管反应器底部区域的油剂混合温度约为 550～600℃，即使热再生催化剂自身温度也是低于 700℃，而原料油中的重馏分沸点较高，如减压渣油的沸点一般高于 500℃，难以完全汽化，同时不可避免地存在热裂化反应。即使这些沸点较高的重馏分经喷嘴充分雾化后，再与提升管反应器底部的热再生催化剂接触时，催化剂上仍将吸附着较多的未汽化的氢含量低的大分子，以液相形态停留在催化剂外表面，随着反应的进行，吸附在催化剂上的未汽化的氢含量低的大分子不断发生裂化，生成小分子烃类而自身缩合为氢含量更低的焦炭。这也就是说，原料油与提升管反应器底部的热再生催化剂接触时，存在着相当部分的重馏分难以汽化，会以液相形态停留在催化剂外表面，只有这些重馏分在催化剂表面上发生裂化反应，才有可能汽化。因此，渣油催化裂化反应体系中有气-液-固三相，其中既有气相反应又有液相反应，既有在酸性催化剂上以正碳离子反应机理进行的催化裂化反应，又有以自由基反

应机理进行的热裂化反应。

2.7.2.1 RFCC 工艺过程中原料组成的变化

在 RFCC 工艺中，原料一旦进入提升管反应器内，其组成随着催化裂化反应的进行时刻都发生着变化。在工业提升管原料油入口上面，反应时间约 1s 处进行取样，对样品进行分离，分离出重油样品进行性质和组成分析，其结果列于表 2-17。

表 2-17 提升管 1s 后的重油(反应物)组成和新鲜原料组成比较

反应物状态	新鲜原料	提升管 1s 后的重油	提升管出口的重油
转化率/%	0	52.72	74.28
焦炭产率/%	0	12.69	8.94
反应物性质			
密度/(g/cm^3)	0.8966	0.8850	1.065
氢含量/%	13.08	13.13	8.24
反应物质谱组成/%			
烷烃	19.5	30.3	6.5
环烷烃	36.6	41.1	7.2
单环芳烃	10.4	11.6	8.4
双环及多环芳烃	9.9	12.2	72.4
胶质	23.6	4.8	5.5

从表 2-17 可以看出，提升管 1s 后的重油(反应物)氢含量高于新鲜原料，密度低于新鲜原料，胶质含量大幅度降低，而饱和烃含量大幅度增加，其结果与中型提升管 FCC 装置的低转化率下的试验结果相一致。这也表明原料中的低氢和高硫组分，即胶质和沥青质首先被吸附到催化剂的表面上，也就是说，原料中胶质和沥青质首先参与反应。从表 2-17 还可以看出，转化率从 52.72%增加到 74.28%时，焦炭产率是明显地下降的，这表明吸附在催化剂表面上的胶质和沥青质仍然发生裂化反应，生产小分子烃类脱附到产品中。取样分析结果表明，如何高效地转化原料中胶质和沥青质是渣油催化裂化工艺研究与开发的关键和难点。

2.7.2.2 多环芳烃、胶质和沥青质预裂化反应

(1) 多环芳烃和胶质裂化

在催化裂化工艺条件下，馏分油与高温热再生催化剂接触后可以全部汽化，而渣油与高温热再生催化剂接触后不能全部汽化，除了沸点较高、氢碳比较低外，还含有较多的沥青质与胶质，而且含有碱金属、重金属、硫化物及氮化物等杂质。

即使在反应温度高达 565℃，沥青质经热裂化反应完全转化为焦炭仍需 5min，这为在催化裂化反应条件下来分解减压渣油胶体留下充分的时间，这是因为催化裂化反应时间一般在数秒内完成，油剂接触时间一般小于 2s。因此，沥青质群体在催化裂化过程中，可以通过分子筛催化剂上的 Al_2O_3对沥青质群体中的钒起作用，将沥青质群体分裂为沥青质大片层，再通过催化剂脱硫、脱氮的作用，将沥青质大片层中的硫化合物除去，而使其分解为芳香族

片，再经过合理地利用催化剂的温度将芳香族片热裂解断开为单环、双环或三环芳香族化合物，生成中间馏分，从而抑制焦炭的生成。

（2）渣油预裂化反应

渣油催化裂化技术开发初期采用高温热击裂化技术，要求再生催化剂温度超过 700℃，甚至高达 750℃，利用高热强度的再生催化剂为沥青质胶团内部的桥键或侧链发生断裂而迅速分解成较小的胶质片和沥青质片提供能量。其本质就是强化热裂化反应在大分子分解中的作用，造成干气和焦炭产率增加，尤其干气产率大幅度增加，高达 5%以上，严重降低了原料中的氢的有效利用率。高温热击裂化技术难以产生预期效果，原因就在于再生催化剂温度越高，芳香烃等组分生焦诱导期越短，只是促进了热裂化反应，降低了催化裂化反应。

理想的预裂化反应是以催化裂化反应和氢转移反应为主。预裂化反应途径如图 2-59 所示，其中图 2-59 中 B 是沥青质芯的前身物，等同于焦炭的前身物；C 是沥青质芯，等同于焦炭。由裂化反应和氢转移反应所主导的大分子 A 分解方式可以减少干气和焦炭的生成，使沥青质芯 C 尽可能地含有较低的氢，尽可能地抑制热裂化缩合反应。

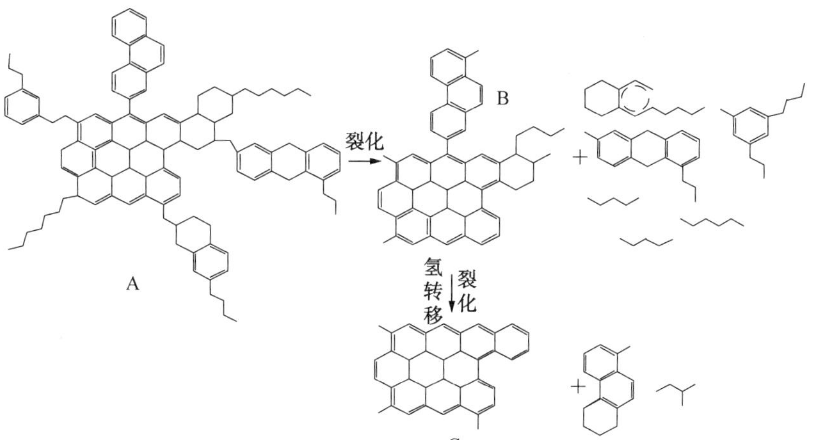

图 2-59　渣油预裂化反应理想途径示意图

因此，对于渣油催化裂化工艺的开发，原料油中的重组分与高温再生催化剂接触时，在原料油良好的雾化前提下，尽可能地降低高温再生催化剂的温度，最好低于 700℃。降低再生催化剂温度，就是降低了油气和催化剂的接触温度，延长油气中的芳香烃等组分因热裂化反应所导致的生焦诱导期。同时，尽可能地增加再生催化剂与原料油的质量比，造成有利于催化剂和雾化油滴碰撞传热，从而实现以氢转移反应和催化裂化反应为主的预裂化反应迅速发生。当然，催化剂自身物理和化学性质也会起到重要作用。

2.7.2.3　多环芳烃脱烷基反应

胶质和沥青质发生预裂化反应除生成轻质小分子外，还生成一定数量的含有烷基侧链的多环芳烃。这部分多环芳烃带有着一定数量的可裂化组分，将这部分多环芳烃中的可裂化组分选择性地转化为目的产品，这样既可以降低油浆产率，又使焦炭产率不会明显地增加，这正是 RFCC 工艺开发所追求的目标。因此，优化 RFCC 工艺参数和催化剂设计方向就是有效地将油浆中的可裂化组分转化为轻质产品以提高重油的转化率。也就是说，在较高的转化率情况下，尽可能地降低油浆产率，同时保持合理的液化气、汽油和柴油的选择性。

渣油原料中的重组分在催化剂上转化为短烷基侧链的多环芳烃分子的反应途径为实线，转化为干气和焦炭的反应途径为虚线，前者的反应途径是理想的反应途径，希望尽可能地发生，后者的反应途径应该是被抑制或尽可能少地发生的反应途径，如图 2-60 所示。图 2-60 将渣油原料中的重组分在催化剂上反应途径分为以下 5 个步骤。

步骤Ⅰ：多环芳烃、胶质和沥青质与高温热再生催化剂接触，发生预裂化反应并随之气化，伴随着生成焦炭和干气的副反应。

步骤Ⅱ：含有烷基侧链的多环芳烃分子在催化剂上发生脱烷基反应，伴随着生成焦炭和干气的副反应。

步骤Ⅲ：多环芳烃上的环烷烃在催化剂上发生开环反应，伴随着生成焦炭和干气的副反应。

步骤Ⅳ：多环芳烃上的环烷烃在催化剂上发生脱氢反应，生成更多的环状芳烃，伴随着生成焦炭和干气的副反应。

步骤Ⅴ：环状芳烃在催化剂上发生缩合反应，生成焦炭和氢气。

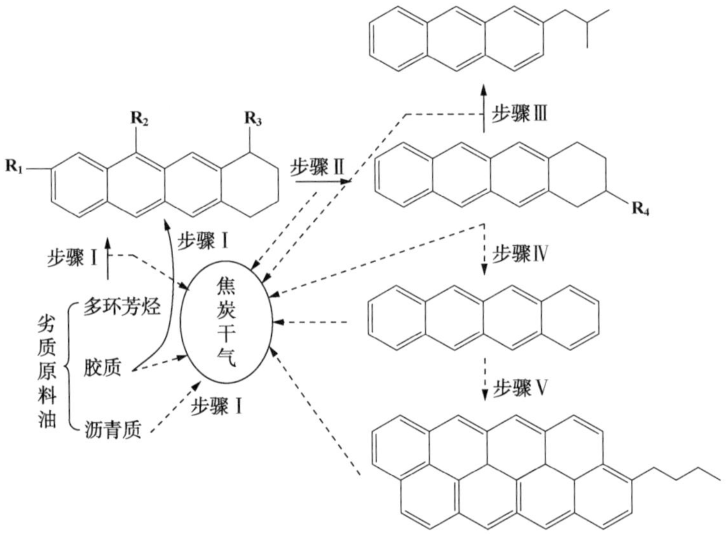

图 2-60　多环芳烃、胶质和沥青质在催化剂上反应途径

反应步骤Ⅰ、Ⅱ、Ⅲ和Ⅳ的反应物都是多环芳烃，其分子的直径较大。按照构形扩散理论，尽可能地消除时空约束效应以增加多环芳烃分子的侧链参与反应，减少多环芳烃本身参与反应。因此，从渣油催化裂化工艺和催化剂设计上进行优化，减少空间约束效应以有利于多环芳烃分子侧链断裂反应的发生。下面就详细地分析工艺和催化剂设计对每个不同反应类型的影响。

提高烷基侧链的多环芳烃脱烷基反应的选择性以及烷基如何选择性地发生裂化反应(见图 2-60 中反应步骤Ⅱ)是 RFCC 过程反应化学的研究方向。研究表明：庚烷基苯在 USY 分子筛上脱烷基反应速率高出在无定形 SiO_2/Al_2O_3 载体上脱烷基反应速率两个数量级。也就是说，烷基侧链的多环芳烃在分子筛催化剂上裂化的选择性要高于在载体上的裂化选择性。因此，在开发渣油催化裂化专用催化剂上，尽可能采用分子筛作为活性组元，尤其是 USY 分子筛，降低载体活性，从而提高烷基侧链的多环芳烃脱烷基反应的选择性；在工艺参数设计上，由于烷基侧链断裂是吸热的裂化反应，因此，提高反应温度和增加剂油比有利于烷基侧链的多环芳烃和胶质脱烷基反应。

多环芳烃上连有环烷环的分子尺寸一般较大，难以进入分子筛的孔道，这些分子中的环烷环开环反应将在载体或分子筛的外表面发生，因此，设计适当的载体的活性以及载体与分子筛的相互作用可以提高多环芳烃中的环烷环开环的选择性，见图 2-60 中反应步骤Ⅲ。在多环芳烃中的环烷环开环时，可能存在着多环芳烃中的环烷环在催化剂上进行氢转移反应而脱氢生成更多的环状芳烃，见图 2-60 中反应步骤Ⅳ，这些反应是渣油催化裂化工艺所不希望发生的反应。因此，从工艺和催化剂设计上，抑制这类反应的发生是渣油催化裂化工艺开发的关键。更多的环状芳烃在催化剂上发生缩合反应，生成焦炭或焦炭的前身物，同时生成干气，导致更多的环状芳烃的消失，如图 2-60 中反应步骤Ⅴ所示，从而造成宝贵的石油资源浪费。降低反应步骤Ⅴ的发生只能通过控制反应深度来实现。

2.7.2.4　多环芳烃含量对渣油催化裂化反应的影响

多环芳烃在常规催化裂化条件下，不仅难于裂化，还会对烷烃、环烷烃的裂化反应具有阻碍作用，降低了烷烃、环烷烃的裂化反应速率。油浆中的多环芳烃控制在什么水平下，油浆的产率下降，而焦炭产率只是缓慢地增加，即抑制图 2-60 中反应步骤Ⅴ的速率明显增加。研究表明，当原料中双环以上的芳烃含量超过 30%时，其转化率快速地降低，焦炭产率明显增加。因此，对于外甩油浆，其多环芳烃含量应控制在 30%以上，再考虑到单环芳烃含量，外甩油浆中的芳烃含量应控制在 50%以上，只有这样才能实现渣油催化裂化工艺液体收率处于较好的水平。

2.7.2.5　渣油中杂质对反应的影响

渣油原料中的硫和氮有机化合物在催化裂化过程中的反应化学在前面已论述。在此论述原料中的金属对催化裂化反应的影响。金属存在形式一部分是以金属卟啉化合物的形式存在，另一部分以非卟啉形式存在。对于渣油催化裂化工艺，原料油含有较多的重金属如铁、镍、钒等，在原料油与催化剂接触反应过程中，这些重金属析出沉积到催化剂表面上，引起催化剂的中毒失活。铁含量尽管较多，但毒性很小，而铜含量一般较少，不构成主要危害。钠和钙等碱金属和碱土金属一般在原油脱盐过程中除去，而金属镍和钒则以大分子有机化合物形式留在重质馏分中。因此，在渣油催化裂化工艺过程中，沉积在催化剂表面上的主要是重金属镍与钒。沉积在催化剂表面上的镍和钒对催化裂化反应的影响一直是渣油催化裂化工艺技术研究重点。

原料中的镍和钒化合物由于难以气化，与焦炭前身物一起沉积在催化剂表面上，在催化裂化反应过程中，镍和钒的价态与原料中的镍和钒的价态基本相同。镍的价态为 0 价或+2 价，钒的价态为+3 价或+4 价。当镍和钒化合物与催化剂一起进入再生器后，在高温及氧化条件下，催化剂上焦炭中的 C 和 H 元素被燃烧除去，镍和钒化合物将逐渐转化为氧化物。金属镍在催化剂上沉积主要以两种形态存在，一种是氧化镍状的颗粒，主要存在于富硅的载体上(氧化硅或脱铝分子筛)；另一种是类似于磷酸镍或硅铝酸镍相的形式高度分散于载体中，例如高岭土的表面积虽小，但镍的分散却很均匀。氧化镍在催化裂化工艺条件下易被还原为金属镍，而磷酸镍或硅铝酸镍在更高的温度下才有可能被还原。不论氧化镍或铝酸镍均有很明显的脱氢催化作用，而还原态的镍毒性明显地降低。还原态的镍较容易聚集，聚集后的镍毒性比均匀分散时要小，并且聚集的还原态镍易与锑形成合金，被钝化的比例增大。在分子筛催化剂上，与氧化铝结合的镍比氧化镍或与氧化硅结合的镍具有更大的毒性。镍在反应器和再生器之间也经历氧化态和还原态循环变化过程。重金属氧化物与还原性介质反应如下：

$$2H_2 + V_2O_5 \longrightarrow V_2O_3 + 2H_2O$$

$$H_2 + NiO \longrightarrow Ni + H_2O$$

$$3H_2 + Ni_2O_5 \longrightarrow 2NiO + 3H_2O$$

钒-氧体系十分复杂，有多种组成不同的氧化物，除 VO、V_2O_3、V_2O_4、V_2O_5外，还有V_3O_7、V_4O_9、V_6O_{13}等通式为 V_nO_{2n+1}的多聚钒氧化物。大多认为钒主要以+3、+4、+5 这三种价态的形式(分别对应 V_2O_3、V_2O_4、V_2O_5)存在，并在特定的条件下相互转化。当再生温度在 700℃左右，且为氧化气氛，钒主要以+4 价和+5 价的形式存在。因此钒在反应器和再生器之间经历+3 价和+4 价到+4 价和+5 价的循环变化过程，钒一般不会以+3 价以下的价态存在。与其他金属对催化剂性能影响不同，沉积在催化剂外表面的钒会迁移到催化剂的孔道中，均匀地分布在催化剂颗粒上。同一环境中，不同相态的催化剂上吸附的钒的氧化态和几何尺寸相同。钒在催化剂上的迁移既包括钒在颗粒间的迁移(Interparticle Mobility)，也包括在颗粒内部的迁移(Intraparticle Mobility)。钒的迁移性与钒对催化剂的毒害作用关系密切。钒的迁移性越低，对催化剂分子筛结构破坏能力越弱。

含有钒和镍的卟啉化合物在还原环境中是比较稳定的，而在氧化环境中，吸附在催化剂上的卟啉化合物分解较快，分解的钒可以容易地转化成熔点为690℃的 V_2O_5，再与催化剂的钠在 600℃以上反应生成 $Na_xV_2O_5$(x 为 0~0.44)，由于钒钠的氧化物是有正方底面的锥体，其表面活性迁移到分子筛晶粒处富集，从而在高温下造成分子筛晶格破坏。虽然 V_2O_5及其钒酸的钠盐熔点低，而低价氧化物 V_2O_3和 V_2O_4的熔点都高得多，三价的钒还可以与催化剂其他组分化合物生成无毒害的低价钒酸盐。因此，使钒处于低价态就可能抑制它对分子筛结构的破坏。钒在催化剂颗粒间的迁移是由于 V_2O_5的熔点较低，V_2O_5熔点为 690℃，在 FCC 再生器中融化为液态，可以扩散到催化剂颗粒表面上。但是低价氧化物 V_2O_3熔点和 V_2O_4熔点却高得多，V_2O_3熔点和 V_2O_4熔点均为 970℃，因此，钒处于低价态就可能抑制钒对分子筛结构的破坏。

2.8 催化裂化过程反应化学发展历程

前面已论述共价键理论、正碳离子反应化学、催化裂化反应机理、反应类型以及过程反化学。下面对催化裂化工艺过程反应化学的重要特征进行梳理与论述[3]。

2.8.1 热裂化工艺

热裂化过程是一种单纯依靠加热提高反应温度，使重质馏分油裂化为汽油和柴油的方法。1913 年建成釜式热裂化装置，随后管式加热炉和热油泵等新技术相继应用，热裂化装置跃升为连续操作模式。在 1920 年至 1940 年间，随着汽车工业的发展，汽油需求量激增，热裂化过程得到了较大的发展。热裂化工艺的技术特点是低温高压，反应温度为 470~480℃，反应压力为 2.0~5.0MPa，汽油辛烷值较低且安定性差，辛烷值只有 60~70，难以满足发动机技术不断进步的要求。至 20 世纪 40 年代，热裂化工艺逐渐被催化裂化工艺所取代。

烃类在高温热裂化条件下，反应基本上可以分成裂解与缩合两个方向，裂解方向产生较小的分子，而缩合方向则生成较大的分子。烃类的热反应是一种复杂的平行顺序反应，随着反应时间的延长，一方面由于裂解反应造成分子越来越小，沸点越来越低的烃类；另一方面由于缩合反应生成分子越来越大的稠环芳香烃。高度缩合的结果就产生胶质、沥青质，最后生成碳氢比很高的焦炭。烃类热反应机理主要是自由基反应机理，按照自由基反应机理，可以解释许多烃类热反应的现象。如正构烷烃热分解时，裂化气中含 C_1、C_2小分子烃较多，而异构烷烃和异构烯烃较少。

2.8.2　催化裂化工艺

催化裂化工艺取代热裂化工艺主要原因是催化裂化反应与热裂化反应在反应历程上有着本质的差异。石油烃类在酸性催化剂的作用下，裂化反应的活化能显著降低，在相同的反应温度下，其反应速率比热裂化反应速率高出若干个数量级，同时目的产物的选择性更高。催化裂化反应与热裂化反应的比较列于表 2-18。

表 2-18　催化裂化反应与热裂化反应的比较

反应类型	催化裂化	热裂化	差异与结果
裂化反应	(1)反应速率快； (2)烯烃、环烷烃的反应速率比烷烃的大； (3)多在从分子两端数起的第三、四个碳原子处断裂	(1)反应速率慢； (2)烷烃、烯烃、环烷烃的反应速率差不多； (3)多在分子的边上断裂	(1)催化裂化处理能力大； (2)环烷烃是比较理想的催化裂化原料； (3)催化裂化气体中含 C_3、C_4 多，热裂化气体中含 C_1、C_2 多
异构化反应	显著	不显著	催化裂化汽油中异构烃多，辛烷值高
芳构化反应	显著。烯烃、五元环烷烃也能生成芳烃	烯烃、五元环烷烃生成芳烃较少	催化裂化产品含芳烃多，汽油辛烷值高
氢转移反应	显著	不显著	催化裂化汽油含二烯烃少，安定性好

从表 2-18 可以看出，在热裂化条件下，裂化反应速率很慢，而异构化反应、芳构化反应和氢转移反应难以发生，在工业生产中并没有实际意义，而催化裂化加速了裂化反应、异构化反应、芳构化反应和氢转移反应，使这些反应具备了工业生产上的实际利用价值。正是如此，热裂化过程很快被催化裂化过程所淘汰。

催化裂化催化剂均为固体酸型催化剂。最早使用的催化剂是天然白土，其主要成分是硅和铝，经过酸处理和焙烧后即有一定的催化活性。但天然白土催化剂的稳定性差，造成汽油产率低，只有 20%~30%。至 20 世纪 40 年代，人工合成的无定形硅酸铝催化剂取代天然白土催化剂，汽油产率可达 35%左右。至 20 世纪 60 年代初，又开发了以分子筛为活性组分的裂化催化剂，其性能比合成硅酸铝催化剂更加优越。

烃类在分子筛和无定形硅酸铝上裂化反应的表观活化能约为125.6kJ/mol，在反应途径上至少不存在着本质的差异。相对于无定形硅酸铝催化剂，烃类在REHX分子筛催化剂上生成较多的汽油和较少的气体，产品的摩尔数与原料油的摩尔数之比明显地下降。这与分子筛的酸密度和分子筛孔结构有关。由于分子筛的酸密度大幅度增加和分子筛孔腔内反应物浓度的增高，从而导致过渡态的正碳离子裂化反应速率与其氢转移反应速率之比下降，中断了部分烃类链的裂化反应，从而造成汽油产率大幅度地增加，汽油中的烯烃含量降低，而异构烷烃含量增加，汽油的辛烷值明显地降低，焦炭产率有所增加。

20世纪60年代后期，为适应高活性高选择性分子筛催化剂而开发了提升管催化裂化工艺。分子筛催化剂-提升管催化裂化工艺将流化催化裂化技术提高到一个新的水平，得到广泛的应用。20世纪70年代以前，由于环境控制允许汽油加铅，所以当时追求的是高汽油产率，而辛烷值靠加铅来弥补。20世纪80年代以来，汽油加铅量受到限制并逐步无铅化，造成汽油辛烷值难以满足车用汽油的要求。为了应对汽油无铅化的目标，分子筛催化剂-提升管催化裂化工艺迫使由最大量生产汽油向生产高辛烷值桶汽油或高辛烷值汽油方向发展。由于汽油中的烯烃具有较高的辛烷值，提高汽油中烯烃含量被作为催化裂化工艺技术发展的主要方向。在工艺上采用较高的反应温度、较短的反应时间、较低的油气分压和较高的蒸汽注入量，以抑制氢转移反应，提高裂化反应；在催化剂活性组元选择上主要使用以USY分子筛、REUSY/REHUSY分子筛及其混合物，目的也是抑制氢转移反应，提高裂化反应。

20世纪70年代，由于能源危机改变了石油炼制产品需求的结构，对重质原料油或称之为渣油的需要量稳步下降，而对汽油、柴油这样的轻馏分则在增加。重油催化裂化工艺是将重质原料油转化为轻馏分最有效方法之一，从而得到了迅速发展。针对重油结构组成和裂化反应的特点，重油催化裂化工艺在工艺参数和催化剂设计上取得如下进展：

(1) 重油催化裂化装置提升管反应器底部一般设计为预提升段。预提升段作用是提升并加速热再生催化剂，使催化剂分布均匀，为催化剂与原料油充分混合提供一个理想的反应环境，从而强化了催化裂化反应，减少热裂化反应。

(2) 进料喷嘴采用多个高效雾化喷嘴组合，以改善原料雾化状况，从而也强化了催化裂化反应，减少热裂化反应。

(3) 提升管反应器出口温度提高，油气停留时间缩短，水蒸气用量增加，出口温度由馏分油催化裂化出口温度480~510℃提高到510~530℃；油气停留时间由馏分油催化裂化3~4s缩短到2~3s；水蒸气用量是馏分油催化裂化的3~8倍。

(4) 在提升管出口安装了快速分离器，以减少二次反应。

(5) 再生器设计了内和/或外取热器以及广泛使用钝化剂和捕钒剂等技术措施。

这些工艺措施明显地提高了裂化反应，降低了氢转移反应，从而有利于渣油的裂化，但同时造成不论是再生器还是反应器，水热环境都变得更差，从而渣油催化裂化工艺对催化剂的水热活性稳定性要求更高。

在催化剂设计上，活性组元采用了硅铝比高、晶胞常数小的USY分子筛或USY分子筛与中孔分子筛的混合物，且分子筛含量高；控制载体对分子筛的活性比值和载体孔径分布；采用较低的稀土加入量以及考虑金属容留量和使用金属捕集剂或钝化剂。因此，渣油裂化催化剂具有梯度孔分布和梯度酸性中心分布，以对付具有不同分子尺寸和裂化性能的复杂原料。同时，渣油裂化催化剂具有酸活性中心密度低和酸活性中心强度高，从而具有较高的裂化活性和较低的氢转移活性，有利于抑制渣油催化裂化反应过程中的生焦和结焦。

重油催化裂化装置无论在工艺参数设计上还是在使用水热活性稳定性更好的超稳 Y 型分子筛催化剂上，都在强化裂化反应，抑制氢转移反应，从而造成重油催化裂化生产的汽油中烯烃含量高，汽油产率低，干气产率和液化气产率高。从氢利用角度来看，干气富含氢气，而焦炭含有贫氢，干气产率的增加，造成氢利用不够合理。

2.8.3　催化裂解工艺

我国自 1987 年开始，在世界上首先开发了以重质烃类为原料，以催化裂化工艺为基础的催化裂解工艺(DCC，Deep Catalytic Cracking)来生产低碳烯烃，特别是丙烯。第一套工业示范装置于 1990 年开车成功。催化裂解工艺过程反应化学主要是在酸性催化剂上以正碳离子机理(主要是五配位正碳离子)进行的单分子裂化反应。为了多产丙烯，需要强化单分子裂化反应，因此，在专用催化剂开发上，主要使用经过改性的、具有良好水热稳定性的五元环结构的中孔分子筛。该分子筛酸强度高，而酸密度低，从而裂化反应活性高，氢转移反应活性低。在工艺条件设计上，采用高出常规催化裂化 30~80℃的反应温度，通过加大水蒸气注入量来降低油气分压。无论在催化剂设计和工艺参数选取上，都是在提高裂化反应活性，降低氢转移反应活性。尽管催化裂解工艺多产丙烯，但同时干气产率大幅度增加，汽油烯烃体积分数高达 60%以上，所加工的原料只是质量较高的蜡油。造成这些现象的本质原因在于催化裂解工艺过程中的反应化学只充分地强化了单分子裂化反应。

2.8.4　多产异构烷烃的催化裂化工艺

从反应化学角度来看，烃类在酸性催化剂上发生裂化反应生成烯烃，而烯烃又在酸性催化剂上发生氢转移反应生产异构烷烃，这两类反应尽管对工艺条件和催化剂的性质的要求有所不同，甚至是相互矛盾的，但烯烃是裂化反应的产物，又是氢转移反应的反应物，烯烃可以将裂化反应和氢转移反应连成一个整体。因此，可以将烯烃经裂化反应所生成和烯烃经氢转移反应所转化的过程反应化学分设在二个不同的反应区进行，以烯烃为结合点，生成烯烃为第一反应区，烯烃转化反应为第二反应区，如图 2-61 所示。

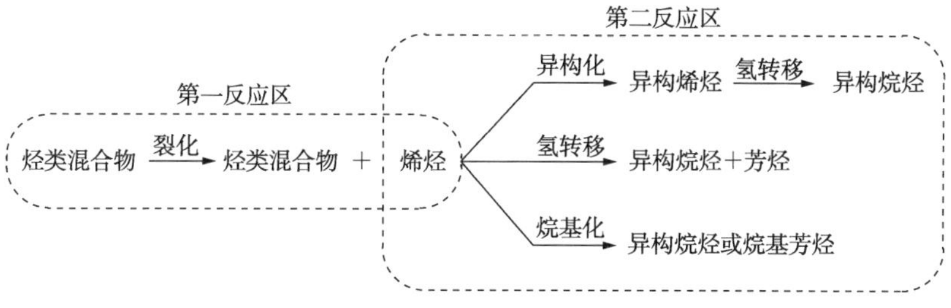

图 2-61　烃类催化裂化与转化生成异构烷烃和芳烃反应途径

通过上述的催化裂化过程反应化学的理论分析，提出了催化裂化和转化两个反应区的概念，开发出以变径提升管为特征的新型催化反应系统，由此开发出多产异构烷烃的催化裂化系列技术(MIP，A FCC Process for Maximizing Iso-Paraffins)。MIP 技术将裂化反应和氢转移反应分别设置在两个反应区内进行，从而可以更加灵活地调控裂化反应和氢转移反应以及两者的比例。

2.8.5 选择性催化裂化工艺

多产轻质油的FGO选择性加氢处理工艺与选择性催化裂化(或称为缓和催化裂化)工艺集成技术(IHCC, Integration of FCC Gas Oil Hydrotreating and Highly Selective Catalytic Cracking for Maximizing Liquid Yield)的主要思路是不追求重油单程转化率最高，而是控制合理的单程转化率范围，使干气和焦炭选择性最佳，未转化重油经加氢处理工艺后再采取适当的催化裂化技术来加工，从而使高价值产品收率最大化。该工艺的核心技术包括两个子工艺技术，一是选择性催化裂化工艺(HSCC, Highly Selective Catalytic Cracking)；二是HSCC工艺所生产的FGO中的芳烃和胶质经选择性加氢处理工艺进行芳烃饱和，简称为HAR工艺(即HAR, Hydrogenation of Aromatic and Resin of FCC Gas Oil)。HSCC工艺是基于原料油中的多环芳烃反应有效时空约束概念，将使原料油中的烷烃结构基团发生选择性裂化，而多环芳烃芳核结构被保留，实现了干气产率和焦炭产率之和与转化率之比最小。从反应化学角度来看，又更加强化裂化反应，抑制氢转移反应。

2.8.6 催化裂化技术进展与过程反应化学之间的关系

在市场需求和追求利润最大化的驱动下，催化裂化工艺进行了许多重大的变革，催化裂化工艺每次重大的变革都是来自对催化裂化过程反应化学方面的知识创新。正是基于对催化裂化过程反应化学方面的新认识以及如何实现这些新的认识，就需要在工艺技术、工程技术和催化剂技术的创新及其集成。表2-19列出了中国催化裂化重大技术进展，更加具体地展示着催化裂化技术发展过程中的技术进展、反应化学的新认识和市场需求之间的关系。

表2-19 国内催化裂化工艺技术及其反应化学的进展

年 代	工艺和设备	催化剂	目 标	反应类型
1961~1965	流化床催化裂化	合成Si-Al小球和微球，13X分子筛	多产汽油和改善汽油性质，满足市场需求	热裂化和催化裂化反应
1971~1975	提升管催化裂化	Re-Y型分子筛	提高转化率，减少干气和焦炭，提高经济效益	强化催化裂化反应和氢转移反应，抑制热裂化反应
1980~1990	常压渣油的催化裂化，高效再生和能量回收机组	ReH-Y型分子筛，USY型分子筛	加工更重的原料油，提高经济效益	强化催化裂化反应，抑制氢转移反应
1990~1995	催化裂解技术(DCC)	Y型分子筛，USY型分子筛和MFI复合	提高丙烯产率，满足市场需求	强化单分子裂化反应，充分抑制氢转移反应
1995~1999	减压渣油的催化裂化(VRFCC)	—	加工更重的原料油，提高经济效益	强化催化裂化反应，充分抑制氢转移反应
1998~2005	多产异构烷烃的催化裂化工艺(MIP)	Y型分子筛，USY型分子筛和MFI复合	加工更重的原料油，降低汽油烯烃，提高丙烯以改善经济效益	分开强化催化裂化反应和氢转移反应，抑制热裂化反应

续表

年　代	工艺和设备	催化剂	目　标	反应类型
2007 至今	选择性催化裂化工艺(HSCC)	Y 型分子筛，USY 型分子筛和 MFI 复合，活性分布均匀	加工更重的原料油，提高液体收率	强化烷烃结构基团的裂化，抑制多环芳烃缩合反应

参　考　文　献

[1] 古练权，汪波，黄志纾，等．有机化学[M]．北京：高等教育出版社，2008.

[2] 鲁崇贤，杜洪光．有机化学[M]．2 版．北京：科学出版社，2009.

[3] 许友好．催化裂化化学与工艺[M]．北京：科学出版社，2013.

[4] 陈俊武，许友好．催化裂化工艺与工程[M]．3 版．北京：中国石化出版社，2015.

第 3 章　气固流态化

催化裂化工艺中的流态化是固体颗粒直径不同、分布范围广泛的混合颗粒(以下称催化剂)的气-固流态化。催化裂化工艺的开发、反应再生系统的设计与操作、反应器与再生器模型化等方面无一不与流态化技术有关，涉及全部流态化系统，包括鼓泡流化床、湍动流化床、快速流化床、立管密相输送、斜管密相输送、密相输送流化床、稀相输送流化床以及流化床中的一些关键部件，例如空气分布器、催化剂分配器等。研究和开发催化裂化反应与再生技术必须对气固流态化基本原理充分理解与掌握，催化裂化装置操作和优化也要基于气固流态化基本原理。

3.1　颗粒的物理特性及常用的术语

3.1.1　颗粒的几何性质

在气固流态化过程中，不同颗粒的流态化特性也不相同。因此，应首先认识影响气固流态化的颗粒主要特性，如粒度、形状、密度、比表面积、孔体积、颗粒的流化和脱气性能[1]。

颗粒是指一定尺寸范围内具有特定形状的几何体，其尺寸通常介于纳米和毫米之间。颗粒的几何性质包括粒度、形状、表面结构和孔结构。颗粒的形状对颗粒群的许多性质都有影响，例如比表面积、流动性、磁性、固着力、增强性、填充性、研磨特性和化学活性。颗粒形状是指一个颗粒的轮廓或表面上各点所构成的图像。由于颗粒形状千差万别，描述颗粒形状的方法可分为语言术语和数学语言两类。颗粒形状的术语用球形、立方体、柱状、粒状等表示，只是大致地反映了颗粒形状的某些特征，这些术语在工程中至今仍然被广泛使用。用数学语言描述颗粒的几何形状，除特殊场合需要三种数据以外，一般至少需要两种数据及其组合。通常使用的数据包括三轴方向颗粒大小的代表值，二维图像投影的轮廓曲线，以及表面积和体积等立体几何的有关数据。习惯上将颗粒大小的各种无量纲组合称为形状指数(shape index)，立体几何各变量的关系则定义为形状系数(shape factor)。通常从颗粒形状的分类名称、基准几何形状、指标名称和所使用的数据种类来概括形状指数和形状系数。颗粒形状指标分类列于表 3-1。描述颗粒形状的数学语言有 Fourier 分析、方波函数和分数维或分形方法。

表 3-1　颗粒形状指标分类

惯用名称	分类号	分类名称	基准几何形状	指标名称	数据种类
形状指数	Ⅰ	均齐度	长方体	长短度、扁平度、Zi 指数、柱状比	三轴径
	Ⅱ	充满度	长方体、矩形	体积充满度、面积充满度、面积比	三轴径、投影面积、体积

续表

惯用名称	分类号	分类名称	基准几何形状	指标名称	数据种类
形状指数	Ⅲ	平面、立体几何指标	球体、圆形	球形度、圆形度、表面指数	体积、表面积、投影面积、周长、各种相当径
	Ⅳ	基于轮廓曲线的各种指数	无	圆角度	曲率半径
				各种代表径和平均径比、统计量比、CAR 指数、形状述子	投影轮廓曲线各参数及各种代表径
形状系数	V	立体几何参数表示的形状系数	球体	体积、表面积、比表面积形状系数、球形度	立体几何各变量
	VI	其他指标	椭圆等	椭圆长短轴之比等	与 I、IV 相同

单颗粒的大小用其在空间范围所占据的几何尺寸表示。球形颗粒的直径就是粒径(particle diameter)。非球形单颗粒的粒径则可用球体、立方体或长方体代表尺寸表示，其中用球体的直径表示不规则颗粒的粒径应用得最普遍，称为当量直径(equivalent diameter)。当量直径与颗粒的各种物理现象相对应。当量直径分为等体积球当量直径(与颗粒体积相等的球的直径，记作 d_V)、等表面积球当量直径(与颗粒表面积相等的球的直径，记作 d_S)和等比表面积球当量直径(与颗粒等比表面积的球的直径，记作 d_{VS})。例如，一个圆柱可等效为不同的当量球，如图 3-1 所示。

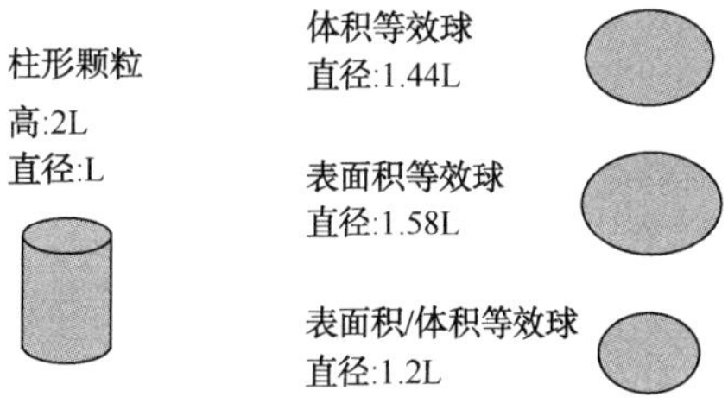

图 3-1 一个圆柱可等效的当量球

等体积球当量直径(d_V)、等表面积球当量直径(d_S)、等比表面积球当量直径(d_{VS})三者之间的关系：

当颗粒为球形时， $d_V = d_S = d_{VS}$

当颗粒为非球形时， $d_S \geqslant d_V \geqslant d_{VS}$

非球形颗粒除用等效球直径来表示其大小外，还常用形状系数来表征颗粒的形状与球形的差异程度，常用球形度和圆形度来表示。

(1) Wadell 球形度(sphericity)

$$\varphi_s = \frac{S}{S_p} \tag{3-1}$$

式中 φ_s——颗粒的形状系数或球形度；

S_p——颗粒的表面积，m^2；

S——与该颗粒体积相等的圆球的表面积，m^2。

当体积相同时，球形颗粒的表面积最小，非球形颗粒的 $\varphi_s<1$，球形颗粒 $\varphi_s=1$。

对于形状不规则的颗粒，当测定其表面积有一定困难时，可采用近似的或实用的球形度，定义为：

$$\psi_y = \frac{D_H}{D_{min}} \quad (3-2)$$

式中 D_H——与颗粒投影面积相等的圆的直径；

D_{min}——颗粒投影的最小外接圆的直径，可近似取筛目筛孔径。

（2）圆形度(circularity)

圆形度定义了颗粒的投影与圆接近的程度，它在显微镜和图像分析中有着广泛的应用。圆形度的定义是：

$$\psi_c = \frac{L_c}{L} = \frac{D_H}{D_L} \quad (3-3)$$

式中 D_H——与颗粒投影面积相等的圆的直径；

L——颗粒的投影周长；

L_c——与颗粒面积相等的圆的周长；

D_L——与颗粒面积相等的圆的直径。

若知道球形度 ψ 和等效体积粒径 d_v，则可以计算出等比表面积粒径 d_{sv}。

在催化裂化领域，常用球形度 φ_s 表示颗粒形状。

多颗粒系统由大量的单颗粒所组成。颗粒系统的粒径相等时(如标准颗粒)，可用单一粒径表示其大小，称这类颗粒系统为单粒度体系(monodisperse)。实际颗粒大都由粒度不等的颗粒组成，称这类颗粒为多粒度体系(polydisperse)。描述多颗粒尺寸大小的两个指标是粒度分布和粒径。

粒度分布(particle diameter distribution)是将颗粒样品按粒度大小不同分为若干级(粒径区间)，表达出每一级粉末(按质量、按数量或按体积)所占的百分率。可用简单的表格、绘图和函数形式表示。但使用不太方便，故用平均粒径表示。平均粒径的表示方法有个数平均径、长度平均径、面积平均径、体积平均径、表面积平均径、体积长度平均径以及调和平均径。粒径是以多颗粒群为对象，表征所有颗粒在总体上尺寸大小的概念，而一般将颗粒的平均大小称为粒度(particle size)。因此，习惯上可将粒径和粒度两词通用。粒度和粒径是颗粒几何性质的一维表示，是最基本的几何特征。

3.1.2 粒度分布

3.1.2.1 粒度分布测定方法

粒度分布测定方法早期多采用筛分法、沉降法和扬析粒度测定等方法。随着激光技术的进步，激光粒度仪取代其他测定方法，已成为催化剂颗粒的粒度测定通用方法。即使如此，颗粒有些性质测定需要通过筛分法进行分离。筛分法是颗粒分布测量中使用早、应用广、简单和快速的方法。世界各国分别采用各自的标准筛系列，国内常见筛见表 3-2。

筛孔的大小通常用“目”来表示。目数表示每英寸长度上具有的编织丝的筛孔数目(ISO标准筛)；编织标准筛的下限为 400 目，筛孔为 37μm。通过筛孔的颗粒量(筛下)称为筛过量，截留于筛面上的颗粒量(筛上)称为筛余量。筛分法只能测大于 44μm 的颗粒，有干筛和湿筛两种操作方式，一般200目(~75μm)以下的物料采用湿筛，200目以上的物料采用干筛。

表3-2　国内常见筛

目数①	筛孔尺寸/mm	目数	筛孔尺寸/mm	目数	筛孔尺寸/mm	目数	筛孔尺寸/mm
8	2.500	32	0.560	75	0.200	160	0.090
10	2.000	35	0.500	80	0.180	190	0.080
12	1.600	40	0.450	90	0.160	200	0.071
16	1.250	45	0.400	100	0.154	240	0.063
18	1.000	50	0.355	110	0.140	260	0.056
20	0.900	55	0.325	120	0.125	300	0.050
24	0.800	60	0.280	130	0.112	320	0.045
26	0.700	65	0.250	150	0.100	360	0.040
28	0.630	70	0.224				

① 目数：每英寸长度筛孔数。

3.1.2.2　频率分布和累积分布

颗粒粒径分布常表示成频率分布和累积分布的形式。频率分布表示各个粒径相对应的颗粒百分含量(微分型)；累积分布表示小于(筛下累积率分布)或大于(筛上累积率分布)某粒径的颗粒占全部颗粒的百分含量与该粒径的关系(积分型)。百分含量的基准可用颗粒个数、体积、质量表示，此外还以长度和面积为基准。颗粒粒径的频率分布和累积分布常表示成图形形式，见图3-2和图3-3。用图形形式表示粒径分布比较直观。

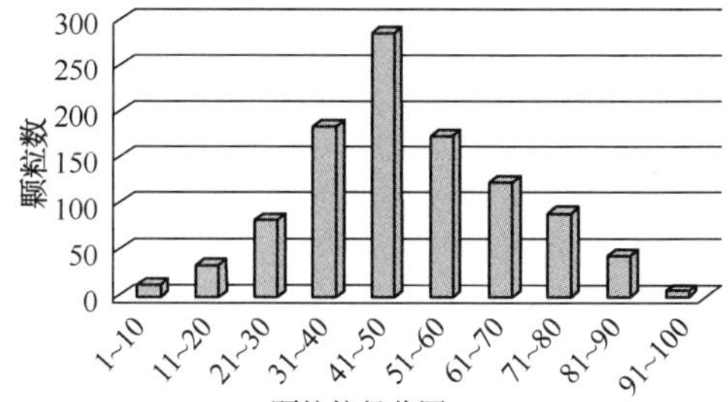

图3-2　粒径区间颗粒数量分布直方图

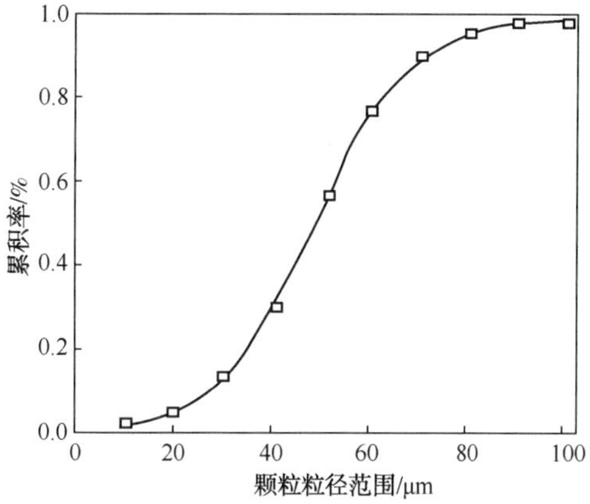

图3-3　颗粒粒径累积分布

3.1.2.3　粒径分布的函数

催化裂化催化剂的粒度分布大体呈正态分布。标准正态分布是概率变量的平均值为零、标准偏差为1的分布。其概率密度函数为

$$\varphi(x) = \frac{1}{\sqrt{2\pi}}\exp\left(-\frac{x^2}{2}\right) \qquad (3-4)$$

式中，x 为自变量，在表示粒径分布时，x 系指颗粒的粒径；$\varphi(x)$ 为 x 的概率密度函数，这里指颗粒数、质量或其他参数对粒度的导数。概率曲线与 x 轴围成的面积为 1。

$$\int_{-\infty}^{\infty}\varphi(x)\,\mathrm{d}x = 1 \tag{3-5}$$

当概率变量 x 的平均值为 $\bar{x}$，标准偏差用 σ 表示，得到概率密度的一般函数式为

$$\varphi(x) = \frac{1}{\sigma\sqrt{2\pi}}\exp\left[-\frac{(x-\bar{x})^2}{2\sigma^2}\right] \tag{3-6}$$

对于以个数为基准的粒径分布，个数频率分布式为

$$\frac{\mathrm{d}n}{\mathrm{d}D_p} = \frac{100}{\sigma\sqrt{2\pi}}\exp\left[-\frac{(D_p-D_{50})^2}{2\sigma^2}\right] \tag{3-7}$$

其中

$$\sigma = \sqrt{\frac{\sum[n(D_p-D_{50})^2]}{\sum n}}$$

式中，D_p为粒径；D_{50}为中位径(含量为 50%时对应的粒径)；n 为个数百分数。

一般粉体呈非对称分布，这时将正态分布中的 D_p和 σ 分别换成 $\ln D_p$和 $\ln\sigma_g$，即可得到对数正态分布：

$$\frac{\mathrm{d}n}{\mathrm{d}(\ln D_p)} = \frac{100}{\ln\sigma_g\sqrt{2\pi}}\exp\left[-\frac{(\ln D_p-\ln D_{50})^2}{2\ln^2\sigma_g}\right] \tag{3-8}$$

其中

$$\ln\sigma_g = \sqrt{\frac{\sum[n(\ln D_p-\ln D_{50})^2]}{\sum n}}$$

式(3-8)是以个数为基准的频率分布函数，D_{50}表示含量为 50%的粒径(中位径)；σ_g为几何标准偏差。将式(3-8)从 0~D_p积分，并令

$$\frac{\ln D_p-\ln D_{50}}{\ln\sigma_g} = h$$

得到

$$y = \frac{100}{\sqrt{2\pi}}\int_0^h\exp\left(-\frac{h^2}{2}\right)\mathrm{d}h \tag{3-9}$$

式(3-9)为标准正态分布式(3-4)的积分形式。$h=0$ 时，$\ln D_p-\ln D_{50}=0$，即 $D_p=D_{50}$；$h=1$时，$\ln\sigma_g=\ln D_p-\ln D_{50}=\ln(D_p/D_{50})$。由正态分布表可查到式(3-9)中当 $h=1$ 时，$y=84.13\%$，因此得到

$$\sigma_g = \frac{D_{U84.13}}{D_{50}} = \frac{D_{R15.87}}{D_{50}} \tag{3-10}$$

式中，$D_{U84.13}$ 表示筛下粒径累积百分数为 84.13%；$D_{R15.87}$ 表示筛上粒径累积百分数为 15.87%；下标 U 表示筛下，R 表示筛上。若颗粒的粒径分布符合对数正态分析，即可计算颗粒的比表面积和平均粒径。

3.1.2.4　平均粒径

设颗粒群由粒径 d_1，d_2，d_3，…组成的集合体，其物理特性 $f(d)$ 可用各粒径函数的加成表示，即

$$f(d)=f(d_1)+f(d_2)+f(d_3)+\cdots+f(d_n) \tag{3-11}$$

式中，$f(\mathrm{d})$ 称为定义函数。

若将粒径不等的颗粒群想象成由直径 D 组成的均一球形颗粒，那么其物理特性可表示为：

$$f(d)=f(D) \tag{3-12}$$

式(3-12)为平均粒径的基本式，D 表示平均粒径。

假设颗粒为边长 d 的立方体，n 为颗粒数，d 为粒径，ρ_p 为密度，一些常用的定义函数为：

颗粒群的总长

$$\sum(nd) \tag{3-13}$$

颗粒群的总表面积

$$\sum(6nd^2) \tag{3-14}$$

颗粒群的总体积(总质量)

$$\sum(nd^3),\ \rho_\mathrm{p}\sum(nd^3) \tag{3-15}$$

颗粒群的比表面积

$$\sum(6nd^2)/\sum(nd^3) \tag{3-16}$$

平均比表面积

$$\sum(6n/d)/\sum n \tag{3-17}$$

在催化裂化领域内常用个数平均径表示平均粒径：在催化剂使用中，常用粒度分布来表示，但在流态化过程中，常用颗粒群体“代表”粒径表达粒径值，常用的“代表”粒径为调和平均粒径(平均颗粒粒径)，一般催化剂的平均颗粒直径为50~70μm。平均颗粒粒径的计算式为：

$$d_p=\frac{1}{\sum x_i/d_{pi}} \tag{3-18}$$

式中　x_i——粒径 d_{pi} 的质量分数。

3.1.3　颗粒密度

颗粒密度(particle density)是定量描述颗粒特性的物理量之一，定义为单位体积的质量。由于颗粒本身含有封闭空洞和开口细孔，以及颗粒堆积时颗粒间存在空隙(见图3-4)等，颗粒密度按其体积中是否包含空洞和空隙，有不同的定义。

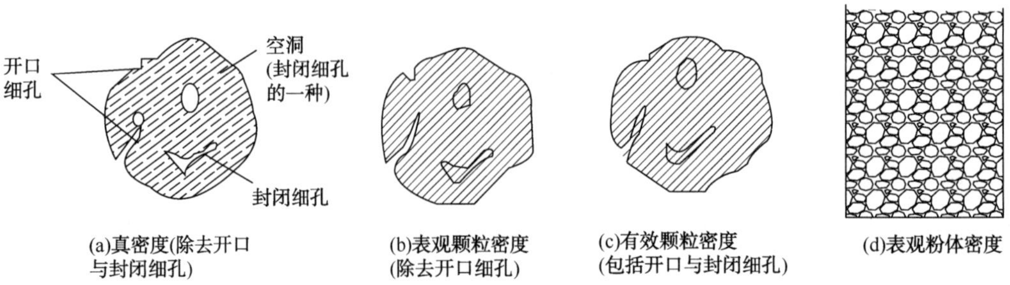

图 3-4　根据颗粒密度定义的颗粒体积计算方法(以斜线部分为颗粒体积)

(1) 真密度(true density)

真密度是指组成材料本身的密度，因而也称骨架密度。真密度是以颗粒质量除以不包括开、闭孔的颗粒体积[见图 3-4(a)中斜线部分]得到的密度，记作 ρ_s。催化裂化催化剂的骨架密度 ρ_s 为 2000~2400kg/m^3。

(2) 表观颗粒密度(apparent particle density)

颗粒质量除以不包括开孔，但包括闭孔在内的颗粒体积[见图 3-4(b)中斜线部分]得到的密度称为表观颗粒密度，记作 ρ_a。

(3) 有效颗粒密度(effective particle density)

颗粒质量除以包括开孔及封闭孔在内的颗粒体积[见图 3-4(c)中斜线部分]得到的密度称为有效颗粒密度，记作 ρ_p。催化裂化催化剂的颗粒密度为 900~1800kg/m^3。催化剂颗粒密度和骨架密度关系可表示如下：

$$\rho_p = \frac{\rho_s}{1 + V_{孔} \cdot \rho_s} \tag{3-19}$$

式中　$V_{孔}$——催化剂孔体积，mL/g。

(4) 表观堆积密度(apparent particle density)

容器内的颗粒质量除以该颗粒体所占容器的体积(包括颗粒之间的空隙)得到的密度称为堆积密度，如图 3-4(d)所示，记作 ρ_b。堆积着一定质量的催化剂体积，随颗粒间空隙大小的改变而改变，在不同情况下可分别以充气密度、沉降密度和压紧密度三种来表示。充气密度是将已知质量的催化剂装入量筒中，并颠倒摇动，然后将量筒直立，待样品刚刚全部落下时读取其体积，这时所测的密度为充气密度，或称松密度(bulk density)；沉降密度就是依据上述方法，将量筒静置，待样品全部落下后，再静置 2min，读其体积，此时求得的密度称为沉降密度或自由堆积密度；压紧密度是将上述已知质量催化剂的量筒在特定操作仪上振动数次，直至体积不变为止，此时的体积为压紧体积，求得的密度为压紧密度或振实密度(tap density)，记作 ρ_{bt}。

对于催化裂化催化剂，密度有骨架密度、颗粒密度、堆积密度及压紧密度，其关系如下：

$$\rho_s > \rho_p > \rho_{bt} > \rho_b$$

不同时期所使用的裂化催化剂颗粒性质见表 3-3。

表 3-3 裂化催化剂颗粒性质

参数项目	3A		Y-15		CRC-1		LB-1		LCS-7		CHZ(USY)	
	新鲜	平衡	新鲜	平衡	新鲜	平衡	新鲜	平衡	新鲜	平衡	新鲜	平衡
比表面积/(m^2/g)							320	131	418	98		
孔体积/(mL/g)	0.62	0.332	0.675	0.35	0.28	0.20	0.31	0.166	0.48	0.182		0.12
充气密度/(kg/m^3)	440	729	500	750	806	943		1030	592	730		
沉降密度/(kg/m^3)	480	729	530	790	847	963	850	1060	597	740	760	
压紧密度/(kg/m^3)	560	829	650	870	1081	1083	870	1190	641	830		929
颗粒密度/(kg/m^3)	930	1335	948	1355	1475	1600	1440	1786	1120	1739		1860
筛分/%(m)												
0~20μm	0	0.34	2	0.1	0.8	0.16		1.1	1.5	0.4	2.6	0.2
20~40μm	19	17.96	10.8	13.0	16.3	8.64		14.1	5.6		14.3	9
40~80μm	64	80.10	57.2	70.9	64.9	63.2		50.0	53.3	59.2	55.9	65.5
80~110μm	15	1.52	21.7	12.8	17.1	28		20.6	32.1	27	26.2	25.3
>110μm	2	0.08	8.3	3.2	0.9			14.2	7.5	13.4	1.0	
平均颗粒直径/μm	53.34	50.39	55.22	55.97	52.84	60.53		56.84		70.79		59.89
磨损指数	3.9	2.5	2.4	2.2			3.0		2.7	2.4	1.6	

3.1.4 休止角 θ_r 和内摩擦角 θ_f

3.1.4.1 休止角 θ_r

由小孔流出的固体颗粒在下面堆成一圆锥体，锥体斜边与水平面的夹角称为休止角。休止角 θ_r 的形成有两种情况，一种为颗粒由储罐下流时在储罐内形成，另一种为下流的颗粒堆积而成。如图 3-5 所示。

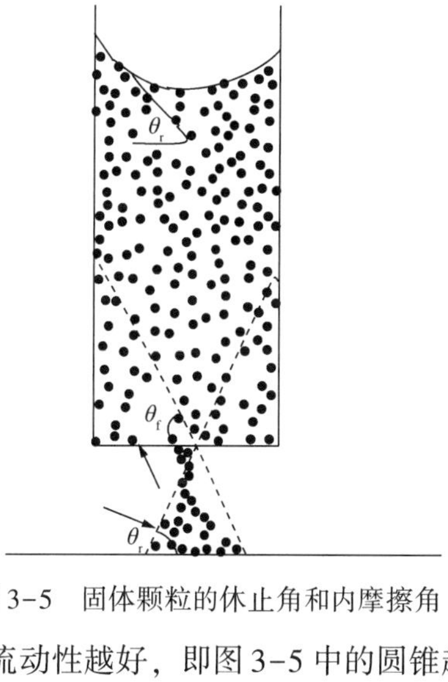

图 3-5 固体颗粒的休止角和内摩擦角

当固体颗粒处在倾角小于 θ_r 的平面上时，固体颗粒就停留在斜面上而不会下落。因此，输送斜管与水平面的夹角应当大于 θ_r 以保证催化剂不至于停止流动。平均直径为 60μm 的微球裂化催化剂的休止角 θ_r 约为 32°。一般认为休止角小于 30°的固体颗粒易自由流动，休止角在 30°~45°之间的固体颗粒可自由流动，休止角大于 45°的固体颗粒可缓慢流动。因此，休止角 θ_r 是反映颗粒流动性的一个重要参数，休止角 θ_r 越小，流动性越好，即图 3-5 中的圆锥越“扁”。颗粒越接近球形，休止角 θ_r 也越小；粒径越小，休止角越大，这是因为越细小粉粒间的相互黏附力越大。鉴于此，对于过渡段，尽可能“陡”一些以确保其底角比休止角大。

3.1.4.2 内摩擦角 θ_f

当颗粒在没有松动的情况下由一直立容器或垂直长管下流时，离底边 $H=(D_t/2)\tan\theta_f$ 处开始形成一个倒锥形的流动区。圆锥体以外的固体颗粒基本上不流动，此 θ_f 称内摩擦角，如图 3-5 所示。微球裂化催化剂的 θ_f 约 79°。为了保证催化剂畅快地流动，在工业催化裂化装置中，输送斜管与垂直线的夹角一般采用 27°~35°。对于某些容器（如再生器、沉降器等）的底部及挡板（如汽提段里的挡板）等，应注意尽可能使斜面与水平面的夹角大于 45°。在斜管输送时，斜管里有时会发生一定程度的气固分离现象，即部分气体集中于管路的上方，从而影响催化剂的顺利输送。因此在气固混合物进入斜管前一般应先进行脱气以脱除其中的大气泡。

3.1.5 空隙率

对于体积为 V_b 的颗粒床层应包括颗粒体积 V_p 与颗粒之间空隙的体积 V_a，亦即：

$$V_b = V_p + V_a \tag{3-20}$$

空隙率，记作 ε，是流化床中颗粒之间的空隙体积所占的比例，其定义为：颗粒之间空隙的体积与催化剂床层或堆积体积之比，即

$$\varepsilon = \frac{V_a}{V_b} = \frac{V_b - V_p}{V_b} = 1 - \frac{V_p}{V_b} = 1 - \frac{\rho_b}{\rho_p} \tag{3-21}$$

3.1.6 颗粒分类

气固流化床中颗粒的粒度和颗粒的表观密度与气体密度之差对流化特性有显著的影响。Geldart 在大量实验的基础上，提出了具有实用意义的颗粒分类法——Geldart 颗粒分类法，这种分类方法只适用于气固体系。如图 3-6 所示，根据不同的颗粒粒度及气固密度差，颗粒可分为 A、B、C、D 四种类型。

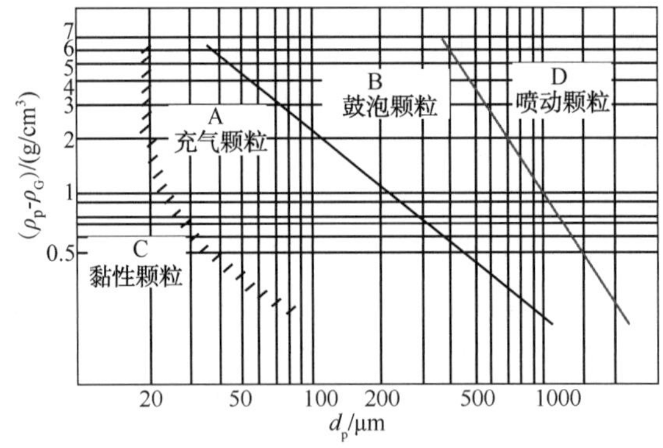

图 3-6 Geldart 颗粒分类法

A 类颗粒称为细颗粒或可充气颗粒，一般具有较小的粒度（30~100μm）及颗粒密度（$\rho_p<$ 1400 kg/m³）。A 类颗粒的初始鼓泡速度 u_{mb} 明显高于最小流化速度 u_{mf}，并且床层在达到鼓泡点之前有明显的膨胀。形成鼓泡床后，密相中空隙率明显大于最小流化空隙率 ε_{mf}，且密相中的气固返混严重，气泡相和密相之间气体交换速度较高。随着颗粒粒度分布变宽或平均粒度变小，气泡尺寸随之减少。FCC 颗粒是典型的 A 类颗粒物料。

B 类颗粒物料称为粗颗粒或鼓泡颗粒，一般具有较大的粒度（100~600μm）及密度（$\rho_p>$ 1400kg/m³）。其初始鼓泡速度 u_{mb} 和最小流化速度 u_{mf} 相等。因此，气速一旦超过最小流化

速度，床层内立即出现两相(气泡相和乳化相)。乳化相又称密相，其膨胀率基本等于最小流化空隙率 ε_{mf}，且乳化相中气固返混较小。气泡相和乳化相之间气体交换速度也较低，且气泡尺寸几乎与颗粒粒度分布宽窄及平均粒度无关，砂粒是典型的 B 类物料。

C 类颗粒属于黏性颗粒或超细颗粒，一般平均粒度在 30μm 以下。此类颗粒由于粒径很小，颗粒间作用力相对较大(图 3-7)，极易导致颗粒的团聚。因其具有较强的黏聚性，极易产生沟流，所以极难流化。传统观点认为这类颗粒物料不是很适宜流化床的操作。

D 类颗粒属于过粗颗粒或喷动用的颗粒，一般平均直径在 0.6mm 以上。该类颗粒流化时产生极大气泡或节涌，使操作难以稳定，它更适用于喷动床。玉米、小麦颗粒等均属于这类颗粒。

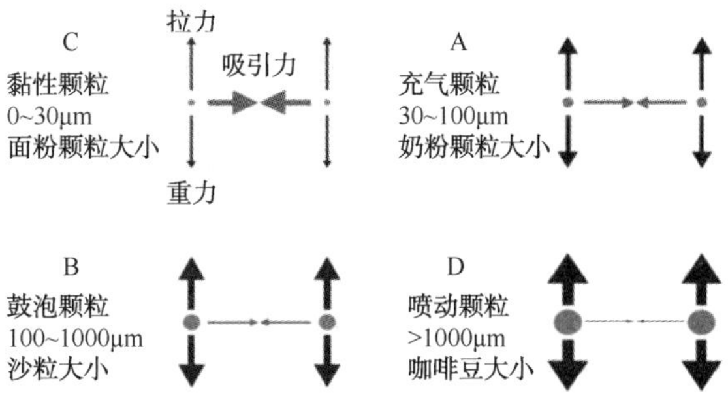

图 3-7 颗粒间作用力相对大小比较

催化裂化催化剂属于 A 类颗粒，其特征为：在床层起始流化速度 u_{mf} 与首次出现气泡的表观气泡速度 u_{mb} 之间，床层出现散式流化，因此，$u_{mb}/u_{mf}>1$，气泡直径小，床层膨胀较大，流化较为平稳，固体颗粒的返混较为严重。从再生器旋风分离器进入三旋的催化裂化催化剂属于 C 类颗粒，其特征为：颗粒平均粒径 $d_p<30$mm，颗粒间黏着力较大，所以不易实施流化操作，在搅动或振动等辅助作用下，可以实现流化操作。

3.2 流态化基础知识

3.2.1 流化床的形成及流化相图

流化过程是怎样形成的？如果在一个下面装有小孔筛板的圆筒形容器内放上微球固体颗粒，形成一层固体颗粒层，然后在小孔筛板下面引入气体，气体将穿过小孔筛板由下而上流过固体颗粒料层，通过床层顶部出口排出床外。当气体速度较低时，床层虽有气体通过，但固体颗粒相对位置不发生变化，床层高度也不发生变化，这种床层称为固定床。随着气体速度增加，床层将会出现流化床和输送床两种不同的状态。因此，形成流态化基本条件是：有一个合适的容器作为床体，底部有一个流体的分布器；有大小适中的足够量的颗粒来形成床层；有连续供应的流体充当流化介质；流体的流速大于最小流化速度，但不能超过颗粒的带出速度。气固流化床中各种流体流型如图 3-8 所示[1]。

实验观察发现，当气体速度较小时，固体颗粒床层并不活动，只是随着气体速度 u_f 的增加，通过床层的压差 Δp 也随着增加。这是因为颗粒之间都有空隙，这些空隙形成了许多曲曲弯弯的小通道，气体通过这些小通道必有摩擦阻力。速度越大，摩擦阻力越大，表现出压

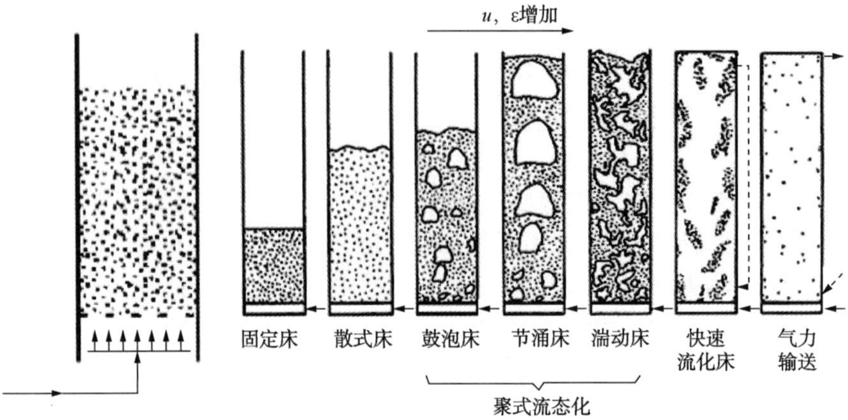

图 3-8 气固流化床中各种流体流型示意图

差随着速度的增加而增加。如果以 $\lg u_f$ 为横坐标，$\lg\Delta p$ 为纵坐标，则两者的关系是一直线，如图 3-9 中 A 段所示，此时称为固定床。当气体速度达到 B_1 点的速度时，床层压降等于单位截面上床层中颗粒的净重，而不再随气体速度的增大而增加。此时，静止不动的颗粒开始振动，然而床层有微小膨胀，床层压降略有下降，而 B_1 点就是固定床转化为流化床的突变点，B_1 点的气体速度称为临界流化速度。流化床反应器中的固体颗粒藏量的确定就是利用此原理，通过压差测定而计算出来的。藏量仪表上指示的实际上是床层的压差乘以床层的截面积而得到的，即：

$$床层重量 = 压差 \times 床层截面积$$

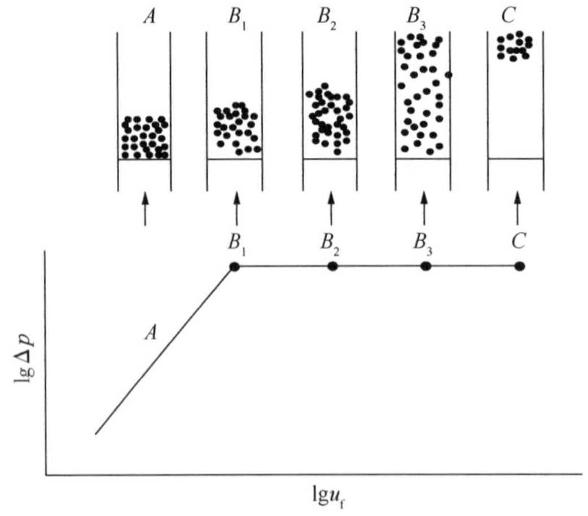

图 3-9 流化床形成及其变化

图 3-10 气体流过颗粒时的受力情况

此时，再继续增加 u_f，只是流化床层继续膨胀，固体颗粒悬浮在气体中，床中固体颗粒可以自由移动，直至作不规则的随机运动；随着速度的进一步增加，整个床层沸腾起来，床层显示出某些液体属性的特征，床层颗粒间距离扩大，床层进一步膨胀，不难看出，原本静止的固体颗粒现已转化为“流体”的状态，故称之为流态化，但床层压降 Δp 并不发生变化，如 B_2、B_3 点，此时，流体通过床层的压差仍然等于床层固体颗粒的重量。如果再继续提高 u_f 到达 C 点时，气体将固体颗粒吹走，于是流化过程转变为另一个不同质的过程——气力输送过程[2]。

当气体通过颗粒周围向上运动时，会产生一个对颗粒来说是向上的摩擦力，如图 3-10 所示，气体速度越大，这个摩擦力也越大，而颗粒本身由于自己的重量又有一个向下的重力。在图 3-9 中 C 点以前，向上的摩擦力小于向下的重力，所以颗粒只在气流中悬浮着，并不被气体带走，而到 C 点时，摩擦力等于重力，颗粒就开始被气流带走。C 点是流化床消失，气力输送形成的一个突变点，相应于 C 点的气体流速称为终端速度或带出速度。

由此可见，流态化的含义就是指固体颗粒物料在气体(或液体)的作用下，由原始相对静止的状态转变为具有某些液体属性的流动状态。将初始发生的流态化叫初始流态化，将对应初始出现该流动状态的流体速率称之为初始流态化速度或最小流态化速度 u_{mf}，也因流化点处于固定床和流态化两种床层状态边界上，故又称之为临界流态化及临界流态化速度。要形成稳定的气固流化状态，气体的速度必须大于临界流化速度(u_{mf})而小于终端速度(u_t)。临界流化速度(u_{mf})和终端速度(u_t)是与流化状态有重要关系的参数，对于球形颗粒来说，这两个参数直接与固体颗粒的性质相关联的计算公式如下：

$$u_{mf} = \frac{0.00078 d_p^2(\rho_p - \rho_f)g}{\mu_f} \tag{3-22}$$

$$u_t = \frac{d_p^2(\rho_p - \rho_f)g}{18\mu_f} \tag{3-23}$$

式中　u_{mf}——临界流化速度，m/s；

u_t——颗粒终端速度，m/s；

d_p——颗粒平均粒径，m；

ρ_p——颗粒密度，kg/m^3；

ρ_f——气体密度，kg/m^3；

μ_f——气体黏度，kg/(m·s)；

g——重力加速度，m/s^2。

由式(3-22)和式(3-23)可以看出，颗粒直径越小，密度越小，气体黏度越大，则临界速度和带出速度越小。在流化催化裂化过程中，当细颗粒催化剂或新鲜催化剂较多时，催化剂损失增大就是这个原因。当颗粒均匀分散在气体之中时，流动特征就是床层压降与流速表现为线性关系，是一种理想的流动状态，如图 3-11 所示。

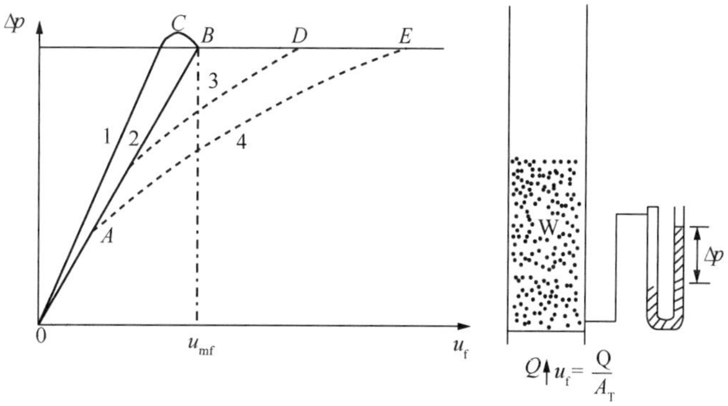

图 3-11　理想流态化及特性

图 3-11 中线 1、线 2 为固定床 $\Delta p-u_f$的关系曲线，*CBDE* 为流化床流体速度 u_f与床层压降 Δp 的曲线。图中线 1 为细管或紧密填充，线 2 为窄粒度分布的床层，线 3 为较宽粒度分布，线 4 比线 3 粒度的扩展径更大。从上述可知，粒度分布对流化状态是有影响的。

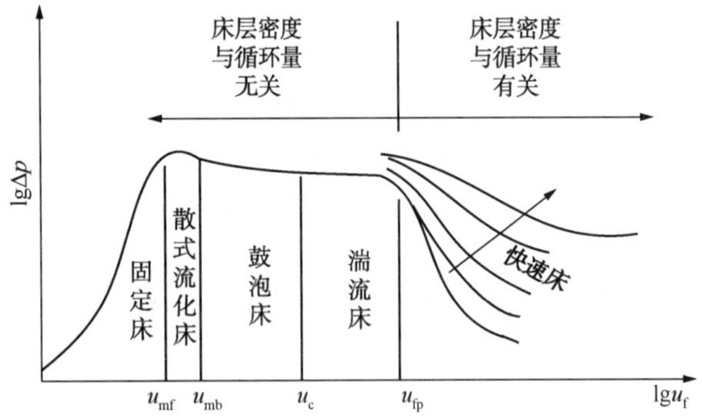

图 3-12 流态化类型分布相图

Squires 用细粉颗粒作流化试验，将图 3-9 中 B_1和图 3-11 中 *B* 以后的流化状态作进一步的研究，得到床层压降 Δp 与表现气速 u_f之间的关系曲线，如图 3-12 所示。从图中可以看出，按表观气体速度和压降的变化，流化床可细分为散式流化床、鼓泡床、湍流床、快速流化床和气固稀相输送等，确定流态化类型的表观气体速度在下面再作论述。因为图 3-12 能表明不同的流化状态，因此称为流化相图。

随着流态化应用领域的扩展和基础研究的深入，流态化类型由早期两大类扩展为散式流态化、聚式流态化和三相流态化，同时对气固聚式流态化进行了更细的分类。传统上，将气体速度小于带出速度所能呈现的持续稳定流态化归属于经典流态化。

如果在床层底部以从床层上部带出的颗粒物料相同的流率向床层下部不断补充固体物料，则上述的流化过程仍能得到延续，保持一种稳定的流化状态，此时系统进入一个输送状态。对于一个给定的流速，补充的固体物料流率越高，从床中带出物料自然也就越多，当达到平衡时，则形成的流化床层的固体颗粒浓度或床层密度也越高，床层空隙度越小，床层压降随之越大。当补充的固体物料流率增加至某一值时，床层密度达到最大，即达到了饱和，该固体流率就是对应于该气速的饱和夹带量。如在该流速下进一步增加固体流率，则床层因固体物料过浓而阻塞，称之为噎塞现象。对于一个新的流速，在相同固体流率下，床层密度将随流速的增大而下降，或床层空隙率将随流速的增加而增大。显然，与经典流态化不同，该流化床层密度或空隙率，不仅与流速有关，而且还与固体流率有关，不再是仅由流体流率所决定。尽管在此涉及的仅是颗粒-流体逆重力并流向上操作，但还存在颗粒-流体顺重力并流向下和逆流向下等多种操作状态，这些流化床统称为广义流态化[1]。

3.2.2 气固流态化域

不同粒径颗粒物料流化时特性的巨大差异，主要来源于颗粒物料所受到外界作用力及其相对密度不同，通常最为重要的有颗粒自身的重力、颗粒间表面力和流体对颗粒的摩擦曳力。对于单位质量固体物料，单个粗颗粒的重力较大，表面力和曳力都较小，颗粒几乎以单个颗粒运动，当其所受的曳力达到颗粒重力时，颗粒处于近乎自由沉降状态，或将以其自由沉降的速度被带出床层；对于细颗粒，颗粒间的表面力大为增加，细颗粒有聚团运动的趋势，与单个细粒相比，聚团所受的重力较大，与流体接触的表面相对而言减小了，因而对于相同流速所产生的曳力也相应减小了。综合起来，细粒聚团所受重力大而表观曳力较小，因而，需要远高于单粒自由沉降速度操作以获得较大的表观曳力，才有可能与聚团重力相平衡。实验表明，细颗粒物料当其有足够固体浓度时，就可以在远高于其单粒自由沉降速度下进行正常的流化操作。不难看出，物系特性，特别是固体颗粒粒度和密度对其流动特性有重大影响。

对于流化催化裂化微球催化剂等 A 类细颗粒物料，随着气速的增加，床层将经过固定床、临界流态化、散式膨胀、最小鼓泡点、鼓泡流态化、湍流流态化、快速流态化(当向系统补充固体物料时)、气力输送状态。对于 FCC 催化剂颗粒，颗粒平均直径 50~70μm，采用空气作流化介质，李佑楚等以平均空隙率 $\bar{\varepsilon}$ 与气体表观线速 u_f 来表明各种流态化状态的关系曲线，如图 3-13 所示[1]。

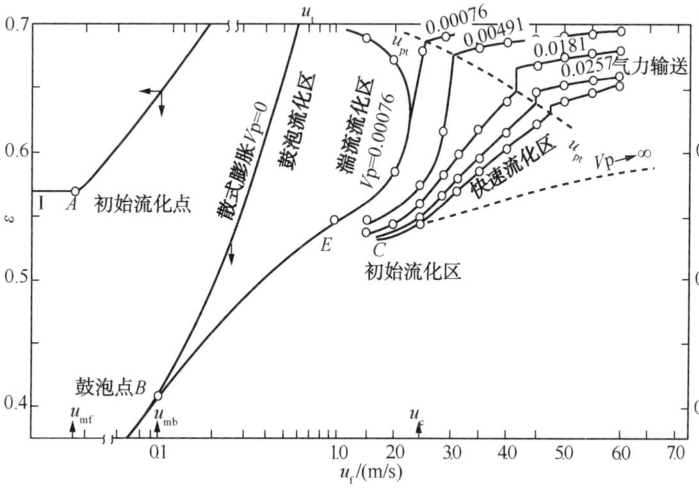

图 3-13　催化裂化反应再生流态化域图

从图 3-13 可以看出，气体通过床层向上流动，逐渐增大气体线速 u_f，气速由 I 增至 A，床层呈固定床，床层空隙度 ε 保持不变。

从 A 点继续增大气体线速 u_f，床层开始流态化，A 点为最小流态化点，此时 A 点气体线速称为最小流化速度 u_{mf}。气速由 A 逐渐增大至 B，床层沿散式流态化曲线膨胀，B 点为最小鼓泡点，此时 B 点气体线速称为最小鼓泡速度 u_{mb}。AB 为散式流化膨胀区。因此，散式流化床特点为固体颗粒脱离接触，但颗粒均匀分布，颗粒间充满气体，无颗粒与流体的集聚状态。在 FCC 装置中，几乎看不到散式流化床，主要是细颗粒流化时，散式状态范围很窄，流化速度稍微提高就进入鼓泡床状态。典型的散式流化床是液固体系。

自 B 点以后，随着气速增大，气泡数量增多，尺寸也变大，甚至产生气节。床层膨胀不再沿散式流态化线进行，而是偏离散式膨胀线向右突起。BE 为鼓泡流化区。因此，鼓泡流化床特点为随着气体速度增加，流化介质出现集聚相，成为气泡。气泡在密相床中以一定速度上升，边上升边聚并，然后逐渐增大。气泡在流化床内形成不连续相，而固体颗粒(如 FCC 催化剂)则形成连续的乳化相，气泡上升到流化界面时会发生破裂，破裂的气泡会产生一个速度较高的有效气速，通常有效气速等于 10 倍的气体表观速度，依靠该气速，将床内的部分固体颗粒带入床层界面以上的有效空间，出现床层界面以下的密相区和床层界面以上的稀相区。在床径比较小时，当气泡直径达到与床直径相等时则出现气柱，而气柱之间的固体颗粒呈固定床流动，这种现象称为节涌床或腾涌床。

E 点为湍流点，此时气速使鼓泡床开始崩溃成湍流流态化，床面变得模糊不清，从床顶带出的固体量增加。因此，湍流床是一种特殊的床形，它介于鼓泡床和快速床之间。这是因为提高气体速度，气泡直径变小，气泡数量增多，气泡很快合并又很快被激烈湍动旋涡搅动所击碎，气泡在床层界面形成大量喷溅，使床层界面变得模糊不清。

当气速增大至快速流化点 C 点，此时气体线速称为快速点速度 u_c，u_c 主要与物料特性有关，循环量对它略有影响。床层空隙度将随气速增大而急剧上升，带出的固体量达到最大，即气体夹带固体达到饱和量。若要使床层保持一定的固体浓度，必须不断以与带出速率相同的料率向床层底部补充颗粒物料，从而形成快速流态化。当无固体循环量时，密相床层固体颗粒就会被气体全部带出。在快速床内，不连续的气泡转变为连续的气相，而连续的乳化相逐渐变为组合松散的颗粒群，类似絮状，时聚时散，突破了聚式流化床两相模型的界限。因此，只有细颗粒物料才能形成快速流化床。快速床操作气速高，床内气固接触好，传递速度快，气固返混小。当气速达到载流点速度 u_{pt} 以后，快速床被破坏，而成为气力输送状态。

载流点速度 u_{pt} 除与物料特性有关外，循环量有明显影响，如图 3-13 中 u_{pt} 线。细颗粒流化不遵守散式膨胀规律，当气速在高于单颗粒沉降速度 u_t 条件下，床层仍能保持空隙度在 0.8~0.9 的浓相流态化状态；在循环量很小时，快速点 C 与载流点 P 比较接近，因而在这种情况下基本上只有气力输送一种状态。而当循环量增大，载流点速度 u_{pt} 随之而增大，快速区 CP 才逐步扩展。

3.2.3 流态化行为

不同流态化域内出现的流态化行为除了上述床层平均孔隙率、床层压降和气固聚集状态等不同之外，还表现在孔隙率的二维分布以及气固间滑移速度等特征行为上，这些流态化行为特征对于催化裂化工艺流态化认识具有重要的作用。

3.2.3.1 孔隙率的二维分布

在不同流态化域内由于气速不同，不同流态化域的床层高度以及孔隙率沿轴径向的二维分布也显著不同。图 3-14 表明不同流态化域内固体分率在轴向分布的对比情况。

不同流态化域内床层密相固体分率平均值(用 ε_{sd} 表示)如下：

鼓泡床：

$$\varepsilon_{sd} = 0.55 \sim 0.40 \tag{3-24}$$

湍动床：

$$\varepsilon_{sd} = 0.40 \sim 0.22 \tag{3-25}$$

快速床：

$$\varepsilon_{sd} = 0.22 \sim 0.05 \tag{3-26}$$

在鼓泡床内由于气流动量不足，孔隙率分布仅由于气泡向中心的汇合而产生，所以径向分布不突出。随着湍动流化的开始，气流获得足够的动量，导致系统内固体循环，壁面颗粒向下运动，中心则向上运动，从而产生突出的径向分布。因此，中心空隙率明显增加，这表明中心连续稀相流动逐渐形成。在快速流态化域内，壁面向下流动越来越剧烈，中心连续稀相流动逐渐向外扩展。直到稀相输送床发生时，径向分布趋于平坦。图 3-15 给出了 FCC 催化剂/空气系统空隙率的径向分布。

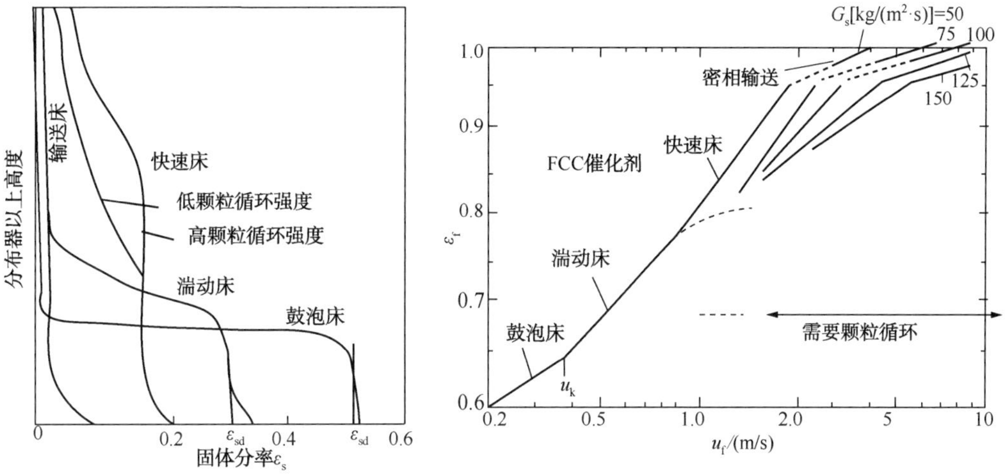

图 3-14　不同流态化域孔隙率轴向分布

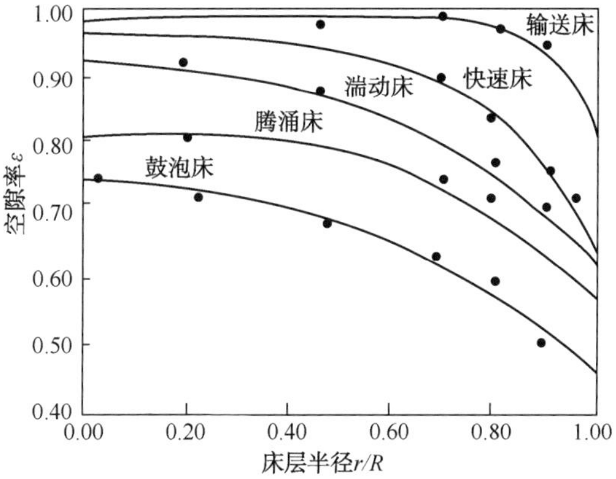

图 3-15　不同流态化域空隙率的径向分布

3.2.3.2　气固滑移速度

气固滑移速度为气体的实际速度与固体的实际速度之差，如下式所示：

$$U_{sl} = U_f - U_s = \frac{u_f}{\varepsilon} - \frac{u_s}{1-\varepsilon} \qquad (3-27)$$

式中　U_{sl}——气固滑移速度，m/s；

U_f——气体实际速度，m/s；

U_s——固体实际速度，m/s；

u_f——气体表观速度，m/s；

u_s——固体表观速度，m/s；

ε——空隙率。

Yerushalmi 在床径为 15.2cm 中以 FCC 催化剂进行了试验，得出了如图 3-16 所示的气固滑移速度与空隙率的关系曲线。

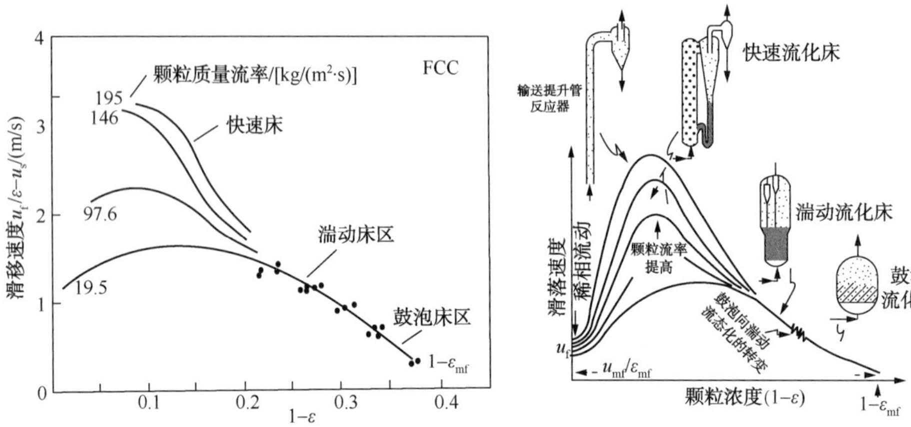

图 3-16　FCC 催化剂滑移速度关系曲线

3.2.3.3　颗粒夹带

流化床通常包括两个区域：即下部的鼓泡床或湍动床密相区和它上面的稀相区。稀相区包括从密相表面到流化容器出口或旋风分离器入口间的一段空间，其高度称为稀相高度。稀相区设置的目的是尽可能使用重力沉降使固体颗粒从气流中分离出来。

当气泡在密相流化床中上升到床层表面爆破时，将大量催化剂抛向稀相空间，加上流化床内气流的不均匀性，使颗粒带出(carryover)量很大。颗粒带出表示气体将颗粒带出流化床床体的现象，带出速率和带出颗粒的特性是由气体出口处的扬析(elutriation)或夹带(entrainment)作用决定。夹带一般指在单一颗粒或多组分系统中，气流从床层中将固体颗粒夹带入自由空域的现象。在自由空域内，不同高度的夹带速率可能不同。扬析是指从各种颗粒直径的混合物形成的床层中选择性地夹带出细粉颗粒的过程。

气速愈高，夹带量愈多。但随着空间高度的增大，气流变得愈来愈均匀，喷射和过量夹带的催化剂逐渐沉降下来，因而夹带量愈来愈小。此后，随着高度进一步增加，稀相的颗粒夹带量基本上保持不变，这时的高度就叫输送分离高度(transport disengagement height，TDH)。TDH 是自由空间区域内的一个特定高度。高于 TDH 后，自由空间区域内的颗粒浓度(或夹带率)不再随高度变化，相应的自由空间区域中的固体颗粒浓度就称为气相饱和夹带量。因此，稀相高度和气流中的颗粒夹带量是两个有关稀相区的主要参数。

扬析过程可发生在自由空域内的任何高度，不论低于或高于 TDH 时均存在。因为在密相床表面气体的射流或气泡破裂有大量不能被带走的粒子也被掷到稀相空间里去了，所以在 TDH 以下的稀相空间里，也有扬析过程，此时夹带量大于扬析量。在 TDH 以上，夹带量与扬析量相等。颗粒弹射入自由空域的机理：被抛射入自由空域的颗粒主要来自，一是气泡的顶部；二是气泡的尾涡，如图 3-17 所示。

3.2.4　非正常流化现象

3.2.4.1　气节(腾涌)

在床层直径较小，且高径比较大的流化床中，有时气泡聚并致使气泡直径大小接近床层

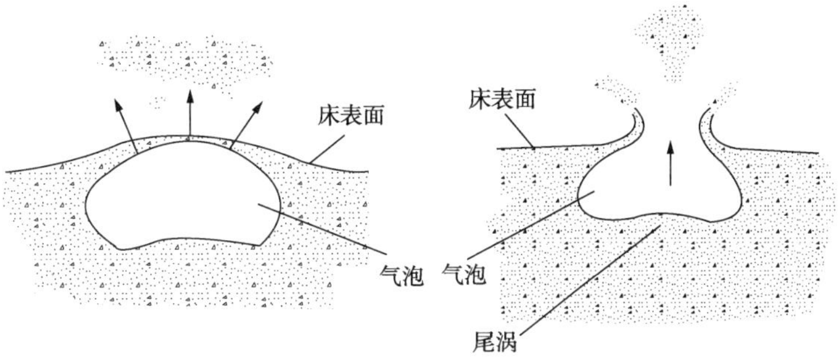

(a)颗粒来自气泡顶部　(b)颗粒来自气泡尾涡

图3-17　颗粒弹射入自由空域的两种主要机理

直径，气泡在床层内形成柱塞状，将床层分为一层气泡、一层固体颗粒相，这种现象称为气节，亦称腾涌，如图3-18所示。流化床产生气节时，气体必须渗过慢速运动的密相区，因此床层的压降比正常流化时的压降大。但当大气泡到达床层顶部时气泡崩破，颗粒骤然散落，床层压降又突然降低，严重时还会发生振动。通常增设内构件来消除流化床内的气节现象。气节现象在直径小于50mm的流化床中很容易发生。产生腾涌的主要原因有：

（1）流化床高径比过大；

（2）分布器设计不合理，气体分布不均匀；

（3）颗粒粒度分布过窄。

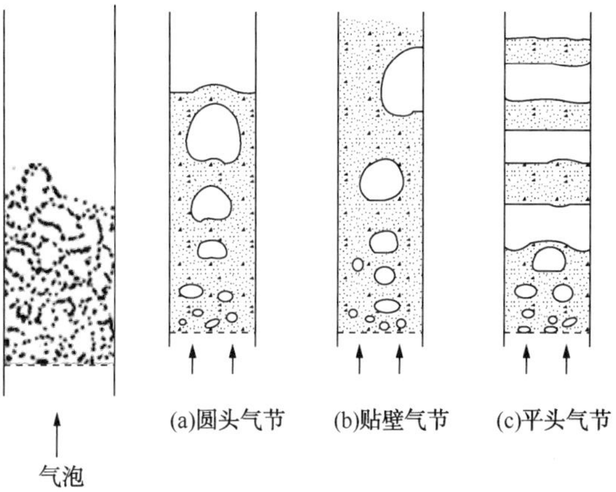

图3-18　气泡和气节示意图

3.2.4.2　沟流

当床层各纵向阻力不同或气体分布不均匀时，流化气体可能穿透床层中阻力小的部位，连续地沿着捷径上升而形成短路，这种现象称为沟流，也称为穿透现象，如图3-19所示。沟流有贯穿沟流和局部沟流之分。贯穿沟流是气流从下到上穿透整个床层。在这种情况下，气流速度即便超出临界流化速度，床层也不可能进入流化状态。局部沟流指只出现在床层的局部区域、局部高度内的沟流。在这种情况下，气流沟道未到达的部分仍然可以进入流化状态。产生沟流的主要原因有：

（1）流化床的高径比过小，床层过薄；

（2）床层气体分布不均匀；

（3）黏性较大的细颗粒较多；

（4）操作气流速度过小；

（5）颗粒物料水分过大，引起局部颗粒黏结。

沟流是一种严重破坏床层流化的现象，在流化床设计和操作中应避免出现。如何使进入床层的气体均匀分布是大型流化床反应器设计的一个重要问题。

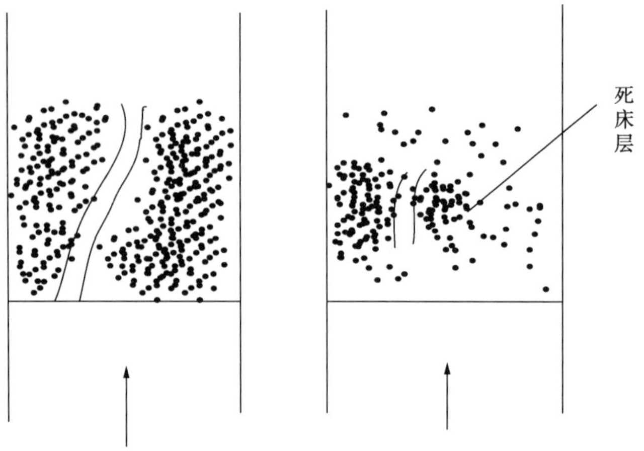

图 3-19　沟流示意图

3.2.4.3　分层

分层是指颗粒在床层中不能均匀混合，出现颗粒按粒度或密度分层的现象。粗而重的颗粒沉积在下面，细而轻的颗粒则被吹到上面。

分层现象使床层因为性质不同分为上下两部分。当气速继续提高时，上部细而轻的颗粒层可以达到流态化，而下部粗重颗粒层仍处于固定床状态。这时下部床层相当于上部流化床的二次布风器。在某些情况下，下层物料可能会出现局部高温，造成颗粒结块，有可能造成装置非计划停工，更有甚者损害设备，如分布板。

3.3　流化床基本特性

气固流化床的各个流态化域共同的特点是固体颗粒处于流化状态，但是也各有其不同的特点。下面简要介绍处于不同流态化域的流化床的基本特性。

3.3.1　散式流化床

当气流速度超过临界流化速度不多时，流化床内没有聚集现象，床层界面平稳，此时床层处于散式流化状态。随着气速增大，床层的孔隙率增大，床层膨胀。若床直径不变，则床高增加，可以用床高与起始流化时的床高之比 L_B/L_{mf} 来表示床层膨胀的程度，称为膨胀比。影响膨胀比的因素很多，如固体颗粒的性质和粒径、气体的流速和性质、床径和床高等。气速越大或床径越小则膨胀比越大。在催化裂化工艺中，催化剂的密相输送是处于散式流化状态。

3.3.2　鼓泡床和湍流床

鼓泡流化床的固体颗粒不是以单个而是以聚团进行运动，气体主要是以气泡形式通过床层。因此，床层不是均匀的而是分成两相：气泡相，主要是气泡，其中夹带少量固体颗粒；颗粒相(亦称乳化相)，主要是流化的固体颗粒，其间有气体以接近于临界流化速度的流速通过。

如果床层直径足够大，而且气流速度不太高，即器壁影响及各气泡之间的影响可以忽略时，可以观察到单个气泡的运动情况。气泡的上半部呈半球形，气泡的尾部则有一凹入部分，称为尾涡区(图3-20)。尾涡区夹带着固体颗粒，而气泡内则基本上不含固体颗粒。气泡在气流通过分布板进入床层时形成，然后在床层中向上运动。气泡向上运动的速度大于气体在空床中的平均气速。气泡的直径越大，其上升的速度也越大。

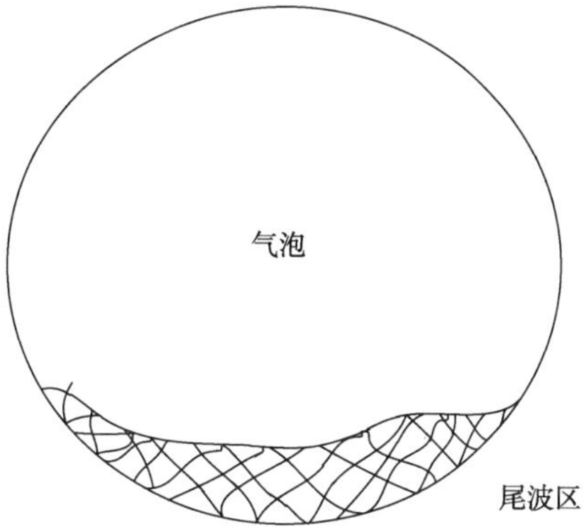

图3-20　气泡形态

气泡的运动是造成流化床中的固体颗粒和气体返混的主要原因。当气泡上升时，气泡周围的固体颗粒被曳引至尾涡区并随着气泡向上运动。当尾涡区夹带的颗粒增多时，它变得不稳定，于是在气泡上升过程中会甩下一部分夹带的颗粒而其余的颗粒仍被带着上升。当气泡上升至床层界面，气泡破裂，尾涡区的固体颗粒就散落下来。这样造成了流化床中固体颗粒的返混。气泡内的气体与周围颗粒相中的气体也互相交换：向下运动的固体颗粒借摩擦力将颗粒相中的气体曳引向下，当气泡与颗粒间的相对速度足够大时，这部分颗粒相中的气体由压力较低的尾涡区进入气泡，而气泡中部分气体由顶部透过气泡边界又渗入颗粒相中去。这样形成了气体在流化床内的返混。流化床内气体及固体颗粒的返混使床层各部分的性质(如温度、组成等)趋向于均一。

在实际应用的鼓泡流化床中往往同时存在有大量气泡，由于它们之间的相互影响，气泡常变成不规则的形状。大量气泡同时向上运动时，小气泡会互相聚合成更大的气泡。因此，随着气泡的上升，气泡的直径也逐渐增大。气泡的长大对气—固非均相催化反应是不利的，因为气泡里的气体(反应物)与固体催化剂的接触很差。在大型鼓泡流化床中，气泡经常不是在整个床层截面上均匀分布，而是形成几个鼓泡中心，气泡聚合后沿几条“捷径”上升。严重的鼓泡集中使气泡连续地沿着捷径上升而形成短路，发生沟流现象。显然，沟流现象对催化反应是很不利的。在小直径的流化床中，易出现气节现象，亦称腾涌，床层压降又突然降低，严重时还会发生振动。鼓泡流化床的顶部有一个波动的界面，当气速增大时，界面起伏波动的幅度也变大。在界面以下的部分称为密相床。对催化裂化反应器和再生器，密相床的催化剂密度随气速等因素变化而变化，一般在100~500kg/m^{3}的范围内。密相床界面以上的空间称稀相。由于气流的夹带，稀相中也含有催化剂颗粒，其颗粒浓度随气速的增大而增大，在一般情况下，其密度比密相床的密度小得多。当气速较低时，稀相与密相之间的界面比较明显；但随着气速的增大，密相床的密度变小而稀相段的密度增大，两相之间的界面逐渐变得很不明显。工业FCC装置再生器和反应器中的催化剂密度分布显示了这种情况，如图3-21和图3-22所示。从图3-21和图3-22还可以看出，从一级旋风分离器入口到密相床面的稀相段，催化剂密度由低变高；密相段中的催化剂密度分布也不是均匀的，也是由上到下逐渐升高，但变化较为缓慢。

由于气泡破裂，在床层表面固体颗粒以比床层表观气速大得多的速度抛向上方，因而固体颗粒带出量很大。随着高度逐渐增加，气泡破裂所造成的影响逐渐平稳下来，被抛出去的固体颗粒的速度逐渐减少，稀相中的固体颗粒浓度也就逐渐减少。当达到一定高度后，气泡

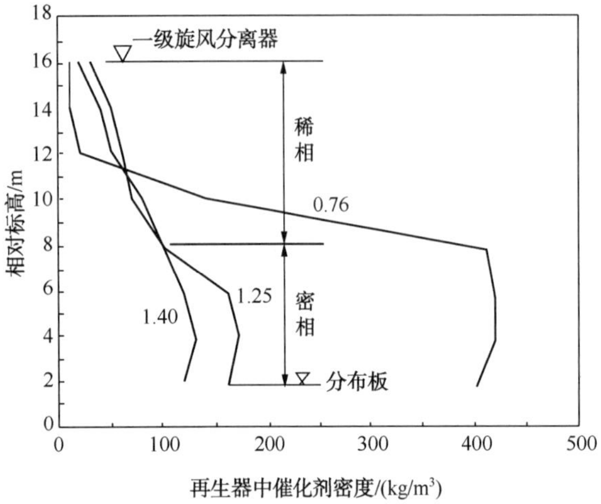

图 3-21　再生器中的催化剂密度分布
（曲线上的标注数字是密相气体线速，单位为 m/s）

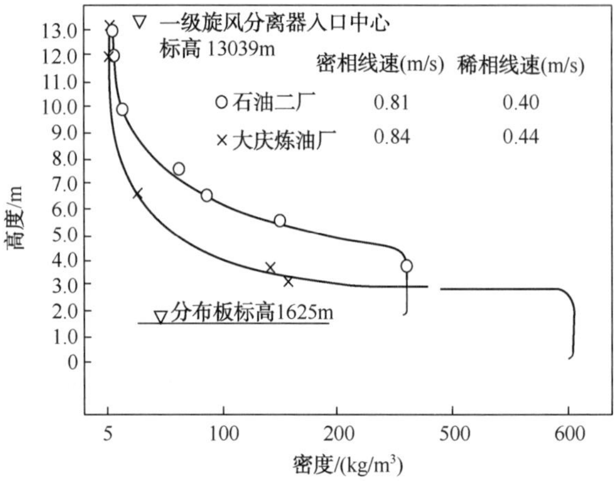

图 3-22　反应器中的催化剂密度分布

破裂所造成的影响完全消失，此时的高度就称为输送沉降分离高度(TDH)，相应的稀相中的固体颗粒浓度就称为气相饱和携带量。Zenz 和 Herio 提出了 TDH 计算式：

$$TDH/D_T = (2.7D_T^{-0.36} - 0.7) \times \exp(0.7u_f \times D_T^{-0.23}) \quad (3-28)$$

式中，D_T和 u_f分别为床径和气体线速。

从 TDH 的定义来看，TDH 的大小主要决定于气速和床径。按照 TDH 概念，旋风分离器的入口与密相床的界面之间的距离应大于 TDH 高度。而实际中很难确定 TDH。从实际工业 FCC 装置数据来看，式(3-28)计算所得的结果偏低。例如，在早期沉降高度定为6m 时，再生器旋风分离器入口处催化剂浓度随稀相流速(一般为 0.7~0.9m/s)的增加而急剧上升，最高达 18kg/m³。20 世纪 70 年代以后设计的稀相流速一般为 0.6m/s，沉降高度提高到 9m 以上，就能使旋风分离器入口浓度降到 6kg/m³以下。再生器第二级旋风分离器出口处的固体浓度由早期的 2~3kg/m³降到 70 年代中期以后的 1kg/m³。因此，在设计催化裂化密相流化床时，一般是采用将计算结果增加一定高度的方法来解决。例如当再生器直径为 9.6m、气体速度为 0.87m/s、催化剂平均粒径为 60μm 时，用式(3-28)计算得的 TDH 值为 7.0m，而设计时多采用 10m 左右。即实际所需的 TDH 数值应该是计算值的 1.5 倍以上。

当鼓泡床气速增大至一定程度，流化床进入湍流床阶段。相对于鼓泡床，湍流床主要特点是气速更高，气体及颗粒循环量加剧而返混，气泡直径变小，气泡数量增大，气泡很快合并又很快被激烈湍动旋涡搅动所击碎，气泡在床层界面形成大量喷溅，使床界面变得模糊不清，密相密度与固体循环量无关。因而气体与固体颗粒之间的传质系数也明显增大。

由于鼓泡床和湍流床在气体速度和床层密度上不存在着明显的差异，因而在催化裂化工艺中，通常将鼓泡床和湍流床统称为密相流化床，以区别于快速流化床和提升管。

3.3.3 快速流化床

快速流态化是一种无气泡气固接触流态化，气泡相转化为连续含颗粒的稀相，而连续乳化相逐渐变成由组合松散的颗粒群(絮团)构成的密相，其重要特征是固体颗粒趋向于成团运动。在快速流化床，气泡趋向于消失而在床内呈现不同的密度分布。一般情况下，上部密度小，成为稀相区；下部密度较大，称为密相区；而在径向上则呈中心稀，靠壁处浓的径向分布。在快速流化床内，气体和固体颗粒也还有显著的返混现象。快速流化床最重要的特点是它具有较高的表观气体流速和较大的固体循环速率。快速流化床的流动参数大部分与床层轴向空隙率有关。

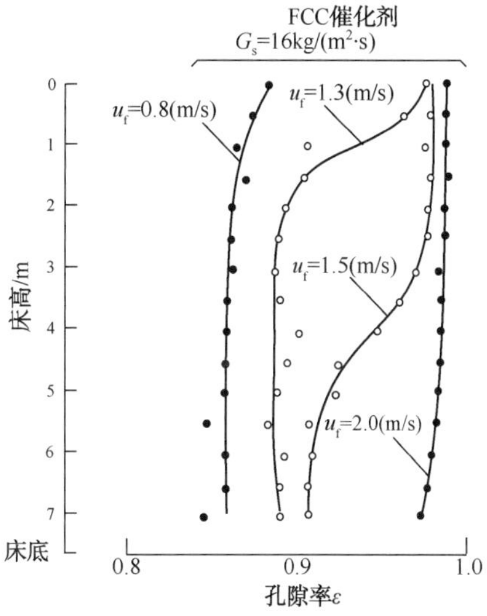

图3-23　细颗粒流化现象及床层结构特征

李佑楚等对多种不同特性的颗粒物料进行了系统的快速流态化的试验研究，发现了快速流态化一般具有三种轴向空隙率分布，典型的为上稀下浓两相共存的拐点居中的S形分布、拐点超过床高的全浓分布和拐点低于分布板的全稀分布，如图3-23所示。

催化裂化装置的烧焦罐式再生器的操作气速多在1~2m/s范围内，属于快速流化床，其平均ε轴向分布如图3-24所示。串联变径提升管第二反应区也属于快速流化床，其平均ε轴向分布如图3-25所示。

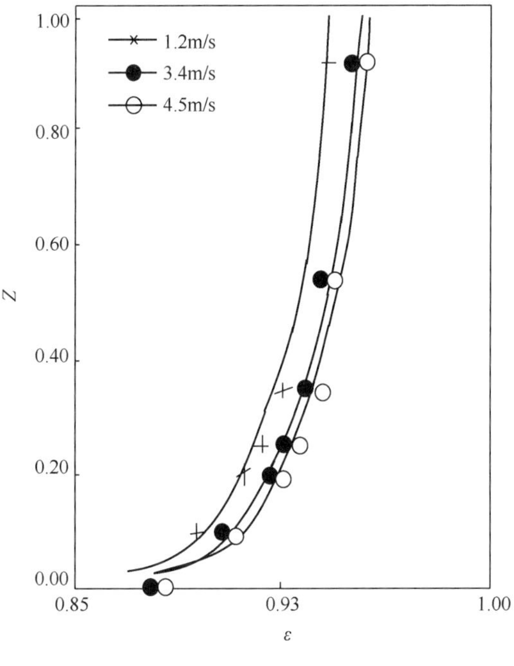

图3-24　气速对平均ε轴向分布的影响

G_s=60.0kg/(m²·s)；D=0.36m

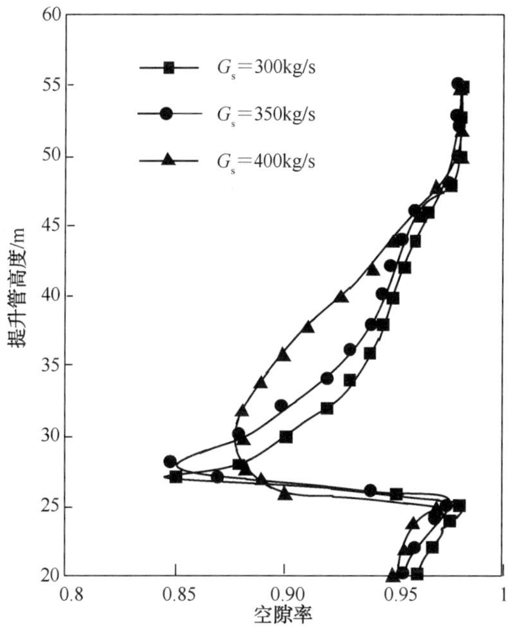

图3-25　催化剂循环量对平均ε轴向分布的影响

3.3.4　提升管

与上述的流化床相比，提升管中的气固运动有其自身的特点。由再生器来的催化剂通过斜管上的节流滑阀进入提升管的下端，先与提升蒸汽(或干气、轻烃)汇合，由蒸汽提升向上运动一段距离后，再与油气混合，气固混合物呈稀相状态同时向上流动。在提升管的出口，反应后的油气与催化剂分离。在提升管内，气固混合物的密度大约是每立方米几十千克，因此属于稀相输送的范畴。提升管的气速比流化床高得多，FCC 装置一般采用油气入口处的线速为 4.5~7.5m/s，出口处的线速将更高，即使在提升管底部区域气体线速也大于 1.5m/s。在此气速下，气固混合后固体流动会形成三种不同的型式，如图 3-26 所示。一是催化剂沿再生斜管流入提升管，通过孔口时，催化剂先向下流落，流落的距离与气速成反比，流落的催化剂然后反转向上，由于气速携带颗粒，较多的催化剂流动流型为螺旋向上；二是较少的催化剂沿提升管中心呈向上流动；三是沿提升管管壁有催化剂呈絮状物向下流动。这三种流股在一定高度内共存，超过一定高度后逐渐汇合，接近活塞流，催化裂化喷嘴应设置在此高度以上，方能保持原料油与催化剂充分接触，达到良好裂化的目的。

当原料油与催化剂接触后，原料油裂化成较小分子，使油气量增加，气体体积增大，从而提高了提升管内气速，至提升管出口气速已增大到 10~18m/s，催化剂速度随气体速度增加而增加。只是催化剂颗粒由于受到重力作用，其上升速度总是要比气体的速度低些，这种现象称作催化剂的滑落。一般论述输送固体颗粒系统均以滑移速度 U_{SL} 表示气体速度和固体颗粒之间的关系。但 U_{sL} 需试验确定。因而习惯上用滑落系数来表示气体速度和固体颗粒之间的相互关系。滑落系数就是气体表观速度(u_f)与固体颗粒表观速度(u_s)之比。工业实测的滑落系数和气体表观速度、催化剂密度的关系如图 3-27 所示[3]。

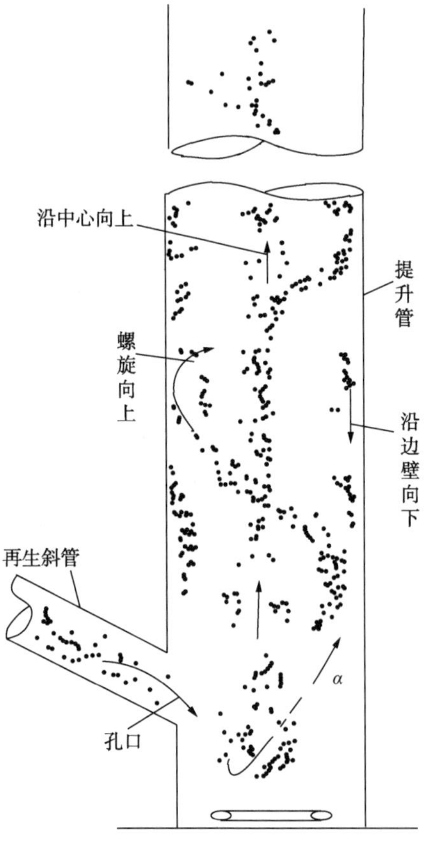

图 3-26 提升管底部流型图

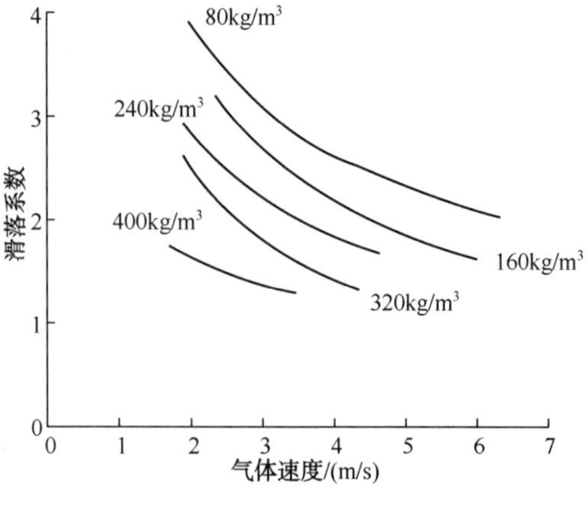

图 3-27 气体速度与滑落系数的关系

在催化剂被加速之后，催化剂的速度应等于 u_f 与催化剂的自由沉降速度 u_t(亦称催化剂

的终端速度)之差，因此，

$$滑落系数=\frac{u_f}{u_s}=\frac{u_f}{u_f-u_t} \tag{3-29}$$

根据一些实验数据，微球裂化催化剂的 u_t约为0.6m/s。由上式可见，当 u_f增大时，滑落系数减小，当 u_f很大时，滑落系数趋近于1，也就是 u_s接近于 u_f，此时催化剂的返混现象减小至最低程度。

图3-28是 u_t在0.6~1.2m/s的范围内，滑落系数与气速的关系。从图3-28可以看出，当气速增大至25m/s以后，催化剂的滑落系数几乎不再有变化，而且其值很接近于1，即催化剂与油气几乎是同向、等速向上运动，返混很小，大大减小了二次反应。

下面再从图3-29论述在提升管中的气-固流动形态。当固体质量流速 $G_s=0$，即只有气体通过提升管时，单位管长的压降 $\Delta p/L$ 随气速 u_f的增大而增大。此 $\Delta p/L$ 主要是气体流动时的压降。当固体颗粒质量流速 G_{s1}为某一定值时，所测压降是气固混合物密度产生的静压与混合物流动压降之和。在高气速 C 点时，提升管内固体颗粒密度小，流动压降占主导地位。因此，当气体线速下降时，静压虽由于密度增大而增大，但摩擦压降却因气速下降而减少，因此，总的 $\Delta p/L$ 下降。当气体线速从 D 点再继续下降时，管内的固体颗粒密度急剧增大，于是静压的增大起主导作用，总的 $\Delta p/L$ 也随之急剧增大。至接近 E 点时，管内密度太大，气流已不足以支持固体颗粒，因而出现腾涌。E 点处的气体表观速度即称为噎塞速度。随着固体质量流速增加，噎塞速度也相应地增加。

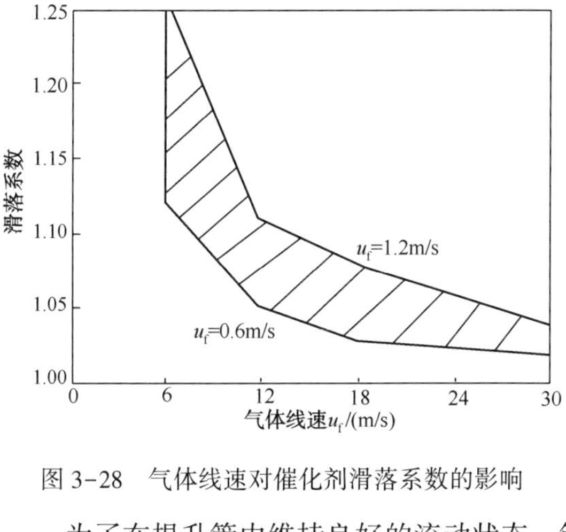

图3-28　气体线速对催化剂滑落系数的影响

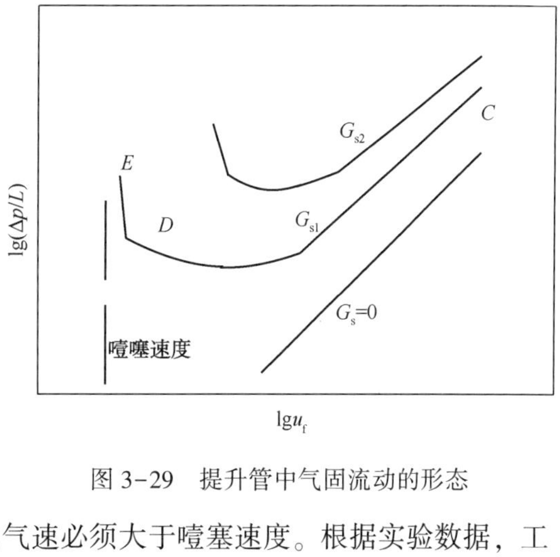

图3-29　提升管中气固流动的形态

为了在提升管内维持良好的流动状态，管内气速必须大于噎塞速度。根据实验数据，工业微球裂化催化剂用空气提升时，噎塞速度约为1.5m/s。实际工业采用的气速在油气入口处为4.5~7.5m/s，远高于此噎塞速度。但采用过高的气速会导致摩擦压降太大和催化剂磨损严重，因此，工业FCC装置提升管也不采用过高的气速，出口线速一般在30m/s以下。

工业FCC装置提升管反应器高度一般在25~50m，离提升管底部3m以上催化剂密度将逐渐减小，但是到某一高度以后，催化剂的密度几乎不再发生变化，维持在一个恒定值。至于催化剂能否沿轴向密度完全均匀分布，还取决于气固两相流动过程本身的静压、动压能、位能和摩擦内能损耗之间的相互转换。一般来讲，提升管出口段催化剂密度会有不同程度的提高，这主要受快速分离器的影响，催化剂颗粒受阻、反弹等因素导致出口段催化剂密度比提升管中部密度约提高10%~20%。

3.3.5 流化床反应器/再生器特征

3.3.5.1 密相流化床

流化床一般所使用的催化剂颗粒直径为20~100μm，而移动床或固定床所使用的催化剂直径为3~5mm。在床层内部，催化剂与气流处于激烈搅动状态。催化剂颗粒的流态化使其在加工过程中物理化学工作特性得到了明显的改善和强化，从而获得不断发展和日益广泛的应用。正是这些特点，密相流化床作为反应器或再生器具有以下的优点：

(1) 与传统固定床接触方式相比，由于处于流态化的催化剂颗粒尺寸较小，比表面积较大，大大提高了两相间的接触程度，可高达3280~16400m^2/m^3，为反应提供更大的催化表面，而且原料比较容易地扩散至催化剂内表面以及反应产物较易从内部扩散至气流中，这样就加速了反应的进行，从而提高催化剂的利用效率。通常固定床所需的催化剂质量要比流化床高约2个数量级。

(2) 由于床层内催化剂颗粒是处于强烈的湍动状态，两相接触界面不断更新，两相间速度差较大，强化了催化剂与气体之间的热、质传递，使其所进行的物理化学过程更为完全，更为充分。颗粒间的传热系数高达200~400W/($m^2 \cdot K$)，而气体强制对流传热系数一般只有25~100W/($m^2 \cdot K$)，从而颗粒之间的温度基本相同，床层热容大，热稳定性高，特别有利于强放热、同时要求等温操作的催化反应。对于烃类的催化裂化反应，高温的催化剂很快地将热量传递给原料，而在再生时，气体的热量很快地传递给催化剂，而且整个床层温度均匀，这样就保证了热量及时地传递，避免了局部过热现象，使得反应温度可以提高以加快反应速度，大大提高了生产装置的工作效率。

(3) 颗粒具有类似流体的性质，可以大量而连续地移入和移出反应器，改善了装置的操作弹性，提高了催化反应强度。

(4) 由于催化剂颗粒作为一种热载体，如反应时，催化剂颗粒供热；再生时，催化剂颗粒吸热，从而使反应器结构简单化，尽可能少地使用复杂的供热与取热结构，有利于反应和再生系统连续化操作，从而使易失活催化剂能够在工程上使用。

(5) 由空隙率的变化可以引起颗粒曳力系数的大幅度变化，以致在很宽的范围内均能形成较浓密的床层，因此操作弹性很高，且设备简单，造价低，实现过程自动化和生产规模大型化。

除上述的优点外，流化床作为反应器或再生器也存在着以下缺点：

(1) 鼓泡流化床中的大气泡的存在易造成气体短路，加上床内固体颗粒返混剧烈，使床层内颗粒接近全混流流动，使气体严重偏离活塞流流动，不利于提高气体转化率和产品选择性。当再生催化剂进入流化床反应器后很快和失活的待生催化剂混在一起，从而降低了催化剂的平均活性。同样，原料进入反应器后也很快和反应产物混在一起，难免有的原料未经反应或反应深度不够就离开反应器；另外，部分目的产物却仍停留在反应器内进行过深的反应，这种现象称为返混。返混引起了不好的后果，例如催化裂化时则生成过多的焦炭和气体，导致汽油产率降低等。鼓泡流化床缺陷可以利用较高气速的快速床反应器得到部分克服，但是由于床内颗粒浓度显著降低，颗粒的停留时间大大降低，降低了催化反应强度。

(2) 鼓泡流化床中的气体和催化剂颗粒的接触并不是绝对均匀的。在流化床中，气体往往会形成一个一个气泡，在气泡内没有催化剂，只在气泡尾涡中含有催化剂，因此，气泡中的原料不能很好地进行催化反应，影响了反应深度和反应产物的选择性，特别是这些气泡还会聚合形成大气泡，严重时形成气节，如图 3-18 所示。这样不但影响了原料的反应深度，而且还使反应器压力波动大，操作不平稳。实验结果表明，反应器直径越小，床层越高(即高径比越大)，越容易发生气节现象；催化剂颗粒直径越大，越容易发生气节现象。流化床因涉及复杂的多相流体系，过程的操作复杂度增加，工程放大技术难度较大。

(3) 在流化床中，催化剂颗粒也会聚团，再加上气体分布不均匀，气体只在聚团之间的缝隙中流过，形成短路，而一部分催化剂又是死床，其中没有气体通过，不起催化作用，形成所谓的"沟流"。沟流不但影响操作而且对设备也有损害，如图 3-19 所示。一般在催化剂颗粒太细时容易聚团；分布板开孔率过大和气体分布不均匀都容易形成沟流。在流化催化裂化中，分布板开孔率一般不超过 1%。

(4)由于激烈搅动，催化剂颗粒之间及催化剂与器壁之间磨损大，生成细粉多，而细颗粒容易被气流夹带，使催化剂损耗增大，需设置具有较高分离效率的专用设备与之配套。由于颗粒对设备有一定的磨损作用，在设计中需考虑设备的耐磨问题，特别是采用硬度大、非球形的颗粒时。

从上面论述可以看出，流化床反应深度不足的重要原因之一是由于气泡形成和不断聚合长大使原料与催化剂不能很好地接触。当气体进入流化床时，生成了许多小气泡，这时对催化剂与气体的接触虽然有影响，但是还不太大；当气泡逐渐上升时，小气泡聚合生成大气泡，这个影响就越来越大。因此关键的问题是如何破坏气泡。如果在流化床中加上挡板或挡网，气泡上升碰到挡板或挡网就会被打碎，催化剂颗粒像下雨一样纷纷下落，气体和催化剂的接触得到了改善，同时由于挡板或挡网的存在，限制了催化剂的上下运动，催化剂的返混现象也得以减弱。气泡的形成与破坏示意图见图 3-30。

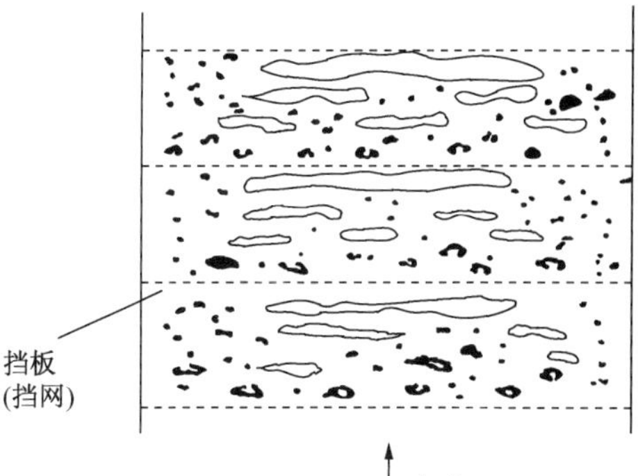

图 3-30　气泡的形成与破坏示意图

但是由于挡板的存在，出现了"分级现象"，即在床层上部细颗粒的催化剂多，而在下部则粗颗粒的催化剂多，颗粒大小分布变窄。细颗粒的催化剂在上层，易于被气流带出而增加催化剂损耗。为了解决这个问题，使用的挡板直径比反应器内壁小 10~20mm，以使上层的小颗粒催化剂可以沿着器壁从挡板周围滑落下来。

3.3.5.2　快速流化床反应器/再生器特征

相对于密相流化床，快速流化床的特点在于气泡趋于消失而在床内呈现不同的密度分布，因此，快速流化床作为反应器或再生器，其优缺点介于密相流化床和提升管之间。快速流化床作为反应器或再生器，其特点为催化剂颗粒在高于其自由沉降速度下操作，具有较高气体线速和较大的床层密度，从而强化了气固的接触，克服了催化剂在鼓泡床中气固接触传递速度低的缺点，大幅度改善反应或再生效率，提高设备的利用率。

由于快速床内存在的絮状粒子团迅速形成与破碎更新，构成了催化剂的滑落与返混，以及空隙率沿径向、轴向存在不同分布的特征，因而床内沿轴向存在密度分布、温度分布和浓度分布。催化剂密度沿径向和轴向分布明显，特别是高密度区和速度变化区。气相的返混较小，可近似按平推流处理。对于快速床烧焦罐，烧焦强度可达400~500kg/(t·h)。此时烧焦反应已是化学反应动力学控制，而不是扩散控制。对于快速床反应器，为烃类的二次反应提供了有效的气固传热和传质的空间，从而提高了反应的选择性和反应速度。

3.3.5.3 提升管反应器/再生器特征

相对于密相流化床和快速流化床，提升管的特点在于提升管内气体速度高，催化剂与气体在提升管内接触时间短，而且催化剂滑落系数接近1，即催化剂与气体几乎是同向、等速向上运动，返混较小。因此，当采用提升管反应器时，可以充分利用沸石催化剂的高活性，减少因返混造成的二次反应，从而改善目的产品的选择性。但由于随着裂化反应进行，气速越来越高，气固接触几率将降低，从而影响反应的进行。此外，采用过高的气速会导致摩擦压降太大和催化剂磨损严重，因此，工业上也不采用过高的气速，提升管出口线速一般在30m/s以下。当采用提升管再生器时，可以明显改善烧焦强度，但操作难度增加，不易提高烧焦的起始温度，而烧焦反应一旦发生，烧焦温度随提升管迅速提高，容易产生飞温，导致催化剂失活和设备破坏。

3.3.5.4 反应器和再生器气固流态化技术进展

早期设计的催化裂化反应器和再生器所采用的都是简单流化床，直径3.6~9.4m，床高5~7m，流化介质流速0.6~1.2 m/s，流态化的固体颗粒为微球形硅铝催化剂，其平均颗粒直径为60μm，流化线速大大超过初始流化速度，属于湍流床范围，而整个床层又相当于一个大返混床。各部温度均一，径向和轴向温度差值一般不超过5℃。密相床密度上稀下浓，相差可达20%以上，而同一平面径向密度差不超过10%。

由于在湍流区域操作，所以通过设置内部构件以减少返混并改善流化质量均未能收到良好效果。国外20世纪50年代和国内多年前在工业装置上做过的试验足以说明这个问题。但是返混床也确实给催化裂化反应和烧焦反应带来很多不利之处。对于前者，由于结焦催化剂的返混而使整个床层的催化剂的活性和选择性降低，从而降低反应速率，导致轻质油收率降低。对于后者，由于催化剂的返混，造成再生器内催化剂平均炭含量只相当于再生后的催化剂炭含量水平，从而降低了烧焦速率，导致烧焦强度较低，再生器体积过大。

多年来国内外均致力于反应器气固流态化技术的改进。我国60年代后期曾经设计了几种管式反应器，但由于当时使用的无定形硅铝催化剂的活性偏低，管式反应器只能完成总转化率的20%左右，不能取代床层反应器。70年代中期由于采用分子筛催化剂，其反应速率比无定形硅铝催化剂成百倍地提高，在2~3s内即可完成所要求的转化率，为开发提升管反应器创造了条件。上世纪末，又开发出串联变径提升管反应器，已在催化裂化装置上得到广泛的应用。

在再生器的气固流态化技术方面，早期采用提高密相床的气体流速(从0.6m/s增大到1.2m/s)以加大烧焦强度，虽有明显效果，但未带来重大突破。当分子筛催化剂应用后，对再生催化剂上碳含量要求低于0.2%，即使提高再生温度和压力，烧焦强度也只能维持在100kg/(t·h)。我国从70年代后期陆续开发了两段湍流床再生(在一个设备内用纵向隔板分为面积大小不同的两个床层)和快速床再生(又称烧焦罐再生)等新技术，使烧焦强度大幅度提高。

实现流化床内气固良好接触并保持床层稳定，对流化介质的分布器提出了较高的要求。早期设计的大直径凹面分布板是按13.729kPa的压降计算的，相当于密相床层的总静压。在布孔方面考虑到内部构件的影响以及边壁效应，基本满足了床层均匀流态化的要求。但是大直径分布板在高温下长期使用容易变形，检修较为困难，于是从70年代中期开始，部分FCC装置采用分布管。分布管有树枝状和同心圆状等形式，小孔分布有均匀分布型和中心加密型，均可正常操作。分布管的压降设计值比分布板的低一半，从而节省了动力消耗。在分布管改进中的另一主要经验是选取合理的间隙流速，防止大量催化剂落到分布管下面引起磨蚀和粉碎。

催化裂化反应器和再生器气固流态化仍然属于上述的三种基本的流态化类型，即密相流化床、快速流化床和提升管气固输送，反应器和再生器的流态化类型发展在于这几种类型的组合，反应器流态化组合就有提升管和密相流化床组合、提升管和快速流化床组合、再生器流态化组合形式更多，将在后面章节中论述。

3.4 催化剂颗粒流态化输送

气固输送是靠气体和固体颗粒在管道内混合呈流化状态后，使固体流动而达到输送目的的。气固输送分为密相气体输送和稀相气体输送(也称为气力输送)，以空隙率大小来划分这两种气固输送，不过这一界限并不十分严格，大致如表3-4所示。

表3-4 密相输送和稀相输送参数比较

输送类型	气速/(m/s)	固气比	空隙率	密度/(kg/m^3)	消耗功率比例(向上)	磨损程度
稀相输送	8~30	0.5~10	大于0.9	小于100	1	较大
密相输送	小于8	25~100	~0.5	大于100	~10	较小

稀相输送的空隙率一般在0.95左右。当空隙率小于0.90以后就变成气节流动，输送不正常，波动很大，输送量也减少。而密相输送是在更小的空隙率(0.5~0.7)下进行，这样输送量反而增大，操作也平稳。下面详细论述这两种输送原理及其特征。

3.4.1 密相气体输送

流化催化裂化工艺要求反应器和再生器之间必须有大量催化剂在两器之间循环输送，这是因为催化剂不仅要周期性地反应和再生以维持一定的催化剂活性水平，而且还要起到取热和供热的热载体的作用。能否实现稳定的催化剂循环，无论是在设计或生产中都是一个关键的问题。国外早期采用稀相输送，给管壁造成严重磨蚀，后来改用密相输送，使用分段充气的方法使催化剂保持在接近初始流化的密度下，即可以 1~2m/s 的流速在管内正常流动。

3.4.1.1 密相输送基本原理

催化裂化催化剂需要交替地进行反应和再生，因此，催化剂在反应器与再生器之间的密相输送是一个重要问题，也是流化催化裂化工艺技术重要特征之一。前面已论述，当气体流速超过 C 点时，可将催化剂颗粒带走，这是气力输送的原理。由于此时气体速度很高，催化剂表观密度(即为单位体积内含催化剂的质量)很小，所以称为稀相输送。在移动床催化裂化装置的提升管中就是利用气力输送原理来输送催化剂。气力输送需用很高的气体速度，因此催化剂表观密度小，催化剂输送量不大，而且还需要一个使催化剂与大量气体分离的设备，而流化床催化裂化利用处于流化状态的固体具有像液体自由流动的性质这一特点，发展了催化剂密相输送。催化剂密相输送的基本原理如下：

为了说明催化剂循环的基本原理，先用图 3-31 为例说明。图中是一盛水的 U 形管，其右上侧有加热器，在该处水因受热而汽化。设 $p_1=p_2=p$，当阀关闭时，阀的左方 1 点处静压 $p_1=h\gamma_w+p$，式中的下标 w 和 v 分别表示水和蒸汽。阀的右方 2 点处静压为 $p_2=h_2\gamma_w+h_1\gamma_v+p$，由于 $\gamma_w>\gamma_v$，因此 $p_1>p_2$，当阀打开时，水就会从左管流向右管，而在流动时：

$$p_1 - p_2 = \Delta p_f + \Delta p_a \tag{3-30}$$

式中，Δp_f 是流经阀和管线的摩擦压降，Δp_a 是因速度改变时引起的压降，当流速不大时 Δp_a 数值较小，有时可以忽略。式(3-30)可以理解为：推动力=阻力，即由两侧的静压头之差产生的推动力用来克服流动时的阻力。显然，推动力越大，管路中的流率也越大。

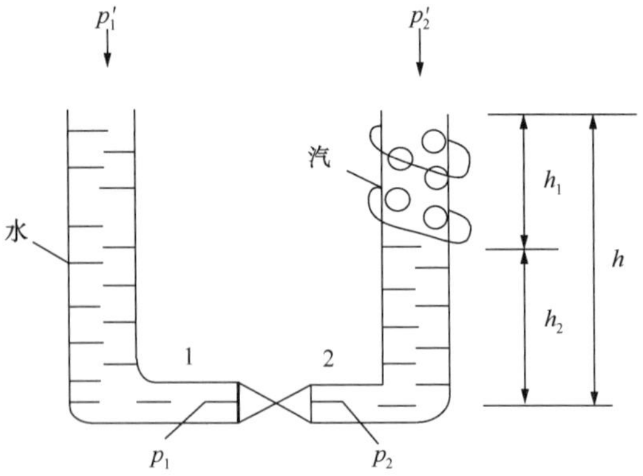

图 3-31 密相输送原理示意图

由此可以看出，构成流化输送的推动力是流化床层的静压差和流化介质的静压差，因此保持流化输送系统的压力平衡至关重要。调节固体物料输送量常用的手段有两种，一种是调节下游侧进入的一种流化介质的流量去改变该部位的某段料层的静压(称为轻腿静压)，利用上游侧重腿静压和上述轻腿静压的压差作为调节循环量的推动力。U 形管输送就是采用这种方法。密相流化床催化裂化装置的 U 形管输送原理与上述情况完全相同，只是在 U 形管右侧的上方不是用加热的方法，而是对于再生器，通过注入增压风的方法来降低这段管内的密度；对于反应器，通过原料油气化来降低这段管内的密度。

3.4.1.2 密相输送两种形态

固体颗粒的密相输送有两种形态：黏滑流动和充气流动。当固体颗粒向下流动时，气体与固体颗粒的相对速度不足以使固体颗粒流化起来，此时固体颗粒之间互相压紧、阵发性地缓慢向下移动，这种流动形态称为黏滑流动。如果固体颗粒与气体的相对速度较大，足以使固体颗粒流化起来，此时的气固混合物具有流体的特性，可以向任意方向流动，这种流动形态称为充气流动。充气流动时气体的流速应稍高于固体颗粒的起始流化速度。黏滑流动主要发生在粗颗粒的向下流动，例如移动床反应器内的催化剂运动或储斗下部管线的流动；充气流动主要发生在细颗粒的流动，例如催化裂化装置各段循环管路中的流动。但如果气体流速低于起始流化速度，则在立管或斜管中有可能出现黏滑流动，这种情况应尽可能避免。

密相输送气固两相流动存在着四种类型，如图 3-32 所示，密相输送类型(a)：气体和固体向上流动，气固之间的相对速度应足以使固体呈悬浮状态，U 形管的上升段、密相提升管和一般的流化床属于此类型。在这种情况下，气、固线速都要更高些，气固密度要低些，否则固体会下沉，堵塞管路而中止输送。当气体线速大于 2m/s，如密相提升管，就与高固气比的稀相输送特点相似，能够顺利地输送；当气体线速小于 2m/s，如 U 形管上升管，因为固体容易噎塞，输送距离只能较短。密相输送类型(b)：气体向上，固体向下，固体由低压侧流向高压侧，溢流管、脱气管、汽提段和旋风分离器料腿属于此类型。由于要求催化剂尽可能地脱气，因此限制催化剂下流速度要很低以利于气体向上流动。通常溢流管内催化剂流速不大于 0.24m/s，脱气管内催化剂流速不大于 0.20m/s，汽提段内催化剂流速不大于 0.10m/s，旋风分离器料腿催化剂流速不大于 0.76m/s。密相输送类型(c)：气固两相同向向下流动，由低压侧向下流至高压侧，如斜管、立管、和 U 形管下流段等处。这时的固体线速要高些，因而输送量较大，一般固体线速在 1.2~2.4m/s。固体线速最小不应低于 0.6m/s(斜管应更高些)，否则气体会向上倒窜，造成气固密度增大，很容易局部堵塞管道而出现"架桥"。特别是管路中有缩小直径或阀板节流的地方更容易"架桥"，如果发生这种情况，应向"架桥"管段增加松动气量以保持流化状态，使输送正常。松动气量要适当，气量过大，则形成大气泡或气节现象，反而减少输送量且操作不稳定。密相输送类型(d)：气固两相都由高压侧下流至低压侧，移动床催化裂化属于此类型。

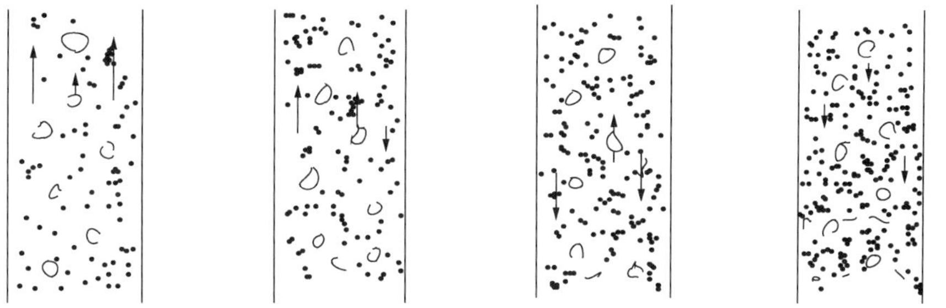

(a) 乳化相气体向上　气泡气体向上　总气体向上

(b) 乳化相气体向下　气泡气体向上　总气体向上

(c) 乳化相气体向下　气泡气体向上　总气体向上

(d) 乳化相气体向下　气泡气体向下　总气体向下

图 3-32　密相输送的流动类型

3.4.1.3　典型的密相输送类型

早期在 U 形管输送中使用的方法尽管实现了密相输送，但其缺点就是调节范围不够宽。Ⅳ型催化裂化装置的 U 形管中的催化剂密度可达 400~600kg/m^3，再生器提升管中约 200~400kg/m^3，反应器提升管中约 20~80kg/m^3。U 形管密相输送具有结构简单、输送量大、控制方便等优点。

在提升管催化裂化工艺中，密相输送采用阀门节流的方法。在正常调节范围内，阀的压力降一般为 24. 517kPa 到 39. 227kPa。设置了能节流的单动滑阀和塞阀，并且采用了节流圈和耐磨衬里材料以及表面堆焊等技术措施以防止阀板和阀芯的磨蚀。在提升管催化裂化装置中，常用斜管或立管进行催化剂的密相输送，其输送原理与 U 型管输送是相同的。催化剂在图 3-33 所示的斜管中流动时：

$$[p_1 + (L\sin\theta)\rho] - p_2 = \Delta p_{f,t} + \Delta p_{f,v} \quad (3-31)$$

式中　　ρ——斜管中的密度，kg/m^3；

$\Delta p_{f,t}$，$\Delta p_{f,v}$——管路和滑阀的摩擦压降，Pa。

方程式的左方即流动的推动力。显然，当推动力不变时，调节滑阀开度即可改变 $\Delta p_{f,v}$ 的数值，从而也使 $\Delta p_{f,t}$ 发生变化，于是催化剂循环量得到调节，这是因为 $\Delta p_{f,t}$ 近似地正比于催化剂在管中的质量流速的平方。

在设计输送斜管时必须注意斜管的倾斜角度。为了保证催化剂畅快地流动，在工业催化裂化装置中，输送斜管与垂直线的夹角一般采用 27°~35°。对于某些容器(如再生器、沉降器等)的底部及挡板(如汽提段里的挡板)等，应注意尽可能使斜面与水平面的夹角大于 45°。在斜管输送时，斜管里有时会发生一定程度的气固分离现象，即部分气体集中于管路的上方，从而影响催化剂的顺畅输送。因此在气固混合物进入斜管前一般应先进行脱气以脱除其中的大气泡。

催化剂在立管中输送有两种流型，一种为流化流动，也叫充气流动，其固体呈流化状态，即固体颗粒悬浮在气体中；另一种为非流化流动，又称黏滑流动或填充床流动，颗粒成团运动，颗粒间几乎没有相对运动。分别对应的是下流立管[图 3-34(b)]和溢流立管[图 3-34(a)]。之所以命名为溢流立管，因为颗粒从流化床料面上溢流进入立管；而下流立管，颗粒是从床层或料仓的底部或底边引入立管。

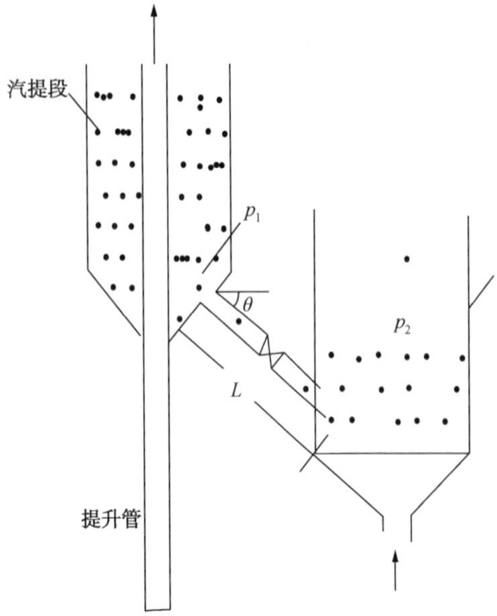

图 3-33　斜管输送

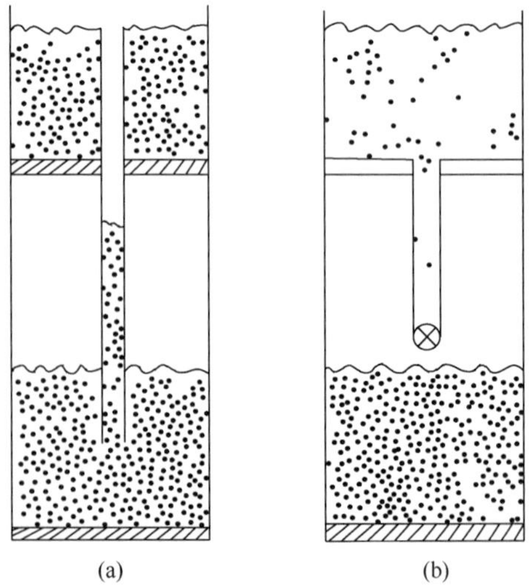

图 3-34　溢流立管和下流立管

3.4.1.4　立管设计准则

适当的立管设计是得到良好循环的最重要的因素之一。立管提供催化剂循环所必需的压头。典型的立管组件主要有料斗、立管和滑阀或塞阀3部分。催化剂料斗(见图3-35)为催化剂初步脱气提供足够的时间。适当的催化剂脱气能使催化剂密度最大，并保持流化状态。表3-5包括了设计立管料斗的关键工艺参数。立管提供获得适当催化剂循环所需的必要的压头。立管的大小应能使其在催化剂流量大范围内变化的流化状态下运转。在高的压头下，可实现最大的催化剂循环速率。只有催化剂在流化的状态下，才可得到较高的压头。表3-6列出了立管的典型工艺和机械设计的准则[4]。

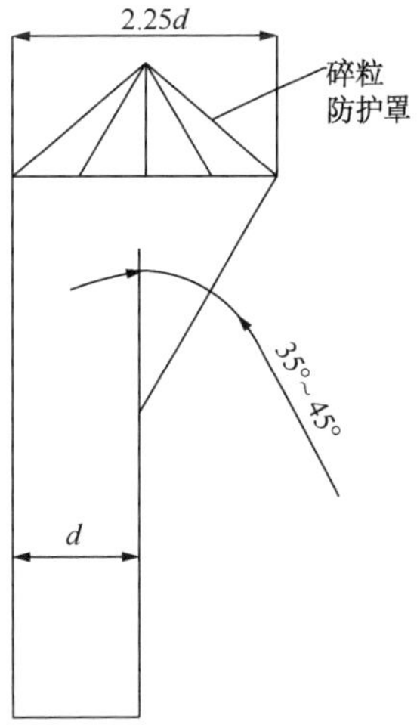

图3-35　典型的催化剂料斗示意图

表3-5　立管料斗设计考虑的事项

项　目	准　则
料斗入口直径	立管直径的2.25倍
锥体角度	与垂直线成35°~45°角
所需的催化剂密度/(kg/m^3)	640~720
催化剂速率/(m/s)	0.15~0.30

表3-6　催化剂立管设计准则

项　目	准　则
催化剂质量流率/[$kg/(m^2 \cdot s)$]	500~1500
催化剂流速/(m/s)	0.6~2.0(目标值1.3)
催化剂密度/(kg/m^3)	650~800
几何形状	垂直或相对垂直线倾斜，最大角45°
材质	碳钢，“冷壁”加12cm厚抗磨蚀耐火材料衬里
松动点间距/m	1.5~2.5
松动气量(标)/[m^3/(100m·t催化剂)]	1.5~2.5(用转子流量计调节)
松动气介质	空气或过热蒸汽

立管虽然在工业上已经使用了几十年，但其设计主要还是依靠操作经验和粗略估算。流化流动并具有较大的催化剂密度(蓄压)是设计的目标。但是，对裂化催化剂立管来讲，防止随着立管长度的增长、气体被压缩导致失流化是非常重要的，因而设置松动点补充一定量的气体。设置松动点补充一定量的气量的效果如图3-36所示。

待生催化剂斜管和再生催化剂斜管均属于密相下流，广泛用于高低并列式催化裂化两器之间的催化剂输送。斜管与垂直线的夹角27°~35°。采用较大角度可降低两器高度，但增加占地面积。设计斜管一般也设置松动点。操作中根据实际情况合理调整松动气量，可获得较大的催化剂循环量。斜管的设计可按立管的设计原则进行，但在计算蓄压时应采用斜管的垂

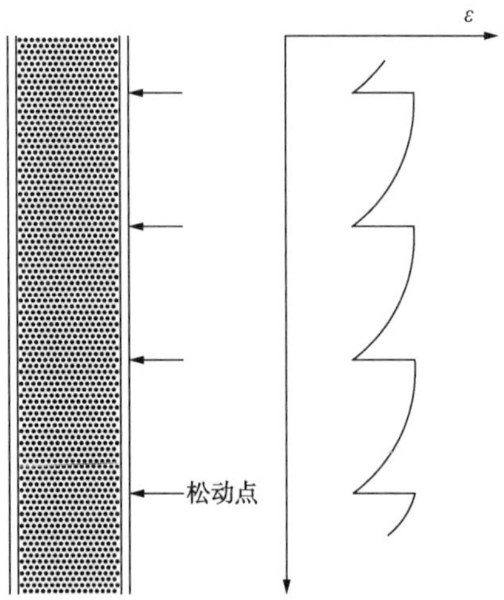

图 3-36 松动点补充一定量的气量的效果

直高度。催化剂在斜管中流动时，气固容易分离，气泡沿管线上部流动。斜管中的催化剂密度比立管要小些。

3.4.1.5 立管流动问题探讨

在催化裂化装置反应器和再生器之间的催化剂输送中，输送管线有垂直立管、斜管和水平管。反应器、再生器以及两器间催化剂输送和流化是否平稳，与催化剂的物性、催化剂的循环强度、松动点的设置、每个松动点的通气量、输送管线的结构(如管线变径、拐弯、斜管角度、滑阀等)及流化床操作条件等因素有关系。工业催化裂化装置上通常设有一根较长的立管，并在其中下部设置一个滑阀，滑阀控制催化剂的流率，而滑阀上的催化剂重量、立管压降、滑阀开度是维持流化的基本条件。为了保持立管内催化剂流动，形成所希望的推动力，必须适当地充气，以免造成流动不畅和噎塞危险。当催化剂在立管中向下输送，而气泡可以向上也可以向下或者一部分向上而另一部分向下，气体的流动取决于催化剂的循环量、气泡的大小、注入的气量、催化剂性质诸因素[3]。

对于变径立管，随着催化剂循环量的增加流动状态会发生变化。当循环强度达到一定值后[超过 120kg/(m^2·s)]，变径段以下开始出现“脱空”。其现象如图 3-37(a)所示，“脱空”段以下的气体以气泡形式不断向上移动，促使“脱空”点也向上运动，上移的脱空段的气体一般会松动“脱空”点以上的催化剂。此时，气体沿管的一侧向上运动，催化剂在另一侧呈半个倒锥形迅速向下运动，如图 3-37(b)所示，“脱空”即消失，恢复催化剂均匀向下流动。在整个催化剂流动中，“脱空”现象会不断产生，不断消失，周而复始。但是随着催化剂循环强度的不断提高，形成的脱空长度会愈来愈长，上部的催化剂则不能向下流动，即发生架桥。

松动点处通入的松动风是以气泡形式进入立管，如图 3-38 所示，当气体通入较多时，气泡变大，催化剂流通面积则会减小。对催化剂流动而言，松动点处好像是一个喉管。松动点稍上方处会出现催化剂密度增加，密度增加段仅限于松动点上很窄的范围，而大部分则是稀相重力流动。此时，整个立管催化剂的流动类似竹节状，称为节状流。

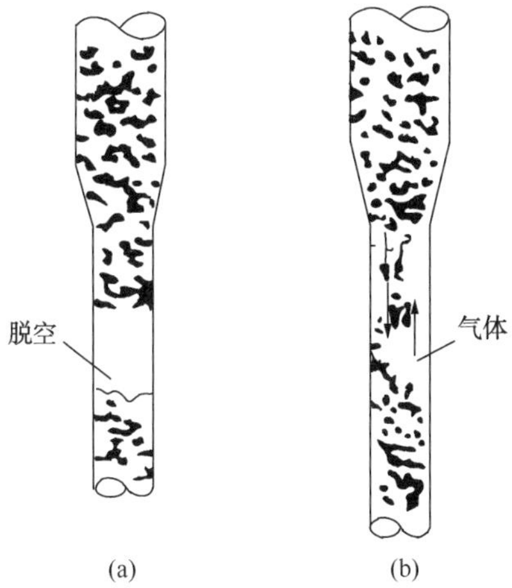

图 3-37　松动点未使用时催化剂流动

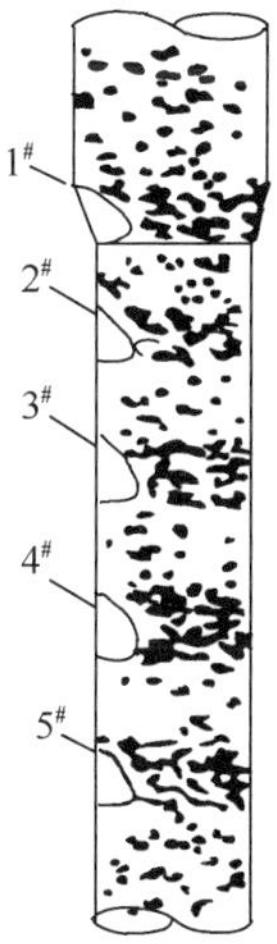

图 3-38　松动点使用时催化剂流动

对于垂直立管，主要控制好稀密相分界面的高度，若分界面高度平稳，说明操作和催化剂流动都很平稳，反之，分界面波动，说明压力波动，保持不了压力平衡，那么催化剂的流动就会失控，特别是当料面波动到变径段以上或管线拐弯处以上时，最容易引起架桥。当料面向下波动出现立管中无料封时，又会引起气体反窜，使催化剂不能按预定的方向流动，此时，则是最危险的，有可能出现灾难性事故。有时也会出现整个密相料柱忽上忽下，也属于催化剂流动不正常。

在工业催化裂化装置立管上一般都设有滑阀、塞阀、翼阀等。通常滑阀上的压力大有利于稳定操作和催化剂的流动。在垂直立管与斜管共存结构中，立管部分催化剂的流动基本上与单个垂直立管中催化剂的流动相同，斜管部分在流化流动时，斜管底部催化剂呈密相向下流动，管子上部催化剂为齿状，气体冲破催化剂床层向上运动，自下而上气泡不断增大，随着催化剂循环强度增加，气泡个数愈来愈少。气泡出现的频率与催化剂循环强度关系见图 3-39。

一般来讲，斜管部分气泡多、直径小对催化剂的流动是有利的。当催化剂循环强度较大，气泡数量减到一定程度，首先在斜管部分由流化流动变为黏滑流动。其转变过程为：催化剂循环强度增加，催化剂突然加速下滑，它击碎了斜管中所有的大气泡，形成一连串几乎直径相同、分布均匀的小气泡，刹时每个小气泡又被下滑的催化剂压缩成梭状气室，此时催化剂和气体一同向下运动，且呈跳跃流动，这时已形成黏滑流动。催化剂流型转变过程如图 3-40，一般在黏滑流动时，看不到明显的气泡。

架桥的出现是输送催化剂呈现非正常流动状态，在垂直立管或斜管向下输送催化剂时，管内催化剂正常流动被破坏，出现了催化剂噎塞、气节等，噎塞处虽有催化剂慢速塌落或有少量催化剂流动，但催化剂的流率远小于正常流动时的流率；噎塞处上部的催化剂堆积密度不断增大，而下部无料，此时不能自行疏通，此现象定义为架桥。形成架桥条件如下：

（1）流化床层的变化引起循环管线架桥。

（2）松动风量和松动点设计不合理引起架桥。

（3）在斜管输送催化剂时，靠近提升管连接处以上一定范围内不能通入松动风，否则易引起架桥。

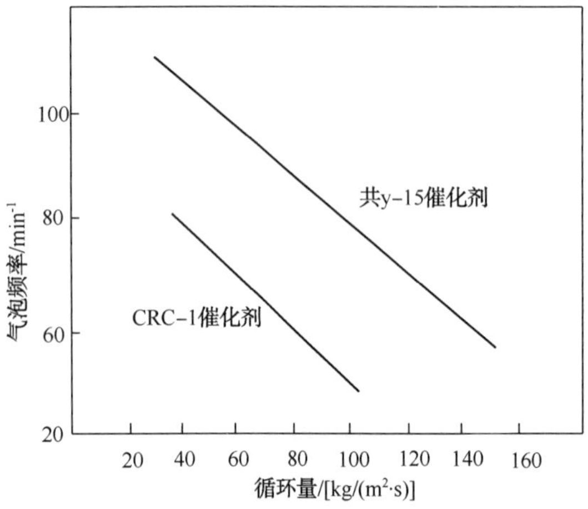

图 3-39 催化剂循环强度与气泡频率关系

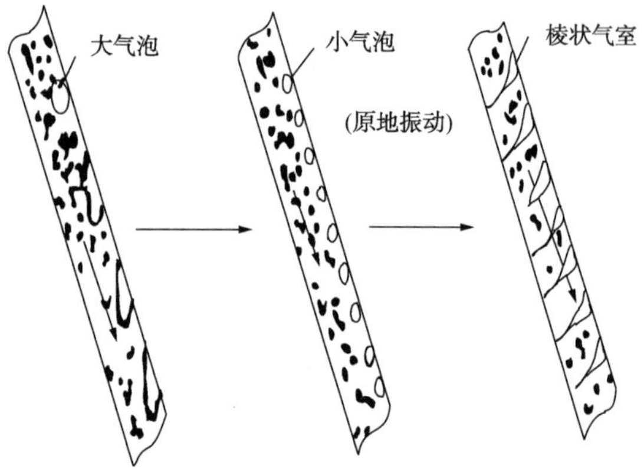

图 3-40 流化流动转变为黏附滑移流动过程

(4) 系统中压力波动，也就是说瞬间压力平衡遭到破坏，也是造成架桥的原因。

(5) 循环管线设计不合理：如变径过大，拐弯多，管径小，在某一条件下产生了强约束流动，是引起架桥的条件之一。在实际生产装置中，特别是老装置改造，因场地限制和工艺要求引出上述问题，必须采取相应的措施，方可保证催化剂流动正常。

(6) 在一定通气量下，催化剂循环强度较低时，也容易发生架桥。

由此可以看出，松动气量和松动点位置在催化剂输送过程中起到了关键作用。催化剂在立管中流动时，催化剂速度大于气体速度，气体在下流过程中被压缩，因此，气体速度相应降低，使立管中的催化剂密度增加，为了保持流化床向下流动和具有较大的流动能力，必须通入适量的松动气。气体被压缩多少量相应的就通入多少松动气量，如果通入松动气量较少，达不到松动的目的，即抵消不了气体被压缩的影响，特别是立管较长时尤为严重；如通入松动气量过多，气泡不仅妨碍和限制催化剂流率，而且由于气泡的聚并，形成气泡直径大到与立管直径相同时，完全可以阻止催化剂流动。因此，松动气应该控制在一个合理的量。同时，当催化剂在立管中向下流动，充气方法是从顶部顺序开始，直到立管底部逐个开启松动点；当催化剂在立管中向上流动，充气方法是从底部开始顺序向上，在至顶部逐个开启松动点。通常工业 FCC 装置设计松动点间距在 0.7~3m 之间，一般在 2m 左右。松动点位置的设置应考虑以下几点。

(1) 在立管变径段以上应设置一松动点，该点越接近变径段越好，好于松动点设置在变径段以下。

(2) 垂直立管上松动点的间距为 4~4.5m，同时也要根据催化剂的物理性质有所变化。

(3) 垂直立管较长时，在其底部 0.6~0.7m 需要设一个松动点。

(4) 在管线拐弯处应考虑设一个松动点，以在管线拐弯处以上 0.3m 为好，正对管中心设松动点效果不佳。

(5) 斜管底部 1.5m 范围内不得设松动点，因为在此范围内通入松动气，将会使催化剂流动不畅。

3.4.2 稀相气体输送

对于催化裂化装置，稀相输送主要用于循环流化床中的稀相烧焦管、两个再生器之间的输送管、提升管反应器的反应段及反应段的水平段、催化剂冷却器提升管等。本节讨论的稀相输送是气-固悬浮物在垂直管道中并流向上的流动和在水平管道中的流动。一般认为，噎塞速度是颗粒在垂直输送中所需要的最低速度。颗粒的沉积速度是在水平管道中输送所需要的最低速度。但在输送过程中，由于气流在管道输送中分布不均匀，以及颗粒之间的黏附、团聚、碰撞、气-固之间的摩擦、气-固系统与设备结构的相互影响，要达到均匀、稳定输送必须选用较高的表观速度。

3.4.2.1　稀相垂直气体输送的特点

颗粒群在垂直管内受气流与颗粒间相互作用，颗粒以蛇形运动，同时气流速度的大小直接影响气流中的颗粒空隙率。由于气体与固体颗粒在管中运动过程的摩擦损失等影响，形成管路压降。该压降与气速、气体中颗粒夹带量有直接关系。

压降 $\Delta p/\Delta L$ 随 G_s 与 U_g 增加而增加。$G_s=0$ 时为气体摩擦阻力所形成，而 $G_s>0$ 除气体摩擦阻力外尚有颗粒重力及颗粒与器壁的摩擦阻力，故 G_s 增加 $\Delta p/\Delta L$ 也增加。依上述现象稀相垂直输送时应有如下的能量损耗：

（1）气体与管壁的磨损；

（2）固体颗粒间与管壁的磨损；

（3）加速气体运动与加速颗粒群所消耗的能量；

（4）克服垂直管中气体与固体颗粒群的自身重量或称静压。

前三项随气速增加而增加，第四项在一定管长时，随气速增加，ε 增大，ρ_B 减小而 $\Delta p/\Delta L$ 减小。因此，在气速减低时，静压起主导作用。

3.4.2.2　稀相垂直气体输送噎塞问题

在气体速度很高的情况下，颗粒均匀分布，属于稀相流动模型。在固体颗粒流率不变的情况下，当气体速度降低时，固体颗粒浓度增加。当达到某一点时，悬浮物分布不均匀且不稳定，于是颗粒崩塌而形成了腾涌状态，此点称为噎塞点。此时，固体颗粒向上流动便从稀相过渡到密相。噎塞点的气体流速称为噎塞速度，如图 3-41 所示。同样，逐步增加气体速度，也可以从腾涌密相输送经过噎塞点过渡到稀相输送。噎塞产生条件为：

$$\frac{u_t^2}{gd_p}=Fr>140 \qquad (3-32)$$

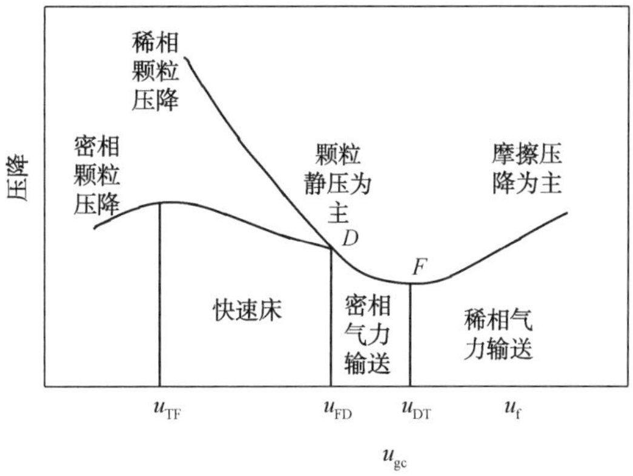

图 3-41　Drahos 图

某一固体流率产生噎塞时的气体空塔速度称为噎塞速度，记作 u_{gc}，相应噎塞时空隙率为 ε_{gc}。对于存在噎塞现象的系统若以最小线速在稀相操作时，则预测噎塞速度是重要的。在气固垂直输送过程中，从能耗、管线磨损和颗粒磨损等方面考虑，要求气体流速尽可能低。因而，在稀相输送过程，对于垂直输送时气体速度由噎塞速度确定。

3.4.2.3 稀相水平输送

水平输送较垂直输送复杂得多，在垂直输送中降低气速，固体颗粒将沉降于上升气流中，固体颗粒仍呈弥散状态，只不过随着气速的降低，固体颗粒滑落增加，但总趋势仍为向上流动。若气速降到噎塞速度时，固体颗粒将沉积于管底。当水平输送时，降低气速会使固体颗粒沉积于管底，气体则由沉积层上部至管顶的通道中通过，沉积于管底部的固体颗粒流动情况与气速有密切关系，如气速足够高时，沿整个水平管可维持较均匀输送固体；当气速较低时，固体可以是沙丘状、齿状，或是节涌状态流动，具体如图 3-42 所示。

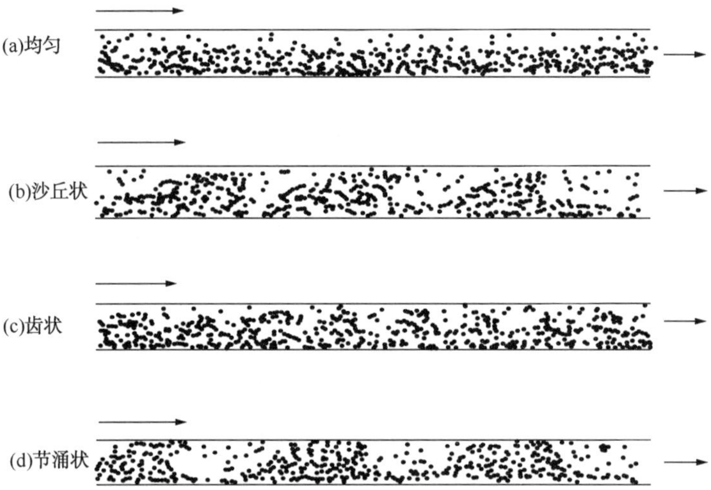

图 3-42 固体在水平管中输送流型

正如垂直稀相输送一样，水平输送主要的问题是选择适宜的速度。水平稀相输送管线的表观速度 u_f 与 $\Delta p/L$ 的一般关系见图 3-43。曲线 AB 代表 $G_s=0$ 时，单纯输送介质的压降；曲线 $CDEF$ 为固体颗粒质量速度 G_{s1} 时的压力降；曲线 GH 为 G_{s2} 时的压力降，且 G_{s2} 大于 G_{s1}。在 C 点，气体速度很大，使 G_{s1} 的固体颗粒呈稀相在水平管线中流动。当 G_{s1} 不变时，气体速度降低，管线中的 $\Delta p/L$ 也下降，此时固体在管线中移动缓慢，浓度上升。当气体速度降到 D 点时，颗粒在管底沉降，此时的气速称为沉积速度 u_{cs}。沉积速度为气、固特性和管径的函数。若仍以 G_{s1} 的速率加入固体，颗粒层将增加。当固体颗粒较粗且大小均一时，约有相当于管截面一半的面积为颗粒层，层上仍为稳定态输送，如图 3-43 中 DE 线所示。气速进一步下降，沉积的颗粒层继续加厚，压力降也随之上升，如图 3-43 中 EF 所示。

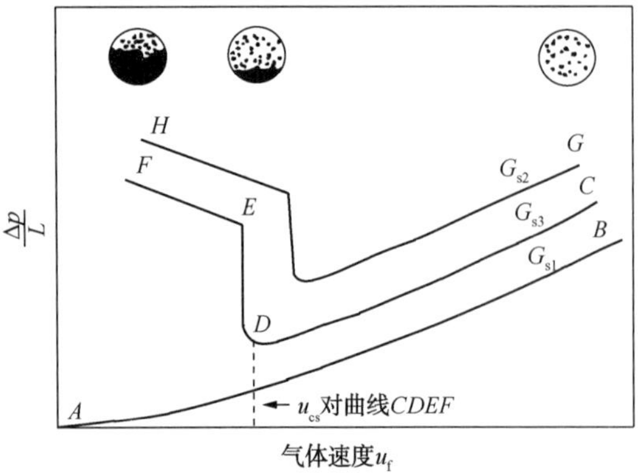

图 3-43 水平输送时气速与压降的关系

垂直输送时，颗粒的终端速度即颗粒的最低输送极限，低于此极限即无垂直向上的稀相输送。在水平输送时也存在着类似于最低极限，此最低极限为输送单个颗粒而不至于沉积的气速，单个颗粒的沉积速度以 u_{so} 表示。

3.4.2.4 稀相输送方式

稀相输送分压送式和真空抽吸式两种方式。例如，在 FCC 装置中，大型和小型催化剂加入到反应再生系统或从反应再生系统卸出催化剂等处均属于压送式稀相输送，而向催化剂罐内装催化剂则属于真空抽吸式稀相输送，两种稀相输送方式如图 3-44 所示。

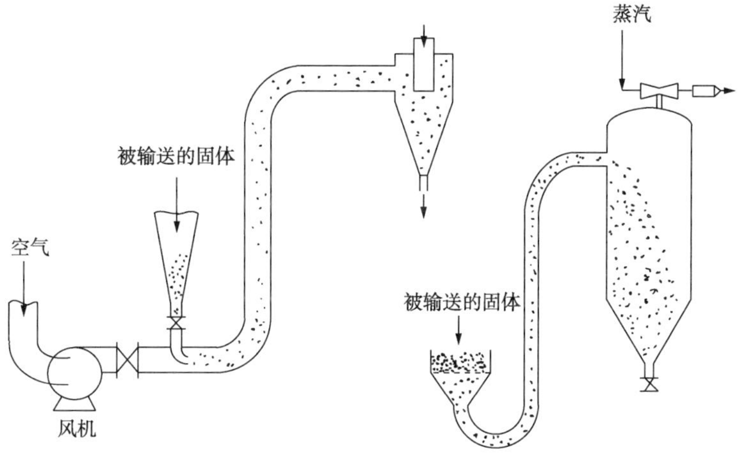

图 3-44 气力输送装置示意图

输送时固体重量与气体重量之比称为固气比。固气比越高，输送单位重量固体所需气体少，但需要较大的气体压力，一般采用的固气比列于表 3-7。

表 3-7 固气比选取原则

输送方式		固气比	气源压力/MPa	输送距离/m
吸引式	低真空	1~10	-0.01	50
	高真空	10~30	-0.01~-0.05	50~100
压送式	低　压	1~10	0.05	50~100
	高　压	10~50	0.1~0.7	150~1000
	特殊情况	50~110		200

固气比是稀相输送的一项重要指标，适宜的固气比通常为 5 左右，对于流动性很好的固体颗粒，可操作的固气比应在 0.5~40 范围内。压送式所能达到的固气比高于真空抽吸式。稀相输送可以达到数百米距离。确定了输送气速和固气比，根据固体输送量就可以计算出输送管的直径。

3.4.3 关键部位的催化剂流动输送

前面论述了立管、斜管和水平管催化剂流动输送。在催化裂化过程中，关键部位的催化剂流动输送是否顺畅也是十分重要，涉及到关键部位的催化剂流动输送情况较为复杂，在此只论述几个关键部位的催化剂流动输送。

3.4.3.1 催化剂的进入和导出

催化剂在流化床中的停留时间为一种概率分布，有的颗粒停留时间超过平均停留时间，有的则比平均停留时间短。为了降低这种停留时间分布的不良影响，就必须在结构设计和布置上采取适当措施，使催化剂进入口远离催化剂导出口，必要时在其间设置挡板，以免催化剂走短路或加重停留时间的不均匀性。

待生催化剂进入和再生催化剂导出的配置随再生器的结构以及反应器的相互关系有所差别，主要有三种。

（1）上进下出式：待生催化剂进入位置在再生器密相床上部。再生催化剂由密相床下部的淹流管导出。

（2）下进上出式：待生催化剂通过待生催化剂循环管从再生器密相床下部的侧壁开口处进入。再生催化剂从和密相床高相等高度的溢流管向下流动导出。

（3）旋转床式：待生催化剂经待生催化剂循环管沿再生器器壁的切向进入密相床下部。利用其动能使之大体上绕再生器中轴线旋转一周，而后从距进入口相反旋转方向约90°角处的淹流管导出。

再生催化剂从再生器密相床的导出主要有三种形式：淹流管、溢流管和脱气罐。其目的有二：一是减少再生催化剂到反应器携带的烟气量，降低干气产品中无用组分；二是给再生催化剂循环管(立管或斜管)的输送提供好的前提条件：具有较大的催化剂密度，既具有较大的蓄压又有良好的流化输送状态。现分述如下：

（1）淹流管

淹流管有高淹流管和低淹流管之分。高淹流管系进口设置在比空气分布器高的密相床内的淹流管。低淹流管系进口设置在空气分布器附近的淹流管。在湍动流化床中，由床层底部到顶部，催化剂密度由高到低。因此与低淹流管相比，高淹流管导出催化剂密度较低，催化剂质量流率也较低。由不同淹流管工业装置的操作数据可以证明：低淹流管导出的催化剂质量流率在7~10t/(m^2·min)，相连接斜管中的催化剂密度450kg/m^3以上；高淹流管导出的催化剂质量流率在5~6.5t/(m^2·min)，相连接斜管中的催化剂密度300kg/m^3左右。

（2）溢流管

溢流管进口设置在密相床顶面附近，是一个倒置截圆锥体。由于床层料面波动，且此处催化剂密度较低，所以它使催化剂在管内脱烟气的作用更为重要，并在上部沿溢流管圆周均匀分布槽口。溢流管高度是密相床高的一个重要限制因素，同时溢流管的有效操作又受密相床高的制约。因此，采用溢流管导出再生催化剂时，密相床高的精确预测是一个关键问题。溢流管进口直径和槽口面积计算规定在第8章论述。

（3）脱气罐

对于催化剂下进上出的再生器，再生催化剂也可用一个脱气罐导出。脱气罐是一个设置在再生器外部的圆筒形的容器。再生催化剂导出位于密相床的一个适当高度(上方宜具有约3.9kPa催化剂静压)，从一个催化剂循环管流入脱气罐内。脱除的烟气由脱气罐顶部的烟气管线返回到再生器稀相段。和溢流管相比，它不占再生器密相床的体积，内部结构简单，且自身调节能力强。脱气罐的设计应遵循以下原则：

① 催化剂流速不宜大于0.3m/s，质量流率应保持在300~600t/(m^2·h)之间；

② 高径比要小于10；

③ 有效容积与实际容积之比要保持1∶2；

④ 脱气罐底部要平缓过渡，立管要短，并注意设置松动点；

⑤ 脱气罐顶部的排气管与再生器稀相段连通。

3.4.3.2 气固混合物在料腿中的流动

催化裂化装置催化剂跑损对环境污染、装置操作周期和生产成本均产生不利的影响。正常运转的FCC装置催化剂跑损量一般低于0.4kg/t原料。当FCC装置跑损量大于此数值时，主要是由于操作条件的改变、旋风分离器及主风分布板的损坏和催化剂强度变差等因素造成的，其中旋分分离器工作性能的优劣是催化剂跑损的主要原因。一级旋分分离器的料腿一般安装在密相流化床内，其催化剂质量流率约为2400kg/(m^2·s)，采用防倒流锥，其目的是防止床层中的催化剂在气体作用下倒流进入旋风分离器，造成催化剂不能顺利流下来，甚至造成催化剂大量地跑损；二级旋分分离器的料腿由于分离下来的催化剂量较少，其催化剂质量流率约为1200kg/(m^2·s)，并且催化剂颗粒粒径较细，因此，通常在料腿的底部安装重锤阀或翼阀，只有当料腿内的催化剂积累到一定量的时候，在催化剂重力作用下将重锤阀或翼阀打开，催化剂落下，随即阀门关上。再生器旋风分离器二级料腿插入密相床，而沉降器二级料腿安装在稀相。两种位置不同，旋风分离器入口浓度也有较大的差异，在沉降器中，由于提升管出口设置了快速分离器，使60%~96%的催化剂已被分离出来，进入沉降器旋分器的催化剂量明显低于再生器旋分器入口的催化剂量，从而造成料腿中的催化剂流动不同。通常翼阀安装在密相或稀相，下面分别论述这两种情形[3]。

翼阀安装在密相床中时，在料腿中可以看到有一个明显的密相界面，如图3-45所示。该料面随着床面的波动而波动，它永远高于床界面，二级料腿内料位高度又高于一级料腿。在上述状态下，料腿一般呈四区流动模型，如图3-46所示。从灰斗出来的气固混合物呈螺旋状向下旋转流动，旋转段的长度与旋分器入口线速有关，旋分器入口线速高，旋转段的长度大。由此可以推断出工业生产中，旋分器灰斗处为什么经常会被磨穿，需要在灰斗处加耐磨衬里以解决灰斗磨穿的问题。该区称为Ⅰ区即旋转区；旋转区以下，催化剂依靠重力向下流动，称为稀相重力流动区，即为Ⅱ区。因为翼阀阻力和床界面高度将料腿和再生器看成一个U形管，故料腿底部会出现一个料面高度，也就是密相重力流动，称为Ⅲ区。当催化剂流到阀口，受阀板压力和床层静压的影响，阀板呈脉冲运动，催化剂自阀口流出后，呈扇形向下流动，此处称阀口区，即为Ⅳ区。工业运转经验和试验结果均表明，若催化剂在料腿中能平稳地保持四区流动，则不会发生窜气，旋分器能保持较好的分离效率。

料腿翼阀安装在稀相时，料腿中气固流型比翼阀安装在密相床中复杂得多。一级料腿中催化剂密相料面时有时无，一般还可看成是四区流动模型，但是，催化剂流动速度较快，固体携带气体同向向下，翼阀无窜气现象。二级料腿中情况则更复杂，流型不稳定，有时有旋转区，有时旋转区则很小，仅几十毫米到100mm长，且是瞬间加长，凡旋转区较大时，料腿底部有一很小的密相段，也是瞬间消失。密相段消失后会有气体反窜。

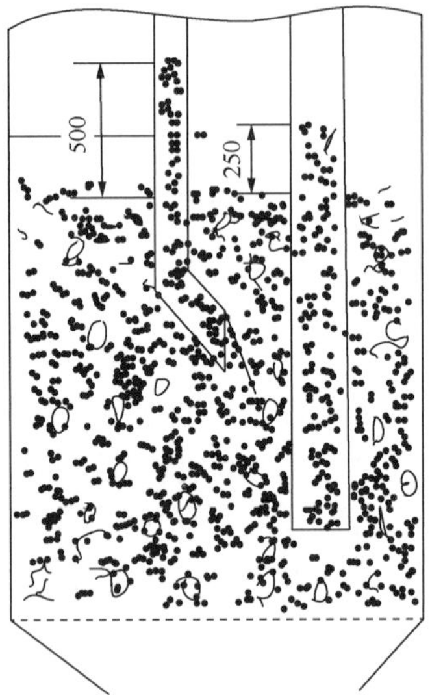

图 3-45　料腿中密相料面高度

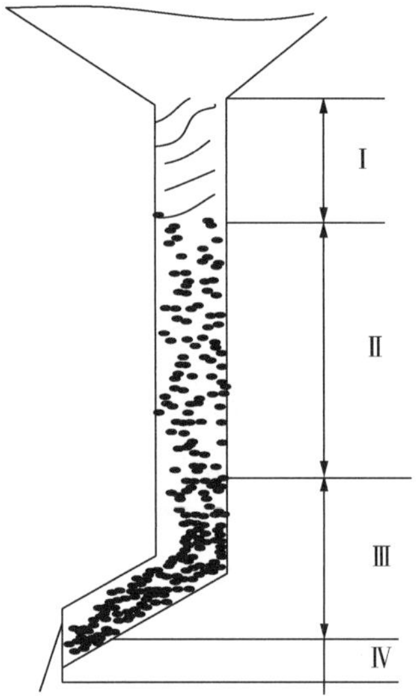

图 3-46　料腿四区流动模型

对于催化裂化装置，二级旋风器灰斗下部高度不够时，过渡段过缓，易发生堵塞；由于二级翼阀的拐角一般为 28°~32°，造成在翼阀出口部分细粉不流动，占据出口面积，造成二级翼阀阀板磨损。建议二级翼阀的拐角应进一步降低，料腿拐弯与竖直方向的角度应小于 10°。

3.4.3.3　气固混合物在分布板区的流型

固体颗粒在直孔分布板区流型如图 3-47 所示，气体的射流中心高且宽，边壁低而窄，顶部看不到原生气泡，催化剂随气体的流动有絮状物上下运动，絮状物时聚时散，固体颗粒为不连续相，而气体则为连续相。对于鼓泡床和湍流床，通过实验观察定义了三种射流高度，即产生气泡的射流高度 L_B，最大射流高度 L_{max}，最小射流离度 L_{min}，如图 3-48 所示。通常以最大射流高度作为射流高度。

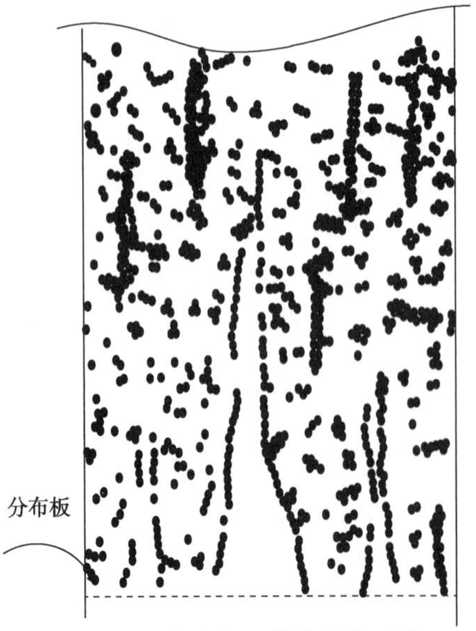

图 3-47　分布板区催化剂流型图

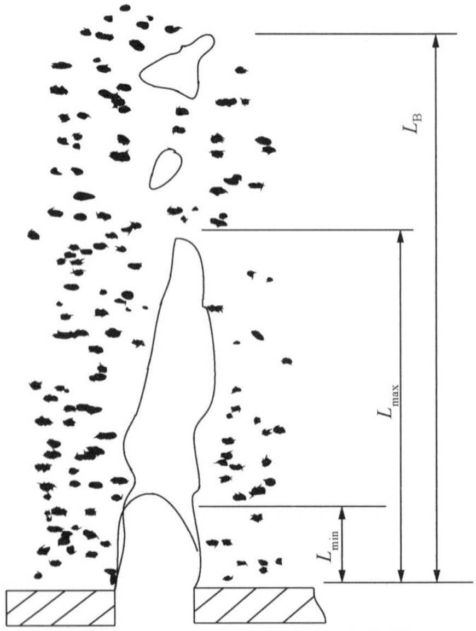

图 3-48　三种射流高度示意图

3.4.3.4　气固在过渡段处的流动

工程设计采用的床膨胀比为 $R=1.8$，也就是膨胀床高比静态床高为1.8倍，故所设计的过渡段并不是真正的弹溅区界面，该界面在缩径段。当直径较小时，过渡段变径处会形成一个小的密相床，如图3-49所示，在过渡段处，由于直径扩大，表观气速降低，造成部分催化剂沉积，形成一个小的密相床，在此段中有催化剂沿边壁下滑，然后又被上升气流夹带。图3-49所示的两个密相床，底部因为床膨胀高度不够，形成稀相和密相，过渡段小密相床以上的稀相，系由于颗粒或粒团的沉降所致。无论鼓泡床、湍流床，还是快速床，均会产生上述流型，快速床所不同的是，在小头段无明显的床界面，仅存在上稀下浓的状态，而小密相处的浓度要大于小头段上部的浓度，过渡段以上也是上稀下浓的状态。

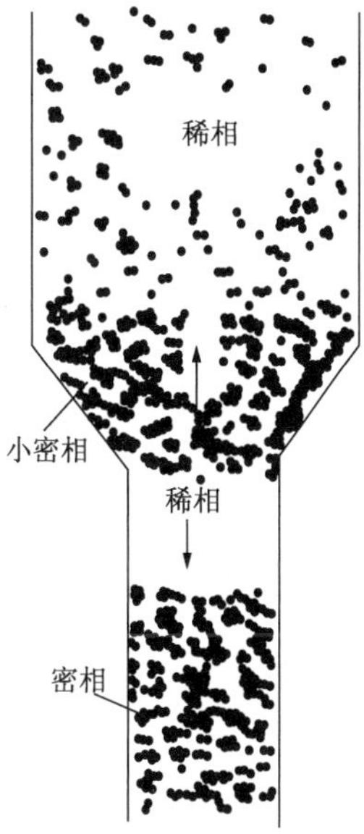

图3-49　过渡段处催化剂流型

3.5　气固分离技术

气固分离技术在流化催化裂化工艺过程中主要用在两方面：一个是从流化介质中最大限度地回收所携带的催化剂，减少不必要的催化剂损耗；另一个是当反应达到预定深度时，让催化剂立即与流化介质分开，以便使反应快速中止。由于气体中携带的固体量很大（$5\sim30kg/m^3$），往往需要不同形式的分离设备多级分离，才能保证催化剂的损失在限定范围之内。催化裂化装置中的分离设备主要应用在提升管末端、沉降器与再生器内及烟气能量回收系统中。

3.5.1　提升管末端分离器

催化裂化提升管反应器的出口分离器习惯上也称作快速分离设备（简称为快分），主要有两个作用，一是尽快使油气在离开反应器后，迅速和催化剂分离，避免发生不需要的二次反应，以提高目的产品产率和质量；二是尽量减少催化剂随油气的带出，降低旋风分离器入口的催化剂浓度，降低催化剂单耗。工业中的快分结构通常采用惯性分离器和旋风分离器两种型式。

在惯性分离器内主要发生气流的急速转向，或先冲击在挡板上再急速转向，其中固体颗粒由于惯性效应，其运动轨迹和气流轨迹不一样，从而使两者获得分离。气流速度高，这种惯性效应就大，所以这类分离器的体积和占据空间都较小，投资省，气流的压降也较低，只是分离效率不够高。惯性分离器的形式多种多样，主要有伞帽形、倒L形或T形、三叶形快分，如图3-50所示。

在使用分子筛催化剂后，要求油气和催化剂在提升管出口处快速分离。早期的快分结构是简单的伞帽型和倒L形，效率在70%~75%之间；以后改为T形、弹射式快分和三叶形分离器，效率上升到80%至90%，见表3-8[1]。

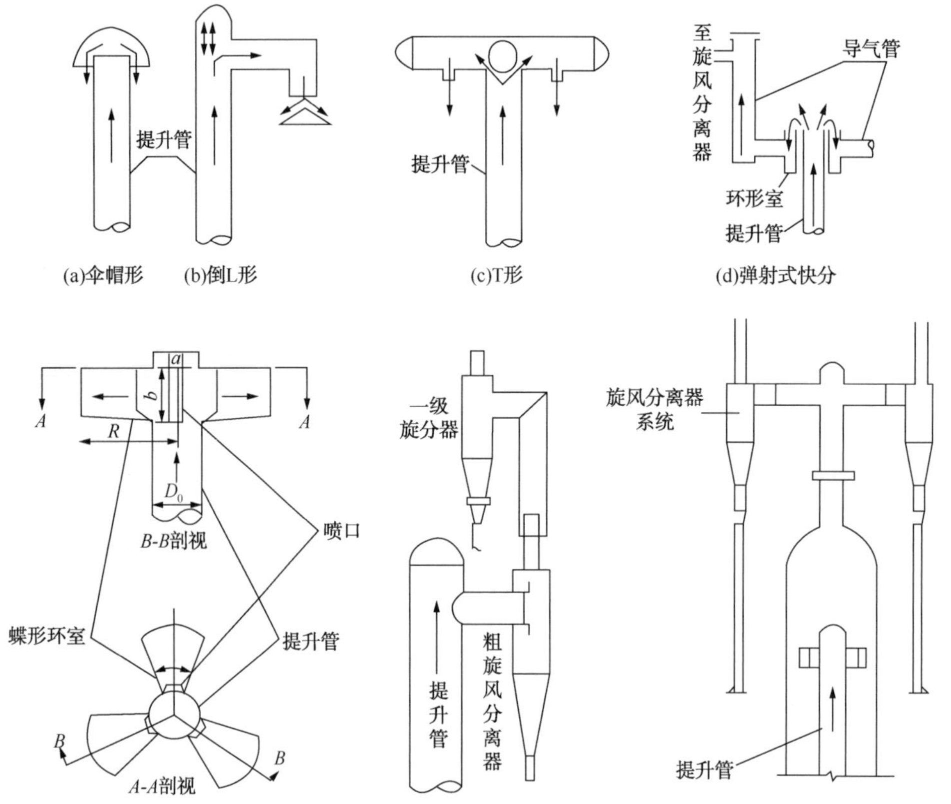

(a)伞帽形 (b)倒L形 (c)T形 (d)弹射式快分

(e)三叶形分离器 (f)紧接式旋风分离器 (g)UOP VSS+旋风分离器

图 3-50 终端设施简图

在提升管出口处设置粗旋风分离器(Roughcut Cyclone)，分离效率进一步提高，高达95%以上，如图3-50(f)所示。在提升管出口充当快速分离作用的旋风分离器通常直径较大，入口线速为15m/s左右。粗旋是一种排气口和排料口都敞开在沉降器中的入口高颗粒浓度的旋风分离器，其分离原理和基本结构与“沉降器与再生器内的高效旋风分离器”基本相同。但由于其工作条件及工艺目标与常规的旋风分离器的差异，粗旋的结构设计和工作性能又有其特殊性，特别是在重油催化沉降器中，为使反应油气不窜入沉降器空间，减少提升管后反应，改善产品分布，且减少沉降器内结焦，国内外对提升管末端充当快速分离作用的旋风分离器做了大量研究改进，采用更加先进的旋风分离系统，如FSC系统或VSS/VQS系统等，如图3-50(g)所示。几种终端设施的分离效率见表3-8。

表 3-8 终端设施的分离效率

项 目	分离效率(η)/%	项 目	分离效率(η)/%
伞帽形	75	弹射式快分	约90
倒L形	85	UOP VSS	90
T形	85	粗旋风分离器	95~99
三叶形分离器	90(冷试数据)		

3.5.2　旋风分离器

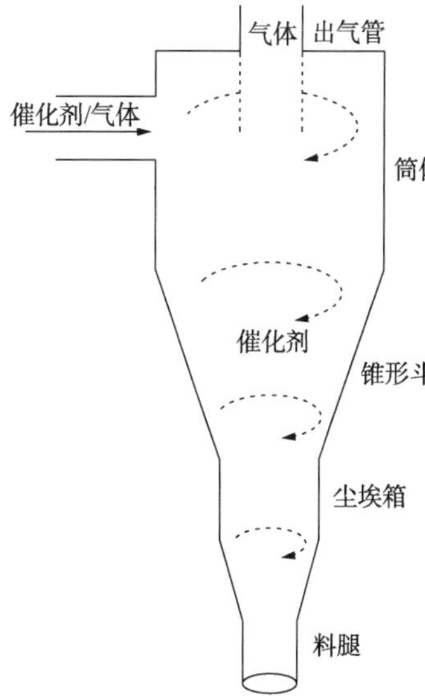

图 3-51　典型旋风分离器示意图

旋风分离器是从流动体系中分离粒状固体物的一种经济的设备。产生的离心力以正切方向施加在旋风分离器的壁上，如图 3-51 所示，这一作用力再加上气体与固体之间的密度差，增加了相对沉降速率，实现了气固分离。

催化裂化装置中沉降器与再生器内设有多组并联的高效旋风分离器，其中沉降器旋风分离器主要作用是从反应后的油气中回收催化剂以保持油浆中催化剂浓度在 2g/L 左右。为实现这样的分离效率，沉降器中旋风分离系统一般采用快分(惯性分离器或粗旋)+顶旋的串联组合方式。再生器中的旋风分离器主要作用是从烟气中回收再生后的催化剂，同时保持再生器出口高温烟气中催化剂浓度在 0.4～1.5g/Nm^3(湿)之内，以利于下游第三级旋风分离器的分离，通常采用一旋+二旋两级串联旋风分离器的组合方式。

沉降器与再生器内的旋风分离器(包括粗旋与顶旋、一旋与二旋)结构基本相同，主要分离原理是使气体通过特定的入口结构而产生高速旋转运动，颗粒所受到的离心力要比其重力大数百甚至几千倍，比在惯性分离器中颗粒的惯性力要大一个数量级以上，所以分离的最小粒径为 5～10μm，大大提高分离效率。此外它的结构简单，造价低，维护方便，又可承受高温高压和高的固体颗粒浓度。缺点是压降较高，对于粒径小于 5～10μm 的细颗粒的分离效率不高。旋风分离器按气体从入口到出口的流向可分为逆流式和顺流式两大类，按分离颗粒的方式还可分为切流式和旋流式两大类。在催化裂化装置应用中以前者为主。

旋风分离器系统由旋风分离器、料腿、拉杆、支撑设施和逆止阀组成。用来分离烟气及烟气携带的再生催化剂，并将被分离的再生催化剂返回到下部的密相床中，将催化剂的自然跑损控制在预定的水平上。在密相床表观速度比较高的条件下，例如表观速度高于粒子团终端速度较多的情况，对于维持密相床中的催化剂密度有重要意义。旋风分离器有许多型式，逆止阀常用的有翼阀和重锤阀两种。烟气和其携带的催化剂通过旋风分离器系统进行气-固分离时产生一个压降，因此，旋风分离器内部的压力低于再生器内的压力。为防止再生器内气体从旋风分离器底部进入，干扰甚至破坏旋风分离器的正常操作，在旋风分离器底部设置料腿，以便在料腿中形成一定高度的催化剂密相床-料封。带入到旋风分离器的催化剂量等于或大于催化剂循环量，且大于 99%的携带的催化剂在第一级旋风分离器中从烟气中除去，通过第一级旋风分离器的料腿返回到密相床。由于催化剂流率大且料腿足够长，因此一级旋风分离器料腿底部不要求设置逆止阀，将料腿埋入密相床中就能提供足够的料封。而第二级旋风分离器则不同，其料腿中催化剂质量流率较小，底部需设置逆止阀。

旋风分离器对于催化裂化装置成功地运转是极为重要的，其运转性能受新鲜催化剂的额外费用、额外的检修周期维修费用、颗粒排放的允许极限、富气压缩机和烟气轮机能量回收增量等因素的影响。旋风分离器性能要求在分离效率、压降、空间限制和安装费用等之间进行优化与平衡。旋风分离器的工艺和机械设计推荐的准则列于表 3-9。

表 3-9　反应器和再生器旋风分离器的工艺和机械设计准则

旋风器类型	设计进料速率下的气速/(m/s)	
	进　口	出　口
反应器，单级	20~23m/s	30~35m/s
反应器或再生器，第一级	18~21m/s	20~23m/s
反应器，第二级	23~26m/s	30~33m/s
再生器，第二级	~25m/s	36~40m/s
料腿中的催化剂质量流率/[kg/(m^2·s)]	一级 732	二级 366
料腿中的催化剂密度/(kg/m^3)	一级 400~440	二级 360
最小旋风器线速度	8~10m/s	
最小总收集效率=99.995%		
单级或一级料腿中质量通量=500~600kg/(m^2·s)		

尺寸规格

参数	单级	一级	二级
旋风分离器长度/内径	5.0	3.5~4.5	4.5~5.5
旋风分离器进口高度/宽度	2.2~2.5	2.2~2.5	2.2~2.5

材质

反应器旋风分离器	铬-钼合金，衬 1in 厚的抗磨蚀耐火材料
再生器旋风分离器	304H 不锈钢，衬 1in 厚的抗磨蚀耐火材料
反应器集气室	铬-钼合金，按旋风分离器几何形状决定内衬或外衬
再生器集气室	碳钢，“冷壁”设计，以避免高温应力开裂
气体出口管伸入各旋风分离器的长度至少是旋风分离器入口导管高度的 80%	
预测旋涡应在灰斗出口上方至少 40cm 处	

旋风分离器效率的提高一是控制旋风分离器入口浓度。在早期沉降高度定为 6m 时，再生器旋风分离器入口处催化剂浓度随稀相流速(一般为 0.7~0.9m/s)的增加而急剧上升，最高达 18kg/m^3。20 世纪 70 年代以后设计的稀相流速一般为 0.6m/s，沉降高度提高到 9m 以上，就能使旋风分离器入口催化剂浓度降到 6kg/m^{3}以下。再生器第二级旋风分离器出口处的催化剂浓度由早期的 2~3kg/m^{3}降到 70 年代中期以后的 1kg/m^3。两级旋风分离器总效率一般为 99.98%至 99.99%，催化剂自然跑损从早期的每吨原料 1.5~2.0kg 降低到 0.6kg，个别先进的少于 0.3kg。二是在于旋风分离器型式的选择。早期使用杜康型，以后使用了带入口蜗壳的布埃尔型和改进的杜康型。在二级出口处还采取了缩小直径以提高效率的措施。入口面积为 0.1~0.4m^2，入口流速为 18~25m/s。旋风分离器入口部位和灰斗下面的磨损是催化剂大量跑损甚至被迫提前停工的原因。目前，可以选用更加先进的旋风分离器，如 PV 型等。在旋风分离器的制造、安装和使用方面也存在一定的问题。例如，发生过因料腿伸入流化不良区域，下料不畅而被堵死的情况，出现过翼阀开启不灵活或者卡住而使气体反窜到料腿中的情况，还发生过翼阀排料处受到高速气流冲击的情况等。旋风分离器中催化剂流动分为三个区，自入口至升气管底端的环形空间称小旋涡区，在此区内，催化剂始终作旋转流动，而不被排出；靠近锥体内壁层，气固混合物螺旋向下旋转，称自由旋转区；当旋转到灰斗孔口处由于局部阻力，气流被阻止，从而沿中心向上，称强制旋转区。

3.5.3　紧接式旋风分离器系统

早期的终端设施和沉降器顶部的旋风分离器系统是分别设置的(即终端设施+稀相段+旋风分离器系统)。从终端设施出来的油气要在沉降器上升一段路程后(进一步使油气和催化剂通过沉降器分离)再进入顶部旋风分离器系统。油气在沉降器内停留时间长，二次催化裂化和热裂化严重影响目的产品的收率。尤其是重油催化裂化，还可能在沉降器内、旋风分离器系统内严重结焦。为了实现油气和催化剂的快速分离，同时缩短油气(包括料腿中被催化剂夹带的油气)在沉降器内的停留时间，以减少二次催化裂化反应和热裂化反应对目的产品收率的影响。使用常规的旋风分离器时，总会有一部分产物油气从旋风分离器中逸出，与催化剂一起经旋风分离器料腿进入反应器(通常约占总反应油气的5%~6%)。为了减少二次裂化和热裂化等问题，将终端设施和顶部的旋风分离器系统直接连接起来，尽快将油气和催化剂进一步分离，油气尽快导出沉降器，由此开发出紧接式旋风分离器系统。这种紧接式旋风分离器系统使油气在沉降器内停留时间大为缩短，目标产品产率得以改善。沉降器只成为容纳旋风分离器的容器。

UOP公司开发出VDS和VSS两种类型的旋流式快分系统，如图3-52所示。采用汽提方法将产物油气从催化剂和反应器环境中分离出来。汽提出的烃和从汽提器出来的蒸汽直接向上，通过旋涡室与向下的待生剂逆向接触，起到快速预汽提分离待生剂的作用，其对催化剂的分离效率大于95%，只有约5%的催化剂进入了旋风分离器，而对烃的分离效率可达94%~99.7%，从而降低了干气和焦炭的产率。

国内中国石油大学开发出了VQS等类型的旋流式快速分离系统。VQS系统由导流管、封闭罩、旋流快分头、预汽提段等四部分组成。在提升管出口采用多个(3~5个)旋臂构成的旋流快分头、在旋流头的外面增设封闭罩、封闭罩下部增设3~5层预汽提挡板构成预汽提段、封闭罩上部采用承插式导流管与顶旋直联，其结构如图3-53所示，主要构成如下：

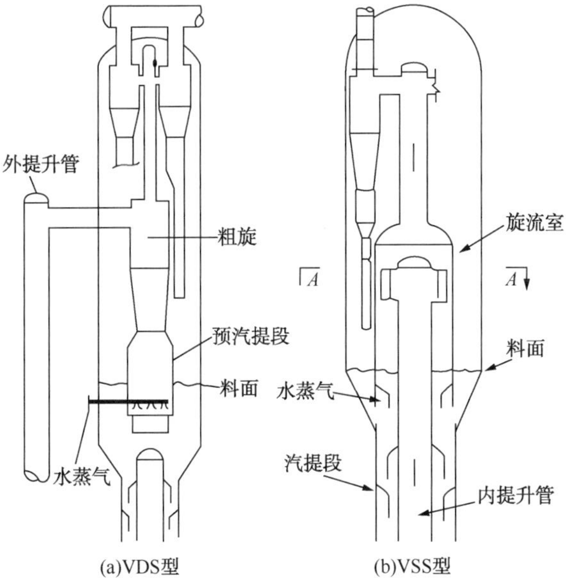

图3-52　VDS和VSS旋流式快速分离系统

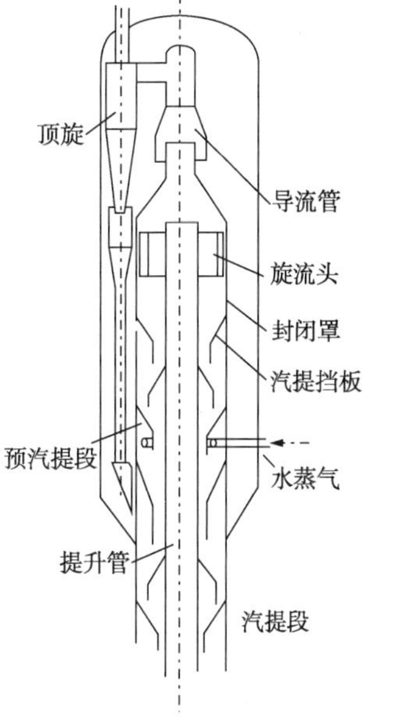

图3-53　VQS旋流式快速分离系统

(1) 带有独特挡板结构的预汽提器，它的关键是带有裙边及开孔的人字挡板，在一定尺寸匹配条件下，可以确保挡板上形成催化剂的薄层流动，且与汽提气形成十字交叉流，尽量避免密相床中的大气泡流动，以提高剂和气两相间的接触效果，从而大大提高汽提效率。

(2) 预汽提器内挡板结构及旋流头和封闭罩尺寸的优化匹配设计，可使旋流头在其下部有汽提气上升的情况下仍可保持98.5%以上的高效率。

(3) 在封闭罩及顶旋入口间实现灵活多样的开式直联方式。可视装置不同情况，选用承插式或紧接式结构。这样既可保证全部油气以不到4s的时间快速引入顶旋，又克服了直联方式操作弹性小的弊病。

旋流快分头可实现气固快速分离，封闭罩下部预汽提段可实现分离后催化剂的快速预汽提，封闭罩上部的承插式导流管可实现分离后油气的快速引出。因此VQS旋流式快速分离系统可在同一设备上同时实现反应后油气和催化剂快速分离、分离后催化剂的快速预汽提和分离后油气的快速引出的"三快"组合。

3.6 小　　结

流态化是催化裂化工艺的基础和关键支柱之一。1942年5月世界上第一套催化裂化工艺在工业上开发成功就足以说明这个问题。诚然，开发这样一套全新工业装置需要解决的问题是多方面的，但是，流态化理论创新和技术创造发明是取得成功的关键，主要体现在以下三个方面。

(1) 早在1940年，麻省理工学院的W. K. Lewis对密相流化床反应器进行了试验，突破性地发现流化颗粒在气速为0.3~0.9m/s时仍能保持稳态流动，这远高于Stokes定律计算的单一固体颗粒自由沉降速度理论值(不大于0.03m/s)。Stokes定律只适用于单颗粒，而不适用于颗粒团(cluster of particles)。这为开发流态化催化裂化反应器奠定了科学基础。

(2) 发明了立管，流化颗粒在立管中可以脱气聚集形成柱状，产生静压，使催化剂从低压区向高压区输送，避免采用螺杆泵造成催化剂结块、活性迅速降低的难题。

(3) 成功开发了催化剂循环系统，催化剂不仅起到催化反应作用，同时起到"热传递"作用，将再生器中大量的剩余热量转移到反应器中，使流化催化裂化过程处于热平衡状态，明显地降低了装置能耗，从而实现了工业装置连续生产。

催化裂化工艺的发展和生产实践更进一步证实了流态化对催化裂化工艺的重要性。但是在生产实践中如若流态化问题得不到切实可靠的解决，生产过程就会产生这样那样的问题。轻则催化剂大量跑损，生产装置达不到额定的生产能力(因立管蓄压不足造成)，重则反应-再生系统相关设备发生强烈振动，甚至造成设备损坏的严重事故。这些都会给生产造成重大损失。在我国催化裂化工艺发展过程中，上述问题都曾不同程度地出现过。为获得催化裂化工艺和流态化的较佳结合，避免生产实践中可能出现的问题，就必须详细地研究催化裂化工艺中不同过程的特性、不同流态化区域的特性，精心地选择有利于实现催化裂化工艺中不同过程特性的流态化区域，将它们巧妙地融合在一起。催化裂化工艺中不同过程的特性和不同流态化域融合在一起所形成的创造性成果，不仅是一种高超的技术，更是一种精湛的艺术品。

催化裂化工艺是通过催化剂在反应器-再生器这样一个封闭系统中，按照预定的方向和流率，连续不断地、平稳流畅地循环来实现其工艺过程。而且当原料、工艺操作参数等发生变化时，上述的催化剂循环能够从一个稳定状态平稳地过渡到另一个稳定状态。这种催化剂在反应器再生器内部流态化并在两者之间循环，这就是催化裂化的流态化系统。显而易见，催化裂化的流态化系统的具体内涵完全取决于催化裂化的构形。它随催化裂化构形的变化而改变。根据反应器和再生器相对位置的不同，分为同轴式催化裂化和并列式催化裂化两种形式。而并列式催化裂化又可分为等高并列式催化裂化和高低并列式催化裂化两类。20世纪60年代初，由于分子筛催化剂而出现了提升管反应器，极大地提高了裂化反应速率，改善了裂化反应。提升管反应器逐步取代了密相流化床反应器。原来的反应器变成了油气和待生催化剂沉降分离的空间及设置旋风分离器系统的容器，之后一般称之为沉降器。21世纪初，开发出变径提升管反应器，又逐步取代了等径提升管反应器。为了维持分子筛催化剂活性，要求再生催化剂碳含量从原来大约0.7%(m)的水平降低到0.2%(m)以下，最好的能达到0.05%~0.10%(m)。这一要求就成为了再生技术进一步迅速发展的强大推动力，相继开发成功了高温再生技术、完全再生技术、两段再生技术及高效再生技术。在两段再生技术中发展了两段错流再生技术、两段逆流再生技术等。与之相应的新设备新结构也随之诞生。

不同形式的反应器和不同形式的再生器相结合就形成了众多的、各自具有不同特性的流态化系统。但从流态化域角度来分析，这些流态化系统由下列部分或全部流态化域组成：鼓泡流化床、湍动流化床、快速流化床、立管密相输送、斜管密相输送、密相输送流化床、稀相输送流化床以及流化床中的一些关键部件，例如空气分布器、催化剂分配器等。由此可以看出，催化裂化的流态化系统是气体与固体颗粒之间以不同形式相互作用，而气体和固体颗粒所组成的物系又与不同结构形式的设备相互作用的现象，其规律和影响因素是相当复杂的。

参 考 文 献

[1] 郭慕孙，李洪钟. 流态化手册[M]. 北京：化学工业出版社，2007.
[2] 许友好. 催化裂化化学与工艺[M]. 北京：科学出版社，2013.
[3] 卢春喜，王祝安. 催化裂化流态化技术，北京：中国石化出版社，2002.
[4] Reza Sadeghbeigi. Fluid Catalytic Cracking Handbook[M]. 3rd Ed. Elsevier Inc，2012.

第 4 章　裂化催化剂

4.1　裂化催化剂发展历程概述

裂化催化剂均为固体酸催化剂，自 1936 年催化裂化工艺实现工业化以来，从最初的天然白土发展到无定形硅铝催化剂、X 型分子筛、Y 型分子筛、超稳 USY 分子筛、中孔分子筛以及多种不同类型的分子筛复配，至今已经历了 80 多年的发展，在工业实践和理论认识上都已达到相当高的水平。裂化催化剂随着催化裂化工艺技术的不断发展和催化新材料的不断问世，始终处于不断的改进与发展中，也就是说，催化剂虽然是催化裂化工艺基础，但催化裂化工艺技术的发展与催化裂化催化剂的发展是相互促进的。从这个角度来观察裂化催化剂的变迁，将有助于加深对催化裂化技术的了解，有助于开发更加先进的催化裂化技术。

4.1.1　硅酸铝裂化催化剂

硅酸铝(简称硅铝)裂化催化剂先后用于固定床催化裂化、移动床催化裂化和流化床催化裂化，起初是天然白土小球，天然硅酸铝催化剂需要经过化学处理才具有催化作用。1944 年开发了合成硅铝的小球催化剂，其直径为 3~4mm，作为移动床催化裂化催化剂，随后又开发了合成硅铝的微球催化剂，其粒径范围为 20~150μm，作为流化床催化裂化催化剂。从催化剂形状上可分为片状、圆柱状、球状、微球状和粉状等，这些形状不同的催化剂分别用于不同类型的反应器的催化裂化装置[1]。

无定形微球硅铝催化剂是由 3~5nm 的硅铝初级粒子稀疏地堆积在一起，形成的不规则形状的聚集体即二次粒子，二次粒子直径在 0.05~3μm 之间。聚集体可经喷雾干燥制备成微米级的微球裂化催化剂。在流化催化裂化装置上曾经使用过的典型微球硅铝催化剂有以下三种类型：

(1) 天然白土裂化催化剂

白土是一种结构稳定性能优良的天然固体酸性材料，催化裂化发展的初期，就直接采用了粉状白土作催化剂。天然白土裂化催化剂中性能最好的是酸处理膨润土催化剂，其主要成分是蒙脱土($Al_2O_3 \cdot 4SiO_2 \cdot xH_2O$)，经过酸处理和焙烧后即有一定的催化活性；但天然白土催化剂的稳定性差，造成汽油产率低，只有 20%~30%。

(2) 全合成硅酸铝裂化催化剂

人工合成的硅酸铝催化裂化催化剂，其主要化学成分与天然白土相近，主要是用硅酸钠(即水玻璃)、硫酸铝等化工原料制成的 $SiO_2 \cdot Al_2O_3$，无晶体结构，称为无定形硅酸铝催化剂。人工合成的硅酸铝催化剂比表面积为 600m^2/g，孔径约 5nm，有助于馏分油分子进入催化剂孔隙中进行反应，生成所需的较小分子产物。人工合成的无定形硅酸铝催化剂具有强酸性中心，从而具有较强的催化裂化反应能力，其活性和稳定性均高于天然白土，汽油产率可达35%左右。至20世纪40年代，人工合成的无定形硅酸铝催化剂取代天然白土催化剂，得到广泛的工业应用。早期的人工合成的无定形硅酸铝催化剂含 Al_2O_3 10%~13%，称为低铝硅铝催化裂化催化剂，后来，由于市场上对汽油辛烷值要求日益提高，又发展了含 Al_2O_3 24%~26%的高铝硅铝催化裂化催化剂。人工合成微球型硅酸铝催化剂不仅裂化活性高，而且可以满足流化催化裂化装置对催化剂粒度分布、球型度、耐磨强度等物性要求，从而改善了流化质量，降低了催化剂损失。

（3）半合成硅铝裂化催化剂

半合成硅铝裂化催化剂是结合了全合成硅铝催化剂和天然白土催化剂两者的优点而发展成功的一类裂化催化剂。这类催化剂含有合成硅铝组分，因而改进了天然组分活性低和选择性差等不足。

4.1.2　分子筛裂化催化剂

分子筛是具有分子筛作用的材料最突出的代表，因而“沸石”和“分子筛”两个名词常常被混用，常出现的名称为“沸石”、“分子筛”、“沸石分子筛”、“微孔晶体”和“硅铝酸盐晶体”，实际上指的是同一种物质。本书只使用“分子筛”这个术语。分子筛是一种多孔的晶体硅铝酸盐，具有规则的晶格结构，其孔穴直径大小均匀，好像是一定规格的筛子，可以使不同分子大小的物质通过或不通过，故称“分子筛”。从更广义来说，分子筛是一种硅铝酸盐，其骨架结构含有被离子和水分子占据的空腔，这些离子和水分子能够较自由地移动，能够进行离子交换和可逆脱水。与无定形结构的硅铝催化剂相比，分子筛催化剂具有以下特点：

（1）催化剂活性高和选择性高。

（2）催化剂水热稳定性高。

（3）分子筛催化剂对碳含量比较敏感。

正是分子筛催化剂具有上述的特点，20世纪50年代中后期，X型和Y型分子筛工业化后，分子筛裂化催化剂很快地取代无定形硅酸铝催化剂，裂化催化剂进入到分子筛催化剂的时代。1962年，工业催化裂化装置开始使用X型分子筛催化剂。1969年，Mobil公司和Grace公司分别发明了导向剂法直接合成Y型分子筛，由于其硅铝比高，稳定性好，Y型分子筛很快取代X型分子筛作为催化裂化催化剂活性组分，并且一直作为催化裂化催化剂活性组分使用至今。

分子筛催化裂化催化剂按照其所采用的分子筛类型、载体组成、使用性能等差异，构成了不同品种的分子筛催化剂。载体组成分为全合成硅铝载体、半合成硅铝载体和全白土载体；分子筛分为X型分子筛、Y型分子筛、ZSM-5型分子筛以及不同类型的分子筛组合，而Y型分子筛又可细分为REY、HY、REHY、USY和REUSY。裂化催化剂内部结构组成见图4-1。

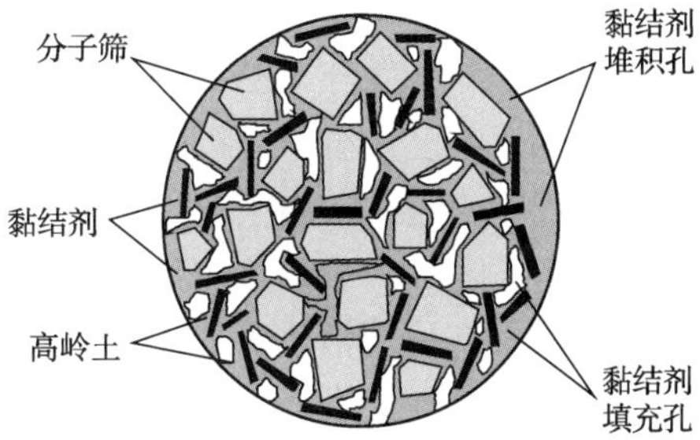

图4-1　裂化催化剂内部结构组成示意图

早期的分子筛催化剂很大部分还是用于原来的床层催化裂化装置，活性太高易产生过裂化，因此早期的分子筛催化剂含分子筛5%~10%。20世纪70年代，为充分发挥分子筛的高活性和高选择性，成功地开发了提升管催化裂化工艺，相应地催化剂分子筛含量提高到14%~16%，还采用离子交换方法将少量的稀土元素交换到分子筛晶格结构上等改性手段以改善分子筛的性能。这段时间，分子筛催化剂每隔几年即更新换代，首先是开发了不同的分子筛制备方法及改性方法(水热脱铝、化学脱铝补硅、元素改性等)，制备出了各具特色的分子筛；其次基于不同类型分子筛(HY，USY，ZSM-5等)催化性能差异进行有针对性的组合，此外还有逐步增加催化剂上分子筛含量，更换不同类型的载体等技术手段。尤其基于不同类型分子筛性能的差异，可开发出专用催化剂，满足不同类型的催化裂化要求。水热处理后的USY、β和ZSM-5分子筛在催化反应性能上存在明显的差异，如表4-1所示。

表4-1 正己烷、正癸烷或轻柴油在三种分子筛上的裂化反应结果

原　料	正己烷			正癸烷			轻柴油		
分子筛	USY	β	ZSM-5	USY	β	ZSM-5	USY	β	ZSM-5
转化率/%	18.03	53.02	65.64	51.06	83.72	74.29	76.41	71.71	39.02
产物分布/%									
H_2				0.03	0.11	0.12	0.03	0.11	0.05
C_1	0.70	0.48	1.53	0.26	0.17	0.27	0.61	0.36	0.23
C_2	0.97	1.13	4.85	0.37	0.32	1.03	0.56	0.40	0.40
$C_2^=$	1.80	2.77	7.77	0.85	1.32	4.56	1.00	1.00	2.93
C_3	1.11	13.81	12.77	4.11	7.28	11.44	1.39	1.81	3.08
$C_3^=$	4.31	11.38	15.54	7.43	14.23	13.60	7.44	11.64	9.85
总C_4°	1.19	7.56	6.62	8.88	14.27	10.61	6.04	7.83	2.48
总$C_4^=$	2.02	4.98	9.95	6.65	12.34	11.37	6.31	11.03	6.86
$>C_4$	87.90	57.89	40.97	71.42	49.96	47.00			
汽油							52.49	36.58	13.00
柴油							23.59	28.29	60.98
焦炭							0.54	0.95	0.14
$C_3^=$选择性/%	6.16	21.46	23.82	14.55	17.00	18.31	9.74	16.23	25.24

从表4-1可以看出，USY分子筛的正己烷转化率最低，ZSM-5分子筛的转化率最高，而β分子筛介于USY和ZSM-5分子筛之间；产品中丙烯的产率也呈同样趋势；相应丙烯选择性β分子筛远高于USY分子筛而仅次于ZSM-5分子筛。由于正己烷分子尺寸较小，这三种分子筛对正己烷分子均没有扩散的阻碍，但是正己烷的反应活化能较高，需要分子筛比较强的酸性中心裂解。由于ZSM-5分子筛具有最强的酸性中心，因而最容易将正己烷裂化，β分子筛次之，USY虽然酸量最大，但大多为弱酸和中强酸中心，强酸中心基本没有，因此对于具有较高反应活化能的己烷的裂化最难。

对于正癸烷裂化反应，β分子筛有最高的转化率，同时丙烯产率也最高；ZSM-5分子筛的转化率和丙烯产率次之，最低的是USY分子筛，三者的丙烯选择性ZSM-5最高、β居中、USY最低。正癸烷与正己烷相比较反应分子更大、活化能较低，比较容易发生裂化反应。在相同条件下，正癸烷在三种分子筛上的转化率均高于正己烷裂化，但β分子筛似乎更容易将正癸烷裂化，丙烯产率也更多，但由于分子筛的孔道择形作用，β分子筛的丙烯选择性稍差于 ZSM-5 分子筛。

对于轻柴油裂化反应，USY 分子筛有最高的转化率，达到76%左右，β 分子筛次之，也有 71.71%，但 ZSM-5 分子筛仅有 39.02%，这一顺序与三种分子筛的孔径大小顺序相一致，也与三者的酸量大小的排序一致。轻柴油是由 C_{15}~C_{24}的各族烃类化合物组成，在孔径最小的 ZSM-5 分子筛上有明显的空间扩散位阻，故其轻柴油转化率较其他两种分子筛低很多。β 分子筛的孔径略小于 USY，在空间位阻和酸性影响下，其轻柴油裂化活性也略低于 USY 分子筛。虽然 β 分子筛的转化率仅比 USY 分子筛低了近 5 个单位，但两者在产品分布上有很大差异，其中汽油的收率 USY 为 52.49%，而 β 仅为 36.58%，说明 USY 更多地将柴油转化成汽油，β 则更多地把汽油进一步裂化成低碳烃类，特别是 C_3~C_4，同时，也表现出比其他两种分子筛略高的焦炭产率和焦炭选择性，这似乎与分子筛所具有的直孔道结构有关，这样的孔道结构不利于分子的扩散而易结焦。β 分子筛的丙烯产率最高，对丙烯选择性也明显高于 USY 分子筛，这说明 β 分子筛在裂化轻柴油时，具有高转化率下的高丙烯产率和高丙烯选择性的特点[2]。

催化裂化催化剂经历了几十年发展，其活性和稳定性已经实现了高效化，目前国内外市场供应的各类催化剂的品种和牌号为数很多，质量也处于不断改善中。我国催化裂化催化剂开发紧随国外公司催化剂开发步伐，20 世纪 80 年代，为提高汽油辛烷值和适合渣油催化裂化工艺要求，开发出超稳 Y 型(USY)分子筛催化剂；90 年代，为配合多产低碳烯烃的催化裂化工艺，开发了复合型的分子筛催化剂。我国催化裂化催化剂的研究与开发到 20 世纪 80 年代已赶上国外催化剂的先进水平；到 90 年代，我国催化裂解催化剂的研究与开发已处于国际领先水平。

4.2　催化裂化催化剂的组分及其作用

4.2.1　催化剂的活性组分

由于早期的催化裂化催化剂是天然白土、合成硅酸铝或硅酸镁等硅酸盐，因此，并不能区分哪一组分是活性组分，哪一组分是载体(也称基质)。二氧化硅和氧化铝及干燥的二氧化硅和氧化铝的机械混合物都不是活泼的裂化催化剂，但二氧化硅和氧化铝的共凝混合物却是活泼的裂化催化剂。二氧化硅和氧化铝在共凝过程中，氧化铝嵌入二氧化硅骨架中，形成表面酸性中心，具有催化正碳离子反应的性能。由于无定形硅铝是由 3~5nm 的硅铝初级粒子稀疏地堆积在一起形成的不规则形状的聚集体即二次粒子，二次粒子直径在 0.05~3μm 之间。聚集体可经喷雾干燥制备成微米级的微球裂化催化剂。因此，无定形硅铝微球裂化催化剂不但具有较宽的酸强度分布范围，而且其孔径尺寸和化学组成的分布范围也很大[1]。

1962 年，美国 Mobil 石油公司宣布一种小球状稀土分子筛裂化催化剂在 Torrance 移动床催化裂化装置上首次试用成功。催化裂化催化剂从无定形硅铝裂化催化剂发展到稀土分子筛裂化催化剂，移动床催化裂化的转化率从 49.5%提高到 73.4%，汽油产率从 32.9%提高到 48.7%。只是当分子筛催化剂出现之后，才逐渐地形成活性组分与载体的概念。活性组分指催化剂中所含的分子筛。对于催化裂化催化剂，活性组分主要是指 Y 型和 ZSM-5 分子筛。ZSM-5 分子筛作为提高汽油辛烷值和多产低碳烯烃活性组分，与不同类型的 Y 型分子筛复配，从而形成了由多种分子筛所构成的活性组分。鉴于Y型和ZSM-5型分子筛在催化裂化工艺中应用最为广泛，因此，下面详细综述Y型和ZSM-5型分子筛的结构与性质，以利于对工业催化裂化装置所采用催化剂的催化性能有更深入的了解。

(1) Y型分子筛

分子筛是一类具有骨架结构的微孔晶体材料，一般均指硅铝分子筛，构成硅铝分子筛其骨架的最基本结构单元是硅氧四面体(SiO_4)和铝氧四面体(AlO_4)。在这些四面体中，硅或铝原子以sp^3杂化轨道与周围的四个氧原子相连成键。由于Si^{4+}离子半径为0.044nm，Al^{3+}离子半径为0.050nm，而O^{2-}离子半径为0.13nm，硅或铝的原子半径比氧原子半径小得多。因此，硅氧四面体或铝氧四面体实际上是由四个大氧球包围着硅或铝的小球，如图4-2所示。

硅氧四面体(SiO_4)或铝氧四面体(AlO_4)可以通过顶点互相连接，形成各种各样的骨架结构，四面体中的氧原子都是被“共用”的，相邻的两个四面体通过氧原子相互联结起来，故有“氧桥”之称，其平面结构式如图4-3所示。在这样的结构中，由于铝是正三价的，即铝氧四面体带有一个负电荷，需要有带正电荷的阳离子来平衡，从而使整个骨架呈现电中性。相互联结的硅(铝)氧四面体具有的特点为四面体中的每一个氧原子都是共用的，相邻的两个四面体之间只能共用一个氧原子，两个铝氧四面体不能直接相联，也就是说，两个铝氧四面体不能相邻。

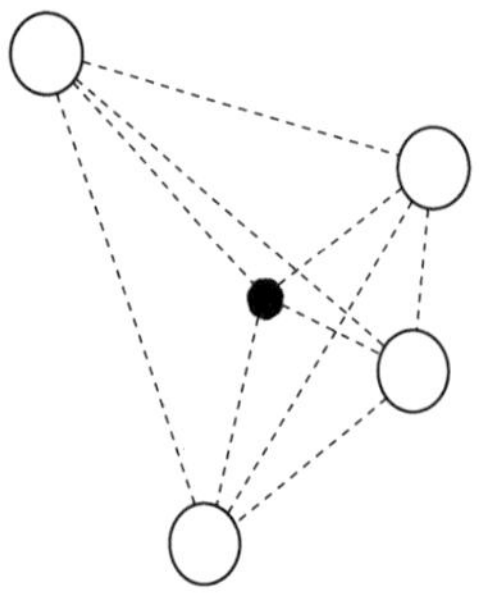

图4-2 硅(铝)氧四面体示意图

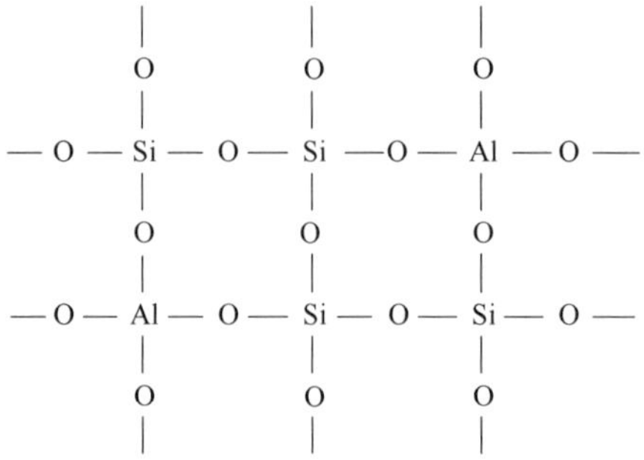

图4-3 硅/铝氧四面体互相连接平面结构示意图

由硅(铝)氧四面体为单位，首尾相连可构成多元环，一般称其为分子筛的二级结构单元或次级结构单元，如图4-4所示。由四个硅(铝)氧四面体所形成的环称为单四元环，依此类推，可形成单五元环、单六元环等环。两个单四元环相互连接所形成的双四元环称为立方体笼，同样，由两个单六元环相互连接所形成的双六元环称为六方柱笼。因此，分子筛的二级结构单元为四元环、五元环、六元环、八元环、十元环、十二元环及十八元环等，所对应的孔径分别为~0.1nm、0.20nm、0.24nm、0.42nm、0.56nm、0.74和1.2nm等。各种二级结构单元按照不同的排列方式拼搭，构成了不同的分子筛骨架结构。这些二级结构单元在组合过程中，往往能围成新的更大的孔笼，如图4-5所示。图4-5中的α笼是由12个四元环、8个六元环和6个八元环所组成的，笼中的平均有效直径为1.14nm，有效体积约为0.76nm^3，窗口直径0.45nm；β笼是由8个正三角形组成的正八面体，再将每个棱的1/3处削去角而构成截角八面体，含有6个四元环、8个六元环和24个顶点，即由24个硅氧四面体和铝氧四面体组装而成的，笼中的平均有效直径为0.66nm，有效体积约为0.16nm^3，窗口直径0.26nm；立方体笼是由6个四元环组成的立方体，孔径和体积都很小，一般分子不能进入；六方棱柱笼是由6个四元环和2个六元环组成的六方棱柱体，其平均有效直径只有0.25nm，一般分子不能进入；八面分子筛笼是由18个四元环、4个六元环和4个十二元环所组成的，笼中的平均有效直径为1.18nm，有效体积约为0.85nm^3，其中十二元环的孔径为0.74nm，为主要通道。每个孔笼又通过多元环窗口与其他孔笼相通，在分子筛晶体内部孔笼之间形成了许多通道，称之为孔道。分子筛窗口由8、10、12和大于12个硅(铝)氧四面体连接而成的骨架结构的分子筛分别称为小孔分子筛、中孔分子筛、大孔分子筛和超大孔分子筛。分子筛主孔笼的最大多元环窗口尺寸通常称为该分子筛的孔径，例如方钠石的主孔笼是β笼，A型分子筛的主孔笼是β笼，X型和Y型分子筛的主孔笼是八面分子筛笼。

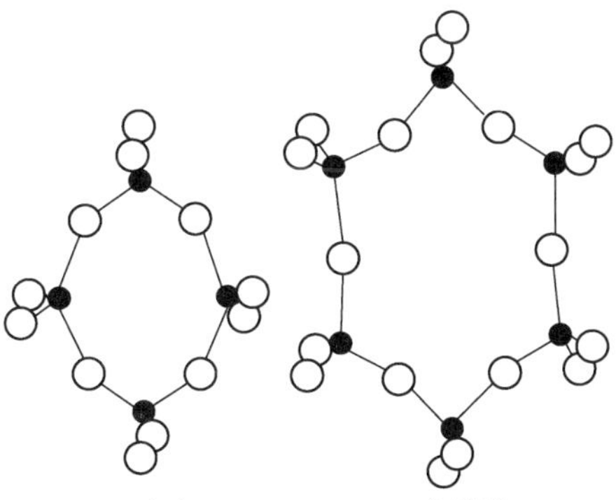

图4-4 四面体形成的四元环和六元环

●—硅或铝原子；○—氧原子

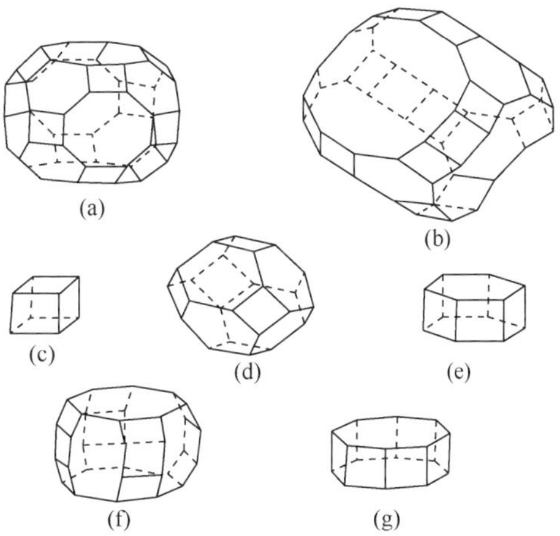

图4-5 分子筛中几种笼结构示意图

(a)α笼；(b)八面分子筛笼；(c)立方体笼；(d)β笼；(e)六角柱笼；(f)γ笼；(g)八角柱笼

Y型分子筛的结构单元与A型分子筛和X型分子筛的结构单元相同，均是截角八面体形的β笼。X和Y型分子筛将β笼看成是构成金刚石的碳原子紧密堆砌成密堆立方晶体型，两个单元笼间以六元的氧环(六方棱柱笼)连结。这样每个β笼通过四个六方柱笼呈四面体方向与其他β笼连结，一个β笼在中间，另四个β笼在顶点，由此构成了八面分子筛笼结构，如图4-6所示。X型和Y型分子筛的结构是完全相同的，区别只在于硅铝比Y型更大。

NaY型分子筛具有与天然八面分子筛相同的基本晶体骨架，其硅铝比约为3~6，单元晶胞组成为$Na_{56}(AlO_2)_{56}(SiO_2)_{136}\cdot 264H_2O$，晶胞常数为2.46~2.485nm。每个晶胞中都含有192个硅(铝)氧四面体，相当于8个β笼(即削角八面体)，其空腔直径为0.65×1.14nm。每个八面分子筛笼通过十二元环与相邻的4个八面分子筛笼相连。十二元环的孔径约为0.74nm，这是Y型分子筛的主要通道。Y型分子筛具有较大的孔穴，每克分子筛孔穴体积约为0.35mL。前面已叙述，Y型分子筛的骨架结构是由SiO_4(硅-氧(Si-O)四面体)和AlO_4(铝-氧(Al-O)四面体)作为最小的单元构成的，SiO_4和AlO_4四面体互相连接，形成一系列截头八面体，称之为β笼或方钠石笼，这些β笼八面体的面通过六方柱体连接起来，按照正面体的排布构成三维、开放型的空间结构，见图4-7a、图4-7b、图4-7c。按照电性而言，四配位的SiO_4四面体为中性，而四配位的AlO_4四面体带一个负电荷，整个Y型分子筛

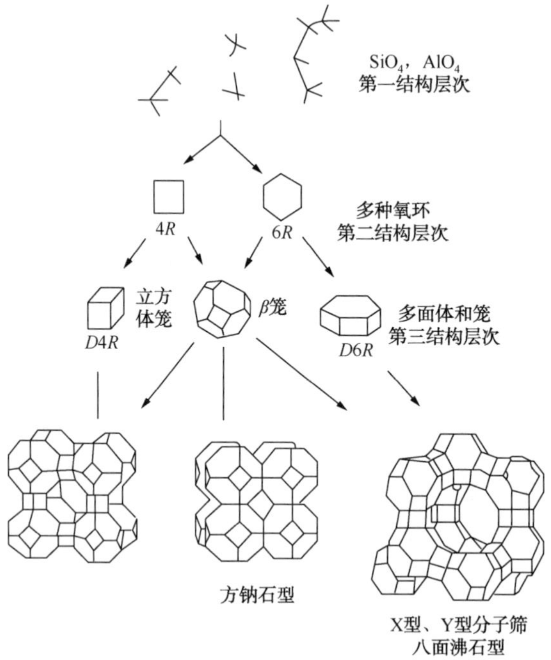

图 4-6 X 型、Y 型分子筛组装过程示意图

骨架由无数个 SiO_4和 AlO_4构成，故带负电荷，此负电荷就由位于特定的非骨架位置的阳离子来补充。这种堆积(连接)方式造就了一种大的空腔，称之为超笼，其直径可达~1.3nm，此超笼上共有 4 个作四面体分布的窗孔，开孔直径为 0.74nm，孔窗为一个十二元环围成，即由 12 个 Si 和 Al 原子通过氧桥(—O—)围成。因此，此骨架中包含了两种孔道系统，大孔系统由十二元环连接而成；小孔系统由方钠石笼(β 笼)和与之相连接的六角棱柱体构成，六元环直径约为 0.24nm。

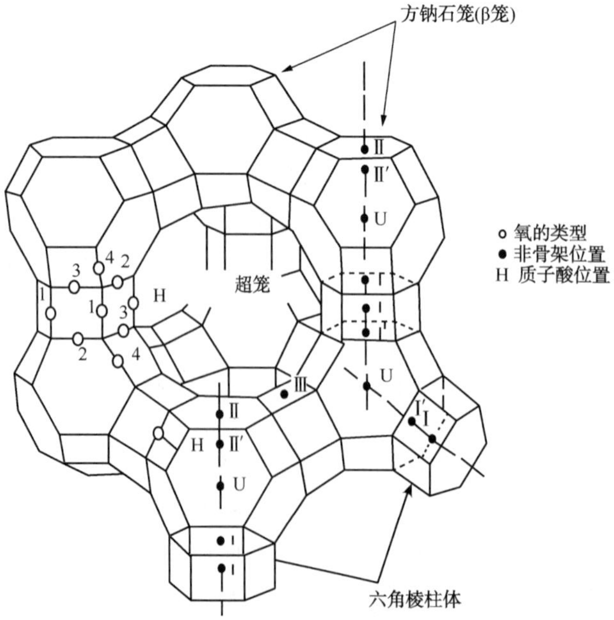

图 4-7a 八面分子筛骨架图

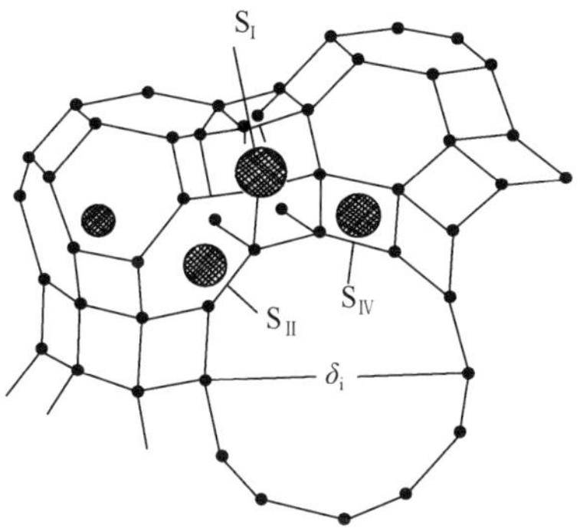

图4-7b 八面分子筛骨架阳离子位置图

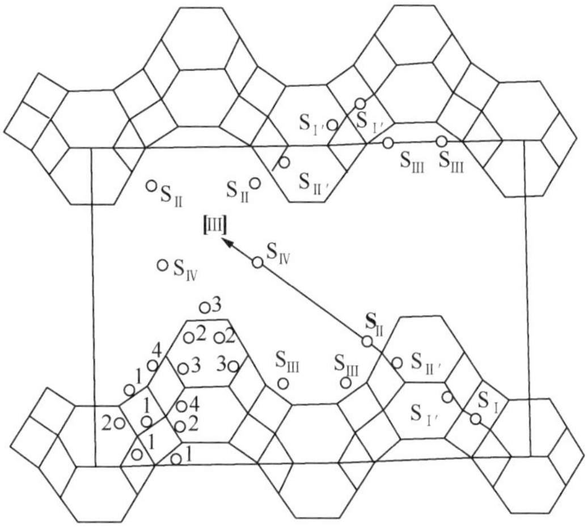

图4-7c 八面分子筛骨架平面展开图

Y型分子筛吸附了水，成为水合形式时，电荷已经达到平衡的质子(H^+)占据了分子筛中某些有利的位置，形成了两种类型的羟基基团，一种是超笼中的羟基，其酸性很强，并且接近吸附质分子；还有一种是β笼中的羟基，酸性较弱，但有足够的活动能力，可与超笼中受限的吸附质发生相互作用。Y型分子筛呈水合形式时，其超笼中的离子和水分子有相当大的活动自由度，以致它可以进行离子交换以及可逆性的脱水和吸附作用。

NaY每单位晶胞中有56个Na^+，以与56个AlO_4四面体保持着电荷平衡。水合状态的NaY中，Na^+在晶胞中占据三种位置：S_{I}位置，是处于方钠石笼间的六方柱体中心，每单位晶胞中有16个；S_{II}位置，是处于方钠石笼的自由的六元氧环上，每单位晶胞中有32个；S_{III}位置是处于超笼的壁上，在孔口四氧元环的中心，每单位晶胞中有48个。当NaY呈脱水状态时，$S_{\mathrm{I}'}$和$S_{\mathrm{II}'}$处于方钠石笼中通过相应的六角形窗口面对S_{I}和S_{II}，S_{III}位置的阳离子可占据这两个位置。NaY型分子筛在350℃脱水时，在S_{I}的16个位置上只有7.5个Na离子，其分布参数为7.5/16=0.468，在S_{II}位置上的分布参数为0.947，在$S_{\mathrm{I}'}$位置上的分布参数为0.612，由此可以看出，在脱水的情况下，方钠石笼无氧桥的六方柱上的Na^+迁入主孔腔中。当NaY在水溶液中呈水合状态时，S_{III}位置的Na^+首先被交换，然后是S_{II}，最后才是S_{I}。S_{IV}位置是NaY经过阳离子交换仍处于水合状态时，交换上去的阳离子随机地处于超笼中的位置。图4-7b形象地表明阳离子的位置。

如图4-7a和图4-7c所示，有四种形式的氧占据不同的相对位置，O_1位于六方棱柱的四元环上，O_2位于六方棱柱四元环和方钠石笼六元环共边的棱上，O_3位于六方棱柱四元环和方钠石笼四元环共边的棱上，O_4位于方钠石笼的四元环与六元环共边的棱上。四种氧形成T—O键的键长分别为：T—O_1键长0.1653nm；T—O_2键长0.1634nm；T—O_3键长0.1663nm；T—O_4键长0.1623nm。这表明质子H^+与O_1和O_3作用生成O_1H和O_3H，即O_1和O_3是酸性的羟基(—OH)所处的位置。O_1H指向超笼，在红外光谱中呈现3640cm^{-1}吸收峰；O_3H指向方钠石笼，在红外光谱中呈现3550cm^{-1}吸收峰。U位置是在β笼的中心，由残余的O(H_2O或-OH)所占据。分子筛中阳离子位置分布列于表4-2。

表 4-2 NaY 阳离子位置分布

位置名称	晶胞中位置数目	在结构中的位置
S_I	16	六方柱笼中心
$S_{I'}$	32	β 笼中，距六方柱笼的六元环中心约 0.1nm
S_{II}	32	β 笼中，距八面分子筛笼的六元环中心约 0.1nm
$S_{II'}$	32	八面分子筛笼中，距 S_{II} 所指的六元环中心约 0.1nm
S_{III}	48	超笼的壁上，在孔口四氧元环的中心
S_{IV}	16	超笼的中心(只有处于水合状态下，金属阳离子才可能占据)
U	8	β 笼中心

Y 型分子筛是一种典型的八面分子筛，人工合成的 Y 型分子筛最先由美国联碳公司(Union Carbide Corp)的林德分部(Linde Division)于 20 世纪 60 年代开发并生产的。“Y”是人工合成时给予的牌号，所用的原料工作溶液一般采用水玻璃(硅酸钠)、偏铝酸钠和硫酸铝(或硫酸)，在一定的反应条件下，在硅-铝-钠-水的四元体系中生成胶体，然后再晶化而成。人工合成工业生产的 Y 型分子筛中，其与晶体骨架形成电荷平衡的阳离子为由工作溶液所供给的 Na^+，故生成 NaY 型分子筛。NaY 型分子筛有其天然的对等物，即八面分子筛(faujasite，代号为 FAU)，一般亦呈 NaY 型的八面分子筛存在于自然界中。1969 年，Mobil 公司和 Grace Davison 公司分别发明了导向剂法直接合成了 Y 型分子筛。如其他类型分子筛性质一样，Y 型分子筛具有规整的骨架结构、均匀的孔道系统，从而具有分子筛性质，而骨架笼中所保有的阳离子(如 Na^+)，又能与其他阳离子进行交换，从而可以改善催化裂化反应性能。

(2) Y 型分子筛的改性

分子筛中的阳离子是可以与其他阳离子进行交换的，从而使分子筛的催化及吸附性能有较大的变化。例如用稀土离子交换后的 Y 型分子筛具有较好的催化裂化反应活性。分子筛的离子交换和骨架组成的改变发生在合成之后，通常称为改性。改性就是采用离子交换法将 NaY 中的 Na^+离子换成其他不同类型阳离子，形成不同类型阳离子的 Y 型分子筛，而不同类型阳离子的 Y 型分子筛的活性及稳定性存在着明显的差异，如表 4-3 所示。

表 4-3 不同离子的 Y 型分子筛的活性及稳定性

分子筛类型	SiO_2/Al_2O_3	在空气中焙烧 2~3h 的热崩塌温度/℃	正己烷裂化，相对转化率
Si-Al	—	—	1.0
NaY	5.0	700~780	—
CaY	4.7	800~885	1.1
MgY	5.0	820~880	—
NH_4Y	4.7	560~680	6400
HY	5.0	800~825	—
LaY	4.8	840~870	7000
REY	5.0	840~870	10000

分子筛的改性(modification)目的是为了提高分子筛的催化裂化活性、选择性和稳定性。合成的NaY型分子筛也是如此。分子筛的改性必须在保证不破坏分子筛晶格结构的前提下进行。欲得到性能更好的高硅铝比Y型分子筛，最有效的方法是对合成所得的初始NaY进行骨架化学组成的改变。Y型分子筛的改性都是以NaY为起源，采用离子交换法可以制备成HY、REHY和REY等类型的分子筛，Y型分子筛的结构如图4-8所示；采用高温水热处理法、化学处理法和高温水热处理联合化学处理法可以制备成超稳高硅Y型分子筛，如图4-9所示。

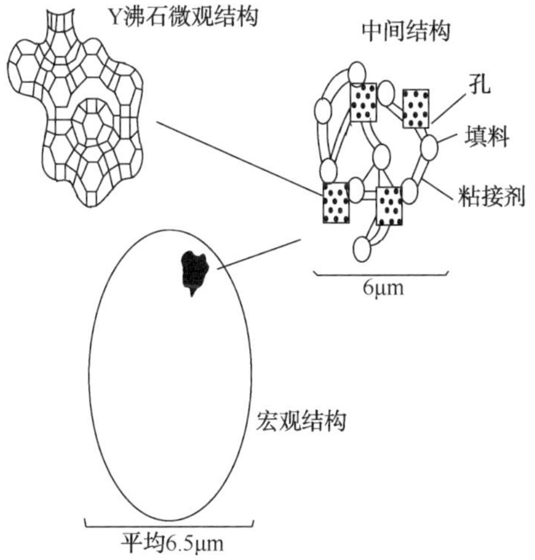

图4-8 Y型分子筛的结构

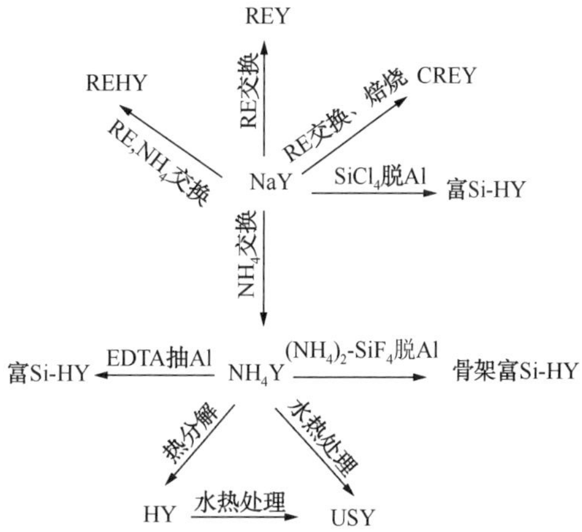

图4-9 Y型分子筛改性方法

表征分子筛性能的三个基本参数是晶胞常数、稀土含量和钠含量。HY型分子筛和REHY型分子筛制备是以氢或稀土金属离子(La^{3+}、Ce^{3+}等)来交换Y型分子筛铝氧四面体周围的阳离子如Na^+，提高Y型分子筛酸性以改善活性及选择性。氢交换是先以NH_4^+交换分子筛中的Na^+，然后加热到约300℃，将NH_3除去即可制得H型分子筛。稀土金属离子交换分子筛中的Na^+即可制得RE型分子筛；由于稀土金属离子的电荷较多，它们对H_2O的极化作用更大，可产生更多和更强的酸中心。REHY型分子筛是兼有H^+及稀土金属离子的分子筛，具有优越的水热稳定性(即在高温和水蒸气下的稳定性)。REY型分子筛在实际上是基本不存在的，确切地说都是REHY，只是RE/H之比值有所不同。RE比例高，分子筛的稳定性较好，但选择性稍差，特别是焦炭的产率相对较高。在分子筛的交换中，调节和控制RE/H的合适值是改善活性和选择性的重要手段。

为了使Y型分子筛适应较高的反应温度和再生温度的重油催化裂化，对Y型分子筛经高温水热处理脱铝等方法改性，使Y型分子筛成为超稳Y型(USY)分子筛，骨架结构的硅铝比可提高至7~9。由于在Y型分子筛中，Al—O键长为0.170~0.173nm，Al—O键键能为511kJ/mol；而Si—O键长为0.160~0.165nm，Si—O键键能为800kJ/mol，从而Si—O键比Al—O键更稳定。以硅代铝后可使晶胞收缩，晶胞常数从2.47nm左右降至2.43nm左右，使分子筛结构更趋稳定。

晶胞常数(UCS)是每单元晶胞铝中心或潜在总酸度的量度。带负电的铝原子是分子筛酸性中心的来源，硅原子不具备任何活性。UCS与每个晶胞铝原子的数量(N_{Al})有关，表示为：$N_{Al}=111\times(UCS\times10-24.215)$。硅原子数目($N_{Si}$)为：$N_{Si}=192-N_{Al}$。分子筛的硅铝比可通过这两个方程式或由图4-10所示的关联图来确定。UCS也能显示出分子筛酸度。因为铝离子比硅离子大，所以UCS越小，酸性中心距离就越大。酸性中心的强度是由邻近的酸中心的远离程度所决定的，酸性中心距离太近使得分子筛的结构不稳定。分子筛的酸分布是影响活性和选择性的因素之一。UCS小的分子筛比常规稀土交换分子筛初始活性低，但UCS小的分子筛在剧烈的水热处理下仍能保持较高的活性，如图4-11所示。新鲜的分子筛具有相对高的UCS，其范围在2.450~2.475nm，经再生器高温水热环境后，UCS逐渐降低，最终降低幅度取决于分子筛中稀土和钠含量。从图4-11可以看出，USY分子筛在一定的老化条件，随老化时间的增加，其活性趋向恒定，此时的活性称为平衡催化剂活性，而REY分子筛在一定的老化条件，随老化时间的增加，其活性呈明显降低，不存在平衡催化剂活性[3]。

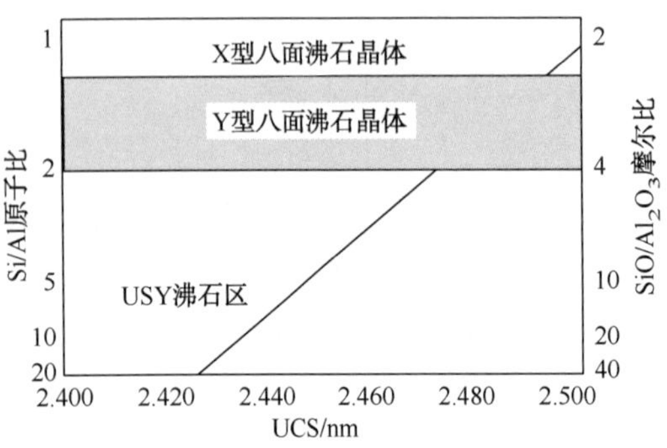

图4-10 硅铝比与分子筛晶胞尺寸的关系

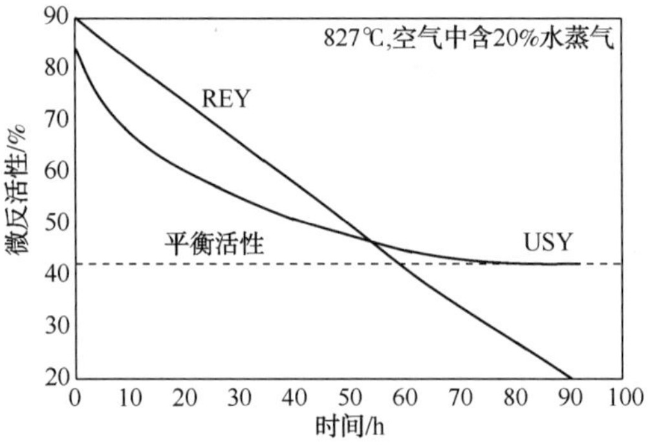

图4-11 REY与USY分子筛的活性稳定性

稀土元素作为“桥”可稳定分子筛结构中的铝原子，能够阻止铝原子从分子筛晶格中分离，被稀土完全交换的分子筛具有较高的晶胞常数，而未被稀土交换的分子筛具有较低的晶胞常数，约为2.425nm。钠的存在能降低分子筛的水热稳定性，也可与分子筛酸中心反应降低催化剂活性。在高温再生器内，钠是可流动的，钠离子倾向于中和最强的酸中心。

目前常用的分子筛裂化催化剂主要有稀土Y型(REY)、稀土氢Y型(REHY)、超稳Y型(USY)及稀土超稳Y型(REUSY)4大类。石油化工科学研究院等研制的几种Y型分子筛催化剂的性能列于表4-4。

表4-4 国内几种Y型分子筛裂化催化剂的性能

类　型	稀土Y型				稀土氢Y型			超稳Y型	
	低铝	高铝	半合成	全白土					
牌　号	Y-9	Y-15	CRC-1	LB-1	LCS-7	RHZ-200	CC-14	ZCM-7	SRNY
化学组成/%									
Al_2O_3	14	27	50	49.6	33.0	22.0	22.1	44.6	40.4
Na_2O	0.07	0.18	0.08	0.4	0.29	0.29	0.28	0.26	0.16
SO_4^{2-}	0.5	1.73	—	—	1.1	0.70	0.70	—	1.08
Fe_2O_3	0.10	0.17	0.8	—	0.21	0.20	0.15	0.41	0.35

续表

类　型	稀土Y型				稀土氢Y型			超稳Y型	
	低铝	高铝	半合成	全白土					
牌　号	Y-9	Y-15	CRC-1	LB-1	LCS-7	RHZ-200	CC-14	ZCM-7	SRNY
物理性质									
比表面积/(m^2/g)	650	440	225	306	256	325	293	204	305
孔体积/(mL/g)	0.58	0.65	0.24	0.28	0.50	0.47	0.43	0.31	0.17
磨损指数/%	2.2	4.2	2.0	2.1	3.0	<3.0	2.8	2.3	1.7
微反活性/%	60	74	76	68	76	75	74	76	64

(3) ZSM-5型分子筛

ZSM-5分子筛是20世纪70年代由美国Mobil石油公司合成制得。ZSM-5分子筛具有独特的晶体结构，骨架含有两种交叉的孔道系统，属于中孔分子筛。在分子筛孔道结构中，没有临界直径大于孔道的空腔存在。在分子筛催化作用中，只有那些分子直径比分子筛的临界直径小的反应物分子，才能进入到分子筛结构内部进行反应，并且也只有那些能够从分子筛孔道中逸出的分子，才能以最终产品的形式出现。所以，采用这种新型分子筛催化材料作为催化剂，就可以从过去按分子的化学类别进行催化反应，发展为按分子的形状进行催化反应，这就是"择形催化"。由于ZSM-5分子筛具有独特的孔道结构，在催化反应上所表现出择形催化作用，因而ZSM-5分子筛作为助剂活性组元，于1983年开始应用到催化裂化工艺以提高汽油辛烷值。

ZSM-5型分子筛属高硅五元环型(Pentasil)分子筛，代号为MFI，其基本结构单元是由8个五元环连接而形成的单元结构组成的，其中没有笼状结构，见图4-12(a)；这种基本单元结构通过共用边联结成链状结构，见图4-12(b)，然后链状结构又可联结成薄片，见图4-12(c)，进而形成三维分子筛骨架结构。ZSM-5骨架中含有两种交叉的孔道系统，如图4-12(d)所示，其中一种是直筒形孔道，另一种是位于与直筒形孔道垂直的平面上，且又与之相交叉的正弦形孔道。直筒形孔道的大小为0.54nm×0.56nm，而正弦形孔道的大小为

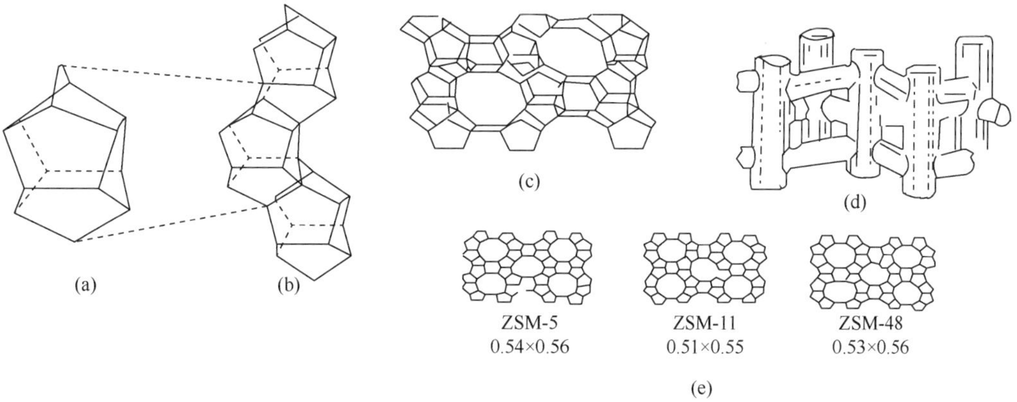

图4-12　ZSM-5型分子筛的结构

(a)成对五元环；(b)成对五元环的联结；(c)ZSM-5骨架结构；(d)ZSM-5两种交叉通道；(e)ZSM-5，ZSM-11，ZSM-48层状结构

0.51nm×0.55nm，如图 4-12(e)所示。ZSM-5 分子筛属正交晶系，其理想晶胞组成为：$Na_n[Al_nSi_{96-n}O_{192}]\cdot 16H_2O$，其中 n 代表晶胞中的 Al 原子数，可以从 0 变到 20 左右。经过高温焙烧或某些化学处理，ZSM-5 分子筛的晶体对称性有可能降低，其晶体结构可由正交晶系转变成单斜晶系。

ZSM-5 分子筛具有特殊的几何结构，因而是一种很典型的择形分子筛，只有当孔道的几何构型与分子的形状相匹配时，分子才能在 ZSM-5 分子筛孔道内运动，反应物分子可从分子筛一种孔道进入，而产物则可从分子筛另一种孔道扩散出去；因此产生对分子形状具有选择性的扩散效应，这样便能起到控制烃类分子的反应方向和反应深度的作用。

4.2.2 裂化催化剂的载体

裂化催化剂中的活性组分，通常只含 5%~45%，而绝大部分是载体。载体可将分子筛晶粒隔开，使分子筛分散均匀，从而可以充分使用分子筛的催化性能，同时，对分子筛晶粒有黏结作用，以达到催化剂的强度要求。因此，载体是分子筛催化剂的重要组成部分。载体也称为基质，是形成催化剂的孔隙结构、机械强度以及外表形状的实体，其主要作用是提供适宜的孔结构、具有较好的热稳定性和具有较好的机械强度。分子筛催化剂的载体可以是具有裂化活性的物质，也可以是对裂化反应无活性的惰性物质。只要能够提供所需的孔隙结构、强度以及外型的物质均可用作载体。当然，能否作为裂化催化剂的载体，不仅要满足上述的要求，还要从是否具有较好的热载体，能否为毒害元素 Na、Ni、V 等提供“容纳场所”，能否为烃类大分子的裂化提供活性，能否有利于裂化过程中的汽提和再生操作，甚至还从能否有利于脱除烟气中的含硫化合物等多方面来考虑，选用最合适的组分作为载体。

第一代的分子筛催化剂是将 10%~15%的分子筛分散于 85%~90%的无定形硅铝凝胶中而制成的，这种催化剂具有大比表面积(300~600m^2/g)，大孔体积(0.5~0.6mL/g)，低强度(磨损指数大于 3)，低堆比(小于 0.6g/cm^3)。无定形硅铝本身也是裂化催化剂，由于结构均匀性难以与晶体分子筛相比，因此，已被证明选择性差而被分子筛所代替。然而，无定形硅铝在催化剂组成中仍然占有 85%~90%，从而削弱了分子筛的高选择性裂化的优越性。

第二代分子筛催化剂(20 世纪 70 年代后期)因突出分子筛的高选择性裂化优势，将选用基本无活性的物质作为载体。采用了经处理的天然白土作为填料，加氧化硅或氧化铝溶胶作黏结剂，形成了新型载体。这一代催化剂的特点是：小比表面积(小于 200m^2/g)，小孔体积(小于 0.3mL/g)，高强度(磨损指数小于 1)，高堆比(0.7~0.8g/cm^3)。这一改变使轻质油收率增加 3 个百分点以上，强度提高 3 倍，跑损减少约 40%。

20 世纪 80 年代以来，载体又发展到第三代，第三代分子筛催化剂的载体是在第二代“惰性”载体的基础上，有目的地添加一定量的活性组分，并针对原料油性质和产品分布的要求，调节分子筛和载体活性的比例。由于 Y 型分子筛的孔道自由直径只有 0.74nm，而大于 480℃的减压重馏分的分子直径大于 2.0nm，渣油分子直径为 2.5~15.0nm，这些大分子要进入分子筛孔内反应显然是困难的。如果原料中的大分子烃类裂化只靠分子筛外表面，其转化率就很有限，因为分子筛外表面只占其总表面积的 3%左右。因此，必须依靠载体提供一定的活性，在载体活性中心上首先裂化重质烃类分子，只将大分子切成中分子，然后迅速使其进入分子筛孔内部，在分子筛酸性中心上进一步发生裂化，载体只起“二传手”的作用，这样可以避免因载体的活性过高而影响裂化的选择性，造成焦炭产率和干气产率增加。为了对其活性进行有效的控制，采取了在“惰性”基质的基础上，添加活性基质的办法，即在已有的白土-溶胶体系中加了添加物，这种添加物大多是活性氧化铝，如 $\gamma-Al_2O_3$之类。

除活性之外，对载体的另一个重要要求是要有合适的孔大小和分布，使大分子烃类能够通过载体的孔与分子筛接触。图 4-13 为催化剂孔分布模型，其中有 A、B 和 C 三种大小的孔，还有分子筛的小孔。在三种孔中，A 孔太小，大分子烃类进不去；C 孔太大，虽大分子烃类可自由进出，但表面积小。因此，最合适的孔大小是 B 孔，它既有足够大的孔，又能够有较大的总表面积。合适的孔大小应是大分子反应物直径的 2~6 倍。

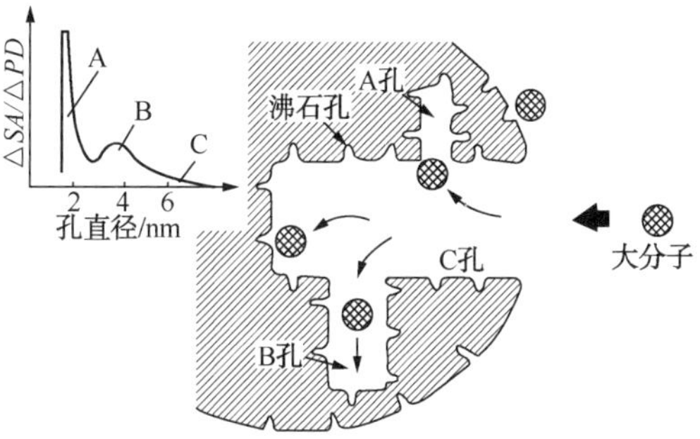

图 4-13 催化剂上的几种孔大小模型

由于活性载体对催化剂的总体性能具有重要的影响。因此，有效的载体必须具有大孔结构，允许沸点高于 480℃以上的烃类大分子扩散到催化剂内部，同时具有适宜的活性以提供初始的裂化中心。这种载体和分子筛之间协同相互作用，共同效应形成的活性要大于各自单独作用的效果。如果活性和孔结构不匹配，当基质酸性太强，裂化活性太高，大分子迅速生成焦炭，引起堵孔，破坏已有的合适孔大小，造成大分子受阻于孔外，也无法进入分子筛孔内反应。活性载体还可以作为捕获剂，捕集一些钒和碱性氮。原料中的高沸点馏分通常含有金属和碱性氮，会毒害分子筛活性。活性载体可以保护分子筛避免这些杂质的毒害而过早地失活。

4.2.3 裂化催化剂的填充物和黏结剂

填充物是与催化剂加在一起稀释催化剂活性的黏土，高岭土[$Al_2(OH)_4Si_2O_5$]是催化剂中最常用的黏土。原位晶化生成分子筛也是应用高岭土。

黏结剂本身是载体的一部分。早期的分子筛催化剂，采用硅铝凝胶作载体，因而黏结剂与载体是同一物质。只是到了载体中掺入大量的高岭土以后，才出现黏结剂的名称。因为催化剂中含有少量的分子筛和大量的高岭土，如何使这两者结合并相互分散成所需结构，则要利用无机的胶体将各组分黏结，制成的催化剂具有完整的物理性质，即催化剂密度、抗磨强度、粒度分布等物理性质符合传热介质和流化介质的要求。

通常可选作黏结剂的组分不外乎 Al_2O_3、SiO_2和 $SiO_2-Al_2O_3$。选用不同的黏结剂，就需采用不同的催化剂制备工艺，方能生产出性能合乎要求的催化裂化催化剂。20 世纪 70 年代，开发了高钠硅溶胶。由于采用了高钠硅溶胶作为黏结剂，催化剂的强度、水热稳定性均明显改善。20 世纪 80 年代末期，开发出低钠硅溶胶和铝溶胶组成的混合黏结剂。国外裂化催化剂多数采用低钠和高钠硅溶胶的复合黏结剂，而国内裂化催化剂一般采用氧化铝溶胶和酸化拟薄水铝石的双铝基黏结剂。氧化铝溶胶和酸化拟薄水铝石具有相同的元素组成，但由于氧化铝表面羟基密度大，因而氧化铝溶胶黏结性能好，催化剂磨损指数小，而酸化拟薄水铝石中的铝的主要形态为六配位铝，从而表面羟基密度小，黏结性能差，催化剂磨损指数高。但酸化拟薄水铝石的微晶粒径较大，其微晶之间堆积可以形成丰富的介孔，有利于重油转化。而氧化铝的十三聚铝微晶粒径较小，容易堵塞催化剂的介孔，造成催化剂孔容变小，降低重油转化能力。

4.3 裂化催化剂的活性本源

4.3.1 固体表面酸性概念

固体表面酸性的概念来源于对烃类裂化反应的考察，发现酸处理白土或氧化硅—氧化铝能够催化烃类的裂化反应，而其产物分布则不同于热裂化的结果。此类固体催化反应显示的特点类似于由矿物酸催化反应的特点，不同于热裂化反应结果，而且，这些固体裂化催化剂可用碱来滴定，并会因吸附了碱性氧化物或无机的碱离子而失去活性。因此，有关固体的催化活性，提出了类似于溶液化学的概念，即首先固体应是酸性的，并能在与烃类反应时生成正碳离子(carbocations)。经典的方法是用 H_0的值来表示酸性强弱，只有酸强度 H_0低于+3.3 的酸中心才具有催化活性。

至于酸性中心，则可以是质子酸类型(Brönsted type)，即质子的给予体，也就是说，固体表面上具有释出质子倾向的部位，例如表面上缺电子的阳离子易与水中的 OH^-共享电子而释放一个质子，成为质子酸位，贡献给一个不饱和烃分子，从而形成正碳离子；亦可以是路易斯酸类型(Lewis type)，即电子对受体，也就是说，固体表面上具有空轨道的部位，对电子对具有高度亲合力，有能力从烃分子上移去一个负氢离子，从而形成正碳离子。1923 年，Brönsted 和 Lowry 同时提出了质子酸碱理论，指出凡是给出质子的分子或离子都是酸，凡能与质子结合的分子或离子都是碱。Arrhennius 酸和碱同样包括在这一酸碱范围中。因为氢离子即质子，给出氢离子的是酸，而氢氧根离子可以与质子结合成水，因此属于碱。但 Brönsted-Lowry 酸碱理论比 Arrhennius 酸碱理论具有更广泛的适用性，因此被称为广义酸碱理论，而 Arrhennius 酸碱理论被称为狭义酸碱理论。按照 Brönsted-Lowry 酸碱理论，酸和碱彼此统一在对质子的关系上。在 Brönsted -Lowry 酸碱理论中，采用 pK_a值表示酸的强弱，采用 pK_b值表示碱的强弱。

Brönsted-Lowry 酸解离质子后余下的部分，称为共轭碱(conjugated bases)。类似地，Brönsted -Lowry 碱接受质子后的部分就称为共轭酸(conjugated acids)。如下式所示，A 与 B 之间的关系，称为共轭酸碱对，简称共轭酸碱[4]。

$$\underset{\text{共轭酸}}{\text{酸(A)}} \rightleftharpoons \underset{\text{碱}}{\text{共轭碱(B)}} + H^+$$

前面已论述了不同杂化状态的碳的电负性不同，相应的，不同杂化碳所形成的 C-H 的酸性强弱顺序为 C_{sp}-H>C_{sp}2-H>C_{sp}3-H。即炔氢的酸性大于烯氢的酸性，大于烷氢的酸性，三者的 pK_a值范围如下：

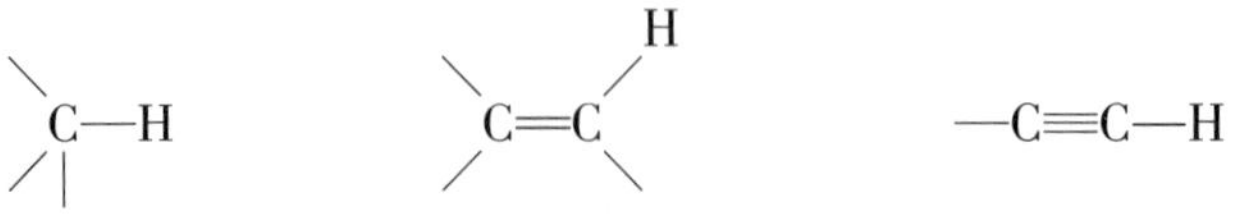

	烷烃	烯烃	炔烃
pK_a	46~50	43~44	~25

烷烃是有机化合物中最弱的酸。根据 Brönsted -Lowry 酸碱理论，其共轭碱，即烷烃脱去质子所形成的负碳离子则是最强的碱。

4.3.2 酸性之本源——氧化硅或氧化铝

氧化硅无定形态如石英，基本上为惰性，氧化硅凝聚有微弱之酸性，有时这种酸性是由杂质引起的。氧化铝在热处理前几乎没有酸性，但是经过500℃活化后，氧化铝显示了较强的酸性。这是由于氧化铝表面含有大量的羟基，当受热后，这些羟基缩合脱水产生了酸中心，如图4-14所示。由此可见，氧化铝表面上大量的羟基是产生酸性的根源。

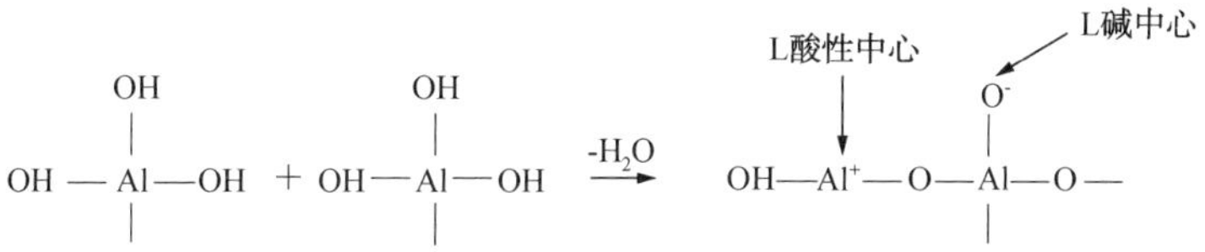

图4-14 氧化铝表面酸碱性中心形成的过程

Bathomeuf 将含 Al_2O_3 为13%的硅酸铝(SiO_2-Al_2O_3)，利用盐酸水溶液浸析出其中的 Al_2O_3，考察浸析出 Al_2O_3 的量与异丙苯裂化活性之间的关系，如图4-15所示[5]。

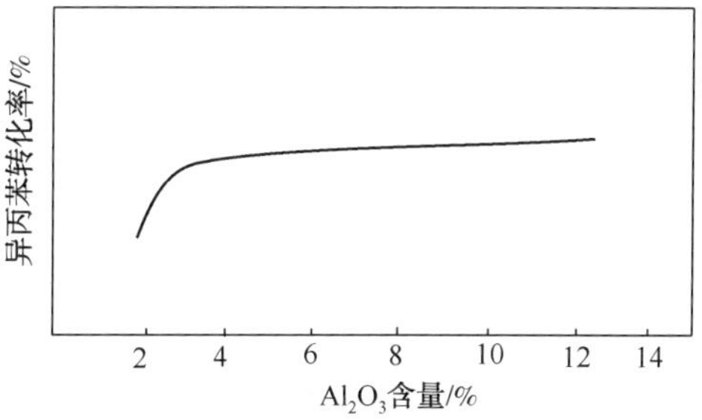

图4-15 硅酸铝中的 Al_2O_3 含量与异丙苯裂化活性之间的关系

从图4-15可以看出，硅酸铝中的 Al_2O_3 含量由13%减少至2.2%，异丙苯裂化活性无显著变化，但当 Al_2O_3 含量低于2.2%后，裂化活性显著下降，这表明硅酸铝中虽然含有13%的 Al_2O_3，但只有2.2%的 Al_2O_3 与异丙苯的裂化活性结构(酸性中心)的形成有关。由于硅酸铝是无定形干胶，难以进行“同晶”取代，异丙苯的裂化活性结构，也就是酸性中心，是由较大的硅胶微球和较小的 Al_2O_3 微球的表面相互作用，在交界处形成 Si—O—Al 键，在四配

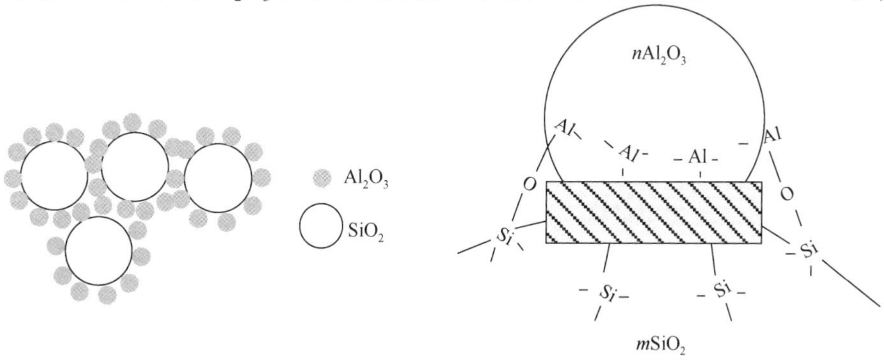

图4-16 硅酸铝酸性中心形成的结构模型

位 Si 与四配位 Al 的相互作用处，形成了具有裂化活性的酸中心，而氧化铝微球的绝大部分与活性结构的形成无关。由此可以推断硅酸铝酸性中心形成的结构模型，如图 4-16 所示。无定形硅酸铝的最大酸性和活性是在 Al/Si 原子比小于 1，也说明了—Al—O—Si—型的键是形成酸性所需的类型，其形成是由起始物质中过剩的氧化硅促成，一般不可能生成—Al—O—Al—型。

4.3.3 分子筛酸性

红外光谱研究证实分子筛催化剂和硅铝催化剂的吡啶吸附的红外谱图相类似，这表明从催化裂化反应机理来看，这两种类型的催化剂都是以正碳离子为中间过渡态而进行反应的，在裂化反应能力和方向上基本相当，活化能均在 30kcal/mol 左右，具有类似的酸强度，唯质子酸浓度有较大的差异，分子筛催化剂的质子酸数量比硅铝催化剂大 50~70 倍，因此，分子筛催化剂对烃类裂解的活性大约是无定形硅铝催化剂的 50~70 倍。

当分子筛的单价阳离子被多价阳离子取代后，显示出优越的正碳离子活性。多价阳离子对水极化产生质子酸的机理和许多实验结果是符合的。以 NaX 型分子筛为催化剂时，C_1、C_2和不饱和烃产率高，异构化产物低，和烃类的热裂化反应产物分布相类似，而以 CaX 型分子筛为催化剂时，C_3、C_4和异构化产物产率与无定形硅铝相类似，只是异构烷烃产率更高，而烯烃产率较低，这表明烃类在 CaX 型分子筛上的裂化反应类似于硅铝催化剂，只是在氢转移反应上存在着差异，均属于正碳离子反应。相反，在 NaX 型分子筛上的裂化反应和热分解类似，属于自由基反应。

阳离子半径越小，电荷越大，对水的极化能力越强，质子酸的酸性也越大。催化活性随阳离子半径减小而增加。二价金属的烷基化反应活性顺序依次为：MgY>CaY>SrY>BaY。对于三价稀土离子，即使在反应温度为 200℃，低于碱土金属离子 50℃，但三价稀土离子较碱土金属离子在分子筛中仍然具有更强的极化作用，这是因为三价稀土离子对水极化会产生更多的质子酸，如下式。

$$Re(OH)_2^+ + 2H^+ \rightleftharpoons Re(OH_2)_2^{3+}$$

在交换度相同时，氢型分子筛比多价阳离子型分子筛的催化活性高，这一事实从质子酸活性中心的观点来看，是完全可以理解的。

分子筛的酸性不但与其阳离子的性质和阳离子交换程度以及处理温度有关，而且与骨架硅铝比有关。骨架上的铝原子即是酸性中心，骨架铝的去除意味着酸性中心的丧失。但骨架铝的去除不单纯表明分子筛酸中心数目的减少，而且还影响分子筛中残余酸中心环境的重新分布，导致酸强度分布的改变。图 4-17 为 Y 型分子筛晶胞中铝原子数与微反活性之间的关系，即代表分子筛骨架硅铝比与酸性的关系。微反活性高表明分子筛酸性大，分子筛的酸性是其各种强度的酸性中心共同作用的结果。

从图 4-17 可以看出，初始分子筛的硅铝比为 5 左右，虽然具有最多的活性中心，但由于弱酸中心较多而造成转化率最低。随着晶胞中骨架铝原子数减少到 36 个左右(即 $SiO_2/Al_2O_3=7.6$)，Y 型分子筛酸性达到最大值。Barthomeuf 发现 Y 型分子筛晶胞中有 20 个酸性较弱的铝原子更易脱除。在弱酸中心脱除后，骨架上残余铝原子周围环境发生变化，酸性中心强度增加，因而表现在图 4-17 上转化率升至极值。这是因为当晶胞参数为 2.431nm 以下时，0-NNN 和 1-NNN 的中心占绝对多数，说明此晶胞大小范围内，强酸中心占主导地位。

0-NNN 中心是一个完完全全孤立的 Al 四配位原子，只具有零个二级近邻铝存在，1-NNN 中心是具有 1 个二级近邻铝存在。0-NNN 中心的酸强度强于 1-NNN 中心，而 1-NNN 中心的酸强度强于 2-NNN 中心，以此类推。

分子筛具有无机酸溶液所有的特点，分子筛就像 AlO_4溶解在 SiO_4中的固体溶液一样，AlO_4在固相中的浓度越大，相互屏蔽作用越强，致使每个 AlO_4不一定产生一个质子酸。基于无机酸溶液活度系数概念，在研究分子筛酸性时提出了有效酸度系数。有效酸度系数与 Al/(Al+Si)摩尔数之比相关联。Al/(Al+Si)摩尔数之比相当于溶液中的氢质子的摩尔分数，Si 等于稀释剂。Barthomeuf 等在研究八面分子筛中不同硅铝比的影响时，得到了有效酸度系数与 Al/(Al+Si)摩尔数之比成反比，如图 4-18 所示[5]。从图 4-18 可以看出，随着铝在八面分子筛中含量的降低，即硅铝比的增加，有效酸度系数增大。当铝在结构中的 Al/(Al+Si)摩尔数之比为 0.146 时，有效酸度系数为 1，这表明结构中每一个 AlO_4都能产生一个质子酸，此时铝中心的二级近邻都无铝原子，即为 0-NNN。

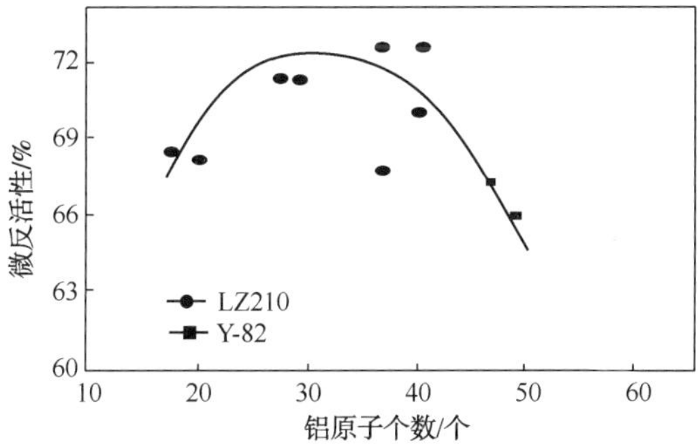

图 4-17　Y 型分子筛晶胞中铝原子数与微反转化率的关系

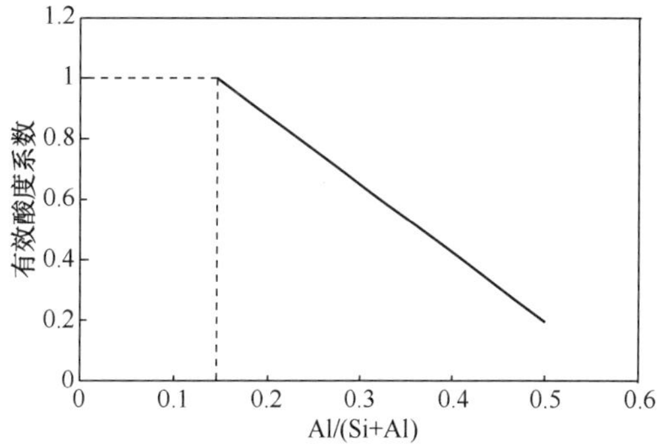

图 4-18　有效酸度系数与 Al/(Si+Al)之间的关系

4.3.4　酸性与活性的关系

提出固体酸的酸性部位实际上就是催化活性中心的概念后，围绕着酸性质(酸量、酸类型和酸强度)的表征以及酸性质与其催化性能关系的研究就一直在不断进行着。在分子筛催化剂上也观察到催化剂活性与酸性更为定量的关系。图 4-19 表示了异丙苯在 Y 型分子筛上裂化活性与质子酸中心浓度的关系。当 Ca^+与 Na^+交换到一定程度后，质子酸增加，异丙苯的裂化活性则随质子酸的增加而增加。Y 型分子筛中钠离子含量降到一定数值后，催化剂质子酸才会有一个突变，相应地催化剂活性迅速上升，此时转折点的交换度称为“阈值(threshold)”。反应温度变化对阈值有影响，但没有改变催化剂活性和交换之间关系曲线的形状。

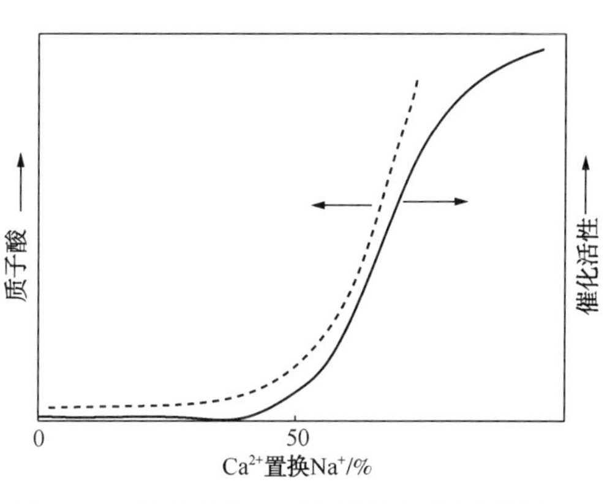

图 4-19　异丙苯在 Y 型分子筛上裂化活性与质子酸的关系反应活性与质子酸浓度的关系

大量纯烃裂化反应结果表明，Brönsted 酸在烷烃裂化的引发过程中生成正碳离子和保持裂化活性方面起直接作用，而 Lewis 酸在这方面并没有直接的作用。可能存在 Lewis 酸量的减少导致 Brönsted 酸酸强度的降低，从而影响了初始反应速率的变化。

催化裂化反应类型与催化剂酸强度的关系如图 4-20 所示，线的长短示意反应所需酸性的强弱。从图 4-20 可以看出，烯烃的骨架异构化反应需要较强的酸性，但比裂化反应所需的酸性要弱，氢转移则在更弱的酸中心上可以进行。因此，酸性中心强度的增加会增加裂化反应速率与氢转移反应速率的比值，因为酸性位强度越高，裂化反应发生几率越高，而氢转移反应发生几率越低；异构烷烃与异构烯烃之和的增加也是由于酸强度的增加，烯烃的异构化反应增加，这也暗示着较高的酸强度有利于烯烃的异构化。从试验评价结果与酸性测定结果可以推测，硅铝比影响分子筛氢转移反应性能和异构化反应性能的原因主要在于硅铝比的变化引起了分子筛表面酸量、酸密度和酸强度的变化。

随着 Y 型分子筛中的稀土含量增大，氢转移反应能力增强，而异构化反应能力先增强而后降低。这是因为稀土含量的变化引起了分子筛表面酸性的明显变化，随着稀土含量的增加，分子筛表面的酸量及酸密度也在增加。在制备高活性分子筛时，通常有目的地增加分子筛中稀土含量以及稀土 Y 型分子筛含量以提高催化剂活性，稀土对催化剂活性的影响如图 4-21所示。

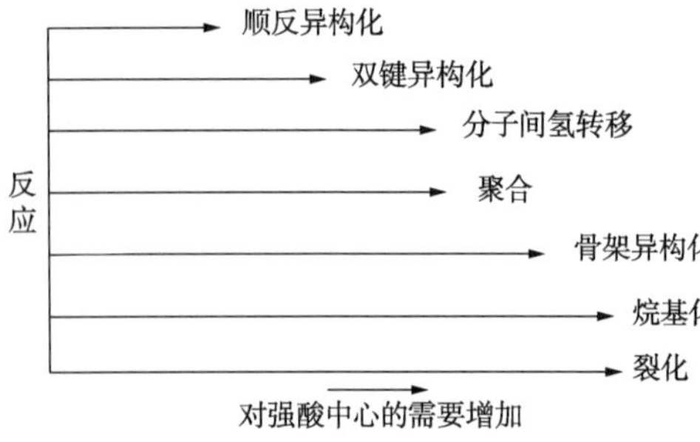

图 4-20 催化裂化反应类型与催化剂酸强度的关系示意图

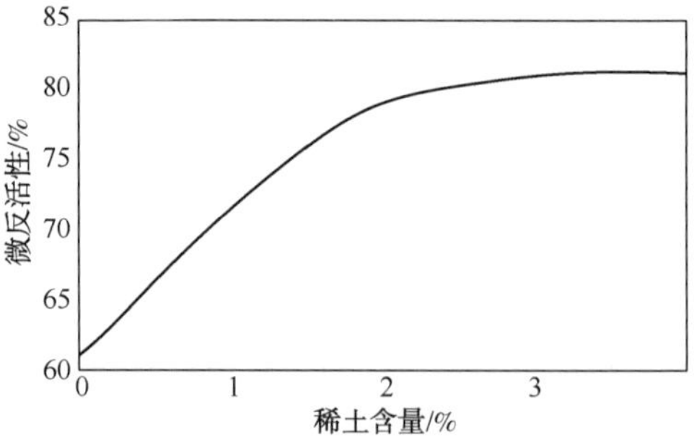

图 4-21 稀土含量对催化剂活性的影响

几种分子筛酸中心密度从大到小的顺序为：REY > REHY > REUSY > USY，酸中心强度顺序正好相反，其顺序为 REY < REHY < REUSY < USY。这几种分子筛在水热处理下，其差异更大，这是因为水蒸气的存在会减少酸性中心，且水蒸气减活主要减少了强酸性中心的数目，而中酸性中心及弱酸性中心仅有少量变化。因此，REY、REHY、USY 类催化剂焦炭选择性依次降低，是因为其 B 酸中心数目及密度的不同。REY 催化剂稀土交换量较多，酸中心密度偏高，氢转移能力较强，致使生焦较多；REHY 催化剂由于降低了稀土交换量，B 酸数目减少，因而氢转移反应有所缓和，生焦较少；USY 催化剂不但没有进行稀土交换，而且脱除了一部分铝，与铝氧四面体相连的酸性羟基随之减少，使 B 酸数目大大减少，氢转移反应最低，生焦最少。

针对不同具体情况的需求，选择适宜的催化剂活性组元一般要进行实验室评价和工业试用才能决定。一般总的原则是：

（1）随着原料油特性因数的减小或是掺渣油比例的增大，操作苛刻度要增加，剂油比要加大，相应地要选用 REHY 乃至 USY（或 REUSY）型催化剂。如原料油中重金属含量高，宜选用小的载体表面积或加捕集组分的 USY（或 REUSY）剂。

(2) 应从产品方案及产品质量考虑催化剂的选择。当产品方案从最大轻质油收率向最大辛烷值桶汽油以至最大辛烷值方向变化时，选择催化剂也要从 REY 向 REHY 以至 USY(或 REUSY)型的方向变化；而当要求提高产品的柴/汽比，或降低催化汽油烯烃含量时，需选择复合型改性分子筛催化剂。

(3) 要根据装置的制约条件来确定催化剂。如：当主风机满负荷时，应考虑使用焦炭选择性低的 REHY 乃至 USY(或 REUSY)；催化剂循环量即剂油比受制约时，宜选用 REHY 乃至 REY 或同类剂中高活性者，再生催化剂上碳含量高时也如此；汽提段效率低时宜选用大孔体积、低载体表面汽提效果好的催化剂。

总之，影响 FCC 装置催化剂选用的因素很多，有时这些因素还可能相互抵触而无法兼顾，只能针对 FCC 装置的主要矛盾，以及经济效益最大化来选用催化剂。从 20 世纪 50 年代至今，催化裂化装置采用不同类型的催化剂，其转化率与焦炭产率的变化如图 4-22 所示，而产品分布的变化趋势如图 4-23 所示(以 VGO 为原料)。从图 4-22 和图 4-23 可以看出，20 世纪 90 年代以前，汽油产率明显增加，焦炭和重组分产率下降；90 年代以后，在继续保持焦炭和重组分下降趋势的情况下，基于对低碳烯烃的需求增加，以及提高汽油辛烷值，液化气有明显增加，或者说催化裂化装置在总液收增加的同时，对液化气、汽油以及轻循环油有更大的调节空间。这些变化与催化剂性能不断改善密切相关。

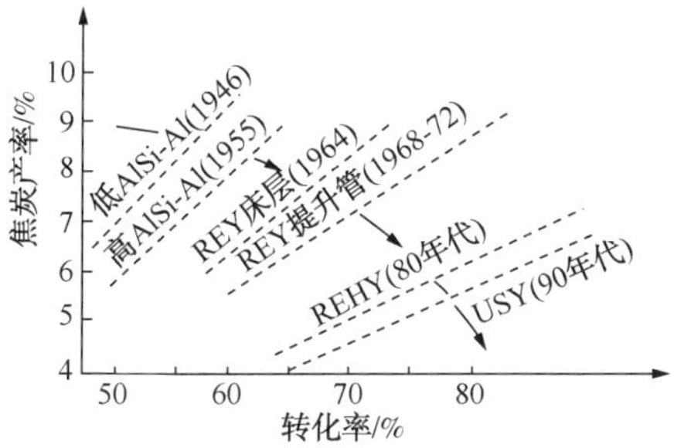

图 4-22　不同催化剂类型的焦炭产率

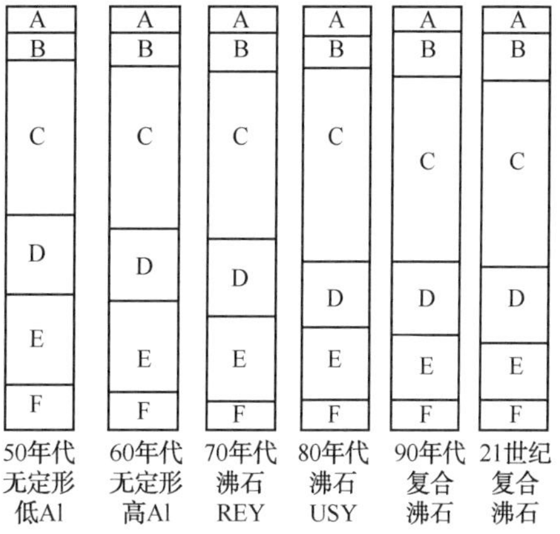

图 4-23　不同年代的催化剂对产率的影响

A—干气；B—液化气；C—汽油；

D—轻循环油；E—重循环油；F—焦炭

4.4　裂化催化剂化学组成和物理性质

一般地说，各种催化剂的性质都包括化学组成、物理性质和催化性能三部分。裂化催化剂也是如此。

4.4.1　化学组成

新鲜催化剂的化学组成表示催化剂中的主要成分以及杂质的含量，通常包括：灼减、Al_2O_3、Na_2O、SO_4^{2-}、Fe_2O_3等项目，有时还包括稀土(RE_2O_3)，稀土是 14 种镧系金属元素的通称，这些元素具有类似的化学性质。

灼减量(LOI/%)是新鲜催化剂样品在 800℃下焙烧 1h 后测定其质量减少的百分数，表示催化剂经高温灼烧后跑损的水分以及挥发性盐分的量。测定方法：准确称量 1~3g 试样，在 800℃下焙烧 1h。由灼烧前后的质量，计算灼烧减量。

Al_2O_3是裂化催化剂中的主要成分，来自分子筛中的 Al_2O_3以及黏结剂、高岭土载体中的 Al_2O_3。通常 Al_2O_3含量高的催化剂稳定性较好。Al_2O_3含量多表示载体部分的黏结剂可能采用铝基黏结剂。黏结剂不同，对催化性能会有影响。

Na_2O 是催化剂中的最有害的杂质，主要来源于分子筛残留。由于 Na_2O 中毒催化剂活性中心，且迁移性强，造成催化剂结构崩塌，从而降低分子筛的稳定性。因此，在催化剂生产中应降低新鲜催化剂的 Na_2O 含量。

新鲜催化剂中的 Fe_2O_3是来自原材料和生产过程中设备的腐蚀。Fe_2O_3也是催化剂中含有的杂质。

新鲜催化剂中的 SO_4^{2-}，来自于催化剂制备用的原料，如分子筛、高岭土及硅基黏结剂等。

新鲜催化剂中的 RE_2O_3，来自催化剂中的分子筛及采用 RE_2O_3作为助组分的催化剂。RE_2O_3含量在较大的范围内变化，这是因为稀土可以提高催化剂活性以及水热稳定性。

新鲜催化剂 Cl^-含量，主要来自催化剂制备过程及原料。

目前，Al_2O_3、Na_2O、Fe_2O_3、SO_4^{2-}、RE_2O_3和 Cl^-含量测定均采用 X 射线荧光法或等离子光谱法(ICP)。

平衡催化剂的化学组成除新鲜催化剂主要成分以及杂质外，在运转过程中，还沉积原料中的 Ni、Cu、V、Fe、Sb、Ca 和 C、S 含量。Ni、Cu、V、Fe、Sb、Ca 含量也采用 X 射线荧光法或等离子光谱法(ICP)来测定。C 和 S 可采用燃烧法来测定。测定方法是将样品在富氧高温炉中燃烧，生成 CO_2、SO_2气体，气体经过滤干燥器后进入相应的吸收池，对相应的红外辐射进行吸收，可读出碳、硫的百分比含量，该方法具有准确、快速、灵敏度高和高低碳、硫含量均可以适用等特点。

4.4.2 物理性质

物理性质表示催化剂的外形、结构、密度、粒度等性能，通常包括：磨损指数、粒度分布、表观松密度、比表面积、孔体积和孔结构等项目。

(1) 磨损指数(AI)

在催化裂化运转过程中，由于催化剂之间以及催化剂与器壁之间的激烈碰撞，导致催化剂粉碎而使细粉含量增多。因此，要求催化剂具有一定的机械强度，以免产生太多的细粉而使损耗量增大。衡量催化剂的机械强度指标称为催化剂磨损指数(AI)。平衡催化剂的抗磨性能，不论质地较软或较硬的催化剂，其磨损指数都很相近。在催化剂新鲜状态下，质地较硬的催化剂在使用的初期前几小时内，其抗收缩应力性能优于质地较软的催化剂。当达到平衡时，两者的物理性能相同，所以磨损指数也就相似。

磨损指数测定方法是将一定量的微球催化剂放在特定的仪器中，用高速气流冲击 4h 后，计算平均每小时所生成的小于 15μm 的细粉质量占催化剂(细粉+磨余物)总质量的百分比即为磨损指数。

早期无定形硅酸铝催化剂和分子筛催化剂的磨损指数为 2%/h~5%/h，目前新鲜催化剂的磨损指数一般小于 3.0%/h 为合格，有的要求小于 1.5%/h。

(2) 粒度分布(PSD)

在流化床催化裂化装置中，为了保证良好的流化状态，要求催化剂的颗粒有一定的大小，一般适合于流化床催化裂化装置的催化剂颗粒的直径在 20~80μm 之间，但在制造微球催化剂时不可能得到全部一样大小的颗粒，因此只是要求催化剂具有一定的筛分组成，即要求其中大于 80μm(称为粗粒)和小于 20μm(称为细粉)的成分不要过多。粗粒与细粉含量的比值称为“粗度系数”，粗度系数大时，流化质量差。对于小于 20μm 的细粉，只是要求不要过多，因为含有少量的细粉有利于改善催化剂的流化质量。要求一定筛分组成的另一个目的是降低催化剂的损耗。因此，粒度分布(PSD)是催化剂的流化特性、旋风分离器的性能及催化剂的耐磨性的重要指标。典型的 PSD 并不是正态分布，平均粒度(APS)实际上不是催化剂微粒的平均尺寸，而是中位值，如图 4-24 所示。

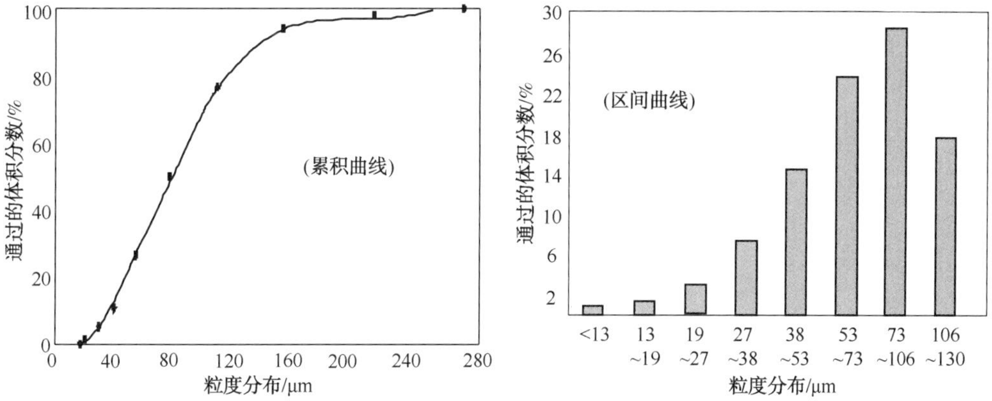

图 4-24　典型 FCC 催化剂的粒度分布

对于新鲜催化剂，当小于 40μm 细粉含量在 15%~20%时，就可以保证催化剂处于良好的流化性能。在催化裂化装置运转过程中，不断补充加入新鲜催化剂，平衡催化剂与新鲜催化剂的粒度分布关系密切。通常，平衡催化剂的粒度分布范围较新鲜催化剂要窄些，主要集中在 30~130μm 的范围。平衡催化剂的细粉含量下降，表明旋风分离器分离效果下降；平衡催化剂的细粉含量增加，表明催化剂的磨损增加。

从目前保持良好的循环流化质量的角度来看，不同装置对催化剂粒度的要求不尽相同，有的装置小于 40μm 部分只需 3%~5%，而有的则需 10%~15%才能维持良好的循环。从催化裂化反应的角度来看，40~80mm 颗粒含量最好大于 70%。

(3) 表观松密度

由于裂化催化剂是微球状的多孔物质，因此其密度表示方法为表观松密度、堆积密度、颗粒密度、骨架密度，第 3 章已论述。通常，催化剂的密度用表观松密度(ABD，g/mL)。表观松密度取决于催化剂的原材料和制备工艺。ABD 通常不变，除非催化剂的类型发生变化。在很高的再生温度下，催化剂的基质被烧结，会使催化剂的比表面积下降同时使得 ABD 增加。

ABD 测定方法是将在内径为 20mm 的 25mL 量筒，并恰好在 25mL 刻度处割断磨平，测量时将量筒放在漏斗下，把样品倒在漏斗上，使样品在30s内连续装一筒并溢出，用刮刀将多余的催化剂刮平，擦净量筒外催化剂并称重，由此计算出催化剂的表观松密度。

（4）比表面积、孔体积和密度

催化剂所提供的表面积的大小通常以“比表面积”这一指标来表示，比表面积是单位质量催化剂的外表面及微孔内表面面积的总和，以 m^2/g 为单位。催化剂的比表面积通常是用 N_2 吸附法测定的。分子筛催化剂的比表面积包含分子筛的比表面积和载体的比表面积，Y型分子筛比表面积为600~650m^2/g，老化处理后，其比表面积会降低到100m^2/g左右。而载体的比表面积较低，高比表面积的载体比表面积为200~300m^2/g，低比表面积的载体比表面积仅40~60m^2/g。比表面积与活性有一定的关系。只有同一催化剂生产供应商的同类催化剂，比表面积才与活性有很好的对应关系，不同的催化剂生产供应商的产品，因载体不同，比表面积与活性就没有直接的对应关系。

催化剂的孔体积(PV)是指单位质量微球催化剂中内孔的体积，以mL/g为单位。孔体积表示催化剂的孔隙结构，包括载体和分子筛两部分的孔体积。对于相同类型的催化剂，分子筛含量越高，孔体积越大。堆积密度主要受载体的影响，载体的孔体积越大，则催化剂的密度越小。Y型分子筛具有空旷的骨架结构，骨架内孔体积为总体积的50%左右，孔体积约在0.25~0.35mL/g之间。不同类型的分子筛催化剂孔体积分布也不同，见图4-25。

在使用过程中，由于高温和水蒸气的作用，催化剂的微孔结构会发生改变。新鲜催化剂的孔径为5.0~8.0nm，比表面积可达500m^2/g，水热处理后，催化剂的孔径增加到10.0nm以上，比表面积可降低到100m^2/g以下。这种由于结构上的变化引起活性降低的现象称为“老化”。在使用过程中，催化剂结构及活性变化较小的催化剂称为高稳定性的催化剂；反之，就是低稳定性的催化剂。对于新鲜催化剂，在使用初始阶段，催化剂活性和结构将发生急剧的变化一般是不可避免的，见图4-26所示。从图4-26可以看出，新鲜催化剂的孔径分布较宽，几率孔直径为18nm左右，随着老化时间的增加，催化剂的孔径分布越来越窄，几率孔直径变大，其直径为20nm左右。

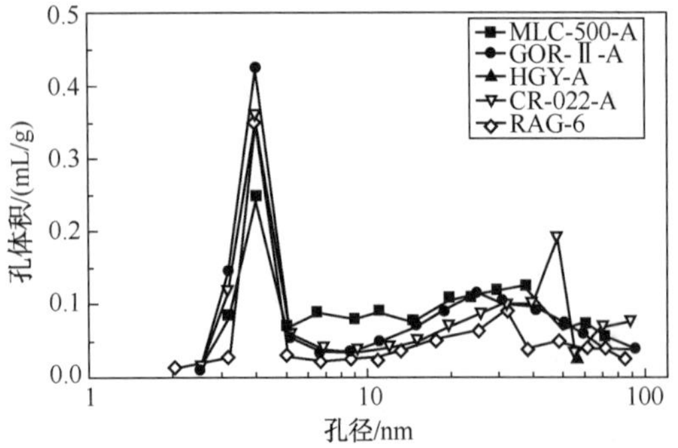

图4-25 不同类型的分子筛催化剂孔体积分布

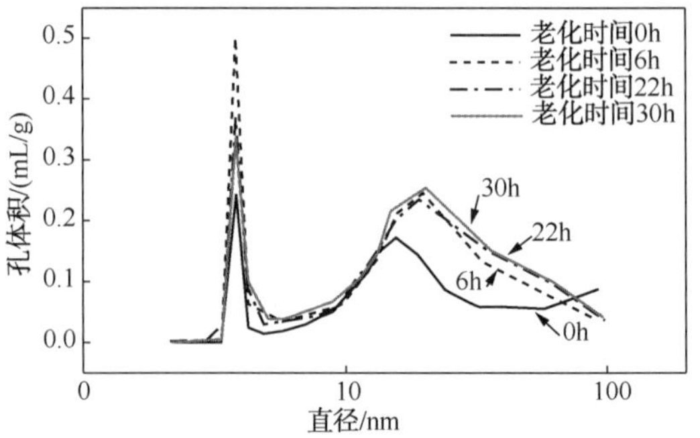

图4-26 新鲜催化剂和不同老化时间的老化催化剂的孔径分布变化

平均孔径(APD)是催化剂的等效圆柱孔的统计平均直径，由催化剂的孔体积与比表面积可求出平均孔直径，其计算公式为：

$$APD = \frac{4 \times 孔体积 \times 1000}{比表面积} \tag{4-1}$$

平均孔直径不足以充分反映催化剂的孔结构特征，而催化剂的孔结构与催化裂化反应最为密切，这是因为催化剂的孔径大小影响着烃类分子的扩散与吸附，烃类分子的扩散与吸附在后面的章节将详细讨论。

分子筛催化剂按孔径大小可以分为三类：孔径小于2nm的称为微孔(micropore)，孔径在2~50nm之间的称为介孔(mesopore)，孔径大于50nm的称为大孔(macropore)。催化剂的微孔一般是由分子筛提供的，微孔表面上存在着大量的活性位，是发生裂化反应的主要场所，但微孔孔径较小，较大的分子烃类受到构型扩散限制，难以直接进入微孔内。催化剂的大孔一般是由分子筛颗粒、高岭土颗粒以及分子筛颗粒和高岭土颗粒之间相互堆积而成，这部分大孔可以使大分子反应物进入催化剂颗粒内部，但由于孔径大，表面积小，对催化剂活性贡献不大，并且这部分大孔数量过多会影响催化剂微球强度和密度。相对于微孔和大孔，分子筛催化剂的介孔对大分子反应物的催化裂化反应影响很显著。碳数小于30的烃类分子动力学直径一般低于2nm，而碳数大于30的蜡油、常压渣油、减压渣油、胶质和沥青质烃类分子动力学直径一般高于2nm。因此，在裂化大分子的过程中，催化剂的可接近性起了重要的作用。Akzo Nobel提出活性中心的可接近性(AAI，即Akzo Accessibility Index)的概念以评估渣油催化裂化催化剂的裂化性能，如图4-27所示。从图4-27可以看出，当烃类分子的尺寸增加的时候，在Y型分子筛上，其裂化速率逐渐变小，而对无定形大孔催化剂则是继续增加。影响可接近性指数AAI的关键因素是催化剂的组装、结构和组分，尤其是催化剂孔结构对活性中心可接近性影响显著，活性中心可接近性模型见图4-28。

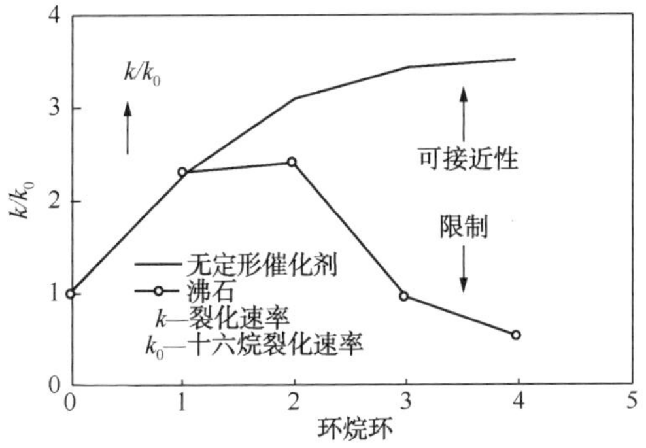

图4-27　扩散限制造成大分子相对裂化速率的极限

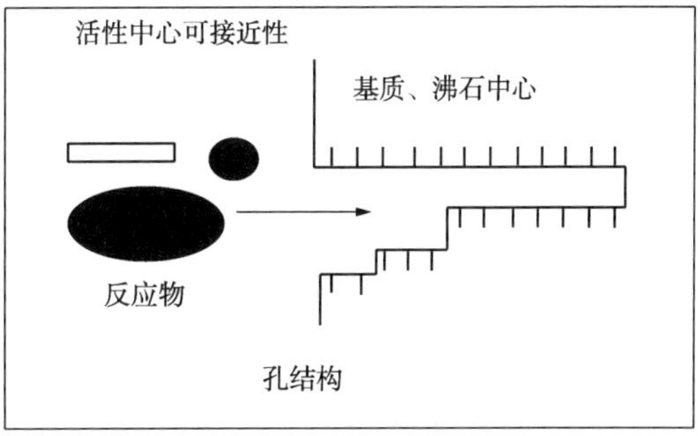

图4-28　活性中心可接近性模型

4.4.3　催化剂的水热稳定性

稳定性是在模拟催化裂化的操作条件下反映催化剂失活程度的一项指标。催化裂化催化剂不仅需要具备良好的抗高温的稳定性，而且还需要具备在高温下抗水蒸气减活的能力，即具有较好的水热稳定性。鉴于反应器和再生器内水蒸气浓度在5%~20%，因而水热稳定性是催化剂在工业应用时赖以保持足够的运转活性的一个极为重要的性质。

分子筛的硅铝比不但影响其耐酸性，与热稳定性关系也很大。图4-29为不同硅铝比的八面分子筛的差热曲线。SiO_2/Al_2O_3(摩尔比)3.0以下为X型分子筛，3.0以上为Y型分子筛。从图4-29可见，SiO_2/Al_2O_3(摩尔比)越高，差热的放热峰温越高。放热峰出现的温度就是分子筛晶相破坏的温度。

将干燥的 RENaY 分子筛装入反应器，并通过气相超稳方法制备一系列不同稀土含量的稀土高硅 Y 分子筛，稀土含量范围控制在 8%～13%，按照稀土含量由低到高，分子筛样品分别命名为 HRY-73、HRY-96、HRY-128 分子筛。对 HRY 系列分子筛进行优化改性并控制处理条件，提高其稀土含量，分别得到 RHRY-73、RHRY-96、RHRY-128 分子筛。用 DTA 考察了 HRY-73、HRY-96、HRY-128 改性前后样品的热稳定性，结果如图 4-30(a)、图 4-30(b)所示。改性前，HRY-73、HRY-96、HRY-128 样品分子筛的差热崩塌温度分别为 1013℃、1001℃和 988℃，经稀土离子优化改性后，差热崩塌温度分别提升到 1020℃、1008℃和 995℃，均提高 7℃。说明经稀土离子优化提升稀土金属含量，能够显著提高分子筛的热稳定性。

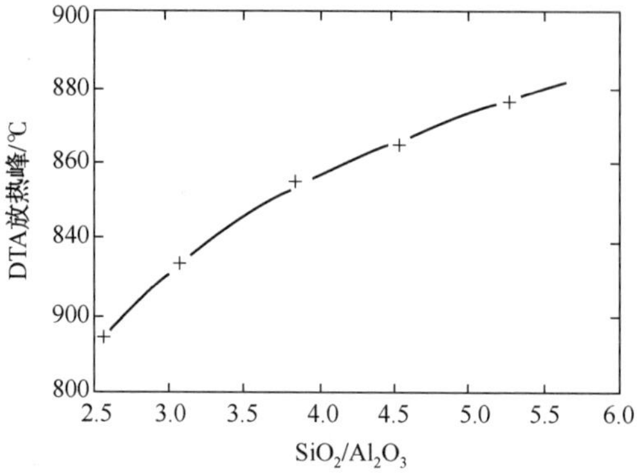

图 4-29 Na 型 X，Y 分子筛 SiO_2/Al_2O_3 比与热稳定性的关系

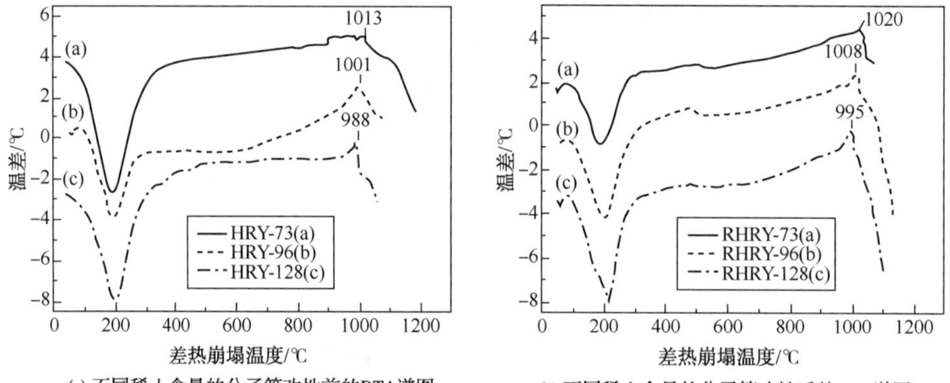

(a) 不同稀土含量的分子筛改性前的DTA谱图

(b) 不同稀土含量的分子筛改性后的DTA谱图

图 4-30 不同稀土含量的分子筛改性前后的 DTA 谱图

将 NaY 分子筛、氯化稀土溶液与脱阳离子水按照一定比例混合打浆，交换 30～60min；过滤、烘干得到 RENaY 分子筛，经 DTA 分析，其水热崩塌温度为 971℃。采取气相超稳方法制备，得到一定稀土含量的样品名称为 ZSY-5 活性组元的分子筛样品，并经稀土优化改性方法得到 RZY-5 活性组元分子筛样品，上述活性组元经喷雾干燥得到分子筛催化剂，并进行 DTA 分析，ZSY-5 和 RZY-5 水热崩塌温度分别为 1015℃和 1025℃，说明活性组元经优化改性后，水热稳定性显著提高，见图 4-31。

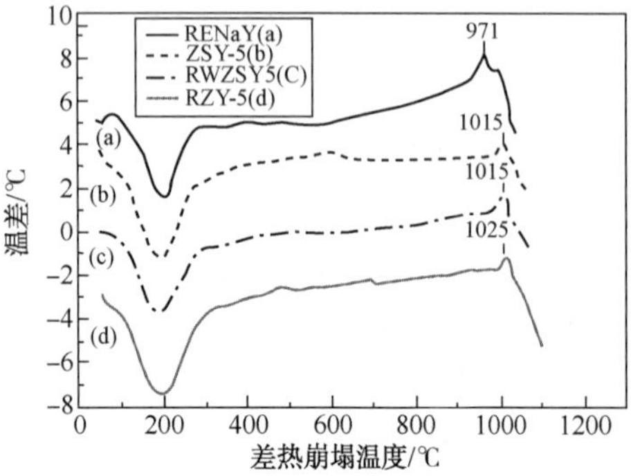

图 4-31 ZSY-5 分子筛改性前后的 DTA 谱图

热失活和水热失活对分子筛催化剂的物性影响是有所差异，水热失活首先对分子筛晶体产生破坏作用，表面积下降程度约为微活指数的两倍，而孔体积和堆积密度基本不变。随着温度增加，孔直径逐渐加大，当温度达到 1000℃以上时，不只分子筛

晶体进一步损坏，而且载体也发生收缩，孔体积和表面积都减少，堆积密度加大，显示出热减活的作用。

NaY 与 REY 的晶体崩塌温度分别为 850~860℃及 870~880℃，而 USY 的晶体崩塌的放热峰出现在 1000℃以上，这是因为超稳化后由于脱掉了一些 Al，使原来 Si-O-Al 中的 Al 被 Si 所替代，成为 Si-O-Si。O-Al 的键能为 511kJ/mol，而 O-Si 则为 800kJ/mol，因此 Si 代 Al 后热稳定性增强。USY 和 REY 两种分子筛化学和物理性质数据列于表 4-5。USY 和 REY 两种分子筛经水蒸气老化处理后，其比表面积和相对结晶度的变化数据列于表 4-6。表 4-5 和 4-6 所列的相对结晶度（C/C_0）是由 XRD 所测定的。

表 4-5　USY 和 REY 两种分子筛化学和物理性质

种　类	组成/%				538℃/6h 焙烧		单位晶胞常数/nm
	SiO_2	Al_2O_3	Na_2O	RE_2O_3	$SA/(m^2/g)$	C/C_0/%	
USY	75.4	23.5	0.12	0	612	234	2.451
REY	54.2	20.7	1.3	23.3	520	73	2.467

表 4-6　REY 与 USY 分子筛比表面积和相对结晶度变化（水蒸气老化）

水蒸气处理		REY		USY	
温度/℃	时间/h	$SA/(m^2/g)$	C/C_0/%	$SA/(m^2/g)$	C/C_0/%
538℃焙烧/6h		520(100)①	73(100)	612(100)	234(100)
649	4	531(102)	117(160)	579(95)	308(132)
649	16	531(102)	108(148)	629(103)	268(115)
649	64	517(99)	124(170)	575(94)	265(113)
760	4	494(95)	129(177)	571(93)	235(100)
760	16	421(81)	107(147)	520(85)	256(109)
760	64	225(43)	49(67)	486(79)	275(118)
816	4	102(20)	31(42)	498(81)	295(126)
816	16	20(4)	<5 (<7)	496(81)	286(122)
816	64	—	<5 (<7)	445(73)	263(112)

① 括弧内数值为相对保留度，538℃/6h 焙烧样定为新鲜催化剂样品，相对保留度为 100。

从表 4-5 和表 4-6 可以看出，在较缓和水热条件（低于 650℃）下处理，对 REY 与 USY 的比表面影响较小，只是 USY 的相对结晶度随着处理时间延长略有下降，因此 REY 的活性高于 USY；在苛刻条件（760℃左右）下处理，REY 与 USY 的比表面积均有所下降，只是 USY 下降幅度较小，REY 的相对结晶度随之下降；但是 USY 的相对结晶度却随之增加，USY 的相对保留度也随之增加，因此 USY 的活性高于 REY。USY 和 REY 催化剂在不同的水热条件下进行处理，处理后再评定其相对活性，结果列于表 4-7。表中所用 USY 催化剂为实验室制备，含 25%的 USY 和 75%的 SiO_2/Al_2O_3 载体，REY 催化剂为工业催化剂。

表 4-7　USY 和 REY 催化剂不同苛刻度处理的相对活性

水蒸气处理		相对活性（REY/USY）
温度/℃	时间/h	
704	64	1.65
732	4	1.05

续表

水蒸气处理		相对活性(REY/USY)
温度/℃	时间/h	
732	30	1.31
760	1	1.00
760	4	0.99
760	16	0.90
760	30	0.74
760	64	0.66
816	1	0.75

注：根据微反试验转化率数据，假设反应是假二级反应，计算其速率常数之比。

从表4-7可以看出，在缓和水热条件下处理，REY催化剂的活性高于USY催化剂，但在苛刻条件下处理，结果相反，USY催化剂的活性高于REY催化剂。这说明USY分子筛在水热处理下，结构稳定性好，其活性保留度高。USY分子筛这一性能的改善，其工业意义是不言而喻的。

4.5　裂化催化剂的吸附和扩散

在裂化催化剂所有的物理性质中，催化剂的孔结构是影响催化裂化反应最重要的因素之一，这是由催化剂中的分子筛规整的微孔晶体结构所赋予的。分子筛晶体中均匀排列的孔道和尺寸固定的孔径，决定了能进入分子筛内部的烃类分子大小。因此，分子筛催化剂具有择形选择性作用，反应物的吸附与产物的扩散与催化剂的孔结构密切相关。

4.5.1　催化剂的吸附性能

催化剂不同孔径所吸附的烃类分子尺寸不同，通常小孔分子筛只能吸附直链分子，如正构烷烃、正构烯烃；而中孔分子筛不仅能吸附直链分子，还能吸附部分支链分子、芳烃和环烷烃；大孔分子筛则能吸附大的支链分子和部分稠环烃。温度对烃类在催化剂表面上的吸附影响与烃类分子性质有关。由于烃类分子的结构和性质不同，有些分子在表面上的吸附性能不受温度的影响，而有些分子的吸附行为受吸附温度的影响很大，还有的分子在升温的吸附过程中发生表面反应。

分子筛催化剂对烃类分子的吸附强弱与催化剂的酸度即酸中心类型、酸中心密度及酸性分布等有关，而离子交换改变了分子筛的酸性质，例如，REY型分子筛对烃类的吸附能力明显高于HY型分子筛；深度脱铝的USY分子筛对烯烃吸附能力低于对烷烃的吸附能力。因此，离子交换可改变分子筛对烃类分子的吸附性能。各种烃类在催化剂上的吸附能力强弱顺序大致为：

稠环芳烃>稠环环烷烃>烯烃>单烷基侧链的单环芳烃>环烷烃>烷烃

在同一族烃类中，大分子的吸附能力更强，如正构烷烃的吸附热与碳链长度有关，每增加一个CH_2基，吸附热增加约为10kJ/mol。而各种烃类在催化剂上的反应速率大小顺序大致为：

烯烃>大分子烷基侧链的单环芳烃>烷烃及环烷烃>小分子烷基侧链的单环芳烃>稠环芳烃

烃类的反应速度大小与其吸附能力强弱顺序却相反，而催化裂化反应过程包括烃类的吸附、反应和脱附过程。由于催化剂自身晶体结构空间约束以及不同类型的烃类分子在催化剂上吸附、反应能力存在着明显的差异，因此，不同烃类的竞争吸附在催化裂化反应过程中始终存在着，并对催化裂化反应过程产生巨大的影响。当原料中吸附能力较强而反应速率较慢的分子较多时，这些分子占有催化剂的活性位，甚至发生缩合反应生成焦炭，从而影响着反应速率较大而吸附能力较弱的分子与催化剂的接触几率，降低这些分子的裂化反应的几率。

4.5.2 催化剂的扩散性能

Weisz将气相分子在多孔固体介质中的扩散归纳为常规扩散(Regular Regime)、努森扩散(Knudsen Regime)及构型扩散(Configurational Regime)。三种扩散方式可由图4-32来表示。常规扩散是指孔尺寸(≥100nm)大于分子平均自由行程时在大孔中的扩散，此时扩散系数是与分子平均速度和分子平均自由路程成正比，与固体介质孔径尺寸无关。努森扩散是指当吸附质气体浓度很低或者催化剂的孔径很小时，气体分子与催化剂孔壁碰撞的几率远大于分子间相互碰撞几率，因而扩散阻力来自气体分子与催化剂孔壁碰撞，此时扩散系数与分子平均速度和固体介质孔径尺寸成正比，例如烃类分子在硅铝催化剂中的扩散。分子筛由于其结晶构造具有严格的、有规则的和精确的孔结构，并且催化剂的孔径尺寸接近于烃类分子大小，也就是说，催化剂的孔径与烃类分子的直径处于同一数量级，在同一个孔径的孔中，不同大小的分子或大小相近但空间构型不同的分子，扩散系数差别就会非常大。这种扩散系数与被吸附分子的大小和构型有关的扩散称为构型扩散。图4-33表示FAU、MFI分子筛孔径与烃类分子动力学直径比较，苯及双支链烃几乎具有相同的尺寸，约为0.59nm，从尺寸上看两者均不能扩散到MFI分子筛的孔道内。实际上，苯可以扩散到MFI分子筛的孔道中且比双支链容易，这表明前者的扩散系数大于后者，这就是空间构型扩散所造成的。

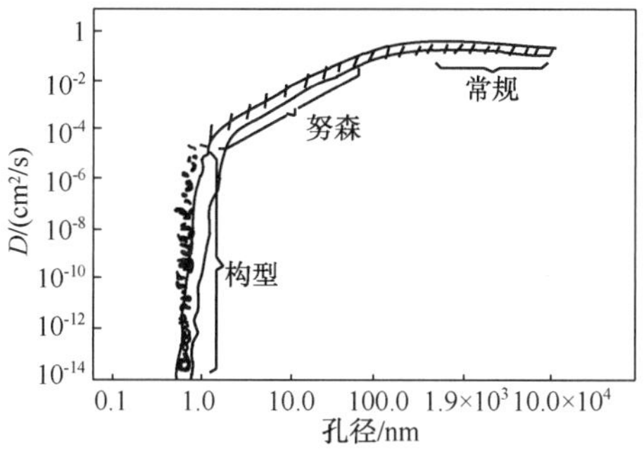

图4-32 孔尺寸与扩散系数的关系

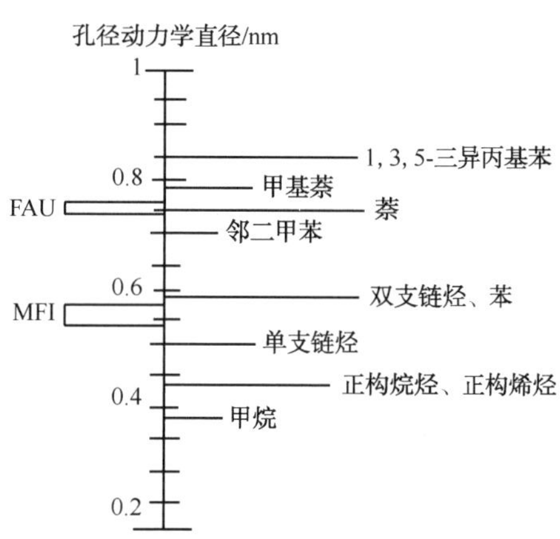

图4-33 分子筛孔径与烃类分子动力学直径比较

在同一种分子筛里，不同化合物的扩散系数差别较大。一般来说，烃类化合物的碳原子数和支链程度增加，扩散系数减少；芳烃类化合物取代基数目和体积增大，扩散系数减少，而且取代基处于对位的芳烃类化合物的扩散系数比邻位和间位的要大。在Y型分子筛上测得有效扩散系数与动力学直径大小有很好的关联。动力学直径是分子能自由通过的最小孔的直径。表4-8列出了部分烃类分子动力学直径。

表4-8 部分烃类分子动力学直径

烃类	动力学直径/nm	烃类	动力学直径/nm
n-C_5^0	0.43	1,3,5-三甲基苯	0.84
n-C_6^0	0.43	1,3,5-三乙基苯	0.92
n-C_7^0	0.43	萘	0.74
n-C_9^0	0.59	1-甲基萘	0.79
n-C_{10}^0	0.60	1-乙基萘	0.79
环己烷	0.69	2-乙基萘	0.74
苯	0.675	轻汽油(C_6)	0.4~0.5
甲苯	0.675	重汽油(C_{12})	0.8~1.0
苯酚	0.675	轻柴油(C_{10}~C_{25})	<2.0
1，4-二甲基苯	0.675	VGO(C_{15}~C_{30})	<2.5
1,3-二甲基苯	0.74	常压渣油(>C_{35})	>2.5
异丙基苯	0.675	减压渣油(>C_{40})	2.5~15.0
1,3-二乙基苯	0.74	胶质(>C_{40})	>5.0
1,3-二异丙基苯	0.74	沥青质(>C_{50})	>5.0~10.0

从表4-8可以看出，碳数小于10的直链烷烃可以自由出入分子筛孔道；环己烷分子可以自由出入Y型分子筛孔道，但在MFI结构分子筛孔道内将受到一定的扩散阻力的限制。

对于馏分油和重油分子，其动力学直径均超过2nm，按照下列构型扩散限制模型可以计算出孔直径应是烃类分子动力学直径大小10~20倍，方可避免构型扩散限制的影响。

$$D_e = D_b \cdot (1 - d_{分子}/d_{孔})^4 \tag{4-2}$$

式中 D_e——有效扩散系数，cm^2/s；

D_b——本征扩散系数，cm^2/s；

$d_{分子}$——原料分子直径，nm；

$d_{孔}$——催化剂孔内直径，nm。

当原料分子到达或产物分子离开催化剂的速率小于原料分子的反应速率时，扩散就会对催化反应速率和产物选择性产生影响。Weisz和Frilette于1960年提出的择形选择催化这一概念，用来描述分子筛催化剂对反应物和产物分子独特的择形选择性。择形选择性是指烃类分子的大小和形状与分子筛孔道相匹配的分子才能通过扩散进入晶体内部参加反应，或者由晶体内部扩散出来成为产物分子。择形选择催化反应按其机理可分为三大类：反应物择形，产物择形和过渡态择形反应。也就是说，这三类反应的选择性分别是由反应物、产物和过渡态分子的扩散状况引起的。

催化裂化所加工的原料含有许多不同的分子，并且这些分子结构的差异较大，尤其在催化裂化反应过程初期，此时择形选择性是以反应物分子的扩散控制为主。不同大小的环状反应物在 REHX 及硅铝催化剂上的裂化结果就证明这一点。不同大小的环状反应物在 REHX 及硅铝催化剂上的裂化结果列于表 4-9。从表 4-9 可以看出，在硅铝催化剂上，反应速率随反应物分子的增大而增加；而在 REHX 分子筛催化剂上，反应速率先随反应物分子的增大而增加，当反应物分子增加到三环及四环时，反应速率随分子结构尺寸的增大而减小。由此表明了反应物在分子筛内部结构受到了扩散限制。一种分子由于太大而不能进入分子筛的孔道时，反应物选择性发生。在反应所能生成的各种产物中，只有那些具有特定形状和大小的分子才能作为产物穿过孔道，产物选择性发生。

表 4-9　不同大小反应物在 REHX 及硅铝催化剂上的裂化速率

	硅 铝		REHX		$k_{REHX}/k_{硅铝}$
	速率常数	催化剂积炭/%	速率常数	催化剂积炭/%	
$n-C_{16}H_{34}$	60	0.1	1000	1.4	17
1,3,5-三乙基苯	140	0.4	2370	2.0	17
1,2,6-三甲基十氢萘	190	0.2	2420	0.7	13
全氢菲	205	0.2	953	1.0	4.7
全氢芘	210	0.4	513	1.6	2.4

烷烃、烯烃在各种分子筛上裂化的择形选择性报道较多，烃类在三类分子筛上的反应途径如图 4-34 所示。从反应途径可看到在小孔分子筛上主要是烷烃生成烯烃及烯烃齐聚反应；苯及甲苯能进入中孔分子筛，可以有环化及芳构化反应；缩合生焦反应则主要在大孔中才能进行，故焦炭沉积主要在大孔分子筛中。

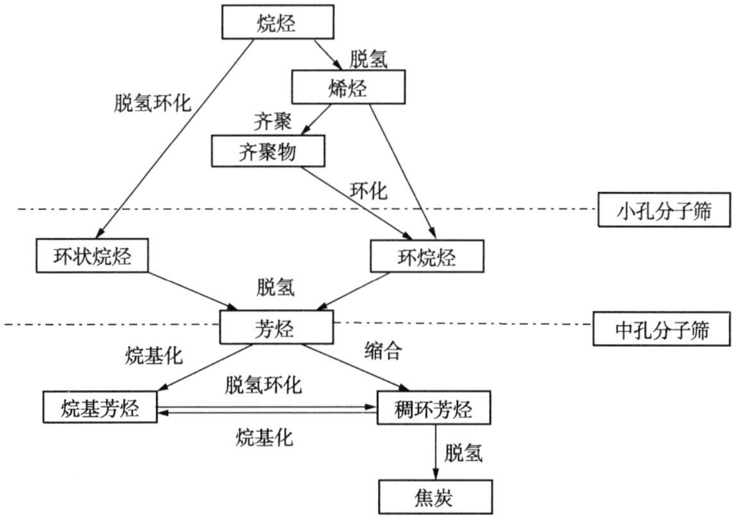

图 4-34　不同孔径分子筛的反应途径

4.5.3　催化剂反应性能

催化裂化催化剂的反应性能是用催化剂的活性和稳定性(即老化后的活性)来表示。衡量催化剂的活性通常是以对重油的转化能力即以转化率来表示。催化剂的活性越高，重油的转化率就越大；反之，催化剂的活性越低，重油的转化率就越小。转化率既包括高价值的汽油和液化气，也包括低价值的干气和焦炭。既然转化率包括高价值和低价值的产品，那就存在着选择性的问题。这就是说，在各种产物中，高价值产品比例高就表示选择性好；反之，高价值产品比例低就表示选择性差。在催化裂化技术的发展过程中，改善催化剂的反应选择性一直是技术发展的主攻方向。烃类分子在催化剂上进行的催化裂化反应，与任何其他气固多相反应相同，是由以下七个步骤组成的：

（1）反应物的外扩散：烃类进料反应物从油气主体扩散到分子筛催化剂的外表面；

（2）反应物的内扩散：反应物进一步向通向分子筛催化剂活性位的微孔内扩散进去；

（3）反应物的吸附过程：反应物在分子筛催化剂表面的活性位上被吸附；

（4）表面催化反应过程：吸附的反应物进行本征反应被转化成生成物；

（5）生成物的脱附过程：反应物从分子筛催化剂活性表面上脱附下来；

（6）生成物的内扩散过程：脱附下来的生成物从微孔内的活性位上向外扩散到催化剂外表面处；

（7）生成物的外扩散过程：生成物分子从催化剂外表面扩散到主流油气中被带走。

上述七个步骤的更直观描述见图4-35。

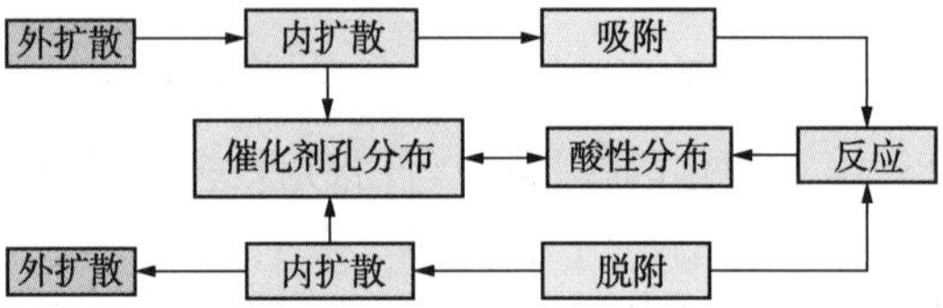

图4-35　烃类在催化剂上反应途径示意图

石油烃类在分子筛催化剂上进行每个催化裂化反应单元都是一个由活性中心、载体、反应物、反应介质和产物组成的微反应器。反应物能否畅通无阻地穿行于催化剂孔道间到达活性中心上被活化而反应后产物分子能否自由扩散出催化剂，与反应物分子和产物分子的大小有关，也与由活性中心和载体构成的催化剂提供的扩散空间，即催化剂孔结构、孔径大小及孔径的分布等有关。反应物以何种吸附位置、吸附方式以及吸附强度适宜地吸附在催化剂表面的活性中心上，既与反应物的结构和极性等化学吸附能力的影响因素有关，又与催化剂表面的孔口结构、酸强度等催化剂表面特征有关。催化裂化的基元反应是由单分子反应和双分子反应同时并存的链反应，因此使得催化裂化产物干气、液化气、汽油和焦炭间表现为复杂的平行-串联反应。能否使得反应最大化地生产理想产物如汽油、低分子烯烃，除了与原料和与反应苛刻度有关的动力学影响因素有关外，更与理想反应产物在催化剂活性表面能否适时解吸并顺利扩散到气相中有关。这既与反应产物的结构特征和解吸能力有关，也与催化剂的孔结构、孔径大小、孔分布和酸类型、酸强度、酸密度、酸分布等有关。

4.6　催化剂日常分析与管理

催化裂化催化剂按功能分类有重油裂化催化剂、抗重金属裂化催化剂、高掺渣比裂化催化剂、高辛烷值汽油催化剂、汽油降烯烃催化剂、汽油降硫催化剂、工艺配套的专用催化剂；按催化性能分类：多产汽油的催化剂、多产柴油的催化剂、高轻质油收率催化剂、多产液化气和丙烯的催化剂、高总液收的催化剂。催化剂品种总计达上百种，目前常用的有30余种。催化剂类型选择与日常管理成为生产技术人员重要工作内容。

裂化催化剂经过几十年的发展，可基于不同生产需要调变催化剂组分和结构。目前，在工业应用中，技术人员主要从催化剂活性及稳定性、催化剂筛分及强度、催化剂选择性、催化剂抗污染能力以及产品品质等几个方面来对裂化催化剂进行分析和管理。

新鲜催化剂和平衡催化剂两者性质存在着诸多差异。比如平衡催化剂具有较低的比表面积、晶胞常数、孔体积，更低的活性，不同的选择性，多种金属沉积，不同粒度分布以及其他物化性质。因此，日常过程中，对新鲜催化剂和平衡催化剂往往分开进行分析和管理。

4.6.1　新鲜催化剂性质分析与管理

每批催化剂均有催化剂供应商出具的催化剂的物理化学性质的质量检验报告，质量检验报告非常有用，需要密切关注，以确保催化剂的性质符合合同要求。催化裂化催化剂性能评定主要包括催化剂的活性、比表面积、选择性、稳定性、抗金属能力、粒度分布和抗磨损性能。催化裂化新鲜催化剂化学组成分析主要包括：灼烧减量、Al_2O_3含量、Na_2O含量、SO_4^{2-}含量、Fe_2O_3含量和RE_2O_3含量。催化裂化新鲜催化剂的物理性质分析包括：粒度、比表面积、孔体积、密度和磨损指数。典型的新鲜催化剂的物理化学性质的质量检验报告见表4-10。检验报告中的微球粒度分布(PSD)、钠含量、稀土(RE)含量和比表面积(SA)数据需要特别注意。

表4-10　典型的新鲜催化剂的物理化学性质的质量检验报告

项　目	A	B	C	D
Al_2O_3/%	≥45.0	≥47.0	≥45.0	≥45.0
Na_2O/%	≤0.30	≤0.30	≤0.30	≤0.25
Fe_2O_3/%	≤0.80	≤0.40	≤0.60	≤0.60
SO_4^{2-}/%		≤2.00	≤2.00	≤2.00
灼碱量(LOI)/%	≤13.0	≤13.0	≤13.0	≤13.0
孔体积/(mL/g)	≥0.35	≥0.35	≥0.30	0.36~0.39
比表面积/(m^2/g)	≥200	≥230	≥230	≥260
表观堆密度/(g/mL)	≤0.67	0.65~0.85	0.65~0.85	0.68~0.73
磨损指数/(%/h)	≤3.2	≤2.5	≤2.5	
MA(800℃，4h)/%	≥74	≥77	≥74	≥74
粒度分布/%(v)				
0~40μm	≤20.0	≤20.0	≤22.0	10~17
0~149μm	≥92.0	≥90.0	≥90.0	≥90.0
平均粒径/μm	65.0~78.0			

新鲜催化剂不能直接用来评价裂化性能，首先通过水热老化，老化后的催化剂才能模拟平衡催化剂的性能。不同的催化剂供应商有不同的水热老化方法。无金属污染的新鲜催化剂老化采用标准水热老化方法就可以。当FCC装置使用重质原料，Ni、V、Fe、Sb、Ca等金属的影响不能忽视，只用水热老化方法不能反映真实的情况。为更接近工业平衡剂性能，采用Mitchell法、循环污染法(CD)、循环金属浸渍法(CMI)、循环丙烯蒸气法(CPS)等方式进行老化。老化反应器一般为固定床或流化床，主要调节参数为温度、蒸汽百分比、老化时间。

催化剂活性评价装置有固定流化床微反、重油微反、ACE、FFB 和中型提升管 RU。固定流化床微反(MAT)装置的核心是一个固定床反应器。一定量的标准瓦斯油注入到催化剂高温床层中，转化为 221℃以下馏分的转化率作为活性。原料的性质、反应器温度、剂油比和空速是影响 MAT 结果的 4 个参数。每一催化剂供应商用稍有不同的操作参数进行微活性评价，MAT 评价催化剂效果不受原料与工艺变化的影响。影响 MAT 结果的四个参数：原料质量、反应器温度、剂油比和空速。每个催化剂供应商使用略有差异的操作参数进行 MAT 测试，因此，相互比较时必须考虑这些差异。MAT 典型测试设备见图 4-36。

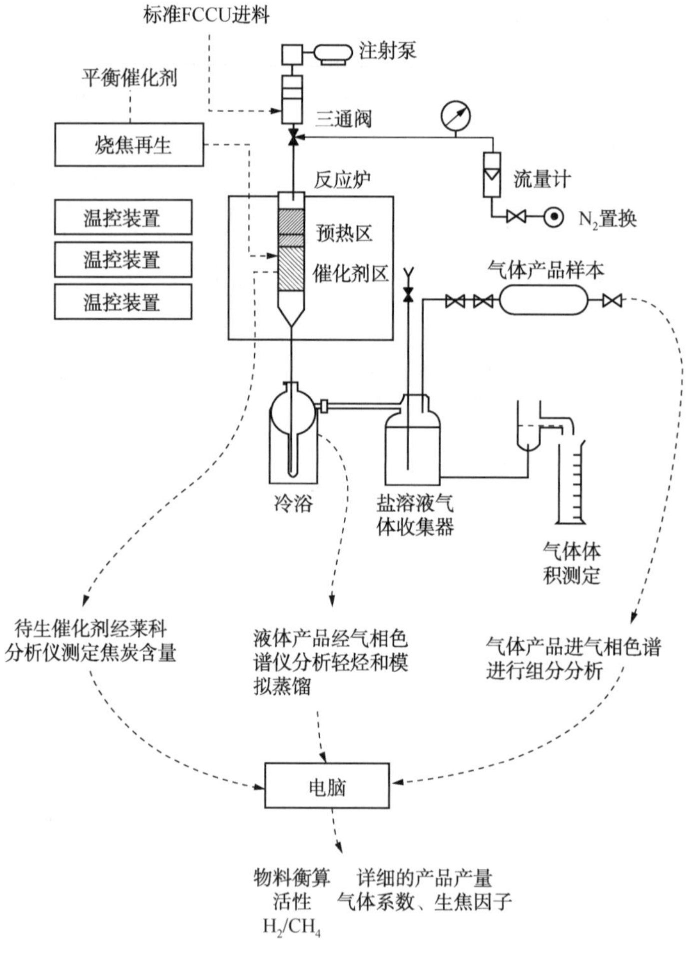

图 4-36 MAT 典型测试设备

新鲜催化剂评价测定方法：在实验条件下，将催化剂在高温下经水蒸气处理，使其性能近似于装置中平衡催化剂的水平，然后用与反应装置相接近的条件，通入标准原料油，测定产物中汽油加气体的收率。分子筛催化剂水热老化是在 800℃，通入 100%水蒸气处理 4h、8h 或 17h。平衡催化剂评价试验不需要对其水热老化，但首先烧掉催化剂样品上的积炭，然后在微反活性评价(MAT)装置上进行评价。在工业装置中，催化剂活性受操作条件、原料质量和催化剂性质的影响。原料污染物，如钒和钠可降低催化剂活性。平衡剂活性也受到新鲜剂补充速度和再生器条件的影响。

由于新鲜催化剂和平衡催化剂存在着诸多性质差别，平衡催化剂能更好地反映真实的工业应用性能。因此在新鲜催化剂投入工业应用之前进行水热老化来模拟平衡剂的性能，不同催化剂供应商对于水热老化条件有不同的方法，典型水热老化条件如表 4-11 所示。

表 4-11　不同催化剂供应商水热老化处理条件

	ASTM	Grace Davison	Engelhard	Albemarle		CCIC	中国石化
标准或缓和评价条件							
老化温度/℃	760	760	787	750	787	750	800
蒸汽百分比/%	100	100	100	100	100	100	100
老化时间/h	5	6	4	17	2	17	4
老化压力/kPa	—	34.5	—	—	—	—	—
苛刻评价条件							
老化温度/℃	800	815	815	795	743		800
蒸汽百分比/%	100	100	100	100	100		100
老化时间/h	5	5	4	17	2		17
老化压力/kPa	—	—	—	—	—		—

催化裂化催化剂在高温再生器中，因接触水蒸气而逐渐失活，因此催化剂耐高温水热处理的能力叫做水热稳定性。水热稳定性的测定方法如下：在实验条件下，将催化剂在高温条件下经水蒸气处理(800℃，4、8h 或 17h)，然后在反应装置内使用标准原料油，测量产品中汽油加气体的收率。

4.6.2　平衡催化剂性质分析与管理

平衡催化剂与新鲜催化剂在组成和性质上有许多不同之处。与新鲜催化剂相比，平衡催化剂具有以下特点：较低的比表面积、晶胞常数、孔体积，更低的活性，不同的选择性，多种金属沉积，例如：Ni、V、Ca、Cu、Fe、Na，年龄分布，不同氧化还原态的金属等。

催化裂化技术管理人员要关注新鲜催化剂性质，更要关注平衡催化剂性质。催化裂化技术管理人员应定期向催化剂生产商提供平衡催化剂，作为一项服务，催化剂供应商向使用者提供类似于表 4-12 所列的分析数据。尽管不同供应商的平衡剂分析结果可能不同，但这些结果对反映催化剂的趋势非常有用。

表 4-12　常规的平衡催化剂分析

日期	PV/(mL/g)	SA/(m^2/g)	ABD/(g/mL)	0~20μm/%	0~40μm/%	0~80μm/%	0~105μm/%	0~149μm/%	APS/μm
20080912	0.28	107	0.87	4.2	26.5	73.4	88.5	98.1	57.8
20081010	0.29	121	0.86	1.3	16.5	68	85.8	97.5	64.5
20081022	0.28	128	0.84	0.7	16.5	67.7	86.1	98.9	64.8
20081103	0.29	123	0.84	1.5	18.3	70.3	87.9	99.2	62.7

续表

日期	Fe/(μg/g)	Na/(μg/g)	Ni/(μg/g)	V/(μg/g)	Sb/(μg/g)	Ca/(μg/g)	再生 C/%	MA/%	
20080912	4450	1760	9520	1160	3250	1110	0.03	63	
20081010	5070	1670	8200	1020	3660	1210	0.04	67	
20081022	5370	2520	7600	1010	3200	1102	0.04	70	
20081103	5180	1740	7280	970	3190	1204	0.03	68	

对平衡催化剂样品所作的评价可向装置技术管理人员提供装置运转真实情况的有价值信息。由于平衡催化剂的物理和化学性质可提供装置运转情况的真实线索，因此这些数据可用来查明操作方式、设备机械和催化剂性能存在潜在的问题。

下面的讨论将简单描述每一项评价试验，并探讨这些数据对装置技术管理人员的意义。平衡剂评价结果分为催化性质、物理性质和化学分析。催化裂化平衡催化剂的物理性质分析包括：粒度、比表面积、孔体积和密度。催化裂化平衡催化剂的化学组成分析包括：Ni 含量、Cu 含量、V 含量、Fe 含量、Na_2O 含量和炭含量。

（1）催化性质

活性、生焦炭和生气因数的评价试验可反映催化剂有关催化行为。

① 转化率(活性)

平衡剂评价试验的第一步是烧掉样品上的积炭，然后将样品放入微反活性评价(MAT)装置(图 4-36)中，MAT 装置的核心是一个固定床反应器。一定量(5.0g)的标准原料(大港直馏轻柴油 239~351℃)注入到催化剂高温床层中，剂油比为 3.2、质量空速是 $16h^{-1}$、转化为 221℃以下馏分的转化率作为活性。原料的性质、反应器温度、剂油比和空速是影响 MAT 结果的 4 个参数。裂化气和产品油分别收集进行离线色谱分析，生焦催化剂用离线热重法定炭，反应条件根据实验需要在一定范围内调整。

在催化裂化生产过程，催化剂活性和稳定性对操作条件、产物分布、装置运行安全和周期有着很大影响。催化剂活性过高，引起汽油产率下降，气体和焦炭产率增加。大量气体的产生造成气压机、吸收稳定系统以及气体处理装置超负荷运行。控制催化剂活性过高的最简单方法就是降低再生器的烧焦强度，但容易造成再生器负荷变大，再生器正常运行操作难度增加，且容易引起烟气 CO 含量升高等问题。

在工业装置中，催化剂活性受操作条件、原料质量和催化剂性质的影响。MAT 评价催化剂效果不受原料与工艺变化的影响。原料污染物，如钒和钠可降低催化剂活性。平衡剂活性也受到新鲜剂补充速度和再生器条件的影响。

② 生焦因数(CF)、生气因数(GF)

CF 和 GF 代表在相同转化率下平衡剂，与标准水蒸气老化的催化剂样品相比，其产生焦炭和气体的倾向。CF 和 GF 受新鲜剂类型和平衡剂上金属沉积量的影响。生气和生焦因数都可以表示催化剂上金属的脱氢活性。催化剂上无定形氧化铝的增加会导致非选择性裂化的增加，生成气体和焦炭。

（2）物理性质

反映催化剂物理性质的评价试验有表面积、平均堆积密度、孔体积和粒度分布。第 4.4

节已论述。

(3) 化学性质

表征催化剂化学组成的主要元素有氧化铝、钠、重金属和再生剂上的炭含量。第4.4节已论述。

(4) 催化剂工业应用常见问题

裂化催化剂自1936年问世以来，经历了几十年的发展，催化剂的牌号多达几百个，同时开发了多种裂化催化剂助剂，裂化催化剂工业应用过程中关注的性能主要是以下几个方面：活性及稳定性、筛分及强度、选择性、抗污染能力。

催化剂活性和稳定性在本节已经论述，在生产过程中，平衡催化剂的动态活性受到装置操作条件和运转方式的影响，平衡催化剂动态活性与产物分布和转化率的关系如图4-37所示。

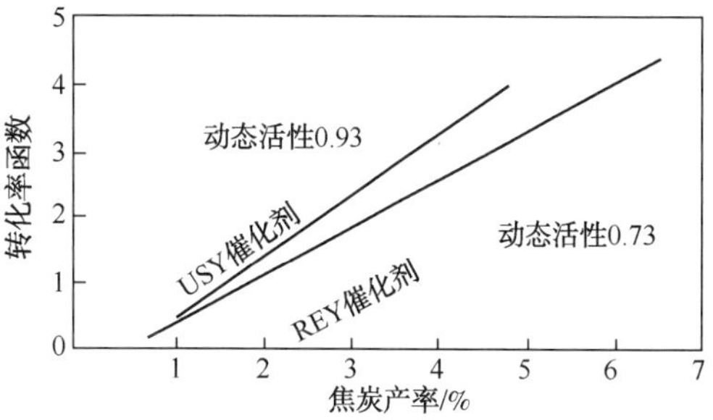

图4-37　转化率函数与焦炭产率的关系

把图4-37中直线的斜率定为动态活性。图中的线不通过原点，其差值就是原料中的残炭转化生成焦炭。

催化剂的筛分及强度不仅影响流化操作、单耗，还影响反应产物分布及性质。催化剂的筛分组成影响催化剂的流化性能和输送性能，为保证催化剂的流化性能和输送性能需要保证一定的平衡剂细粉含量。操作条件形成了相应的平衡剂筛分分布和相应的平衡剂强度。新鲜催化剂的筛分分布在一定范围内是可单独调控的，因为在一定流化条件下，有适宜的筛分分布，可基于对应的流化条件来调整适宜筛分组成。对反应而言，细筛分更为有利。催化剂强度特别是新鲜催化剂的耐磨损强度反映了催化剂的制造技术水平，然而很难独立调控。催化剂筛分和强度是装置运行过程中催化剂跑损的重要影响因素。

选择性是指进料转化为目标产品的能力，一般常用目的产物产率和转化率之比，或用目的产物产率和非目标产物(焦炭)产率之比表示。

原料中特别是重质原料油中带来的重金属如Ni、V、Fe等，碱金属和碱土金属如Na、Ca，Mg，在反应过程中会析出或吸附到催化剂上，引起催化剂的中毒失活。污染指数表示催化剂被重金属污染的程度。

$$\text{污染指数}=0.1\times(Fe+Cu+14Ni+4V)$$

式中　Fe——催化剂上的铁含量，μg/g；

Cu——催化剂上的铜含量，μg/g；

Ni——催化剂上的镍含量，μg/g；

V——催化剂上的钒含量，μg/g。

重金属的中毒作用使催化剂选择性变差、活性下降，导致干气产率上升、轻质油收率下降。原料预处理、催化剂脱金属、使用金属钝化剂是抑制重金属污染的方法。其中使用金属钝化剂是最经济、便利和有效的方法。

4.6.3　催化剂管理

目前国内最大催化裂化装置可容纳催化剂约为2000t。不断向装置补充所需要的催化剂，以取代由于磨损造成的催化剂损失，和保持催化剂活性水平。每天的补充速率一般为藏量的1%~2%，或新鲜原料消耗催化剂为0.5~1.5kg/t原料。为了维持催化剂活性水平，在补充速率超过催化剂损失的情况下，需定时从装置中取出部分催化剂，以控制再生器中催化剂料面。催化剂粉尘随再生器烟气和反应器油气离开装置。

催化剂在装置中会老化，使催化剂活性降低和选择性变差。在某一装置中催化剂的失活与装置的机械构造、操作条件、所用催化剂类型及原料的质量有关。添加催化剂的首选标准就是要达到一个最优化的平衡剂活性水平，平衡剂活性太高会提高催化剂上的焦炭量，导致再生器温度太高。高的再生温度降低了催化剂循环速率，从而抵消催化剂活性的增加。确定添加新鲜催化剂的量，通常要兼顾催化剂费用和希望达到的活性。大多数炼油厂监测催化剂供应商提供的平衡剂数据表中的MAT数据，以调整新鲜催化剂的添加速率。

FCC装置日常生产一个非常重要的内容就是催化剂管理。国外催化裂化装置十分注重日常数据收集与整理，提供完整的平衡催化剂分析数据，便于及时分析和追溯各项数据的变化趋势，论证催化剂重金属污染水平和非目的产物选择性的高低，对提高装置运行管理水平有利，同时建立数学模型进行定量分析，使装置生产管理更加精细化。以催化剂分析评价为例，生气因子(gas factor，干气/二级转化率)、生焦因子(coke factor，焦炭/二级转化率)等平衡催化剂评价指标在国外催化裂化已被广泛应用，主要用于衡量平衡剂性能及重金属污染水平。国内在催化剂管理方面相对粗放些，一旦装置出现问题，常常缺乏系统的、有效的、完整的平衡催化剂分析数据。

催化剂的选择和管理与装置如何操作一样，对得到所需产品起着非常大的作用。为了达到催化裂化装置的成功操作，需要花相当多的工作来选择适当的催化剂。催化剂的替换是一个相对简单的过程，因此允许炼油厂不断选择利润率最大的催化剂。虽然替换催化剂操作比较简单，但需要做大量的准备工作。

由于具有多种催化剂配方，因此催化剂的评价是一项必要的工作。然而由于进料和操作条件的不断变化以及测量中的误差，评价FCC催化剂的性能对工业装置来讲并不是一项简单的任务。由于这些限制，炼油厂往往对催化裂化装置的目标和约束不加鉴别就更换催化剂，特别是国内炼油厂，装置遇到问题，首先就认为催化剂性能和质量有问题，需要催化剂供应商更换催化剂。为了确保选择合适的催化剂，每个炼油厂都应建立一种方法来确定实际目标和制约条件，以确保催化剂的选择是基于对工艺和商业价值的深思熟虑而作出的决定。炼油厂应对催化剂进行评价，以尽可能使利润最大化和风险最小化。适合某个炼油厂的催化剂对于另一个炼油厂来讲不一定是合适的。全面的催化剂选择方法包括下列因素：

(1) 充分收集现有的催化剂日常分析数据，建立分析数据台账，进行整理与分析。利用现有的催化剂日常分析数据来优化装置操作，发现装置运转改进空间所在；

(2) 向催化剂供应商提出未来使用的催化剂性能及需实现的技术指标要求；

(3) 对催化剂供应商提供的产率和产品性质按当前产品价格进行经济评价，同时对未来四个季度的产品价格进行预测与评价；

(4) 最好对所选的催化剂进行MAT测定；如条件许可，在中型催化裂化测试装置上对所选催化剂进行全面评价，给出最终报告；

(5) 一旦催化剂选定，就不要在短时间内更换新类型的催化剂。

催化剂的设计具有很大的灵活性，分子筛的种类和数量以及活性基质种类的变化，为炼油厂提供了大量的可选择的催化剂来满足要求。但值得注意的是从现有的催化剂置换到新类型催化剂需要较长的时间，同时还需要调整工艺参数以充分利用催化剂性能，也需要时间来积累装置运转数据加以确认。

4.7　小　　结

裂化催化剂在1936年工业应用最初阶段是天然酸性白土，到20世纪40年代，合成硅铝催化剂代替酸性白土，提高了催化剂活性，改善了汽油选择性。同时，催化剂成型采用喷雾干燥技术，改善了催化剂的物化性质。60年代，出现了Y型分子筛催化剂，由于它具有活性高，选择性和稳定性好的特点，很快就被广泛采用，并且还促进了催化裂化工艺技术发生巨大的变革，不仅开发出提升管催化裂化技术，还开发了不同类型的再生技术。70年代，以硅溶胶为黏结剂的分子筛催化剂开发成功，使催化剂的强度和选择性进一步得到改善。80年代，超稳Y型分子筛开发与广泛采用，以及ZSM-5分子筛的引入，为重油催化裂化技术提供更为合适和更多的活性组分，从而开发出增加汽油辛烷值、提高低碳烯烃等系列催化裂化工艺技术，如深度催化裂解技术。90年代，新的氧化铝技术的引入更进一步提高了FCC装置对加工不断变重的原油的适应性，使催化剂具有更高的抗金属Ni和V的能力。进入21世纪，随着环境保护立法的日趋严格，推动着清洁燃料的生产，降低汽油烯烃以及硫含量技术取得了较快的发展，并且随着炼油向化工转型的趋势形成，催化裂化技术多产低碳烯烃和芳烃技术将成为当前研究的热点和难点。

经过数十年、几代人的不断努力，裂化催化剂技术已经有了长足进步。裂化催化剂今后的发展仍然需要开发适应原料多样性，开发出多功能的催化剂，并且要向大型化和集成化方向发展。同时，要更加注意优化制备工艺技术开发，注意稀土资源的高效利用，实现节能减排。

参 考 文 献

[1] 陈俊武，许友好．催化裂化工艺与工程[M].3版．北京：中国石化出版社，2015.
[2] 汪燮卿，舒兴田．重质油裂解制轻烯烃[M]. 北京：中国石化出版社，2015.
[3] Reza Sadeghbeigi. Fluid Catalytic CrackingHandbook[M].3rd Ed. Elsevier Inc，2012.
[4] 古练权，汪波，黄志纾，等．有机化学[M]. 北京：高等教育出版社，2008.
[5] Barthomeuf D. Aluminium topological density and correlations with acidic and catalytic properties of zeolites. Studies in Surface Science and Catalysis. Amsterdam：Elsevier Science Publisher，1988，Vol 38：178~186.

第 5 章　原料组成与性质

5.1　石油烃类组成与性质

石油主要由碳(C)、氢(H)两种元素组成的，它们不是组成单一的一种化合物，而是以不同的原子数目和各种不同结构形式化合起来的碳氢化合物，称为烃类化合物(hydrocarbons)。此外还含有少量氧(O)、氮(N)、硫(S)等元素与碳氢结合的化合物，总称为非烃类。另外还有微量的含铁(Fe)、镍(Ni)、钒(V)等金属元素的化合物。

碳原子最外层有 4 个电子，不易失去或获得电子而形成阳离子或阴离子，碳原子通过共价键与氢、氧、氮、硫、磷等多种非金属形成共价化合物。在烃类化合物中，每个碳原子一定要以四个共价键与氢原子或其他碳原子组合。各种各样烃类化合物的差别就是由于碳和碳结合的多少和结合形式不同而决定的。按碳原子组成的分子骨架分类，烃类化合物可分为链状化合物和环状化合物，环状化合物分为环烷烃和芳香烃；按官能团分类，烃类化合物分为烷烃、环烷烃、烯烃、炔烃和芳香烃以及烃的衍生物。烷烃(alkanes)和环烷烃只含有碳-碳单键，属于饱和烃(saturated hydrocarbons)；而烯烃(alkenes)含有碳-碳双键，炔烃(alkynes)含有碳-碳三键，芳香烃(aromatic hydrocarbons)是一类十分特殊的环烃，这些烃类属于不饱和烃(unsaturated hydrocarbons)。

烃类化合物结构表示方法有 Lewis 结构式和 Kekulé 结构式。Lewis 结构式(Lewis Structures)用一个“点”表示 1 个电子的方法来描述分子中成键情况的结构式，如丙烷(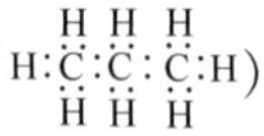)。Kekulé 结构式(Kekulé Structures)用短线表示成键电子对，而非键电子略去不表示，如丙烷(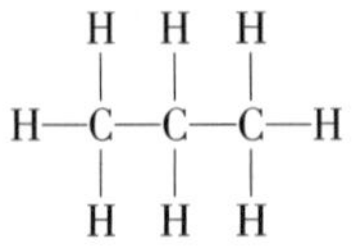)。书写时用分子结构式表示每个烃类分子，并以短线(—)代表共价键(即一个电子对)。为了简单和表达更清楚，通常只写碳与碳结合的样子，而将烃类化合物中的氢和相应的键(—)省略不写，如写成 C—C—C，有时为了说明与氢有关的反应，又写作 $CH_3—CH_2—CH_3$，这种类型的分子叫链状分子。还有环状分子，表示环的结构式时，更可以将碳的元素符号(C)也省去，只写成环的样子，例如环己烷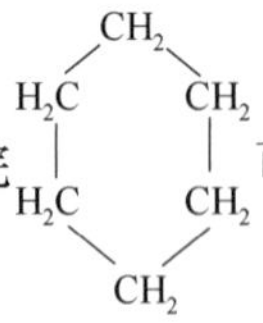可省

写作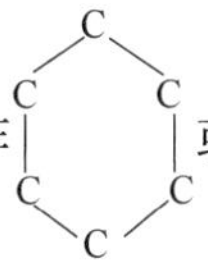或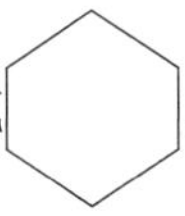，苯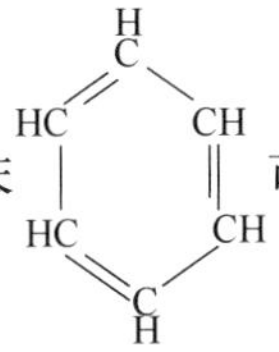可省写作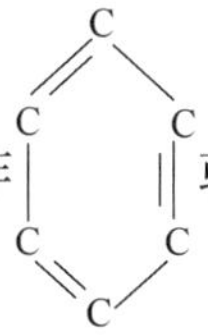或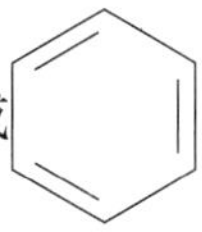。

在石油炼制教科书中，有时将所含碳数相同而化合形式不同的各个烃类合起来简称为“碳几”，如丙烷和丙烯合称为“碳三”，简写为 C_3；丁烷、丁烯类合称为“碳四”(C_4)等。在介绍烃类化合物结构和命名之前，首先要介绍基的概念和命名[1,2]。

5.1.1　基的概念和命名

烷烃分子中有的碳连接一个碳，有的连接两个碳、三个碳或四个碳。只和另外一个碳原子相连的碳(如链端的碳原子)称为伯碳原子(1^0)；和两个碳原子相连的碳(如直链烷分子链中间的碳原子)称为仲碳原子(2^0)；和另外三个碳原子相连的碳称为叔碳原子(3^0)；四个价键都和其他碳原子相连的碳称为季碳原子(4^0)。将伯碳、仲碳、叔碳上所连接的氢分别称为伯氢、仲氢和叔氢。例如：

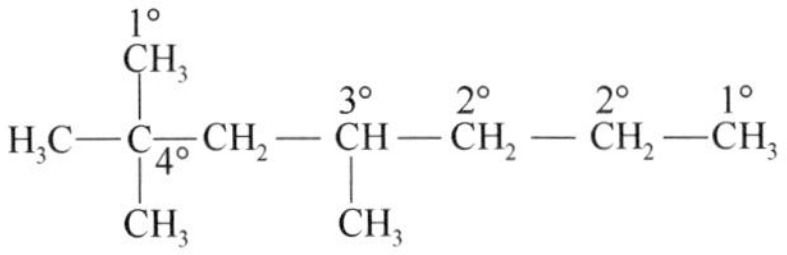

这些不同的碳和氢在波谱中有不同的特征，在化学反应中有不同的反应活性和选择性。伯、仲、叔、季对应的英文是 primary、secondary、tertiary、quarternary。

从直链烷烃分子链端碳原子上去掉一个氢原子后的剩余部分称为“烷基”(alkyl)。四个碳以内的“烷基”常用习惯命名法来命名。英文中“基”的名称是在烷烃名后面去掉“ane”加上“yl”。例如：CH_3—，甲基；CH_3CH_2—，乙基；$CH_3CH_2CH_2$—，正丙基；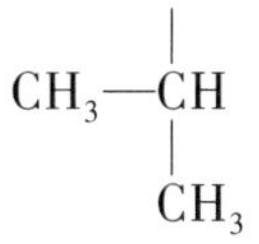，异丙基；$CH_3CH_2CH_2CH_2$—，正丁基；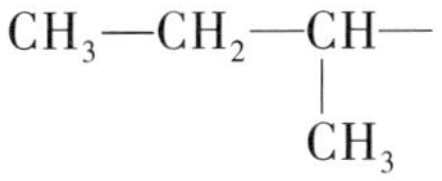，仲丁基；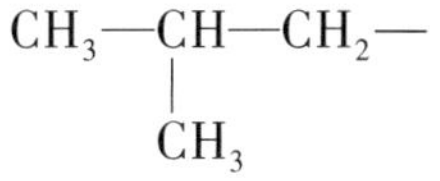，异丁基；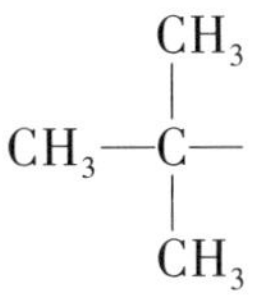，叔丁基；$CH_3(CH_2)_3CH_2$—，正戊基；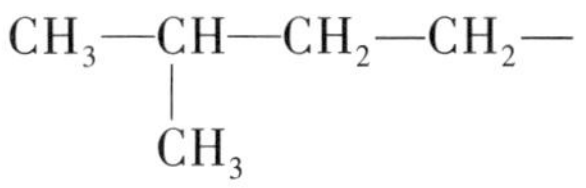，异戊基；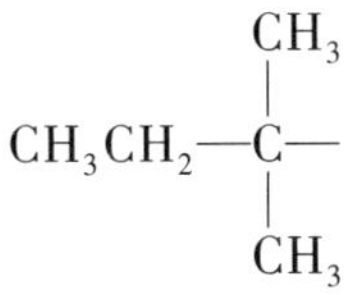，叔戊基；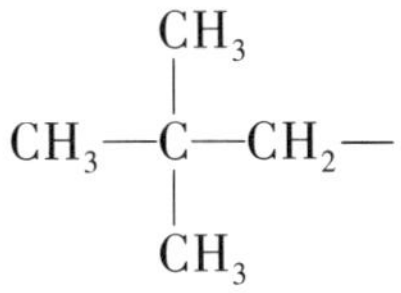，新戊基。

将烷基定义延伸到其他烃类，就是从烃分子中去掉一个氢原子后剩下的基团称为烃基。烃基包括烷基、烯基、炔基、环烃基、芳香烃基等。

从烯烃或炔烃分子中去掉一个氢原子后剩下的基团，称为烯基或炔基。例如：CH_2═CH—，乙烯基；CH_3CH═CH—，丙烯基；CH_2═$CHCH_2$—，烯丙基；CH_2═C(CH_3)—，异丙烯基； $CH_3C{\equiv}C—$ ，1-丙炔基等。

从单环环烷烃环上去掉一个氢原子后剩下的基团，称为环某烃基。例如：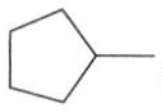，环戊基；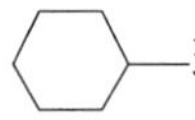环己基；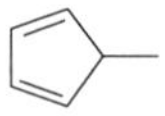2,4-环戊二烯基。

从芳烃环上去掉一个氢原子后剩下的基团，称为芳香烃基。例如：

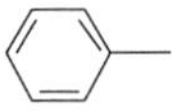
苯基(Ph)

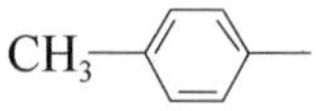
4-甲基苯基(或对甲基苯基)

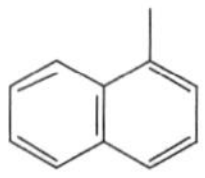
1-萘基

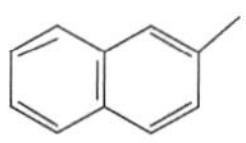
2-萘基

从单环芳烃的支链上去掉一个氢原子后剩下的基团，常作为取代的链烃基来命名。例如：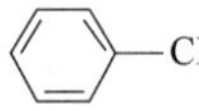$—CH_2—$，苯甲基(又称苄基)；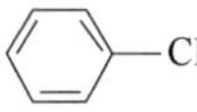$—CH_2CH_2—$，2-苯基乙基；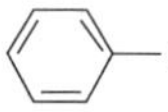$—CH{=}CH—$，2-苯基乙烯基(或苯乙烯基)。

5.1.2 链烷烃的结构和命名

烃类命名分为普通命名法和系统命名法，本书使用普通命名法。甲烷(CH_4)、乙烷(CH_3CH_3)、丙烷($CH_3CH_2CH_3$)和丁烷($CH_3CH_2CH_2CH_3$)等都是链烷烃，它们的组成符合通式 C_nH_{2n+2}(其中 n 为任意正整数)。从组成上看，每个烷烃只相差一个或多个 CH_2 单位，这样的系列化合物称为同系物(homologous)。

含有 1～3 个碳原子的烷烃只有一个结构式与分子式对应，即甲烷、乙烷和丙烷。4 个碳的烷烃除了直链的丁烷($CH_3CH_2CH_2CH_3$)外，还有一个带支链结构的化合物，称为异丁烷(CH_3CHCH_3 带 CH_3 支链)。类似正丁烷和异丁烷具有相同的分子式，而结构不同的现象称为同分异构现象(isomerism)。相应的这些具有相同分子式的不同结构化合物互为同分异构体(isomers)。在异丁烷(isobutane)结构中，从形式上脱去一个甲基后的结构片段称为“异(iso)”的结构单元，表示一种不同于直链烷烃的异构特征。带有异构特征的烷烃称为异构烷烃。“新”表示不同于“异”的另一种结构单元。例如：戊烷三种结构式及其名称如下：

正戊烷	异戊烷	新戊烷	“新”基结构单元
$CH_3CH_2CH_2CH_2CH_3$	$CH_3CH(CH_3)CH_2CH_3$	$H_3C—C(CH_3)_2—CH_3$	$H_3C—C(CH_3)_2—CH_2—$

以上所用的名称为普通命名，普通命名法原则如下：

(1) 以烷烃中的全部碳原子数加上“烷”字，称为“某烷”或“某(碳)烷”。碳原子数在十以内的中文名称以天干(甲、乙、丙、丁、戊、己、庚、辛、壬、癸)加“烷”组成，如含有八个碳原子的烷烃称为辛烷。碳原子数在十以上的以中文数字表示，如十二(碳)烷。

(2) 直链烷烃称为“正某烷”，而具有特定支链结构的异构体可以使用“异(iso)”或“新(neo)”来表示。例如：分子式为 C_6H_{14} 的烷烃有 5 种异构体，而普通命名法只能命名其中的

3 种：己烷（$CH_3CH_2CH_2CH_2CH_2CH_3$）、异己烷（$CH_3—\underset{\displaystyle CH_3}{\underset{|}{C}}HCH_2CH_2CH_3$）和新己烷

（$H_3C—\overset{\displaystyle CH_3}{\overset{|}{\underset{\displaystyle CH_3}{\underset{|}{C}}}}—CH_2CH_3$），另外两个就无法命名。

随着碳原子数目的增加，同一分子式的同分异构体数目迅速增加。如分子式 C_7H_{16}的烷烃有 9 种异构体；分子式为 $C_{10}H_{22}$的烷烃有 75 种异构体，分子式为 $C_{15}H_{32}$的烷烃有 4347 种异构体，而分子式为 $C_{20}H_{42}$的烷烃异构体数目超过 36 万种。采用普通命名法难以准确表示，采用系统命名法(IUPAC nomenclature)更为准确。

5.1.3　环烷烃的命名

烷烃与环烷烃都属于饱和烃。环烷烃(cycloalkanes)可以看成是烷烃首尾两个碳原子相互连接而形成的。因此与相应碳数的开链烷烃相比，分子组成中少了两个氢原子，单环的环烷烃分子式符合 C_nH_{2n}的通式。显然，每增加一个环，分子式中就少两个氢。在确证没有碳-碳双键和碳-碳三键存在时，根据分子中实际的氢原子数目，与相应碳原子数的开链烷烃氢原子数目相比就可以计算出环的数目。

单环环烷烃的命名与开链烷烃不同之处在于碳数前加上“环”(cyclo)，称为“环某烷”。例如：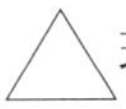环丙烷，环丁烷；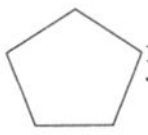环戊烷，环己烷。

取代环烷烃是否以环烷烃作为母体取决于环上取代基的碳数和复杂程度。如果环上取代基的碳数较少，且较简单，则以环为母体，并给取代基的位置以最小的编号。取代基侧链有长有短，有多有少，有正构的也有异构的，例如：

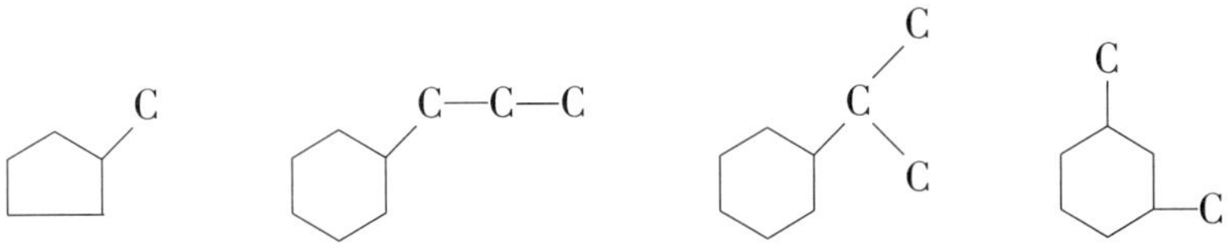

甲基环戊烷　正丙基环己烷　异丙基环己烷　间二甲基环己烷

环烷烃中还有几个环并在一起的，总称为多环环烷烃，例如常见的十氢萘（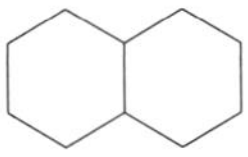）为双环并在一起。

5.1.4　不饱和烃的结构和命名

5.1.4.1　烯烃的结构和命名

含有碳-碳双键的碳氢化合物称为烯烃。烯烃可分为单烯烃和多烯烃，包括链烯烃和环烯烃。由于碳－碳双键的形成，烯烃较烷烃含有较少的氢原子，每增加一个双键，分子中氢的数目就减少两个。含有一个碳-碳双键的链烯烃的分子通式为 C_nH_{2n}，可以看出它们与单环环烷烃是同分异构体，其差别在于分子中原子连接方式和顺序的不同，属于构造异构。虽

然单环环烷烃与含一个 C ═C 双键的链烯烃从分子式计算的不饱和度都为 1，不过通常所说的不饱和烃是指含有 π 键的烯烃和炔烃，而不包括环烷烃。

烯烃也分为正构烯烃和异构烯烃。异构又分为骨架异构和键位异构。烯烃链上的碳带支链，属于“骨架异构”，如异丁烯（ C═C(C)—C ）。烯烃的双键在距离两端第一个碳原子的位置不同又分为 α 烯烃、β 烯烃、γ 烯烃等，性质也有差别，属于“键位异构”。α 烯烃的双键在链端，如 1-丁烯（C═C—C—C，α位），称为“末端或端位”烯烃；而双键在链中间的称为“内烯”，如 2-丁烯（C—C═C—C，β位）。

烯烃分子中碳-碳双键的 π 键电子云分布在双键平面的上下两方，限制了绕碳 - 碳 σ 键的自由旋转，因此碳-碳双键上所连接的基团具有两种不同的空间排布形式。例如，2-丁烯分子中的两个甲基可以处于双键碳原子的同侧，称为顺式（或船式）烯烃（*cis*-）；也可以处于双键碳原子的异侧，称为反式（或骑式）烯烃（*trans*-）。

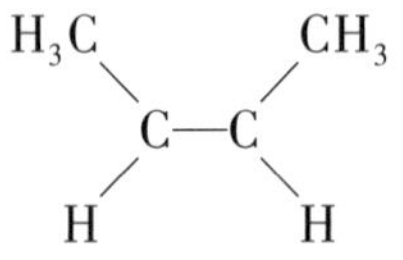
cis-2-丁烯

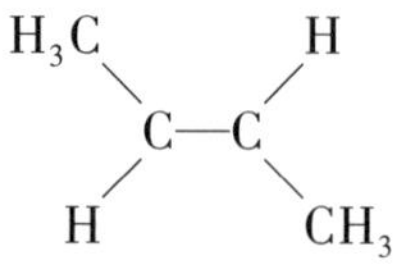
trans-2-丁烯

这种分子式相同，分子内原子的连接顺序和方式也相同，但是原子或基团在空间的排布或距离不同所形成的异构现象称为构型异构（configuration isomerism）。构型异构是不同于构象异构的一种立体异构。

对于简单烯烃，如 2-丁烯，可以用 *cis*-或 *trans*-来表示其顺反异构体的构型。但是对于其他多数烯烃分子就不能简单地用 *cis*-或 *trans*-来命名了。如 3-乙基-2-己烯的双键碳连接了四个不同的基团，则很难像简单烯烃那样确定两个构型异构体哪个是 *cis*-，哪个为*trans*-，只能采用系统命名方法。

单烯烃命名原则与烷烃类似，但也有所不同，具体命名原则如下：

（1）选取含有双键的最长碳链作为母体主链，编号时给双键以尽可能小的编号。母体名为“某烯”（十碳以内）或“某碳烯”（十碳以上）。英文名的词尾统一为“-ene”。母体名前还要加上双键的位次。例如：

$CH_3CH_2CH{=}CH_2$
1-丁烯

$CH_3CH{=}CHCH_3$
2-丁烯

请注意一定要加上双键编号，如果只命名为丁烯，则可能是 1-丁烯或 2-丁烯，就违背了一个名称只能写出唯一一个结构式的命名基本原则。另外，分子中可能存在不含双键的碳链长于含有双键碳链的情况，这时仍要以含双键的碳链为母体。

（2）有取代基存在时，仍然要给双键以最小编号。例如：

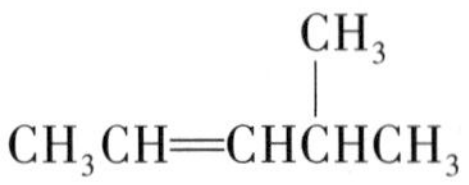
4-甲基-2-戊烯

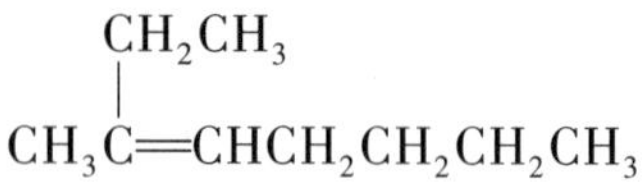
3-甲基-3-辛烯

环烯烃是环上存在着双键，如环己烯 ，环己二烯 。

5.1.4.2　多烯烃的命名

烃分子中有两个双键或两个以上的双键称为多烯烃。多烯烃中任意两个双键的关系可分为如下几种：

（1）孤立二烯烃（isolated dienes）：两个碳-碳双键相隔了一个或一个以上的 sp^3 杂化碳原子。

（2）累积二烯烃（cumulated dienes）：两个碳-碳双键共用一个碳原子。

（3）共轭二烯烃（conjugated dienes）：两个碳-碳双键之间以一个单键直接相连，具有这种特殊的结构烯烃称为共轭二烯烃。共轭二烯烃具有特殊的共轭稳定能。

$CH_3CH{=}CH{-}CH_2CH{=}CH_2$　　　$CH_3CH{=}C{=}CHCH_2CH_3$

孤立二烯烃　　　累积二烯烃

$CH_3CH{=}CH{-}CH{=}CH{-}CH_3$

共轭二烯烃

5.1.4.3　烯烃中碳和氢的类型

烯烃化合物中有两种特别的碳和氢，一种是 sp^2 杂化的双键碳以及与之相连的氢原子，称为乙烯型碳和氢（vinylic carbons and hydrogens）；另一种是与双键碳直接相连的 sp^3 杂化碳以及该碳连接的氢，称为烯丙型碳和氢（allylic carbons and hydrogens）。它们具有特殊的波谱特征和化学反应性质。

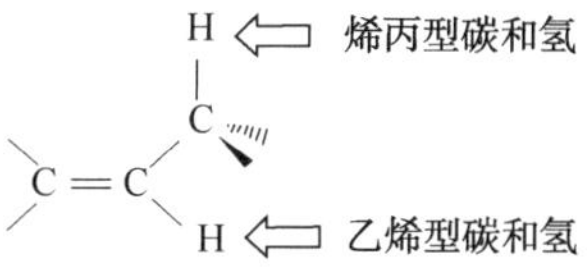

正因为乙烯型碳和氢与烯丙型碳和氢在结构和性质上有很大差异，认识和区别这两种烃基的类型十分重要。从丙烯分子中脱去一个氢形成基的时候，有三种可能，即可以从 1-，2-和 3-碳原子上去掉一个氢原子，前两种都是去掉双键碳原子上的氢，分别称为 1-丙烯基（$-CH{=}CHCH_3$）和异丙烯基（$CH_2{=}C(CH_3)-$）。而后者去掉的是烯丙位的氢，通常称为烯丙基（$CH_2{=}CHCH_2-$）。1-丙烯基和异丙烯基属于乙烯型的烃基，烯丙基则是烯丙型烃基中的最简单的代表。

5.1.4.4　炔烃的分类与命名

含有碳-碳三键的碳氢化合物称为炔烃（alkynes）。炔烃可分为单炔烃和多炔烃。单炔烃又可分为末端炔烃（terminal alkynes）和非末端炔烃（internal alkynes）。末端炔烃由于炔氢的存在，性质上表现出酸性。由于三键碳的 sp 杂化要求形成的两个 σ 键的键角为 180°，较小的环中很难存在三键，因此，小环炔烃比较少见。分子中，每形成一个碳－碳三键，氢原子数目就减少四个，即增加两个不饱和度，开链单炔烃的分子通式 C_nH_{2n-2}，与单环单烯烃或开链二烯烃互为同分异构体。

炔烃的系统命名原则与烯烃类似：选取含有碳-碳三键的最长碳链作为母体主链，给碳-碳三键以尽可能小的编号，在此不作论述。炔烃在原油中并不存在，而少量含于热裂化产品中。

5.1.5 芳香烃的结构与命名

芳香烃分子组成虽然具有高的不饱和度，但是化学性质比起典型的烯烃和炔烃要稳定得多，它们不容易发生加成反应，而能够发生取代反应。因为这些化合物普遍具有芳香气味，而被称为芳香化合物。芳香烃具有的这种特殊的化学性质稳定性称为芳香性(aromaticity)。苯是芳香烃的最基本结构，同时也是最典型化合物代表。1866 年 Kekulé 提出苯具有单双键交替的环状结构，这一结构被称为苯的 Kekulé 结构式：

苯的 Kekulé 结构式

苯习惯上以六元环()表示，这是因为这种符号最简单，形式上符合碳是四价的原则。实际上苯环中的碳-碳键并不是由 3 个单键和 3 个双键组成，而是由 6 个完全相同的碳-碳键所组成的，化学上叫做“环形大 π 键”，是一种很稳定的特殊键。

芳香烃主要分为单环芳烃和多环芳烃，后者又可分为联芳化合物和稠环芳化合物。苯及其衍生物是单环芳烃的典型代表。联苯和联萘及其衍生物是联芳化合物的代表，而萘、蒽、菲、芘等是稠环芳烃的代表。

单环芳烃是指分子中含有一个苯环的芳烃。单环芳烃的命名与前面讲述的环烷烃命名类似，主要的命名方法有两种：一是在取代基碳链不太长或不复杂的情况下，多采用以苯或带官能团的苯环为母体；二是侧链很长或很复杂时，以苯作取代基。需要注意的是英文名中苯为 benzene，但苯基(C_6H_5—)为 phenyl，而 benzyl 代表的却是苯甲基($C_6H_5CH_2$—)。

简单的单环芳烃命名时，以苯环为母体，烷基或烯基作为取代基，称为某烷或烯(基)苯，如甲苯 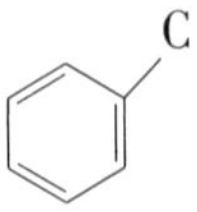、苯乙烯 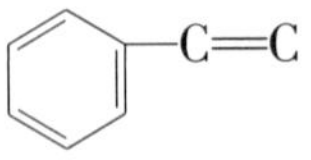、异丙苯 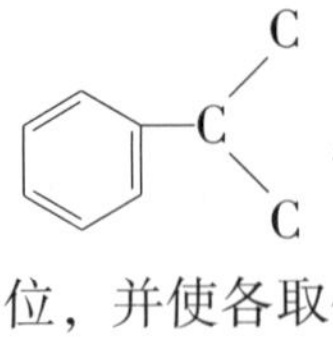 等。

环上取代基位次编号原则是优先给主要官能团为 1 位，并使各取代基位次最小。取代基位次可以用 1，2，3，4，5，6 标注。

二元取代物也可用邻(*ortho*-，简称 *o*-)，间(*meta*-，简称 *m*-)，对(*para*-，简称 *p*-)表示。如 1，2-(或邻或 *o*-)二甲苯 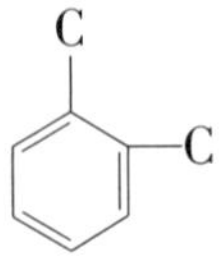、1,3-(或间或 *m*-)二甲苯 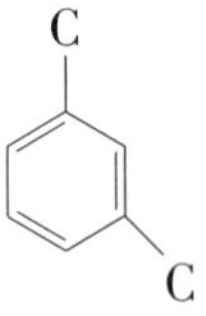；1,4-(或对或 *p*-)对二甲苯 。

相同的三元取代基还可用“连”“偏”“均”表示。例如：

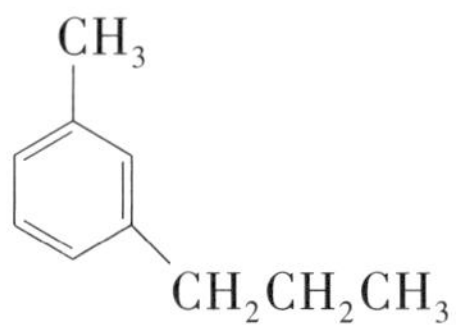
1-甲基-3-丙基苯

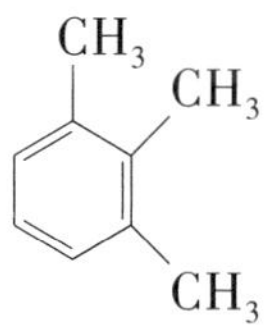
1，2，3-(或连)三甲苯

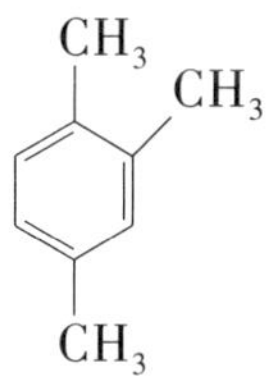
1，2，4-(或偏)三甲苯

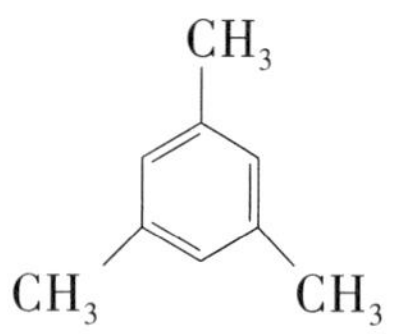
1，3，5-(或均)三甲苯

当苯环上连有复杂的烷基或不饱和烃基时，将苯环作为取代基，例如：3-甲基-2-苯基戊烷 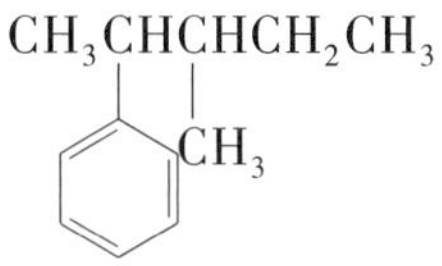 、苯乙烯 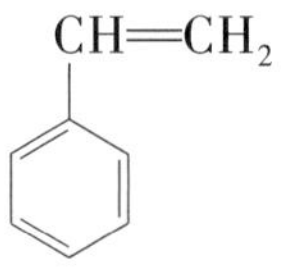 、1-苯基-2-丁烯 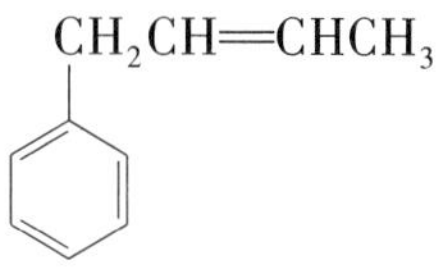 。

多环芳烃是指分子中含有两个或两个以上的分开的苯环结构的烃。对于多苯烃类，通常将苯作为取代基，分别对苯环进行编号。例如：二苯甲烷 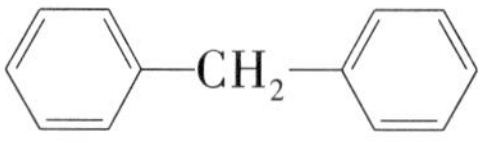 、1,2-二苯乙烯 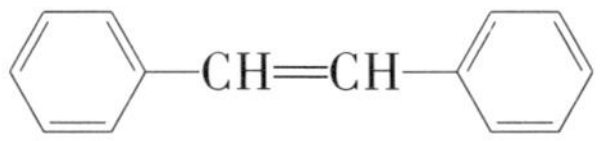 。

联苯类芳烃的命名是以联苯为母体，支链作为取代基。编号时从与单键相连的碳原子开始，分别对两个苯环进行编号。例如：联（二）苯 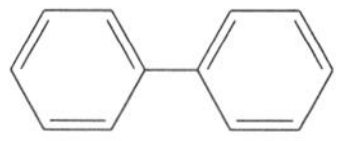 、对联三苯  。

环烷环与苯环并在一起的称为环烷基芳烃，如环烷基苯 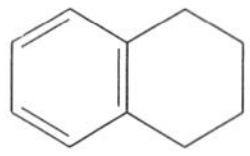 ，也称四氢萘。

由两个或两个以上的苯环通过共用两个相邻的碳原子稠合而成的芳烃，称为稠环芳烃。常见的稠环芳烃有萘 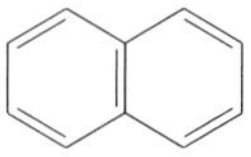 、蒽 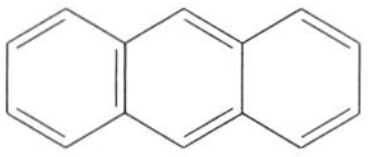 、菲 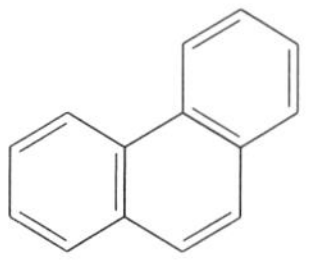 等。这些稠环芳烃有特定的名称，但每种稠环上取代基编号也有所不同，例如：

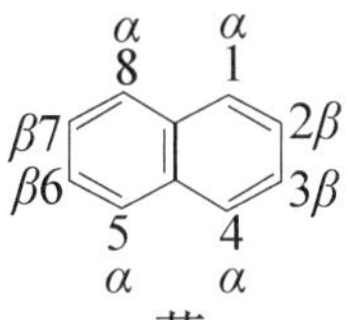
萘

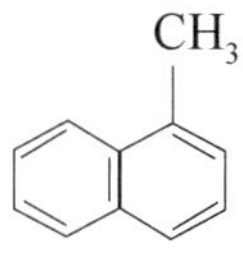
1-甲基萘
或α-甲基萘

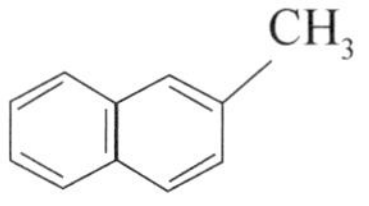
2-甲基萘
或β-甲基萘

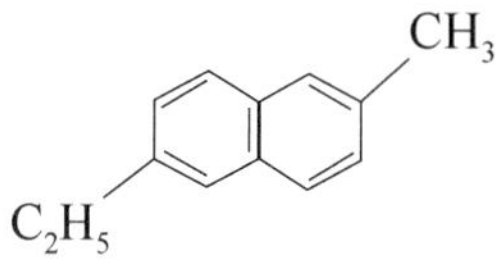
2-甲基6-乙基萘

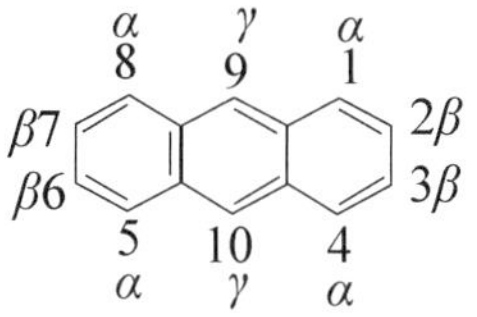
蒽

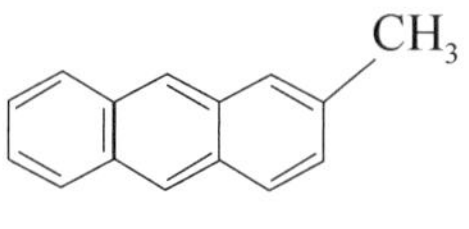
2-甲基蒽
或β-甲基蒽

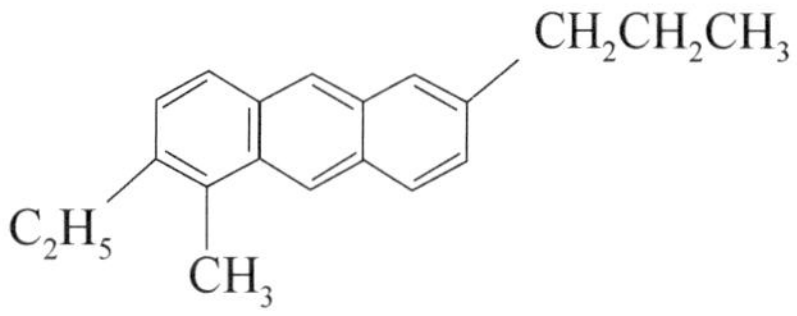
1-甲基-2-乙基-6-丙基蒽

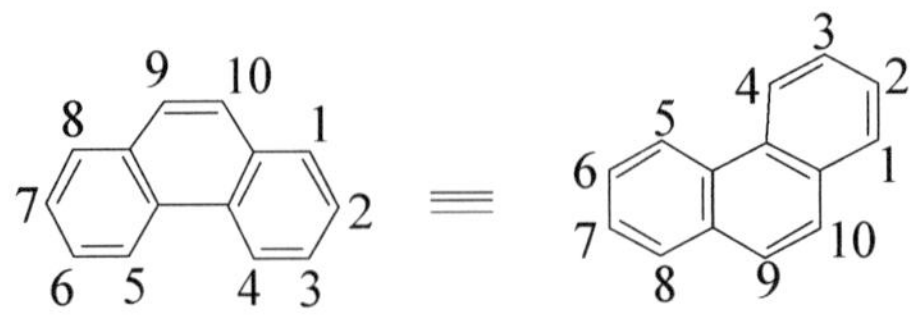

菲

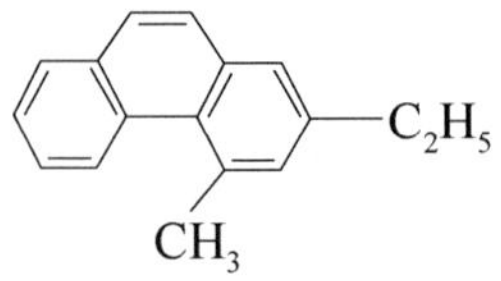

4-甲基-2-乙基菲

5.1.6 烃类物理性质

5.1.6.1 烷烃的物理性质

常温下四个碳以及四个碳以下的烷烃是气体，五到十八个碳的烷烃主要以液体形式存在，十九碳以上的烷烃熔点才高于32℃，以固体形式存在。表5-1列出了不同碳数的直链烷烃与部分环烷烃、支链烷烃的物理性质。

表5-1 不同碳数的烷烃的物理性质

名　称	分子/结构式	熔点/℃	沸点/℃	相对密度(d_4^{20})	折光率(n_D^{20})
甲　烷	CH_4	-182.6	-161.6	0.424	
乙　烷	CH_3CH_3	-183.3	-88.6	0.546	
丙　烷	$CH_3CH_2CH_3$	-187.1	-42.2	0.582	1.3397(沸点)
环丙烷	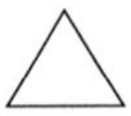	-127.6	-32.7		
正丁烷	$CH_3CH_2CH_2CH_3$	-138.4	-0.5	0.579	1.3562(-15℃)
环丁烷		-50	12		
异丁烷	CH_3—CH—CH_3 | CH_3	-159.4	-11.7		
正戊烷	$CH_3(CH_2)_3CH_3$	-129.7	36.1	0.6263	1.3577
环戊烷	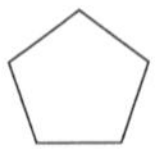	-93.9	49.2	0.6263	
异戊烷	CH_3—CH—CH_2CH_3 | CH_3	-159.9	27.8	0.6201	
新戊烷	CH_3 | CH_3—C—CH_3 | CH_3	-16.5	9.5	0.6135	
正己烷	$CH_3(CH_2)_4CH_3$	-95.3	68.8	0.6594	1.3750
环己烷	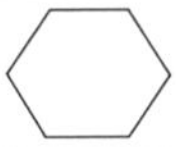	6.5	80.7	0.7785	
异己烷	CH_3—CH—$CH_2CH_2CH_3$ | CH_3	-153.7	60.3	0.6532	

续表

名　称	分子/结构式	熔点/℃	沸点/℃	相对密度(d_4^{20})	折光率(n_D^{20})
正庚烷	$CH_3(CH_2)_5CH_3$	-90.5	98.4	0.6837	1.3877
环庚烷	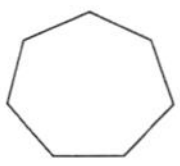	-12	118.5	0.8098	
正辛烷	$CH_3(CH_2)_6CH_3$	-56.8	125.6	0.7028	1.3976
环辛烷	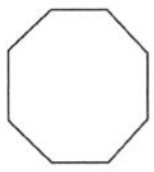	14.3	150.0	0.8349	
正壬烷	$CH_3(CH_2)_7CH_3$	-53.7	150.7	0.7179	1.4056
正癸烷	$CH_3(CH_2)_8CH_3$	-29.7	174.0	0.7298	1.4120
正十七烷	$CH_3(CH_2)_{15}CH_3$	22.0	303.0	0.7767	1.4360(25℃)
正十八烷	$CH_3(CH_2)_{16}CH_3$	28.0	303.0	0.7776	1.4367(28℃)
正十九烷	$CH_3(CH_2)_{17}CH_3$	32.0	309.7	0.7777	—

从表5-1中沸点数据可以看出以下变化规律：

(1) 直链烷烃的沸点随着碳原子的增加而增加，这是因为，随着碳原子的增加，相对分子质量增大，分子间相互作用的面积增大，所以总的作用力增大。

(2) 相同碳数的烷烃中，支链烷烃比直链烷烃的沸点低，这是因为分支使得分子形状不规则，分子间接触面积减小，分子间作用力随之减小。

(3) 相同碳数的环烷烃具有比直链烷烃高的沸点，这是因为直链烷烃中每一个C-C键都可以自由旋转，分子构象的可变度很大，影响到分子间的作用面积，而环烷烃分子受到环的刚性制约，其分子构象变化相对较少，分子形状相对较规则，分子间作用面积较大，分子间作用力较大。

烷烃的熔点变化也存在与上述沸点类似的变化规律。比如，直链烷烃的沸点随着碳数的增加而升高，多数支链烷烃的熔点低于直链烷烃，而环烷烃具有比直链烷烃高的熔点等。

由于熔点反映的是分子在固相中的相互作用，而固相中分子间的相互作用显著地受到分子能否紧密排列(packing)的影响。因此，烷烃的沸点变化规律有着不同于沸点的变化之处。如果某种烷烃分子能够紧密排列，则可能比其他异构体具有相对较高的熔点。例如，支链烷烃新戊烷的熔点高于直链戊烷及其他异构体，这是因为新戊烷的分子形状近似球形，对称性高，在固相时可以形成紧密堆积，熔点反而升高。

如果以直链烷烃的熔点对碳原子数作图，得到一条“之”字形曲线，如图5-1所示。从图中可以看出，从奇数碳烷烃增长一个碳到偶数碳烷烃时，熔点的升高幅度较大，而从偶数碳烷烃增长一个碳到奇数碳烷烃时，熔点的升高幅度较小。其原因在于奇数碳烷烃与偶数碳烷烃在固相的紧密排列程度不同。

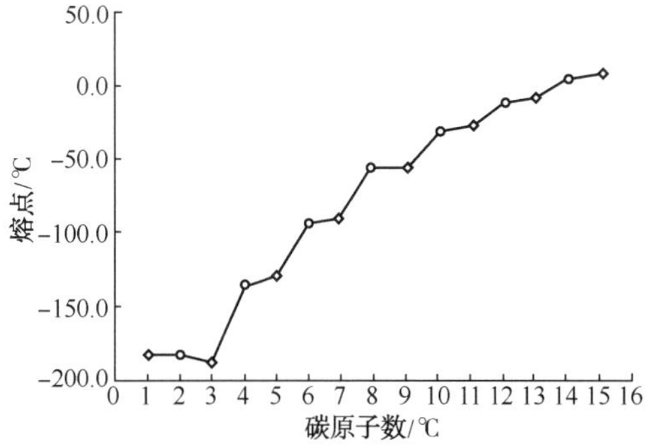

图5-1　直链烷烃熔点随碳原子数变化趋势图

5.1.6.2 不饱和烃的熔点、沸点变化规律

四个碳以及四个碳以下的烯烃和炔烃在室温下基本都是气体。不同类型的烯烃物理性质列于表5-2，不同类型的炔烃物理性质列于表5-3，不同类型的芳烃物理性质列于表5-4。

表5-2 不同类型的烯烃物理性质

名　称	分子/结构式	熔点/℃	沸点/℃	相对密度(d_4^{20})	折光率(n_D^{20})
乙　烯	$CH_2=CH_2$	-169.5	-103.9	0.5699(沸点)	1.363(-10℃)
丙　烯	$CH_3CH=CH_2$	-185.1	-47.7	0.6100(沸点)	1.3623(沸点)
1-丁烯	$CH_3CH_2CH=CH_2$	-190	-6.47	0.6255(沸点)	1.3777(-25℃)
(Z)-2-丁烯	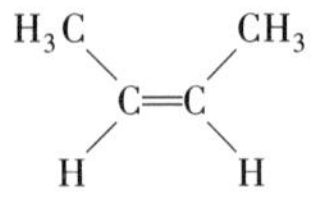	-139.3	3.5	0.6213	
(E)-2-丁烯	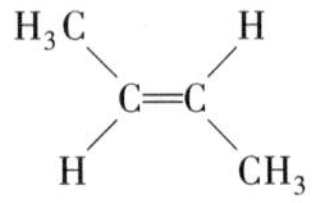	-105.5	0.9	0.6042	
异丁烯	$(CH_3)_2C=CH_2$	-140.8	-6.9	0.6310(-10℃)	1.3796(-25℃)
1-戊烯	$CH_3(CH_2)_2CH=CH_2$	-165.2	30.1	0.6405	1.3715
(Z)-2-戊烯	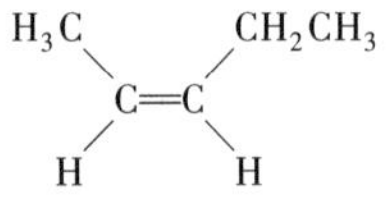	-151.4	37.0	0.6556	1.3822
(E)-2-戊烯	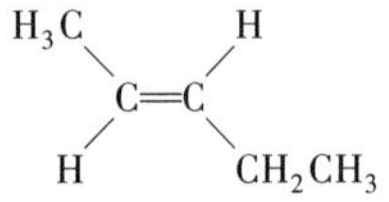	-140.2	36.4	0.6482	1.3793
2-甲基-1-丁烯	$CH_2=C(CH_3)—CH_2—CH_3$	-137.6	31.2	0.6500	1.3777
3-甲基-1-丁烯	$CH_2=CH—CH(CH_3)—CH_3$	-168.5	20.1	0.633	1.3640
环戊烯		-135.0	44.2	0.7720	
1-己烯	$CH_3(CH_2)_3CH=CH_2$	-139.8	63.5	0.673	1.3877
环己烯		-103.5	83.0	0.8102	
1-庚烯	$CH_3(CH_2)_4CH=CH_2$	-119	93.6	0.697	1.3998
1-十八碳烯	$CH_3(CH_2)_{15}CH=CH_2$	17.5	179	0.791	1.448
1-十九碳烯	$CH_3(CH_2)_{16}CH=CH_2$	21.5	177(10mmHg)	0.7858	
苯		5.5	80.1	0.8765	

表 5-3　不同类型的炔烃物理性质

名　称	分子/结构式	熔点/℃	沸点/℃	相对密度(d_4^{20})
乙　炔	CH≡CH	-81.8(压力下)	-83.4	0.618(沸点)
丙　炔	$CH_3C≡CH$	-101.5	-23.3	0.671(沸点)
1-丁炔	$CH_3CH_2C≡CH$	-122.5	8.5	0.668(沸点)
1-戊炔	$CH_3(CH_2)_2C≡CH$	-98.0	39.7	0.695
2-戊炔	$CH_3CH_2C≡CCH_3$	-101.0	55.5	0.7127(17.2℃)
3-甲基-1-丁炔	$(CH_3)_2CHC≡CH$		28~29(10kPa)	0.6854(0℃)
1-己炔	$CH_3(CH_2)_3C≡CH$	-124.0	71.4	0.719
1-庚炔	$CH_3(CH_2)_4C≡CH$	-80.9	99.8	0.733
1-十八碳炔	$CH_3(CH_2)_{15}C≡CH$	22.5	180(2kPa)	0.8696(0℃)

表 5-4　不同类型的芳烃物理性质

化合物	熔点/℃	沸点/℃	相对密度(d_4^{20})	化合物	熔点/℃	沸点/℃	相对密度(d_4^{20})
苯	5.5	80.1	0.88	正丙苯	-99	159	0.86
甲苯	-95	111	0.87	联苯	70	255	0.99
邻二甲苯	-25	144	0.90	二苯甲烷	26	263	1.00
间二甲苯	-48	139	0.86	三苯甲烷	93	360	1.01
对二甲苯	13	138	0.86	苯乙烯	-31	145	0.91
六甲基苯	165	264	1.06	萘	80	218	1.15
乙苯	-95	136	0.87	蒽	217	254	1.25
异丙苯	-96	152	0.86	菲	101	340	1.06

从表 5-2 和表 5-3 可以看出一些烯烃和炔烃的物理常数，对比表 5-1 数据，可以看出两三个碳的烯烃和炔烃的熔点和沸点比相应的烷烃高。这主要有两方面原因，一是不对称的烯烃和炔烃分子具有一定的极性，另一方面则是因为不同分子的 π 键间可能存在 π-π 堆积作用，从而使得烯烃和炔烃分子比烷烃分子具有更大的分子间作用力。所谓 π-π 堆积作用(π-π stacking)是指两个具有 π 键的分子间通过 π 键电子云相互吸引靠近的一种分子间相互作用。

从表 5-2 可以看出，顺式烯烃比反式烯烃具有较高的沸点，如顺-2-丁烯的沸点为 3.7℃，而反-2-丁烯的沸点为 0.9℃。与沸点不同的是，顺式异构体比反式异构体具有较低的熔点。这是因为熔点不仅与化合物的极性有关，而且还与分子在固体中排列(packing)的紧密程度有关。反-2-丁烯的分子形状比顺-2-丁烯更有利于固体中的紧密排列，因此熔点较高。从表 5-3 可以看出，结构类型相同的炔烃与烯烃相比，前者因极性较大，熔沸点均较高。总之，各种烃类所含碳原子数越多，相对分子质量就越大，沸点也就越高。从表 5-4 可以看出，芳烃分子，尤其不带支链的苯、萘、蒽，由于氢原子更少从而排列的紧密程度更高，熔点、沸点也相应地升高，密度明显高于其他烃类。

5.2 原料性质及其分析

石油(或称原油，Petroleum 或 crude oil)是一种从地下深处开采出来的黄色、褐色乃至黑色的可燃性黏稠液体。原油主要是由远古海洋或湖泊中的生物在地下经过漫长的地球化学演化而形成的烃类和非烃类的复杂混合物，其相对分子质量从数十到数千，随之其沸点范围也很宽，从常温一直到500℃以上，其中胶质、沥青质沸点更高，结构组成更为复杂。

原油按沸点的高低切割为若干部分，也称为馏分(fraction)，每个馏分的沸点范围称为馏程。从原油直接蒸馏得到的馏分称为直馏馏分，以示与二次加工后的产物相区别。原油从常压蒸馏开始馏出的温度(即初馏点)到200℃(或180℃)之间的轻馏分称为汽油馏分，也称轻油或石脑油(naphtha)；常压蒸馏200℃(或180℃)~350℃之间的中间馏分称为柴油，或常压馏分油(atmospheric gas oil，简称 AGO)，而大于350℃的则称为常压渣油(atmospheric residue，简称 AR)。对于沸点高于350℃的馏分必须在减压状态下进行蒸馏，所得的减压馏分可根据其利用途径的不同称为润滑油馏分或减压馏分油(vacuum gas oil，简称 VGO)，而减压蒸馏后的残留的油则称为减压渣油(vacuum residue，简称 VR)[3,4]。

5.2.1 原料性质表征方法

催化裂化原料和产品性质是通过样品的密度、馏程、黏度、残炭、苯胺点、折光指数、元素组成、相对分子质量以及烃类组成等一系列参数来表征的。表征原料和产品性质就是确定原料和产品的物理性质和化学性质的过程。一般在实验室配备了按常规方法进行测定原料和产品物理性质的测试设备。对于馏分油，最常见的也是最重要两项表征参数就是馏分油的密度和馏程，其他的表征参数可以通过对其密度和馏程进行回归得到经验关联式而计算出来。对于渣油原料，最常见的也是最重要的表征参数就是原料的密度、氢含量、残炭和重金属含量。对于复杂的烃类组成分析技术，在日常生产分析中并不适用，只是在研究原料裂化性能和产品重要性质时较为重要，可以从分子水平上表征原料的裂化性能和产品性质。下面详细论述常用的原料和产品表征参数的测试方法和物理意义。

(1) 密度

由于油品的体积随温度的升高而膨胀，而密度则随之变小，因此，密度应标明是在什么温度下测定的。我国油品密度是20℃下测定的，而欧美各国油品密度是在15.6℃(60℉)下测定的。如已知20℃下的油品密度，可以按下式换算到 T℃下的油品密度

$$\rho_{\mathrm{T}} = \rho_{20} - \gamma(T - 20) \tag{5-1}$$

其中 $\gamma = 0.002876 - 0.003984\rho_{20} + 0.001632\rho_{20}^2$。

相对密度通常以4℃水为基准，将温度 T(℃)的油品密度对4℃时的水的密度之比，常用 ρ_4^t 来表示。由于水在4℃时密度等于 $1.000\mathrm{g/cm^3}$，因而油品的密度和相对密度是相等的。$\rho_{15.6}$ 与 ρ_{20} 之间可按下式进行换算表达如下：

$$\rho_{15.6} = \rho_{20} + 9.181 \times 10^{-3} - 5.83 \times 10^{-3}\rho_{20} \tag{5-2}$$

在欧美各国，对油品常用比重指数来表示，称为 API 度。API 度的定义为：

$$API = \frac{141.5}{\rho_{15.6}^{15.6}} - 131.5 \tag{5-3}$$

（2）馏程

由于蜡油干点一般都小于550℃，实验室中的蒸馏试验可以将蜡油的全馏程测定出来，测定沸点馏程数据可提供蜡油原料的质量和组成的一些信息，因此，蜡油的馏程数据是最重要的表征参数之一。实验室中测定馏程数据为初馏点(IBP)、5%、10%、20%、30%、40%、50%、60%、70%、80%、90%馏出体积和终馏点(EP)时的蒸气温度。测定沸点的方法为GB/T 6563、GB/T 9168方法。测定蜡油沸点馏程最合适的方法是GB/T 9168。采用GB/T 9168方法测定样品的馏程是在真空(1mm汞柱)下进行的。测定的结果应用标准关联式换算成常压下的数据。GB/T 9168方法仅限于测量常压下EP小于538℃的样品。

蒸馏曲线的10%到90%之间的斜率*SL*(℃/%)用来表示油品沸程的宽窄，即当馏分的沸程越宽时，其蒸馏曲线的斜率越大。斜率*SL*(℃/%)的表达式为

斜率*SL*=(90%馏出温度-10%馏出温度)/(90-10)

常用油品的平均沸点来表征其气化性能，油品的平均沸点的定义分别为体积平均沸点(T_v)、质量平均沸点(T_w)、实分子平均沸点(T_m)、立方平均沸点(T_{cu})和中平均沸点(T_{Me})。在这五种平均沸点中，仅有体积平均沸点可由油品的馏程测定数据直接计算得出，其他几种平均沸点可借助体积平均沸点与蒸馏曲线斜率*SL*关联计算出。五种平均沸点关联式如下：

$$T_v = (T_{10} + T_{30} + T_{50} + T_{70} + T_{90})/5$$

$$T_w = T_v + \Delta_w,\quad \ln\Delta_w = -3.64991 - 0.027060T_v^{0.6667} + 5.16388SL^{0.25} \tag{5-4}$$

$$T_m = T_v - \Delta_m,\quad \ln\Delta_m = -1.15158 - 0.011810\,T_v^{0.6667} + 3.70684SL^{0.3333} \tag{5-5}$$

$$T_{cu} = T_v - \Delta_{cu},\quad \ln\Delta_{cu} = -0.82368 - 0.089970\,T_v^{0.45} + 2.45679SL^{0.45} \tag{5-6}$$

$$T_{Me} = T_v - \Delta_{Me},\quad \ln\Delta_{Me} = -1.53181 - 0.012800\,T_v^{0.6667} + 3.64678SL^{0.3333} \tag{5-7}$$

（3）残炭值

尽管残炭值不是蜡油原料的主要性质，却是渣油原料性质的一个重要参数。在催化裂化过程中，如何正确确定原料中的残炭量以及对焦炭产率的影响至今仍有争议。残炭是油品热裂化后形成的炭质残渣，是用来衡量催化裂化原料的非催化焦生成倾向的一种特性指标。残炭与原料油的化学组成有关，生成焦炭的主要物质是沥青质、胶质及芳烃，在芳烃中又以稠环芳烃的残炭最高，因此，原料的残炭在一定程度上反映了其中沥青质、胶质和稠环芳烃的含量。残炭值测定方法分为康氏残炭试验(GB/T 268)或兰氏残炭试验(SH/T 0160)，原料的残炭值测定方法比较简单，因而作为常规分析方法受到广泛使用。康氏残炭值或兰氏残炭值，当数值小于0.7%时，两者接近；当数值较高时，兰氏残炭值低一些。与康氏残炭试验相比，兰氏残炭试验更精确，重复性好，两种试验结果相似且可相互换算。

（4）折光指数

折光指数(n_D^t)也称折光率，表示样品的折光性和芳香性。n_D^t越高，样品的芳烃分子越多，裂化的可能性越小。n_D^{20}为1.5105的进料与n_D^{20}为1.4990的进料相比不容易裂化。n_D^{20}值可以在实验室里按GB/T 6488方法测定。在实验室里，测定RI使用折射仪。折射仪由两个棱镜和一个光源组成。将少量油样覆盖在折射仪中两个棱镜的表面。光直接照射样品，从标尺上读取数值。然后将标尺上的数值按照仪器所提供的表格换算成折光指数，并进行温度校正。

（5）黏度

黏度反映了油品的化学组成。随着油品黏度的升高，油品中烷烃含量升高，氢含量增加，芳烃含量减少。黏度通常在20℃和50℃或80℃和100℃两个不同的温度下测量。对FCC原料来说，油品在20℃和50℃时太黏稠以至于不能流动，因此需要将油品加热到80℃和100℃，测量在这两个温度下的黏度。催化裂化轻循环油产品的黏度通常是测定其在20℃和50℃下黏度。

黏度是测量流动阻力的方法。动力黏度的单位是泊(P)或帕·秒(Pa·s)，但其测量起来较困难，因此一般用运动黏度来代替。运动黏度是测量所给样品通过特定直径和长度的毛细管的时间。运动黏度的单位是斯(St)或平方米每秒(m^2/s)。但是，通常用厘斯(cSt)或平方毫米每秒(mm^2/s)。厘泊与厘斯之间的关系用下列方程式关联：

$$1\text{厘斯}=1\text{厘泊}/\text{密度}，\text{即}\ 1cSt = 1cP/\rho$$

赛氏黏度(ASTM D88)是用于测定FCC原料黏度的最常用方法，这方法包括两部分：

① 轻质油用赛氏通用黏度计(SUV)；

② 重质油用赛氏重油黏度计(SFV)。

这两个方法都是在控制温度下测定一定体积的样品流过毛细管的时间。

（6）元素分析和金属分析

催化裂化工艺过程的原料和产品在烃类组成上都有一定的要求，以满足对原料裂化性能的要求和产品的使用性能，而油品的氢含量正是反映其轻重程度和烃类组成，也是衡量油品性质的一个重要指标。一般来说，轻质油品的氢含量高于重质油品的；在同一种油品中，石蜡基油品的氢含量高于中间基或环烷基油品的。通常催化裂化工艺要求原料的氢含量在11.5%~13.5%之间，最好大于11.8%；而催化裂化产品的氢含量所包括的范围约为6%~100%，氢气为100%，而油浆和焦炭中稠环芳烃氢含量约为6%或更低。裂化气中各组分的氢含量可直接由分子式计算，原料油和液体产品氢可以直接测定，焦炭中的氢可由烟气组成来计算获得。

较重的催化裂化原料一般含有较多的杂质，最常见的杂质为氮、硫和金属。这些杂质对FCC装置性能有负面影响。了解这些杂质的特性和作用，对原料和催化剂的选择以及故障检修是必要的。FCC进料中大部分杂质是以大的有机分子的形式存在。除硫以外，所有这些污染物都对催化剂有毒害作用，会导致催化剂丧失生产有价值产品的能力。原料中硫含量增加会增加操作成本，这是由于为了满足产品规格并遵守环保法规，需要增加原料和产品的处理设备。FCC原料中的杂质对催化裂化工艺的影响将在后面作详细论述。

FCC原料中的总氮是通过化学荧光法氮检测器(ASTM D3228)来测定，此方法是将进料中的全部氮转化成氨，然后用标准酸溶液滴定。或者通过氧化燃烧和化学荧光检测法(ASTM D4629)来测定进料中的总氮含量。FCC原料中的总硫通过波长分散的X射线荧光光谱法(ASTM D2622)测定，其结果以元素硫的形式表示。

（7）烃类组成表示方法及其分离方法

油品烃类组成是决定原料裂化性能和产品性质的最本质最基础的表征参数。石油烃类组成表示方法通常采用单体烃组成、族组成和结构族组成。

单体烃组成是表明石油及其馏分中每一单体化合物的含量。单体烃组成表示法一般只限于石油气及石油低沸点馏分的组成，如汽油，气相色谱技术已可分析鉴定出汽油馏分中上百种单体化合物。

对于重馏分油只能采用族组成来表示。所谓“族”就是化学结构相似的一类化合物，例如，通常采用烷烃、烯烃、环烷烃和芳烃(PONA)来表征催化裂化原料组成。馏分油先经硅胶冲洗吸附分离为饱和分和芳香分两部分，然后分别进行质谱分析。饱和烃部分含 7 个类型的饱和烃以及少量单环芳香烃，芳香烃部分含 18 个类型芳烃及 3 个类型芳烃噻吩。分析结果综合起来可以得出：链烷烃及单环、双环、三环、四环、五环和六环环烷烃，以及单环芳烃、烷基苯、环烷基苯、二环烷基苯、萘类、苊类/二苯并呋喃、芴类、菲类、环烷菲类，芘类、屈类、苝类、二苯并蒽、苯并噻吩、二苯并噻吩、萘苯并噻吩和未鉴定的芳烃等含量。

对于高沸点馏分以及渣油中各种类型分子很难用族组成的概念来准确地描述其结构，一般按照烃类结构族组成概念，即认为不论石油烃类的结构多么复杂，其结构都是由烷烃、环烷烃和芳烃这三种结构单元所组成。石油中间馏分及高沸点馏分的结构族组成测定方法是 $n-d-M$ 法。结构族组成就是确定复杂分子混合物中这些结构单元的含量，而不是研究在分子中这些结构单元的结合方式。随着分析仪器和计算机技术的进步，开发出 GC-EIMS 方法，可以测定 VGO 馏分油烃类组成沸点分布。同时，将 GC 沸点分离、FI 软电离技术和 TOF 精确质量测定组合，建立 GC-FI/TOF/MS 方法，可以测定 VGO 馏分油烃类和含硫化合物组成碳数分布。

四组分或六组分是表征渣油原料性质的一个重要参数。四组分(SARA 法)具体为饱和分(S)、芳香分(A)、胶质(R)和沥青质(AT)。渣油的四组分是由物理分离而得到的，首先是用正庚烷将渣油中的沥青质沉淀出来，并进行定量测定，可溶正庚烷部分则在水含量为 1% 的中性氧化铝吸附色谱上用不同的溶剂进行冲洗，从而再分离为饱和分、芳香分和胶质，其分离过程见图 5-2。六组分在四组分基础上，将胶质分离成轻胶质、中胶质和重胶质，其分离过程见图 5-3。

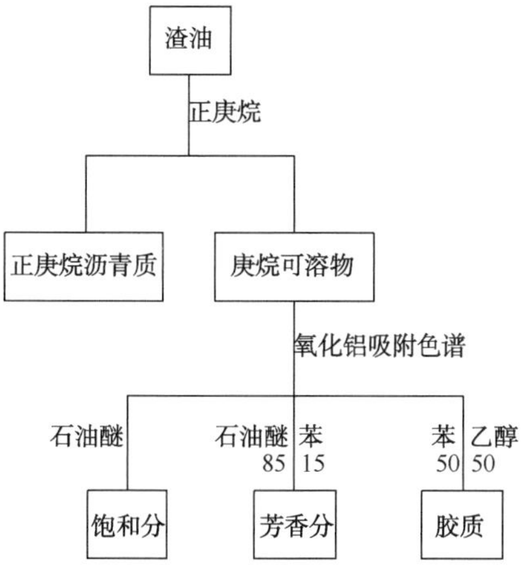

图 5-2　渣油的四组分分离过程示意图

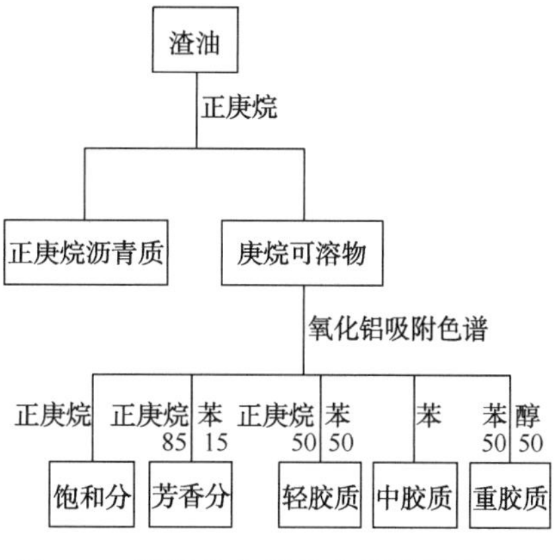

图 5-3　渣油的六组分分离过程示意图

5.2.2　原料性质及其分析

催化裂化装置所处理的原料包括馏分油、二次加工的馏分油、常压渣油、减压渣油、加氢重油等等，对原料密度、残炭、氢含量和重金属含量存在着限制指标[5]。

(1) 对于石蜡基原料，要求原料油残炭<8%，氢含量>12.2%，相对密度<0.92g/cm^3，重金属 Ni<25μg/g，V<5μg/g；

(2) 对于中间基原料和加氢处理后原料，要求原料油残炭<6%，氢含量>11.8%，相对密度<0.94g/cm^3，重金属 Ni<10μg/g，V<10μg/g。

VGO 是使用最广泛、最为典型的催化裂化原料。国外作催化裂化原料用的减压馏分油(VGO)沸程约 350~565℃，国内作催化裂化原料用的馏分油终馏点约 510~535℃。VGO 密度一般在 0.85~0.90g/cm^3，氢含量一般在 12.5%~13.8%，相对分子质量一般在 350~400。残炭和金属含量均很低。

石蜡基 VGO 饱和烃含量均在 80%以上，而芳烃含量仅 15%左右，例如，大庆油 VGO 饱和烃含量为 86.6%，其中链烷烃含量为 52.0%。而中间基胜利油的 VGO 饱和烃含量为 71.8%，其中链烷烃含量为 30.5%，芳烃含量在 23%以上，且含胶质和噻吩类较多，约为 5.6%。羊三木油基本上不含链烷烃，芳烃含量高达 40%左右。原料中的饱和烃和单环芳烃之和称为汽油潜含量，在相同的评价条件下，其值越大，转化率越高，汽油产率也越高。大庆蜡油的汽油潜含量为 94.2%；任丘、东濮、胜利和鲁宁管输蜡油的汽油潜含量均超过 80.0%；只有羊三木、辽河蜡油的汽油潜含量低于 80.0%。

由于 FCC 工艺是自身碳氢平衡的，这就要求目标产品(液化气+汽油+轻循环油)消耗氢与原料的氢含量之间差值越小越好。对于以大庆油 VGO 为原料，其氢含量为 13.5%以上，目标产品消耗氢占原料的氢约为 94%；而以劣质重油为原料，如加氢重油，其氢含量在 12.0%左右，目标产品消耗氢占原料的氢约在 82%。由此可以看出，氢含量高的原料，其氢利用率也越高。氢含量高和相对分子质量大的 VGO 更适合 FCC 工艺对原料性质的要求。

由于市场对汽油需求量日趋增加，将原油中的 VGO 经催化裂化工艺转化为汽油，仍然无法满足市场对汽油的需求量，迫使催化裂化工艺处理更劣质的重油。国内大部分 FCC 装置使用常压渣油(AR)直接用作催化裂化原料或者使用减压渣油(VR)与 VGO 混兑作催化裂化原料。但由于原油中的金属污染物、高相对分子质量的沥青质和胶质以及硫、氮等杂原子化合物大部分都集中在渣油中，因此，为处理渣油原料，开发出渣油催化裂化工艺，但渣油 FCC 装置运转仍然存在一系列的问题亟待解决。

常压渣油密度一般大于 0.9g/cm^3，残炭一般大于 5.0%，氢含量一般大于 11.5%。国内常压渣油中的镍含量较高，一般超过 4μg/g，甚至高达 40μg/g，钒含量较低，一般低于 2.0μg/g；而国外常压渣油中的镍含量和钒含量均较高，镍含量一般超过 7μg/g，甚至高达 40 μg/g，钒含量更高，一般超过 10μg/g，甚至高达 100μg/g。部分优质的常压渣油可以直接作为渣油 FCC 装置的原料。

减压渣油密度一般大于 0.92g/cm^3，残炭一般大于 10.0%，氢含量一般小于 11.0%。国内减压渣油中的镍含量较高，一般超过 10μg/g，甚至高达 80 μg/g，钒含量较低，一般低于 2.0 μg/g；而国外减压渣油中的镍含量和钒含量均较高，镍含量一般超过 15μg/g，甚至高达 70 μg/g，钒含量更高，一般超过 20μg/g，甚至高达 200 μg/g。只有极少量的减压渣油可以直接作为渣油 FCC 工艺原料，大部分减压渣油必须经过预处理后，才可以作为渣油 FCC 装置的原料。

渣油是一种化学组成变化范围很宽的复杂混合物。其相对分子质量小的部分含有较多饱和分和芳环数较少的芳香分，氢含量高且金属含量低，可用作催化裂化原料；其相对分子质量大的部分主要是胶质、沥青质及少量的芳环数较多的重芳香分，芳环数较多，且芳碳缩合度高，氢含量低且金属含量高，完全不适合于作催化裂化原料。饱和分、芳香分、胶质和沥青质中的氢含量范围如下：

饱和分　　13.6%~14.4%

芳香分　　11.0%~12.1%

胶质　　9.7%~10.6%

沥青质　　7.0%~7.7%

国内渣油中的饱和分含量从15.7%到47.3%，相差三倍之多；芳香分含量一般在30%左右；庚烷沥青质的含量普遍较低，大多小于3%；但胶质含量高达40%~50%；国外渣油中的庚烷沥青质普遍较高，胶质含量偏低，庚烷沥青质的含量高达10%，有的甚至更高，但胶质的含量一般只有30%。因此，国内减压渣油以戊烷沥青质为表征，不以庚烷沥青质来表征，原因其含量较低。胶质和沥青质对重质油的使用及加工过程有着举足轻重的影响。

镍和钒通常以卟啉化合物的形态存在。金属卟啉在石油中的含量一般在1~100μg/g，沸点在565~650℃之间，相对分子质量约为500~800，是一种结晶状固体，极易溶解于烃类中。它主要富集在渣油中，其中沥青质中含量最多。镍和钒非卟啉化合物多为含硫、氮、氧原子的四配位络合物，主要集中在重胶质和沥青质之中，且在沥青质中的非卟啉化合物可能与沥青质的片层交联在一起。因此，金属非卟啉化合物更难以脱除。

渣油与馏分油性质差异对比列于表5-5，从表中可以看出，对于加工渣油原料，催化裂化工艺应考虑重金属污染增加、硫与氮含量增加、多环芳烃含量上升而氢含量降低、焦炭前身物增加对催化剂性能、反应与再生工艺、生产过程清洁化产生的严重影响。在催化剂性能上，主要体现在催化剂的金属污染加重和高温水热失活加重；在反应工艺上，主要体现在原料难以雾化或气化、生焦趋势增加、干气尤其氢气产率上升、产品中含有更多的芳烃和硫化物；在再生工艺上，热量过剩、主风消耗量增加、烟气中的SO_x，NO_x排放量增加。这部分内容在随后的章节中详细论述。

表5-5　渣油与馏分油性质差异对比

项　目	VGO	VR	项　目	VGO	VR
馏程范围/℃	350~560	≥560	S/%	0.2~3.5	更高
相对分子质量	250~500	500~3500	N/(μg/g)	~1000	1000~3000
运动黏度/(mm^2/s)	1	3~20	Ni+V/(μg/g)	0~2	5~60
残炭/%	<2	>3			

衡量原料雾化或气化难易程度主要指标是临界温度。馏分油和渣油的临界温度的差异列于表5-6。渣油的临界温度在600℃以上，要高于VGO临界温度约在100℃以上。由此导致渣油催化裂化工艺的高效进料系统的开发，在第7章详细论述。

表 5-6 馏分油和渣油的临界温度的差异

项 目	减压馏分油（终馏点 500℃）		减压渣油（500℃⁺）		混合油	
样品编号	1	2	1	2	1	2
比例/%（m）	64.3	35.7	35.7	64.3	100	100
相对密度	0.882	0.882	0.9797	0.9797	0.9168	0.9448
比例/%（v）	66.8	38.2	33.2	61.8	100	100
API 度	28.9	28.9	12.9	12.9	22.8	18.3
康氏残炭/%	0	0	13.3	13.3	4.7~5.0	8.6~8.9
相对分子质量	380	380	670	670	483.5	566.2
特性因数（*K* 值）	12.15	12.15	12.15	12.15	12.15	12.5
临界温度/℃	557	557	667	667	595	628

5.2.3 二次加工原料性质及分析

（1）脱沥青油

脱沥青油（DAO）的质量与减压渣油性质和其收率密切相关。渣油性质较好，其 DAO 性质也较好。对于同一渣油原料，DAO 的质量随着收率的增加而降低。早期少量的 DAO 掺合到 VGO 中，可直接作为催化裂化原料。但由于 DAO 性质一般较劣质，最好先加氢精制后，再作 FCC 装置的原料。

（2）焦化馏分油

焦化馏分油（CGO）虽然不能单独作为催化裂化原料，但可同 VGO 掺合，作为 FCC 装置的原料。CGO 含有相当多的烯烃，芳烃含量也高于 VGO，氮含量高出相应原油的 VGO 好几倍。通常碱性氮化物含量占原料中的氮含量的 1/4~1/2，由此可以推算：CGO 中含有较多的碱性氮化物，主要是氮杂菲系和氮杂芘系，其中以苯并喹啉系及二苯并喹啉系含量最多。碱性氮化物易于和催化剂活性中心结合，使催化剂活性下降，其对 CGO 的催化裂化反应性能影响比稠环芳烃还严重。由于 CGO 中的氮含量较多，尤其碱性氮，造成催化剂中毒失活。如果 CGO 未加氢处理，掺炼量一般不超过 25%。目前大部分 CGO 均经加氢处理后再作 FCC 装置的原料。

类似 CGO，还有高温热解重油、减黏裂化重油、干馏的加工页岩油等。

（3）抽余油

重循环油（HCO）中含有大量重质芳烃。经溶剂抽提后，抽出油含有较高的芳烃，而抽余油含有较多的烷烃和环烷烃，是优质的 FCC 装置的原料。

（4）加氢处理油

直馏馏分油、常压渣油、减压渣油、溶剂脱沥青油、焦化馏分油、煤焦油以及 FCC 轻/重循环油等都可以先经过加氢处理（HT）后，再作为 FCC 装置的原料，视具体原料性质考虑是否进行加氢处理。对于高苛刻度的 FCC 装置，其轻/重循环油含有相当多的二环及二环以上的芳烃，通过加氢处理将芳环饱和或部分饱和，生产多环环烷烃，极大地提高其裂化性能。加氢处理工艺可脱除原料中部分硫和氮，但脱硫比脱氮容易得多。脱氮的深度很大程度上取决于原料的来源、馏程范围和含氮杂环化合物的类型。

值得注意的是，在缓和的加氢处理条件下，有时原料中的碱性氮含量还会增加，反而对催化裂化转化更不利的。

加氢处理改进原料裂化性能的程度与加氢处理的耗氢量成正比。即加氢深度大，耗氢量也比较大，加氢后的原料性质改善更明显。例如，科威特减二馏分油(以下简称为KVGO)经深度和浅度加氢精制后产生出两种加氢蜡油，浅度加氢精制的蜡油代号为 QVGO，深度加氢精制的蜡油代号为 SVGO。KVGO、SVGO 和 QVGO 性质列于表 5-7，从表中可以看出，KVGO 经加氢处理后，随着加氢深度的增加，加氢蜡油的密度、折光率、硫和氮含量均下降，而氢含量上升，从而原料裂化性能得到改善。

表 5-7　KVGO、SVGO 和 QVGO 性质

项　　目	KVGO	QVGO	SVGO
密度(20℃)/(g/cm^3)	0.9307	0.8952	0.8897
折光率(n_D^{70})	—	1.4764	1.4725
碳/%	84.85	86.92	86.71
氢/%	12.04	12.94	13.09
硫/%	3.8	0.39	0.16
碱性氮/(μg/g)	271	199	90

由于渣油作为燃料油的需求量不断减少，而轻质油品的需求量逐年增加，加上环保法规日趋严格，因而渣油改质及利用问题越来越受到重视，其中渣油固定床加氢处理技术占有重要地位。几套国内外渣油加氢处理装置的原料油和加氢重油性质列于表 5-8。

表 5-8　渣油加氢处理装置的原料油性质和加氢重油性质

装置名称	国内 WP-ARDS	国内 QL-VRDS	国内 MM-ARDS	国内 HN-ARDS	国外 ARDS	国外 VRDS
原料油性质						
密度(20℃)/(g/cm^3)	0.9669	1.000	0.9620	~0.95	0.9620	1.022
运动黏度/(mm^2/s)		923	89.46		33	1100
S/%	4.24	3.58	2.29	1.03	3.34	4.2
N/%	0.29	0.28	0.30	0.29	0.207	0.31
Ni/(μg/g)	15	29	23.2	33.88	9	19
V/(μg/g)	75	57	39.2		40	101
康氏残炭/%	12.8	21.0	10.26	10.74	9.5	22.0
沥青质(胶质)/%			1.22	2.7(20.3)		7.0
加氢重油性质						
密度(20℃)/(g/cm^3)	0.9144	0.9371	0.9291	0.9383	0.9220	0.9630
运动黏度/(mm^2/s)			33.88		22	92.0
S/%	0.35	0.30	0.31	0.33	0.19	0.40
N/%	0.19	0.16	0.13	0.25	0.12	0.195
Ni/(μg/g)	3	5.3	9.96	17.21	<2.0	<4.0
V/(μg/g)	13	4.9	10.7		<2.0	<4.0
康氏残炭/%	5.5	5.5	5.10	8.13	3.8	8.0
沥青质(胶质)/%			0.30	2.1(13.9)		0.8

续表

装置名称	国内 WP-ARDS	国内 QL-VRDS	国内 MM-ARDS	国内 HN-ARDS	国外 ARDS	国外 VRDS
脱硫率/%	92	91.6				
脱氮率/%	83	42.9				
脱残炭率/%	61	73.8				

从表5-8可以看出，渣油原料经加氢处理后，加氢重油不仅硫、氮含量明显地降低，而且可以降低其中的重金属和残炭，符合催化裂化工艺对原料性质的要求。

加氢处理工艺可以脱除原料中的硫、氮、重金属和残炭，同时饱和原料中的多环芳烃。加氢处理工艺作为制备催化裂化原料的手段与催化裂化工艺相结合，一般可提高催化裂化工艺的目的产品选择性和产品质量。加氢处理后原料油具有较高的转化率、较高的汽油产率、较低的焦炭产率。

加氢原料所生成的产品具有较低的硫含量和氮含量。例如，加氢后的原料大约5%的硫留在FCC汽油中；而未加氢处理的原料大约10%的硫留在FCC汽油中。

原料中的多环芳烃(PNA)一般沉积在催化剂上，生成焦炭。如果多环芳烃的部分外环经加氢处理饱和后，其裂化性能得到改善，可减少其在催化剂上结焦趋势，从而导致焦炭产率降低，进而降低再生器烧焦负荷，同时降低再生烟气中的SO_x和NO_x排放量。

5.3 原料可裂化性能

催化裂化原料是石油一次加工或二次加工的初馏点大于350℃的重质油，同样包括上述各种烃类和非烃类。烃类主要包括烷烃、环烷烃和芳烃，对于未加氢处理的焦化重馏分油，还含有少量的烯烃。

典型的FCC原料中烯烃含量一般少于5%。烷烃易于裂解，通常在产生的总液体产品中占最大部分，主要为液化气和汽油。环烷烃是理想的原料组分，这是因为它们不仅能生产较多的汽油。且汽油辛烷值也较高。环烷烃裂解生成的汽油含有更多的芳烃，并且比烷烃裂解生成更重的汽油；芳烃不是理想的FCC原料组分，因为芳烃只发生侧链断裂反应，而芳烃芳核自身容易发生缩合反应而生成油浆(多环芳烃)，甚至焦炭。烯烃最易发生裂化反应，但烯烃也容易发生氢转移反应，生成芳烃，甚至多环芳烃和焦炭，且难以控制，第2章已详细论述。

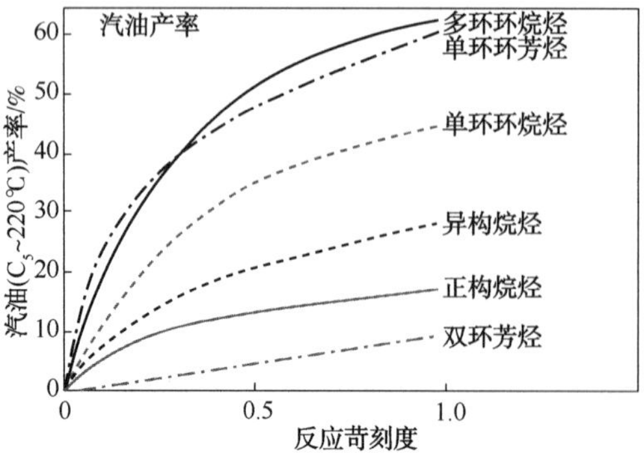

图5-4 不同类型烃类生成汽油的趋势

$$反应苛刻度=\frac{S(m^2/g)}{100\times PPH}$$

在催化裂化工艺条件下，不同烃类分子在催化剂上反应活性和反应途径取决于烃类的自身结构。不同类型的烃类对汽油产率贡献见图5-4。从图5-4可以看出，在同一裂化强度下，多环环烷烃和单环芳烃所生成的汽油产率最高，双环芳烃所生成的汽油收率却很低，三环以上芳烃难以转化为汽油，对汽油产率贡献可以忽略不计。因此，在估算不同类型的烃类对催化裂化产物分布影响时，不能将烷烃、环烷烃和芳烃视为裂解性能相同，如单环芳烃和多环芳烃形成了鲜明的对比，单环芳烃裂化时，得到高的汽油产率和低的焦炭产率，多环芳烃则相反。

对于富含环烷烃原料，即使密度和氢含量与石蜡基 VGO 相近，但产物分布相差较大，富含环烷烃原料有利于多产汽油和异构烷烃。三种不同环烷烃含量的原料催化裂化产物分布见表 5-9。

表 5-9 三种不同环烷烃含量的原料催化裂化产物分布

原料油中环烷烃含量	高	中	低
20℃密度/(g/cm^3)	0.8627	0.8826	0.9051
碳质量分数/%	86.77	87.72	88.17
氢质量分数/%	13.23	12.28	11.83
烃类质量分数/%			
链烷烃	18.6	18.1	17.4
环烷烃	68.6	40.5	17.5
总芳烃	12.8	41.4	65.1
单环芳烃	11.9	35.5	53.8
双环芳烃	0.9	5.6	10.4
三环芳烃	0	0.3	0.9
总质量	100	100	100
产物分布/%			
干气	1.91	2.25	2.80
液化气	16.31	12.21	9.30
丙烯	3.60	2.94	2.97
C_5^+汽油	66.16	53.82	48.74
柴油	13.05	26.10	33.74
重油	0.75	1.54	1.61
焦炭	1.82	4.08	3.81
总计	100.00	100.00	100.00
异构烷烃产率/%			
异丁烷	8.37	5.08	3.34
异戊烷	9.87	6.55	4.64
异构己烷	5.75	3.59	3.16
合计	23.99	15.22	11.14
BTX 产率/%			
苯	0.59	0.79	0.85
甲苯	3.92	3.99	3.97
二甲苯	6.97	6.37	5.89
合计	11.48	11.14	10.72

从表5-9可以看出，原料中的环烷烃含量越高，其转化率也越高，相应的液化气和汽油产率也越高。单环芳烃含量高的原料难以实现深度转化，如果提高反应苛刻度，势必造成干气与焦炭产率大幅度地增加，氢有效利用率明显地降低。同时还可以看出：原料中的环烷烃含量越高，产品中的异丁烷、异戊烷和二甲苯产率也越高。富含环烷烃原料具有很好的增产异构烷烃和BTX的潜力。

随着催化裂化技术向生产化工原料方向发展，更要注意原料中的链烷烃、环烷烃裂化性能的差异，不能笼统地称为饱和烃，以实现原料中的链烷烃、环烷烃合理与高效利用。虽然原料中的多环环烷烃是生产汽油的理想原料，但链烷烃却是生产裂化气，尤其低碳烯烃的理想原料。

石蜡基馏分油含有较多的链烷烃(如大庆VGO链烷烃含量为52.0%)，且链长较长，因而可以生成较多的乙烯、丙烯和丁烯，而中间基馏分油含有较少的链烷烃(如胜利油的VGO链烷烃含量为30.5%)，且链长较短，因而生成较少的乙烯、丙烯和丁烯。原料组成差异导致三烯产率不同，具体数据见表5-10，干气和液化气组成差异见5-11。从表5-11可以看出，对于不同性质的蜡油，DCC的干气组成也存在明显的差异。石蜡基蜡油的干气中的乙烯含量高于中间基蜡油的，约在3.77~16.17个百分点。而甲烷含量低于中间基蜡油的。从干气各组分产率来看，氢气、甲烷和乙烷产率基本相当，差别在于乙烯产率，石蜡基蜡油的乙烯产率高于中间基蜡油的，约在1.43~3.10百分点之间。按照甲烷和乙烷是热裂化反应的特征产物，在相同的油剂接触情况下，热裂化反应程度基本相同，因此，甲烷和乙烷产率基本相同是可以理解的，但乙烯产率差别如此之大，这表明乙烯不完全是热裂化反应的特征产物，这一试验现象值得深入研究[4]。

表5-10 不同类型原料油的产物分布

原料油	石蜡基-大庆VGO	石蜡基-南阳VGO	中间基-管输VGO
密度(20℃)/(g/cm^3)	0.8597	0.8534	0.8866
苯胺点/℃	102.3	104	88.9
碱性氮/(μg/g)	233	482	361
相对分子质量	379	350	338
氮/%	0.058	0.11	0.13
硫/%	0.077	0.0896	0.54
氢/%	13.45	13.70	12.62
碳/%	85.63	85.85	86.46
馏程/℃			
初馏点	316	306	266
5%	344	335	279
10%	357	346	318
30%	390	380	375
50%	419	410	412
70%	454	432	440
90%	508	461	480
95%	522	475	499
干点	537	501	522

续表

原料油	石蜡基-大庆 VGO	石蜡基-南阳 VGO	中间基-管输 VGO
产物分布/%			
干气	11.91	11.77	9.85
液化气	42.22	46.93	36.02
汽油	26.60	21.60	26.63
轻油	6.60	7.45	11.90
重油	6.07	6.36	7.05
焦炭	6.00	5.29	7.32
损失	0.60	0.60	1.23
合计	100.00	100.00	100.00
转化率/%	87.33	86.19	81.05

表 5-11 不同类型原料油的干气组成和液化气组成

原料油	石蜡基-大庆 VGO	石蜡基-南阳 VGO	中间基-管输 VGO
干气组成/%(v)			
硫化氢	0.0	0.00	2.49
氢气	19.16	25.45	25.90
甲烷	32.84	26.75	32.06
乙烷	12.62	10.04	10.71
乙烯	35.38	37.76	28.84
合计	100.00	100.00	100.00
干气组成/%(m)			
硫化氢	0	0.00	4.75
氢气	2.00	2.79	2.94
甲烷	27.18	23.29	28.84
乙烷	19.59	16.41	18.08
乙烯	51.23	57.51	45.39
合计	100.00	100.00	100.00
液化气组成/%(m)			
丙烷	7.86	11.71	10.63
丙烯	49.81	46.38	46.23
正丁烷	2.49	3.49	2.69
异丁烷	5.97	7.94	8.30
1-丁烯	5.91	5.07	5.25
异丁烯	12.14	11.42	12.11
顺-2-丁烯	7.19	6.12	6.44
反-2-丁烯	8.42	7.87	8.35
丁二烯	0.21	0.00	0.00
总计	100.0	100.0	100.0

催化裂化工艺是碳氢自身平衡的工艺，当原料中的贫氢分子化合物含量增加，目标产品收率也会降低，且产品中的芳烃含量也相应地增加。这一点在渣油催化裂化工艺上体现相当明显，随着原料中的渣油掺入比例增加，也就是多环芳烃含量增加，转化率明显降低，见图5-5，汽油产率明显降低，见图5-6，而油浆产率快速增加，见图5-7。

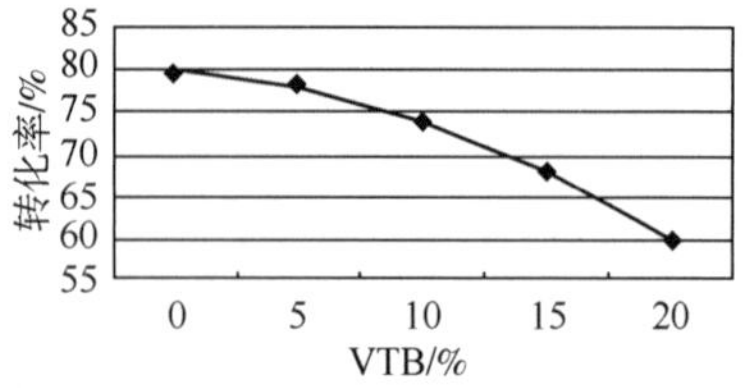

图 5-5 掺渣比对转化率的影响

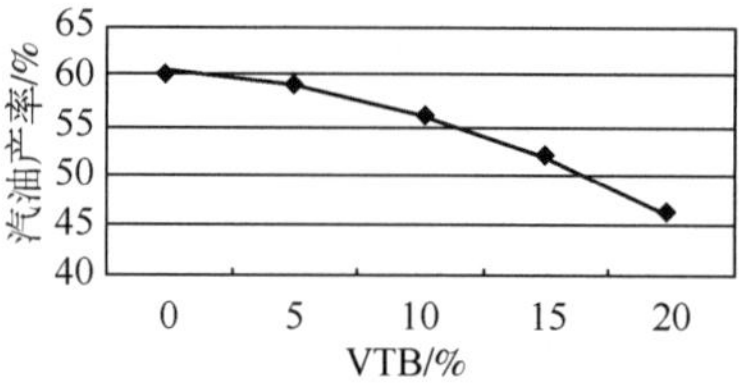

图 5-6 掺渣比对汽油产率的影响

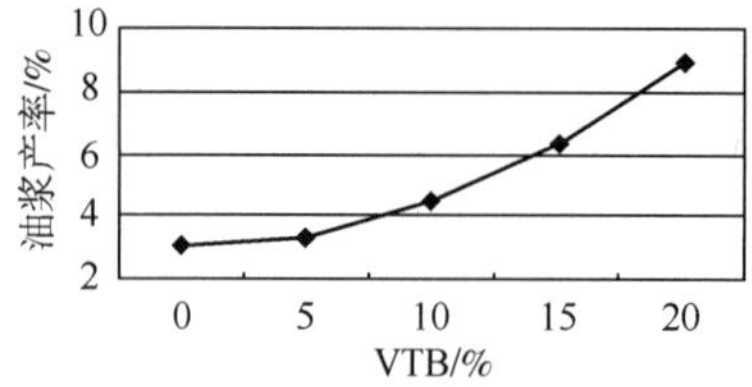

图 5-7 掺渣比对油浆产率的影响

5.4 原料中的杂质及其危害

由于催化裂化所加工渣油中含量较高的镍、钒、铁、钙、钠等重金属，这些重金属沉积在催化剂上，对催化剂催化性能有毒害作用，会导致催化剂反应活性、目的产物的选择性降低，更严重会导致催化剂分子筛结构崩塌。我国原油中的金属含量分布特点是镍高钒低，镍含量为 3 ~60μg/g；而中东原油中的金属含量分布特点是钒高镍低，钒含量约为 3 ~30μg/g。随着重油加氢处理原料增多，催化裂化原料中的铁和钙含量也有增加趋势。个别装置由于上游脱盐效果差，导致原料中的钠含量过高。此外，催化裂化原料还含有硫和氮化合物，当原料中有部分焦化蜡油时，更要关注氮含量，尤其碱性氮含量[5,6]。

镍、钒、铁、钙、钠、硫和氮等杂质对催化裂化装置运转性能时时刻刻产生负面影响，技术管理和操作人员要充分了解这些杂质的特性和作用，对原料和催化剂的筛选以及装置故障诊断与检修是十分必要和有用的。

5.4.1 氮化物

石油元素组成中氮的含量一般为万分之几到千分之几，但也有少数原油氮含量可达 1.4%~2.2%。我国孤岛原油氮含量最高，约为 0.47%。通常，随着石油馏分沸点的提高，其氮含量也增加。在沸点高于 450℃的渣油中集中了约 90%的氮，且渣油中的大部分氮是存在于胶质、沥青质中(大部分以金属卟啉化合物的形态存在)。馏分油中的总氮含量相差也较大，低的小于 1000μg/g，高的可达 2500μg/g。

FCC 原料中的氮化物包括碱性氮化物和非碱性氮化物。总氮含量是碱性氮和非碱性氮含量之和。碱性氮含量大约占总氮含量的 1/4~1/2。碱性氮化物的基本化合物是吡啶和喹啉等，当相对分子质量增加时，则成为苯并吡啶(苯并喹啉)、二苯并吡啶(10-氮杂蒽)等多环氮化物；非碱性氮化物的基本化合物是吡咯，当相对分子质量增加时，则成为苯并吡咯(吲哚)、二苯并吡咯 (咔唑)等。在通常的直馏馏分油中，总氮中碱性氮化物所占的比例约为

30%~67%，而碱性氮化物中约有 50%~70%是喹啉及其衍生物，约有 25%~40%是吖啶及其衍生物。氮化物种类如图 5-8 所示。

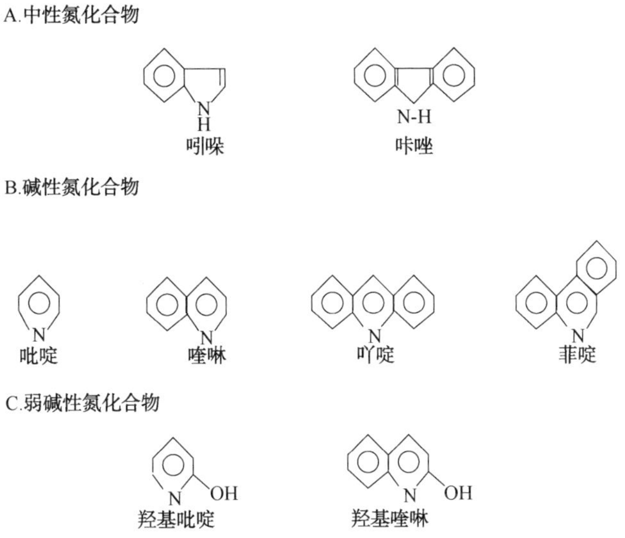

图 5-8　原油中的氮化物的类型

在几种中东原油中，氮化物分布：

① 含量：在 225~540℃馏分油中含 20%~25%氮，大于 540℃减压渣油中含 75%~80%氮(其中 20%在沥青质中)。

② 类型：在 225~540℃馏分油中，50%氮为中性氮化物，33%为碱性氮化物，17%为弱碱性氮化物；540℃以上减压渣油馏分中，33%为中性氮化物，20%为碱性氮化物，27%为弱碱性氮化物。

在催化裂化反应中，催化剂的活性组分为分子筛，其酸性位为活性位，部分基质也具有酸性。原料中的氮化物“碱性”与催化剂的酸位相互作用后，由于碱性氮化物含有孤对电子，具有强烈的络合和吸附性能，而催化剂的活性中心是 L 酸和 B 酸，具有电子空轨道，二者结合形成强配位键的络合物，使催化剂中毒暂时失去活性，造成原料的转化率下降，如图5-9所示。

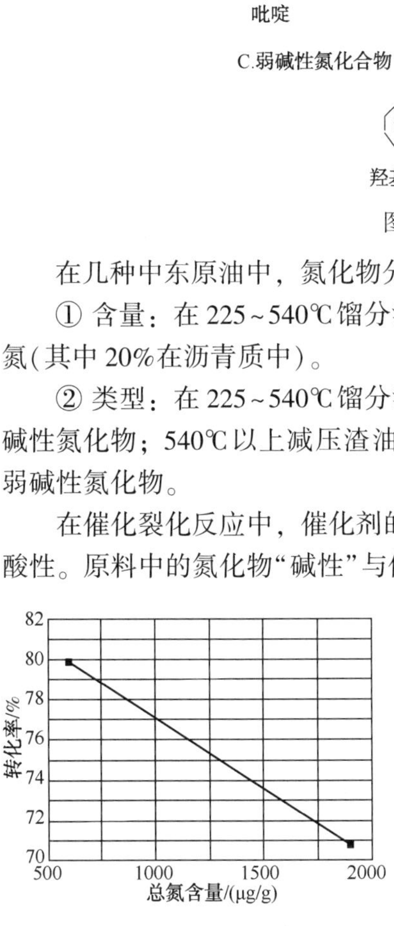

图 5-9　原料中的氮含量对转化率的影响

碱性氮化物对催化剂毒害是非永久性的中毒。在再生器内，催化剂上沉积氮化物经高温燃烧后，催化剂又恢复了催化活性。焦炭中大约 70%~90%的氮转化成氮气，其余的氮转化成氮氧化合物(NO_x)。NO_x随烟气排出，需要净化处理，否则污染环境。碱性氮化物对催化剂毒害对反应性能负面影响较严重，造成重油裂化能力下降，油浆增多，高附加值产品下降。对再生催化剂性质分析不存在异常现象。从图 5-9 可以看出，原料中的碱性氮含量每增加 100μg/g，转化率将降低 1 个百分点，催化裂化汽油产率将损失 1 个百分点(体积分数)。事实上，所有的碱性氮化物最终都会形成焦炭。

氮化物除了能使催化剂中毒以外，还对装置设备和产品性质等方面产生不利的影响。在提升管反应器中，一些氮化物转化成氨和氰化氢(H—CN)。氰化氢会加速气体分馏装置设备的腐蚀速率。由于它去掉了硫化物的保护膜，暴露的金属会加速腐蚀。这种腐蚀产生的原子氢最终将导致氢气疱疤。氰化物有增加裂化强度的趋势。另外，一些氰化合物最终生成轻循环油(LCO)中的吡咯和吡啶，这些化合物很容易氧化而影响油品颜色的稳定性。LCO 中的氮含量取决于转化率，转化率提高，LCO 中的氮百分含量就降低，而催化剂上的氮百分含量增加。

为了降低碱性氮化物对催化剂性能的毒害和生产过程不利的影响，需从原料加氢处理、催化剂自身性能改善和工艺条件选择三个方面入手加以解决。

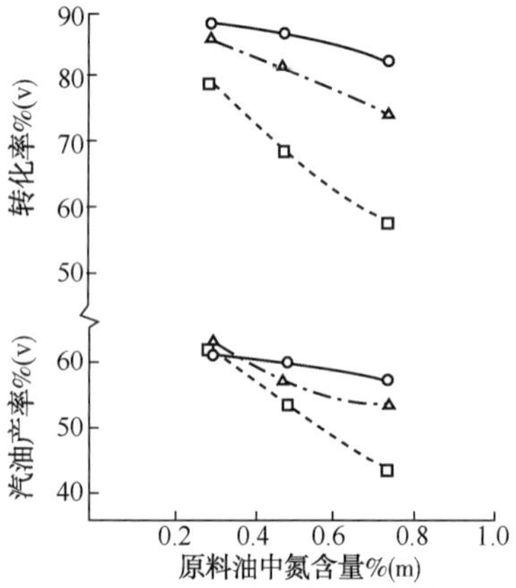

图 5-10 REY 分子筛含量不同的催化剂上转化率和汽油产率随原料油中氮含量的变化

-□- 低含量；-△- 中等含量；-○- 高含量

(1) 降低原料油中的氮含量

原料中的氮含量不仅对转化率，而且对目的产物分布均产生显著的不利影响。不同氮含量的原料在三个 REY 分子筛含量不同的催化剂上反应结果表明，转化率和汽油产率都随着原料油中氮含量的增加而快速降低，如图 5-10 所示。

除了碱性氮化物含量外，碱性氮化物类型对裂化催化剂性能产生强烈的负面影响，如杂环类型、分子大小、氮在环上的个数、分子的饱和程度等。各种氮化物对转化率影响如下：

① 未添加氮化物、添加 0.5%氮含量的五元环的吲哚和六元环的喹啉时，六元杂环的毒性比五元杂环的强。例如吲哚(转化率 49.6%)和喹啉(转化率 39.2%)之间的转化率差了近 10%，由此可见碱性氮化物的毒害作用很强。

② 氮化物分子中缩合的芳环数越多，碱性氮化物的尺寸越大，其毒性越强。例如吡啶、喹啉和吖啶的二级转化率分别为 1.06、0.64 和 0.53。

③ 含有两个氮原子的化合物，其毒性反而下降。芳烃的芳环上发生氮取代后，毒害作用增大。

④ 氮化物经加氢处理后可以大部分脱除。但留下的氮化物会部分地饱和，中性氮(吡咯)还会变成碱性氮化物(四氢化吡咯)，其毒害作用增大。

⑤ 带有烷基侧链的氮化物，不但改变分子的电子性质，而且其空间位阻效应能够影响碱性氮化物和催化剂表面的作用，其毒性会增加，侧链越多越长所造成的转化率下降越明显。例如，2,6-二甲基吡啶的毒害作用更强，这是因为空间位阻作用使它只吸附于超笼中的质子酸位上，而且会对邻近质子酸有诱导毒害效应。也就是说，碱性氮化物的尺寸越大，吸附在催化剂表面，并堵住分子筛孔道口的几率就越大，其毒害作用就越强。

各种氮化物对产物产率的影响如下：

① 随着氮中毒的增强，汽油选择性会随之下降。例如无添加物，加有吡啶、喹啉和吖啶时，其汽油选择性分别为 87%、81%、73%和 52%。产物的选择性随着氮化物的种类而改变，如焦炭和氢气的产率，随着多环氮化物的浓度的增加而增加，但单环氮化物对其没有影响。当氮化物浓度升高时，汽油的选择性降低，而 LCO 和 HCO 的选择性升高。

② 带有2~3个芳环的碱性氮化物，会使氢气产率明显增加。除了吖啶外，焦炭产率比较稳定，由于吖啶在催化剂上的不可逆吸附，造成了较高的焦炭产率。

吡啶和吖啶等氮化物对转化率、产物产率的影响见图5-11。从图5-11可以看出，吡啶比吖啶有害性要低得多。但随着两者含量的增加，转化率和汽油产率逐渐下降，而氢气产率、焦炭产率和轻循环油产率则逐步上升。这些变化趋势在开始时比较明显，而后逐渐趋于平缓，当氮浓度高于2000μg/g时，转化率几乎保持不变。此外汽油的辛烷值也有一定的降低。总之，氮化物不仅使裂化催化剂活性降低，而且会使产品分布变差。

对原料进行加氢处理以脱除氮化物和大部分其他杂质是最为合适且经济效益较好的手段。

(2) 开发抗氮性能强的专用催化剂

在处理氮含量较高的原料油时，选择抗氮能力强的催化剂是很重要的，虽然碱性氮化物引起的失活是暂时的(具有可逆性质)，但是它对转化率和产品分布的影响却很大。

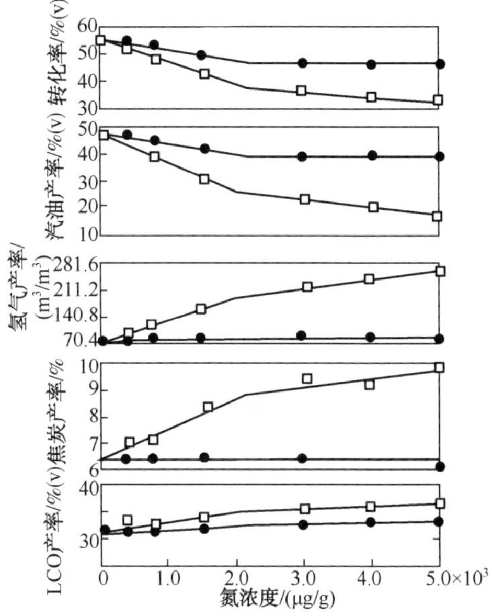

图5-11 吡啶和吖啶浓度对裂化性能的影响

-●- 吡啶；-□- 吖啶

① 分子筛含量及类型

分子筛催化剂比无定形硅铝催化剂具有更多的酸中心，因而具有更好的抗氮性能。增加催化剂中分子筛的含量可增强催化剂的抗氮性能，提高转化率，使汽油收率增加而焦炭产率降低。高硅铝比的分子筛催化剂水热稳定性好、结焦少，但氮中毒失活快。由于USY分子筛和ZSM-5分子筛的酸性中心密度比Y型分子筛低得多，因此更易受氮化物的影响，但ZSM-5分子筛对大分子化合物有择形性，所以大分子的氮化物(如2，4，6-三甲基吡啶等)对其毒害反而较小。

分子筛催化剂中稀土含量对抗氮中毒也有很大作用，稀土分子筛有更高的活性，对氮中毒有很好的抵抗性。从表5-12可以看出，RELZY-82催化剂中分子筛含量较低，但它的RE含量高，因此在裂化高氮原料时，具有更高的活性和汽油收率。这是由于三价的稀土离子有更强的极化作用，能产生更多的质子酸；此外稀土离子半径小，电荷密度大，置换到分子筛内部能形成很强的局部静电场，对吸收和极化成正碳离子具有促进作用，因此稀土分子筛催化剂有更高的活性，对氮中毒有很好的抵抗性。

表5-12 稀土含量对抗氮性的作用①

催化剂	LZY-82	RELZY-82	催化剂	LZY-82	RELZY-82
分子筛含量/%	35	25	LCO收率/%(v)	29.7	27.1
RE_2O_3含量/%	—	1.53	DO收率/%(v)	20.5	16.9
转化率/%(v)	50	56	$H_2/(m^3/m^3)$原料	17.1	4.1
汽油收率/%(v)	39.1	42.1	焦炭产率/%	2.9	3.6

① 氮含量为0.48%原料油的微活试验结果。

② 分子筛催化剂基质

基质酸性的强弱对分子筛催化剂的抗氮性有很大作用，基质酸性越高抗氮性能就越好。基质的表面积和孔结构对催化剂的抗氮性能也有很大影响。由于基质能够裂化那些不易进入分子筛孔道内的大分子，其比表面积越大则吸附能力越强，所以大表面基质的催化剂，能够得到高的转化率和汽油收率，对氮化物有显著的耐受性，如表5-13所列。但只有当基质的比表面积和酸性都高时才是最有效的。

在表5-13中，催化剂Ⅲ和Ⅳ所含分子筛组分相同，比表面积的不同是由基质引起的。含氮化合物在大比表面积基质上滞留时间长，就可减少对分子筛的毒害。此外，基质比表面积的差别将导致孔分布的差异。由图5-12可看出，催化剂Ⅳ具有广阔的孔分布(特别是大孔)，这有利于不同尺寸的反应分子都能进入催化剂颗粒内部，从而有利于大分子裂化，包括氮化物的裂化。基质上的酸位(主要为L酸位)能够吸附碱性氮化物，从而减少对分子筛活性位的毒害作用。因此，催化剂中的基质的酸位越多越强，催化剂的抗碱性氮化物能力就越强；同时，基质的大比表面积和宽孔分布对裂化高氮原料油是有利的。

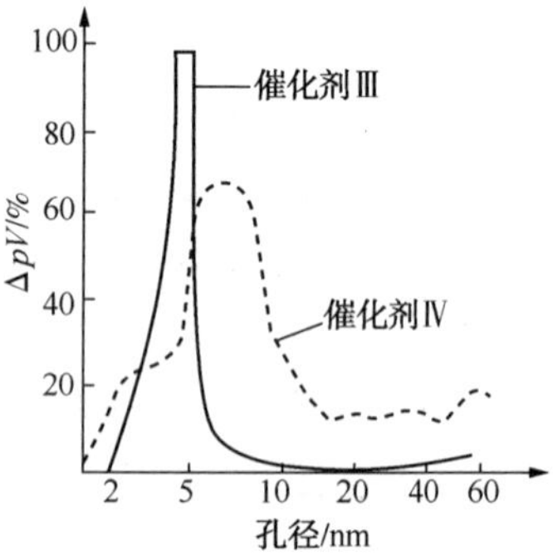

图5-12　催化剂的孔分布

表5-13　基质比表面积对催化剂抗氮性的影响

催化剂类型	Ⅲ	Ⅳ	催化剂类型	Ⅲ	Ⅳ
Al_2O_3含量/%	46.0	44.6	孔体积/(cm^3/g)	0.14	0.33
RE_2O_3含量/%	2.74	2.76	转化率②/%(v)	68	75
比表面积①/(m^2/g)	158(50)	234(145)	汽油收率②/%(v)	52	59

① 括号内是基质的比表面积。

② 氮含量为0.48%原料油的微活试验结果。

(3) 优化工艺条件

一般来说，有利于提高转化率的操作条件都有利于加工高氮原料，而反应温度的影响尤为明显。提高反应温度不仅可增加催化剂酸性中心的数量，而且可以减弱碱性氮化合物的吸附能力，这样就降低了它们的毒害作用。Fu等(1985)考察了三种反应温度下，4-(5-壬基)吡啶的毒害作用，列于表5-14。

表5-14　反应温度对氮中毒的影响

温度/℃	转化率/%(v)	转化率			
		汽油/%(v)	LCO/%(v)	重循环油/%(v)	焦炭/%(m)
510	-16.0	-16.2	+5.9	+10.1	-0.4
538	-12.9	-13.9	+5.6	+7.4	-0.3
566	-4.2	-5.3	+2.4	+1.8	-0.1

注：试验的剂油比为6.5，表中的数据为加有4-(5-壬基)吡啶(3000μg/g)的馏分油与纯馏分油之间的差值。

由表5-14可以看出，在三种温度下氮化物均引起转化率和汽油收率的下降以及循环油的增加。但随着反应温度的提高，其变化幅度减小，说明氮中毒效应减轻了。

由于氮化物，尤其碱性氮化物会严重影响催化剂的活性和产物的选择性，在加工高氮原料时通常采取的主要技术措施有：加氢预处理、溶剂精制、吸附转化脱氮工艺（DNCC）、酸处理脱氮或原料注酸、提高反应温度和增大剂油比、掺兑原料以限制进料氮含量以及采用高活性抗氮催化剂或添加剂等。

5.4.2　硫化物

FCC 原料中的硫均以有机硫化物存在，主要有硫醇类（RSH）、硫醚类（RSR′）、环状硫醚类（ ）、二硫化物（RSSR′）、噻吩以及其同系物（）、苯并噻吩和二苯并噻吩类（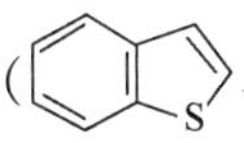、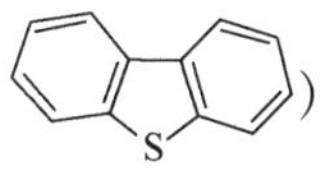）等。通常，当原油中的渣油含量升高时，硫含量也增加。

相对其他杂质，硫化物对催化剂性能、转化率和目的产品产率影响较小。一些芳香性硫化合物不能转化，这与其他芳香性化合物相同，绝大多数留在循环油和油浆。鉴于硫化物对 FCC 工艺的危害较小，在此不作论述。

随着环境保护日趋严格，降低 FCC 产品中的硫含量、减少烟气中 SO_x 排放量和回收污水中的硫化物得到空前的重视，开发出多种技术。

5.4.3　金属

原油中含有少量的金属，例如镍、钒和钠。这些金属一般富集在高沸点范围的常压渣油或减压渣油中，其本身就具有催化作用，能促进一些不希望的反应类型发生，如脱氢反应和缩合反应，造成氢气和焦炭产率增加，汽油产率下降，使原料中的氢有效利用率降低。

FCC 原料中的所有金属都会沉积在催化剂上，造成催化剂永久性的中毒，使其催化活性和目的产品选择性降低。下面详细论述每种金属对催化剂性能、转化率和产物产率具体的影响。

（1）镍（Ni）

沉积在催化剂上的镍会使催化剂具有较高的脱氢活性。由于含镍催化剂使饱和烃脱去氢，生成不稳定的烯烃，而这些不稳定的烯烃发生缩合反应生成更重的碳氢化合物，从而使氢气和焦炭的产率增加。但镍不破坏分子筛的晶体结构，当催化剂上镍含量过高时，催化剂微反活性反而增加。在催化剂颗粒内，镍能在基质上沉积，也可在分子筛上沉积。在分子筛上，镍或沉积在孔隙内，或沉积在表面上。在催化剂再生时，镍易与基质上的活性氧化铝结合，生成 $NiAlO_4$类型的化合物，从而使镍的脱氢活性大大降低。

镍开始沉积在催化剂表面上时，具有较高的脱氢活性。随着通过连续的再生氧化和反应还原循环，镍就失去最初的高脱氢活性。一般来说，平衡催化剂上大约 1/3 的镍有促进脱氢反应的活性。

催化剂的镍中毒的表现在产物分布和催化剂性能上。对于产品分布：H_2/CH_4 比增加，焦炭产率增加，总液收下降；对于催化剂性能：镍污染严重时，催化剂微反活性增加。下面两个是用来跟踪镍对催化剂作用的常用指标：

① 氢/甲烷的比；

② 生成氢气体积/桶进料。

氢气/甲烷比是衡量脱氢反应的一个指标。然而，氢气/甲烷比对反应器温度和催化剂类型很敏感。对于加工馏分油，其镍含量小于 0.5μg/g 时，氢气产率大约为 0.07%(相对于新鲜原料)，氢气/甲烷摩尔比在 0.25~0.35 的范围内。当原料中的镍含量增加到 1.5 μg/g，那么氢气产率将增加到 0.17%(相对于新鲜原料)。当加工重质原料，尤其石蜡基重油时，通常原料中镍含量较高，造成催化剂镍含量超过 10000μg/g，干气中的氢气含量超过 50%(v)，相应地焦炭产率也增加，此时 H_2/CH_4的摩尔比会大于 1，甚至达到 3。干气中的氢气含量过高是不希望的。

从质量分数来看，氢气增加是可以忽略的，但是其气体体积增加过多会影响装置操作性能。过量氢气会降低富气的相对分子质量。由于压缩机通常是离心式的，这就限制了出口压力。较低的反应压力导致装置处理能力降低，这就使得加工量减少或装置在较低的转化率下操作。在稳定吸收系统中，高的氢气产率会影响 C_3^+化合物的回收。对于吸收塔，氢气作为惰性物质并能改变液气比。因此，原料中只要含有很少的镍就会对装置操作有显著的影响。

催化裂化装置中的平衡催化剂上的金属含量和活性，与催化剂补充率有关。大庆常压渣油的镍含量在 4.8μg/g 左右，当催化剂的正常损耗在 1kg/t 原料油的水平时，则平衡催化剂上的镍含量将保持在 4800μg/g 左右，催化剂上镍含量在此水平是否合理？为此，试验研究了催化剂上不同的镍含量对产物分布的影响。催化剂上的镍含量对氢气、焦炭产率的影响见图 5-13。

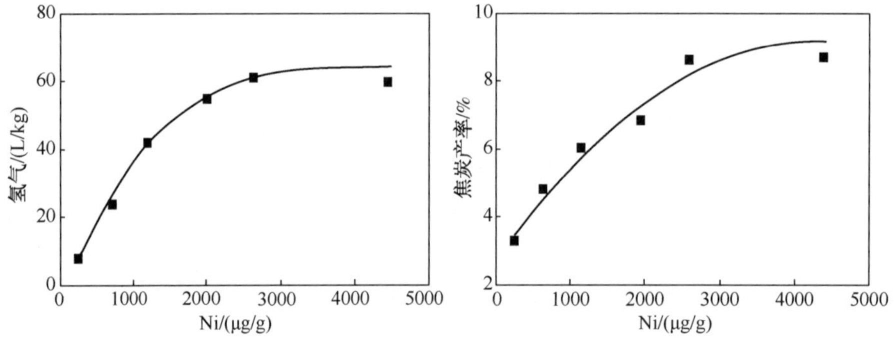

图 5-13 催化剂上的镍含量对氢气、焦炭产率的影响

(单程转化率 65%的试验结果)

CRC-1 催化剂上镍含量和 H_2/CH_4 比值之间的关系见图 5-14。从图 5-14 可以看出，H_2/CH_4比值随催化剂上的镍沉积量增加开始变化较大，当镍沉积量到 3000μg/g 左右时，镍含量再增加，H_2/CH_4 比值变化趋势减弱，逐渐趋于平稳。当镍沉积量到 5000μg/g 左右时，干气中 H_2/CH_4比值约为 3.15。这表明 CRC-1 催化剂具有较强的抗重金属污染能力。

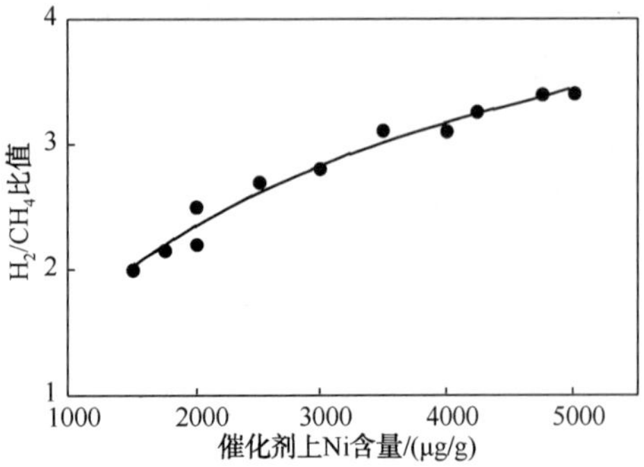

图 5-14 H_2/CH_4 比和催化剂上 Ni 含量的关系图

当催化剂发生镍中毒时，可以使用含锑的金属钝化剂，锑与镍结合形成尖晶结构的稳定的化合物。锑也是分子筛的毒物，它中和活性中心，破坏分子筛结构。锑钝镍是“以毒攻毒”，合理使用。钝化剂的量根据平衡剂上锑和镍的量而定，通常平衡催化剂上锑的量是镍的三分之一到二分之一。锑钝化可降低氢气和焦炭的选择性。

如果镍是进料中的常规组分，那么就需要使用钝化剂。如果镍影响操作和利润，用锑来钝化镍是有益的。如果平衡催化剂上的镍超过 1000μg/g，那么用锑来钝化镍是具有吸引力的做法。

金属钝化剂的应用首先要考虑催化剂金属类型，然后再确定金属毒害程度，或称为有效金属含量(即活性金属)。对于工业 FCC 装置，催化剂上金属毒害程度与原料中的金属含量、新鲜催化剂加入量、再生方式以及催化剂种类等均密切相关。确定钝化剂的最佳应用可以在实验室进行评定，以实验室评定结果来指导在工业 FCC 装置上应用。例如，对于工业 FCC 装置运转催化剂 CRC-1 和 Y-15 混合催化剂(含 Sb 为 1300μg/g)，其镍含量分别为 11400μg/g 和 6000μg/g，在实验室内分别浸渍不同水平的锑钝化剂，然后在小型固定流化床上进行评价试验。评价试验结果见图 5-15 和图 5-16。

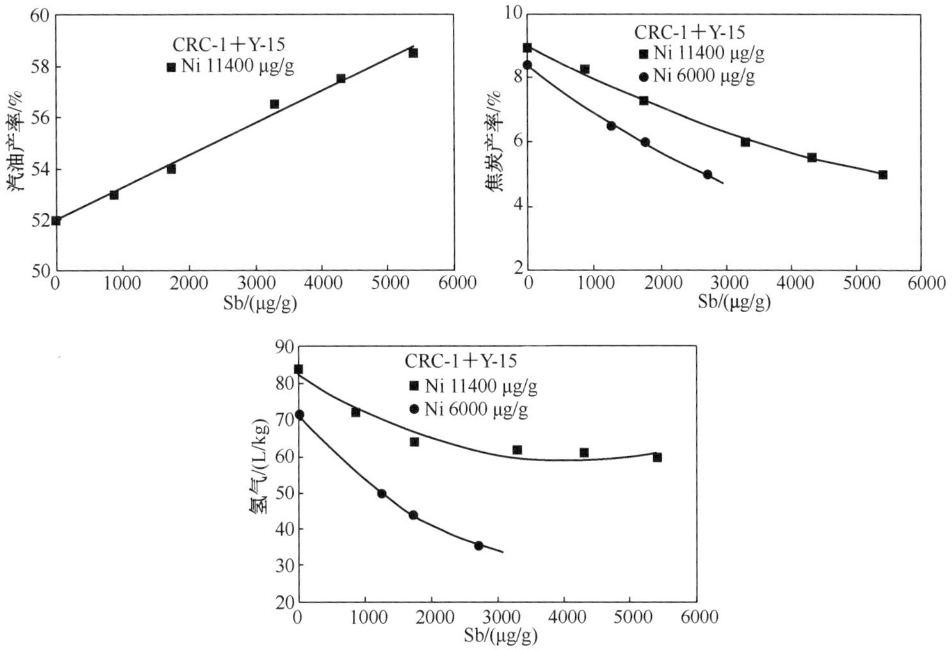

图 5-15 锑对催化剂上不同镍含量的钝化效果

从图 5-15 可以看出，随着催化剂上的锑含量增加，镍含量为 11400μg/g 的催化剂和镍含量为 6000μg/g 的催化剂均表现良好的钝化效果；但当锑含量达到 4000μg/g 以上时，锑钝化效果有所减弱。从图 5-16 更加明显地看出，当锑含量达到 5000μg/g 以上时，不仅起不到钝化镍作用，反而锑本身也起毒害作用。因此，过多的锑加入不仅是一种浪费，而且反而还会起到毒害作用。

催化剂组成和原料中氯化物对氢气产率有显著的影响。活性氧化铝基质的催化剂有促进脱氢反应的趋势。进料中的氯化物可使老化的镍恢复活性，导致较高的氢气产率。

铜与镍的活性相同，但是进料中铜的含量很少。

从平衡催化剂数据推算进料中金属含量比直接分析进料中金属含量通常要准确得多。

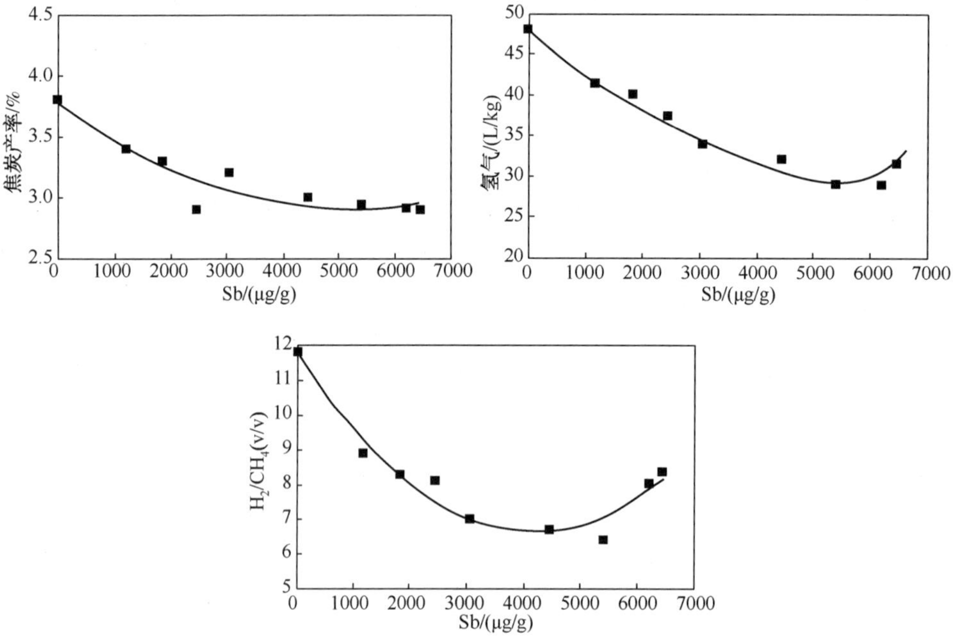

图 5-16　锑含量对钝化效果的影响

（2）钒（V）

钒沉积在催化剂上，也使催化剂具有脱氢活性，其脱氢活性对氢气产率的贡献是镍的20%~50%。与镍作用机理不同，沉积在催化剂上的钒，在再生器内的氧气和高温（>690℃）水蒸气作用下，生成 V_2O_5，同时 V_2O_5 又转变成可迁移的液态钒酸（H_3VO_4），即：

$$V_2O_5+3H_2O \longrightarrow 2VO(OH)_3$$

液态钒酸具有可移动性，可迁移进入催化剂分子筛的晶体内，与分子筛结构上的四面体铝发生作用，生成钒酸铝，使分子筛的晶体结构崩塌，催化剂活性迅速下降。此外，钒酸不仅可在颗粒内移动，而且可在颗粒间迁移，使催化剂永久地失去活性和表面积。

裂化催化剂上钒的毒害主要是造成催化剂活性下降，钒含量越高，其危害也越大。从图5-17可以看出，钒含量对ZCM-7催化剂MAT的影响，随着ZCM-7催化剂上钒含量的增加，MAT呈下降趋势。钒含量低于2000μg/g时，MAT还可维持较高水平；当钒含量继续增加时，MAT迅速下降，直至钒含量达到5000μg/g左右时，再增加钒含量，曲线变得接近水平，MAT下降很少。

钒对催化剂危害程度取决于以下因素：

① 钒的含量：通常，平衡催化剂上钒的含量大于2000μg/g时，就需要采用钝化措施。

② 再生器温度：当再生器温度（大于677℃）超过了钒氧化物的熔化温度时，钒氧化物变为液体，从而增加其流动性，可使得钒可以进入分子筛的晶体内。除了水热作用造成催化剂失活以外，钒造成催化剂失活只是由较高的再生器温度引起。

③ 燃烧模式：按完全燃烧方式操作时，催化剂上碳含量（CRC）较低，在此情况下，钒与过剩氧反应生成更多的 V_2O_5。见图5-18。

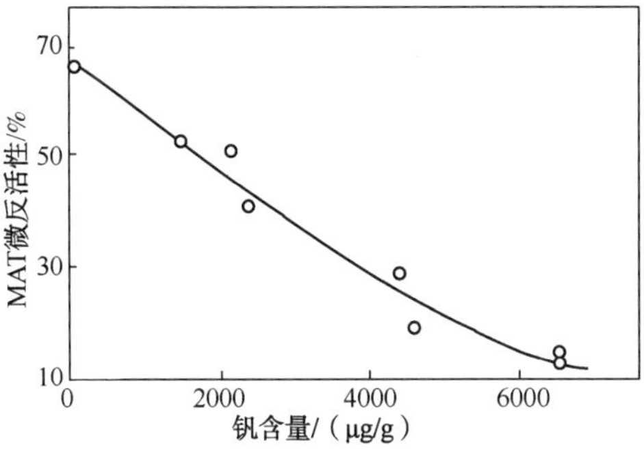

图5-17　催化剂上钒含量对催化剂活性的影响

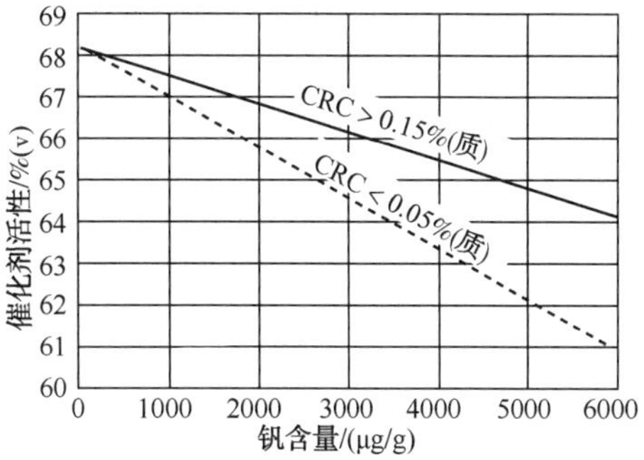

图5-18　钒对催化剂活性影响随再生苛刻度的变化

④ 钠：钠与钒酸反应生成钒酸钠。钒酸钠熔点更低(小于649℃)，这使得钒的流动性增加。

⑤ 水蒸气：水蒸气与V_2O_5反应生成挥发性的钒酸。通过水解作用，钒酸使分子筛晶体崩塌。

⑥ 催化剂类型：氧化铝含量、稀土含量，以及分子筛的类型和含量影响催化剂对钒中毒的抵抗能力。

⑦ 催化剂补充速率：高的催化剂补充速率可以降低催化剂上金属含量，使钒没有足够的时间完全氧化。

总之，催化剂上的钒中毒表现为：从反应效果来看，重油裂化能力下降，油浆增多，高附加值产品下降；从催化剂性质分析结果来看：钒含量增高，微反活性急剧下降，比表面很低。

催化剂的钒阱技术是在催化剂上加入钒阱组分，常用的有稀土和氧化镁，可以和钒形成稳定的钒酸化合物。

$$RE_2O_3 + 2H_3VO_4 \longrightarrow 2REVO_4 + 3H_2O$$

$$2MgO + 2H_3VO_4 \longrightarrow Mg_2V_2O_7 + 3H_2O$$

钒的熔融温度为690℃，低于该温度可以减弱钒的迁移性。因此，尽可能降低再生温度或者使用贫氧再生，防止钒向高价化合物的氧化，只有+5价钒化合物才有毒性。

在镍和钒金属相互作用时，用镍当量或钒当量是不准确的，特别是金属含量高时更是如此。因为金属的污染作用是非线性的，污染指数不反映有关催化剂活性的影响，而仅是对产氢和生焦的影响。催化剂上镍和钒对生焦和产氢的影响见图5-19及图5-20。

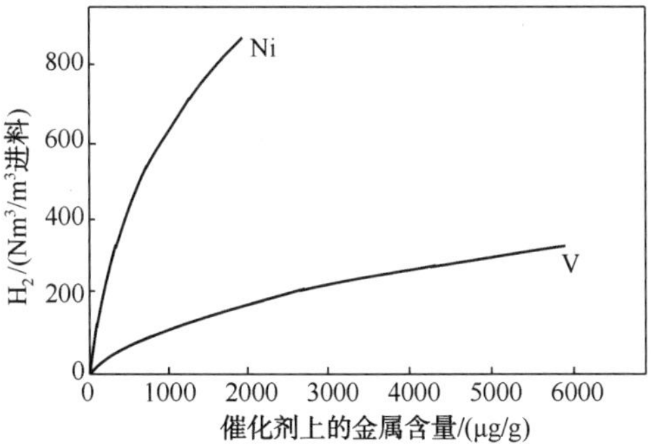

图5-19　镍和钒对产氢的影响

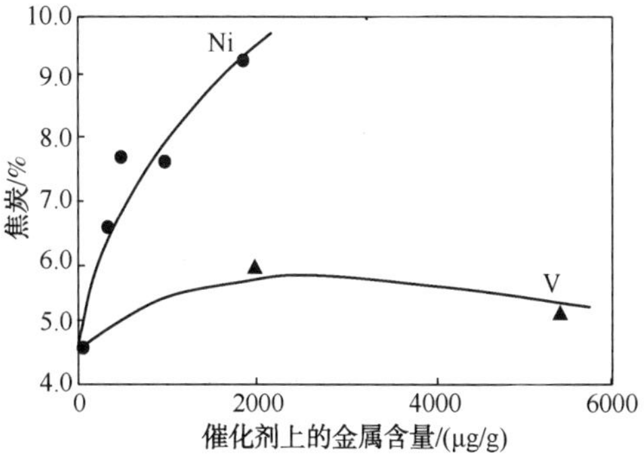

图5-20　镍和钒对生焦的影响

钒、镍独自及两种协同对 ZCM-7 催化剂活性的影响试验评价结果列于表 5-15，其中基准状态下的催化剂结晶度和活性是在温度 732℃、100%水蒸气和 0.2MPa 压力下老化 80h 后所得到的样品测量值。从表 5-15 可以看出，镍、钒单独污染及两种协同污染效果也不符合加和性。

表 5-15 镍、钒单独污染及两种协同污染对比

金属污染水平	0.0%(基准)	0.33%Ni	0.67%V	0.33%Ni+0.67%V
水热老化后结晶度	84	84	38	38
微反活性	80	82	61	61
产焦率/%	3.3	5.8	1.9	2.5
产氢率/%	0.014	0.274	0.109	0.244

总之，当催化剂金属含量超过 1000μg/g 时，钒对催化剂活性的影响为镍的 3~4 倍，而钒对产氢和生焦的影响为镍的 50%~80%。当催化剂上金属含量小于 3000μg/g 时，镍的脱氢和生焦作用是钒的 4~5 倍；当催化剂上金属含量达到 15000~20000μg/g 时，钒对脱氢和生焦的影响与镍相等。

工业催化裂化装置内催化剂上的金属，由于连续反应再生使其钝化，因此在正常补充催化剂速度的情况下，工业装置运转平衡催化剂上总金属中，只有三分之一的金属具有脱氢活性，远远低于人工在催化剂上沉积金属的活性。因此中型 FCC 装置由于原料雾化和催化剂上金属的活性与工业 FCC 装置存在差别，焦炭产率比工业 FCC 装置偏高。

(3) 钠(Na)

原料中的钠主要由于存在水中而带入，这部分钠以无机物和有机物两种形式存在。无机物有氯化钠、碳酸钠、硫酸钠等，而有机物有环烷酸钠及卟啉类钠盐。无机钠盐经过电脱盐后大部分被除掉，有机钠盐以乳化液状态存在于脱后原料中，经过常减压蒸馏后，大部分钠盐留在常压塔底重油中。大部分电脱盐装置脱后原油盐含量能控制在 3μg/g 以下，如果常压拔出率按 50%计算，则常压渣油钠含量约为 6μg/g。

当常压渣油作为催化裂化原料时，这部分钠就会对催化剂造成一定程度的毒害。钠在催化剂中以氧化钠的形式存在。氧化钠在催化剂再生条件下，与催化剂中的氧化铝形成低熔点共溶物，这部分共溶物一方面附在催化剂表面，破坏分子筛的结晶度，造成催化剂永久失活；另一方面，由于分子筛中氧化铝的脱除，在脱铝不能补硅的情况下，使分子筛的结构遭到破坏，催化剂的热稳定性和水热稳定性变差。温度越高，钠对催化剂的污染越严重。

钠的两个主要来源一是新鲜催化剂中的钠，二是原料中的钠。实际上，不管原料中的钠还是催化剂中的钠，它对催化剂性能危害是相同的。钠通常以氯化钠的形式存在。氯化物有使催化剂上的老化金属恢复活性的趋势，从而使这些金属的危害更大。

在炼油过程中的各个阶段都可能有钠混入，例如，催化剂在制造过程中带入钠，它以氧化钠的形式存在于催化剂上，只能靠催化剂生产工艺来降低氧化钠含量。钠来源于以下几个方面：

① 原油脱盐装置下游加入的碱液。在原油脱盐装置的下游加入碱液可以控制塔顶腐蚀。原油中的天然氯盐在典型的装置操作温度下分解生成 HCl。碱液与天然氯盐反应形成氯化

钠。氯化钠在原油常压和减压蒸馏装置的加热炉温度下很稳定，这将使得氯化钠既存在于常压渣油中也存在于减压渣油中。当加工渣油时，大多数炼油厂会采取中段注碱的方式。然而购买的原料中还会有碱性物质存在。

② 从脱盐装置中带来的水溶性盐。当催化裂化装置加工重质油时，有效的脱盐操作比任何过程都重要。氯盐通常是水溶性的，可在脱盐罐中从原油中脱去。然而，脱盐后的原油中也会携带一些可溶性盐。

③ 处理炼油厂的“废油”。一些炼油厂在脱盐罐中处理炼油厂废油，这对脱盐罐很不利，会使脱后的原油携带盐。废油作为焦化装置进料或进入 FCC 主分馏塔中也会有同样的结果。

④ 购买的 FCC 原料可能暴露在盐水中，这些盐水是作为压仓物用的。

⑤ 利用含有钠的雾化蒸汽和/或水。几乎所有的炼油厂都用蒸汽或水对一些类型的原料进行雾化。由于炼油厂所用水的不同，这些蒸汽或水中的钠含量也不同。

另一个问题是钠以氯化钠的形式存在。这些氯化物通过将平衡催化剂上的金属进行再分布，使老化的金属得以活化，从而造成更大的危害。

由于碱金属和碱土金属的影响而导致催化剂失活的机理有两种。第一种是由于酸中心被中和或中毒而失去裂化活性。第二种是由于碱和碱土金属氧化合物与硅和/或铝结合的高温熔化反应而造成分子筛降解。这些反应常常是在有蒸汽存在下发生或由于有蒸汽存在而促进碱金属中毒，以钠的危害最大，由于其熔融性质，高温时还会发生分子筛结构的破坏。原料油中的钠沉积在催化剂上会影响催化剂的热稳定性、活性和选择性，因此在制备催化剂时，要控制催化剂钠的含量，一般分子筛催化剂中钠含量控制在 0.1%~0.2%。钠对催化剂的毒害是众所周知的，但是在蜡油催化裂化和早期的重油催化裂化操作中，从来不考虑钠对催化剂的影响。随着渣油催化裂化技术的开发以及再生温度的不断升高，钠对催化剂的危害越来越严重。在高温时，钠使分子筛晶格受到破坏，并且这种毒害程度随温度升高而变得更加严重。催化剂钠含量、再生温度与微反活性关系如图 5-21 所示。钠、钒和镍对催化剂的相对污染影响见图 5-22 和图 5-23。从图 5-22 和图 5-23 可以看出，钠对催化剂的毒害作用与钒相似，是通过破坏分子筛结构来破坏酸性中心，降低催化剂活性，并且两者的作用是相加的。

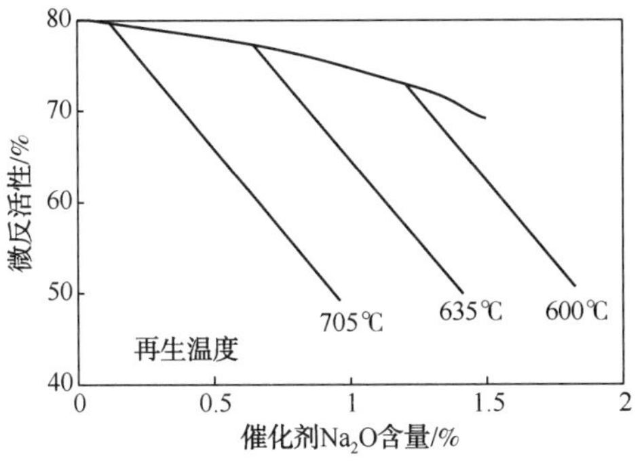

图 5-21　催化剂微反活性与钠含量的关系

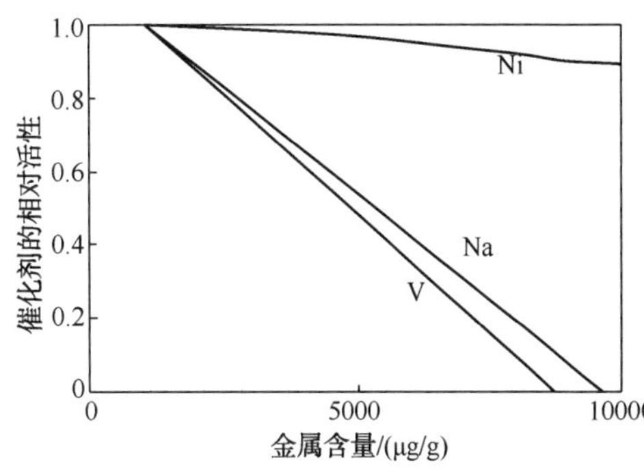

图 5-22　金属对催化剂的相对活性的影响

钠与钒对催化剂的污染具有加和性，钠的存在加剧了钒对平衡剂的污染，促使分子筛中稀土离子和五氧化二钒的亲和。此外钠的氧化物能与五氧化二钒形成低熔点共溶物。这些共

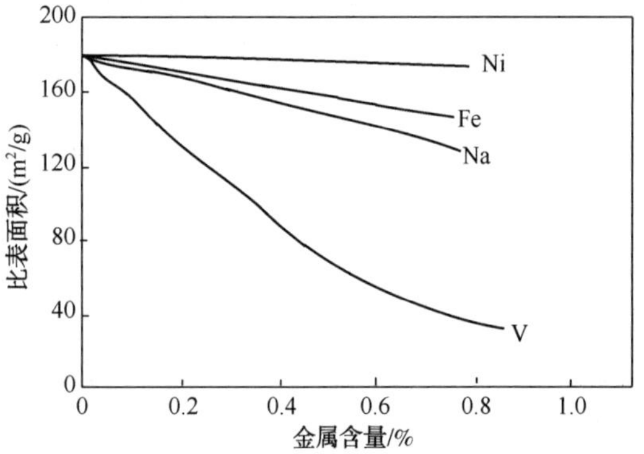

图 5-23 金属对催化剂比表面积的影响

溶物的熔点接近于催化剂的再生温度(660~730℃),在催化剂再生条件下呈液态,可流过分子筛的表面进入微孔,会使分子筛的晶体崩塌,造成催化剂失活。原料中的钠不仅能使催化剂中毒,当与钒、硫共存时还对设备造成腐蚀,钠对裂化催化剂的危害有时更甚于钒和镍。

(4) 铁(Fe)

铁在石油中分布与钒、镍等金属元素相似,即随着沸点的升高,铁含量逐渐增高,而且大部分富集在重质油特别是渣油中。大于500℃ 馏分渣油中的铁含量,一般为原油铁含量的几倍到几十倍。原油中铁含量一般为1~120μg/g,其中孤岛等少数原油铁含量超过20μg/g,大于500℃的渣油中的铁含量超过50 μg/g。铁在石油及其馏分中既以悬浮无机物形式存在,又以油溶性盐(如环烷酸铁)和络合物(如铁卟啉)的形式存在。因此,催化裂化原料油中的铁通常分为无机铁和有机铁,无机铁是由管道、储罐或设备腐蚀所产生的,而有机铁是来自原油本身中,或者是原油中的环烷酸及其他腐蚀性组分对管道腐蚀生成的有机铁。存在于原油中的铁称为原有铁,而与油接触的管道、储罐和加工设备的腐蚀而导入的铁称为过程铁,一般过程铁的含量要大于原有铁。

对于加工渣油的催化裂化装置,铁对催化剂产生危害较为明显。铁以亚铁状态存在于催化剂表面上,低熔点相的形成使黏结剂中的氧化硅易于流动,从而堵塞和封闭催化剂的孔道,使催化剂表面形成一层壳,呈现玻璃状。通过 SEM 技术分析表观形貌发现颗粒表面形成沟、岭、裂缝等结构变化,是环绕颗粒的铁富集壳层,$SiO_2-Fe_2O_3-Na_2O$ 形成低熔点共溶物。

污染铁阻塞了到达催化剂活性中心的孔道,降低了催化剂活性中心的可接近性,从而降低渣油裂化能力,同时增加干气和氢气产率。铁污染严重时造成的转化率损失可达10%。烟机结垢与高铁平衡催化剂有关。

催化剂的抗铁技术:在催化剂上加入活性氧化铝,可以显著提高共溶温度,共溶物中一定量的氧化铝含量,可以使得共溶温度超过再生温度。采用大孔基质,为铁沉积提供空间;使用液体抗铁助剂。

(5) 钙(Ca)

钙以无机钙和有机钙两大类存在于原料油中,既有生物成油过程中产生的有机钙化合物,又有采油过程中生成 $CaCl_2$、CaF_2类无机钙以及一些有机钙化合物或注入到原油中某些含钙的油田化学剂。无机钙以氯化钙、碳酸钙等形式存在,有机钙以油溶性的环烷酸钙、脂肪酸钙、酚钙等形式存在。原油中的环烷酸钙和酚钙之间存在着电离平衡,如图 5-24 所示。

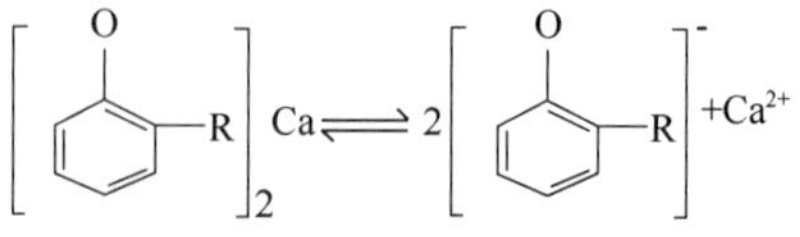

$(RCOO)_2Ca \rightleftharpoons 2RCOO^- + Ca^{2+}$

图 5-24 原油中的环烷酸钙和酚钙之间的电离平衡

国内绝大多数原油中钙含量与其酸值存在着一定的对应关系,酸值增加,钙含量也增加。按钙含量与酸值的对应关系可将我国原油分为三类:低硫石蜡基原油为低酸值低钙原油，主要以大庆、吉林油田的原油为代表；含硫中间基原油具有中等酸值中等钙含量，主要以胜利油田孤岛原油为代表；低硫环烷基原油为高酸值高钙原油，如辽河原油、南阳稠油、冀东重质原油、内蒙二连吉尔格朗图原油等，钙含量为25～340 μg/g。不同原油中的钙在石油馏分中的分布状况相似，约90%以上的钙分布在减压渣油中。由于原油中的钙绝大多数聚集在常减压渣油中，随着催化裂化掺炼渣油的比例越来越高，钙对催化裂化催化剂的危害日益明显，造成催化剂表面有烧结现象，堵塞了催化剂微孔，影响了转化率。中毒催化剂上以硫酸钙形式存在的钙占总钙的54%～74%，其余的钙可能是与催化剂上的磷作用形成磷酸钙，其中硫酸钙起烧结剂的作用，再生温度越高，催化剂的表面烧结越严重，造成催化剂孔道阻塞，可接近性降低；同时，硫酸钙在水蒸气存在下形成黏结性很强的石膏，导致催化剂结块，流动性能变差，并可能造成烟机结垢。

在高温水热气氛下，Ca^{2+}会进入分子筛骨架与钠或氢交换，导致结晶保留度下降，催化剂活性下降。钙对催化剂比表面积、转化率和总孔体积的影响见图5-25、图5-26和图5-27。从三图可以看出，随着催化剂上钙含量增高，催化剂的活性下降，比表面积和孔体积都减少，当钙含量小于1.2%时，催化剂活性、比表面积和孔体积缓慢地下降，大于1.2%时，催化剂活性、比表面积和孔体积明显地降低。

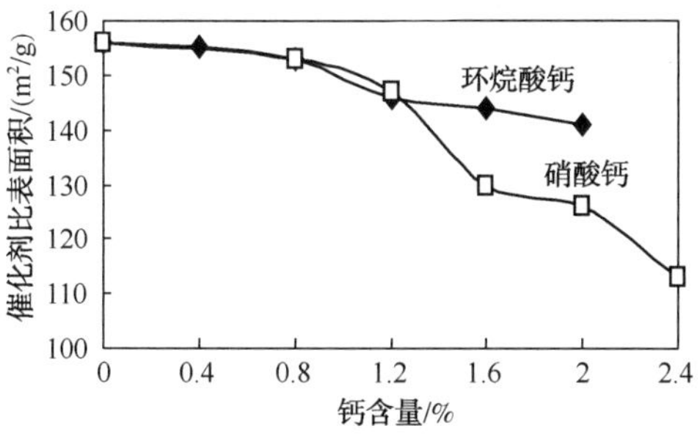

图5-25　钙对催化剂比表面积的影响

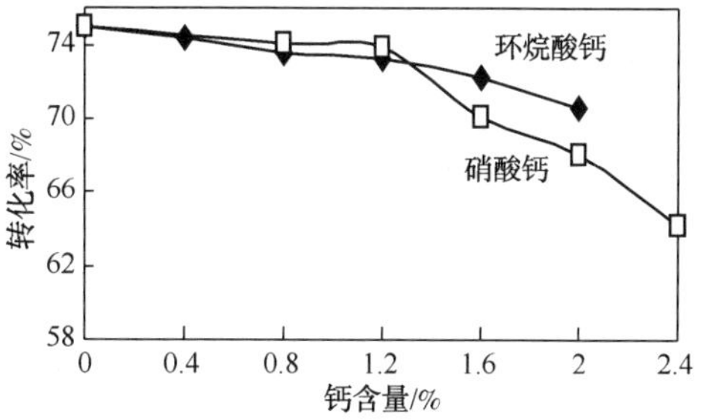

图5-26　钙对转化率的影响

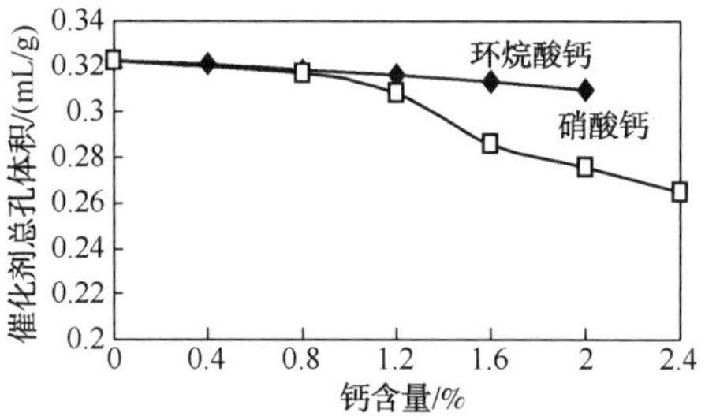

图5-27　钙对催化剂总孔体积的影响

除原料油脱钙技术外，还可以使用抗钙助剂。原料中的钙与抗钙助剂中的某些元素反应形成高熔点稳定钙化合物，减少钙对催化剂的影响。含抗钙助剂的催化剂比表面积、孔体积、结晶保留度均高于无助剂催化剂。Zr、Cr、Ti、P都可作为抗钙组分。

总之，原料中的金属有许多负作用。镍使氢气产量过量，最终导致转化率或处理量降低。钒和钠会破坏催化剂晶体结构，使催化剂活性和选择性降低。金属毒性的不利影响可以通过以下几种途径解决：

① 增加新鲜催化剂的补充速率；

② 使用金属钝化剂；

③ 加入质量好的平衡催化剂稀释催化剂上金属含量；

④ 采用脱金属技术去除平衡催化剂中的金属。

5.5 小　　结

催化裂化工艺进展的主要推动力是应对原料油越来越重，越来越劣质。催化裂化原料最早是柴油，将柴油转换化为市场需求的汽油。随着汽油消耗量增加，原料延伸到更重馏分油，但仍然无法满足市场对汽油量需求，被迫选择较优质的常压渣油直接作为催化裂化原料，由此开发出渣油催化裂化工艺，使催化裂化工艺实现了台阶式进步。由于优质的常压渣油资源有限，催化裂化原料被迫延伸到劣质渣油，而催化裂化工艺难以直接加工劣质渣油。劣质渣油必须进行预处理，脱除原料中的沥青质、重金属、硫与氮，这样形成渣油预处理和催化裂化组合技术，从而使炼油技术流程更加复杂。

从生产与操作层面来说，原料性质是影响装置运行的第一要素。原料性质优劣决定了产物分布、产品性质的好坏。从原料中的氢利用率来看，存在着马太效应，即原料中的氢含量越高，其氢利用率也越高，即液化气、汽油、轻循环油消耗氢越多，而干气、油浆和焦炭消耗氢越少。

随着催化裂化工艺的进步，对原料中的链烷烃、环烷烃、芳烃进行合理加工和更加高效地利用将是催化裂化技术的开发方向之一。如精细催化裂化技术是充分利用原料中多环环烷烃，选择性催化裂化技术（IHCC）是高效加工原料中的多环芳烃。这两项技术只是对未来催化裂化技术开发进行有效的探索，需要进一步提升催化裂化开发思路和理念，同时需要更加高效实用的原料结构组成分析技术相配合，以适应未来催化裂化技术的不断发展。

参 考 文 献

[1] 古练权，汪波，黄志纾，等．有机化学[M]．北京：高等教育出版社，2008.

[2] 鲁崇贤，杜洪光．有机化学[M].2版．北京：科学出版社，2009.

[3]梁文杰，阙国和，刘晨光，等．石油化学[M].2版．北京，中国石油大学出版社，2009.

[4] 许友好．催化裂化化学与工艺[M]．北京：科学出版社，2013.

[5] 陈俊武，许友好．催化裂化工艺与工程[M].3版．北京：中国石化出版社，2015.

[6] Reza Sadeghbeigi. Fluid Catalytic Cracking Handbook[M].3rd Ed. Elsevier Inc，2012.

第 6 章　产物性质及组成

6.1　气体组成及杂质

催化裂化装置副产大量的液化气(Liquified Petroleum Gas，简称 LPG)和少量的干气(Dry Gas)。干气和液化气的产率分别占新鲜原料的 2%~12%和 8%~40%。因此催化裂化作为重要的二次加工装置不仅生产汽油、柴油，而且也生产可供石油化工综合利用的气体产物[1,2]。

6.1.1　干气组成

离开再吸收塔的气体通常称作“干气”，其主要组成是氢气、甲烷、乙烷、乙烯和硫化氢(H_2S)，还含有再生催化剂从再生器夹带的氮气、氧气和二氧化碳等。由于吸收稳定系统操作条件的限制，干气中还有一定量的丙烷、丙烯和少量较重的烃类。干气经过胺处理，除去 H_2S 和其他酸性气体之后，混入炼厂燃料气系统。根据干气中氢气的体积分数，有些炼油厂用深冷、变压吸附，或者膜分离法等从干气中回收氢气。

以馏分油作催化裂化装置的原料时，干气中氢气含量一般小于 0.1%(对原料)；以渣油作原料时，氢气含量成倍增长，但一般也不超过 0.5%(对原料)。由于渣油的重金属含量多，在催化裂化时使催化剂表面被污染，导致气体组成发生变化，氢气产率升高和 H_2/CH_4 体积比增加。以大庆馏分油为原料时，该比值为 0.3；若以大庆常压渣油为原料时，该比值达 2.16；任丘直馏馏分油掺 80%常压渣油为原料时，该比值高达 5.44。

当干气中的 H_2/CH_4(体积比)大约是 0.3~0.8，此时气体生成量为 9~17.8Nm^3/m^3原料油；当干气中的 H_2/CH_4(体积比)大于 1，表示催化剂中毒程度较为严重，气体生成量应在 35.6Nm^3/m^3原料油以上。

由于再生催化剂携带少量的烟气，因此催化裂化干气含有一定量的非烃，即氮气、氧气和 CO_2等。这部分非烃含量占干气的体积分数应该小于 15%，如果超过 20%，表明再生催化剂携带烟气量过多，再生线路脱气效果不理想。干气的密度一般在 0.70~0.80g/cm^3之间。扣除非烃后，干气中的氢质量分数约为 22%。

常规流化催化裂化(FCC)、催化裂解(DCC)和多产异构烷烃的催化裂化工艺(MIP)等工艺的干气组成列于表 6-1，其中 FCC 和 MIP 工艺气体组成数据为某催化裂化装置改造前后标定数据，DCC 工艺气体组成数据为某 0.40Mt/a DCC 装置标定数据。

表 6-1　干气组成

工艺类型	FCC	MIP	MIP-CGP	DCC	CPP
干气质量组成/%					
硫化氢	11.10	9.81	5.60	1.56	0.16
氢气	3.64	4.63	5.70	2.73	0.67

续表

工艺类型	FCC	MIP	MIP-CGP	DCC	CPP
甲烷	33.71	33.02	29.79	30.55	16.39
乙烷	24.47	26.64	24.01	23.02	6.92
乙烯	22.05	20.61	29.08	40.60	24.35
丙烯	0.94	0.67	0.55	1.01	36.44
丙烷	3.28	2.87	2.97	0.53	3.58
正、异丁烷	0.41	1.32	1.09	—	1.58
正、异丁烯	0.40	0.43	1.21	—	9.91
总计	100.00	100.00	100.00	100.00	100.00
干气产率/%	4.39	2.94	2.51	8.44	29.56

从表 6-1 可以看出，DCC 干气中的乙烯含量远大于 FCC 和 MIP 工艺，同时，DCC 干气的质量产率约为 MIP 工艺的 3~4 倍，因此，要考虑充分利用 DCC 工艺干气中的乙烯和乙烷，较为合理的技术途径是催化裂解工艺和蒸汽裂解工艺耦合。

6.1.2 液化气组成

脱丁烷塔或稳定塔塔顶物流是 C_3、C_4的混合物，还含有少量的 C_5，通常称作液化石油气(LPG)，其组成为丙烷、丙烯、丁烷和丁烯。液化气中的烯烃和异丁烷是烷基化的原料，异丁烯是生产 MTBE 的原料，丙烯是聚丙烯等化工产品的原料[1,2]。

随着催化裂化工艺技术发展，我国相继开发多种催化裂化工艺，例如多产低碳烯烃的催化裂解工艺(DCC)和多产异构烷烃的催化裂化工艺(MIP)，这些工艺典型气体组成与常规催化裂化气体组成存在着明显的差别。常规流化催化裂化(FCC)、催化裂解(DCC)和多产异构烷烃的催化裂化工艺(MIP)等工艺的液化气组成列于表 6-2，其中 FCC 和 MIP 工艺气体组成数据为某催化裂化装置改造前后标定数据，DCC 工艺气体组成数据为某 0.40Mt/a DCC 装置标定数据。

表 6-2 液化气组成

工艺类型	FCC	MIP	MIP-CGP	DCC	CPP
原料油密度(20℃)/(g/cm³)	0.9188	0.9130	0.9122	0.8934	0.8943
液化气质量组成/%					
丙烷	9.02	12.33	7.83	7.11	7.02
丙烯	32.68	31.66	36.37	45.19	71.48
正丁烷	4.66	6.20	4.16	2.04	2.06
异丁烷	18.42	23.73	19.39	5.65	1.03
正异丁烯	19.02	14.34	16.93	21.24	3.38
顺-2-丁烯	6.75	4.63	8.90	6.38	8.11
反-2-丁烯	9.45	7.11	6.24	8.59	3.54
丁二烯	—	—	—	0.67	2.86
C_5	—	—	0.18	3.13	0.52
总计	100.00	100.00	100.00	100.00	100.00
液化气产率/%	12.47	15.44	22.12	38.35	31.07
异丁烷/正异丁烯	0.97	1.65	1.15	0.27	0.30

从表6-2可以看出，MIP工艺生成的液化气中的异丁烷含量明显高于FCC工艺和DCC工艺；MIP工艺异丁烷与正异丁烯质量比也最高，异丁烷与正异丁烯质量比为1.65，而FCC工艺的异丁烷与正异丁烯质量比为0.97，这说明了MIP工艺中烃类的氢转移反应能力明显高于原FCC工艺。从表6-2还可以看出，MIP工艺液化气中的丙烯含量并没有明显下降。值得注意的是，DCC工艺的异丁烷与正异丁烯质量比仅为0.27，这说明DCC工艺充分地抑制了氢转移反应，丙烯的含量均远大于FCC工艺和MIP工艺。

6.1.3　气体中的杂质

催化裂化原料油是由C、H、O、N、S和微量金属等元素组成的，微量金属全部集中到催化剂上和液体产品中，因此干气和液化气中的杂质无非是少量非烃组分。催化裂化装置生产的干气和液化气中都或多或少地含有一些痕量烃和非烃杂质。FCC和MIP等催化裂化工艺主要生产轻质油，反应条件相对缓和，产生的干气和液化气中的杂质很少；而催化裂解(DCC)工艺主要生产低碳烯烃，苛刻的裂化反应条件所需反应温度较高，通常高于常规催化裂化温度30~80℃，但远低于蒸汽裂解反应温度，因此DCC工艺虽产生一定的痕量烃，但产生的炔烃和双烯等较蒸汽裂解低得多。干气中的痕量烃很少，非烃杂质主要是硫化氢和再生催化剂携带到反应器的烟气组分(主要是N_2和CO_2)；液化气中含有硫化氢和少量碱氮等非烃杂质，还含有乙炔和环丙烷等痕量烃。

典型的DCC工艺干气和液化气中的痕量烃和非烃杂质如表6-3所示，从表中可以看出，DCC干气中杂质主要是CO_2和H_2S，而液化气中杂质主要是一定量乙炔和环丙烷等痕量烃，以及碱氮和H_2S等非烃杂质。当利用干气中氢气或乙烯等高纯度组分时，通常需要将干气组分进行分离和精制以除去杂质，以免影响气体加工工艺的催化剂、产品纯度与原料消耗以及后续处理系统等。同样地，利用液化气中的C_3或C_4组分时，各工艺对原料的杂质含量都有严格的规定和要求，需要分离或精制单元。

表6-3　DCC装置的干气和液化气中痕量烃及杂质

干　气	含　量	液化气	含　量
痕量烃/(μg/g)		痕量烃/(μg/g)	
丙二烯	<1	丙二烯	22
乙炔	50	乙炔	128
丙炔	<1	丙炔	28
环丙烷	<1	环丙烷	117
非烃杂质/(μg/g)		非烃杂质/(μg/g)	
总氮	5.0	总氮	32
碱性氮	<0.5	碱性氮	26
氰及氮化物	<0.5	氰及氮化物	6
总硫	1861	总硫	674
H_2S	1860	H_2S	664
有机硫	0.8	有机硫	10
硫醇硫	<0.5	硫醇硫	8.6
COS	<0.5	COS	0.6
硫醚	<0.5	硫醚	0.8
CO_2/%(v)	2.25		

此外，FCC 工艺气体含有痕量的丙酮和丁酮，DCC 工艺气体不仅含有少量的炔类，而且含有痕量的丙酮、甲醇、乙醛和砷，这些痕量烃和非烃存在，为后续的气体加工带来了难度。甲醇是对丙烯产品质量有着重要影响的组分。

6.2 汽油性质

我国车用汽油的主要组分是催化裂化汽油(Gasoline 或 Naphtha，以下简称 FCC 汽油)，约占车用汽油池中的65%。美国车用汽油总量中的35%(v)也是 FCC 汽油，再加上 FCC 液化气所生产的汽油，其比例占美国车用汽油总量更高。车用汽油质量是由汽油的辛烷值、馏程/蒸气压、实际胶质/诱导期、硫含量等指标来评估。

6.2.1 车用汽油主要性质表征项目

汽油作为汽车的点燃式发动机燃料，要求具有以下性能：

- 良好的蒸发性能：馏程和饱和蒸气压；
- 良好的燃烧性能且不爆震：辛烷值、抗爆指数；
- 储存安定性好：碘值、实际胶质、诱导期；
- 无腐蚀作用且排放污染小：硫含量。

(1) 辛烷值

车用汽油最重要的质量指标是辛烷值，一般用研究法辛烷值(RON)、马达法辛烷值(MON)或抗爆指数[(RON+MON)/2]来表示。我国车用汽油在国五车用汽油质量标准颁布前是按 RON 分为 90 号、93 号和 97 号 3 个牌号，国五车用汽油是按 RON 分为 89 号、92 号、95 号和 98 号 4 个牌号。

辛烷值是燃料混合物抗“爆震”性能的测定值。特定样品的辛烷值是相对于辛烷值为零的正庚烷和辛烷值为 100 的异辛烷的标准混合物测定的。产生“爆震”强度与样品相同的标准混合物的异辛烷百分数记作样品的辛烷值。通常采用两种辛烷值模拟发动机的性能：研究法辛烷值(RON)模拟汽油在低苛刻度条件(600r/min，环境温度 49℃)下汽油的性能；而马达法辛烷值(MON)表示在高苛刻度条件(900r/min，环境温度 149℃)下汽油的性能。抗“爆震”指数为 RON 和 MON 的算术平均值。

汽油是由上百种单体烃所组成的混合物，而每种单体烃具有不同的辛烷值以及调合辛烷值。如各种碳数烷烃 RON 值见图 6-1，各种碳数芳烃 RON 值见图 6-2。

汽油组成的差异影响着汽油的辛烷值，汽油含有几百种化合物，即使按碳数分成烷烃、烯烃和芳烃，汽油仍有 56 种虚拟化合物，而 56 种虚拟化合物的辛烷值数据难以确定。为了简化起见，通常从汽油族组成正构烷烃、异构烷烃、烯烃、环烷烃和芳烃含量与碳数分布来关联汽油辛烷值。汽油族组成与汽油辛烷值之间的关系如下：

① 烷烃：

a. 直链烷烃随碳的数目增加，辛烷值快速下降；

b. 支链烷烃的支化度越高，辛烷值越高；

c. 同样碳数的支链烷烃，支链越接近分子中心(分子越紧凑)，辛烷值越高。

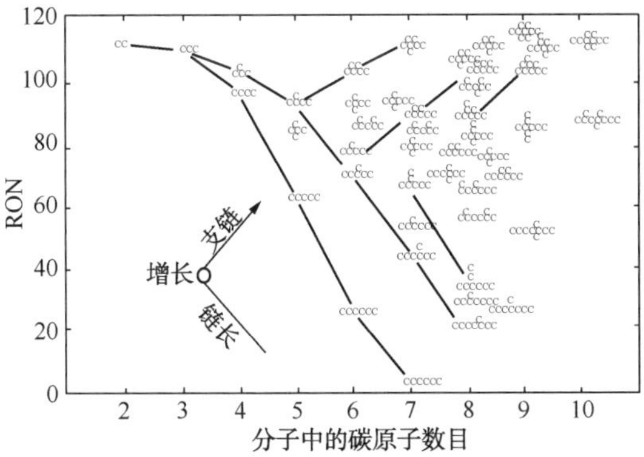

图 6-1　烷烃 RON 值与碳数及支链度的关系

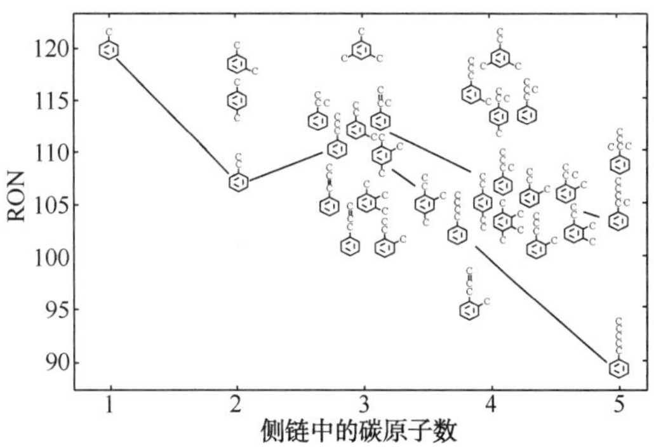

图 6-2　芳烃 RON 值与碳数及支链度的关系

② 烯烃：

a. 直链烯烃随碳的数目增加，辛烷值下降；

b. 支链烯烃支化度越高，辛烷值越高；

c. 双键越接近分子中心，辛烷值越高。

③ 环烷烃：

a. 环烷烃随碳的数目增加，辛烷值下降；

b. 除环丙烷外，辛烷值随环上的侧链增长而降低；

c. 在侧链上导入支链，可以改变辛烷值，取代基越不对称、越密集，辛烷值越高。

④ 芳烃：在汽油沸程范围内的芳烃辛烷值都很高，但在苯环上导入直链会使辛烷值降低，直链越长，辛烷值降低越多。

总之，对于同一族烃类：相对分子质量越小则辛烷值越高；相对分子质量大小相同的同族烃类，支化度越高、分子结构越紧凑，则辛烷值越高。对于不同族烃类：烃类的 RON 一般递增顺序为正构饱和烃<异构饱和烃<烯烃<芳烃；对于烃类的 MON，芳烃的最高，其次是支链烯烃和支链烷烃，支链度越多，MON 辛烷值越高。直链烷烃只有 $\leqslant C_4$ 的烃才有较高的 MON，从 C_5 开始，当碳的数目增加时，MON 急剧降低。因此，烃类的抗爆性强弱顺序为：芳烃>异构烃>正烯烃 & 环烷烃>正烷烃。

任何一个汽油组分对汽油辛烷值的贡献，与作为单一组分时的实测辛烷值是有区别的，与基础油对辛烷值的敏感度有关，如图 6-3 和图 6-4 所示。正构烷烃和烯烃的调合辛烷值随碳数的增加而急剧下降，支链有助于提高辛烷值，支链烯烃和芳烃有较高的调合辛烷值，即使在高碳数时也是如此。随着汽油烯烃含量的增加，RON 提高较多，而 MON 略有增加，但在高烯烃时，RON 的提高速率下降，MON 增加更少。所以，烯烃度不是提高汽油辛烷值的唯一途径，尤其是对 MON 而言，异构化和芳构化更为重要。

（2）馏程和蒸气压

馏程和蒸气压作为评定汽油汽化性能的指标。10%馏出温度表示汽油中轻组分的含量，说明其启动性能，初馏点和 10%馏出温度过高，发动机不易启动；过低，易发生汽阻。50%馏出温度表示汽油的平均蒸发性能，表明其加速性，50%馏出温度过高，发动机不易加速。90%馏出温度表示汽油中重组分的含量，表明其气化燃烧性能，90%馏出和干点温度过高，汽油不能完全气化燃烧。蒸气压是汽油气化性能的另一个指标，蒸气压过低，发动机不易启动；蒸气压过高，发动机易发生汽阻。根据夏季和冬季的不同气温，规定了不同的蒸气压指标，夏季为67kPa，冬季为80kPa。

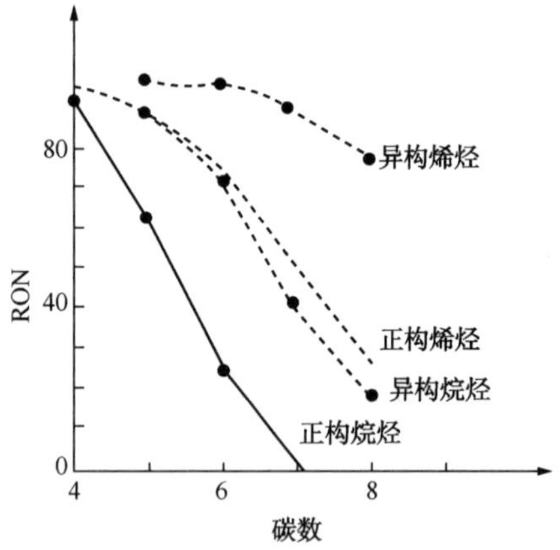

图6-3　汽油中不同烃类RON随碳数的变化关系

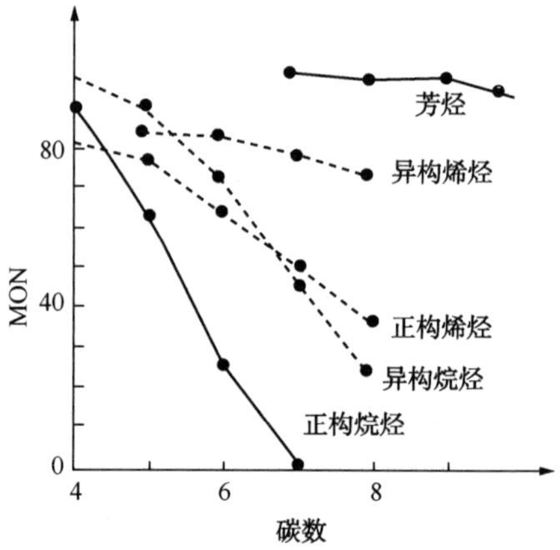

图6-4　汽油中不同烃类MON随碳数的变化关系

（3）诱导期和实际胶质

诱导期和实际胶质是评定汽油安定性的指标。实际胶质表示已在汽油中形成的胶质，是由不饱和烃，特别是二烯烃所引起的。烯烃产生胶质趋势由小到大为：链烯烃<环烯烃<二烯烃。诱导期是在0.7MPa的氧气和100℃温度条件下未被氧化所经过的时间。

6.2.2　FCC汽油性质特点

汽油一直是FCC工艺最有价值的产品，也是FCC工艺商业价值所在。FCC汽油来自稳定塔塔底，其馏程约为40～200℃。FCC汽油特点在于烯烃主要集中在轻馏分中，而芳烃和硫主要集中在重馏分中，如图6-5所示。正是如此，降低或利用FCC汽油烯烃和脱除FCC汽油硫含量可以考虑采用按馏程切割分离后再进行分段处理[1,2]。

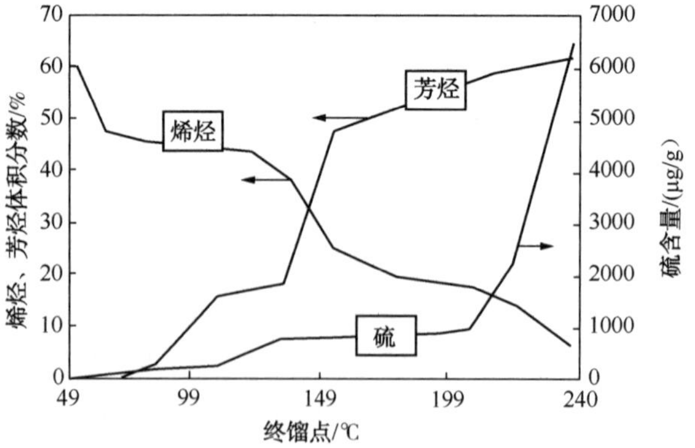

图6-5　FCC汽油烯烃、芳烃和硫含量随馏程分布

6.2.2.1　FCC汽油组成及辛烷值

FCC汽油是由数百种混合烃类组成的，并且含有少量的硫化物和氮化物。目前色谱分析技术可以鉴别出200个烃类。为了便于合理地利用这些分析数据，通常分析报告按碳数给

出正构烷烃、异构烷烃、环烷烃、烯烃和芳烃的体积分布(见表6-4)和质量分布(见表6-5)。

表6-4　FCC汽油组成分布　%(v)

碳数	正构烷烃	异构烷烃	环烷烃	烯烃	芳烃	各碳数总计
4	0.45	0.47	0.00	2.72	0.00	3.64
5	1.60	12.29	0.00	17.65	0.00	31.54
6	0.82	9.08	1.96	9.48	0.41	21.75
7	0.68	3.63	3.06	3.35	2.07	12.79
8	0.67	2.11	1.24	2.58	4.68	11.28
9	0.20	1.26	2.04	1.16	4.33	9.00
10	0.23	1.36	0.36	0.36	3.17	5.48
11	0.19	1.82	0.38	0.00	0.73	3.13
12	0.07	1.32	0.00	0.00	0.00	1.39
总计	4.91	33.34	9.05	37.31	15.40	100.00

表6-5　FCC汽油组成分布　%(m)

碳数	正构烷烃	异构烷烃	环烷烃	烯烃	芳烃	各碳数总计
4	0.37	0.37	0.00	2.27	0.00	3.01
5	1.41	10.74	0.00	16.31	0.00	28.46
6	0.76	8.41	2.04	9.43	0.51	21.16
7	0.65	3.49	3.27	3.38	2.52	13.32
8	0.66	2.09	1.36	2.61	5.72	12.44
9	0.21	1.26	2.33	1.11	5.37	10.29
10	0.24	1.46	0.41	0.38	3.93	6.41
11	0.20	1.90	0.43	0.00	0.92	3.46
12	0.08	1.40	0.00	0.00	0.00	1.47
总计	4.57	31.12	9.85	35.50	18.98	100.00

FCC汽油中的烷烃与烯烃主要分布在$C_5 \sim C_8$，以C_5居多；芳烃则分布在$C_7 \sim C_{11}$，以C_8、C_9居多；正构烷烃含量约在4%~5%；异构烷烃含量约在25%~35%，烯烃含量约在30%~50%，芳烃含量约在10%~25%，环烷烃含量约在5.5%~10%。

6.2.2.2　FCC汽油硫化物类型及分布

FCC汽油硫化物有硫醇、硫醚和噻吩三类。硫醇含量在25~100μg/g之间，采用脱硫技术可以脱除80%~90%，使其含量少于10μg/g，而硫醚和噻吩等硫化物仍然保留在汽油中，需采用汽油后处理工艺(如加氢或吸附)，其脱硫效率可达90%以上。

典型的FCC汽油中的硫化物分布列于表6-6，从表中可以看出，FCC汽油中主要的硫化物种类有：硫醇、硫醚、噻吩、烷基噻吩、苯并噻吩、甲基苯并噻吩等，其中噻吩类化合物的硫含量占总量的70%以上。

表 6-6 FCC 汽油中的硫化合物分布

组分名称	含量/(μg/mL)	组分名称	含量/(μg/mL)
硫化氢	0.76	四氢噻吩	9.28
羰基硫	0.34	碳五硫醚	—
甲硫醇	1.02	2-甲基四氢噻吩	4.16
乙硫醇	3.84	乙基噻吩	17.22
二甲硫醚	7.05	2,5-二甲基噻吩	11.48
二硫化碳	169.59	碳六硫醇	10.68
异丙硫醇	2.94	2,4-二甲基噻吩	26.39
叔丁硫醇	—	2,3-二甲基噻吩	30.56
正丙硫醇	2.81	3,4-二甲基噻吩	11.89
甲乙硫醚	0.77	碳六硫醚	2.03
异丁硫醇	—	2,4-二甲基四氢噻吩	0.99
噻吩	39.29	碳三噻吩	77.29
乙硫醚	0.17	碳七硫醇	0.80
正丁硫醇	1.02	碳四噻吩	44.71
碳四硫醚	—	碳八硫醇	4.48
二甲二硫	—	苯并噻吩	10.07
异戊硫醇	—	甲基苯并噻吩	—
2-甲基噻吩	44.77	合计	585.95
3-甲基噻吩	49.55		

在占汽油55%~60%轻组分中，其硫含量占总硫份额都不足20%；在占汽油40%~45%重组分中，其硫含量占总硫份额超过80%。小于70℃FCC汽油馏分中的硫化物主要是小分子硫醚和硫醇，70~110℃FCC汽油馏分中的硫化物既有硫醇又有噻吩，且随沸点上升，硫醇不断减少，噻吩不断增加；大于110℃FCC汽油馏分中的硫化物只有噻吩。

FCC汽油中的硫化物类型在不同馏分段中分布规律为硫醇分布在小于65℃馏分段，约占0.6%；噻吩、C_1和C_2噻吩分布在65~150℃馏分段，约占41.8%；C_3噻吩、C_4噻吩和硫酚分布在150~190℃馏分段，约占28.4%；苯并噻吩和C_2硫酚分布在190℃以上馏分段，约占29.2%。

6.2.2.3 影响汽油性质的主要因素

FCC汽油组成、辛烷值和硫含量等主要性质受到原料性质、催化剂类型、操作参数、汽油馏程以及工艺类型的影响。基于FCC装置大量数据统计、分析与归纳整理，得到了影响汽油性质的主要因素如下：

(1) 原料性质

原料密度增加，意味着原料中的芳烃含量较多，汽油中的芳烃含量也相应增加，从而汽油辛烷值增加。密度每增大0.1g/cm^3，汽油RON增加1.4。原料中的C_N/C_P值大，意味着原料中的环烷烃含量较多，生成汽油含有较多的芳烃，从而辛烷值也较高。C_N/C_P每增大0.1，汽油RON增加1.0。对于相同的工艺且相同生产方案时(转化率基本相当)，石蜡基原料所生产的汽油含有较少的芳烃，较多的烯烃和烷烃，从而辛烷值较低；环烷基原料则相反，所生产的汽油含有较多的芳烃，较少的烯烃和烷烃，从而辛烷值较高。原料油特性因数(K)值每下降0.2，汽油RON约增加1.0。

在相同的评价条件下，大庆(石蜡基)、胜利(中间基)、辽河和塔河(环烷基)四种不同基属VGO原料所生成的汽油组成见图6-6。从图中可以看出，对于每种VGO原料，其FCC汽油中烯烃含量最高，其次是芳烃，而正构烷烃含量最低。大庆VGO汽油中异构烷烃含量明显高于其他三种VGO，而芳烃含量则明显低于其他三种VGO，烯烃含量略低于其他三种VGO，这是由于在相同的操作条件下，大庆VGO在催化剂上沉积的焦炭量低，催化剂的氢转移反应能力强，致使汽油中更多的烯烃转化为异构烷烃。因此大庆VGOFCC汽油中的异构烷烃加烯烃之和则明显高于其他三种VGO，这表明石蜡基原料经裂化反应易于生成烯烃和烷烃。

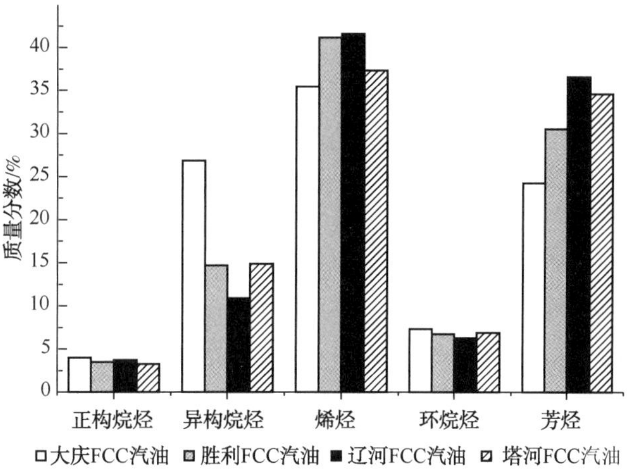

图6-6　四种FCC汽油烃类组成

(2) 操作参数

影响FCC汽油组成和辛烷值的操作条件主要有反应温度、反应时间和剂油比等。通常采用较高的反应温度、较短的反应时间和较大的剂油比，以提高FCC汽油辛烷值，其中反应温度是对FCC汽油辛烷值影响最大的因数。

对于常规FCC工艺，在转化率不是太高情况下，提升管出口温度升高，汽油烯烃含量增加，RON升高。通常，提升管出口温度每升高5.6℃，汽油烯烃含量增加约1个百分点；反应温度增加10℃，汽油辛烷值(RON和MON)大致上升0.7~1.8个单位。在估计反应温度的影响时，通常认为反应温度每增加10℃，RON上升1个单位。

对于MIP工艺在高转化率情况下，提高第一反应区出口温度，汽油烯烃含量反而降低，芳烃含量增加，RON和MON均升高。

在提升管出口温度不变的情况下，剂油比增加会造成汽油烯烃含量降低，而芳烃含量增加，相应地汽油RON和MON均增加，如图6-7、图6-8所示。

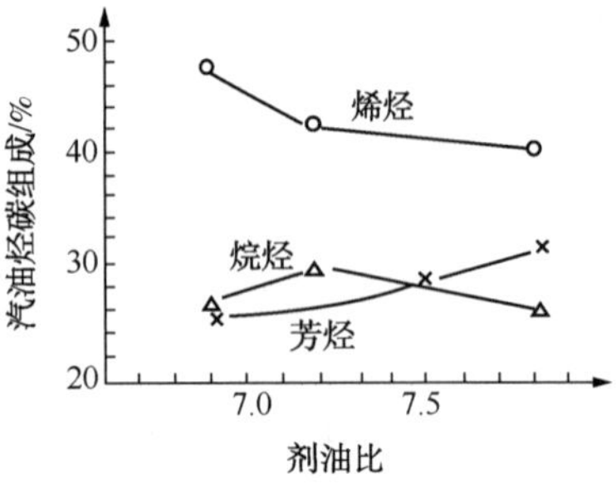

图 6-7 剂油比对汽油烃类组成的影响

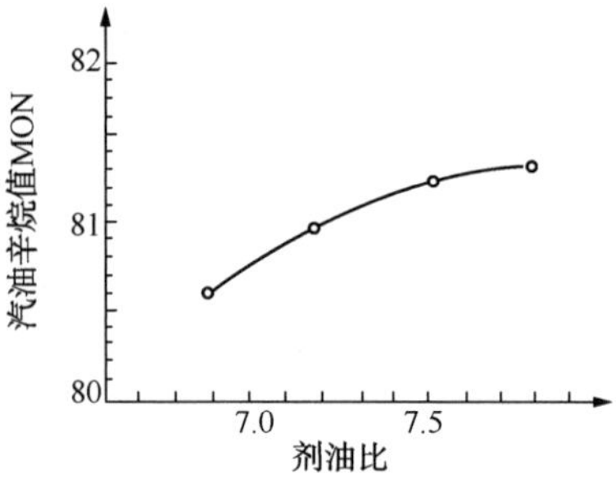

图 6-8 剂油比对汽油辛烷值的影响

反应压力或油气分压增加，氢转移反应增强，汽油烯烃含量降低且 RON 降低。当反应器中的油气分压升高 0.035MPa 时，汽油 RON 下降约 2 个单位。这是由于压力升高，反应速度增加，造成汽油中的烯烃含量下降。不同转化率下油气分压的影响示于图 6-9。

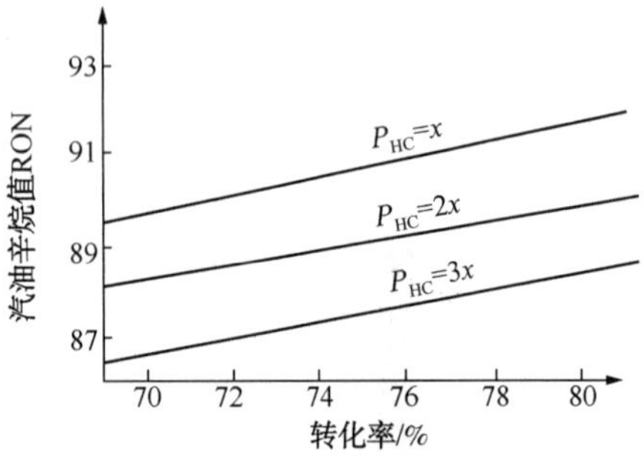

图 6-9 油气分压对汽油辛烷值的影响

对于常规催化裂化，减少油气停留时间，可减少过度裂化和抑制氢转移反应，汽油烯烃含量增加，从而有利于辛烷值的提高。通过提升管的设计缩短油气停留时间，同时依据原料油的组成不一样，可以采用不同的油气停留时间，RON 可以增加 2~3 个单位左右。

对于 MIP 系列工艺，反应油气停留时间的延长主要在氢转移和异构化反应发生的二反区域，使催化汽油烯烃降低而异构烷烃和芳烃有所增加，使汽油的 RON 基本维持不变或稍有降低，而 MON 明显增加。

再生催化剂上的碳含量增加，相应地催化剂活性降低，从而抑制了氢转移反应。再生催化剂上的碳含量每增加 0.1 个百分点，RON 上升约 0.5 个单位，同时生焦选择性变差。

增加回炼比，导致待生催化剂上碳含量增加，弱化了氢转移反应，从而汽油烯烃含量增加且 RON 增加。回炼比每增加 0.5，汽油 RON 上升约 1.0 个单位。

反应温度升高对提高汽油产率作用不明显，在增加汽油产率的同时，裂化气产率大大增加，但它是增加汽油辛烷值最有效的方法之一。平衡催化剂活性的提高是增加汽油产率的最佳途径。表 6-7 和表 6-8 中所列工业数据表明，高剂油比对于提高汽油产率也很有效，而且并不增大干气产率。因此，为了兼顾汽油产率和辛烷值，反应温度适当地升高，平衡催化剂的活性应高一些(68~70)，并设法提高剂油比。

表 6-7 剂油比和反应温度的影响

增加单位转化率的产率变化	增加反应温度	增加剂油比
干气/%	+0.3	-0.1
液化石油气/%(v)	+0.7	+0.5
汽油/%(v)	+0.1	+0.8
总液收/%(v)	-0.2	+0.3
焦炭/%	0	+0.1

表 6-8　剂油比影响产品选择性

条　　件	炼厂 1	炼厂 2	炼厂 3	工业数据平均
剂油比变化/%	+25%	+13%	+15%	
转化率增加/%(v)	+2.7	+4.4	+6.0	
再生温度变化/℃	-18	-24	-2	
增加单位转化率的产率变化				
干气/%	-0.1	-0.2	0	-0.1
液化气/%(v)	+1.0	+0.9	+0.8	+0.9
$C_3^=$	+0.39	—	+0.15	+0.27
C_3^0	+0.12	—	+0.02	+0.07
$C_4^=$	+0.21	—	+0.27	+0.24
C_4^0	+0.23	—	+0.35	+0.29
n-C_4	+0.06	—	0	+0.3
汽油/%(v)	+0.4	+0.7	+0.4	+0.5
轻循环油/%(v)	-0.9	-0.9	-0.3	-0.7
油浆/%(v)	-0.1	-0.1	-0.7	-0.3
焦炭/%	+0.2	+0.0	+0.1	+0.1
总液收/%(v)	+0.4	+0.6	+0.2	+0.4

提高反应温度可以实现最大辛烷值桶生产方案，同时为烷基化、叠合装置提供原料。但也可以选择改变原料油性质或采用高辛烷值催化剂等方法。总之，需兼顾汽油产率和辛烷值来优化操作参数。

(3) 催化剂类型

平衡催化剂活性越高，氢转移反应越强，导致所生成的汽油中的烯烃含量降低、异构烷烃含量升高，芳烃含量变化不大，汽油辛烷值 RON 降低，MON 变化不大或略有增加。平衡催化剂活性高低受到新鲜催化剂类型和催化剂单耗的影响。对于催化剂类型，REY 分子筛催化剂在相同的催化剂单耗情况下，其平衡催化剂活性要高于 REUSY 分子筛平衡催化剂，而 REUSY 分子筛平衡催化剂活性要高于 USY 分子筛平衡催化剂。催化剂单耗越高，平衡催化剂活性也相应地增加，从而强化了氢转移反应，导致汽油烯烃含量降低且具有较低的辛烷值。

当然，采用 ZSM-5 分子筛丙烯助剂和助辛剂，汽油辛烷值会明显增加。但液化气产率有所增加，汽油产率有所下降。这是因为助辛剂将汽油中的大分子裂解成低碳烯烃，从而提高汽油辛烷值。如要以高辛烷值汽油为生产方案时，就必须选择适宜的 USY 型催化剂或采用含择形 ZSM-5 分子筛的助辛剂。

(4) 汽油馏程

如图 6-10 所示，RON 随着沸点的增加而下降，在 140~150℃期间呈上升趋势，最后高沸点范围又有所下降；如图 6-11 所示，汽油中丁烷含量直接影响汽油的蒸气压；如图 6-12 所示，汽油的 RON 和 MON 均随着蒸气压的升高而增加。

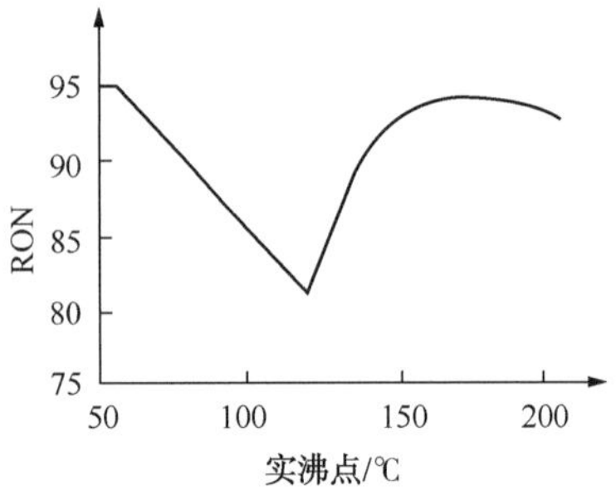

图 6-10　汽油实沸点与 RON 的关系

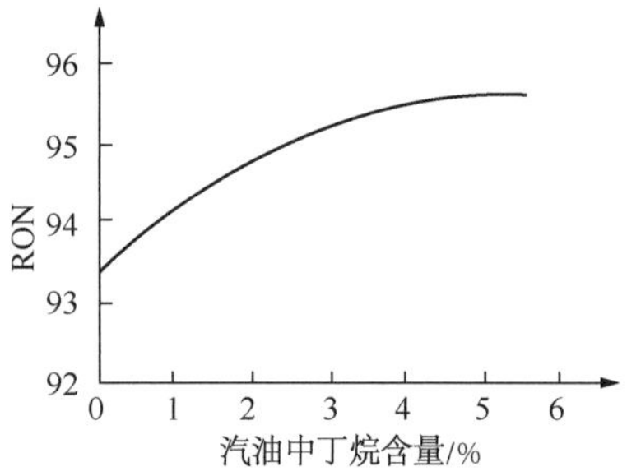

图 6-11　汽油中丁烷含量对辛烷值的影响

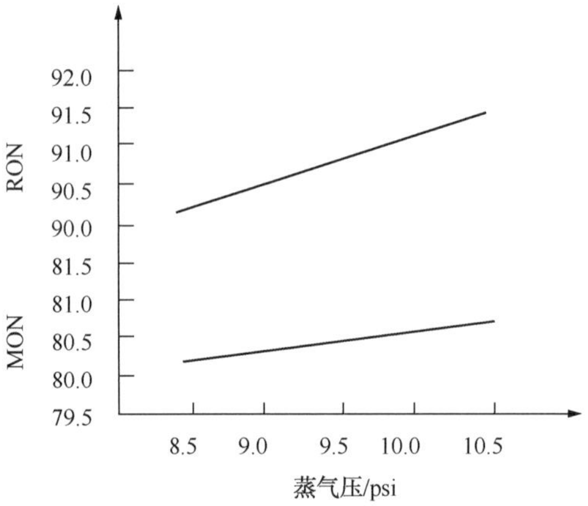

图 6-12　催化裂化汽油在不同蒸气压时的辛烷值

1psi = 6894. 8Pa

不同汽油的窄馏分的辛烷值不同。汽油的 MON 及 RON 均随着蒸气压升高而增加，其中 RON 增加的幅度更为显著。商品汽油的蒸气压都接近规格指标的最高值，这样既能提高辛烷值又能增加汽油产率。

国外汽油辛烷值在实沸点 110～157℃时最低。而我国石蜡基原料所生产的汽油随馏程升高，其辛烷值下降，见表 6-9。为了提高汽油的辛烷值，可以将汽油中的重组分切割出去。

表 6-9　大庆催化裂化汽油的辛烷值与组成

馏分/%(v)	沸程/℃	辛烷值	
		MON	RON
0～10	23～30		
10～20	30～36	83. 7	96. 8
20～30	36～64	81. 5	94. 1
30～40	64～75	79. 7	88. 3
40～50	75～93	76. 7	84. 8
50～60	93～109	74. 7	79. 8
60～70	109～127	73. 6	77. 0
70～80	127～147	73. 2	76. 6
80～90	147～168	71. 0	74. 1
90～100	168～204	67. 1	71. 8
全馏分	23～204	78. 2	88. 0

（5）转化率

当转化率较低时，提高转化率，汽油烯烃含量增加较多，汽油辛烷值增加；当达到一定转化率后，提高转化率，汽油烯烃含量下降，这时汽油的辛烷值变化与烯烃与芳烃的变化大小有关；但转化率进一步提高，汽油中的芳烃含量急剧上升，汽油的辛烷值上升。不同转化率下的汽油 PONA 组成见图 6-13。从图 6-13 可以推导出：转化率每增加 10 个百分点，RON 大致上升 0.6~2 个单位；在转化率 60%（v）以前，随着转化率上升，芳烃、烯烃含量增加，烷烃含量几乎保持不变，环烷烃含量减少。转化率在 60%~75%（v）之间时，烯烃含量下降幅度与芳烃上升幅度几乎相等，烷烃含量增加不多，环烷烃含量减少不多。

对 RON 而言，各种烃类的顺序为芳烃>烯烃>环烷烃>烷烃。因此，在转化率接近 80%（v）以前，随着转化率的提高，RON 上升，如图 6-14 所示。

汽油组成和辛烷值变化与转化率密切相关，而影响转化率操作参数也是反应温度、反应时间和剂油比等，由提高反应温度和剂油比来提高转化率，汽油的辛烷值上升；由提高催化剂活性来提高转化率时，汽油的 RON 下降。

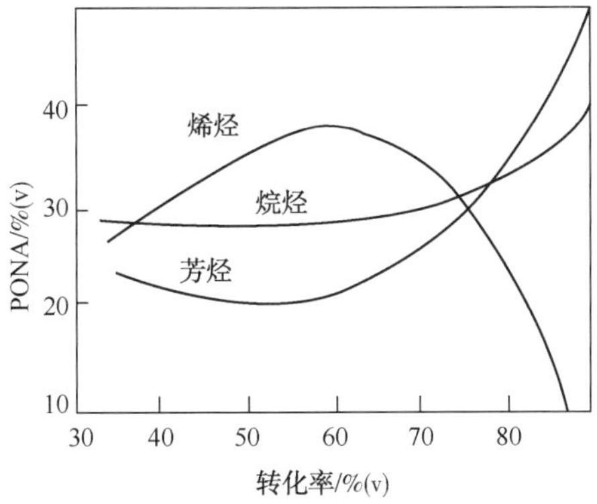

图 6-13　转化率对汽油的 PONA 组成的影响
中试数据，恒反应温度和剂油比（MAT 数据）

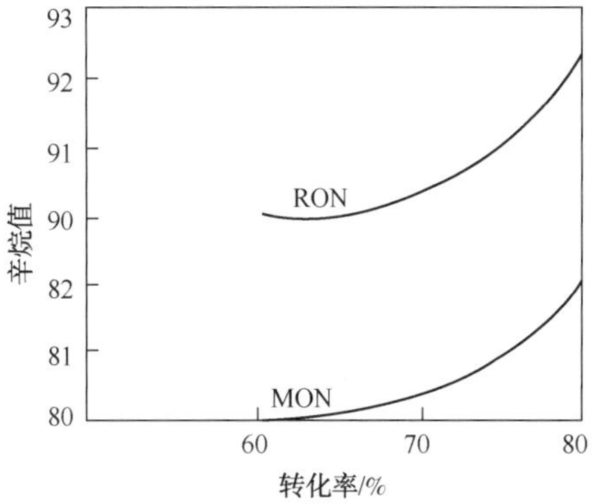

图 6-14　转化率与汽油辛烷值的关系

在工业 FCC 装置上要单独确定转化率对辛烷值的影响往往是困难的，因为反应温度本身影响辛烷值，同时也影响转化深度。因此，在关联转化率的影响时，需要扣除反应温度和进料性质对转化率的影响。图 6-15 为工业 FCC 装置生产数据，可以看出转化率对重汽油的 RON 有很大的影响，转化率每增加 10 个百分点，RON 上升 3 个单位。通过计算，对全汽油馏分，转化率每增加 10 个百分点，RON 上升 0.4~0.5 个单位。图 6-16 示出了高转化率下汽油的 RON，可以看出，转化率每增加 10 个百分点，RON 上升约 3 个单位，这与图 6-14 高转化率区的实验室数据基本吻合。

转化率增高，汽油的芳香性增加，因此辛烷值增加。芳烃的沸点相对更高，主要集中在重汽油馏分中，转化率增高对重汽油馏分的 RON 影响大，这是显然的。汽油的芳香性增加对 RON 和 MON 的影响是接近的。因此，随着转化率升高，汽油的 MON 也应上升，图 6-15 的实验数据证实了这一点。

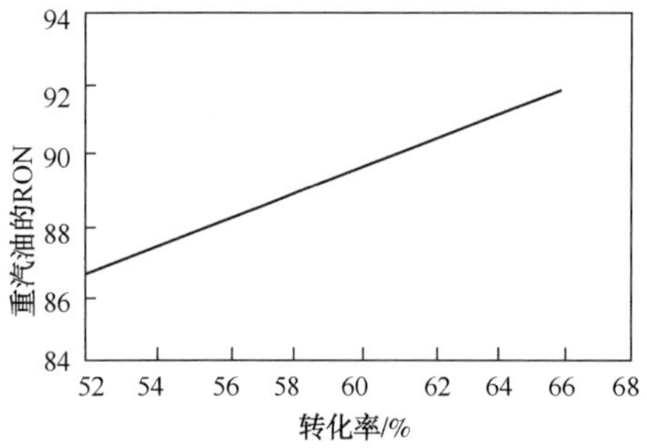

图 6-15 转化率与重汽油 RON 的关系
炼厂工业数据，恒反应温度，
汽油沸点范围：160~205℃

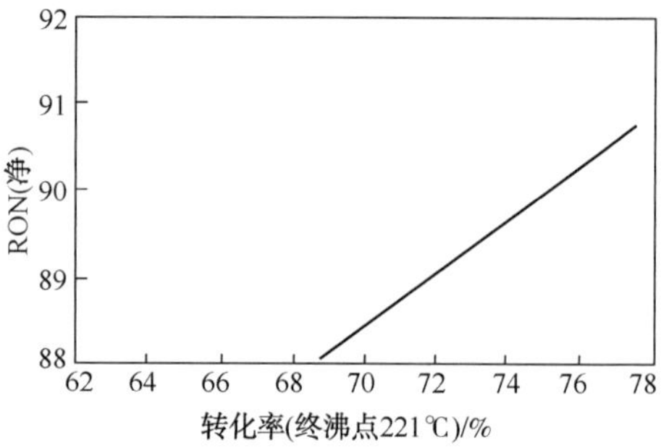

图 6-16 高转化率下的汽油 RON
辛烷值已校正到恒反应温度和进料密度；
沸点范围：C_5~205℃

图 6-17、图 6-18 分别是在不同反应温度下，汽油的苯胺点和溴价与转化率的关系。可以看出，在达到相同的转化率下，反应温度增高(剂油比相应降低)，汽油的芳烃含量增加，汽油苯胺点降低，同时汽油烯烃含量增加，汽油溴价增高。在同一反应温度下，剂油比增加，转化率增加，汽油的苯胺点有一极大值，相应的汽油芳烃含量有一极小值，同时汽油溴价下降，汽油烯烃含量减少。

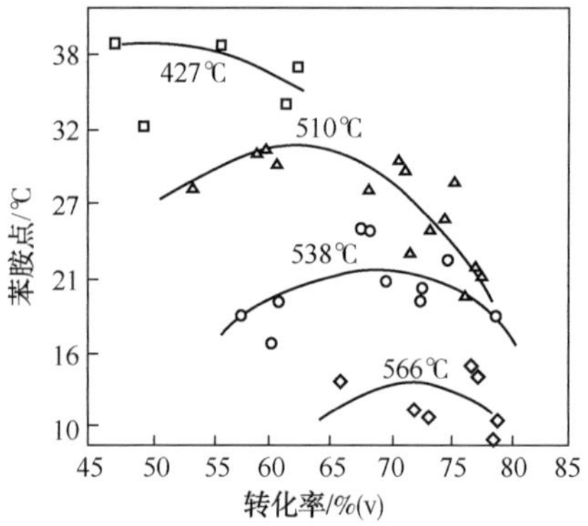

图 6-17 汽油苯胺点与转化率
—□—427℃；—△—510℃；
—○—538℃；—◇—566℃

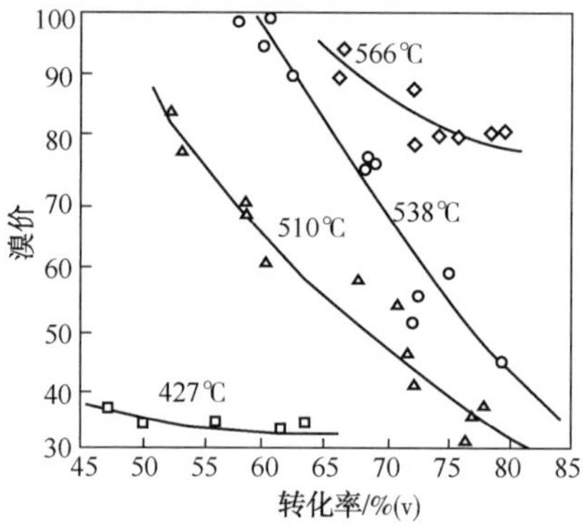

图 6-18 汽油溴价与转化率
—□—427℃；—△—510℃；
—○—538℃；—◇—566℃

6.2.3 不同类型工艺的汽油性质差异

不同类型工艺所产的汽油性质和体积组成列于表 6-10。从表 6-10 可以看出，FCC 汽油含有较高的烯烃，MIP 汽油含有较低的烯烃、较高的烷烃，而 DCC 汽油含有较高的烯烃和较高的芳烃，CPP 汽油含有较高的芳烃。相对于 FCC 工艺，MIP 工艺所生成的汽油在烯烃含量大幅度降低的情况下，研究法辛烷值有所增加，马达法辛烷值明显增加。由此可以看出，工艺类型对汽油性质和组成影响最为明显。

对于多产丙烯的工艺技术(如 DCC 或 CPP)，当提高反应苛刻度，使转化率处于很高的水平时，无论石蜡基原料还是中间基原料或环烷基原料，其汽油中芳烃含量可达 70%以上，甚至更高，RON 可达 100 以上。

表6-10 FCC、MIP、DCC和CPP汽油性质

工艺类型	FCC	MIP	MIP-CGP	DCC	CPP
密度(20℃)/(g/cm^3)	0.7137	0.7133	0.7274	0.7573	0.8450
黏度(20℃)/(mm^2/s)	3.53	—	—		4.975
折光率(20℃)	1.4110	1.4106	1.4165		
实际胶质/(mg/100mL)	1.0	—	2.0	1.6	9.2
酸度/(mgKOH/100mL)	0.34	0.14	0.17	0	0.7
溴价/(g/100g)	77.8	—			29.1
二烯值/(gI_2/100g)				4.85	10.1
诱导期/min	586	943	559	330	106
蒸气压/kPa	58.7	56.0	60.0	46.6	30.3
铜片腐蚀(50℃, 3h)	合格			合格	
硫醇硫/(μg/g)	28	—	35.1	66.8	
碱性氮/(μg/g)	48	25.2		95	
元素分析					
C/%	—	85.61	86.31		90.06
H/%	—	14.26	13.45		9.40
S/(μg/g)	—	94	140	942	356
N/(μg/g)	—	32	360	115	90
组成(色谱法)/%					
饱和烃	33.4	50.9	45.5	19.63	5.35
烯烃	54.5	34.3	28.9	40.31	12.35
芳烃	12.1	14.8	25.6	40.06	82.30
MON(实测)	78.0	80.2	81.8	82.3	90.4
RON(实测)	89.3	88.8	94.2	97.2	103.1
馏程/℃					
初馏点	43	42	39	44	45.4
10%	54	52	52	55	84.8
30%	72	—	64	65	108.6
50%	98	90	86	91	124.1
70%	128	—	124	137	141.8
90%	169	170	167	177	170.0
终馏点	191	198	199	200	200.9

不同类型工艺所产的汽油更详细组成列于表6-11。从表6-11可以看出，相对于FCC汽油，MIP汽油组成特点为异构烷烃含量高，烯烃含量低，芳烃含量高，苯含量低，苯芳比低，正构烷烃和环烷烃与FCC汽油相当，异构烷烃与正构烷烃之比明显高于FCC汽油，苯芳比低于FCC汽油。MIP汽油烯烃降低的幅度与异构烷烃和芳烃增加幅度之和基本相当。

对于多产液化气或丙烯方案，MIP-CGP汽油苯含量小于1.0%，而其他多产丙烯技术的汽油苯含量都大于1.0%，尤其是DCC汽油苯含量大于2.0%，CPP汽油苯含量更高。在液化气产率基本相当的情况下，MIP-CGP汽油苯含量明显低于FDFCC-Ⅲ和ARGG汽油苯含量。

表 6-11 FCC、MIP、DCC 和 CPP 汽油组成 %

工艺类型	FCC	MIP	MIP-CGP	DCC	CPP
正构烷烃	5.88	5.16	4.14	3.06	1.43
异构烷烃	22.36	36.52	29.51	7.40	3.39
环烷烃	7.32	6.43	8.33	3.32	2.12
链烯烃	40.56	24.08	27.34	13.11	4.38
环烯烃	6.15	5.71	3.57	5.81	3.03
芳烃	16.88	20.33	26.41	65	83.25
苯	0.43	0.40	0.83	2.1	15.70
甲苯	1.91	2.27	3.49	12.55	26.72
乙苯			1.14	2.58	3.79
间对二甲苯			2.73	13.72	14.02
邻二甲苯			3.62	4.48	4.46
异构/正构烷烃	3.80	7.08	7.12	2.42	2.37
苯芳比(RBA)①	2.55	1.97	3.14	3.23	18.86

① RBA 为汽油中的苯含量与芳烃含量之比，用于评估苯和烯烃烷基化生成烷基苯的反应趋势。

不同类型工艺所产的汽油中的异构烷烃含量分布列于表 6-12。从表 6-12 可以看出，汽油中的单侧链烷烃明显高于双侧链烷烃，三侧链烷烃很低。MIP 汽油中的单侧链烷烃、双侧链烷烃均明显高于其他三种类型工艺的汽油。

表 6-12 FCC、MIP、DCC 和 CPP 汽油中的异构烷烃含量分布 %

异构烷烃	FCC	MIP	CPP	DCC
单侧链	15.47	23.73	1.76	4.85
双侧链	3.63	4.87	0.22	1.39
多侧链	0.05	0.02	0.04	0.22
合计	20.36	29.51	3.39	7.4
异构化指数	3.46	7.12	2.37	2.42

不同类型工艺所产的汽油中的异构烯烃含量分布列于表 6-13。从表 6-13 可以看出，汽油中的烯烃几乎是单侧链，而双侧链和三侧链烯烃含量均较低，两者之和不超过 1 个百分点。即使 MIP 汽油烯烃含量明显低于 FCC 汽油，但 MIP 汽油中的异构烯烃含量高于 FCC 汽油，其中单侧链烯烃含量最多，其次才是 FCC 汽油。

表 6-13 FCC、MIP、DCC 和 CPP 汽油中的异构烯烃含量分布 %

异构烯烃	FCC	MIP	CPP	DCC
单侧链	12.68	16.03	1.72	5.23
双侧链	0.44	0.21	0.27	0.29
多侧链	0.43	0.29	0.1	0.6
合　计	13.55	16.53	2.09	6.12

MIP 汽油和 FCC 汽油中的烯烃组成列于表 6-14。MIP-1 和 MIP-2 分别来自不同的 MIP 装置；而 FCC-1 和 FCC-2 分别来自不同的 FCC 装置。从表 6-14 可以看出，MIP 汽油烯烃含量明显低于 FCC 汽油，其中直链烯烃含量更明显低于 FCC 汽油，而异构烯烃含量略低于

或相当于 FCC 汽油。MIP 汽油中的侧链烯烃/直链烯烃比、侧链 2-烯烃/侧链 1-烯烃比均高于 FCC 汽油。正是 MIP 汽油烯烃组成具有这些特点，在相同的加氢苛刻度下，烯烃饱和程度要低于 FCC 汽油，这为汽油脱硫工艺提供了更为理想的原料。

表 6-14　MIP 与 FCC 汽油中的烯烃组成

工艺类型	MIP		FCC	
汽油编号	MIP-1	MIP-2	FCC-1	FCC-2
汽油烯烃质量组成/%				
直链 1-烯烃	1.16	1.41	1.67	1.93
直链 2-烯烃	6.10	6.83	7.64	8.68
直链 3^+-烯烃	1.04	1.11	2.30	2.94
单侧链 1-烯烃	6.05	8.24	9.32	10.30
单侧链 2-烯烃	7.30	10.18	8.95	9.70
多侧链-烯烃	0.09	0.08	0.58	0.30
环状烯烃	2.85	4.38	5.41	5.89
二烯+三烯+炔	0.47	0.71	0.66	1.03
总量	25.07	32.96	36.54	40.78
侧链/直链	1.62	1.98	1.62	1.48
侧链 2/侧链 1	1.20	1.24	0.96	0.94

6.2.4　MIP 汽油与 FCC 汽油加氢前后辛烷值及组成变化

MIP 装置改造前后的汽油性质列于表 6-15，其编号为 MIP-1 和 FCC-1。MIP-1 和 FCC-1 分别经加氢脱硫 RSDS-Ⅱ技术处理，所得到的加氢汽油性质也列于表 6-15。

从表 6-15 可以看出，相对于 FCC 汽油，MIP 汽油烯烃含量明显低于 FCC 汽油烯烃含量，在高辛烷值组分烯烃降低的情况下，MIP 汽油辛烷值 RON 增加 1.2 个单位，MON 增加 0.7 个单位。从表 6-15 还可以看出，相对于加氢 FCC 汽油，在相近的汽油脱硫率的情况下，加氢 MIP 汽油烯烃饱和率只有 7.66%，这是由于 MIP 汽油异构烯烃较多，难以加氢饱和，辛烷值 RON 只减少 0.9，MON 只减少 0.2，抗爆指数只降低了 0.5，而加氢 FCC 汽油烯烃饱和率高达 20.87%，辛烷值 RON 减少 1.8，MON 减少 1.2，抗爆指数降低高达 1.5。

表 6-15　MIP 和 FCC 汽油性质及加氢脱硫后性质

汽油编号	MIP-1		FCC-1	
类　型	原料汽油	产品	原料汽油	产品
密度(20℃)/(g/cm^3)	0.7321	0.7308	0.7238	0.7216
硫含量/(μg/g)	772	44	942	43
干点/℃	205	203	201	200
脱硫率/%	94.3		95.4	
RON	93.6	92.7	92.4	90.6
MON	82.4	82.2	81.7	80.5
ΔRON/ΔMON	-0.9/-0.2		-1.8/-1.2	
烯烃体积分数/%	28.7	26.5	38.8	30.7
芳烃体积分数/%	22.8	20.9	18.0	17.8
烯烃饱和率/%	7.66		20.87	

由此可以看出，MIP 汽油不仅自身的辛烷值高，而且经加氢脱硫后其辛烷值损失小。MIP 和 FCC 汽油辛烷值及加氢的 MIP 和 FCC 汽油辛烷值的差异与 MIP 和 FCC 汽油组成不同存在密切相关。MIP 汽油和 FCC 汽油加氢前后组成分布列于表 6-16。

表 6-16 MIP 与 FCC 汽油加氢前后组成分布

原料油编号	MIP-1				FCC-1			
脱硫率/%	94.3				95.4			
色谱组成/%	原料	产品	组成变化	辛烷值	原料	产品	组成变化	辛烷值
正构烷烃	3.66	4.21	0.55	24.8	5.03	6.41	1.38	24.8
异构烷烃	30.93	32.56	1.63	75.2	28.89	32.18	3.29	72.1
正构烯烃	8.80	7.64	-1.16	90.5	12.73	11.26	-1.47	90.5
异构烯烃	17.41	15.66	-1.75	97.5	19.35	16.72	-2.63	97.5
环状烯烃	4.21	3.67	-0.54	93.6	4.70	3.87	-0.83	93.6
二烯烃	0.03	0.00	-0.03	71.1	0.08	0.0	-0.08	71.1
环烷烃	8.26	9.44	1.18	89.3	6.51	7.38	0.87	89.3
芳烃	26.71	26.81	0.1	124	22.71	22.18	-0.53	124
烯烃饱和率/%	11.4				13.6			
RON	93.6	92.7	-0.78①		92.4	90.6	-1.68①	

① 计算出的 RON 损失值。

从表 6-16 可以看出，在相同的脱硫率下，MIP 汽油正构烯烃只减少 1.16 个百分点，异构烯烃只减少 1.75 个百分点，环状烯烃只减少 0.54 个百分点；而 FCC 汽油正构烯烃减少 1.47 个百分点，异构烯烃减少 2.63 个百分点，环状烯烃减少 0.83 个百分点，因此，MIP 汽油烯烃降低幅度明显低于 FCC 汽油烯烃降低幅度，前者比后者少降低约为 1.48 个百分点。

为准确评估 MIP 系列技术对降低汽油硫含量的效果，引用了硫的传递系数这一概念，硫的传递系数(以下简称 STC)定义为汽油的硫含量除以原料油的硫含量再乘以 100%。硫的传递系数大小与汽油产率无关，从而可以更加客观地评估不同类型的催化裂化技术对降低汽油硫含量的效果。改造前后 FCC 和 MIP 汽油烯烃和硫传递系数列于表 6-17。

表 6-17 FCC 汽油和 MIP 汽油烯烃、干点和硫传递系数

装置代号	改造前 FCC 汽油			改造后 MIP 汽油		
	汽油干点/℃	烯烃/%	STC/%	汽油干点/℃	烯烃/%	STC/%
1	194	35.0	10.6	202	17.6	5.07
1				199	29.0	5.60
1				183	32.8	3.93
2	203	41.1	9.5	202	15.0	7.30
3	185	45.6	11.4	181	32.2	5.08
4	166	46.8	11.7	184	31.9	6.67

从表 6-17 所列的装置 1 改造前后数据可以看出，当采用汽油生产方案时(汽油干点大于 190℃)，汽油烯烃从 29.0 降到 17.6，随着汽油烯烃的降低，硫传递系数也降低，硫传递

系数由5.60降到5.07，降低了9.46%；而在汽油烯烃基本相当的情况下，当汽油干点从199℃降低到183℃时，硫传递系数降低了29.82%，因此，汽油干点对汽油硫有较大的影响，比较不同技术的硫传递系数大小的前提是汽油的干点要相同。从表6-17还可以看出，当汽油的干点大于190℃，MIP系列技术硫传递系数都在5.07%~7.30%之间，而常规FCC工艺硫传递系数在10%左右；当汽油的干点小于185℃，MIP系列技术硫传递系数仅在3.93%~6.67%之间，而常规FCC工艺的硫传递系数约为10%左右。由此可以算出，在汽油干点相同的情况下，MIP系列技术相对于常规FCC工艺的汽油硫传递系数均降低了30%~50%。因而，MIP系列技术与常规FCC工艺相比，不仅可以降低汽油烯烃含量，而且对汽油硫含量还具有一定的降低作用。MIP系列技术可以大幅度地降低汽油硫含量，一是MIP工艺第二反应区存在较强的氢转移反应和含有较多的烷烃分子，从而促进了汽油硫化物转化为无机硫而被脱除；二是MIP汽油含有较低的烯烃，减少了无机硫与汽油烯烃结合的几率，减少了汽油硫化合物的生成量。

综上所述，MIP汽油组成特点为异构烷烃含量高，烯烃含量低，芳烃含量高，苯含量低；而异构烷烃含有较多的碳五和碳六烷烃，异构烯烃含有较多的多支链烯烃，从而MIP汽油辛烷值明显高于FCC汽油的辛烷值，且MIP汽油经加氢后辛烷值损失明显低于FCC汽油。此外，MIP系列技术的汽油苯含量均低于1.0%，满足车用汽油质量指标要求；在汽油干点相同或近似的情况下，MIP系列技术相对于常规FCC技术硫传递系数降低了30%~50%。多产异构烷烃的催化裂化工艺(MIP)已大面积地推广应用，已应用到100多套装置。中国石化FCC汽油约有80%来自MIP装置，中国石油FCC汽油约有38%来自MIP装置，其他石油公司和地方炼油厂FCC汽油约有60%来自MIP装置。MIP和汽油吸附脱硫技术组合是目前生产国Ⅴ车用汽油最具有竞争的技术途径，中国石化所有的大型炼油企业车用汽油生产均采用此途径。

6.3　循环油性质

FCC工艺的循环油分为轻循环油(Light Cycle Oil，LCO)和重循环油(Heavy Cycle Oil，HCO)。LCO从主分馏塔上部侧线抽出，其馏程约为200~360℃，经汽提后即作为产品送出装置。HCO从主分馏塔下部侧线抽出，其馏程约为330~500℃，介于LCO和油浆馏程之间。同时，HCO常常用作循环回流给新鲜原料和/或脱丁烷塔重沸器供热。LCO与HCO、HCO与油浆之间馏程重叠较为严重。

6.3.1　LCO性质

早期国内催化裂化装置加工石蜡基原料，并以多产LCO(以前在国内称为催化裂化柴油)作为生产方案，当时所生产的LCO性质较好，其十六烷值一般在40左右，可作为商品轻柴油的混兑组分，一般与直馏柴油混合使用。即使如此，催化裂化轻循环油是商品轻柴油中质量最差的组分，例如大庆催化裂化轻循环油、直馏柴油和热裂化柴油组成列于表6-18。从表6-18可以看出，与直馏柴油和热裂化柴油相比，FCC柴油具有较低的烷烃含量、较高的芳烃含量[2]。

表 6-18 大庆催化裂化柴油、直馏柴油和热裂化柴油组成

柴油种类	烷烃			芳烃			环烷烃		
	总量	正构	异构	总量	单环	双、多环	总量	单环	双、多环
直馏柴油	67.5	37.93	29.57	7.3	3.32	3.98	24.7	13.00	11.70
FCC 柴油	40.6	12.25	28.36	29.98	15.11	14.87	29.41	23.85	5.56
热裂化柴油	48.03	25.92	22.11	17.68	11.09	6.59	34.29	27.03	7.26

催化裂化装置分馏系统分离精度较低，容易造成汽油馏程与轻循环油馏程有所重叠，从而影响汽油产率和轻循环油产率。当以生产最大量汽油为目标时，一定要关注汽油馏程与轻循环油馏程重叠程度，尽可能将轻循环油中的汽油分离出来，提高装置经济效益。当以生产最大量轻循环油为目标时，降低汽油终馏点是一个简单和有效的提高轻循环油产率的方法。一般来说，汽油干点每降低 5.6℃，相应轻循环油的质量收率增加大约为 1.7 个百分点。这是生产装置上最先采用和最明显的调整方法。这种切割点改变的幅度受到轻循环油质量指标，如低温流动性和闪点的限制。轻循环油的闪点指标和主分馏塔结盐程度常常是决定能将轻循环油的初馏点降低(降低汽油终馏点)到何种程度的主要因素。轻循环油终馏点的增加受到主分馏塔塔底的最高温度、油浆热交换器的结垢和柴油加氢处理装置的制约。

FCC 工艺为了尽可能多产汽油，反应苛刻度不断提高，同时随着渣油 FCC 工艺发展，加工的原料更劣质化。在反应高苛刻度和原料劣质化双重作用下，LCO 性质不断变差，国内如此，国外也是如此。表 6-19 列出美国炼油企业 FCC 装置所生产的 LCO 性质变化情况。在 1967 年至 1982 年间，美国 FCC 装置的 LCO 性质变化趋势为密度增加，十六烷值下降。主要原因是由于 FCC 装置为多产汽油而提高操作苛刻度和采用高活性的分子筛催化剂所致。LCO 芳烃含量超过 50%，甚至超过 80%，十六烷值很低。同时，LCO 中的硫、氮含量均偏高，导致柴油色度随储存时间变深、胶质增加，安定性变差[1]。

表 6-19 美国炼油厂典型轻循环油性质

项目	1967 年				1982 年			
密度(20℃)/(g/cm^3)	0.8911	0.8778	0.8822	0.8665	0.9567	0.9408	0.9541	0.9652
馏程/℃								
初馏点	201	218	209	244	231	241	209	202
10%	229	253	242	261	252	254	238	247
20%	242	258	254	265	254	264	248	254
30%	253	263	260	268	260	271	252	256
50%	271	269	273	274	267	282	265	264
70%	294	278	289	281	278	298	284	277
90%	323	293	309	296	300	325	307	305
终馏点	353	309	325	314	329	344	332	331
苯胺点/℃	40.0	52.0	49.4	61.7	24.4	27.8	8.3	-2.2
烃族组成/%(v)								
芳烃	53.0	35.5	37.5	30.5	80.0	69.0	78.0	83.5
烯烃	2.5	8.0	8.0	10.5	1.5	2.0	5.0	3.0
饱和烃					18.5	29.0	17.0	13.5
链烷烃	26.5	29.7	29.2	35.4				
环烷烃	18.0	26.8	25.3	23.6				
十六烷值	32.8	41.5	37.2	45.0	18.1	24.0	18.8	17.1
C/H 质量比	7.46	7.19	7.25	8.91	8.75	8.20	8.60	8.92

在高反应苛刻度下，无论石蜡基、中间基或环烷基的催化裂化原料，LCO 性质均趋于劣质化，且向趋同方向发展。例如某催化裂化装置采用多产丙烯的 MIP 工艺技术后，其裂化反应苛刻度大幅度增加，造成 LCO 中的饱和烃进一步裂化，从而 LCO 产率明显减少，同时质量明显变差。表 6-20 列出两套 MIP 装置的 LCO 性质，从表中可以看出，LCO 密度大于 0.93g/cm^3，芳烃含量接近 80%，十六烷值低于 20，同时具有较高的硫含量和氮含量。

表 6-20　渣油 MIP 装置的轻循环油性质

项　　目	偏石蜡基	中间基	加氢蜡油	偏石蜡基
密度(20℃)/(g/cm^3)	0.9375	0.9566	0.9630	0.9537
硫含量/(μg/g)	4000	9500	4300	4400
氮含量/(μg/g)	865	662	368	1069
十六烷值	<20.0	15.7	15.2	<20.0
烃类组成/%				
链烷烃	13.1	8.0	8.4	12.8
总环烷烃	7.9	5.1	3.6	8.0
一环/二环/三环	2.3/3.4/2.2			4.0/2.4/1.6
总芳烃	79.0	86.9	88.0	79.2
单环芳烃	21.3	28.7	19.0	11.9
双环芳烃	48.0	49.8	58.9	56.2
三环芳烃	9.7	8.4	10.1	11.1
双环以上芳烃含量/%	57.7	58.2	69.0	67.3

对于更劣质的 LCO，单纯地通过深度加氢处理，虽然大幅度改善 LCO 性质，但要花费更多的经济代价。即使如此，加氢后的 LCO 也难以作为轻柴油的混兑组分。为了高效地处理劣质轻循环油，有必要对轻循环油各馏分段收率和性质及组成进行详细分析，从 LCO 组成入手进行处理或针对性地利用。典型轻循环油各馏分段收率分布见图 6-19，各馏分段中的一环芳烃、二环芳烃和三环芳烃的分布见图 6-20，各馏分段中的氮分布见图 6-21。

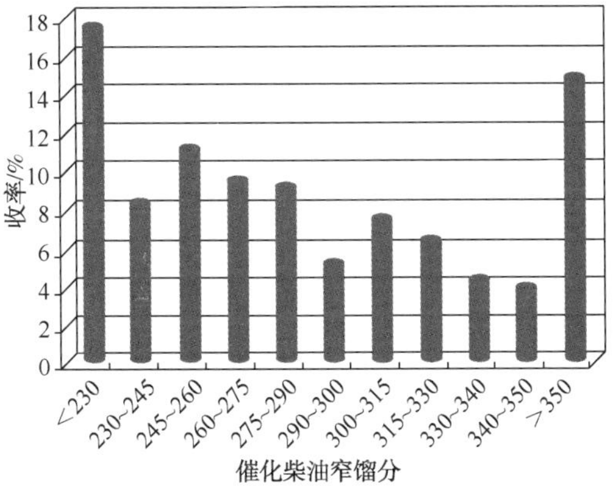

图 6-19　轻循环油各馏分段收率分布

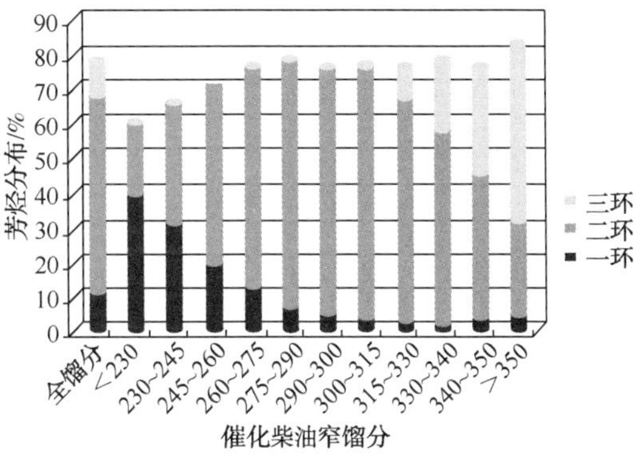

图 6-20　轻循环油各馏分段芳烃分布

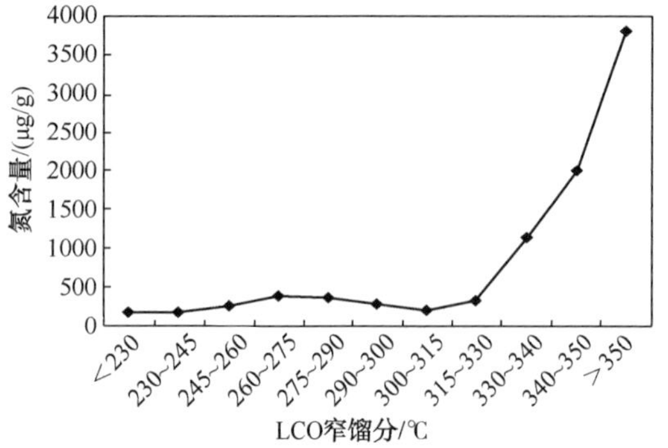

图 6-21 LCO 中的氮含量的变化趋势

从图 6-19 可以看出，除两端馏分段收率较高外，其他馏分段 LCO 收率大部分在 4%~10%之间。从图 6-20 可以看出，轻循环油中富含芳烃，占总馏分的 80%左右，其芳烃分布在 245℃以下的馏分段单环芳烃含量占优；到 290℃以上，单环芳烃含量低于 5%；双环芳烃含量在各馏分段中均较高；在 315℃以上馏分段，才有一定量的三环芳烃存在，并随着馏程变重，其含量越多。因此，在处理 LCO 时，需考虑如何将 LCO 中的单环芳烃转化为 BTX，同时将二环、三环芳烃转化为双环环烷烃，作为多产异丁烷和 BTX 原料。从图 6-21 可以看出，轻循环油中氮含量主要集中于 330℃以上的馏分中，而图 6-20 表明 330℃以上的馏分主要为二环及三环芳烃。

对于柴油超深度脱硫工艺，原料中含有过高的氮化物，尤其咔唑类氮化物是柴油加氢超深度脱硫的强抑制剂，从而影响柴油超深度脱硫效果和催化剂使用寿命。因此，在柴油加氢脱硫装置进料中掺入劣质 LCO 时，可考虑将大于 330℃以上的馏分段分离出来，不作为柴油加氢脱硫装置原料。大于 330℃以上的馏分段单独处理或者直接送到渣油加氢处理装置。由于加氢脱氮反应步骤为先芳环开环，然后再脱除氮原子，因此，采用加氢精制技术处理大于 330℃以上的馏分段时可选择更加苛刻的工艺参数。

典型 LCO 中的氮化物主要为吲哚类和咔唑类，约占 90%以上，其中二甲基咔唑含量最多；硫化物主要为苯并噻吩类和二苯并噻吩类，约占 98%，其中烷基苯并噻吩含量最多。LCO 中还含有 0.1%~0.5%的酚类物质，其中以苯酚同系物含量最高，萘酚类次之，还含有少量的二氢化茚酚类物质。酚类对 LCO 的安定性有明显的影响，脱除 LCO 中的酚类，即使不脱除硫、氮，也能明显提高 LCO 的安定性。

目前部分 LCO 通过加氢精制来增加十六烷值，且脱除硫、氮化物，作为普通轻柴油混兑组分，或者直接作为燃料油混兑组分。由于未来市场对柴油的需求出现负增长，导致柴油与汽油价格差越来越大，LCO 作为普通轻柴油混兑组分，其经济性较差，如何高效利用 LCO 并获得更高的经济效益是炼油工作者所面临的问题之一。

随着越来越多的 FCC 装置等直径提升管更换为变径提升管以生产更低烯烃含量的汽油，轻循环油产率越来越低，同时质量越来越差，表现为密度越来越高，氢含量也相应地降低。对于以加氢重油为原料的催化裂化装置，当汽油烯烃含量降低到 25%左右时，此时轻循环油的密度约为 0.94g/cm^3，当汽油烯烃含量降低到 10%左右时，此时轻循环油的密度约为 0.98g/cm^3。轻循环油密度高低可作为在生产过程中调控汽油烯烃含量一个间接指标。

当然，随着轻循环油密度增加，轻循环油中的氢含量也显著降低，如表 6-21 所示。在计算氢平衡时，必须选择合理的轻循环油氢含量，才能准确地计算出氢平衡。

表 6-21 轻循环油密度与氢含量之间关系

类　型	1	2	3	4	5	6	7	8
密度(20℃)/(g/cm^3)	0.9242	0.9376	0.9380	0.9438	0.9572	0.9601	0.9770	0.986
氢含量/%	10.48	10.10	9.97	9.68	9.37	9.34	8.96	8.24

6.3.2 HCO 性质

(1) HCO 性质

HCO 可作为回炼油循环到反应器再进行裂化，或作为一种重柴油产品的混兑组分使用。当以 LCO 生产方案操作时，单程转化率较低，有相当一部分 HCO 生成，被迫回炼 HCO 以增加 LCO 产率；当以汽油生产方案操作时，单程转化率很高，几乎没有 HCO 回炼[1]。

随着 FCC 技术发展，HCO 回炼量越来越低，其性质也趋向更劣质。国内若干工业 FCC 装置的 HCO 性质列于表 6-22。从表 6-22 可以看出，HCO 中的芳烃含量比原料油高，是难以裂化组分浓缩的结果。

表 6-22 国内若干工业 FCC 装置的 HCO 性质

项　目	装置 2	装置 3	装置 4	装置 6	装置 7
原料油	含硫 VGO	大庆 VR/VGO	低硫 VGO/VR	中东 AR/VGO HDS-AR	加氢 VGO/AR
密度/(g/cm^3)	0.9720	0.9924	0.8919	1.056	1.0242
凝点/℃			30.4	7	27
运动黏度(80℃)/(mm^2/s)	95	37(100℃)		11.4(100℃)	11.31
残炭/%	0.1	0.86	0.76		—
馏程/℃					
初馏点	215	175	183	318	278
50%	391	399	393	40%495	412
终馏点	90%439	470		93%611	95%437
元素组成/%					
C	87.94		87.7		90.26
H	10.33		11.7		9.03
S	1.31		0.19		0.66
N	0.13		0.20	0.14	0.15
烃族组成/%					
饱和烃	37.75			32.90	26.3
芳烃	59.48			57.12	72.5
胶质	2.77			9.19	1.2
沥青质				0.79	—

(2) HCO 中的固体物

HCO 和油浆中的固体物主要为催化剂粉末，其来源于催化剂在装置运行过程中因磨损、破裂等原因产生的细粉，含量与装置运行状况、催化剂强度、旋风分离器的分离能力等因素有关。由于重循环油和油浆含有短侧链多环芳烃，具有广泛的应用价值，而固体物存在阻碍着短侧链多环芳烃有效地利用，通常需要将重循环油和油浆中的固体物除去。回炼油中的固体物含量一般小于 0.002g/L，远低于油浆中的固体物含量。HCO 中的固体物为土黄色或锈红色，其成分中应有不同含量的氧化铁成分，而油浆中的固体物为催化裂化催化剂的灰白色，两者固体物组成差别列于表 6-23。从表 6-23 可以看出，在 HCO 固体物中，除催化剂成分外，还有含量很高的 Fe_2O_3 和 Sb_2O_5。Fe_2O_3 应主要来源于催化裂化装置内部及其管线的腐蚀，Sb^{5+}则是催化裂化工艺过程中加入的金属钝化剂的主要成分；其他金属氧化物或盐类含量不高，应主要来自原料油本身，而油浆中来自催化剂的固体物（Al_2O_3、SiO_2、La_2O_3、CeO_2）占 90%以上。

表 6-23　X 射线荧光光谱分析固体物组成　　%

组分	油浆 1	油浆 2	HCO-1	HCO-2	HCO-3
Al_2O_3	49.5	46.3	24.5	29.5	33.6
SiO_2	44.1	41.0	17.9	20.3	27.5
La_2O_3	1.37	1.55	0.67	0.49	1.21
CeO_2	0.89	1.47	1.18	0.75	1.17
SO_3	0.32	0.23	0.79	2.58	0.66
P_2O_5	0.68	1.57	0.65	0.28	1.97
Fe_2O_3	1.05	1.34	22.5	40.1	10.5
NiO	0.19	1.94	0.72	0.34	1.30
V_2O_5	0.37	0.59	0.48	0.34	0.41
K_2O	0.22	0.17	0.31	0.24	0.23
Na_2O	0.46	0.15	0.24	0.27	2.00
CaO	0.32	2.72	1.66	2.31	2.44
MgO	0.08	0.07	0.26	0.60	0.08
Sb_2O_5	—	0.31	24.2	0.55	15.6

HCO 中的固体物粒度分布较宽，分布不均匀，呈双峰分布，粒度范围在 0.5~250.0μm 之间，在大于 100μm 的颗粒存在一个峰值，而油浆中固体物的粒度分布较为集中，颗粒较小，其粒度范围主要集中在 0.5~40μm，如图 6-22 所示。回炼油中的固体物粒度呈如此分布可能与其中的固体物含量低有关，取样过程不规范也可能产生误差。

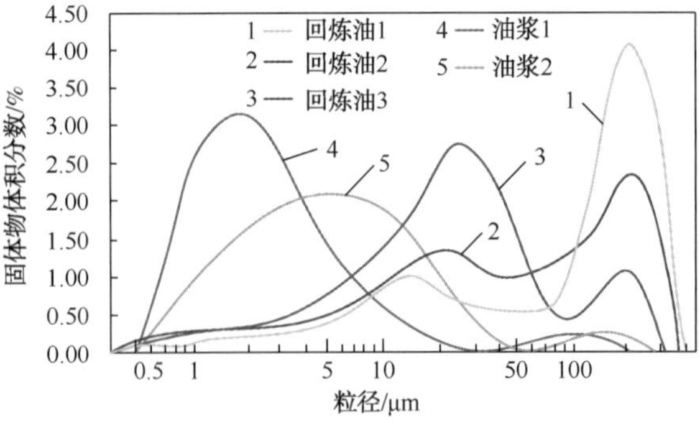

图 6-22　回炼油和油浆中的固体物粒度分布

6.4　油浆性质

从催化裂化分馏塔底抽出的带有催化剂粉末的重油称为油浆（Slurry），油浆在油浆沉降器中沉降分离，从沉降器上部排出的清净的产品称作澄清油（Decant Oil，DO），澄清油只带有少量催化剂粉末，含有较多稠环芳烃，油浆沉降器底部流出的油浆含有催化剂细粉。油浆回炼就可以回收这部分催化剂细粉。在催化裂化装置操作过程中，油浆回炼成为调节装置热平衡操作的一种重要手段，当装置烧焦能力和取热负荷有余量时，可以将油浆进行部分回炼或全回炼，反之，当装置烧焦能力和取热负荷无余量时，可以将油浆作为副产品排出装置，称为外甩油浆。此外，部分油浆作为循环油浆经冷却后送回分馏塔底部换热段来冷却自反应器来的物流。目前催化裂化工业生产过程中一般控制油浆密度约为 1100kg/m^3，而固含量不大于 6g/L。油浆的密度可以通过油浆外甩温度和外甩量来调整。影响油浆固含量的因素主要有旋风分离器效率、催化剂抗磨损性能以及操作因素如旋风分离器线速波动大、喷嘴进料线速高、油气管线线速高等。

油浆收率主要与原料油性质、反应深度和分馏塔底的操作有关。一般规律是掺渣油原料的油浆比馏分油的油浆收率大，且其油浆密度也大，芳烃和胶质含量高，残炭也高；反应深度越高或分馏塔底油浆抽出温度越高，油浆收率越低，但油浆密度却越大，芳烃和胶质含量越高，残炭也越高；在相同反应深度下，环烷基、中间基原油的油浆比石蜡基原油的芳香分要高。国内若干 FCC 工业装置的油浆性质列于表 6-24[1]。

表 6-24　催化裂化油浆性质

项　目	装置 1	装置 2	装置 3	装置 4	装置 5
原料油	大庆 VGO	大庆 AR	塔里木中原/吐哈 AR	含硫 VGO	中东 AR/VGO HDS-AR
密度/(g/cm^3)	0.9426	1.0164	1.015	1.0459	1.043
凝点/℃		28	25		26
运动黏度(100℃)/(mm^2/s)	30.3			39.5(80℃)	50.7
残炭/%	3.8	5.5	7.1	5.8	14.4
馏程/℃					
初馏点			123	221	280
50%			546	398/30%	495/10%
终馏点			619/75%		537/90%
元素组成/%					
C			89.16	88.88	88.31
H			9.23	8.95	9.02
S	0.25	0.31	1.36	1.80	0.69
N	0.06	0.18	0.25	0.18	0.17
烃族组成/%					
饱和烃	50.3	31.1	31.0	20.32	24.43
芳烃	47.7	64.8	54.5	74.98	44.29
胶质	2.0	4.1	13.6	4.70	27.51
沥青质			0.8		3.77

原料油性质和反应深度对油浆性质和组成产生较大的影响，而反应深度对油浆性质和组成影响更大。工业 FCC 装置的油浆中的饱和烃含量较低，尤其渣油 FCC 装置，一般低于

30%，而芳烃与胶质之和一般大于 70%。采用 MIP 工艺后，油浆中的饱和烃含量一般低于 15%，而芳烃与胶质之和一般大于 85%。三套工业 FCC/MIP 装置的油浆性质列于表 6-25。从表 6-25 可以看出，即使油浆密度达到 $1.0783g/cm^3$，氢含量只有 8.3%，其组成仍然含有 20.4%的饱和烃，这部分饱和烃属于较优质的催化裂化原料。也就是说，从组成来看，油浆产率仍可以降低约 20%。

表 6-25 工业 FCC/MIP 装置的原料油和油浆的族组成及性质

工艺类型	FCC		FCC	MIP
原料类型	常压渣油	油浆	油浆	油浆
密度(20℃)/(g/cm^3)			1.0412	1.0783
运动黏度(80℃)/(mm^2/s)			32.40	52.25
凝点/℃			26.0	10
族组成/%				
饱和烃	53.9	31.1	28.3	20.4
芳香烃	27.7	64.8	53.9	63.2
胶质	17.3	4.1	16.1	12.6
沥青质	1.1		1.7	3.8
碳含量/%			88.64	89.86
氢含量/%			9.20	8.30

随着油浆密度变重，油浆中的氢含量也随之降低，两者之间关系列于表 6-26。在计算氢平衡时，必须选择合理的油浆氢含量，才能准确地计算出氢平衡。

表 6-26 油浆密度与氢含量对应关系

类　型	1	2	3	4	5	6	7	8
密度(20℃)/(g/cm^3)	1.015	1.041	1.078	1.080	1.101	1.122	1.141	1.152
氢含量/%	9.67	9.20	8.30	7.91	7.62	7.11	6.80	6.56

6.5 焦　　炭

沉积在催化剂上而使催化剂失活的高相对分子质量贫氢的聚合物和待生催化剂夹带的未被汽提掉的油气之和称为焦炭(Coke)。焦炭是催化裂化装置十分重要的副产物。围绕降低焦炭产率、高效地和最大幅度地烧去待生催化剂上的焦炭以及焦炭燃烧所释放的热量合理地利用和处理焦炭燃烧所产生的 CO_2、SO_x、NO_x 等温室气体或有害气体，不断地开发新的待生催化剂汽提技术、再生技术及其专用设备，促进了催化裂化工艺技术的发展[1]。

焦炭组成主要是碳和氢，除碳氢外，还含有硫、氮、氧等杂原子及镍、钒等重金属，其含量主要取决于原料中杂原子化合物和金属的含量。焦炭中的碳与氢在 $CH_{0.4}$~$CH_{0.9}$之间变化，焦炭中的氢含量随反应温度的提高和反应时间的增加而减少。因表面吸附或颗粒间夹带而未能汽提掉的重质分子数量相对较小，其碳与氢在 $CH_{1.0}$~$CH_{1.5}$之间变化。焦炭中的碳氢比变化较大，例如，在比较温和的裂化条件下，使用低铝催化剂时，氢含量可达 13%~

14%，而在高苛刻的裂化条件下，使用高活性分子筛催化剂时，氢含量可降低到5%~6%。

焦炭的结构通常可分为具有类石墨结构的有序结构和无序结构，并随着反应温度的提高和反应时间的延长，有序部分的晶粒也随之增大。反应初期焦炭吸附在吸附力较强的活性中心上，因此焦炭的移动能力较低，而不易聚集在一起形成大粒的有序结构；随着反应时间的加长，焦炭吸附在吸附力较弱的位置上，因此其移动的能力提高，而易于形成大粒的有序结构。通常，反应温度越高、反应时间越长，焦炭的碳氢比就越大。总之，这种焦炭并不是单纯的"碳"，其密度与碳氢比有关。

催化剂上焦炭的生成和沉积是一种十分复杂的物理化学过程。这首先是因为被裂化原料的组成很复杂，它包含了极易生焦的胶质、沥青质和金属化合物，也包含了不易生焦的饱和烃组分；其次，结焦过程是一个选择性较低的过程，它可在碱性组分(金属)上结焦，也可在酸性组分上结焦；它可在大孔(>16nm)中结焦，也可在细孔(<5nm)或超细孔(~1nm)中结焦；最后，随着反应条件(如反应温度、反应时间等)的不同，焦炭形成的机理和结构也可能不同。

焦炭在催化剂上的分布并不是连续地铺满催化剂的全部表面，不是以单分子层的形式存在，而是以多分子层呈颗粒状堆积着。并认为外表面上的焦炭是由相对分子质量较大而容易结焦的烃类反应形成的，内表面上的焦炭则是由相对分子质量较小而难于分解的烃类形成的。

焦炭在催化剂颗粒内的径向分布主要取决于结焦的反应机理和生焦物质在孔隙内的扩散。当催化剂孔内的扩散阻力较小时，生焦物质在孔内的浓度梯度很小，沿径向的焦炭分布都会是均匀的；反之，当催化剂孔内的扩散阻力较大时，生焦物质在孔内的浓度梯度就比较高，沿径向的焦炭分布就不可能均匀。对于微球催化剂，由于粒径很小，孔内扩散阻力较小，焦炭的分布比较容易达到均匀，但也与原料油性质有关。当采用馏分油为原料时，焦炭是均匀分布的；但以渣油为原料时，则催化剂外层焦炭较多，微球最外层(约2μm厚)的焦炭含量是整颗催化剂平均焦炭含量的1.2~1.8倍。

沉积在催化剂上的金属也影响焦炭分布，对于碱金属，可使焦炭分布趋于均匀；对于像镍、钒、铜等重金属，可使焦炭分布趋于不均匀。这是因为碱金属降低催化剂的酸性及其催化活性，扩散速度则相对较快，所以焦炭分布趋于均匀。此外，金属多集中在催化剂外层，从而进一步减少外层的焦炭，也使焦炭分布趋于均匀。而重金属多集中在催化剂的外层，导致外层焦炭量增多。例如，研究镍污染的催化剂(镍含量为0.15%)的结焦情况可发现：镍在催化剂颗粒的边缘处较多，且结焦也较多，造成颗粒边缘颜色较深。当将催化剂的表面磨去半径的10%之后，则镍含量减少50%。当观察未被金属污染的结焦催化剂时，发现呈棕色并且是均匀的。

待生催化剂上的焦炭可划分为四类：催化焦(C_{CAT})、附加焦(C_{ADD})、污染焦(C_{CT})和可汽提焦或剂油比焦(C_{ST})。

(1) 催化焦是指烃类在酸性中心上发生催化裂化反应而生成的副产品，是一种高沸点缩合物，其氢含量约在3%~5%。催化焦随转化率的增加呈指数关系增长，在提升管内与反应时间的幂函数呈线性关系；当采用分子筛催化剂时，催化焦减少；在其他条件相同时，催化焦的产率(以原料百分数表示)，通常与剂油比大小成正比。

(2) 附加焦是指原料中高沸点、高碱性化合物在催化剂表面经吸附、缩合反应所生成的稠环芳烃的缩合物。由于稠环芳烃具有强碱性(常含有氮化合物等碱性物质)，因而会优先吸附在催化剂表面的酸性中心上缩合生焦。附加焦的产率主要和原料的残炭有关，并和碱性氮、平均相对分子质量等也有关系，因此也称为原料焦。通常，在全回炼的情况下，附加焦大体上与康氏残炭相当。

(3) 污染焦是指由沉积在催化剂表面上的镍、钒等重金属所造成催化剂中毒而使脱氢和缩合反应加剧所产生的次生焦炭；或者是由于催化剂的活性中心被堵塞和中和，所导致的过度热裂化反应所引起的。污染焦的产率随催化剂上重金属(特别是镍)含量的增加而增高，其产率常与氢产率有联系。

(4) 剂油比焦(也称为可汽提焦)是指因汽提段汽提不完全而残留在催化剂上的重质烃类，是一种富氢焦炭，氢含量约10%~15%。剂油比焦产率和剂油比、催化剂的表面积、微孔的孔径分布、孔体积以及汽提效率有关。通常低比表面积、大孔径催化剂可减少剂油比焦。由于剂油比焦与催化剂性质、工艺参数和汽提段结构有关，汽提段结构型式更为重要。

催化焦和污染焦属于化学反应过程所产生的，而附加焦和可汽提焦或剂油比焦属于物理过程所产生的。四种类型的焦炭在总焦炭中所占的比例取决于许多因素，原料油性质优劣是最重要因素。减压馏分油和重质原料油催化裂化时，催化剂上各类焦炭之间的平均比例分布见表6-27。从表6-27可以看出，对于重质原料油催化裂化工艺，催化剂上的附加焦明显增加，污染焦也有所增加。

表6-27 馏分油与渣油裂化四种类型焦炭分布比较

工艺类型	馏分油(剂油比=7.0)			掺渣油(剂油比=5.5)		
	催化剂上炭差/%	占总焦炭/%	占原料油/%	催化剂上炭差/%	占总焦炭/%	占原料油/%
催化焦	0.52	65	3.64	0.4	33	2.2
污染焦	0.12	15	0.84	0.25	20	1.38
附加焦	0.04	5	0.28	0.45	37	2.50
可汽提焦	0.12	15	0.84	0.12	10	0.60
合　计	0.8	100	5.6	1.22	100	6.68

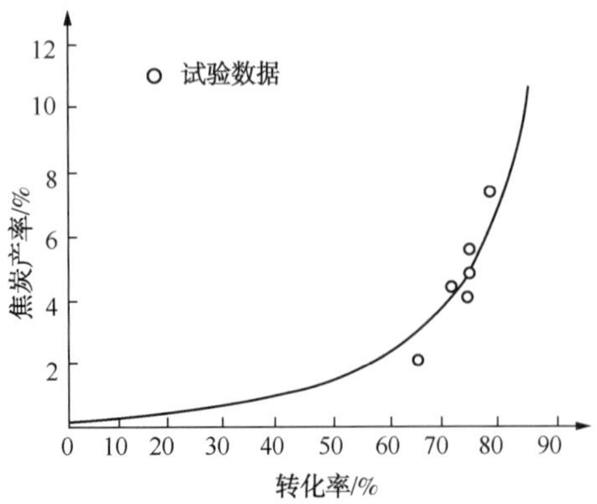

图6-23 焦炭产率与转化率的关系

对于工业催化裂化装置，附加焦和催化焦是交织在一起的，难以准确地计算出原料中的残炭多少转化为焦炭。首先要考虑转化率对焦炭产率(催化焦)的影响。由于催化焦随转化率的增加是呈指数关系增长，如图6-23所示，特别在高转化率部分，随转化率增加焦炭产率将急剧上升。因此，在对比焦炭产率(包括附加焦、催化焦)时，必须在转化率基本相同的情况下，才能对比附加焦的大小；或者根据动力学模型和转化率计算出催化焦的数量，才能估算出附加焦的数量。

以直馏蜡油的焦炭产率和干气产率为基准，其他两种混合原料的焦炭产率或干气产率的增幅与原料残炭之间的关系见图6-24。从图6-24可以看出，原料中的残炭值在0~5%之间，残炭值与焦炭产率增幅呈直线关系，这表明原料中的残炭几乎全部转化为焦炭。干气产率增幅与残炭值呈指数关系。

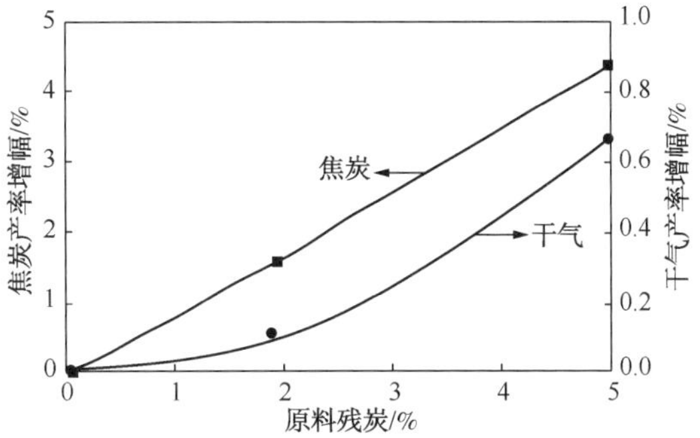

图6-24　焦炭产率或干气产率的增幅与原料残炭之间的关系

在油浆全回炼的操作方式中，应该比较容易地判断出附加焦大体上与康氏残炭相当(比例为90%左右)。但外排油浆或单程裂化的操作方式，对降低焦炭产率的影响很大，是否仍符合上述规律则应更加仔细地分析。外排油浆可以显著降低生焦率，通常外排5个百分点的油浆，焦炭产率可下降1~2个百分点。焦炭产率的减少中既包含了催化焦，又包括了附加焦。

对于外排油浆所引起的生焦率下降，当排油浆量较大时，生焦率甚至会等于或低于残炭值。这不能说明残炭前身物转变成附加焦的比例有所下降，只是将原来全回炼时的部分附加焦和催化焦"甩掉了"。以常压渣油或掺渣油为原料油，其残炭值高的约在6%，低的也在2%~3%。在通常的60%~70%转化率条件下，实际的生焦率都大于残炭，差值的多少要看具体条件，差值低的约为2个百分点左右，这基本上是由于排油浆、单程转化或接近单程转化；差值高的可达5个百分点左右(甚至更高)，此时是基本上不排油浆(全回炼或多回炼)。外排油浆太多会使轻油收率下降过大。因此最好是排出密度大、多环芳烃浓度高的适量油浆，或者将油浆中的芳烃抽提出来。

6.6　小　　结

汽油是催化裂化工艺所生产的最具有价值的产品，催化裂化工艺的变革始终追求更多的汽油收率，更高的汽油辛烷值，即最大量的汽油辛烷值桶。催化裂化汽油烯烃体积含量从最初的50%降低到30%以下，目标就是多产汽油以满足市场对汽油需求；随后汽油烯烃体积含量又增加到50%以上，甚至高达70%以提高汽油辛烷值；但随着车用汽油质量标准要求限制汽油烯烃，催化裂化汽油烯烃体积含量又降低到35%以下。目前变径提升管催化裂化工艺可将汽油烯烃体积含量降低到10%以下。

实际上，汽油产率与汽油烯烃含量密切相关，汽油烯烃含量越低，汽油产率反而越高，但可能影响汽油的辛烷值、轻循环油质量与产率。由于汽油烯烃含量降低所导致的辛烷值损失可以通过提高汽油中的芳烃含量和增加液化气产率来弥补。由于汽油烯烃含量降低所导致的轻循环油产率降低，这与目前市场需求趋势是一致，只是轻循环油质量更加劣质化，需要借助加氢技术来处理。值得注意的是轻循环油密度高低可作为在生产过程中调控汽油烯烃含量一个间接指标。

不同类型工艺的气体组成、汽油性质差异较大。可根据市场对目标产品需求量及其变化，选取合理的工艺路线以获得最大的经济效益。多产低碳烯烃的催化裂解技术成为炼油与化工的桥梁，为未来催化裂化技术发展提供更加广阔的前景。

随着催化裂化反应深度的提高，无论石蜡基还是中间基原料，所生成的轻循环油和油浆性质基本相同，其组成中的芳烃含量超过 90%。对于石蜡基原料，只是轻循环油产率、油浆产率明显低于中间基原料。像大庆石蜡基原料，轻循环油产率可以控制到 10%左右，相对于现有的催化裂化技术，可降低 10 个百分点以上。

气体中的非烃含量、氢/甲烷比、氢转移指数均是十分有价值的信息，可以用来指导生产装置的调整以及催化剂类型的筛选。

参 考 文 献

[1] 陈俊武，许友好．催化裂化工艺与工程[M].3 版．北京：中国石化出版社，2015.
[2] 许友好．催化裂化化学与工艺[M]. 北京：科学出版社，2013.

第7章　催化裂化反应工艺

7.1　反应器及相应的工艺演变历程

7.1.1　固定床和移动床反应器及相应的工艺

固定床催化裂化工艺技术开发由 Houdry 等从 1927 年开始，直到 1936 年 4 月 6 日，第一套固定床催化裂化装置投产。Houdry 等首次采用固体酸性白土作为催化剂，以轻循环油为原料，生产出辛烷值较高的汽油。固定床催化裂化工艺虽然是炼油工艺的划时代技术，然而它存在一系列无法克服的缺点，表现为设备结构复杂，操作繁琐，控制困难。要克服固定床催化裂化工艺的缺点，需要解决两项技术核心问题：

（1）催化剂在反应和再生操作之间循环；

（2）实现催化剂循环，必须降低催化剂的粒径。

移动床反应器解决了催化剂在反应和再生操作之间循环问题，而流化床反应器可以同时解决这两个问题。Houdry 工艺公司在固定床催化裂化工艺基础上于 1935 年提出催化剂在反应器和再生器之间移动这一重要技术构思，到 1941 年，第一座半商业化的移动床催化裂化装置投产，取得了有用的工业数据，到 1943 年 10 月，两座大型商业化的移动床催化裂化装置同时建成投产。

我国移动床催化裂化装置于 1958 年在兰州建成，移动床催化裂化过程可以生产车用汽油，也可以生产航空汽油。生产航空汽油的反应分两个阶段进行，第一段反应称为裂化，第二段反应称为精制。第一段得到的汽油作为第二段的原料，精制后就可以得到航空汽油的基础汽油，再往基础汽油中加入四乙基铅、异戊烷及异丙基苯等添加剂后就可以得到各种规格的航空汽油。

7.1.2　密相流化床反应器及相应的工艺

Standard Oil of New Jersey 等四家公司组织了催化研究协会，从事开发一项不会侵犯 Houdry 公司的固定床催化裂化专利的工艺。该团队自 20 世纪 40 年代起先后开发了各种不同型式的流化催化裂化装置及其技术。第一代的“上流式”催化裂化工艺很快就被第二代的“下流式”所取代，1947 年，开发出第三代流化催化裂化工艺，1952 年开发出第四代密相流化床催化裂化技术（Fluid Catalytic Cracking，简称 FCC）。流化催化裂化技术的突破不仅帮助石油公司迅速扩大轻质油品的生产，满足社会对汽油和轻循环油的需求，同时在第二次世界大战中帮助盟军取得胜利立了大功。流化床催化裂化工艺至今仍然是炼油技术中最重要技术之一，并具有强大的生命力。当今的催化裂化工艺技术就是在此基础上逐步发展起来的。

密相流化床催化裂化工艺核心在于反应-再生系统。由于反应和再生分别在反应器和再生器两个设备中进行的，其原理流程与移动床催化裂化装置相似，只是在反应器和再生器

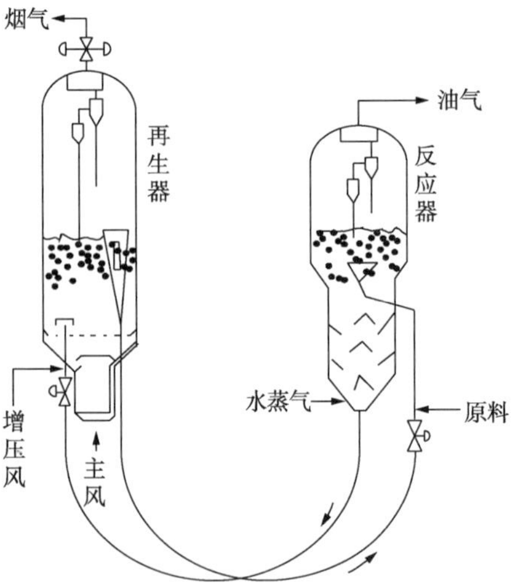

图 7-1 密相床催化裂化反应-再生系统示意图

中，催化剂与油气或空气形成外观与流体相似的流化状态。由于在流化状态时，温度分布均匀，催化剂循环量大，减少了再生时温度的变化幅度，因而大大地简化了再生器的取热方式。与密相流化床反应器相适用的催化剂是硅酸铝微球催化剂。反应器和再生器并列安装于构架上，底部用 U 形管连接起来，如图 7-1 所示。相对于移动床催化裂化装置，流化床催化裂化装置具有的优点如下：

(1) 催化剂循环量很大，因而热量的利用效率高于移动床，在原料油不加热的情况下，原料油可以与再生催化剂同时进入反应器进行反应，再生空气也不需要加热；

(2) 由于输送催化剂的空气和再生烧焦的空气合二为一，能量消耗减少了两倍以上；

(3) 操作条件容易控制和调节，且设备构造更加简单，便于检查和修理；

(4) 再生催化剂由于与空气混合充分和均匀，再生空气量比移动床催化裂化装置约减少了三分之一；

(5) 催化剂损耗量可降低至 0.1%(占原料)以下，而移动床催化裂化则为 0.2%~0.4%。

7.1.3 提升管反应器及相应的工艺

随着分子筛裂化催化剂广泛地使用，密相流化床反应器不能充分利用分子筛催化剂性能，这是因为分子筛催化剂具有很高的活性，如果采用密相流化床反应器，则造成烃类的转化率过高，其结果是干气和焦炭产率明显增加，气体中烯烃含量降低，这对提高装置的处理量和增产低碳烯烃都是不利的。为了适应分子筛催化剂的优越性能，开发出提升管催化裂化工艺，使催化裂化技术再次实现跨越式发展。相对于无定形硅铝微球催化剂密相流化床反应器，分子筛催化剂提升管反应器具有如下特点：

(1) 提升管反应器裂化具有更好的选择性，提升管反应器油气和催化剂的流动接近平推流，减少返混；分子筛催化剂活性高，反应时间缩短，结果是减少二次反应，改善产品分布；

(2) 提升管反应器具有更高的效率，空速大得多；

(3) 提升管反应器裂化具有较好的弹性和灵活性；

(4) 提升管反应器裂化的产品质量优于床层裂化。

从提升管相对于沉降器的位置来看，有内提升管和外提升管。从反应器和再生器的相对位置来说，有并列式和同轴式等。反应-再生部分除了反应器、再生器之外，还有催化剂贮藏、输送和加入等设施以及主风机和烟气能量回收设施。提升管催化裂化装置型式分为高低并列式和同轴式两种型式。

7.1.3.1 高低并列式

为了增加提升管长度以满足对反应时间的要求，同时要提高再生压力，以利于烧焦，降低再生催化剂上的碳含量，在装置型式布置上，反应器位置较高，再生器位置较低，两器不在一条轴线上，称为高低并列式催化裂化装置，如图 7-2 所示。高低并列式催化裂化装置技术特点如下：

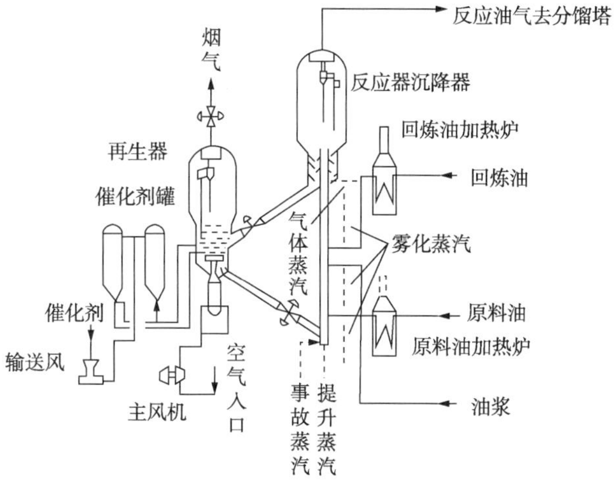

图 7-2　高低并列式催化裂化装置反应再生部分

（1）由于反应器位置高于再生器，因而再生器比反应器的压力高 0.02~0.04MPa；

（2）催化裂化反应在提升管内完成，沉降器内不再保留密相流化床，只是起沉降油气中的催化剂和容纳旋风分离器的作用。为了避免产品的二次反应，在提升管出口还设有快速分离装置；

（3）催化剂在两器间循环，用斜管输送，并由滑阀调节。一般采用调节再生滑阀的开度来控制反应温度，采用调节待生滑阀的开度来控制汽提段催化剂藏量。由于滑阀经常处在节流状态，滑阀的材质应能满足耐磨要求，以保证装置运转周期的要求；

（4）斜管内催化剂输送一般都不需要松动，仅在需要降低滑阀压降或流速较低或使用大堆积密度催化剂的情况下，才在滑阀上游补入松动气。

7.1.3.2　同轴式

同轴式催化裂化装置就是将沉降器和再生器叠置在一条轴线上。同轴式催化裂化装置都是将沉降器放在再生器上面，并且都采用了提升管反应器，如图 7-3 所示，其反应再生系统技术特点如下：

（1）提升管采用折叠式，这样既满足了原料油和催化剂的接触时间，又降低了装置的总高度，比采用直提升管的高度要低得多；

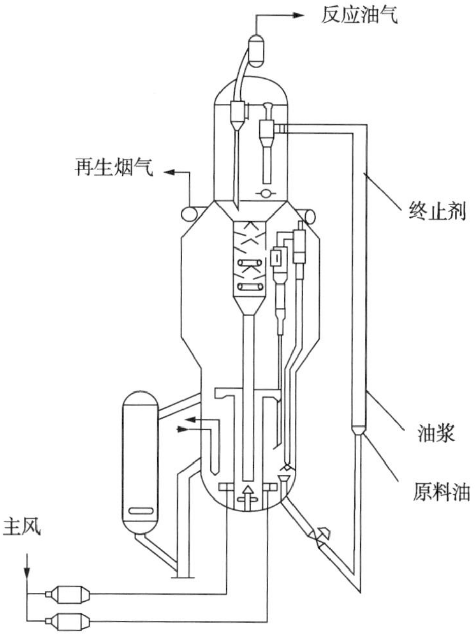

图 7-3　同轴式催化裂化装置反应再生流程示意图

(2) 待生立管中的催化剂流量是由塞阀控制，而不是滑阀，控制催化剂流量的锥形阀头直接伸入到再生器底部，由于阀的阀头和催化剂均匀地接触，阀头磨蚀轻；

(3) 按同轴的方式布置两器，可以省掉反应器的框架，布置紧凑，占地面积小。

提升管催化裂化工艺进步不仅表现在反应和再生系统的各种新技术层出不穷，如两段再生、烧焦罐等催化剂再生技术，快速汽化、快速反应和快速分离等“三快”技术，以及催化剂预提升技术等，而且表现在新型分子筛、新型载体和新的制备方法所生产的催化剂不断面世，这些技术的发展促使蜡油催化裂化工艺的转化率和选择性极大地提高。

7.1.4 变径流化床反应器及相应的工艺

为了获得复杂催化裂化反应目标产品更高的产率与更优的质量，发明了变径流化床反应器。变径流化床反应器分为第一反应区、变径的第二反应区和第三反应区，第一反应区与第二反应区之间设置流体分配器，第二反应区底部能够形成一定密度的催化剂床层。通常第一和第三反应区属于高速输送床，第二反应区属于快速流化床。变径流化床结构示意图见图 7-4。

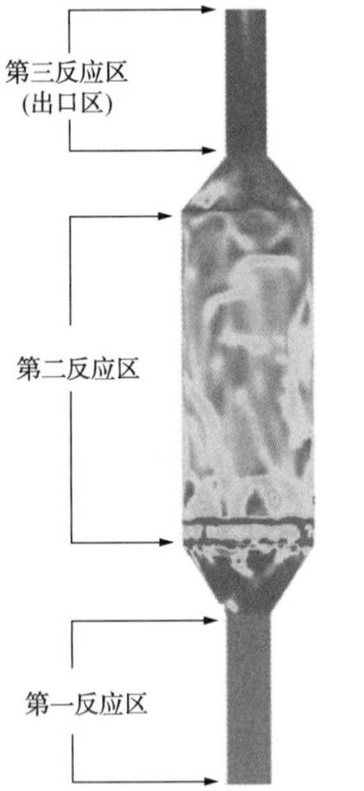

图 7-4 变径流化床结构示意图

变径流化床反应器作为多产异构烷烃的催化裂化(MIP)工艺专用反应器而开发的。原料首先注入提升管反应器(第一反应区)，在此主要发生裂化反应，采用较高的反应温度，较短的反应(停留)时间，以多产烯烃产物，在其出口油气和催化剂不分离，进入快速流化床(第二反应区)，其重时空速为 $10\sim40h^{-1}$，并通过催化剂循环管补充催化剂，提高或降低该区的反应温度，同时增加其直径以降低油气和催化剂的流速，来满足重时空速要求。对于 MIP 工艺，通过降低第二反应区温度和延长反应时间以增加烯烃的氢转移和异构化反应，烯烃在氢转移反应的作用下，汽油中的烯烃转化为丙烯和异构烷烃，使汽油中的烯烃大幅度下降，而汽油的辛烷值保持不变或略有增加。

基于变径流化床反应器技术平台，开发出调控复杂气固催化反应技术，从而提高复杂气固催化反应的目标产品选择性。例如，对于多产低碳烯烃工艺，通过催化剂循环斜管补充高温再生催化剂到第二反应区，提高该区的温度和催化剂活性，以增加裂解油气中的易裂化反应物发生选择性深度裂化反应，生成更多的低碳烯烃，同时干气产率控制在较合理的水平。

7.1.5 组合式流化床反应器及相应的工艺

组合式反应器是以常规等直径的提升管为核心，采用与其他类型流化床按并联或/和串联方式进行组合，形成了提升管+密相流化床、双提升管、双提升管+密相流化床等型式。

(1) 提升管与密相流化床串联

原料首先注入提升管反应器(第一反应器)，在此主要发生裂化反应，采用较高的反应温度和剂油比，较短的反应(停留)时间，在其出口油气和催化剂不分离，进入密相流化床(第二反应器)，反应时间及深度由床层的料位控制，目的是为了使在提升管裂化反应已积炭的活性均匀的催化剂与反应油气继续接触，裂解油气中的易裂化反应物，从而多产低碳烯烃(丙烯、乙烯和丁烯)。反应床层重时空速为 2~4h^{-1}，实际上是大大提高了催化剂的停留时间。提升管与密相流化床串联通常作为生产低碳烯烃的 DCC、CPP 工艺的专用反应器。提升管与密相流化床反应器结构简图见图 7-5。

(2) 两个提升管并联

并联两段提升管早期是由 Texco 公司开发的，新鲜原料进一根提升管，回炼的组分进另一根提升管，通过控制两个提升管工艺参数的差异，实现了不同原料发生选择性催化裂化反应。回炼组分是汽油、轻循环油、重循环油、油浆或其他馏分原料及其组合；第二提升管的反应温度、剂油比、催化剂活性等可以独立于第一提升管，甚至提升管出口的分离设施设置也不同，各自具有独立的粗旋或快分。国内开发的 FDFCC、两段提升管接力、FCC 汽油改质均采用两个提升管反应器并联。两个提升管反应器并联结构简图见图 7-6。

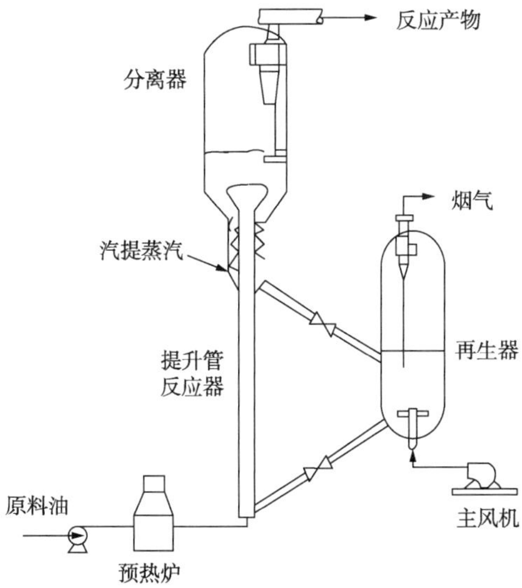

图 7-5　提升管与密相流化床反应器结构简图

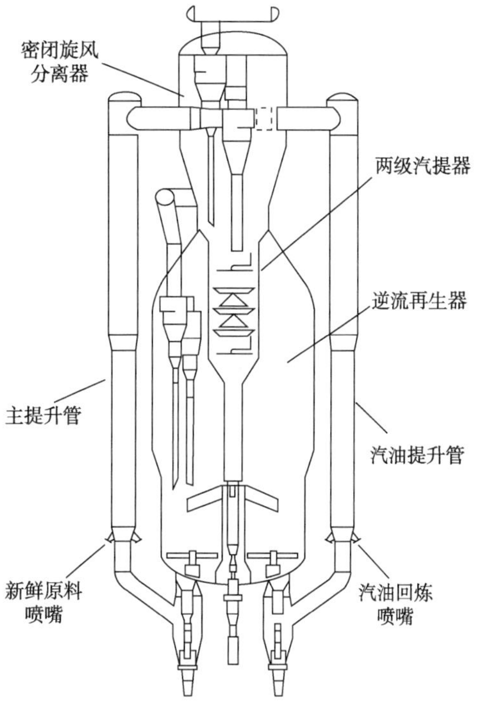

图 7-6　两个并联提升管反应器结构简图

(3) 提升管与流化床并联和串联

并联和串联提升管与流化床组合更加复杂，催化剂在此反应-再生系统内保持正常的流化与循环存在很大的风险，只是在特殊的工艺上使用。例如并联双提升管与流化床串联就应用到改进的 CPP 工艺。第一提升管进料为新鲜原料油和回炼裂解重油，提升管出口温度 600~620℃；第二提升管进料为装置自产的 C_4和轻裂解石脑油馏分，采用分段进料方式，提升管出口温度 670℃；第三反应器为床层，第一、第二提升管的反应产物及汽提蒸汽、催化剂一起进入第三反应器，床层的重时空速为 2~4h^{-1}。第一提升管是内提升管，以最大量生产轻裂解石脑油为目的，为床层反应提供原料，第二提升管是外提升管，第二提升管出口油气、催化剂不分离，直接引入第三反应器，借助第二提升管将热催化剂输送至第三反应器床层，为床层反应创造适宜的反应条件，以最大量生产丙烯。

7.2 流化催化裂化工艺

7.2.1 密相流化床反应器

馏分油密相流化床催化裂化反应和再生系统原则流程如图 7-1 所示。新鲜原料和回炼油混合后进入加热炉加热至 300~330℃，然后送到反应器的进料喷嘴，在蒸汽雾化下喷入稀相提升管，与来自再生器催化剂接触，发生汽化和反应，随后油气和催化剂一起从进料弯管送到密相流化床反应器床层内，继续进行反应，此时油气线速约为 1.2m/s。大约 25%~30%的裂化反应是在稀相提升管中进行的，其余是在密相流化床反应器中完成的。反应后的油气携带着部分催化剂约以 0.8m/s 的线速流过稀相床，其中大部分催化剂自由沉降下来，油气只带 3~4kg/m^{3}的催化剂进入旋风分离器，由于离心力的作用，大部分催化剂被回收下来，只有少量的粉尘被油气带到分馏系统。反应过程生成的焦炭，沉积在催化剂的表面和孔隙中，在催化剂颗粒之间和表面上还吸附很多油气，因此，此时催化剂必须首先进行汽提，然后进行再生。汽提段位于流化床反应器下部，内部设有多层人字挡板，催化剂沿人字挡板均匀下降，同时与上升的水蒸气相接触，有 80%~90%的油气随同水蒸气回到反应器。含有焦炭和少量的油气的催化剂(称为待生催化剂或简称待生剂)进入待生催化剂 U 形管，采用密相输送方法送入再生器。待生催化剂沿待生催化剂 U 形管流到密相提升管，在增压风提升下，进入再生器分布板上部，再与主风接触，进行烧焦。烧焦后的催化剂(称为再生催化剂或简称再生剂)从密相床层顶部进入溢流管，又采用密相输送方法通过再生催化剂 U 形管返回到稀相提升管，与反应原料油接触。烧焦产生的烟气，带着部分催化剂离开密相床，烟气经过稀相床，由于催化剂自由沉降，烟气只携带 15~20kg/m^{3}的催化剂，进入旋风分离器，大部分催化剂被旋风分离器回收下来，烟气只携带少量的催化剂从烟囱排入大气中。再生器烧焦所用的空气是由主风机供给，大部分空气分成两路进辅助燃烧室，以较高的速度通过分布板小孔，进入再生器密相床层，与催化剂接触进行烧焦，少量的空气经增压机增压，增压后送到密相提升管，作提升空气用。

开工时催化剂全部送到再生器中，用再生器底部的辅助燃烧室烧燃料油或瓦斯气来加热催化剂。在待生和再生催化剂 U 形管上各安装一个单动滑阀，它可以防止催化剂在 U 形管内倒流，开工时还可以使空气和催化剂不进入反应器。正常操作时，单动滑阀呈全开状态，并稍有节流作用。如果两器压力不平衡而发生倒流时，此阀就自动关闭。再生器顶部烟囱上装有一个双动滑阀，主要用来控制再生器压力，这对保证两器压力平衡是非常重要的。

我国的第一套密相流化催化裂化装置于 1962 年开始设计，1965 年 5 月 5 日在抚顺石油二厂建成并顺利投产。使用的催化剂为无定形硅酸铝催化剂。流化床反应器分为稀相段、密相段和汽提段三部分，原料油喷入稀相提升管，在其中与催化剂接触发生裂化反应。由于采用活性不太高的无定形硅铝催化剂加上稀相提升管长度较短，大部分裂化反应都在流化床密相段完成。密相段分为高速流化床和低速流化床，高速流化床的气体线速约为 0.8~1.2m/s，低速流化床的气体线速约为 0.3~0.6m/s。由于低速鼓泡流化床存在着返混对产品的收率和质量有一定的负面影响，因而一般采用高速流化床可降低气体返混，以达到提高裂化反应的选择性。为了获得较高的轻质油收率而不是追求最大的转化率，多采用较低的反应温度和大回炼比操作。当使用无定形硅铝催化剂时，国外 FCC 装置平均回炼比只有 0.35～0.4，而国内 FCC 装置高达 1～1.5，转化率一般很少超过 75%，从而轻质油收率较高，一般可达 70%～75%，甚至高达 80%～83%。大回炼比操作是 FCC 装置增产轻质油的一项重要措施，但是回炼比增加后，反应所需热量大大增加，原料预热炉、反应器和分馏塔之间的负荷都随之增加，从而增加了 FCC 装置的能耗。第一套密相流化催化裂化装置主要操作工艺参数、原料性质、产物分布和产品主要性质列于表 7-1。

表 7-1　密相流化床和提升管催化裂化装置典型的产物分布及产品性质

工艺类型	密相流化 FCC	提升管 FCC	变化幅度
反应器类型	流化床	提升管	
催化剂	3A	高铝 Y	
大庆蜡油性质			
密度(20℃)/(g/cm^3)	0.8410	0.8722	
残炭/%	0.15	0.13	
操作条件			
反应(提升管出口)温度/℃	467	493	+26
再生器温度/℃	583	623	+40
回炼比/%	100	82	-18
产率分布/%			
干气	1.48	1.42	-0.06
液化气	11.6	10.92	-0.68
汽油	44.20	49.63	+5.43
轻循环油	35.50	31.30	-4.20
焦炭	6.00	5.35	-0.65
损失	1.22	1.38	
合计	100.00	100.00	
转化率	64.50	68.70	+4.20
总液收	92.34	92.65	+0.31
汽油性质			
烯烃/%(v)	54.8	29.6	-25.2
芳烃/%(v)	8.4	10.6	2.2
MON	82.2	77.3	-4.9

从表 7-1 可以看出，密相流化床催化裂化反应温度只有 467℃，再生温度只有 583℃，回炼比为 100%，干气产率较低，液体收率高达 92.34%，汽油烯烃体积含量高达 54.8%，而芳烃含量只有 8.4%，MON 为 82.2。这表明无定形硅铝催化剂具有较强的裂化反应活性，较弱的氢转移反应能力。

7.2.2　提升管反应器

7.2.2.1　馏分油提升管催化裂化

相对于密相流化床催化裂化工艺，提升管催化裂化工艺不仅使反应系统出现了跳跃式进展，而且使再生系统、分馏系统以及能量回收系统也呈现出相应的发展。提升管催化裂化工艺主要技术进展如下。

(1) 反应系统

提升管反应器的设计要点是将原料油中的烷烃和环烷烃裂化为汽油，同时抑制汽油产品再次裂化和原料油中的多环芳烃的缩合反应。因而，在工艺参数上采用了较高的反应温度(520~530℃)和较短的油剂接触时间(1~4s)。为了保证油气在高速流动的稀相中与高活性的分子筛催化剂接触反应，提升管入口线速不宜过低，一般为4.5~7.5m/s，出口线速为15~18m/s，甚至高达20m/s以上，目的是尽可能使催化剂能接近活塞式流动状态，消除催化剂滑落的影响，因而提升管反应器长度约为30~60m。在提升管的末端安设了快速分离设备，以避免稀相产生过量的热裂化反应。在操作方式上，提升管催化裂化基本上是采用单程操作，单程转化率一般在80%~85%，回炼油量很小，回炼油仅作为调节焦炭产率以实现热平衡操作的一种手段。由于回炼油中含有大量的多环芳烃，多环芳烃容易在催化剂表面上生成焦炭，从而满足反应与再生之间热平衡需要。在提升管催化裂化装置上可实现三种不同的生产方案：最大量汽油方案、最大量气体方案和最大量轻循环油方案。

(2) 再生系统

再生器设计的目的是为提升管反应器提供碳含量较低(0.05%~0.15%)的再生催化剂，从而满足烃类在提升管内反应对分子筛催化剂所需要的裂化活性；同时要求在催化剂再生过程中最充分地利用空气，避免发生二次燃烧。为了降低再生催化剂上的碳含量，采用增加再生器内催化剂藏量的办法是不适宜的，因为这样会导致催化剂的活性损失以及补充量的增加。一般采取提高再生温度(650~680℃)和增加再生压力以提高再生烧焦强度。为了进一步提高再生烧焦强度，针对催化剂上的碳含量不同所对应的烧焦速度的差异，开发了两段再生工艺。两段再生工艺对于降低再生剂碳含量来说是十分有效的。

(3) 分馏系统和能量回收系统

相对于密相流化床催化裂化工艺，提升管催化裂化反应系统出来的油气产品组成发生了巨大的变化，回炼油量大大减少，使得主分馏塔各部分的热量分配发生了较大的变化，此时设计的分馏塔上下两段均采用相同的直径，而不是采用分馏塔下部直径大、上部直径小的形式。从再生器出来的烟气中，CO_2/CO比也有了变化，一般比以前的低，CO含量增加，再加上再生器的温度和压力提高，因此，烟气的能量回收利用就更为必要。

以高低并列式催化裂化装置型式为例，见图7-2。新鲜原料油经换热后，或/和经加热炉加热至200~400℃后，由泵送至提升管反应器下部的喷嘴，经蒸汽雾化后，喷入提升管反应器底部区域，在其中与来自再生器的高温催化剂(600~750℃)接触，随即汽化并进行裂化反应。油气在提升管内的停留时间很短，一般只有几秒钟。反应产物经旋风分离器分离出夹带的催化剂后离开反应器去分馏塔。提升管的进料除新鲜原料油之外，还有回炼油、回炼油浆、急冷水(含硫污水或除盐水)和急冷油(可以是粗汽油、轻循环油)以及提升蒸汽和提升干气等。在提升管底部还设有催化剂预提升段，使催化剂在与原料油混合前分布均匀。积有焦炭的待生催化剂由沉降器落入下面的汽提段。汽提段内装有多层挡板或填料并在底部通入过热水蒸气。待生催化剂上吸附的油气和颗粒之间夹带的油气被水蒸气置换出来，返回上部。经汽提后的待生剂通过待生剂斜管进入再生器。再生所用空气由主风机供给，空气通过再生器下面的辅助燃烧室及分布管进入流化床层。对于热平衡式装置，辅助燃烧室只是在开工升温时才使用，正常运转时并不烧燃料油。再生后的热再生催化剂落入淹流管，经再生斜管送回反应器循环使用。

在加工生焦率高的原料时，例如加工含渣油的原料时，因焦炭产率高，再生器的热量过剩，须在再生器设置取热设施(内取热器或外取热器)以取走过剩的热量。高温再生烟气经再生器旋风分离器和三级分离器分离出夹带的催化剂和粉尘后，进入烟气轮机发电或驱动主风机运行以回收其能量，然后经余热锅炉，温度降至约 180℃后排入大气。根据当地环境条例，有的装置在余热锅炉下游设置静电除尘器或烟气洗涤塔，然后再排入大气。对一些不完全再生的装置，再生烟气中含有 5%～10%的一氧化碳，可设一氧化碳锅炉使一氧化碳完全燃烧以回收能量。为了维持系统内催化剂的藏量和活性，需要定期地向系统补充新鲜催化剂。为此，FCC 装置内至少应设两个催化剂储罐。装卸催化剂时采用稀相输送的方法，输送介质为压缩空气。

国内第一套提升管催化裂化工业试验装置是由玉门炼油厂密相流化催化裂化装置改造成 12 万吨/年高低并列式提升管催化裂化装置，反应器位置较高，再生器位置较低，两器不在一条轴线上，反应再生工艺流程示意图如图 7-2 所示。1974 年 8 月在改造后的 FCC 装置上进行提升管反应器工业试验。试验结果表明，轻质油收率增加，焦炭产率降低。1975 年，将抚顺石油二厂密相流化床 FCC 装置改造成提升管 FCC 装置，使其年处理量由 60 万吨提高到 90 万吨。这两套工业 FCC 装置的试验成功，为我国提升管 FCC 装置改造和建设提供了可靠的技术支撑。抚顺石油二厂分子筛催化剂-提升管催化裂化装置加工大庆蜡油时典型的产物分布和汽油产品性质列于表 7-1。

从表 7-1 可以看出，对于加工大庆蜡油，相对于无定形硅铝催化剂-密相流化催化裂化工艺，分子筛-提升管催化裂化工艺技术进展表现在于转化率明显地增加，汽油产率明显地上升，回炼比明显地下降，但轻循环油产率明显地降低，总液体收率有所增加；汽油烯烃大幅度降低，但辛烷值 MON 也明显地降低。其原因在于采用分子筛催化剂，强化了负氢离子转移反应，这样既强化了双分子裂化反应，使轻循环油中的大分子烷烃和环烷烃裂化为汽油，又强化了双分子氢转移反应，使汽油中的烯烃含量明显地降低，同时液化气中的部分烯烃发生了双分子叠合反应，生成汽油组分，从而造成汽油产率大幅度增加。

7.2.2.2 渣油提升管催化裂化工艺

渣油催化裂化(Resid Fluid Catalytic Cracking，简称 RFCC)是重油深度加工、提高炼油厂经济效益的最有效的方法之一。渣油性质特点在于原料分子尺寸大、残炭高、芳烃含量高、氢含量低、金属含量高、汽化能力差以及硫化物、氮化物相应增加，见第 5 章表 5-5。为了有效地加工渣油，渣油催化裂化工艺不仅在催化剂开发上取得突破性的进展，成功地开发了超稳 Y 型分子筛催化剂，而且反应系统、再生系统、分馏系统以及能量回收系统等方面的技术也取得重要进展。

(1) 反应系统技术特征

渣油催化裂化采用的反应器与蜡油催化裂化相同，仍为提升管反应器。但由于渣油催化裂化所加工的原料油含有部分减压渣油，减压渣油主要特点是相对分子质量大，多环芳烃含量高，且难以汽化。为了高效加工重质减压渣油，渣油催化裂化工艺在反应系统上开发了下列系列技术。

① 改善提升管底部起始区催化剂的分布

提升管底部起始区催化剂的分布对整个反应和再生系统操作效果有极其重要的意义。蜡油提升管催化裂化装置进料是在提升管最底部，原料油与流化分布不均匀返混较严重的催化剂接触，造成油气和催化剂接触效率低，反应的选择性差。提升管底部催化剂密度分布情况见图3-106。将原料油入口位置提高的好处在于热再生催化剂在提升管底部存在着预提升的空间，在此空间内，催化剂急剧加速，造成催化剂返混减至最小，催化剂密度分布更加均匀，催化剂与原料油之间可以实现充分混合，从而强化了催化裂化反应，减弱了热裂化反应，提高了催化裂化反应的选择性，降低干气与焦炭产率。

② 原料预混合与多组高分散度喷嘴的采用

为了防止进料黏度差异过大给装置运行带来的波动，渣油催化裂化的馏分油与减压渣油、回炼油及油浆或常压渣油与回炼油及油浆，应在进喷嘴前的原料油管线上进行预混合，这样可使渣油与馏分油、回炼油及油浆混合均匀，降低原料油黏度，有利于原料油的雾化，改善催化剂和油气的接触，提高烃类催化裂化反应的选择性。

要使原料油高度雾化，还必须对原料油喷嘴结构进行改进，并且由单喷嘴进料方式改为多喷嘴进料方式。常规馏分油提升管催化裂化一般采用莲蓬式或直管式单喷嘴进料方式，这种进料方式虽然可以满足常规馏分油催化裂化工艺要求，但对于较重的原料油，雾化效果较差。对于渣油催化裂化技术，为了能够获得满意的产品分布，就必须提高原料油的雾化分散度，由此开发了新型高效重油雾化喷嘴。

新型高效重油雾化喷嘴主要是利用高速喷射的蒸汽将原料油变成雾化状的，也就是利用喷嘴内汽液两相的速度差，蒸汽速度通常为91.44~152.44m/s，最好是304.8~548.64m/s，而油滴的速度仅为6.0~15.0m/s，二者相差十几倍，甚至数十倍。由于汽液两相速度相差太大，可以认为液相一端是相对静止的，液相油品被高速气流拉成一段一段的细丝，速度差越大，丝就被拉得越细，细丝在表面张力的作用下，被剪成细小的油粒，达到雾化的目的。液体由静不稳定到静稳定过程所需的时间主要和气液相对速度及油品黏度有关。气液相对速度越大，细丝就越细，由静不稳定到静稳定过程也就越快，分散度也就越大，但随着液体黏度增加，这个过程就变得越慢，因此对重油这样的黏性油品，汽液比对雾化效果的影响也较大。在油品流量和黏度一定的前提下，增加雾化蒸汽量，提高蒸汽线速和喷嘴压降以及提高油品预热温度是改善喷嘴雾化质量的重要技术措施。

③ 增加提升管反应器中水蒸气用量

蜡油催化裂化原料油雾化水蒸气量为原料量的0.5%，加上提升管中其他部位加入的水蒸气量，总计约占提升管中的油气量的1%~3%。对于渣油催化裂化工艺，增加提升管中稀释剂(如水蒸气、酸性水和惰性气)是实现渣油催化裂化不可缺少的一项技术措施。增加提升管中稀释剂的好处是降低油气分压，有利于渣油汽化，同时提高原料油喷嘴的线速和喷嘴压降，改善原料油的雾化；此外，在较高的温度下，水蒸气对催化剂上的重金属可以起到钝化作用。当然，水蒸气用量增加会相应地增加装置的能耗和后部冷却系统的负荷，但由于原料油雾化效果的改善，干气和焦炭产率有所降低，轻质油收率提高，从而提高了渣油催化裂化工艺的经济性。对加工不同类型的渣油时，要摸索合适的水蒸气用量，既可以减少RFCC装置的能耗上升，又可以改善RFCC的产物分布。

④ 提升管反应器按高温短停留时间进行设计和操作

蜡油催化裂化提升管出口温度一般在460~470℃，而渣油催化裂化提升管出口温度，国外一般在510~530℃，甚至高达538℃；国内一般在480~510℃，其中轻循环油生产方案，提升管出口温度偏低，约为 480℃；汽油生产方案，提升管出口温度适中，约为 510℃左右；低碳烯烃的气体生产方案，提升管出口温度偏高，甚至高达 600℃。

渣油催化裂化工艺采用较高的反应温度的目的在于：一是可以弥补由于催化剂受金属污染和水蒸气的作用而失去的活性；二是有利于原料油汽化和改善汽提器汽提效果；三是有利于汽油辛烷值和气体中烯烃产率的提高；四是可以维持较高的苛刻度，特别是渣油与高温热催化剂接触瞬间的较高温度，有利于部分沥青质裂解，减少焦炭的生成。当然，提高反应温度也存在不利的一面，当采用活性较高的催化剂时，较高的反应温度会使烃类在催化剂上发生过度裂化反应，造成已生成的轻循环油、汽油甚至液化气在催化剂上快速发生裂化反应，使焦炭产率和气体产率增加。为了减少过度裂化反应，应尽量缩短提升管中的催化剂和油气的接触时间。常规蜡油催化裂化反应时间为 5~6s，而渣油催化裂化反应时间一般控制在 2s 左右。

⑤ 提升管出口设置气固分离装置

由于渣油催化裂化提升管出口温度较高，在沉降器稀相，如油气和催化剂分离不好，会发生二次反应和热裂化反应。为了使反应后的油气与催化剂在提升管出口区迅速分离，提升管出口设置气固分离装置。由于蜡油催化裂化采用 T 型和粗旋分离器等快速中止反应设备，油气在稀相停留时间一般为 4~5s。但对于渣油催化裂化装置，如油气在稀相停留时间为 4~5s，仍有过度裂化。因此，渣油催化裂化提升管出口设置气固分离装置应进一步缩短油气在沉降器稀相的停留时间。为此开发出各种旋流式快速分离装置。

⑥ 提升管出口系统急冷终止技术

除了尽量缩短反应产物在高温下的停留时间外，采用提升管出口系统的急冷终止技术，也是减轻热裂化反应影响的有效措施。随着催化裂化原料的重质化，越来越多的提升管反应器采用高温、短反应时间和大剂油比的反应条件，以提高反应苛刻度，保证足够的转化率。此外，为降低再生催化剂上碳含量，并有助于提升管进料的汽化，通常采用高温再生技术，因而可使提升管出口温度进一步提高。虽然，在提升管下部的混合区内高温是必要的，但是由于绝大部分的催化裂化反应已经在提升管中下部完成，如果上部继续维持高温将会发生较多的二次裂化反应，而不利于优化产品分布。此外，从提升管出口经沉降器、油气管线到分馏塔，反应油气一般要经过 15~20s 左右的停留时间，如果持续处于较高的温度下，则油气发生二次裂化和热裂化反应将较为严重。这不仅影响到汽油、轻循环油的产率，还会使油品的质量变差，并且使反应沉降器及油气管线结焦加重，影响装置长周期运行。因此，提升管上部和沉降器稀相区的高温都是不必要的。为此，对渣油催化裂化提升管出口部位采用急冷终止技术，急冷终止剂注入的部位主要有提升管上部或提升管后部。

⑦ 设计适宜的操作压力

对于常规蜡油催化裂化，提高操作压力可以提高烧焦速率，减少催化剂跑损，缩小设备尺寸和提高烟气能量回收效率，因此，常规蜡油催化裂化一般选择在比较高的压力下操作。但对于渣油催化裂化，较低的操作压力有利于降低焦炭产率。中型催化裂化装置的反应压力从 0.225MPa 降到 0.098MPa，焦炭产率降低 0.7%~0.9%。当然，随着能量回收技术不断提高和装置处理能力上升，渣油催化裂化的设计压力和操作压力也不宜过低，要作权衡考虑。

⑧ 采用单程或回炼的操作方式

常规蜡油催化裂化一般采用全回炼的操作方式，这种操作方式可以增加轻质油收率，在装置热量不足时，回炼油浆可以增加生焦量，使装置维持热平衡操作。而渣油催化裂化，由于焦炭产率高，装置的热量过剩，而且渣油催化裂化的油浆主要组成为二环至四环芳烃，试验结果表明，回炼的油浆生焦率在30%以上。因此油浆回炼会使焦炭产率更高，从而增加了装置的能耗，限制装置的处理能力。渣油催化裂化采用单程或部分回炼的操作方式是由原料油性质、产品方案及装置的处理能力等因素来确定的。对于石蜡基原料油，且装置能力有富余，可采取全回炼的操作方式；对于残炭值较高的原料油，可采取单程或部分回炼的操作方式，对所排的油浆密度要求大于1.0g/cm^3，最好大于1.05g/cm^3。

（2）再生系统技术特征

渣油原料含有较多的胶质和沥青质，而胶质和沥青质在催化剂上难以转化。渣油催化裂化工艺要求渣油原料转化率高，油浆产率低，这就要求催化剂活性和催化剂与油气重量比(剂油比)不能过低，要有足够的高活性的再生催化剂返回到提升管，以便有足够的催化剂活性中心使胶质和沥青质在催化剂上充分转化，从而提高转化率。但采用较高活性的催化剂和较高的剂油比会使焦炭量增加，导致再生催化剂温度上升，而再生催化剂温度上升反过来会使剂油比下降。为了达到必要的剂油比，通常是设计取热器将再生器过剩的热量取走来控制适宜的再生催化剂的温度。因此，再生器设计目标是维持足够的再生温度，以清除催化剂上的积炭，恢复催化剂的活性，同时再生温度又必须低到足以达到必要的剂油比。两段床层再生是随着渣油催化裂化技术发展而发展起来的一项技术，已开发出多种类型的两段床层再生工艺，详细见第8章。

催化剂取热器取走再生器烧焦多余的热量，使再生器热平衡的调节增加了一个自由度，也就是在不同生焦量下调节再生温度以增加装置操作的灵活性，使再生温度与原料油预热温度相配合，以满足反应所必需的剂油比，从而满足渣油催化裂化工艺对剂油比的要求。取热器分为内取热盘管和外取热器两种，为适应再生器的各种布置形式，取热盘管有水平管式和垂直管式；外取热器有催化剂上流式和下流式。

（3）渣油专用催化剂

对于渣油的催化裂化，特别是减压渣油，含有部分沸点在600℃以上的馏分，在提升管反应器进料段与700℃左右的高温再生催化剂接触，接触后催化剂和渣油的混合温度一般在600℃左右，从而存在部分渣油难以汽化，造成渣油的催化裂化过程反应有液相存在，而液相有效扩散系数一般低于气相有效扩散系数2~3个数量级，因而，部分渣油裂化反应速率受扩散控制而不是受动力学控制。因此，除了催化剂活性组元外，催化剂孔径分布是影响渣油催化裂化最重要的因素，其次是催化剂载体的性能。一般渣油催化裂化催化剂设计的活性组元采用硅铝比高、晶胞常数小的超稳Y型分子筛(USY)或USY分子筛与ZSM-5型中孔分子筛的混合物，且分子筛含量高(约占催化剂总量的40%)；控制适宜的分子筛活性和载体活性之比和载体的孔径分布；采用较低的稀土加入量以及考虑金属容留量等。因此，理想的渣油催化裂化催化剂除具有良好的重油转化能力外，应具备良好的焦炭和干气(尤其氢气)选择性、优异的抗金属污染能力、良好的热稳定性和水热稳定性和较高的耐磨性能。

国外从20世纪60年代就开始研究与开发渣油催化裂化催化剂活性组元USY分子筛，而我国从20世纪80年代开始研究与开发USY分子筛，开发出多种不同类型Y型分子筛及其相应的渣油催化剂，取得了丰富的研究成果，仅我国从20世纪80年代至今相继开发出USY分子筛、REHUSY分子筛、高硅Y分子筛、特殊氧化物改性的MOY分子筛和气相超稳的 SOY 分子筛等等。同时催化剂制备技术也取得巨大进展。

(4) 抗金属污染技术

金属，特别是沉积在再生催化剂上的 Ni、V 会促使不希望的副反应加剧，形成更多的气体和焦炭。除选用合适的催化剂、采用合理的操作条件和采取必要的工艺技术措施来降低焦炭产率外，还必须采取减轻金属对催化剂污染的技术措施，一是减少重金属在催化剂上的沉积，如原料脱金属(主要是原料加氢、原料脱沥青和 ART 等)、催化剂脱金属和在催化剂中加入惰性物质捕捉重金属等；二是采用钝化技术，钝化催化剂上的金属，如使用金属钝化剂和钝化工艺(空气钝化法、水蒸气钝化法、还原气体钝化法及轻烃气体使金属碳化减活等)；三是开发更加先进的再生工艺技术以实现控制金属的价态，减少金属污染。

使用金属钝化剂对降低焦炭产率特别是氢气产率是一项简单易行、行之有效的重要措施。锑型钝化剂中的锑与催化剂上的镍形成合金，从而使镍失去活性，达到钝化金属的目的。

渣油催化裂化工艺技术研究与开发早就引起我国炼油界关注，经过几十年不懈的追求，已掌握了渣油催化裂化工艺成套技术，成功地建设了数百套年百万吨级的渣油催化裂化装置。国内渣油催化裂化装置典型的操作工艺参数、产物分布和产品主要性质列于表 7-2。

表 7-2　渣油催化裂化装置典型的操作工艺参数、产物分布和产品主要性质

反应器类型	提升管	提升管	变化幅度
原料油性质	石蜡基馏分油	石蜡基常压渣油	
密度(20℃)/(g/cm^3)	0. 8722	0. 8967	
残炭/%	0. 13	4. 0	
硫含量/%		0. 17	
操作条件			
提升管出口温度/℃	493	515	+22
再生器温度/℃	623	695	+72
回炼比/%	82	5. 5	-76. 5
产率分布/%			
干气	1. 42	3. 79	+2. 37
液化气	10. 92	15. 44	+4. 52
汽油	49. 63	44. 14	-5. 49
轻循环油	31. 30	22. 57	-8. 73
油浆	—	4. 64	+4. 64
焦炭	5. 35	8. 92	+3. 57
损失	1. 38	0. 5	
合计	100. 00	100. 00	
转化率	68. 70	72. 79	+4. 09
总液收	92. 65	82. 15	-10. 50
汽油性质			
烯烃	29. 6	43. 1	+13. 5
芳烃	10. 6		—
RON	—	89. 4	—
MON	77. 3	79. 2	+1. 9

从表7-2可以看出，相对于馏分油催化裂化工艺，渣油催化裂化工艺反应温度和再生温度均大幅度地上升。由于反应温度和再生温度上升，造成干气和液化气产率大幅度增加；同时由于原料油变重，附加焦增加，难以裂化的多环芳烃组分转化为焦炭或者留在油浆中，从而使焦炭产率大幅度增加，并有油浆产品；汽油和轻循环油中的芳烃含量也相应地增加，从而汽油辛烷值增加，而轻循环油十六烷值下降。

据测算，对于馏分油催化裂化工艺，原料油中的氢约为94%用到液化气、汽油和轻循环油中，只有6%用到干气和焦炭中；而对于渣油催化裂化工艺，原料油中的氢只有约为84%用到液化气、汽油和轻循环油中，约16%用到干气、油浆和焦炭中。馏分油中的氢含量在13.5%以上，而渣油中的氢含量低于12.7%。由此可以推导：原料油中的氢含量越低，氢的有效利用率(分配到液化气、汽油和轻循环油中的氢比例)也越低。

7.2.3 变径流化床反应器

7.2.3.1 多产富含异构烷烃汽油的催化裂化工艺

多产富含异构烷烃汽油的催化裂化工艺(简称MIP)是在变径流化床反应器技术平台上开发的。相对于等直径提升管反应器，变径流化床反应器将渣油催化裂化反应设置在第一反应区，将所生成的烯烃异构化和氢转移反应设置在第二反应区，从而实现了渣油高选择性进行催化裂化与转化，不仅使汽油产率大幅度增加，而且汽油质量得到明显地改善，再一次使催化裂化技术呈现出台阶式进步。MIP工艺主要技术特点如下：

(1) 第一反应区以裂化反应为主，采用较高的反应温度，较短的油气与催化剂接触时间和较高的剂油比，这样可以达到在短时间内将较重的原料油经催化裂化生成小分子烯烃，同时高反应苛刻度可以减少汽油组成中的正构烷烃和环烷烃低辛烷值组分，对提高汽油的辛烷值非常有利。

(2) 第二反应区操作方式是采用较低的反应温度和较长的反应时间，促使第一反应区出口的反应油气中富含低碳(C_5~C_7)烯烃发生氢转移、异构化反应，使汽油中的烯烃含量大幅度下降，同时辛烷值保持不变或略有增加。

(3) MIP工艺在操作参数设置上明显地不同于常规FCC工艺。通常，第一反应区出口温度控制在500~530℃，油气停留时间一般为1.2~1.4s；第二反应区温度控制在490~520℃，重时空速(WHSV)一般为15~40h^{-1}(油气停留时间5~6s)。尽管MIP工艺反应时间延长，但反应温度降低，其热裂化反应效应大幅度地降低，从而有利于干气产率的减少。

改造前1.4Mt/a的FCC装置是同轴式催化裂化装置，其反应再生原则流程如图7-3所示。按MIP工艺要求，将等直径提升管改造为变径提升管，变径提升管预提升段直径、反应段直径与常规提升管相同，提升管上部直径与第一反应区直径相当，在提升管中部增加了一个扩径段(即第二反应区)，沉降器新增的2个溢流斗中的一个在沉降器壁上有抽出口，通过循环待生管线和提升管反应二区连通，此管线内的催化剂流量用单动滑阀控制。改造后的变径提升管反应再生系统原则流程见图7-7。

MIP工艺于2002年2月4日实现了工业化。首次工业试验结果表明：MIP工艺可使汽油烯烃含量大幅度地降低而辛烷值RON略有降低，MON有所增加，汽油抗爆指数增加0.2个百分点；汽油产率增加了5.14个质量百分点，总液体收率增加了近3.0个质量百分点。

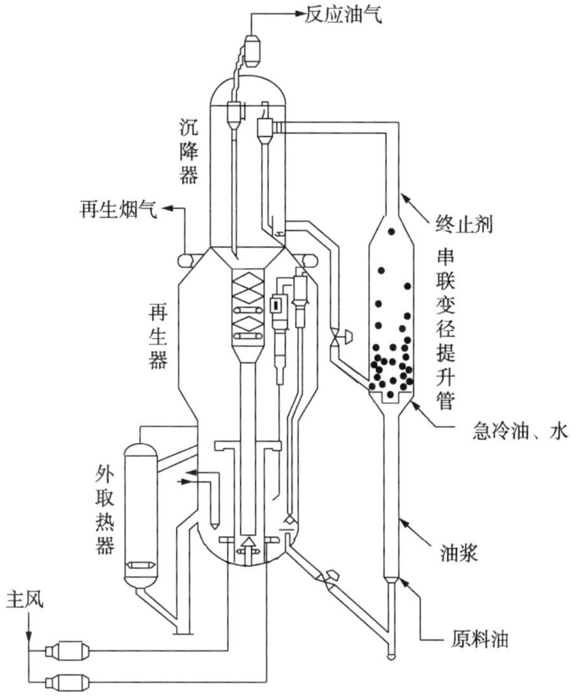

图 7-7　变径提升管反应再生系统原则流程图

MIP 工艺汽油硫传递系数仅为 5.80%，而 FCC 硫传递系数为 10.40%。此外，MIP 工艺的 LCO 产率下降，密度增大，十六烷值降低，同时油浆密度增加，芳烃、胶质和沥青质含量增加[1]。MIP 工艺典型产物分布和汽油产品性质列于表 7-3。

表 7-3　提升管和串联变径提升管 FCC 工艺典型产物分布及汽油产品性质

反应器类型	提升管	变径提升管	变化幅度	提升管	变径提升管	变化幅度
原料油性质	石蜡基常渣			加氢蜡油		
密度(20℃)/(g/cm³)	0.8967	0.8966		0.900	0.8980	
残炭/%	4.0	4.68		0.64	0.26	
硫含量/%	0.17	0.16		0.172	0.438	
操作条件						
提升管出口温度/℃	515	497	-18	499	500	
再生器温度/℃	695	696	+1	640	668	
回炼比/%	5.5	1.15	-4.35			
产率分布/%						
干气	3.79	2.88	-0.91	2.91	2.64	-0.27
液化气	15.44	14.63	-0.81	18.28	19.33	+1.05
汽油	44.14	49.28	+5.14	44.94	49.48	4.54
轻循环油	22.57	21.22	-1.35	24.68	21.24	-3.44
油浆	4.64	3.04	-1.6	2.97	1.58	-1.39
焦炭	8.92	8.64	-0.28	5.32	5.23	-0.09
损失	0.5	0.31		0.90	0.50	
合计	100.00	100.00		100.00	100.00	

续表

反应器类型	提升管	变径提升管	变化幅度	提升管	变径提升管	变化幅度
原料油性质	石蜡基常渣			加氢蜡油		
转化率/%	72.79	75.74	+2.95	72.35	77.18	+4.83
总液收/%	82.15	85.13	+2.98	87.90	90.05	+2.15
汽油性质						
烯烃	43.1	34.3	-8.8	12.0	19.0	+7.0
芳烃		14.8				
RON	89.4	88.8	-0.6	91.7	93.5	+1.8
MON	79.2	80.2	+1.0	81.0	82.6	+1.6

从表 7-3 可以看出，无论加工石蜡基渣油或加氢蜡油，相对于等直径提升管的 FCC 工艺，变径提升管 MIP 工艺技术进展表现为转化率增加，干气产率明显降低，汽油产率明显增加，轻循环油产率降低，油浆产率明显下降，回炼比明显降低，液体收率明显地增加，汽油产品特点表现为汽油烯烃含量降低，MON 有所增加。

从表 7-1 和表 7-3 对比可以看出，变径提升管催化裂化工艺技术所导致的产物分布和汽油产品性质的变化，与分子筛催化剂-提升管催化裂化工艺所带来的产物分布和汽油产品性质的变化基本相类似，在液体收率和汽油辛烷值方面进步更加突出。其原因在于变径提升管反应器第二反应区采用快速流化床反应器，此部位具有较多的活性分布均匀的带炭催化剂，极大地强化了负氢离子转移反应，这样既强化了双分子裂化反应，使轻循环油中的大分子烷烃和环烷烃裂化为汽油，造成轻循环油产率降低，轻循环油性质变差，又强化了双分子氢转移反应类型Ⅰ反应，使汽油中的烯烃含量明显地降低，异构烷烃和芳烃含量增加，汽油的氢分布合理，同时改善了提升管反应器的温度分布，明显地降低了热裂化反应，从而使干气产率降低。

快速流化床反应器部位具有较多的活性分布均匀的带炭催化剂，强化了双分子氢转移反应类型Ⅰ反应，这一点不同于分子筛催化剂。单纯依靠分子筛含量和分子筛类型来改善催化裂化反应，其负面效果也是较为明显，从表 7-1 可以看出，分子筛催化剂提升管催化裂化的汽油辛烷值明显地降低，原因在于简单地提高分子筛催化剂活性会促进双分子氢转移反应类型Ⅰ和Ⅱ反应，尤其类型Ⅱ反应将更加明显，造成汽油中的烷烃含量大幅度增加，从而导致汽油辛烷值降低，同时使汽油产品消耗过多的原料中的氢。串联变径提升管反应器在产物分布和汽油产品性质上优于分子筛催化剂-提升管反应器原因就在于此。

7.2.3.2 变径提升管催化裂化系列工艺技术

基于变径提升管反应器技术平台，采用与之相适应的专用催化剂和工程措施，形成灵活多样的生产方案，并且产品质量可调，在汽油性质得到改善的情况下，汽油产率、汽油+丙烯产率明显地提高，同时液体产品收率也增加，从而不仅具有较好的社会效应，同时具有巨大的经济效益。除 MIP 工艺外，先后开发出 CGP、LTG 和 DCR 工艺，均实现了工业化并得到应用。

CGP 工艺(Cleaner Gasoline plus Propylene production)采用专用催化剂和更高的操作苛刻度，使汽油烯烃在裂化反应和氢转移反应双重作用下转化为丙烯和异构烷烃，从而在增产丙烯的同时，大幅度降低汽油中的烯烃。CGP 工艺于 2004 年在中国石化 JJ 分公司 1.0Mt/aFCC 装置上进行试验。试验结果列于表 7-4。

LTG(LCO To Gasoline production)工艺是将轻循环油分为轻馏分和重馏分，轻馏分直接回炼，而重馏分加氢再回炼，从而可以多产高辛烷值和低烯烃的汽油。LTG 工艺主要是通过将 LCO 轻馏分中的单环芳烃侧链发生裂化反应，使得单环芳烃转化为汽油馏分中的芳烃分子，从而实现增产高辛烷值汽油。LTG 工艺于 2009 年在中石化 BL 炼化公司 1.05Mt/aFCC 装置上进行工业试验。试验结果列于表 7-4。

DCR(Dry gas and Coke Reduction)工艺是在提升管底部设置催化剂预提升混合器，使得来自再生器的热再生剂与来自外取热器的冷催化剂进行混合，混合后的再生剂上行、再与原料油接触反应，同时原料油预热温度相应提高，这样降低了再生剂与原料油接触的初始温差，减少了热裂化反应，从而降低了干气与焦炭产率。DCR 工艺于 2011 年在中石化 JJ 分公司 1.0Mt/aFCC 装置上进行工业试验。试验结果列于表 7-4。

表 7-4 变径提升管催化裂化系列工艺技术标定数据

工 艺	MIP	FCC	CGP	FCC	CGP	DCR	CGP	LTG
原料油性质								
密度/(g/cm^3)	0.8966	0.8967	0.9097	0.8951	0.9205	0.9256	0.8953	0.8953
残炭值/%	4.68	4.00	4.59	3.86	1.4	1.58	4.8	4.5
氢含量/%	12.86	12.80	12.58	12.78	12.4	12.4	12.81	12.70
产物分布/%								
干气	2.88	3.79	3.45	3.72	2.52	2.13	3.18	3.24
液化气	14.63	15.44	27.37	19.11	14.56	14.94	28.89	28.42
汽油	49.28	44.14	38.19	40.66	35.23	36.39	42.52	44.03
轻循环油	21.22	22.57	16.30	21.89	36.08	34.85	12.67	11.74
油浆	3.04	4.64	5.12	5.22	4.43	4.78	3.26	3.64
焦炭	8.64	8.92	9.09	8.90	6.59	6.32	9.06	8.51
损失	0.31	0.50	0.48	0.50	0.59	0.59	0.42	0.42
合计	100.00	100.00	100.00	100.00	100.00	100.00	100.00	100.00
总液收/%	85.13	82.15	81.86	81.66	85.86	86.17	84.07	84.62
汽油性质								
烯烃含量/%	34.11	43.10	13.4	41.1	34.4	35.9	28.2	28.7
RON	88.8	89.4	93.5	91.6	94.4	94.2	94.2	94.5
MON	80.2	79.2	83.9	—	80.9	80.9	82.3	82.8
硫传递系数/%	5.80	10.40	7.30	9.52	—	—	5.86	5.97

7.2.3.3 MIP 工艺汽油组成特点

MIP 汽油在烯烃含量大幅度降低的情况下，RON 有所增加(除个别装置外)，MON 明显地增加，尤其以多产丙烯和汽油生产方案时，MIP 汽油的 RON 和 MON 均增加近 2 个单位；硫传递系数 *STC*(汽油中的硫与原料中的硫之比)降低约为 30%~50%；苯芳比 R_{BA}(汽油中的苯含量与芳烃含量之比)低，R_{BA}是用于评估苯和烯烃烷基化生成烷基苯反应趋势[1,]。MIP 汽油性质明显地改善的原因在于其组成发生了变化。MIP 和 FCC 汽油组成和辛烷值列于表7-5。

表 7-5 MIP 和 FCC 汽油组成

汽油类型	MIP	FCC	工艺类型	MIP	FCC
质量组成/%			烯烃组成/%	25.07	40.78
正构烷烃	4.93	4.74	直链 1-烯烃	1.16	1.93
异构烷烃	31.18	23.91	直链 2-烯烃	6.10	8.68
烯烃	25.07	40.78	直链 3^+-烯烃	1.04	2.94
环烷烃	7.31	7.31	支链 1-烯烃	6.05	10.30
芳烃	29.61	22.24	支链 2-烯烃	7.30	9.70
其中苯	0.88	0.78	多支链烯烃	0.09	0.30
RON	92.9	93.0	环状烯烃	2.85	5.89
MON	82.0	81.5	二烯+三烯+炔	0.47	1.03
异构/正构烷烃	6.32	5.04	支链/直链比	1.62	1.50
苯芳比(R_{BA})	2.97	3.51	支链 2/支链 1	1.21	0.94

从表 7-5 可以看出，相对于 FCC 汽油组成，MIP 汽油异构烷烃含量高，烯烃含量低，芳烃含量高，苯含量低，苯芳比低，正构烷烃和环烷烃与 FCC 汽油相当，异构烷烃与正构烷烃比较高。此外，在异构烷烃分布中，MIP 汽油的异戊烷和异己烷较高，异庚烷及其以上单支链烷烃较低，多甲基异构烷烃也较低；在烯烃分布中，MIP 汽油直链烯烃较低，尤其是直链 1-烯烃，尽管支链烯烃含量较低，但支链烯烃与直链烯烃比较高，同时支链 2-烯烃与支链 1-烯烃比也较高。

7.2.3.4 MIP+RSDS/S Zorb 车用汽油技术路线

直链烯烃-1 辛烷值低，且易于加氢饱和，饱和后为正构烷烃，其辛烷值更低，而支链烯烃辛烷值较高，且难以被加氢饱和，即使加氢饱和，其辛烷值损失少，尤其双支链烯烃，加氢饱和后辛烷值反而增加。由于 MIP 汽油中的直链烯烃-1 较低，且异构烯烃含量较高，因而在相同的加氢条件下，烯烃饱和率低，辛烷值损失少，或者说在相同的脱硫率下，烯烃饱和率低，辛烷值损失少。FCC 和 MIP 汽油的脱硫率与 RON 损失之间关系列于表 7-6。

表 7-6 MIP 和 FCC 汽油的脱硫率与 RON 损失之间关系

项　目	硫/(mg/kg)		烯烃/%		脱硫率/%	RON 损失
汽油类型	原料	产品	原料	产品		
FCC 汽油-1	942	43	38.8	30.7	95.43	1.8
FCC 汽油-2	766	36	25.5	22.3	95.30	1.0
FCC 汽油-3	770	38	37.0	27.4	95.06	1.6
MIP 汽油-1	627	32	28.8	24.7	94.90	0.8
MIP 汽油-2	532	44	32.7	28.3	91.73	0.6
MIP 汽油-3	364	6.2	14.1	12.8	98.30	0.2
MIP 汽油-4	664	33	31.0	25.2	95.03	0.7

MIP 工艺与汽油脱硫工艺具有较好的协同性，MIP 工艺有利于降低汽油烯烃，增加汽油辛烷值和减少汽油中的硫，从而为汽油后处理提供理想的原料。MIP 和 RSDS/S Zorb 工艺组合是我国车用汽油质量升级主要技术途径，且具有较好的经济效益，同时为后续车用汽油升

级提供了可靠的基础。实际上，中国石化所有的大型炼油企业生产国Ⅴ车用汽油均采用这条工艺途径，成为我国车用汽油生产关键技术[3,4]。随着车用汽油中烷基化汽油比例增加，MIP 工艺所生产较多的异丁烷可作为烷基化原料，同时 MIP 工艺仍有降低汽油烯烃含量的余地。因此，MIP 工艺在未来车用汽油质量升级过程中仍将发挥更大的作用。

中国石化基于自身积累和优势，发明了变径流化床反应器，开发出分区调控复杂气固催化反应技术平台。在短短数十年，变径流化床反应器已成功地应用到国内 100 多套 FCC 装置上，成为一项十分成熟、可靠的先进工艺技术，产生了巨大的社会效益和经济效益。在此技术平台上，先后开发出 MIP、CGP、LTG 和 DCR 等系列催化裂化工艺，这些催化裂化工艺在改善汽油质量的同时，还促进了重油的转化，提高了液体产品产率，尤其汽油产率，从而提高了装置的经济效益。从已运行的工业装置标定结果来看，变径流化床催化裂化工艺具有以下优势：

（1）产物分布更加优化：干气产率下降、汽油产率增加，LCO 和油浆产率降低，液体收率增加；汽油产率高出常规 FCC 工艺 3 个百分点以上；与其他同类降低汽油烯烃含量催化裂化工艺相比，变径流化床催化裂化工艺液体产品收率最少高出 2 个百分点。

（2）产品质量提高：汽油烯烃体积分数可控制在 15%~35%之间；汽油硫传递系数 *STC* 为 4.91%~7.30%，比 FCC 汽油硫传递系数低 30%~50%；在汽油烯烃和硫含量大幅降低情况下，辛烷值与 FCC 汽油辛烷值相当。

（3）装置能耗降低：由于反应热大幅减少和高品位再生过剩热量增多，变径提升管催化裂化装置能耗比常规 FCC 工艺降低 330~425MJ/t。

（4）灵活性强：变径流化床催化裂化工艺可根据市场对产品分布要求，形成生产清洁汽油、生产清洁汽油并兼顾轻循环油以及生产清洁汽油并增产丙烯（丙烯产率可达 6%~10%）等生产方案。

（5）与其他技术的协同性：MIP 汽油是汽油脱硫技术优质原料，脱硫后汽油辛烷值损失少；同时由于液化气中异丁烷含量大幅度增加，可为烷基化装置提供更多的原料。

当需要增产低烯烃汽油或者同时增产丙烯时，采用变径提升管催化裂化工艺较佳。但此工艺造成轻循环油和油浆性质更加劣质化，轻循环油十六烷值下降，降低幅度大于 2 个单位以上，油浆密度增加至约 1.1g/cm^3，油浆不宜回炼，同时回炼油密度也有所增加，回炼比小于 0.1。当汽油烯烃含量降低至 20%(v)以下，此时焦炭产率呈上升趋势，轻循环油和油浆性质更加劣质化，但轻循环油和油浆产率明显降低，焦炭和油浆产率之和略有增加，液体收率略有降低。因此，汽油烯烃含量控制合理的目标需要权衡汽油质量要求与装置吨油经济效益。

7.2.4 提升管+密相流化床

7.2.4.1 重质原料催化路线生产低碳烯烃工艺

由于催化剂的介入，催化裂化工艺生产丙烯具有产物中丙烯/乙烯质量比高、生产成本低和原料重质化、来源范围广等优点，因而，催化裂解反应直接生产丙烯的技术路线备受各大石油公司和研究机构的青睐。20 世纪 80 年代末，石油化工科学研究院开发了以重油为原料生产丙烯为主要目的催化裂解新工艺（Deep Catalytic Cracking，简称 DCC）。在生产丙烯的同时，兼产异丁烯及高辛烷值汽油组分。异丁烯为汽油中醚类含氧化合物的主要原料。对于易裂化石蜡基的大庆原料，DCC 工艺的丙烯产率高达 22.9%，而中间基的原料所产丙烯产率略低，但丙烯产率仍然超过 17%；在生产丙烯的同时，总丁烯的产率为丙烯产率的 70% 左右，其中异丁烯与总丁烯之比超过 40%。

在 DCC 工艺基础上，又开发了重油原料直接制取乙烯和丙烯的催化热裂解(简称 CPP)工艺技术。CPP 工艺的操作条件较 DCC 苛刻，反应温度提高 80℃左右，再生温度也较高以提供反应所需要的更多的热量。此外，CPP 工艺既可以使用提升管反应器，也可以使用提升管+密相流化床。在多产丙烯时，采用提升管+密相流化床组合反应器较优；在多产乙烯时，采用提升管反应器较优。相对于 DCC 工艺，CPP 工艺反应器出口增加了急冷设备，以降低反应油气温度；再生催化剂需经高效汽提脱烟气措施，这是为了脱除被再生催化剂吸附和携带的烟气以利于后续的气体分离。以大庆常压渣油为原料，在提升管出口温度 640℃时，CPP 工艺可以得到 20.37%的乙烯和 18.23%的丙烯。在反应温度为 610~680℃范围内丙烯和乙烯的比值在 1.6~0.6 之间可调。

传统的蒸汽裂解制取轻烯烃的工艺采用的是纯热裂解反应路线，其特点是高温、轻石脑油组分原料和产品以乙烯为主；而 CPP 反应化学特点是应用了具有自由基和正碳离子反应的双功能催化剂，产品以乙烯和丙烯为主。由于在催化剂上进行反应，从而使裂解反应温度大幅度降低，反应温度比传统蒸汽裂解降低了 160~240℃。CPP 工艺除了可加工重质原料外，又能增加产品中丙烯的比例。重质原料催化路线将成为蒸汽裂解的有效补充，是一条以重油为原料生产轻烯烃的新途径。

DCC 和 CPP 工艺除了可加工重质原料外，又能增加产品中丙烯的比例。两个工艺技术特征如下：

(1) 采用专用催化剂。专用催化剂是一种既具有固体酸性，又有大孔和中孔的分子筛催化剂，使重质原料进入大孔中一次裂化为汽油和轻循环油，再使汽油在中孔中选择性地二次裂解生产低碳烯烃。

(2) 在固体酸催化剂的作用下，烃类裂解反应的活化能得到明显的降低，从而使烃类裂解反应温度远低于烃类纯热裂解反应。

(3) 在工艺方面借鉴炼油催化裂化流化、连续反应和再生的技术，而不是传统的裂解炉。利用裂解过程沉积于催化剂上的焦炭，在催化剂再生时燃烧焦炭所产生的热量，由再生后的催化剂循环到反应器，提供裂解反应所需的热量，以实现反应及再生系统的自身热平衡操作。

(4) 由于反应过程生成的焦炭沉积于催化剂上而不是在设备上，故原料不需要使用汽油等轻质原料，可以采用原油蒸馏出汽油及轻柴油后的重质原料。

(5) 由于在酸性催化剂上的催化反应以正碳离子机理为主，故烯烃产品中的丙烯比例增加。

(6) 催化反应在较低温度下进行，减少了产物中杂质的含量，生产丙烯为主时不需要用传统的深冷分离技术，也不需要加氢精制即可制取聚合级丙烯，从而降低了装置的投资。

7.2.4.2 催化裂解工艺特点

第一套催化裂解工业示范装置于 1990 年开车成功，此后，最大量生产丙烯、多产异构烯烃及生产丙烯与异构烯烃的同时，兼产高辛烷值汽油等技术相继投入工业应用。DCC 工艺过程由反应-再生、分馏和气体分离部分组成。反应再生系统原则流程如图 7-8 所示。原料经蒸汽雾化后与高温再生后的催化剂在提升管加密相流化床反应器内接触并进行反应。反应产物再进行分馏和分离得到乙烯和丙烯等产品。反应后积炭的催化剂经汽提后流化输送至再生器用空气烧去焦炭进行再生。再生后的高温催化剂再以一定的循环速率返回反应器使用，并提供裂解时高吸热反应所需要的热量，以维持反应-再生系统的热平衡操作。

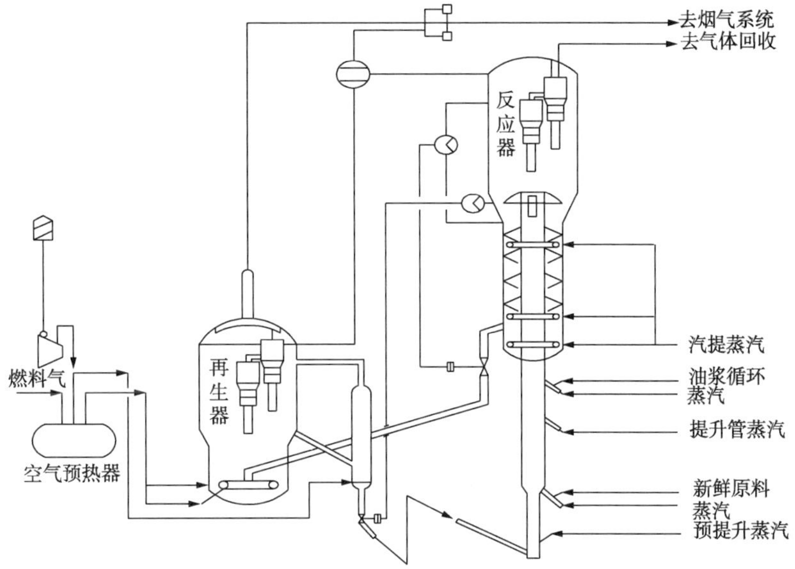

图 7-8　典型 DCC 装置反应-再生系统示意图

DCC 工艺流程与常规催化裂化工艺相似，两者差异主要表现在反应系统及相应的设备上。DCC 工艺反应系统特征是在提升管出口增加一个密相流化床反应器，此外加粗催化剂反应和再生输送管径；增加沉降器顶油气管线的油气线速；分馏塔、油气分离器、吸收及稳定等部分由于气体负荷增加须相应变动设备尺寸及增加气压机负荷[5]。

影响催化反应结果的主要操作参数有：反应温度、再生温度、原料与催化剂的接触时间、催化剂与原料的比值(剂油比)以及油气分压等。

反应温度是裂化反应最重要的参数。高的反应温度对乙烯产率有利，而丙烯产率随着反应温度的升高先升后降。但与蒸汽裂解相比，DCC 采用了专用催化剂，降低了裂化活化能，从而大幅度降低了裂解反应温度。根据原料及目的产品的结构，DCC 的反应温度在 500～600℃范围内选用。

较长的反应时间有利于乙烯和丙烯的生成，同时，更有利于重油转化，从而增加转化率，但焦炭产率也明显增加。DCC 工艺专用反应器是由提升管与密相流化床串联组合而成的，以增加反应时间。

剂油比不是独立的参数，它取决于反应-再生系统的热平衡。由于 DCC 的高转化率以及大量气体的生成，其反应热较高。鉴于再生温度受催化剂水热稳定性的限制，必须以提高催化剂的循环量来满足带入反应器的热量，故需要较高的剂油比。高的剂油比也提高了催化剂的动力学活性，结果取得了原料的高转化率。

油气分压影响化学平衡和反应速率，从而影响产品的分布，低油气压力不仅有利于低碳烯烃的生成，而且降低了双分子氢转移反应，减少了低碳烯烃之间发生叠合反应，如图 2-104 所示，从而增加了气体的烯烃度。在 DCC 工艺中，通常用水蒸气进行稀释以降低油气分压。采用这种工艺措施不仅增加了生成气体的烯烃度，也降低了焦炭生成。DCC 的水蒸气用量比常规的 FCC 工艺要高，但仍比蒸汽裂解工艺低得多。

DCC 工艺专用催化剂除了要有适量的大孔分子筛以维持必要的重油转化能力外，主要活性组元是五元环中孔分子筛。所使用的中孔分子筛是经过改性的，具有良好水热稳定性的五元环中孔分子筛。专用催化剂设计原则是使催化剂具有较高的载体活性、较高的择形选择性裂化能力、较高的异构化能力和较低的氢转移活性，从而有利于原料中的大分子烷烃及环状烃类的烷基侧链裂解成为低碳烯烃，但环状结构的烃类由于自身的几何形状的限制难以进入中孔分子筛的孔道。

相对常规的催化裂化工艺或蒸汽裂解工艺，DCC 工艺在工艺参数设计和生产操作上具有如下显著的特点：

(1) 催化裂解的反应温度高于常规催化裂化约 30~80℃，但远低于蒸汽裂解反应温度。以生产最大量丙烯的催化裂解反应温度约在 560℃；以生产低碳烯烃和高辛烷值汽油的催化裂解反应温度约在 530℃。采用较高的反应温度可以增加气体产率及气体中的烯烃含量，但同时热裂化反应加剧，造成干气产率大幅度增加。因此，反应温度不宜控制过高。

(2) 催化裂解工艺的原料与催化剂接触时间远长于常规的催化裂化工艺和蒸汽裂解工艺。这是因为催化裂解专用催化剂为了减少其氢转移反应而有目的地降低催化剂的活性。因此，催化裂解在反应器设计上采用了提升管加密相流化床以增加油剂接触时间。

(3) 催化裂解工艺采用加大水蒸气注入量来降低烃分压。最大量生产丙烯的催化裂解工艺注水量约为原料的 25%，高于渣油催化裂化工艺，但远低于蒸汽裂解工艺。

(4) 催化裂化工艺的反应热约为常规催化裂化工艺反应热的 1.5~3 倍，为保持催化剂活性，再生温度一般不超过 700℃，势必导致催化裂解剂油比增加。催化裂解工艺的剂油比一般在 8~12 之间。

催化裂解工艺是在蒸汽裂解之外，开辟了一条由重质原料制取气体烯烃特别是丙烯的新途径。在产物分布上，相对于常规催化裂化工艺的主要目标产品是汽油和轻循环油，DCC 工艺的主要目标产品为低碳烯烃，即乙烯、丙烯和丁烯。3 套 DCC 工业装置的原料油性质、操作条件和产物分布见表 7-7。

表 7-7　3 套 DCC 装置的原料油性质、操作条件和产物分布

企业名称	安庆石化总厂	大庆油田助剂厂	泰国石油公司
原料油品种	管输 VGO	大庆 VGO+25%AR	HVGO+30%ATB
密度(20℃)/(g/cm^3)	0.8934	0.8636	0.8883①
残炭/%	0.29	1.28	1.07
氮/%	0.18	0.10	0.037
硫/%	0.44	0.09	0.199
碳/%	85.98	86.01	
氢/%	12.56	13.62	
操作条件			
反应压力/MPa(g)	0.08	0.088	0.073

续表

企业名称	安庆石化总厂	大庆油田助剂厂	泰国石油公司
原料油品种	管输 VGO	大庆 VGO+25%AR	HVGO+30%ATB
再生压力/MPa(表压)	0.10	0.11	0.088
反应床层温度/℃	550	560	555
再生床层温度/℃	700	710	708
空速/h^{-1}	4.0	4.0	3.1
剂油比	10.47	11.35	
回炼比	0.15	0.06	
预热温度/℃	275.5	337	275
产物分布/%			
干气	8.44	10.29	9.7
燃料气			4.68
碳二			4.78
硫化氢			0.24
液化气	38.35	48.52	36.89
丙烯			15.71
丙烷			3.45
碳四			17.73
汽油	24.37	21.63	30.40
轻油	20.22	11.41	15.79
焦炭	7.62	7.77	7.22
损失	1.00	0.38	0.0
合计	100.00	100.00	100.00
低碳烯烃产率/%			
乙烯	3.68	4.49	3.70
丙烯	17.34	24.05	15.71
总丁烯	14.04	18.43	10.12
异丁烯	5.75	7.70	4.06

① 泰国石油公司油品密度均在15.6℃下测定。

从表7-7可以看出，DCC工艺所加工的原料性质均属于优质的原料油，表现在于残炭较低，金属含量较低，而氢含量较高等特点。大庆油田助剂厂DCC装置加工的原料性质最好，属于石蜡基的原料；而安庆石化总厂DCC装置加工的原料是属于中间基的原料，泰国石油公司DCC装置加工的原料含有较多的加氢蜡油。早期的DCC装置使用的是CHP-1催化剂，工业试验成功后，开发出CRP-1专用催化剂。CRP-1催化剂具有较高的催化剂裂解指数，从而大幅度地降低催化剂的消耗。3套DCC装置的操作条件基本相同，反应温度控制在550~560℃之间，重时空速控制在3.1~4.0h^{-1}之间。因DCC工艺反应热较大，为保持再生-反应系统热平衡操作，剂油比控制在10.0以上。

从表7-7可以看出，石蜡基原料的丙烯产率高达24.05%，中间基原料丙烯产率为17.34%，明显地低于石蜡基原料；加氢蜡油丙烯产率只有15.71%。在生产丙烯的同时，丁烯的产率在10.12%~18.43%之间，其中异丁烯与总丁烯之比超过40%，与热力学平衡值接近，而加氢蜡油所生成的丁烯产率较低，只有10.12%。尽管DCC工艺可以大幅度提高低碳烯烃，但干气产率和焦炭产率较高，干气产率是常规蜡油催化裂化 3~4 倍，焦炭产率是常规蜡油催化裂化一倍左右。也就是说，DCC 工艺的干气和焦炭选择性存在改善的空间。

7.2.4.3 催化热裂解(CPP)

CPP 工业试验装置于 2000 年 10 月建成投产，反再系统为提升管加密相流化床反应器和烧焦罐加密相流化床组成的并列式结构，并设有原料加热炉。反应与再生两器内构件的设计温度均为 750℃，转油线为冷壁设计。分馏塔设计温度为 475℃，吸收稳定系统为常规流程。工业试验成功后，CPP 技术应用到某化工企业，于 2009 年 7 月开车成功[6]。

中型试验研究结果表明：提升管反应器有利于多产乙烯，而提升管加流化床反应器对多产丙烯有利。因此，在工业装置上进行了多产丙烯生产方案、兼顾乙烯和丙烯生产方案和多产乙烯生产方案考核标定。对于丙烯生产方案，采用较低的反应温度并保持沉降器内一定的催化剂藏量；对于乙烯生产方案，采用较高的反应温度和零料位操作来模拟纯提升管反应。标定时原料油为 45%大庆蜡油掺 55%大庆减压渣油的混合原料，其性质近似大庆常压渣油。工业 CPP 装置加工的原料油性质列于表 7-8，主要操作条件和产品分布分别列于表 7-9，裂解汽油和裂解轻油的主要性质列于表 7-10 和表 7-11，同时列出 CPP 工业应用装置日常运转生产数据。

表 7-8 工业 CPP 装置加工的原料油性质

生产方案	丙烯	中间(丙烯+乙烯)	乙烯	日常运转
密度(20℃)/(g/cm³)	0.9002	0.9015	0.9012	0.8976
残炭/%	4.7	4.9	4.7	4.4
元素组成/%				
碳				86.76
氢	12.82	12.86	12.84	13.10
硫	0.16	0.16	0.16	0.13
氮	0.29	0.26	0.25	0.28
金属含量/(μg/g)				
镍	5.8	6.2	6.3	4.9
钒				0.4
族组成/%				
饱和烃	56.3	54.8	55.5	58.1
芳烃	27.2	28.4	28.0	26.3
胶质	15.7	16.0	15.7	15.3
沥青质	0.8	0.8	0.8	0.3

表 7-9 工业 CPP 装置主要操作条件和产物分布

生产方案	丙烯	中间(丙烯+乙烯)	乙烯	日常运转
进料量/(t/h)	9.73	8.00	5.90	62.984
反应温度/℃	576	610	640	610
反应压力(a)/MPa	0.18	0.18	0.18	0.18
再生温度/℃	720	725	760	732
空速/h^{-1}	2.5	4.0	零料位	提升管
剂油比	14.5	16.9	21.1	

续表

生产方案	丙烯	中间(丙烯+乙烯)	乙烯	日常运转
水油比	0.30	0.37	0.51	
产物分布/%				
干气	17.64	26.29	37.13	29.56
$H_2S/H_2/CH_4$				0.1/0.41/9.99
乙烷				4.22
乙烯	9.77	13.71	20.37	14.84
液化气	43.72	36.55	28.46	31.07
丙烷				2.18
丙烯	24.60	21.45	18.23	22.21
正丁烷/异丁烷				0.32/0.64
丁烯($1-C_4H_8/i-C_4H_8/c-C_4H_8/t-C_4H_8$)	13.19	11.34	7.52	5.56(1.05/0.32/1.05/0.89)
1,3-丁二烯				0.16
裂解汽油	17.84	17.61	14.82	16.12
裂解轻油	11.75	8.98	7.93	9.68
油浆				2.21
焦炭	8.41	9.67	10.66	10.71
损失	0.64	0.90	1.00	0.65
合计	100.00	100.00	100.00	100.00

从表 7-8 可以看出，CPP 装置加工原料油属于石蜡基重油，与大庆常压渣油性质基本相当。从表 7-9 可以看出，CPP 装置反应温度和再生温度明显高于 FCC 装置。对于多产丙烯方案，CPP 装置反应温度与 DCC 装置相当；对于多产乙烯方案，CPP 装置反应温度高出 DCC 装置约 60℃，此时乙烯产率大幅度增加，丙烯产率与 DCC 工艺相当。裂解汽油和裂解轻油产率明显地降低。

表 7-10　工业 CPP 装置裂解汽油性质

生产方案	丙烯	中间(丙烯+乙烯)	乙烯	日常运转
密度(20℃)/(g/cm^3)	0.8158	0.8261	0.8315	0.8426
二烯值/($gI_2/100g$)	3.0	8.0	10.6	12.3
诱导期/min				102
溴值/(g/100g)	24.8	34.5	44.1	34.2
辛烷值				
RON	97.8	101.6	102.5	102.4
MON	82.1	87.6	87.8	89.2
族组成(色谱法)/%				
正构烷烃	6.30	3.76	1.24	1.56
异构烷烃	3.77	2.96	2.63	2.99
环烷烃	1.73	1.51	0.76	1.46
烯烃	9.28	12.79	16.25	14.23
芳烃	78.92	78.98	79.12	78.79

表 7-11 工业 CPP 装置裂解轻油性质

生产方案	丙烯	中间(丙烯+乙烯)	乙烯	日常运转
密度(℃)/(g/cm^3)	0.9555	0.9852	1.0005	0.9835
凝点/℃	-13	2	3	—
溴值/(g/100g)	14.1	19.8	24.3	—
元素质量组成/%				
C				90.59
H				8.19
S				0.34
N/(mg/L)				448
族组成(色谱法)/%				
链烷烃	11.7	9.3	6.6	
环烷烃	6.7	5.6	4.6	
总芳烃	79.1	83.0	85.0	
胶质	2.5	2.1	3.8	

从表 7-10 可以看出，裂解汽油密度超过 0.8g/cm^3，芳烃含量超过 78%，烯烃含量低于 20%，其他组分含量大部分在 5%以下，RON 高达 102.5，MON 高达 89.2。从表 7-11 可以看出，裂解轻油密度高达 1.0g/cm^3，日常也在 0.98g/cm^{3}以上，芳烃和胶质含量之和在 85%左右。

7.3 反应系统工程与设备

7.3.1 提升管反应器

提升管反应器是重油轻质化的关键设备，其设计和操作的好坏对催化裂化工艺有重大影响。提升管反应器包括预提升段、油剂初始接触区域、反应段和出口快速分离终端设施，其结构示意简图见图 7-9。

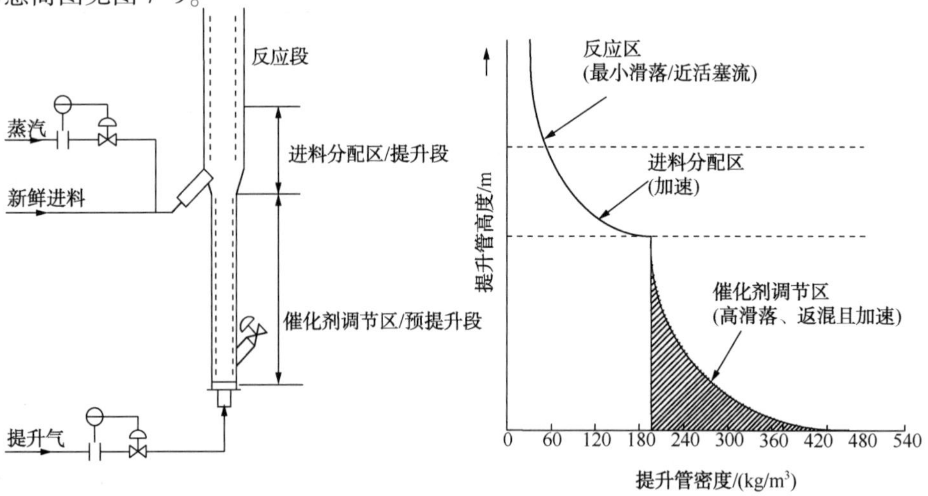

图 7-9 提升管预提升段、提升段和反应段结构示意图

7.3.1.1　预提升段

热再生催化剂进入提升管反应器的方式有两种：

（1）下流式斜管（亦称 Y 形斜管，如图 7-10 所示）：再生催化剂在再生催化剂斜管中由上而下流动进入；它是依靠催化剂的自身重力向下流动（属于密相下流），阀前的蓄压大。但其转弯较大，使得提升管长度要增加。

（2）上流式斜管（亦称 J 形斜管，如图 7-11 所示）：它是与再生催化剂立管成 45°夹角向上倾斜的斜管，管内催化剂的流动状态与 U 型管上升段相似，在斜管内少量充气进行松动，催化剂呈密相流化状态，再依靠两端的压差，造成输送的推动力。斜管内密度较大（一般为 500～550kg/m³），再生线路的阻力比下流式斜管大 0.02～0.03MPa，从而降低了再生线路的推动力；但 J 形斜管较紧凑，可降低提升管长度和再生器框架高度。

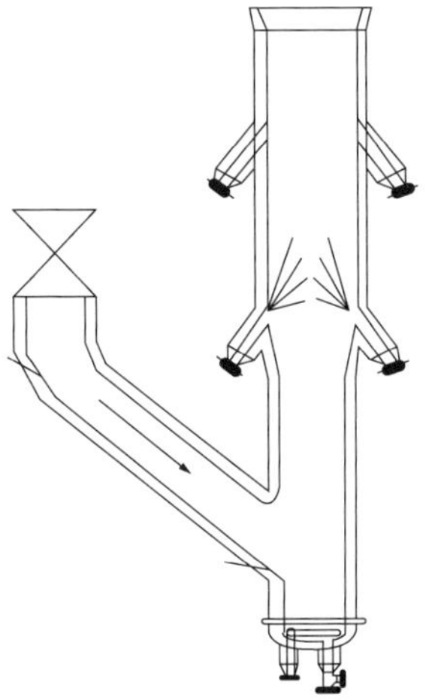

图 7-10　下流式斜管/Y 形斜管

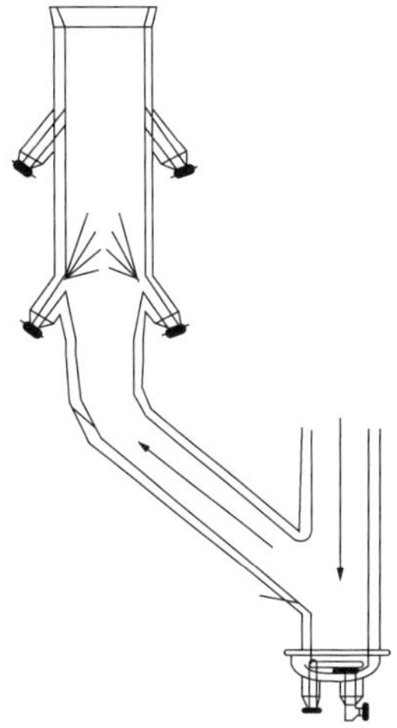

图 7-11　上流式斜管/J 形斜管

经下流式斜管进入到提升管反应器底部的再生催化剂向上流动的速率为零，但又要求它向上流动，因而处于一种不稳定的流动状态。只有设置预提升段才能实现催化剂稳态流动。预提升段主要功能是用气体将再生斜管来的再生催化剂提升到一定高度，使其密度分布与大小最佳地满足进料段油雾与催化剂充分均匀接触的要求。设置预提升段可降低催化剂在原料汽化区的停留时间，且有利于气-液-固三相的均匀混合，同时削弱某些重金属的脱氢作用。预提升段工艺参数选取准则见表 7-12。

表 7-12　预提升段工艺参数选取准则

项　目	准　则	项　目	准　则
预提升气体	水蒸气和/或轻烃（干气）	预提升段高度/m	2～7m，或提升管直径的 3～5 倍
气体表观速度/（m/s）	1.5～3.0	气体分布器	参见第 8 章
再生催化剂密度/（kg/m³）	200～400		

预提升段内气固流动特征可分成三个区段来表征：

（1）入口混合加速段：再生催化剂进入提升管后形成相当明显的偏流与返混，空隙率及颗粒速度的不均匀性分布很严重，表观滑落系数很大，不适宜在此段内喷入油雾，此段高度约在 2.5～4m 间。

(2) 均匀加速段：空隙率与颗粒速度在径向上分布开始呈现轴对称结构，颗粒仍处于加速状态，表观滑落系数已变小。

(3) 充分发展段：颗粒群已呈很稳定的边壁浓、中心稀的典型环核结构，而在轴向则呈现出上稀下浓的分布状态。颗粒团在沿壁面向下运动的时候，往往被向上气流从壁面处向上吹散，像被扯出的棉絮一样随风向上散开。图 7-12 和图 7-13 分别给出了平均的径向和轴向空隙率分布结果以及实验值。环与核的分界点大约在 $r/R=\pm(0.6\sim0.85)$ 间变化；截面平均空隙率已不随轴向高度的升高而变化，大约在 0.93～0.96 之间。而提升管内流体经过充分发展后，其径向分布见图 7-14。

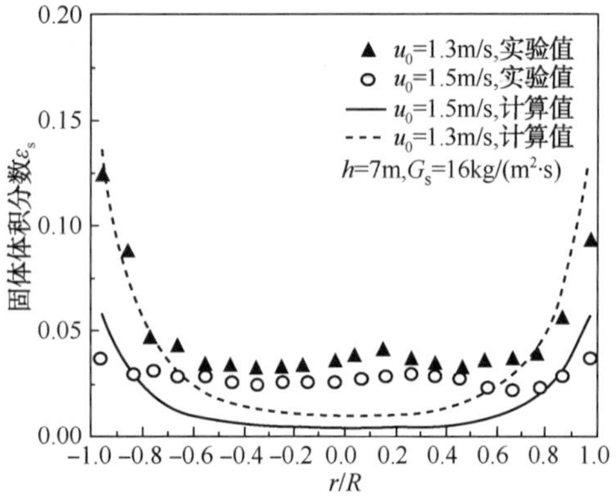

图 7-12 上升管内不同高度处的固相体积分数径向分布

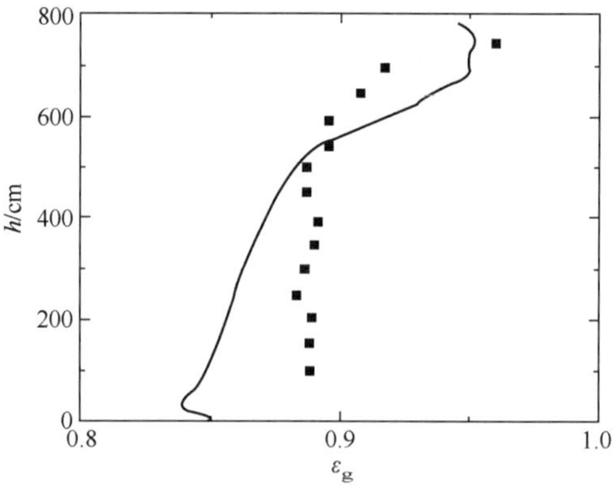

图 7-13 上升管内空隙率的轴向分布

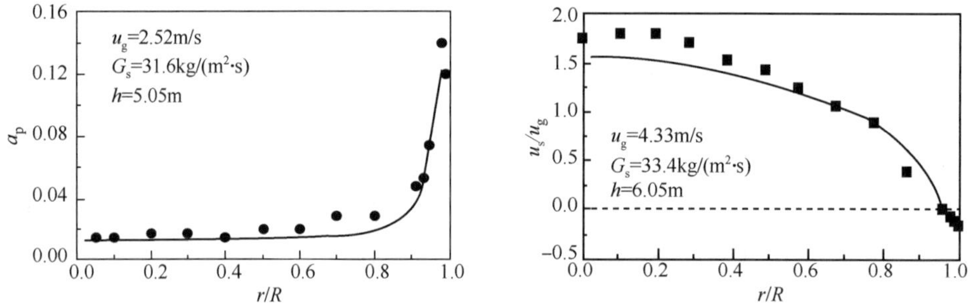

图 7-14 上升管内固相体积分数和两相速度的稳态径向分布

在催化剂流动达到稳定状态处注入进料，可消除速度梯度，使提升管横截面上保持相对恒定的剂油比，此时催化剂返混最小。从喷嘴油雾进入提升管后与催化剂接触的要求来看，充分发展段的平均空隙率已偏高，此时已加速的催化剂密度约 300～400kg/m^3。所以，喷嘴安装的最适宜位置应选在均匀加速段的中下部为好。

预提升介质可使催化剂得到预加速、预流化，改善了催化剂分布状态。由提升介质来预先加速催化剂流动，可使催化剂与进料混合所需的时间和垂直距离最短，从而有利于雾化原料油滴和再生催化剂的均匀接触、快速混合。预提升气体还可以调节催化剂的停留时间，降低油气分压，钝化催化剂表面的重金属。采用水蒸气时在一定程度上会使高温再生催化剂发生水热失活，因此用量必须加以限制。也可以采用轻烃(炼厂干气、段间压缩富气及回炼 C_4 等)作为预提升介质。轻烃预提升技术不仅能对催化剂上的重金属起到一定的钝化作用，而且可使产品分布有所改善，例如轻质油收率提高，干气、焦炭产率下降。此外，由于可减少水蒸气的用量，因而降低了能耗和污水的排放量。总之设置预提升段对于降低生焦率，提高轻质油收率是有利的。工业 FCC 装置运行结果表明：干气产率和焦炭产率均能降低，再生催化剂与待生催化剂碳差可降低 0.05~0.2 个百分点。

7.3.1.2 提升段

油气与催化剂初始接触区域是由预提升段上部和进料注入与汽化区域所组成的，这部分区域称为提升段，如图 7-9 和图 7-15 所示。提升段和进料喷嘴构成了进料注入系统。采用良好的进料注入系统对获得好的产率分布至关重要。在提升段，油滴和催化剂混合、汽化、初始反应，催化剂再次加速。提升段主要作用是使进料与热催化剂接触时能够迅速汽化，以降低混合区的热裂化程度和充分发挥分子筛催化剂的催化裂化活性。除要求预提升段提供热再生催化剂均匀地分布在提升管的整个横截面上外，还要求油气和催化剂并流通过垂直提升管，使原料尽可能均匀分布，与催化剂充分混合，且油气和催化剂尽量接近平推流向上流动。对于重油催化裂化，油、剂的均匀混合和快速汽化是更为重要的。油滴大小和喷嘴结构对油、剂的均匀混合和快速汽化至关重要。

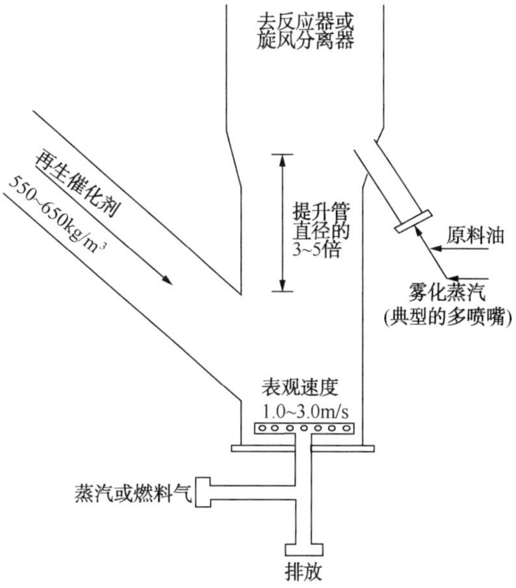

图 7-15 典型的预提升段和提升段结构示意图

(1) 油滴尺寸与汽化

当油滴与催化剂接触时，油滴尺寸与催化剂的粒径越接近越好。这是因为油滴与热催化剂之间的传热速率随油滴尺寸的减小而呈指数规律上升。催化剂颗粒温度快速降低可减少热裂化反应程度。油滴直径大小对其气化所需时间之间的关系列于表 7-13。从表 7-13 可以看出，当油滴直径为 60μm 时，只要 4~5 个催化剂颗粒便可将其气化，而对于油滴直径为 250μm 时，则需要 300 个催化剂颗粒。由此可以看出，随着原料油滴尺寸变少，原料越容易气化，油滴直径大小对其气化和传热影响很大。

表 7-13 油滴直径大小对其汽化所需时间之间的关系

油滴尺寸/μm	500	100	30
相对液滴数	1	125	4630
每颗催化剂可碰到油滴数	0.001	0.11	4
汽化时间/ms			
50%汽化时	220	11	4
90%汽化时	400	20	8
直径不同的油滴汽化条件比较			

续表

油滴直径/μm	60	250
油滴质量	1.0(基准)	72
要求催化剂颗粒数	4	300
传热面积/m^2	17300	4100

原料油越重，其黏度就越大，雾化成较小的油滴也越难；若不能快速地汽化，剩余未汽化的进料将变成“液焦”(液态焦炭)。对于加工重质原料，首先要保持合理的预热温度，以降低原料油黏度，这是因为原料油黏度随温度升高呈指数下降；其次向喷嘴内注入蒸汽雾化原料以实现原料油滴尺寸减少。雾化蒸汽注入量对原料油滴尺寸的影响见图7-16。从图7-16可以看出，随着雾化蒸汽量增加，油滴直径急剧降低，当雾化蒸汽量超过5%时，雾化蒸汽对油滴尺寸减少的影响趋于恒定。

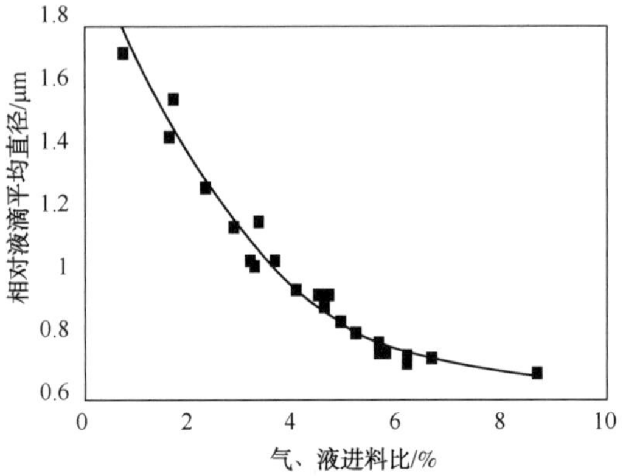

图7-16 雾化蒸汽注入量对原料油滴尺寸的影响

随着剂油比增大，油滴所碰到的催化剂颗粒数量也相应地增加，如表7-14所示。当然，随着油滴直径减少，油滴数量相应地增加，造成每个油滴所接触的催化剂颗粒减少。当催化剂和油滴直径均在60μm时，剂油比在7时较为合理，此时每个油滴接触4.39个催化剂，约在1/4s内完成汽化。当然，欲在1/4s内完成汽化，需要进料与再生催化剂之间极快速地进行传热，这就要求油滴尺寸尽可能地减小。此外还要求催化剂颗粒被迅速地加速，并与油滴充分地混合。当与直径为60μm的油滴接触的催化剂颗粒数目低于4个时，催化剂可能被急冷，其表面温度很快接近反应器出口温度，此时剩余未汽化的进料将变成“液焦”(液态焦炭)。当与直径为60μm油滴接触的催化剂颗粒数目过多，再生催化剂温度虽有降低，但可能在600℃以上，此时，热裂化反应严重，造成干气和焦炭产率增加。

表7-14 直径不同的单油滴在不同的剂油比下所碰到的催化剂颗粒数量

催化剂颗粒密度1450kg/m^3，原料油密度910kg/m^3，催化剂直径60μm				
油滴直径/μm	240	120	60	30
油滴数目	1(基准)	8	64	512
剂油比				
5	200.83	25.10	3.14	0.392
7	281.16	35.14	4.39	0.549
10.5	421.73	52.72	6.59	0.82

续表

催化剂颗粒密度 1450kg/m³，原料油密度 928kg/m³，催化剂直径 70μm				
油滴直径/μm	280	140	70	35
油滴数目	1(基准)	8	64	512
剂油比				
5	204.8	25.6	3.2	0.4
7	286.72	35.84	4.48	0.56
12	491.52	61.44	7.68	0.96

（2）进料喷嘴

对于加工 VGO 原料，早期喷嘴结构对焦炭产率的影响不是特别显著，蒸汽用量仅为进料量的 0.5%左右，蒸汽与油滴在喷嘴管内混合，流速一般在 20m/s 以下，喷口尺寸与管径相同，这样喷出的液滴直径在 1～2mm 左右，且形状很不规则。对于渣油催化裂化，进料喷嘴性能优劣对催化裂化反应影响非常明显。当使用冲击板的喷嘴(喷嘴内部设置冲击板，喷口设螺旋结构，见图 7-17)，只能使油滴直径降低到 200～400μm，这样的液滴在提升管内行程达到 10m 才能全部汽化，见表 7-15。

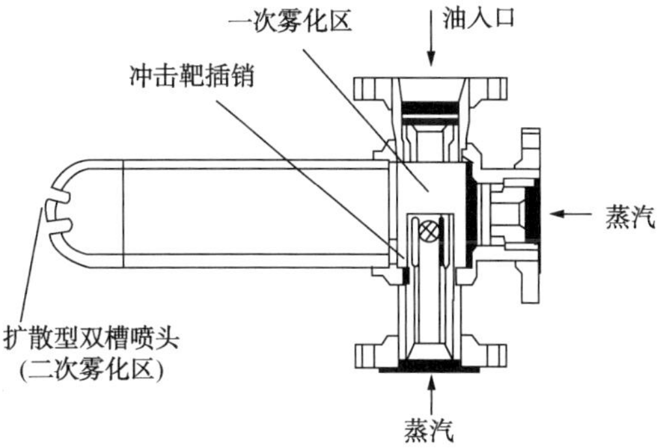

图 7-17　冲击靶喷嘴结构示意图

表 7-15　冲击靶喷嘴与临界喉管喷嘴性能比较

喷嘴类型	冲击靶	临界喉管
平均油滴尺寸/μm	300	30
下料腿相对数目	1	1000
油滴数/催化剂颗粒数之比	0.0037	3.7
平均油滴相对动能		
喷嘴出口线速为 10m/s	1000	1
喷嘴出口线速为 100m/s	100000	100
100%汽化时间/ms	117	1.9
100%汽化在提升管内行程/m	12	0.19

为了使渣油在与催化剂初始接触区域迅速蒸发汽化，必须使用雾化性能更优越的喷嘴，以便有助于充分利用催化剂的高活性，在高温短接触条件下尽可能地发生催化裂化反应。随着重油催化裂化的发展，国内外对进料喷嘴结构的改进都十分重视，开发出临界喉管喷嘴。采用临界喉管喷嘴，平均油滴尺寸在 30～60μm，油滴 100%汽化时间只有 1.9ms，在提升管内行程为 0.19m，见图 7-18。

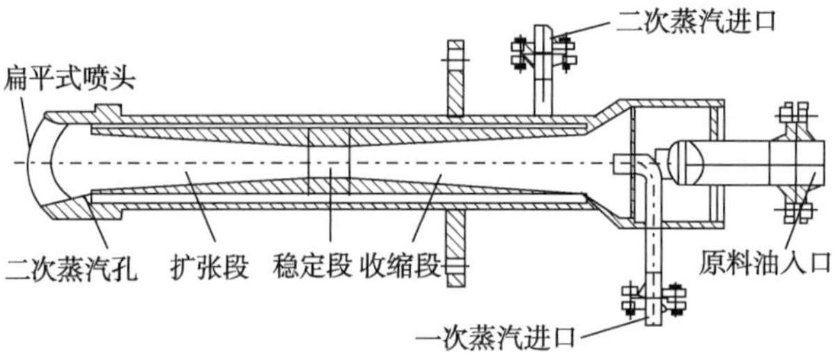

图 7-18　临界喉管喷嘴结构示意图

要获得良好的雾化效果，喷嘴系统安装也很重要的。多喷嘴系统对重油催化裂化更为重要，通常采用 4~8 个，而馏分油进料时只用 1~2 个喷嘴。采用沿圆周多喷嘴布置时，喷嘴应成偶数沿圆周等距离布置，并两两对应以使分布均匀。同时各喷嘴的接管也应对称布置，避免各喷嘴由于接管不对称而造成压降的差异。喷嘴安装方式示意图见图 7-19。

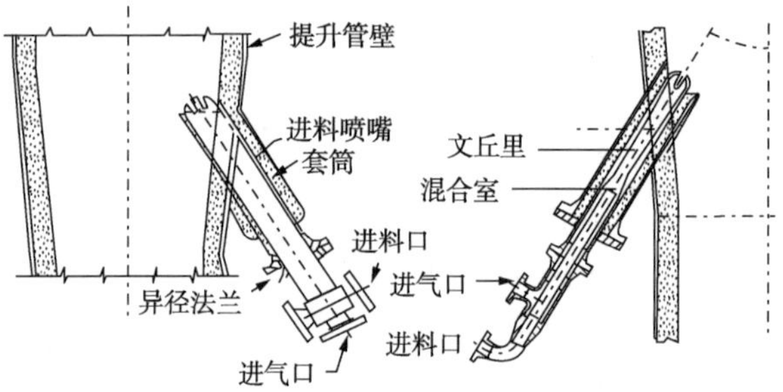

图 7-19　喷嘴安装方式示意图

表 7-16 总结了通常用于高效进料喷嘴工艺参数和机械选取准则。任何进料喷嘴的机械设计必须牢固且便于检修维护。要达到期望的效益，机械上的长期可靠性是关键。通常会遇到机械问题是：喷嘴的磨蚀、提升管壁的磨蚀及喷嘴的堵塞。

表 7-16　高效进料喷嘴工艺参数和机械选取准则

项　目	准　　则
喷嘴数量	偶数、多喷嘴；一般安装 4~8 个喷嘴，均匀布置在提升管四周，并向上喷射，对于处理量高的装置，也可以分层安装 4~8 个喷嘴
压降	在设计的进料速率下，280~420kPa
喷嘴出口速度	45~100m/s
喷嘴安装	
集中式	在同一高度，沿提升管反应器周围均匀布置；各个喷嘴的进料配管也应对称布置
分散式	在不同高度，多点进料；难裂化的进料(如回炼油、油浆)在新鲜原料注入区上游某一适当距离注入混合温度控制技术(MTC)或注入反应终止剂；在新鲜原料注入区下游一适当距离注入液态馏分(如粗汽油等)
方向和位置	向上呈放射状，在再生催化剂进入提升管处上方提升管直径的 3~4 倍处
雾化介质和数量	蒸汽(质量分数)对馏分油：1%~3%，对渣油：4%~7%
结构形式	可拆卸、便于检查、更换
材料	放入提升管反应器内为 18Cr-9Ni，高速区表面硬化处理

对于良好的原料和催化剂接触系统，油滴与催化剂均匀接触可大大减少催化剂在进料区的停留时间，使返混现象降低，从而减少不希望发生的副反应，焦炭产率可降低0.05~0.2个百分点。另外原料的迅速闪蒸汽化(约几分之一秒)，并达到同一混合温度也产生同样的效益，进一步降低了生焦，这是因为进料中的重质馏分如在较长时间内与高温催化剂接触就有可能会生成焦炭；另一方面迅速地与高温催化剂接触可以使重质大分子“破碎”，从而降低气体和焦炭的生成。总之，良好的原料和催化剂接触系统可使汽油产率和转化率最大而产生较少的气体、焦炭和油浆。在理想情况下，设计良好的原料和催化剂接触系统将达到如下目标：

① 原料和再生催化剂均匀地分布在提升管反应器的整个截面上，以保证所有的原料组分经受相同的裂化强度；

② 原料和再生催化剂一接触就立即汽化，因此要求被雾化的原料油滴尺寸适当(约60μm)，且液滴的分布范围要窄；

③ 避免新鲜原料和待生催化剂二次接触；

④ 原料产生适当尺寸的油滴从提升管横截面360°全方位渗透进入催化剂；

⑤ 原料油喷嘴应抗冲蚀，不被堵塞；

⑥ 避免提升管反应器器壁冲蚀、结焦和催化剂磨损。

7.3.1.3　反应段

反应段是原料油和再生催化剂开始接触、混合、蒸发、裂化到油气与催化剂出口的一段空间，见图7-9。裂化反应产品分布的好坏与原料油雾化、再生催化剂的分布及两者的均匀接触有关。在原料油与热催化剂接触、混合时，在很短时间内蒸发、裂化，气体表观速度迅速增加，气-固两相相互作用，气-固两相又与设备相互作用使得该处的流化状况极为复杂，而且这种流化状况还由于其惯性作用会延续一段时间。因而提升管反应器反应段气-固并流向上的流动并非真正的平推流。在轴向、径向催化剂密度的分布都是不均匀的。在轴向上催化剂密度上小下大。大致由原料喷嘴向上到十倍反应段直径这一段为喷嘴控制区，平均密度大，波动也大；再往上为自然分布区，催化剂密度是边壁大中心小，大体呈抛物面形。中心催化剂密度接近40kg/m^3，而沿边壁则高达200kg/m^3，甚至更高。这种不均匀性无疑会对产品分布带来不利的影响。但是，由于上述过程目前还难以用精确的、实用的数学模型来描述，加之催化剂密度分布的不均匀性并非是致命的，所以目前关于这一部分的设计仍采用经验的方法，见表7-17。

表7-17　反应段工艺参数选取准则

项　目	准　则
操作压力(绝)/MPa	0.20~0.35
操作温度/℃	480~550
反应时间(油气停留时间)/s	1~3s(按提升管出口状态计)
催化剂停留时间/s	按提升管中催化剂返混的程度不同，催化剂停留时间通常是油气的停留时间1.5~3.5倍
反应段开始的表观速度/(m/s)	4~7
反应段出口的表观速度/(m/s)	15~20
催化剂平均滑落系数	1.25~1.60
布置形式	内/外提升管
材　料	“冷壁”碳钢、碳锰钢；热壁铬钼钢

7.3.2 提升管反应器终端设施和沉降器

提升管终端气固分离设备(Riser Termination Device，简称 RTD)一直是反应器设计的重要技术内容之一。气固分离设备的主要形式和作用在第 3 章已详细论述。

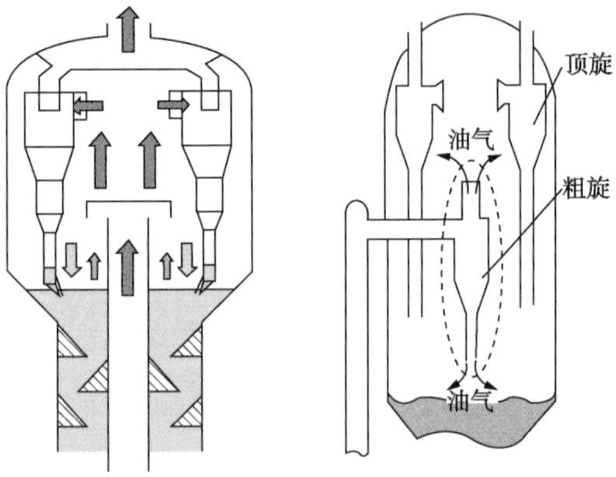

(a)惯性分离　(b)粗旋快速分离

图 7-20　提升管出口分离系统

在 FCC 装置提升管出口通常采用正压差排料的惯性分离或粗旋快分技术，如图 7-20 所示。排料过程中料腿内部的压力高于沉降器外部的压力，这会导致部分油气通过粗旋料腿扩散到沉降器，该部分油气大致占反应总油气量的 10%~15%。由于沉降器内部空间较大，这部分油气由料腿排出再经沉降器空间进入到顶旋将需要近 100s 的时间。油气在沉降器内停留时间长，二次裂化和热裂化严重影响目的产品的收率，尤其是重油催化裂化，还可能在沉降器内、旋风分离器系统内严重结焦，从而导致装置非计划停工。据统计，因反应系统结焦引起的非正常停工次数几乎占总停工次数的一半以上。

油气在沉降器自由空间内发生热反应是时间和温度的函数。热裂化产物产率与 $t\times\exp^{-E/RT}$成比例。图 7-21 为在不同的温度下，油气在沉降器内停留时间对液体收率损失的影响。例如，在停留时间为 5s 的条件下，当反应温度从 510℃(950°F)提高到 538℃(1000°F)时，液体体积收率损失约为 0.5 个百分点；当停留时间提高到 10s 时，可使液体收率损失超过 1.0 个体积百分点。

油气在沉降器内停留时间对干气产率的影响见图 7-22。从图中可以看出，当沉降器内部温度为 500℃时，若能将油气在沉降器内停留时间从 20s 降至 5s，干气产率可降低超过 0.5 个百分点；当沉降器内部温度为 540℃时，若能将油气在沉降器内停留时间从 20s 降至 5s，干气产率可降低超过 1.5 个百分点。

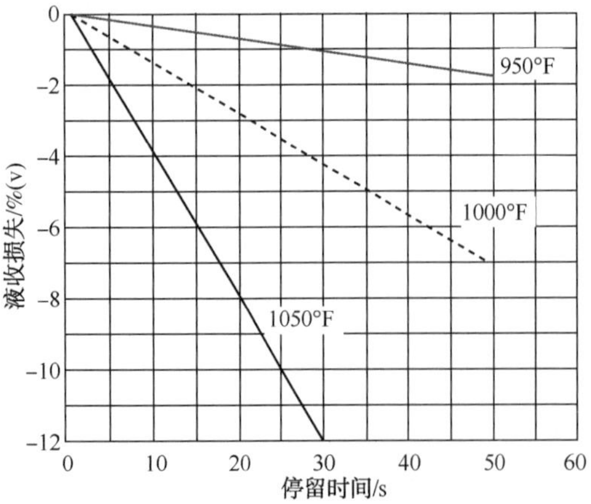

图 7-21　油气在沉降器内停留时间对液体收率损失的影响

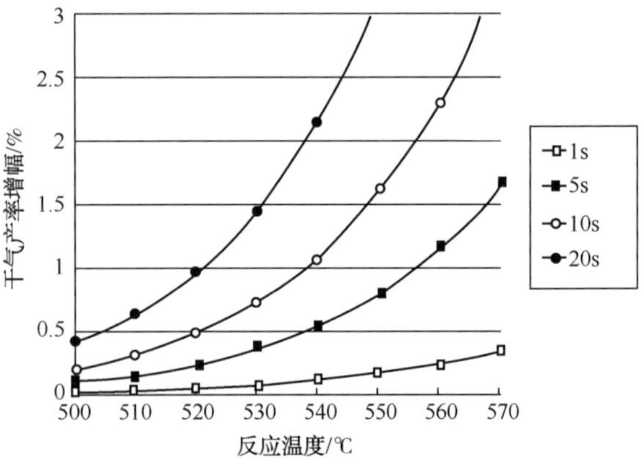

图 7-22　油气在沉降器内停留时间对干气产率的影响

自20世纪80年代中期以来，已开发多种RTD技术来减少提升管出口空间非选择性裂化反应，一是降低油气在沉降器内停留时间，将粗旋中的油气直接引入到顶部旋分器，然后进入反应器油气管线，而分离出的催化剂则直接进入到汽提器中，反应器仅仅是一个放置旋分器的容器；二是降低沉降器顶部温度，在提升管出口粗旋下游注入冷却介质使油气快速冷却。新型RTD技术是在保证高操作弹性下实现“三快”+“两高”多种功能在同一装置设备上高效耦合，即实现油-剂间的快速高效分离、分离催化剂快速预汽提、油气快速引出、高油气包容率多种功能一体化，如图7-23所示。新型RTD技术系统具有以下功能：

（1）油剂间的快速高效分离，终止主反应及回收催化剂；

（2）分离催化剂的快速预汽提、油气的快速引出，从而抑制二次裂化和结焦。

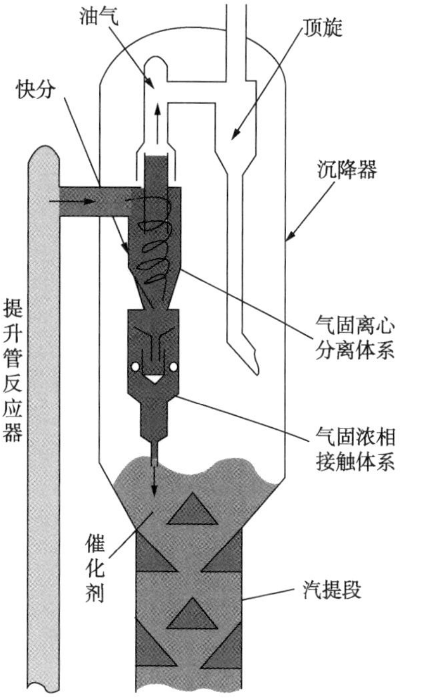

图7-23　新型RTD快速分离系统

油气与催化剂间的快速高效分离以及待生催化剂快速预汽提，可降低干气和焦炭收率，改善产物分布，提高液体收率，同时可抑制沉降器结焦，延长装置开工周期。催化剂的高效分离可减少催化剂跑损、保证低的油浆固含量、有利于实现油气和催化剂的快速脱离。提高油气的包容率是目前抑制沉降器结焦的最有效手段，对重油催化裂化装置的长周期运转至关重要。各种分离技术油气包容率见图7-24。

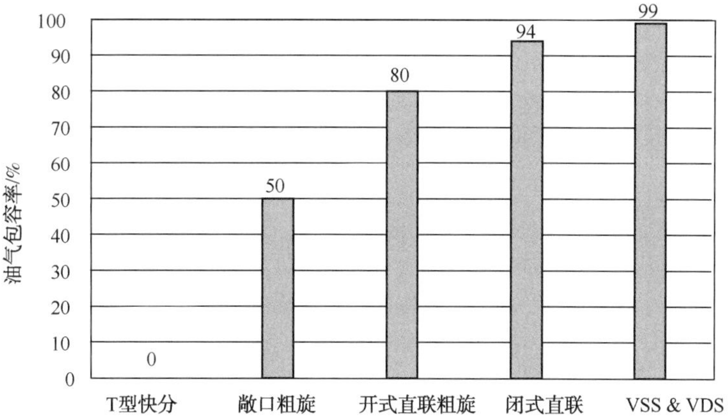

图7-24　各种分离技术油气包容率

提升管终端的新型RTD快速分离设施(如VQS)与常规RTD分离设施(如T型快分或粗旋)效果比较见表7-18。从表7-18可以看出，相对于常规分离器，采用新型快速分离器后，从提升管出口到沉降器出口干气产率未发生变化，汽油产率增加0.3个百分点，转化率增加0.7个百分点。提升管出口到分离器出口的停留时间以及沉降器出口的停留时间大为缩短，催化剂分离效率提高。由此可以看出，在此空间的热裂化反应能力大幅度降低。

表 7-18 常规分离器和新型快速分离器效果比较

RTD 类型	新型快速分离器	常规分离器
从提升管出口到沉降器出口转化率与产率变化幅度，质量百分点		
转化率	+0.7	+4.0
C_2和C_2以下	0	+1.2
$(C_3^= + C_4^=)$/LPG	-1.5	-7.2
汽油	+0.3	-1.0
轻循环油	-0.2	-2.5
油浆	-0.5	-1.5
汽油选择性	-0.3	-5.2
LPG/汽油	0	+5.0
RTD 类型	新型快速分离器	粗旋分离器
提升管出口到分离器出口停留时间/s	0.7	5.1/40(催化剂从旋分器入口到料腿)
提升管出口到沉降器出口停留时间/s	5.5	19.7
油气通过料腿/%	3.0	3.0
催化剂分离效率/%	97	90

7.3.3 提升管出口急冷终止方法

对于加工重质原料，当以多产汽油为生产方案时，通常采用较高的反应温度和较大的剂油比。提升管出口温度一般在520℃以上，甚至高达540℃。从提升管出口经沉降器、油气管线到分馏塔，反应油气一般要经过15~20s左右的停留时间，如果持续处于较高的温度下，则二次裂化和热裂化反应较为严重。这不仅影响到汽油、轻循环油的产率，还会使油品的质量变差，并且使反应沉降器及油气管线结焦加重，影响装置长周期运行。除了前面已论述，在提升管终端设置快速分离设备迅速地将催化剂从烃蒸气中分离出来，增加目的产品产率外，采用急冷终止技术可以降低这些部位的温度也是有效技术之一。急冷终止剂注入的部位主要有以下几种：

(1) 提升管上部

急冷终止剂可采用自产的粗汽油，也可以是需要回炼的不合格汽油、轻循环油馏分；注入部位可在提升管上部或者在水平段。在提升管上部注入急冷终止剂工业运行效果表明：当提升管出口温度不变时，提升管中、下部的温度可以提高5~20℃；此时转化率提高，油浆外甩量降低，汽油和轻循环油产率增加，干气和液化气产率得到了控制。

(2) 提升管后部

提升管后急冷是在油气与催化剂初级分离后尽快地注入急冷剂，降低裂化产物的温度。通常与快分技术一起使用，其急冷点选在粗旋风分离器出口，即催化剂与产物油气初级分离之后。

采用急冷技术应注意几个问题：首先由于冷凝的发生，易导致反应器内过量生焦，因此要建立适当的操作规范使该类情况不发生；第二个应选用合适急冷剂，在质量流量提高的情况下体积流量不改变甚至有所降低；第三是注意调节分馏塔的循环取热负荷，尽量减少对分馏塔的影响。

(3) 反应器出口油气急冷

对于多产低碳烯烃的催化裂化家族工艺，尤其是催化热裂解(CPP)工艺，反应温度比常规催化裂化工艺高得多，反应油气与催化剂分离后温度仍然较高，容易在下游的沉降器稀相空间内和大油气管线内发生热裂化反应，导致生成焦炭和干气。因此为了保证装置安全、稳定、长周期生产，必须及时终止热裂化反应。

7.3.4 变径流化床反应器

7.3.4.1 变径流化床结构

变径流化床分为第一反应区、第二反应区和第三反应区(出口区)。第一反应区的结构以及预提升段的结构与常规的提升管反应器相似。第二反应区的直径约为第一反应区的2.5~3.5倍，高度约为10m。第一反应区与第二反应区之间设置专用的流体分布器。从流态化角度来看，第二反应区是一个快速流化床，床层气速在1~3m/s之间，催化剂密度约100kg/m^3，从而保证其能有合适的催化剂藏量满足重时空速要求。而常规的提升管为稀相垂直输送，管内催化剂密度一般低于60kg/m^3，提升管入口处催化剂密度为60~80kg/m^3，而出口处催化剂密度为20~40kg/m^3。

7.3.4.2 第二反应区设置和外补催化剂

第二反应区空速要求控制在15~40h^{-1}，为此可通过第二反应区扩径来提高第二反应区的密度，并适量地补充催化剂以提高第二反应区的藏量来实现，但不宜过度。针对各种类型的两器布置，提出了三种与之相配套的反应部分工程方案：

(1) 方案一：外置提升管，提升管顶部采用粗旋，其出口与顶旋软连接。粗旋回收催化剂通过料腿收集后，部分作为第二反应区的补充催化剂，如图7-25(a)所示。该方案对原有装置的操作习惯改变最小，改造的工程量不太大，并对压力平衡的影响较小。该方案适用于沉降器高度中等的外提升管装置，如同轴、沉降器较高的并列装置。

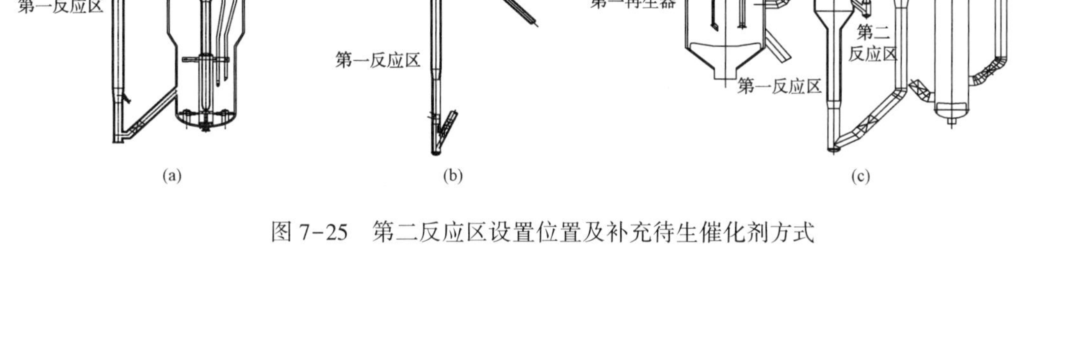

图7-25 第二反应区设置位置及补充待生催化剂方式

(2) 方案二：外提升管，提升管末端采用旋流头快分，快分后油气进入沉降器，与顶旋采用软连接，如图 7-25(b)所示。该方案的优点在于对原沉降器的高度没有要求，适用于停工时间短的改造，虽然操作增加了一路滑阀，但难度基本没有增加。

(3) 方案三：对沉降器高度较高的内提升管装置，第二反应区可布置在沉降器的下方，操作难度没有增加。也不破坏原装置布置的总体形象，如图 7-25(c)所示。该方案施工难度稍大。

采用高温催化剂强制冷却并补充到第二反应区的工程技术，冷却的催化剂补充到第二反应器不仅降低第二反应区温度，而且增加第二反应区的催化剂浓度，两者都有利于氢转移反应和异构化反应；采用高温催化剂直接补充到第二反应区的工程技术，高温催化剂补充到第二反应区不仅增加第二反应区温度，而且增加第二反应区的催化剂浓度，两者都有利于裂化反应。在第一反应区和第二反应区之间设置流体分配器，以保证两个反应区之间的平稳过渡和第二反应区内油气与催化剂均匀分布。在催化材料的基础研究方面，开发了新型基质，改善孔分布提高容炭性能，复配多活性组元以协调双分子裂化和氢转移反应。由此开发出变径提升管催化裂化系列工艺技术专用催化剂。

7.3.4.3 流体分配器

为了保证第一反应区出来的油气和催化剂在第二反应区有一个稳定的床层，同时还要保证与循环斜管来的催化剂有良好接触，通常在第一反应区出口和第二反应区底部之间设置分配器。早期的分配器由开孔平板和开孔侧圆筒组成，安装陶瓷内芯耐磨管，随后又开发出其他两种型式的分配器，一种为蘑菇头式的分配器，一反的提升管深入到第二反应区的锥形段，深入部分管子四周开有槽口，大部分催化剂和油气从槽口进入到第二反应区，少量的油气和催化剂通过设置在管子顶部蘑菇头分配器上开的圆孔进入到第二反应区，如图 7-26(a)所示；另一种为凹式分布板型式的分配器，催化剂和油气通过分布板上的圆形开孔和侧面的圆形开孔进入到第二反应区中，如图 7-26(b)所示。

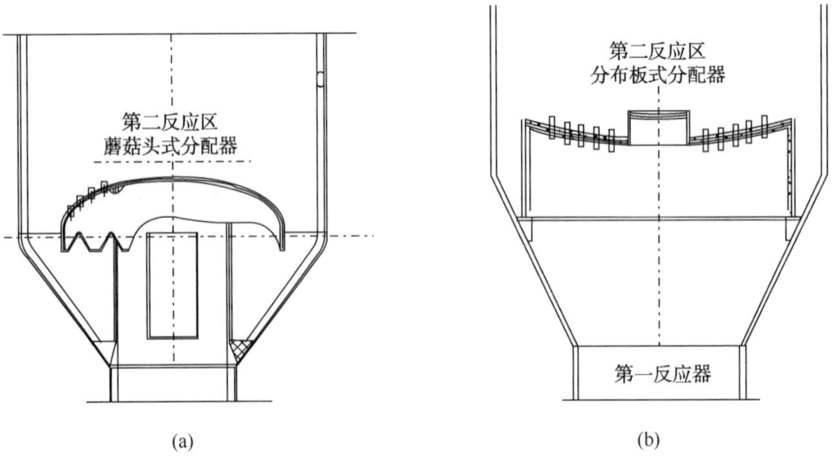

图 7-26 蘑菇头式的分配器(a)与凹式分布板型式的分配器(b)

7.3.4.4　冷热再生催化剂预提升混合器

在变径提升管反应系统上，通过降低再生催化剂和原料油的接触温差，以增加原料油和催化剂的雾化接触面积，减少热裂化反应，实现在维持相同的反应深度下，降低干气和焦炭产率，从而提高目的产品收率。高温再生热催化剂温度一般变化不大，但可以从外取热器取出冷再生催化剂到提升管反应器底部的预提升混合器(如图 7-27 所示)，在此与从再生器来的高温热再生催化剂混合，在一定范围内调节混合催化剂温度，以实现催化剂与原料油的接触温差降低。

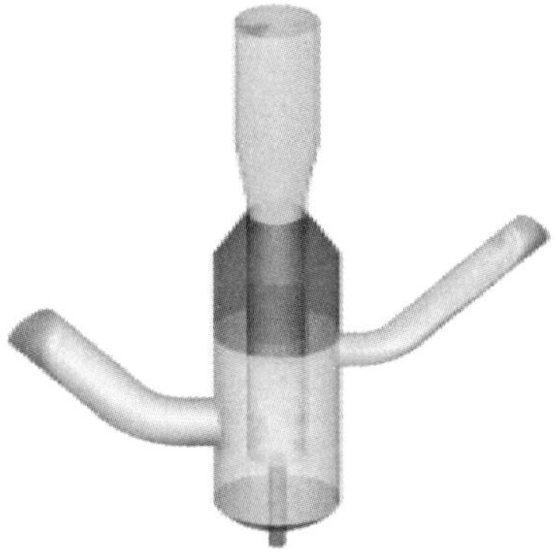

图 7-27　预提升混合器结构示意图

7.3.5　待生催化剂汽提段

一般操作条件下，进入汽提段的待生催化剂携带着一定量的油气，约 5~10kg/t 催化剂。让这部分富氢油气进入再生器的主要缺点，一是目的产品产率降低，焦炭产率增加；二是因烧焦负荷增加导致处理量降低，同时烧氢热量释放过多会导致再生温度过高，催化剂自身结构破坏和活性损失加重。设置汽提段的作用就是回收待生催化剂携带的富氢油气，降低焦炭中的氢含量。焦炭中的氢含量减少可以降低燃烧温度，这是因为氢的燃烧热高于碳，同时还可以减少因氢燃烧所形成的水蒸气导致催化剂水热失活程度加重。高效汽提从较低的碳差或较低的氢含量所获得的好处与催化剂取热相同。两者均降低再生温度，而较低的再生温度可以提高剂油比，从而增加转化率和产品的选择性，并在催化剂和进料混合点降低不希望的副反应。此外，汽提段还担负着将催化剂由低压区输送到高压区作用，希望其蓄压大。从流动角度来看，汽提段是水蒸气和被汽提的油气向上流动，催化剂(处于乳化相)向下流动的一种立管流动。

待生催化剂携带的油气约 75%存在于催化剂颗粒之间，25%吸附在催化剂颗粒的空隙中。所以汽提段实际上是一个置换与脱附的工艺过程，同时伴随着化学反应过程。合适的汽提段可使被待生催化剂夹带和吸附进入再生器中的油气量减至最少，要达到这一目的，必须使用汽提蒸汽。

7.3.5.1　待生催化剂上的焦炭组成变化及汽提目的

待生催化剂的有效汽提可以降低进入再生器的焦炭量，主要表现在焦炭中的氢含量降低，从而降低再生器温度。研究结果表明，如从催化剂上汽提出全部可汽提的油气，可使焦炭量减少 20%~40%。因为氢的燃烧热值高，因此降低焦炭中的氢含量可以降低烧焦温度，同时生成水少，从而减少催化剂的水热失活。另外，提高了理想产品收率，减少损失。当提升管出口温度为 530℃时，待生催化剂上预石墨化的碳比例可达到 50%；但在汽提 15min 后，该比例上升到 90%。这证明在待生剂上的焦炭是有化学反应活性的，即便焦炭是瞬间形成的，它也具有反应性。由于焦炭本身的裂解反应，其一部分能够转变为气态产物，并进入催化剂孔结构内。在某种意义上可以说汽提器是焦炭产率的“调节器”，由于待生剂在汽提器中的停留时间达数十秒钟到几分钟，因此焦炭的数量和化学组成会发生变化。在 500℃的温度下，当汽提时间由 10s 增加到 200s 时，待生剂上的焦炭含量则从 1.5%下降到 0.7%。

在焦炭石墨化的过程中，其氢含量也明显下降。

反应产物中的一部分轻组分不可避免地要被待生催化剂带入再生器，随焦炭一起烧掉。待生催化剂携带轻组分的多少可由焦炭中的 H/C 比大小反映出来，H/C 比大说明汽提效率低，夹带的轻组分多，则物料衡算中的轻组分量减少，焦炭产率就会相应增加，此时有必要改进汽提段的操作或结构。而焦炭中的 H/C 比可间接地通过再生烟气组成来计算出。汽提的目的就是用水蒸气把这些富氢油气置换出来。

7.3.5.2 汽提段结构与设计准则

在汽提器内只有向上流动的汽提蒸汽才能起到汽提油气的作用，向下流动的汽提蒸汽对油气汽提是没有贡献的。在单段汽提器中，汽提蒸汽均在汽提器底部通入，希望汽提蒸汽全部向上流动，与向下流动的催化剂逆流接触，进行传质、传热，汽提蒸汽经过汽提器的全长度，与催化剂的接触时间最长。但实际上汽提器是一个鼓泡床，其表观流化线速在 0.2m/s 左右，颗粒质量流率为 40~60kg/(m^2·s)，汽提段颗粒密度为 500~700kg/m^3，催化剂流动速度约 0.06~0.12m/s，催化剂夹带气体的能力是很弱的。汽提后的待生催化剂在进入待生立管入口锥体后，由于截面急剧减小，催化剂加速，密度降低，若立管颗粒密度按 300~500kg/m^3，催化剂颗粒质量流率取 400~600kg/(m^2·s)，催化剂的流速约 0.8~2m/s，催化剂夹带气体的能力剧增。在待生立管的入口端对催化剂有一种抽吸作用，使部分汽提蒸汽被待生催化剂携带进入待生立管，而未向上流动，未起到汽提油气的作用。因此，单段汽提器的汽提效率比较低。采用简单的汽提段结构的工业装置的焦炭氢含量(按烟气分析计算)常常在 8%以上，说明焦炭中的可汽提焦较多。随着重油催化裂化技术的发展和能量利用率的改善，从装置热平衡角度来看，尽可能地降低装置生焦量，尤其焦炭中的可汽提焦，因此汽提段的结构改进一直处于持续发展中。前面已论述，进入汽提段的待生催化剂所携带的油气分两种：一种是催化剂颗粒间、空隙内易于汽提的夹带油气；另一种是催化剂微孔内吸附的油气，该类油气比较难于汽提，需要较长的汽提时间。加长了汽提段，以延长催化剂在汽提段内的停留时间，促使更多的吸附重烃生成轻质产品和焦炭，从而减少了进入再生器物料的氢含量。除了加长汽提段外，还可以通过增加汽提段的长径比、改变待生剂的流动路线等办法来增加停留时间，保证汽提段内催化剂的停留时间可达 4~5min。为了防止待生催化剂走短路，一般采用的预防措施是使用挡板，挡板的形式有斜板式、碟-环式和人字形挡板等。汽提段的结构简图如图 7-28 所示。值得一提的是改进的阵伞形挡板，在每一层阵伞下维加一圈高约 0.3m 的铝板，并在裙板和伞面开设小孔，形成多股射流与待生催化剂接触，蒸汽从下到上顺序通过各层裙板，而待生催化剂从上而下通过阵伞与裙板间环形通道，这样就形成多股逆流接触，增加了理论传递单元数目，可以减少汽提蒸汽达到高的汽提效率。一个 2Mt/a 的催化裂化装置，其汽提段直径 3m，有 4 层外周阵伞，3 层中心阵伞，采用这种新结构后，蒸汽用量减少到每 1000kg 催化剂循环量 0.7kg(甚至 0.5kg)。还有采用规整填料作为待生催化剂汽提段的内部构件。

为适应催化裂化原料劣质化，改善汽提段挡板的汽提效率，对于重油催化裂化装置，汽提器内件以新型盘环形挡板取代人字形挡板；而对于蜡油催化裂化装置，考虑到沉降器结焦较少或不结焦，已有部分装置汽提段内件采用了新型格栅填料。采用两段或多段汽提工艺，

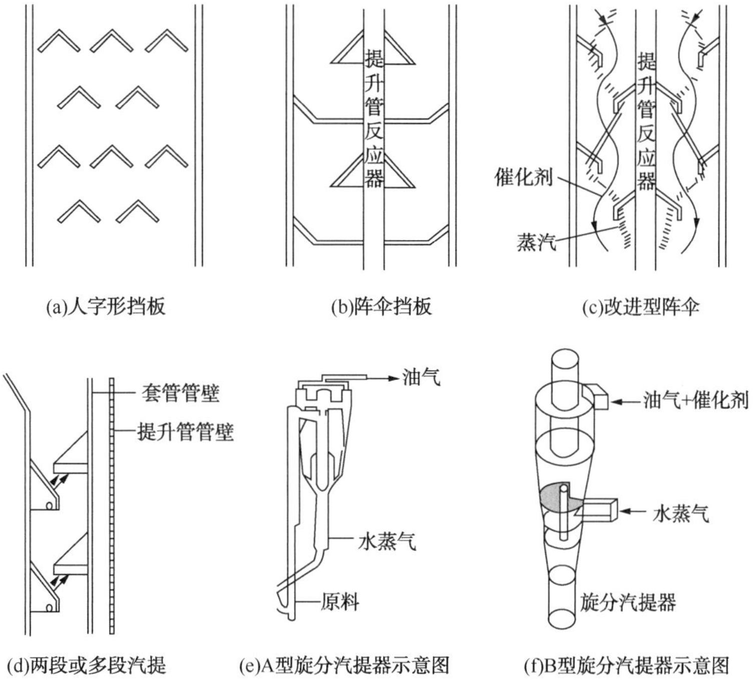

图 7-28　几种汽提段结构示意图

来提高置换效率。较为简单的是上下叠置的两段汽提结构。两段汽提的水蒸气用量虽略高于一段汽提，但综合效果还是有利的。

虽然合适的汽提段的结构(包括内构件形式、汽提蒸汽分布器的设置)设计将大大地增强汽提段的性能，但非常值得注意的是汽提段的性能极大地受原料油性质、催化剂的循环量以及催化剂的物性和操作条件的影响。汽提段工艺参数和机械选取准则列于表 7-19，同时汽提段底部汽提蒸汽分布管简图见图 7-29。

表 7-19　汽提段工艺参数和机械选取准则

项　目	参　数	项　目	参　数
汽提段操作温度/℃	500~550	喷嘴数/(个/m^2)	>11
汽提段操作压力/MPa	由反应压力确定	喷嘴方向	斜向下
催化剂质量流率/[kg/(m^2·s)]	40~55	喷嘴出口线速/(m/s)	38~45
催化剂密度/(kg/m^3)	400~600	压降/kPa	>7，或床层静压的 30%
汽提蒸汽比率/(kg 蒸汽/1000kg 催化剂)	2~5	汽提段高度/汽提段直径	>5
汽提蒸汽表观线速/(m/s)	0.15~0.25	折流板形式	人字挡板、阵伞式挡板等
催化剂停留时间/min	1~2	结构材料	
蒸汽质量	过热蒸汽，过热约 55℃	汽提段外壳	碳钢，冷壁，10cm，中重耐火衬里
蒸汽分布器		分布器	碳钢，分布器外部衬约 2cm 抗磨蚀耐火衬里
级数	至少两级(一上、一下)	挡板	碳钢
形式	圆环管式分布器	喷嘴	碳钢

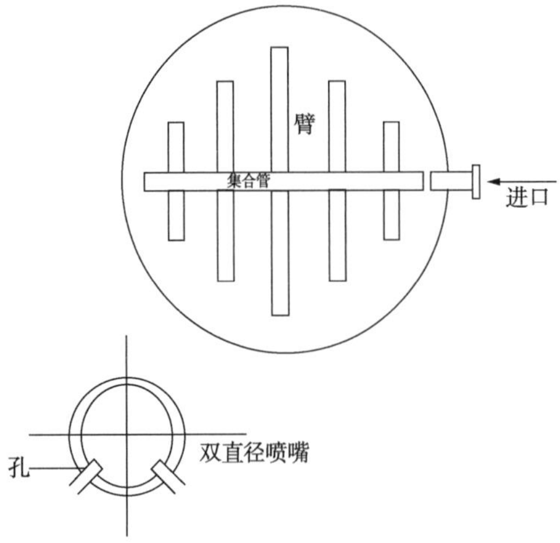

图 7-29 汽提段蒸汽分布器示意图

催化剂质量流率为催化剂循环流率除以汽提段整个横截面积。为了有效地汽提，要求尽量减少催化剂质量流率，以减少带至再生器的富氢烃类。催化剂在汽提段中的停留时间是由催化剂循环量和汽提段中的催化剂量决定。这一量通常相当于正常床层的中心线到下部蒸汽分布器中心线之间的催化剂的量。催化剂停留时间长，虽然增加了催化剂的水热失活，但将改善汽提效率。

7.3.5.3 影响汽提效果的主要因数

除汽提段自身结构外，汽提段的性能与汽提蒸汽用量、催化剂循环量、待生剂的停留时间、操作温度和压力有关，其中蒸汽用量和操作温度在日常生产过程中具有可调节性。

（1）蒸汽用量

在超过最优的蒸汽用量前，汽提效率与汽提蒸汽流速成正比。增加蒸汽用量实质上是提高水蒸气对油气的摩尔比；同时，因蒸汽流速的提高，还改善了催化剂与蒸汽的接触，更有利于吸附油气的脱吸，从而提高了汽提效率。最优蒸汽用量也不是孤立的，必须与其他操作条件(如温度、压力、催化剂循环量等)以及汽提段结构等匹配。然而超过最优的蒸汽用量后，汽提效率提高就会趋缓，同时过量的汽提蒸汽使反应器旋风分离器、主分馏塔和含硫污水处理系统超负荷。因此，在生产过程中，应时常调节汽提蒸汽量以决定最佳蒸汽流速。再生器床层温度不再降低时的汽提蒸汽流速相当于最佳汽提蒸汽流速。

通常，当加工馏分油时，较理想的汽提蒸汽用量为2~3kg/t 催化剂，超出此范围收效并不大，但不应小于1kg/t 催化剂。当加工劣质重油时，蒸汽用量要大得多(甚至可达4~5kg/t 催化剂)。汽提效果可以用催化剂上焦炭的氢含量来衡量。当焦炭的氢含量小于7%，表明汽提效果较为理想。此外，较大的汽提蒸汽用量对 SO_x 转移催化剂是有利的。非常值得注意的是，根据汽提段压力和温度的不同，总有一部分汽提蒸汽随着待生催化剂进入再生器。汽提蒸汽用量对焦炭氢碳比的影响见图 7-30。

（2）操作温度

提高反应温度则汽提段的温度也随之提高，有利于油气从催化剂表面上脱附，待生剂的氢碳比将明显下降，说明汽提段的效果变好，反应温度对焦炭氢碳比的影响见图 7-31。提高汽提段温度可以采用经脱气处理的高温再生催化剂直接引入汽提段，来提高汽提段的温度以提高汽提效果。或者采用中压蒸汽(高温)或经过热的低压蒸汽作为汽提介质。

（3）催化剂物化性质

FCC 催化剂的孔结构对汽提器的效率有较大的影响，具有较大开孔结构的催化剂能提供良好的烃类扩散性能，使带入再生器的烃类较少。平衡催化剂的比表面积可作为优化汽提蒸汽用量的一个重要参数，如表 7-20 所示。

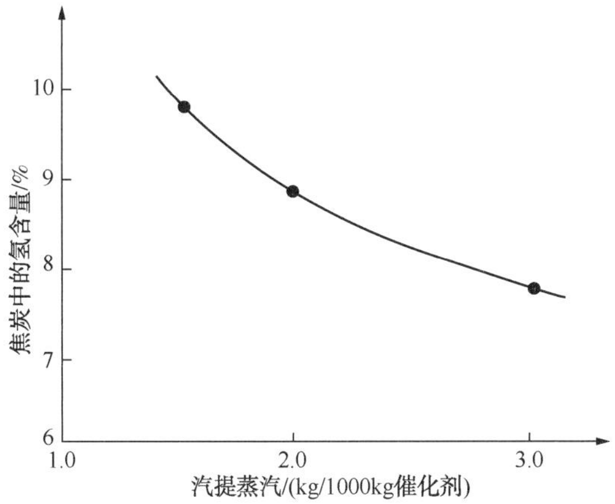

图 7-30　蒸汽用量对焦炭氢含量的影响

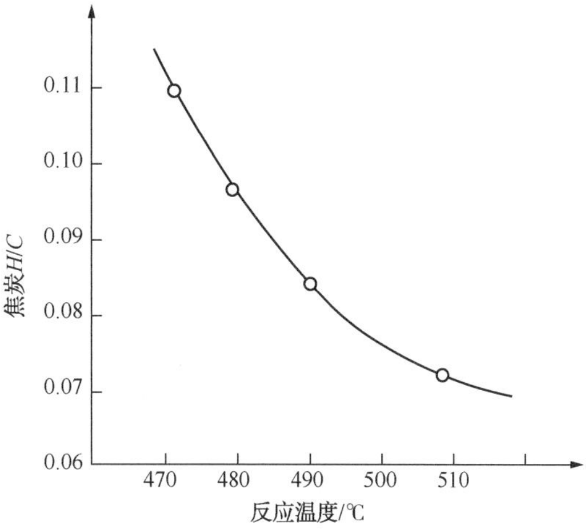

图 7-31　反应温度对焦炭氢碳比影响

表 7-20　平衡剂表面积对蒸汽用量的影响

比表面积/(m^2/g)	蒸汽用量/(kg/1000kg)	比表面积/(m^2/g)	蒸汽用量/(kg/1000kg)
60	2	140	4
100	3	180	5

7.4　反应工艺参数

催化裂化过程是一个非常复杂的系统，其复杂性表现为原料油组成的复杂性和化学反应的复杂性。为了使复杂问题简单化，Blanding 方程是在大量试验数据和工业装置的实测数据基础之上进行回归拟合而得到的经验关联式。经验关联式中的转化率不仅包括压力和重时空速等操作参数，还包括原料油性质、催化剂和反应温度等操作参数。Blanding 方程表达式如下：

$$-\frac{\mathrm{d}n_A}{\mathrm{d}\tau}=kpw_{CAT}\left(\frac{n_A}{n_{A0}}\right)^2 \qquad (7-1)$$

式中，n_A 为催化剂上反应物 A 的摩尔数；n_{A0} 为催化剂上反应物 A 的初始摩尔数；τ 为反应时间；p 为压力；w_{CAT} 为催化剂质量；k 为反应速率常数。

对式(7-1)积分并变换后得到转化率方程式如下：

$$\frac{X}{100-X}=\frac{kp}{S_w} \qquad (7-2)$$

式中，X 为转化率；WHSV(S_w)是重时空速；反应速率常数 k 值与反应温度、催化剂类型及活性、平衡催化剂上的金属含量和碳含量、回炼比、剂油比、原料油预热温度、再生温度等因素相关。

在上述的因素中，反应温度、反应压力、反应时间、原料油预热温度、催化剂类型及活性、平衡催化剂上的金属含量和碳含量为独立变量。当外取热器有足够的调节量可控制再生温度时，再生温度也可能成为独立变量。对于具体的 FCC 装置，反应压力、反应时间、原料油预热温度、催化剂上的碳含量、回炼比等操作变量基本上在小的范围内变动。主要调节的操作参数就是反应温度、再生温度、催化剂类型及活性。再生温度调节也受外取热器负荷和再生效果限制，催化剂类型和活性调节需要较长的时间，不断地置换催化剂才能实现。只有反应温度是最为简单和快速的操作变量。评估这些操作变量对 FCC 工艺产物分布、产品性质的影响优劣需建立在相同转化率前提下，为此先确定转化率定义。

通常假定反应产物中与原料具有相同沸点范围的那部分是没有发生反应的，实际上这部分产物是经过反应的，其组成已经与原料组成不同，而其他部分的产物则是经反应转化而得，这部分对原料之比，称为转化率，由原料转化所得各种产品量与原料量之比称为各产品的产率。工业催化裂化装置生产中常常是将“未转化”的原料全部或一部分重新送入反应器进行反应，这部分原料称为循环油或回炼油。回炼油与新鲜原料之比称为回炼比。由于回炼油使用，生产上就有单程转化率、单程产率与总转化率、总产率之分。例：100t 320~500℃蜡油原料经催化裂化反应后得到以下产物：

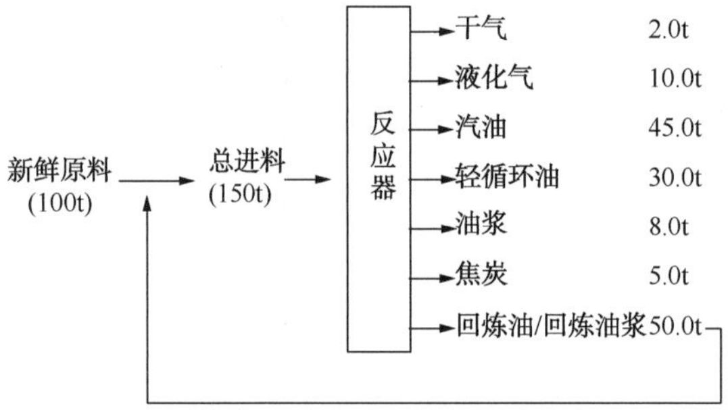

按上述各项定义，则：

单程转化率=(总进料-未反应原料)/总进料×100%=(150-50)/150=66.6%；

总转化率=(新鲜进料-油浆-轻循环油)/新鲜进料×100%=(100-30-8)/100=62%；

单程汽油产率=汽油产率/总进料×100%=45/150=30%；

总汽油产率=汽油产率/新鲜进料×100%=45/100=45%；

回炼比=(回炼油+回炼油浆)/新鲜进料=50/100=0.5

7.4.1 反应温度

对于催化裂化装置，一般用提升管出口温度来代表反应温度。然而出口温度只是代表提升管上一个点的情况，实际上工业提升管管壁表面温度变化曲线见图 7-32。由于烃类催化裂化属于较强的吸热反应，因此，在绝热的情况下，提升管底部的混合温度将明显高于出口温度。

提升管底部“混合温度”的定义是催化剂与汽化原料达到平衡(而不反应)的理论温度，是根据催化剂和原料混合热平衡(不发生反应时)计算出的混合温度。但原料汽化率也是不确定，尤其对于重质原料，原

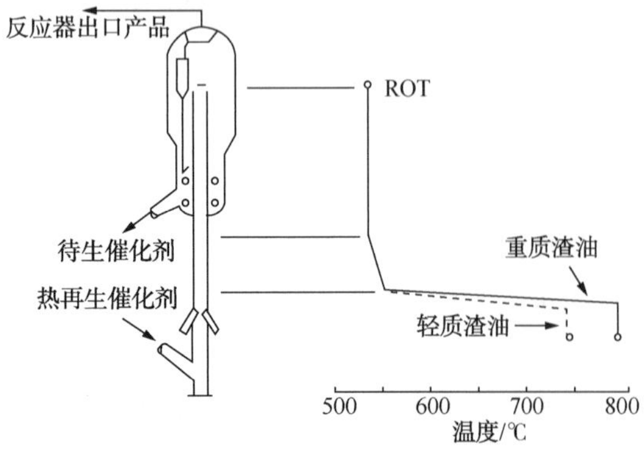

图 7-32 工业提升管反应器轴向温度变化曲线

料不可能全部汽化，此外再生催化剂一旦与油气接触，除了传热外立即会发生裂化反应，并伴随着吸热和降温。因此，反应器底部的“混合温度”只是理想状态下的计算值。

对于绝热提升管反应器，底部混合温度增加将会使出口温度升高，从而促进有害的和非选择性的裂化反应，产生大量气体。采用控制混合温度（简称 MTC 技术）可实现提升管出口温度与底部混合温度各自独立地调节。混合温度控制是通过注入适量的液态馏分（如汽油、回炼油等）到新鲜原料喷嘴下游区域，如图 7-33 和图 7-34 所示。由此产生了新鲜原料与液态馏分注入区域具有混合温度高、剂油比高、接触时间很短的特点；而液态馏分注入与提升管出口区域具有反应在较常规的和较温和的催化裂化条件下进行。提升管出口温度仍然由控制通过再生滑阀的热再生催化剂循环量来维持的。当液态馏分注入量较多时，由于注入的液态馏分汽化和裂化将导致出口温度降低。为了维持所希望的提升管出口温度，可开大再生滑阀来提高催化剂循环量，这样就不依赖提升管出口温度而独立地调节并提高混合温度。与此同时，剂/油比升高，而碳差和再生器温度趋于下降。

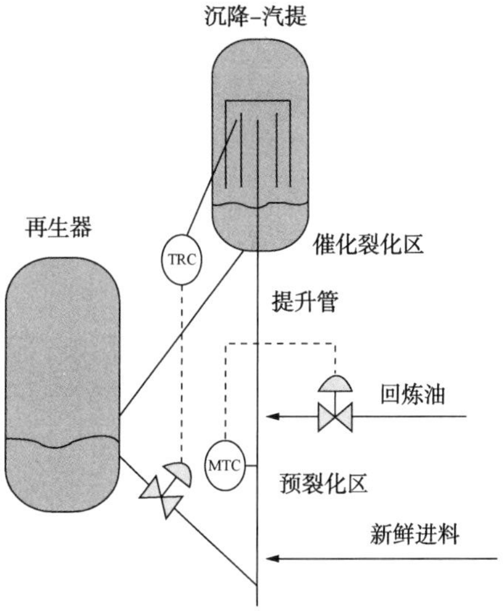

图 7-33　反应再生系统示意图

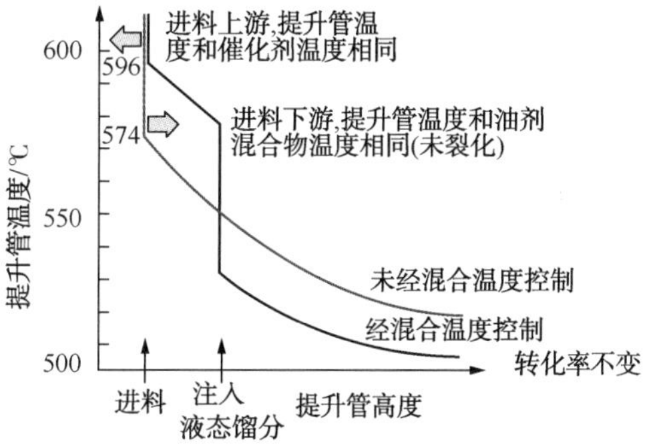

图 7-34　提升管温度分布

新鲜原料与液态馏分注入区域具有较高的温度，从而促进了原料油的汽化。当混合温度由 565℃上升到 585℃时，原料油的汽化率则由 79.5%增加到 94%，此时提升管的出口温度反而由 530℃降到了 520℃；如果循环油的量增加到占新鲜原料 25%时，提升管的出口温度甚至可以降低 15℃，从而降低热裂化反应，降低干气产率，增加了液化气和轻汽油的产率以及转化率。

反应温度对反应速度的影响可基于 Arrhenius 公式，表达式如下：

$$\frac{k_2}{k_1}=\exp\left[\frac{E}{R}\left(\frac{T_2-T_1}{T_1T_2}\right)\right] \tag{7-3}$$

式中　k_1，k_2——温度 T_1、T_2时的反应速度常数；

T_1，T_2——反应温度，K；

E——反应活化能，kJ/kmol；

R——气体常数，8.314kJ/(kmol·K)。

催化裂化反应活化能大约在60000kJ/kmol。反应温度每升高10℃，反应速度可提高10%~20%，而热裂化反应活化能大约在250000kJ/kmol。反应温度升高容易导致热裂化反应加剧。在催化裂化工艺开发中，有时无意地强化了热裂化反应，例如，为了强化烧焦效率，大幅度地提高再生温度。当再生温度超过600℃时，催化剂与原料油接触瞬间，就会发生热裂化反应。20世纪80年代开发渣油催化裂化工艺时，曾提出高温热击概念，将再生催化剂温度提高到750℃，瞬间将所接触的原料油分解成气相分子，虽然降低了焦炭产率，但干气产率大幅度上升。随后将再生催化剂温度降低到700℃，有的装置再生催化剂温度更低，以降低干气产率。热裂化反应始终伴随着催化裂化反应，提升管反应器热裂化反应主要分布在提升段、反应段和出口区。

提升段：再生催化剂温度高。当再生催化剂温度从700℃降低到550℃后，油气在催化剂上的热裂化反应速率才明显地降低。此外，再生催化剂如果输送不均匀，难以与原料油混合均匀，则会加剧局部热裂化程度。正是入口区存在，其热裂化反应可能高于密相流化床。因此，在提升管反应器设计中，一定要设置预提升段，并采用有效的工程技术保证预提升段内催化剂均匀输送。

反应段：油气的轴向返混和催化剂的径向不均匀分布都会加剧热裂化程度。采用较高的剂油比和较高的油气线速可减少热裂化程度。

出口区：当温度超过500℃以上，催化剂密度较低，油气停留时间较长时，其热裂化倾向也相当严重，尤其在油气中含有较多的烯烃或二烯烃、多环芳烃时，热缩合反应会加剧发生，造成沉降器顶部结焦。

在工业催化裂化装置上，难以独立地研究反应温度对转化率和产物分布的影响，而在中型催化裂化装置上可以实现只改变反应温度，而其他参数恒定不变。在中型提升管催化裂化装置上，以胜利VGO掺10% VR为原料油，反应压力0.15MPa，剂油比5.8~6.2，研究反应温度的变化对产物分布和产品性质的影响，列于表7-21。

表7-21 反应温度对产物分布和汽油烯烃含量的影响

提升管出口温度/℃	500	515	530	544
产品分布/%				
干气	2.76	2.94	3.23	3.68
液化气	15.63	16.92	17.8	18.83
汽油	43.23	45.69	46.27	45.91
轻循环油	22.45	21.3	20.04	19.3
重油	8.62	5.72	5.08	4.66
焦炭	7.31	7.43	7.58	7.62
转化率/%	68.93	72.98	74.88	76.04
干气选择性/%	4.0	4.03	4.31	4.84
焦炭选择性/%	10.61	10.18	10.12	10.02
异丁烷/丁烯(体积比)	0.92	0.9	0.73	0.4
异丁烷/异丁烯(体积比)	3.15	2.31	1.73	1.15
汽油组成(色谱法)/%				
烯烃	28.85	31.51	33.72	34.18
芳烃	28.47	30.48	33.92	38.5

从表 7-21 可以看出，反应温度升高，干气和液化气产率明显地增加，重油产率明显地降低，而焦炭产率略有增加，实际上，焦炭的选择性还略有下降。汽油烯烃含量随反应温度增加而增加，当反应温度超过 530℃，再提高反应温度，汽油烯烃含量增幅趋于平缓。裂化是吸热反应，氢转移是放热反应，升高反应温度对裂化反应有利，对氢转移反应是抑制。而裂化反应是产生汽油烯烃的源头，氢转移反应是消耗汽油的烯烃。所以，反应温度升高，汽油烯烃含量增加是必然结果。反应温度过高，汽油中的烷烃和烯烃部分裂化为液化气，表现为汽油产率增幅不大，甚至有所下降；而汽油烯烃也增幅不大，甚至下降。

在中型提升管催化裂化装置上，以减压馏分油为原料，选用活性为 72 的工业平衡催化剂，反应温度分别取 427℃、510℃、538℃和 566℃进行试验。试验结果见图 7-35 至图 7-40。

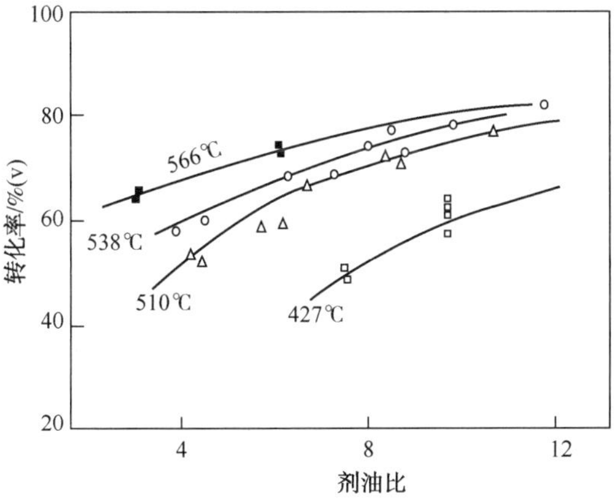

图 7-35　剂油比与转化率

—□—427℃；—△—510℃；—○—538℃；—■—566℃

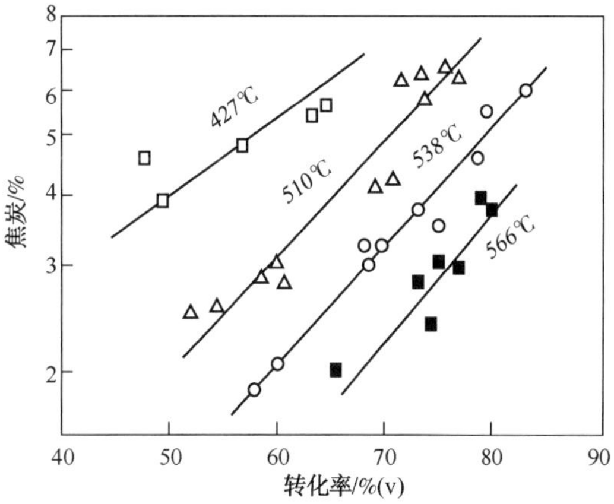

图 7-36　焦炭产率与转化率

—□—427℃；—△—510℃；—○—538℃；—■—566℃

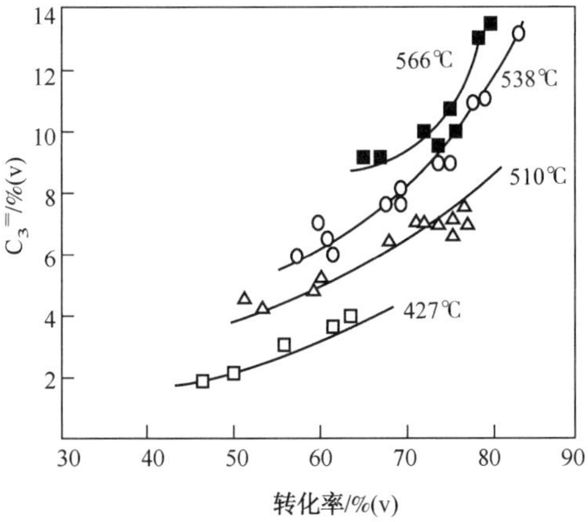

图 7-37　$C_3^=$产率与转化率

—□—427℃；—△—510℃；—○—538℃；—■—566℃

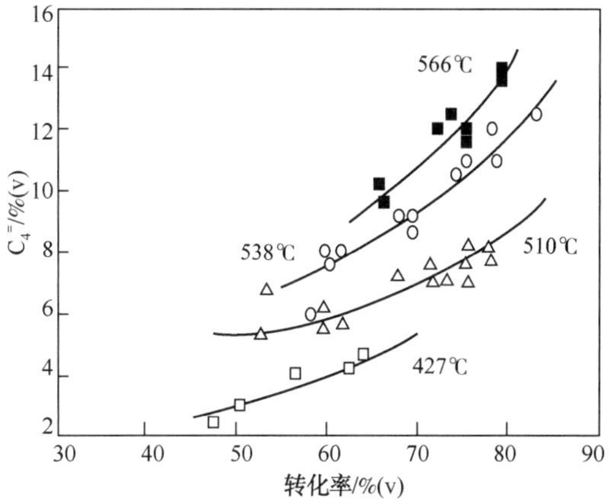

图 7-38　$C_4^=$产率与转化率

—□—427℃；—△—510℃；—○—538℃；—■—566℃

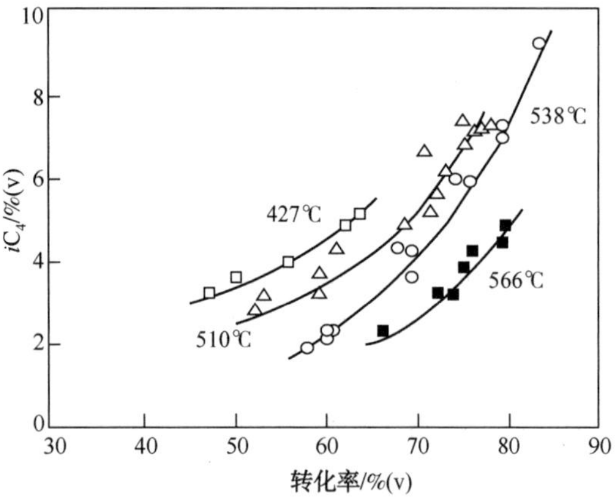

图 7-39 i-C_4产率与转化率

—□—427℃；—△—510℃；—○—538℃；—■—566℃

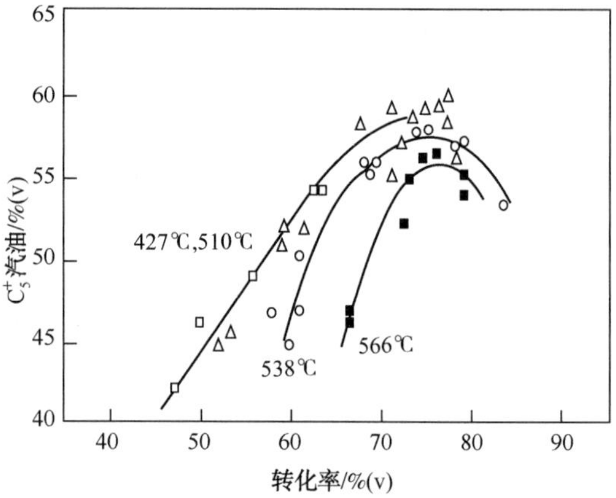

图 7-40 C_5^+汽油产率与转化率

—□—427℃；—△—510℃；—○—538℃；—■—566℃

在相同转化率(取转化率为65%)下，操作参数变化对裂化气产率和焦炭产率的影响见表7-22，对汽油、轻循环油、重循环油产率及其性质见表7-23。

表 7-22 不同反应温度下裂化气产率和焦炭产率(转化率65%)

反应温度/℃	427	510	538	566
条件：剂油比	11.2	6.2	5.1	2.9
重时空速	33	59	72	127
焦炭/%	6.4	3.8	2.4	1.7
H_2/%	0.08	0.08	0.08	0.08
C_1+C_2/%	0.7	1.1	1.8	7.1
$C_3^=$/%(v)	4.0	5.7	7.0	8.9
n-C_3/%(v)	1.2	1.2	1.2	1.8
$C_4^=$/%(v)	4.7	6.3	8.3	9.7
i-C_4/%(v)	5.5	4.3	2.7	2.1
n-C_4/%(v)	1.1	1.0	0.7	0.5
$C_4^=/i$-C_4	0.9	1.5	3.1	4.6

表 7-23 不同反应温度下汽油、轻循环油、重循环油产率及其性质(转化率65%)

反应温度/℃	427	510	538	566
C_5^+汽油/%(v)	55.1	55.4	53.4	45.9
密度(20℃)/(g/cm³)	0.7375	0.7375	0.6995	0.7519
RON	81.4	85.7	88.4	89.8
MON	74.5	77.3	77.3	77.3
苯胺点/℃	32.8	30	27.8	34.4
溴价	33	57	82	94

续表

反应温度/℃	427	510	538	566
转循环油/%(v)	28.8	26.0	26.0	26.0
密度(20℃)/(g/cm^3)	0.8916	0.8916	0.8916	0.8916
苯胺点/℃	42.2	42.2	42.2	42.2
重循环油/%(v)	6.2	9.0	9.0	9.0
密度(20℃)/(g/cm^3)	1.0107	1.0107	1.0107	1.0107
苯胺点/℃	50.6	50.6	50.6	50.6

表7-22和表7-23基于在各反应温度下的产品产率、产品性质与转化率的关系曲线内推的等转化率下，各对应温度下的产品产率和产品性质。在相同的转化率下，反应温度升高，势必反应时间将缩短，从而裂化反应速度增加超过了氢转移速度，表现为抑制了氢转移反应。由此产生以下结果：

(1) H_2产率几乎无变化，C_1+C_2产率显著增加，这是热裂化倾向增大的结果，因为热裂化中的自由基传递决定了裂化气中C_1+C_2产率高；焦炭产率下降，这是由于氢转移反应被抑制。

(2) C_3产率显著增加，这主要是$C_3^=$产率大量增加的结果；而C_4产率稍有增加，其中$C_4^=$产率显著增加，而C_4^0产率却降低。

(3) 汽油产率增加不多，当超过某一温度时，汽油产率显著下降，因为裂化气大大增加。而汽油辛烷值增加。

(4) 轻循环油和重循环油的收率、密度、苯胺点几乎无变化。

当催化裂化装置掺炼渣油时，如果热量过剩，采用高的反应温度，有利于催化裂化装置维持热平衡。即使热量不过剩，采用高反应温度，也可以提高掺炼比。提高反应温度，反应油气带走的热量增加，只要维持转化率不变，催化焦会降低。当然，为了维持转化率不变，油气停留时间或催化剂活性必须降低。

7.4.2　反应压力

反应压力虽然是独立操作变量，由于装置加工能力的限制，分馏和吸收稳定系统的限制以及气压机的限制，在操作中，压力一般是固定不变的，压力不作为调节操作的变量。由于压力平衡的要求，反应压力和再生压力之间应保持一定的压差，不能任意改变。催化裂化反应是核心，直接影响产品收率，再生为反应服务。一般而言，对于分子膨胀类的有气体参与的反应，在相同的水蒸气注入条件下，降低反应压力对裂化反应有利，而反应和再生压力又应根据全装置的情况综合考虑决定。在工业催化裂化装置上，反应压力通常在0.2~0.4MPa(绝压)之间。

从Blanding方程可以看出，反应速度与压力成正比。但由于反应生焦沉积在催化剂上，造成催化剂结焦失活，从而降低反应速度。由于生焦抑制反应，从而转化率应与压力的平方根($\sqrt{P}$)成正比。反应压力对转化率和产物分布的影响可以在中型催化裂化装置上进行定量确定，具体的试验结果列于表7-24，反应压力对汽油主要性质的影响见图7-41[7]。

表 7-24 反应压力对产物分布和汽油产品性质的影响

反应压力/MPa	0.226	0.254	0.295	0.316	0.347
产物分布/%					
干气	2.56	2.67	2.67	2.79	2.91
液化气	14.65	14.07	13.72	13.26	12.56
汽油	50.81	51.05	50.35	49.19	47.33
轻循环油	16.86	16.51	16.63	16.63	17.44
重油	6.63	6.40	7.33	7.91	9.42
焦炭	8.14	8.02	8.14	8.60	9.30
损失	0.35	1.28	1.16	1.63	1.05
合计	100.00	100.00	100.00	100.00	100.00
转化率/%	76.51	77.09	76.05	75.47	73.14
干气选择性/%	3.34	3.47	3.52	3.70	3.97
焦炭选择性/%	10.64	10.41	10.70	11.40	12.72
汽油性质					
RON	93.3	93.1	92.5	92.3	92.2
烯烃含量/%(v)	34.5	31.3	30.7	27.5	25.6

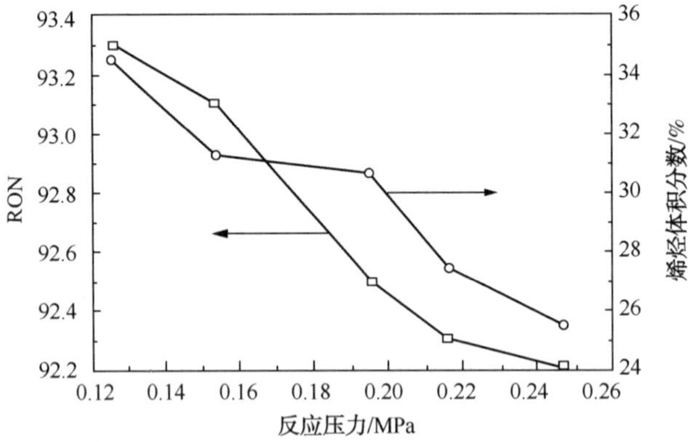

图 7-41 反应压力对汽油辛烷值和烯烃含量的影响

从表 7-24 可以看出，随着反应压力升高，转化率、汽油产率先增加而后下降，轻循环油、油浆和焦炭产率先降低而后增加，液化气产率始终处于下降过程中，而干气产率略有增加。最佳反应压力在 0.154MPa 左右。从图 7-41 可以看出，汽油烯烃含量和辛烷值(RON)随着反应压力升高而明显地降低。

反应压力对催化裂解(DCC)工艺的影响与对 FCC 工艺的影响基本相同。反应压力与 DCC 产品产率分布的影响具体的试验结果见图 7-42 至图 7-45。试验是在中型 DCC 装置上进行的，以安庆蜡油为原料，采用 DCC 专用催化剂。

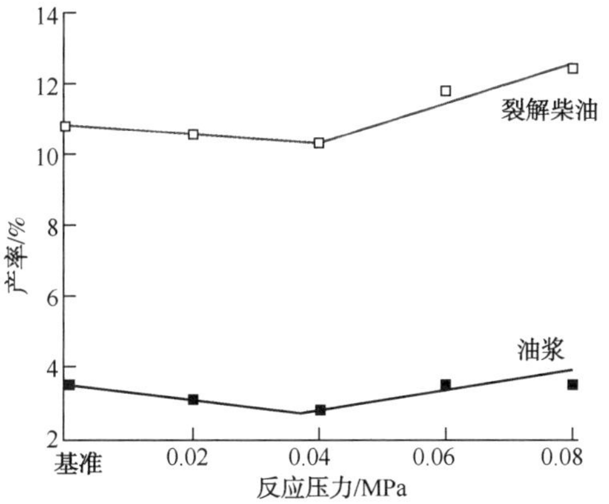

图7-42　反应压力对轻循环油和油浆产率的影响

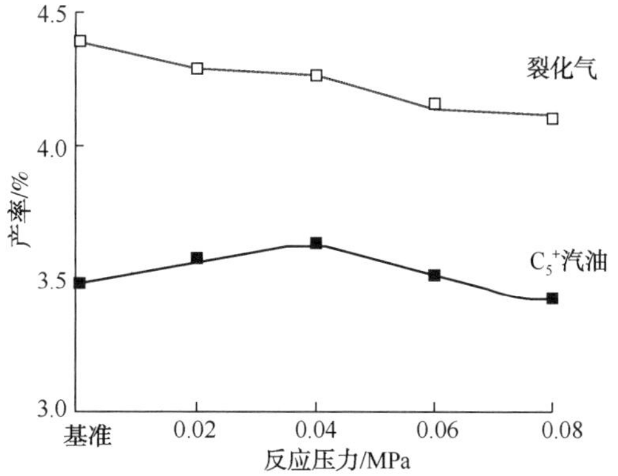

图7-43　反应压力对裂化气和汽油产率的影响

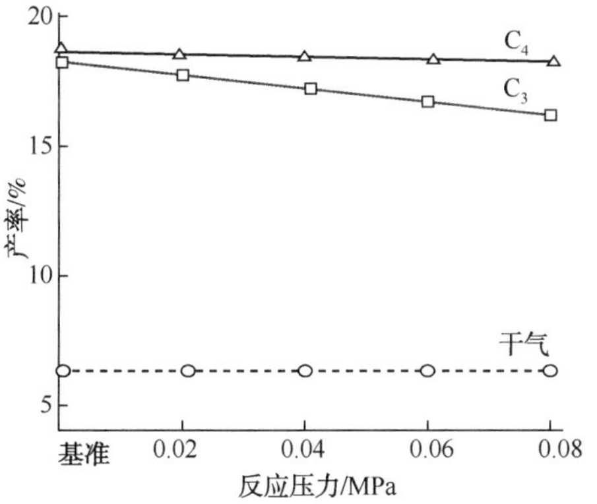

图7-44　反应压力对干气和液化气产率的影响

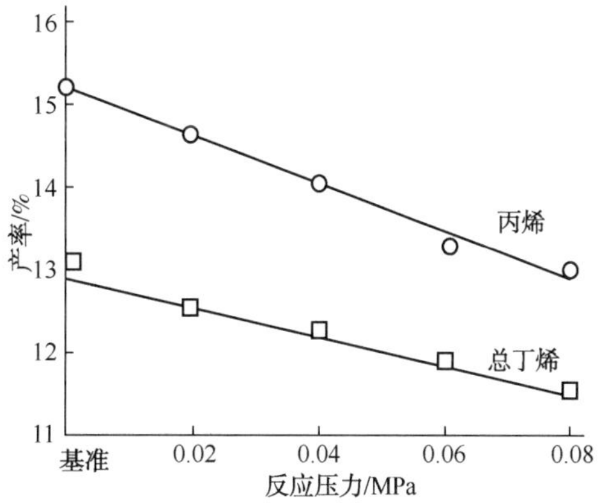

图7-45　反应压力对丙烯和总丁烯产率的影响

从图7-42和图7-43可以看出，随着反应压力升高，汽油产率先升高而后降低，油浆、轻循环油产率先降低而后升高，但裂化气产率降低。从图7-44可以看出，随着压力升高，干气产率略有增加，而碳四产率略有降低，但碳三产品产率下降明显，主要是丙烯产率和丁烯产率下降所造成，从图7-45可以看出这一点。因此，对于多产低碳烯烃，尽可能选择低压或油气分压较低操作。

实际上，在工业催化裂化装置上，如果改变反应压力，其他操作变量亦相应要变，因此，反应压力改变所带来的影响难以定量表述。例如某单段再生的工业催化裂化装置，反应压力(绝压)从0.24MPa增加到0.275MPa，反应压力增加35kPa，其转化率、产物分布变化列于表7-25。

表7-25　反应压力增加对催化裂化操作操作条件和产品产率的影响

操作方式	1	2	增加幅度
反应器压力/MPa(a)	0.24	0.275	0.035
剂油比			-0.4
再生器温度			+11
转化率/%(m)	78.3	77.5	-0.8

续表

操作方式	1	2	增加幅度
干气	2.8	3.0	+0.2
C_3	1.2	1.4	+0.2
$C_3^=$	5.0	4.8	-0.2
nC_4	0.9	1.0	+0.1
iC_4	3.7	3.8	+0.1
$C_4^=$	7.4	7.0	-0.4
汽油	51.5	50.7	-0.8
轻循环油	13.9	14.5	+0.6
油浆	7.8	8.0	+0.2
焦炭	5.54	5.6	+0.06

从表 7-25 可以看出，当反应压力增加 35kPa 时，剂油比减少 0.4 个单位，再生温度提高 11℃，烯烃产率减少，而烷烃产率增加，轻循环油、油浆和焦炭产率增加，汽油产率和转化率降低，与中型试验结果基本一致。

值得注意的是，反应压力和油气分压是两个概念，同一反应压力，如果原料油的雾化蒸汽量增加，油气分压下降，对催化裂化反应真正起作用的是油气分压。在重油催化裂化中，为了原料油的良好雾化，采用提高雾化蒸汽量技术措施，提升管内的蒸汽量可以高达 10%。较低的油气分压有利于焦炭产率降低，汽油产率增加，汽油和气体中烯烃增加。20 世纪 80 年代前后在开发重油催化裂化工艺中，对反应压力对产品产率和性质的影响进行了详细研究，随后在开发催化裂解工艺中，对反应压力和油气分压对低碳烯烃产率的影响又进行了详细研究。反应压力对催化裂化工艺的影响主要表现如下：

(1) 原料汽化：压力升高后，原料将更难汽化。这对馏分油原料不是一个问题，但对于渣油原料就要考虑了。压力提高后，需要更高的进料温度来保证渣油汽化。

(2) 焦炭产率：压力升高，焦炭产率也升高，也就是说，较低的反应压力对焦炭选择性更好。在工业装置操作中表现为再生温度升高，剂油比下降，因而产品收率下降。如表 7-3 所列，反应压力升高 35kPa，焦炭产率增加 0.06 个质量百分点，炭差增加 0.06 个质量百分点。反应压力提高 28~35kPa，再生器的温度升高 10~13.9℃。

(3) LPG 中的烯烃含量：在催化裂解装置操作中，常采用较低的反应压力来生产低碳烯烃产率。即使在较低的反应压力下，还注入更多的蒸汽量以获得更低的油气分压来最大量地生产低碳烯烃。

(4) 汽提效果变差：如果催化剂的孔体积为 0.3~0.35mL/g，未汽提干净的油气相对分子质量为 300~500(类似于 LCO 及更重的组分或类似于原料)。当反应压力升高 0.35kg/cm^2 时，再生催化剂与待生催化剂之间的炭差增加量为 0.04~0.075 个质量百分点，这是因为未置换出去的乳化相气体量随压力升高而增加的缘故。

(5) 催化剂失活更严重：再生温度和水蒸气分压升高，自然造成催化剂失活变得更为严重。

当然，提高反应压力，再生压力也要相应提高，氧分压增高，提高了再生强度，同时对再生烟气的能量回收有利。因此，对于工业装置，反应压力的确定在工程设计时应权衡利弊。

7.4.3 反应时间的影响

对于等直径提升管反应器，反应时间是指油气在提升管内的停留时间，对裂化反应的深度和选择性影响很大，在设计中应该合理地选择或者进行优化。对于加工馏分油，当高活性分子筛催化剂取代无定形硅铝催化剂时，只要油气与催化剂接触时间在2~4s内，就可以达到所需要的转化率。由此开发出提升管反应器。反应时间成为提升管催化裂化工艺过程中的一个关键操作参数。

从反应动力学的观点来看：裂化反应的活化能高于生焦反应的活化能。当反应温度升高时，裂化反应速度增加更多，从而抑制了氢转移反应速度，有利于减少焦炭生成和汽油中的烯烃含量及辛烷值增加。因此，早期重油催化裂化工艺采用高温短反应时间技术理念，这样有利于减少焦炭产率。国内重油FCC装置反应温度通常在500℃以上，而国外FCC装置反应温度通常在520℃以上。而反应温度过高又加剧二次裂化和热裂化倾向，从而促进提升管出口终端设备的开发与进步。对于不同的FCC生产方案，高温-短反应时间之间应该有一种优化的匹配关系，当以汽油生产方案为主时，反应时间可按2~3s设计；当以轻循环油生产方案为主时，反应时间一般为3~4s。

反应时间是提升管设计的最主要参数。提升管反应器的直径和高度与反应时间直接有关。因此，当确定了合适的反应时间并选择了适宜的操作线速后，就能计算出提升管的直径和高度。对工业FCC装置，提升管的结构和尺寸已固定，提升管的入口线速一般为4~7m/s，出口为12~18m/s。反应时间不是可任意调节的主变量。当生产方案、原料油性质和催化剂活性确定时，一般是通过反应温度或再生温度来调节转化率，反应时间只是一个从变参数。若要较大幅度地减少反应时间，可采用加入惰性介质的方法。采用不同高度的多点进料方式也可以控制反应时间。国内外有些FCC装置设有2~3排喷嘴，用来调节和优化反应时间或分别处理不同的原料油。

实际上，反应时间不是一个孤立的变量。它和催化剂活性、再生催化剂上的碳含量、剂油比、反应温度和原料油性质等因素共同决定着转化率和产品分布。在达到相同的转化率时，如果反应时间缩短，那么催化剂活性、剂油比或反应温度势必要提高以弥补反应时间不足。值得注意的是这些操作参数对转化率趋势基本相同，但对产品分布及产品性质影响是有差异的。例如提高催化剂活性，汽油产率会有所增加，但汽油辛烷值降低，焦炭产率增加。如果提高反应温度，汽油产率增加幅度会低一些，但汽油辛烷值增加，焦炭产率降低，干气产率明显地增加。反应时间对产品分布及产品性质的影响应介于催化剂活性和反应温度之间。反应时间过短，单程转化率降低，回炼比增加；而反应时间过长，转化率过高，汽油产率下降，液化气产率增加，但液化气中的丙烯，尤其丁烯含量下降，而异丁烷含量增加。优化FCC工艺参数关键是要控制适宜的转化率，就是说，在相当高的转化率的前提下，仍然要保持目的产品具有较高的选择性。孤立地谈反应时间应为若干秒是对催化裂化反应过程缺乏正确的理解和深入的研究，例如：MIP工艺反应时间大幅度增加，其产物分布还有所改善。

在中型提升管催化裂化装置上，采用LV-23催化剂，以胜利VGO掺10% VR为原料油，反应温度500℃，反应压力0.15MPa，研究反应时间变化对产物分布和产品性质的影响。试验结果列于表7-26。

表7-26 反应时间对产物分布和汽油性质的影响

试验方案	1	2	3	4
提升管反应时间/s	1.10	1.29	1.77	1.21
二反空速/h^{-1}				18
产品分布/%				
干气	2.19	2.28	2.97	3.08
液化气	11.59	12.86	15.33	16.92
汽油	37.77	44.05	43.70	45.08
轻循环油	25.63	23.83	21.59	22.02
重油	17.50	11.54	10.14	6.44
焦炭	5.33	5.43	6.17	6.47
转化率/%	56.87	64.62	68.17	71.54
干气选择性/%	3.85	3.53	4.35	4.30
焦炭选择性/%	9.37	8.40	9.05	9.04
气体组成				
氢气	0.49	0.50	0.50	0.64
硫化氢	2.83	2.34	2.68	1.94
甲烷	4.81	4.85	5.55	5.32
乙烷	4.22	4.14	4.08	4.48
乙烯	3.53	3.23	3.42	3.02
丙烷	5.92	5.89	4.55	7.98
丙烯	22.94	22.40	23.03	21.21
异丁烷	18.52	19.36	19.22	22.92
正丁烷	4.56	4.73	4.32	6.04
1-丁烯	6.11	5.98	5.97	5.19
异丁烯	11.78	11.37	11.59	8.02
反-2-丁烯	8.16	8.70	8.62	7.61
顺-2-丁烯	6.12	6.51	6.47	5.62
异丁烷/丁烯(体积比)	0.56	0.57	0.57	0.84
异丁烷/异丁烯(体积比)	1.55	1.64	1.60	2.76
汽油性质				
密度(20℃)/(g/cm^3)	0.7518	0.7574	0.7597	0.7614
辛烷值(实测) RON	92.10	91.70	91.70	91.70
MON	78.60	78.90	78.50	79.80

续表

试验方案	1	2	3	4
PONA/%(m)				
烷烃	25.19	25.39	25.43	28.94
环烷烃	8.77	9.19	9.5	8.42
烯烃	38.65	35.77	32.78	24.50
芳烃	26.56	29.25	31.52	37.56
族组成/%(v)				
烯烃	47.8	44.4	39.6	27.2
芳烃	20.6	22.2	25.2	31.2

从表 7-26 可以看出，随着反应时间增加，干气、液化气、汽油和焦炭产率增加，而轻循环油、油浆产率下降。特别是试验方案 4，反应时间大幅度增加，虽然干气和焦炭产率增加，但转化率增加幅度更大，其干气和焦炭的选择性相对于试验方案 3 还有所降低。也就是说：在相同的转化率下，延长反应时间不会导致目标产物选择性变差，反而还有所改善。同时，随着反应时间增加，汽油烯烃含量明显地降低，烷烃含量(主要是异构烷烃)和芳烃含量有所增加，从而 RON 基本相当，MON 增加；液化气中的异丁烷含量增加，异丁烷/异丁烯比值增加。

7.4.4　剂油比

催化剂循环量的变化对催化裂化装置带来的影响，一是改变了剂油比(进料速度不变)；二是改变了再生温度。催化剂循环量决定于两器的热平衡，比如，反应温度升高，催化剂循环量自动加大；原料油预热温度增加，催化剂循环量减小。原料油预热温度、催化剂在再生器和反应器间的循环量以及再生温度三者之间的依从关系十分重要。为了达到需要的再生温度，原料油的预热温度与原料油的生焦倾向应该协调。

较高的剂油比必然使提升管底部混合温度升高，这对重油催化裂化十分重要；同时降低再生催化剂与待生催化剂之间的炭差，维持较高的催化剂动态活性，降低对催化剂自身活性的要求。当然，较高的剂油比会使剂油比焦上升，这一点可以通过提高汽提段汽提效率来消除其不利的影响。对于加工高残炭、高氮含量原料，应该采用较高的剂油比操作，一般应在 6~7 之间，甚至更高。

在特定原料和操作条件下，达到一定的转化率和产品分布，反应部分所需热量基本是固定的，主要由高温再生催化剂提供，其热量的大小由催化剂循环量和再生催化剂与待生催化剂温差所决定。通常反应温度、再生温度基本变化不大，从而催化剂循环量和剂油比基本一定，即剂油比是非独立变量。可以通过调节再生催化剂的温度使剂油比成为独立变量。控制再生催化剂的温度有多种方法，主要采用的是通过对再生催化剂取热，以达到降低再生催化剂温度的目的。再生催化剂经取热冷却后，降低了温度，从而有效地提高催化剂循环量和剂油比。在此种情况下，剂油比就成为一个在一定范围内不受反应再生热平衡制约的灵活可调的独立变量(在焦炭燃烧放热和反应所需热量相同的情况下，再生催化剂冷却与原有外取热总负荷不变)。

对于工业 FCC 装置，难以单独考察剂油比对催化裂化产物分布和产品性质的影响。中型提升管催化裂化装置的催化剂循环量是以压差来调控的，剂油比可作为独立操作变量。在中型提升管催化裂化装置上，采用 LV-23 催化剂，以胜利 VGO 掺 10% VR 为原料油，反应温度 500℃，反应压力 0.15MPa，研究剂油比变化对产物分布和产品性质的影响。试验结果列于表 7-27。

表 7-27 剂油比对产物分布和汽油性质的影响

试验方案	1	2	3
剂油比	4.8	6.1	7.8
产品分布/%			
干气	2.51	2.66	2.80
液化气	13.75	15.19	20.89
汽油	43.21	45.40	45.21
轻循环油	23.37	21.68	17.46
重油	9.54	7.04	3.43
焦炭	7.62	8.03	10.21
转化率/%	67.09	71.28	79.11
干气选择性/%	3.74	3.73	3.54
焦炭选择性/%	11.36	11.27	12.90
异丁烷/丁烯(体积比)	0.43	0.46	0.52
异丁烷/异丁烯(体积比)	1.41	1.53	1.77
汽油性质			
烯烃/%(v)(FIA 法)	54.6	50.3	44.4
辛烷值(实测) RON	88.9	88.8	89.7
MON	78.0	78.2	79.0
烯烃(色谱法)/%	43.45	40.66	37.04

从表 7-27 可以看出，随着剂油比增加，转化率明显地增加，干气、液化气和焦炭产率增加，而轻循环油、油浆产率降低。但干气选择性随剂油比增加还有所降低，焦炭选择性在低转化率区间也有所降低，但在高转化率区间还是增加。因此，在适当的转化率区间内，通过提高剂油比来提高转化率是较为合理的选择。汽油烯烃含量随剂油比增加而降低，RON 和 MON 随剂油比增加而增加。液化气中的异丁烷/异丁烯比值随剂油比增加而增加。

7.4.5 原料油的预热温度

对于馏分油催化裂化装置，由于焦炭产率较低，供给反应部分的热量不足，需要提高原料油预热温度。为此设置原料油加热炉，可将原料油预热温度提高到 380℃。而对于渣油催化裂化装置，焦炭产率较高，焦炭燃烧释放过多的热量，除供给反应部分所需的热量外，还需要设置取热器取出过剩的热量。当然，对于无取热器的催化裂化装置，适当降低原料油预热温度是可行的。因此，渣油催化裂化装置可将原料油预热温度降低到 180℃左右，有些装置更低。但对于劣质原料油本身黏度就较高，只有通过提高预热温度来降低其黏度。因此，预热温度降低是以原料黏度满足喷嘴要求为限度。表 7-28 列出了预热温度对原料油运动黏度和剂油比的影响；表 7-29 列出了预热温度对喷嘴雾化效果的影响。

表7-28 原料油预热温度对原料油黏度和剂油比的影响

原料油预热温度/℃	120	140	160	180	200	220
原料油运动黏度/(mm^2/s)	18	11	6.6	4.4	3.2	1.5
剂油比	7.10	6.83	6.57	6.31	6.05	5.79

表7-29 原料油预热温度对雾化效果的影响

原料油预热温度/℃	120	140	160	180	200	220
原料油表面张力/(N/m)	0.028	0.027	0.026	0.024	0.023	0.021
原料油密度/(kg/m^3)	880	870	860	840	830	823
油滴平均直径/μm	202	135	91	67	53	32

注：冷态关联式计算值，不同喷嘴差别大，只供参考。

从表7-28和表7-29可以看出，原料预热温度降低，其黏度增加，表面张力增大，雾化效果变差。雾化效果差到一定程度必然要使产物分布变差；同时原料预热温度降低，催化剂循环量增大，剂油比也上升。这两个因素决定了原料预热温度有一个下限。对不同的渣油催化裂化装置、原料油、催化剂以及操作条件，该下限是不同的，一般以不低于150℃为宜。

提升管出口温度(反应温度)、原料油预热温度、再生温度相互之间关系密切。在同一反应温度下，原料油预热温度提高，再生温度提高，转化率降低，焦炭产率降低，汽油收率下降，汽油的研究法辛烷值上升。一般而言，原料预热温度增加50℃，再生温度会增加10℃左右，转化率下降约2个百分点，焦炭产率下降幅度为5%~10%(以原有焦炭产率为基准)；预热温度每提高5.6℃，轻循环油质量产率大约提高0.15个百分点。油浆产率的增加值与轻循环油差不多。

7.4.6 转化率

影响催化裂化的操作因素有多种，而它们之间又是互相联系的，对反应的影响又是多方面的。各个操作因素都影响原料的裂化深度，而裂化深度又影响到处理能力、产品分布以及产品质量。转化率直接反映了裂化深度，因此，转化率本身虽然不是一个操作条件，但能反映各种操作因素的综合效果，抓住了转化率这个环节，有可能较全面地认识各操作因素同处理能力、产品分布以及产品质量间的关系。

转化率与产品分布的关系，如图7-46所示。从图7-46可以看出，提高转化率时，气体和焦炭的产率增加，而气体产率增加的速度更快；提高转化率时，汽油产率开始增加，到一最大值后又转而下降。

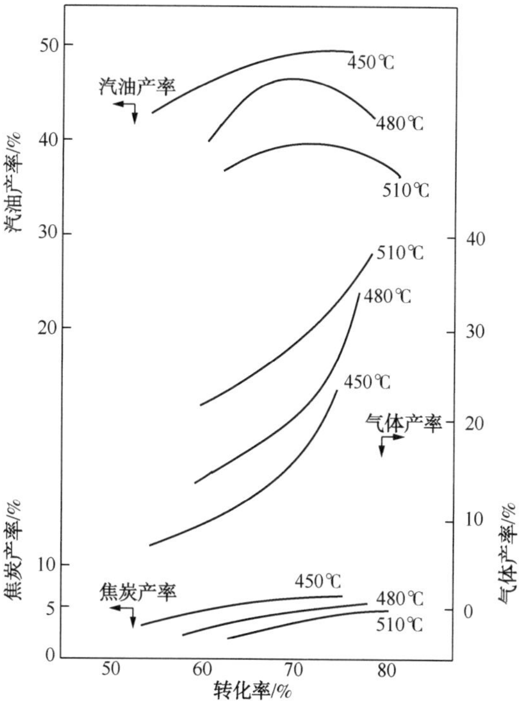

图7-46 产品产率分布与转化率的关系

这个最大值的位置与原料性质及反应温度有关。这种现象发生的原因在于催化裂化反应是一个平行-顺序反应，而汽油在反应过程中实际上是一种反应中间产物。一般工业生产装置是在汽油产率最高点附近的转化率范围内操作。

转化率也影响着产品质量。随着转化率增加，汽油中的芳烃含量相应地增加，汽油的辛烷值提高，而汽油中的烯烃含量随转化率由低到高的过程中先上升而后下降；轻循环油的十六烷值随着转化率提高而下降。至于产品的硫含量的变化情况则需要具体分析，一般来说，随着转化率的提高，气体中的 H_2S 含量增加，汽油的硫含量减少。轻循环油的硫含量则随着转化率的提高先增加而后又下降。

7.5 小　　结

1936 年，第一套固定床催化裂化装置投产，标志着催化裂化工艺开始进入炼油技术的舞台，随后呈现出精彩纷呈的新构思和新设计，移动床、流化床、等直径提升管和变径提升管反应器相继诞生，催化裂化反应器类型演变见图 7-47。变径流化床(提升管)反应器在国际上首创了一种应对复杂气固催化反应技术，实现了我国催化裂化技术从跟踪模仿创新方式向自主创新方式转变。变径提升管已获中国、美国和日本发明专利授权，在不到 20 年时间内，已应用于 100 多套催化裂化装置。

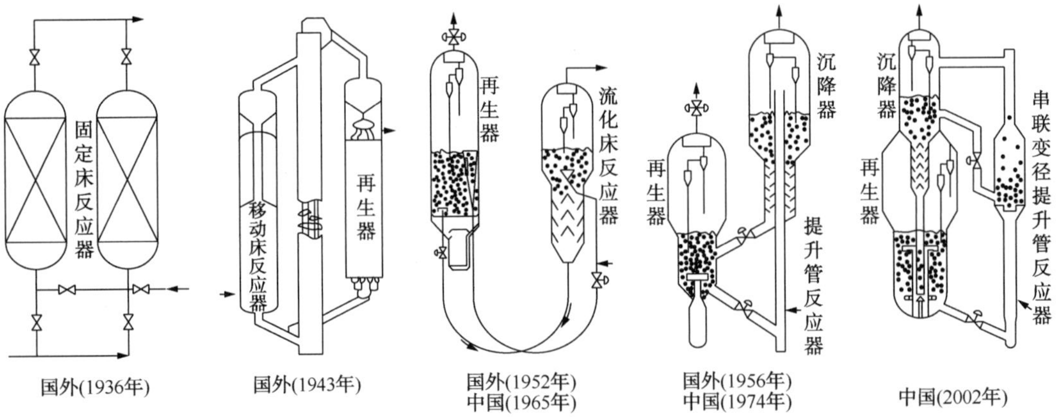

图 7-47　催化裂化工艺反应器类型演变图

除反应器呈现变革式进展外，催化裂化工艺反应部分随着原料油不断地劣质化、目标产品多样化，开发出预提升技术、控制混合温度技术、冷热再生催化剂混合技术等多项关键技术，同时开发出高效雾化喷嘴、提升管出口终端气固分离设施、新型汽提段等专有设备。这些关键技术与专有设备仍处于不断地改善与发展过程中。

反应温度、反应压力、反应时间、原料油预热温度等独立变量对产物分布、产品性质的影响存在着差异。针对现有装置状况，基于市场需求，选择合适的独立变量进行调节以实现装置经济效益最大化、产品质量优质化。

参考文献

[1] 许友好，张久顺，徐惠，等. 多产异构烷烃的催化裂化工艺的工业应用[J]. 石油炼制与化工，2003，34(11)：1-6.

[2] 许友好，屈锦华，杨永坛，等. MIP 系列技术汽油的组成特点及辛烷值分析[J]. 石油炼制与化工，2009，40(1)：10-14.
[3] 许友好，张久顺，龙军. 生产清洁汽油组分的催化裂化新工艺 MIP[J]. 石油炼制与化工，2001，32(8)：1-5.
[4] 许友好，张久顺，龙军，等. 多产异构烷烃的催化裂化工艺技术开发与工业应用[J]. 中国工程科学，2003，5(5)：55-58.
[5] 许友好，催化裂化化学与工艺[M]. 北京：科学出版社，2013.
[6] 汪燮卿，舒兴田，重质油裂解制轻烯烃[M]. 北京：中国石化出版社，2015.
[7] 李秋芝，孟凡东，闫鸿飞，等. 催化裂化系统压力对产品分布及能耗的影响[J]. 石油炼制与化工，2017，48(9)：59-62.

第 8 章　烧焦再生工艺

8.1　烧焦再生工艺开发历程

8.1.1　烧焦再生工艺的作用

催化裂化催化剂在催化裂化工艺中起着两个重要作用，首先是提高催化裂化反应速率，其次为裂化反应提供所需的反应热，此时催化剂相当于热载体。实现这两大作用离不开催化剂再生工艺。由于待生催化剂在其表面及孔隙中集聚的焦炭占据了催化剂的活性中心，从而大大降低了催化剂的活性。催化剂烧焦过程是用空气烧去(氧化)因催化裂化反应集聚在催化剂颗粒表面和细孔内沉积的焦炭，恢复催化剂的活性，以满足催化裂化反应对再生催化剂活性要求，同时焦炭燃烧产生的热量将催化剂加热到预定的温度，为反应部分提供所需要的热量。

从催化剂活性恢复角度来看，再生催化剂上的碳含量越低越好，但不能太低，这是因为再生催化剂碳含量降低将导致烧焦强度的下降，这就与工程上要求较高的烧焦强度，减少再生器体积以降低投资，在保持高的平衡催化剂的活性前提下减少催化剂的消耗相矛盾。同时，催化裂化反应不仅关注催化剂活性，更关注目的产物的选择性，例如多产低碳烯烃或高辛烷值汽油，过高的催化剂活性反而造成目的产物选择性变差。

8.1.2　烧焦再生方式

待生催化剂再生从燃烧方式上分为部分燃烧和完全燃烧，从再生温度上分为低温再生、中温再生和高温再生。高温再生是指在较高的再生温度下，烟气中的氧气都燃烧掉，得到碳含量较低的再生催化剂，同时烟气中或者有少量过量氧气而没有 CO，或者没有过量氧气而有不定量的 CO。如果氧气过量，则为完全燃烧；如果 CO 过量，则为部分燃烧。随着助燃剂的出现，再生温度可以降低并仍能保持完全燃烧，因而开发出中间温度再生工艺。除非在密相段使用助燃剂以促进 CO 燃烧，否则中间温度再生操作不是很平稳。在低温、中间温度或高温，再生都有可能是部分或完全燃烧。在低温时，再生一般是不完全的，再生催化剂上的碳含量高，增加空气会导致后燃。在中间温度，再生催化剂上的碳含量降低。再生温度和燃烧方式的关系体现了 3 种“操作区”内在的局限性，列于表 8-1。

表 8-1　3 种不同再生方式“操作区”内在的局限性

项　　目	部分燃烧方式	完全燃烧方式
低温(640℃)	烟气中 O_2、CO 和 CO_2 含量固定(少量的后燃)	不能实现
中间温度(690℃)	使用助燃剂时，可保持操作稳定，但再生催化剂上的碳含量较高	使用助燃剂时可以实现，且操作稳定

续表

项　目	部分燃烧方式	完全燃烧方式
高温(730℃)	氧气不足，CO 含量高，CO/CO_2 比值高，操作稳定	操作稳定

在完全燃烧过程中，过量的反应物为氧气，因而较多的碳燃烧，产生较多的能量；在部分燃烧过程中，过量的反应物为碳，所有的氧气都被消耗，因而就意味着 CO 难以转变为 CO_2，产生较少的能量。焦炭燃烧过程热效应如下：

$$C+O_2 = CO_2+32.79MJ/kg\ 碳$$

$$C+1/2O_2 = CO+9.21MJ/kg\ 碳$$

$$H_2+1/2O_2 = H_2O+120.06MJ/kg\ 氢$$

再生操作条件的变化和催化剂污染程度的不同，影响烟气中 CO_2/CO 的比值，而反应汽提条件的变化影响焦炭的氢碳比。因此，CO_2/CO 和 H/C 比值变化影响焦炭的燃烧热，从而影响焦炭提供给反应器的有效热量(即焦炭燃烧热扣除烟气和主风的焓差以及热损失)。

8.1.3 烧焦再生工艺演变历程

8.1.3.1 烧焦再生工艺开发背景

20 世纪 60 年代之前，采用无定形硅铝催化剂，允许再生催化剂碳含量较高。当时工业催化裂化装置控制再生催化剂上的碳含量在 0.4%~0.8%范围内，采用传统的单段再生工艺(1 个密相流化床)，再生温度为 590~610℃，表观气体流速为 0.2~0.3m/s，烧焦强度为 20~40kg/(t·h)，以适应水热稳定性较差的无定形硅铝催化剂。无定形硅铝催化剂经过数分钟的再生反应后，催化剂上的碳差 ΔC 值仍有 0.5%~0.6%。后来随着无定形硅铝催化剂水热稳定性有所改善，再生温度有所提高，但也低于 640℃。在低温再生(大约 640℃)过程中，完全燃烧是不可能的，烟气中存在着较多的 O_2、CO 和 CO_2。20 世纪 60 年代后期，分子筛催化剂逐步取代无定形硅铝催化剂，再生温度随之也上升到 650~700℃。随着分子筛催化剂水热稳定性改善，再生温度提高到 700℃以上[1]。

在操作条件和焦炭产率不变的情况下，分子筛催化剂上的碳含量由 0.35%降到 0.1%，转化率增加 2.5 个百分点；催化剂上的碳含量由 0.20%降到 0.05%，转化率增加 2.0 个百分点，汽油产率增加 1.4 个体积百分点或更多些。在操作条件和转化率不变的情况下，不同碳含量的再生催化剂的产品分布列于表 8-2。

表 8-2　不同碳含量的再生催化剂对产品分布的影响

产品产率/%	再生催化剂上的碳含量/%			
	0.05	0.25	0.40	0.80
汽油	49.60	49.47	49.00	46.50
C_4	6.40	6.43	6.80	7.10
干气	6.90	7.00	7.10	8.50
焦炭	2.10	2.10	2.10	2.90

从表 8-2 可以看出，使用分子筛催化剂，再生催化剂上的碳含量超过 0.4%，对催化剂

活性和选择性影响十分明显。因此，要求工业催化裂化装置的再生过程能够控制再生催化剂上的碳含量在 0.4%以下。

分子筛催化剂上的碳含量对其活性影响极为显著，随着催化剂上的碳含量增加，其活性直线降低，如图 8-1 所示。因此，需要开发烧焦强度更高的再生工艺，将再生催化剂上的碳含量控制在 0.2%以下，甚至更低。20 世纪 80 年代，开发出焦炭选择性更好的 USY 分子筛催化剂对碳含量更为敏感。USY 分子筛催化剂要求再生催化剂上的碳含量不大于 0.1%，最好低于 0.05%。这是因为 USY 分子筛催化剂虽然具有较高的初活性，但由于随着焦炭的沉积，催化剂活性下降也较快，再生催化剂上的碳含量每增加 0.1%，其活性就会降低 2~3 个单位。

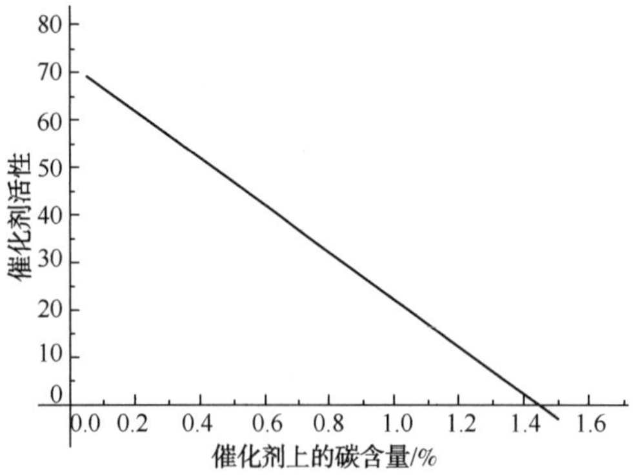

图 8-1　催化剂上的碳含量与催化剂活性之间关系

随着分子筛催化剂广泛地应用，为了充分利用分子筛催化剂活性，要求再生催化剂上的碳含量从原来 0.7%~0.9%(质量分数)的水平降低到 0.2%(质量分数)以下，最好的能达到 0.05%~0.10%。当要求待生催化剂与再生催化剂上的碳差(ΔC)值达到 0.7%~0.9%，只有在烧焦强度达到 100kg/(t·h)以上方可实现，为此，需要大幅度地提高烧焦强度，从而促进了再生工艺发展。

8.1.3.2　完全再生工艺

对于单段再生工艺，再生温度较早期提高了 60~80℃，表观气体流速增至 0.6m/s 以上，烧焦反应速度增加了 5~8 倍。采用 CO 完全燃烧技术后，再生温度进一步提高，再生催化剂上的碳含量可以降到 0.1%以下，催化剂活性由此增加 1.5~4 个单位。采用大幅度提高再生温度来降低再生催化剂上的碳含量带来了两大不足，一是烟气中 CO 的含量增加，CO_2/CO 之比值由无定形硅铝催化剂时的 1.3 降低到 0.5~1.0；二是高温再生会加速催化剂水热失活，这要求开发水热稳定性更好的催化剂。烟气中 CO_2/CO 比值降低对焦炭燃烧量的利用和防止环境污染均是不利的；更不利的是随着烟气中 CO 含量增加，容易引起二次燃烧。在稀相存在过剩氧的情况下，稀相中的催化剂仍继续发生燃烧反应，少量的 CO 缓慢地氧化为 CO_2，此时稀相温度一般比密相高出 10~15℃；当存在着足够的过剩氧的情况下，CO 极易在一级旋风分离器出口大量地燃烧，此时烟气中绝大部分的催化剂已经除去，CO 燃烧产生的热量几乎全部用来加热烟气，烟气温度的升高又促进 CO 燃烧速度大大加快，在极短的时间内烟气温度由 600℃左右上升到 700~800℃，甚至 1000℃，就此发生了所谓的二次燃烧反应。发生二次燃烧的后果往往是相当严重的，烧坏设备，造成催化剂非正常跑损，影响装置正常运转。

在上述缺陷的无形压力下，出现了完全再生工艺。完全再生工艺是 Amoco 公司在 1971 年首先提出的，就是指在再生器密相流化床内使 CO 完全燃烧为 CO_2。完全再生工艺是催化裂化工艺在催化剂烧焦方面取得的一项突破性的再生技术。完全再生分为两种类型，一是高温完全再生；二是采用 CO 助燃剂的完全再生。高温完全再生工艺的特点是对于分子筛催化剂，采用较高的再生温度，使CO在密相流化床内燃烧，CO燃烧热量的80%为催化剂所吸收，从而可以控制再生温度，尤其是稀相温度。即使如此，再生温度也高达760~815℃，再生器的材质和内部设备要能够经受如此的再生温度，在如此高温下再生肯定会使催化剂的平衡活性受到影响。20世纪70年代中期，CO助燃剂开始在工业FCC装置上应用，从而实现依据装置热平衡和再生器内件材质情况，采用助燃剂既可以使CO完全燃烧，又可以使CO部分燃烧，增加再生过程操作的灵活性，同时降低再生操作苛刻度。

完全再生工艺有三点优势，一是充分利用了碳燃烧的化学能，和不完全再生相比，焦炭燃烧放出的总热量可以增加50%左右；二是消除了CO在稀相二次燃烧可能给设备带来的严重损害，从而提高装置运行的可靠性和平稳性；三是进一步降低再生催化剂上的碳含量，可降低到0.05%左右，从而有利于充分发挥分子筛催化剂的作用。同时，完全再生也存在着四点不足：一是除非安装取热系统，否则，焦炭产率的适应范围较窄；二是存在着二次燃烧的风险，特别在空气或待生催化剂分配系统不好的情况下；三是由于再生温度高，会导致剂油比降低，影响裂化反应的选择性；四是高温再生使催化剂水热失活更为严重。

8.1.3.3 两段再生工艺

Kellogg公司在1971年开发的分段烧焦再生工艺是一种保持催化剂高活性的再生方式，其再生器的结构大致如图8-2所示。但由于完全再生工艺成为当时研究重点，其后就报道较少。1978年，Kellogg公司又再次提出了在流化催化裂化装置中采用两段再生问题，可见两段再生确有其特点，即在较低的再生温度和催化剂藏量下可将再生催化剂上的碳含量烧到相当低的程度。

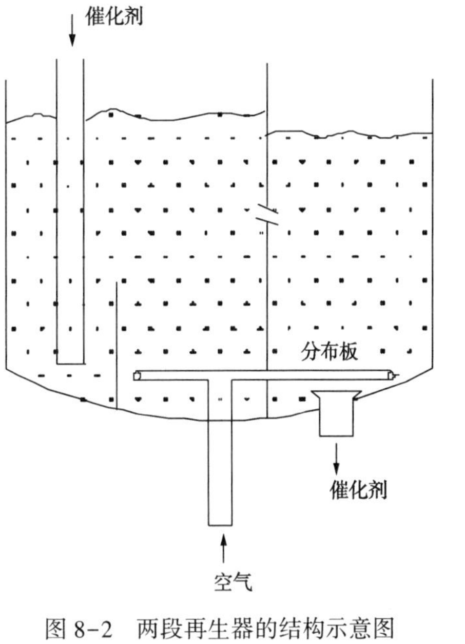

图8-2 两段再生器的结构示意图

两段再生器结构为采用隔板或内套筒将再生器隔开两段构成两个密相段合一个共同的稀相段。第一段催化剂从挡板上溢流，也可从挡板的连通口淹流，或两者同时采用。第一段再生温度为593~691℃，第二段再生温度为621~718℃，烟气中含氧为0.1%~1.0%，床层气体线速为0.6~1.35m/s。

分段烧焦再生工艺基本思路是基于催化剂进入床层后，立刻与床内催化剂颗粒混合，由于床层返混原因，一部分催化剂颗粒停留时间较长，催化剂上的焦大部分被烧掉；而另一部分催化剂颗粒停留时间较短，催化剂上的焦炭部分被烧掉，仍含有较多的焦炭。如果增加再生段数，这种差别可逐渐减少，使每一个催化剂颗粒的停留时间和烧焦量等于床层中颗粒的平均停留时间和烧焦量。由于催化剂颗粒再生初期含有较多的炭，容易燃烧，可采取较低的再生温度，而催化剂颗粒再生末期含有较少的炭，不容易燃烧，可采取较高的再生温度，因此，采用增加再生段数，才能使再生催化剂上的碳含量更低。如不分段再生，尽管在高温(635~677℃)操作，可以保持适宜的烧焦强度，但再生催化剂上的碳含量只能降至0.2%左右。只有分段再生才能将再生催化剂碳含量下降到0.05%~0.1%。两段再生与一段再生效果比较列于表8-3，床层气体线速为 1.37m/s[1]。

表 8-3 再生催化剂上的碳含量与催化剂在再生器内停留时间的关系

再生工艺	单段再生	两段再生	
		一段再生	二段再生
待生催化剂上的碳含量/%	0.85		
再生催化剂上的碳含量/%	0.05		
再生温度/℃	676	648	676
停留时间/s	402	201	50
合计时间/s	402	251	
待生催化剂上的碳含量/%	0.9		
再生催化剂上的碳含量/%	0.1		
再生温度/℃	676	648	676
停留时间/s	233	155	39
合计时间/s	233	194	
待生催化剂上的碳含量/%	1.05		
再生催化剂上的碳含量/%	0.25		
再生温度/℃	676	648	676
停留时间/s	132	109	27
合计时间/s	132	136	

由表 8-3 可以看出，相对于单段再生工艺，当再生催化剂碳含量大于 0.25%，两段烧焦再生工艺反而不如单段再生工艺；当再生催化剂碳含量小于 0.25%，两段烧焦再生工艺优于单段再生工艺，并且随着再生催化剂碳含量要求越低，两段烧焦再生工艺再生效果更为明显。最佳烧焦效果为一段和二段烧焦负荷达到 4：1 和 5：1。当一段和二段烧焦负荷按 5：1 分配时，如再生催化剂碳含量不变，两段催化剂藏量之和为单独一段的 60%。如保持催化剂藏量不变，则第二段再生催化剂碳含量可降至 0.05%。催化剂总停留时间随着总藏量的下降而减少，减少的时间约在 3~6min 之间，取决于气体的线速，更重要的是催化剂在第二段(高温段)的停留时间大为缩短，只有单段再生的 1/5。再生催化剂在高苛刻度下停留时间缩短有利于降低催化剂水热失活，因而催化剂损失减少，从而新鲜催化剂补充量减少。此外，分段烧焦再生后，催化剂上的焦炭分布更加均匀。

在常规再生方式下，通过计算比较两段与单段再生在不同的再生催化剂碳含量下烧焦效果。并假定两段与单段操作条件相同，即再生压力为 0.11MPa(表压)，离开床层的烟气氧含量为 0.3%(v)，待生催化剂和再生催化剂碳差为 0.8%，待生催化剂入口和再生催化剂出口温度分别是 510℃ 和 677℃。同时对分段烧焦工艺过程进行简化，定义为单器错流两段再生工艺，如图 8-3 所示。

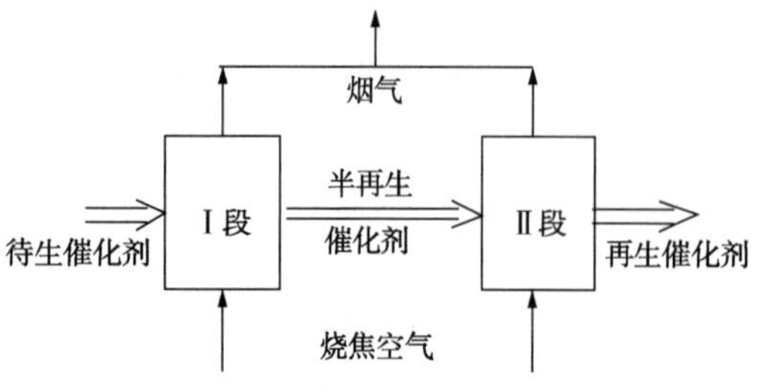

图 8-3 单器错流两段再生工艺流程简图

计算两段与单段再生对比方案选择如下：

（1）再生催化剂上碳含量分别为 0.05%、0.10%和 0.25%，其代号为 A、B、C。

（2）床层气速分别为 0.76m/s 和 1.37m/s，其代号为 a、b。

（3）两段再生中的第一段烧碳比例分别为 1/6、1/3、1/2、2/3 和 5/6。

计算结果列于表 8-4，从表中可以看出：①若要求再生剂上的碳含量≥0.25%，两段再生反而不如单段再生；②若再生催化剂上的碳含量低于 0.25%，则随着 C_R 值的降低，两段再生效果更为明显。当第一段烧碳比例达到 80%～85%或第二段藏量比例在 20%～25%时达到最佳值。采用高的气速则更有利，可使总藏量比单段再生少 30%～40%；③催化剂总停留时间随总藏量的下降而减少，视气速高低在 3～6min 之间。更重要的是催化剂在第二段（高温段）的停留时间大为缩短，只及单段再生的 1/5，十分有利于保持催化剂的活性。

表 8-4　两段与单段再生工艺实施方案比较

项　目	方案号	两段					单段
第一段烧碳比例/%		1/6	1/3	1/2	2/3	5/6	
第一段密相流化床温度/℃		538	566	593	621	649	677
第一段藏量比例（占总藏量）/%	A_a	20.6	31.2	41.9	50.3	76.5	100
	A_b	23.0	32.3	40.6	52.7	73.3	100
	B_a	—	—	49.7	63.8	81.0	100
	B_b	—	—	51.9	63.4	80.0	100
	C_a	—	—	54.1	67.6	83.2	100
	C_b	—	—	61.1	70.8	83.9	100
总藏量比值（对单段再生比值）	A_a	1.05	0.97	0.86	0.76	0.71	1.00
	A_b	1.08	0.98	0.84	0.71	0.62	1.00
	B_a			0.99	0.92	0.88	1.00
	B_b			1.04	0.91	0.84	1.00
	C_a			1.09	1.03	0.99	1.00
	C_b			1.29	1.14	1.04	1.00
总烧焦时间/min	A_a	9.53	8.80	7.82	6.92	6.45	9.09
	A_b	7.25	6.59	5.64	4.72	4.18	6.70
	B_a			6.22	5.73	5.50	6.25
	B_b			4.04	3.53	3.25	3.88
	C_a			4.99	4.71	4.54	4.58
	C_b			2.82	2.52	2.27	2.19

按照方案 A 绘制的第一段烧碳比例和两段总藏量与单段藏量比值的关系曲线见图 8-4。当藏量和催化剂出入口碳差不变时，两段再生对再生剂碳含量的影响见图 8-5。从两图可以直观地看出两段再生的优越性。

应用烧碳动力学的简化计算式可以定量地估计达到同一 C_R 时单段和两段再生的差别。令 F_s 表示催化剂循环量（t/h）；C_s、C_{sR}、C_R 分别表示待生催化剂、半再生催化剂和再生催化剂碳含量（%）；w、w_{I}、w_{II} 分别表示单段、两段之第一段和第二段密相流化床层藏量（t）；k、k_{I}、k_{II} 分别表示在单段、两段中第一段和第二段的温度下的烧碳动力学速度常数

$[(MPa\cdot h)^{-1}]$；P_{O_2}、$(P_{O_2})_{\mathrm{I}}$、$(P_{O_2})_{\mathrm{II}}$分别表示单段、两段中的第一段和第二段的平均氧分压(MPa)，x_{I}表示第一段烧碳比例(分率)。

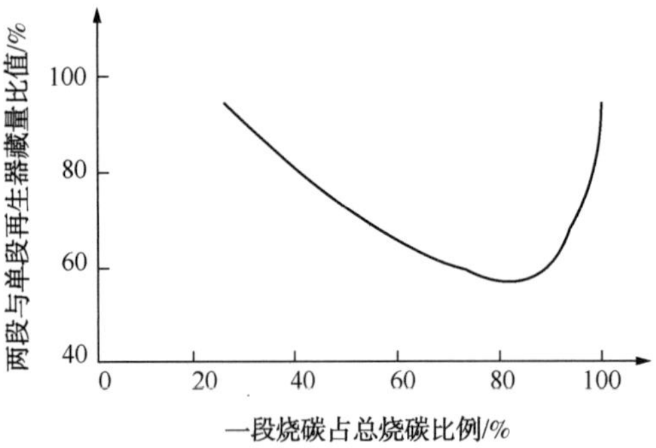

图 8-4　两段再生工艺催化剂藏量

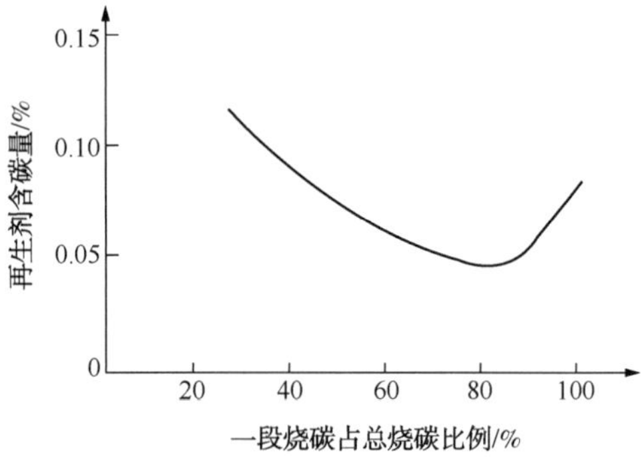

图 8-5　两段再生工艺再生催化剂上的碳含量

单段再生时：

$$F_s(C_s-C_R)=kP_{O_2}C_Rw \tag{8-1}$$

两段再生时：

$$F_s(C_s-C_{sR})=k_{\mathrm{I}}(P_{O_2})_{\mathrm{I}}C_{SR}w_{\mathrm{I}} \tag{8-2}$$

$$F_s(C_{sR}-C_R)=k_{\mathrm{II}}(P_{O_2})_{\mathrm{II}}C_Rw_{\mathrm{II}} \tag{8-3}$$

由此得出：

$$w_{\mathrm{I}}+w_{\mathrm{II}}=F_s\left[\frac{C_s-C_{sR}}{k_{\mathrm{I}}(P_{O_2})_{\mathrm{I}}C_{sR}}+\frac{C_{sR}-C_R}{k_{\mathrm{II}}(P_{O_2})_{\mathrm{II}}C_R}\right] \tag{8-4}$$

$$w=F_s\left(\frac{C_s-C_R}{kP_{O_2}C_R}\right) \tag{8-5}$$

一般条件下：$P_{O_2}=(P_{O_2})_{\mathrm{I}}=(P_{O_2})_{\mathrm{II}}$，$k_{\mathrm{I}}C_{sR}>k_{\mathrm{II}}C_R$，此时 $w_{\mathrm{I}}+w_{\mathrm{II}}<w$，令 $C_s-C_R=\Delta C$，$(C_s-C_{sR})/\Delta C=x_{\mathrm{I}}$，则

$$w_{\mathrm{I}}+w_{\mathrm{II}}=F_s\left[\frac{x_{\mathrm{I}}\Delta C}{k_{\mathrm{I}}(P_{O_2})_{\mathrm{I}}(C_s-x_{\mathrm{I}}\Delta C)}+\frac{(1-x_{\mathrm{I}})\Delta C}{k_{\mathrm{II}}(P_{O_2})_{\mathrm{II}}C_R}\right] \tag{8-6}$$

求 $d(w_{\mathrm{I}}+w_{\mathrm{II}})/dx_{\mathrm{I}}=0$ 时的 x_{I} 值，即为 $w_{\mathrm{I}}+w_{\mathrm{II}}$ 值最小时的第一段烧碳比例。

$$(x_{\mathrm{I}})_{opt}=\left[C_s-\sqrt{C_sC_R\frac{k_{\mathrm{II}}}{k_{\mathrm{I}}}\cdot\frac{(P_{O_2})_{\mathrm{II}}}{(P_{O_2})_{\mathrm{I}}}}\right]\frac{1}{\Delta C} \tag{8-7}$$

从上式可看出，C_R、ΔC、$k_{\mathrm{II}}/k_{\mathrm{I}}$和$(P_{O_2})_{\mathrm{II}}/(P_{O_2})_{\mathrm{I}}$均对第一段最佳烧碳比例产生影响。应该指出上式并不是很精确，首先是完全按化学动力学控制考虑，忽视了流化床内气体传递的阻力，其次是忽视了简单动力学式在第二段高温条件下产生的误差。

单个流化床再生器不仅可以形成错流两段再生工艺，也可以形成逆流两段(或多段)再生工艺。单器逆流两段再生可使高氧含量的气体只和低碳含量的催化剂相遇，低氧含量的气体则同高碳含量的催化剂接触，化学动力学速度比较均一，有利于提高总的再生效果。并且这种流程最终只排出一股烟气，不存在某些错流两段再生装置产生两股烟气需要分别处理或在混合时防止尾燃的问题。逆流两段再生简化流程如图 8-6 所示。

两段烧焦再生工艺可以减轻催化剂水热失活程度，同时提高催化剂抗 V 污染能力。这是因为在两段烧焦再生工艺中，一段再生烧去约 70%~80%碳，同时烧去约 100%氢，如图 8-7 所示，从而避免了在较高的再生温度，同时在较高的水蒸气分压下对待生催化剂进行烧焦。一段再生一般采用较低的再生温度和贫氧再生，造成烟气中含 CO。在这样的再生气氛中，即使水蒸气分压较高，催化剂水热失活程度会减轻的，此外，金属钒 V 难以与分子筛反应生成低熔点的 V_2O_5，破坏分子筛结构，从而提高催化剂抗 V 污染能力；二段再生一般采用较高的再生温度和较高的过剩氧再生，但由于此时水蒸气分压较低，难以造成催化剂水热失活，同时 V_2O_5生成钒酸($VO(OH)_3$)速度会降低，从而对分子筛结构破坏程度会减轻。工业装置运转数据也证明了催化剂在两段再生中的抗金属污染能力明显高于一段再生工艺，如图 8-8 所示。

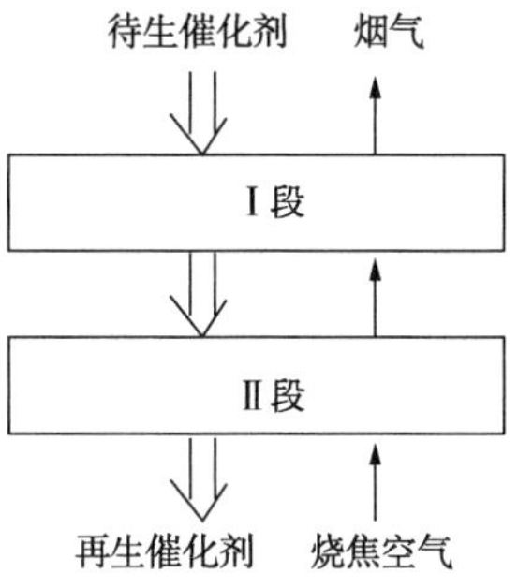

图 8-6　单器逆流两段再生物流图

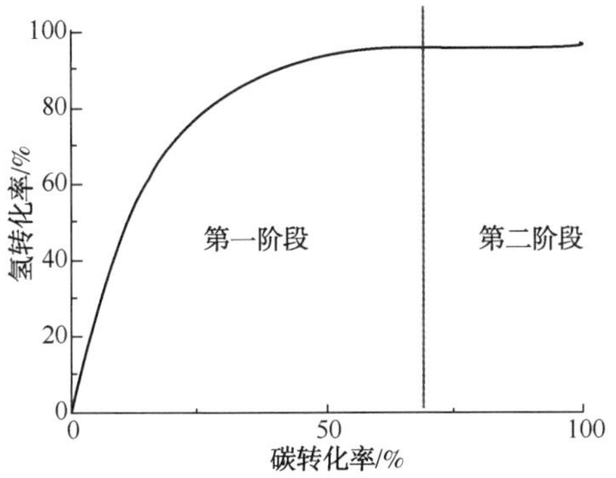

图 8-7　两段再生工艺中的碳氢燃烧比例分布

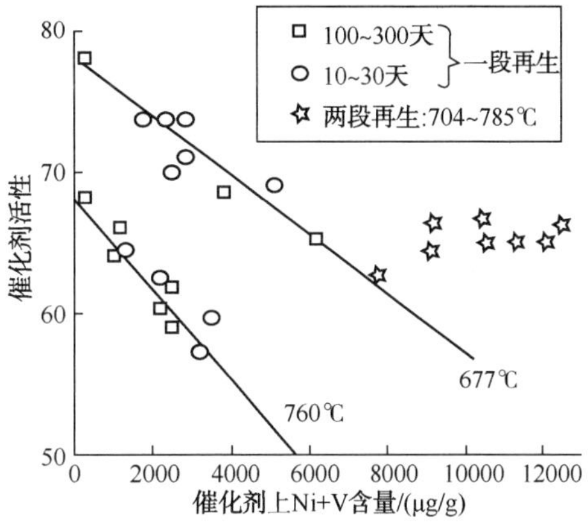

图 8-8　催化剂在两段再生与一段再生工艺中的抗金属污染能力比较

8.1.3.4　循环流化床再生工艺

对于单段湍动床再生器来讲，要实现再生催化剂碳含量能够降到 0.1%(质量分数)以下这个目标值是比较困难的。原因在于气泡相和乳化相之间的物质传递阻力大；湍流床流态化是典型的返混床，这个特性使密相流化床中的催化剂的平均碳含量等于再生催化剂的碳含量，大大降低了烧碳动力学的推动力，也就是降低了烧碳强度。如果要使用单段湍动床再生器实现上述目标值的话，催化剂藏量要成倍增加，催化剂在床中的停留时间加长。这将加重在水蒸气分压 21.3~26.7kPa 条件下催化剂的水热失活。而快速床流态化的床层结构特性恰恰消除了湍动床流态化上述固有的缺点。存在于湍动流态床中的气泡不连续相转变成为连续相，而存在湍动流态床中的连续相-乳化相转变为时聚时散的絮状物不连续相，也就是说，快速流化床气固接触方式由气体为分散相，固体为连续相转化为气体为连续相，固体为分散相，实现了无泡气固接触。这种转变大大降低了相间的物质传递阻力，同时快速流态化固体颗粒和气体向上同向流动给催化剂上碳含量梯度分布(边向上流动边进行烧碳)提供了可能，因而增加了烧碳动力学的推动力，从而大幅度地提高烧焦强度。循环流化床再生工艺是由

UOP公司在20世纪70年代开发的，其烧焦再生工艺流程见图8-9[2]。

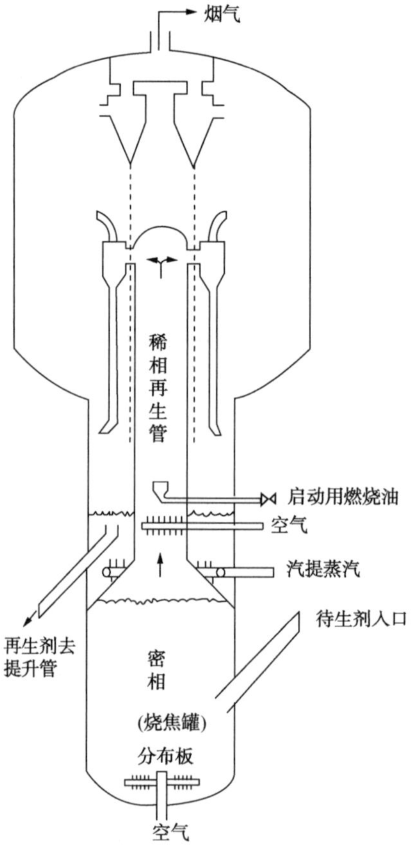

图8-9 循环流化床烧焦再生工艺流程示意图

待生催化剂首先进入第一密相段(即烧焦罐)，在其中烧去大部分焦炭，并使温度提高到677℃。空气自烧焦罐底部通过分布板送入，保持床层气体线速约为1.5m/s，此时床层密度约160kg/m³。烧去部分焦炭的半再生催化剂随气体进入稀相再生管，在再生管下部补入一部分空气，使气体中的氧含量可达5%左右。这时CO就几乎全部变为CO_2，温度可达740℃。由于再生温度很高，同时出口氧浓度在1.8%左右，所以在稀相再生管中也烧去一部分焦炭，从而使再生催化剂上的碳含量降低到0.02%以下。再生后的催化剂经稀相再生管输送到第二密相段(汽提段)，在此进行催化剂汽提脱烟气，然后再返回到提升管底部。高效再生和常规再生方法对比列于表8-5。

表8-5 高效再生和常规再生工艺参数对比

项　目	常规再生	高效再生
再生温度/℃		
第一流化床(烧焦罐)	643	677
稀相	—	741
出口烟气	674	738
第二密相流化床	—	727

续表

项　　目	常规再生	高效再生
再生压力/MPa	0.267	0.236
总干空气/(kg/h)	105600	105100
干空气/焦炭/(kg/kg)	11.13	14.51
焦炭产率/%(转化率75%)	6.61	5.05
第一流化床直径/m	7.5	4.8
催化剂停留时间/min	3	0.9
气体停留时间/s	15.5	5.5
第一密相流化床气速/(m/s)	0.72	1.5
稀相管气体线速/(m/s)	—	6.0
烟气组成/%(v)		
CO_2	9.2	14.9
Ar	1.1	1.0
N_2	79.2	82.3
CO	10.2	270μg/g
O_2	0.2	1.8
CH_4	0.1	0
原料预热温度/℃	211	136
再生器催化剂总藏量/t	54	32

循环流化床烧焦再生工艺的原理如下：对于理想活塞流系统，气体和固体是以相同的速度作同向流动。因此，烧碳动力学关系式中的平均氧含量和催化剂上的碳含量，均按进出口数值的对数平均值计算。而对完全返混床来说，则以床层出口处的数值来表示，因而两种方式就产生了不同的烧碳推动力，得到两种不同的烧碳速率。采用烧碳动力学关系式：

$$-\frac{\mathrm{d}c}{\mathrm{d}t}=K[\mathrm{O}][\mathrm{C}] \tag{8-8}$$

并假定温度和气固接触情况相同，计算催化剂上的碳含量从 C_o降低到 C_R所需的时间。分以下几种情形。

(1) 固体返混与不返混(假定氧浓度为常数)

① 理想活塞式流动

$$-\frac{\mathrm{d}c}{\mathrm{d}t}=K[\mathrm{O}][\mathrm{C}]$$

$$-\int_{C_1}^{C_2}\mathrm{d}c = K[\mathrm{O}][\mathrm{C}]_{对平}\int_0^{t_1}\mathrm{d}t = K[\mathrm{O}][\mathrm{C}]_{对平}\cdot t_1 \tag{8-9}$$

② 完全返混床

$$-\frac{\mathrm{d}c}{\mathrm{d}t}=K[\mathrm{O}][\mathrm{C}]$$

$$-\int_{C_1}^{C_2}\mathrm{d}c = K[\mathrm{O}]C_{\mathrm{R}}\int_{0}^{t_2}\mathrm{d}t = K[\mathrm{O}]C_{\mathrm{R}}\cdot t_2 \tag{8-10}$$

从式(8-9)和式(8-10)得：

$$\frac{t_2}{t_1}=\frac{[\mathrm{C}]_{对平}}{C_{\mathrm{R}}}=\frac{C_0-C_{\mathrm{R}}}{C_{\mathrm{R}}\ln\frac{C_0}{C_{\mathrm{R}}}} \tag{8-11}$$

以上不同 C_0和 C_R值代入上式，得到不同的 t_2/t_1值：

C_0	0.85	0.90	1.10	1.25
C_R	0.05	0.10	0.30	0.20
t_2/t_1	5.7	3.6	2.1	2.9

由此可见，催化剂再生时，催化剂由完全返混改为活塞式流动，在相同的烧碳条件下，需要的时间可缩短一倍以上。

(2) 气体返混与不返混(假定催化剂碳含量不变)

① 理想活塞式流动

$$-\frac{\mathrm{d}c}{\mathrm{d}t}=K[\mathrm{O}][\mathrm{C}]$$

$$-\int_{C_1}^{C_2}\mathrm{d}c = K[\mathrm{O}]_{对平}[\mathrm{C}]\int_{0}^{t_1}\mathrm{d}t = K[\mathrm{O}]_{对平}[\mathrm{C}]\cdot t_1 \tag{8-12}$$

② 完全返混床

$$-\frac{\mathrm{d}c}{\mathrm{d}t}=K[\mathrm{O}][\mathrm{C}]$$

$$-\int_{C_1}^{C_2}\mathrm{d}c = K[\mathrm{O}]_{出}[\mathrm{C}]\cdot\int_{0}^{t_2}\mathrm{d}t = K[\mathrm{O}]_{出}[\mathrm{C}]\cdot t_2 \tag{8-13}$$

从式(8-12)和式(8-13)得：

$$\frac{t_2}{t_1}=\frac{[\mathrm{O}]_{对平}}{[\mathrm{O}]_{出}} \tag{8-14}$$

以上不同的出口氧含量代入上式，得到不同的 t_2/t_1值(入口为空气)：

$[\mathrm{O}]_{出}$	0.5	1.0	1.5	2.0
$[\mathrm{O}]_{对平}$	5.48	6.56	7.4	8.08
t_2/t_1	11	6.6	4.9	4

由此可见，催化剂再生时，气体由完全返混改为活塞式流动，在相同的烧碳条件下，需要的时间可减少三倍以上。综上分析，循环流化床烧焦再生工艺特点如下：

① 采用活塞式流动系统的概念进行设计，可以提高再生器的设备效率和烧焦速率。

② 在烧焦动力学关系中，再生温度对烧焦速度来说是控制参数，为了得到碳含量极低(~0.02%)的再生催化剂，将催化剂上难以除去的残留碳(~0.1%)放到高温(~740℃)稀相

区内氧化，以减少再生需要的时间。

③ 因为已消除了在后部系统发生破坏性的CO二次燃烧的根源，因此，就可以提高第二密相流化床内的氧含量，从而提高烧焦速率。

④ 在稀相再生管中补充一部分新鲜空气，将烟气中的CO全部氧化为CO_2，排出的烟气CO含量降低到0.1%以下，从而充分利用了CO燃烧热，同时减少了对大气的污染。

⑤ 增加了一个较小的汽提段，用以降低带入提升管反应器的烟气量，这对再生器压力提高了的装置，尤为重要。

再生工艺选择取决于多种因素。通常，当焦炭产率为4.5%~6.5%(质量分数)，可采用单段再生或者高效再生。单段再生可部分燃烧或完全再生，完全再生可取消烟气CO锅炉；当焦炭产率在6.5%以上时，可以采用两段再生工艺。在第一段再生器部分燃烧，在较低的温度下，烧去焦炭中的氢；在第二段高温完全再生，使再生催化剂上碳含量降低到0.1%以下，尽可能地恢复催化剂的活性。各种再生工艺的典型工艺指标列于表8-6。各种再生工艺流程和特征分别在8.3节做详细论述。

表8-6　各种再生工艺的典型工艺指标

类　别	形　式	CO_2/CO体积比	烧碳强度/[kg/(t·h)]	再生催化剂碳含量/%
单段再生	常规再生	1~1.3	80~100	0.05~0.20
	CO助燃再生	3~200	80~120	0.05~0.20
两段再生	单器两段再生	1.5~200	150~200	0.05~0.10
	两器两段再生	2~150	80~120	0.03~0.05
	两器两段逆流再生	3~5	60~80	0.03~0.05
快速床再生	前置烧焦罐再生	50~200	150~320	0.05~0.20
	后置烧焦罐再生	3~200	60~250	0.05~0.20
	烧焦罐-湍流床串联再生	50~200	100~350	0.05~0.10

8.2　再生器结构与关键设备

为了满足再生的工艺条件，达到预期的再生效果，并保证催化剂的顺利循环，减少催化剂的失活和消耗，工业再生器结构与关键设备对提高再生效果至关重要[1]。

8.2.1　再生器筒体

再生器壳体是一个或两个大型压力容器。再生器内部操作压力根据反应器压力和反应-再生系统的压力平衡条件确定，一般在0.17~0.40MPa(a)之间。再生器内操作温度一般在680~730℃，不正常时会超过750℃。整个压力容器外壳按冷壁设计，材质为优质碳钢或低合金钢，内壁衬双层或单层的以非金属材料为主的隔热耐磨衬里，总厚度为100~150mm。考虑露点腐蚀，外壁表面温度150~200℃。衬里后的容器直径按不同部位的设计气体流速计算。上半段稀相区的气体流速的下限为0.45m/s，以防止在稀相区停留时间过长而发生CO后燃；上限是为了防止烟气夹带催化剂过大而增加催化剂的损耗，一般在0.7~0.9m/s。具体的直径还要结合旋风分离器的布置确定。对于加工能力为8.5Mt/a催化裂化装置，其再生器最大的直径达 16.8m。单段再生器结构简图见图 8-10。

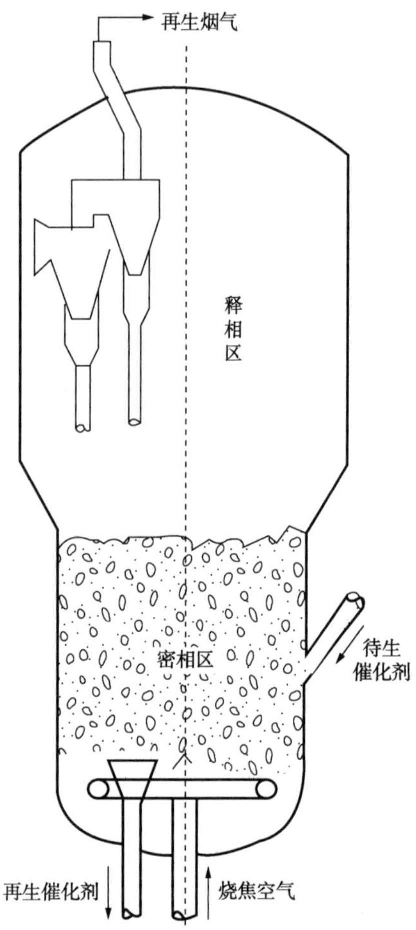

图 8-10 单段再生器结构简图

再生器下半段密相区的气体流速与稀相区基本相同的通常称为低流速再生器，其筒体上下部直径相等。采用 1.0~1.5m/s 气速的通常称为高流速再生器，其筒体直径上大下小，故又称大小筒式再生器。两区直径的改变靠倾斜角不少于 45°的过渡段完成，这段衬里部位的磨蚀较为严重。

再生器内的催化剂藏量中有效藏量指那些处于烧焦环境中的稀相区和密相区的藏量。通常计算烧焦能力只考虑密相区藏量。从密相区的藏量及催化剂平均密度得出密相区的有效体积，进而得出床层高度。密相区气体流速高，从反应工程学角度固然可使藏量减少，但从流态化工程角度却使平均密度大幅度下降，其结果是床层体积增大，床高上升。因此，气速的选择有一合理的范围。密相区的催化剂床层高度一般在 6~8m 之间，它应保证旋风分离器料腿出口处有足够的料封，有些装置利用空气把待生催化剂(或半再生催化剂)输送到再生器床层内，其进口上方也需料封。密相区的床层压差要和气体分布器的压差协调一致，以保持气流分布均匀和床层的稳定性。

再生器上半段高度由两部分构成：①一级旋风分离器入口中心线以下部分应大于 TDH(旋分器壳体截面积较大，使稀相气流截面积减少，故这部分的高度不应计入 TDH 内)；②入口中心线以上部分由旋风分离器结构尺寸及安装方式决定。

再生器下半段的高度也由两部分构成：①密相流化床层高度；②气体分布器及其下面空间的高度(由气流分配以及分布器支撑结构决定)。

8.2.2 循环流化床再生器

循环流化床再生器(烧焦罐)为一立式圆筒容器，直径 2~10m，高 8~20m，内有耐热耐磨衬里。罐体下部侧面有两个对称的待生催化剂和循环再生催化剂进口，管口向下倾斜 35°~45°。烧焦罐底部有树枝形或环形空气分布器，使空气和催化剂的混合气流在罐内分布均匀。烧焦罐顶部有垂直的导出管，长约 8~10m。如烧焦罐位于再生器一侧，也可用折叠式引出管从水平方向伸入再生器中心，管端与几组粗旋风分离器连接。粗旋风分离器的入口流速一般在 15m/s，催化剂回收效率为 90%~95%。

第二密相流化床占据烧焦罐出口引出管和再生器内壁所形成的环形空间，底部有环状空气分布器。器壁对称的两侧有再生催化剂的出口，其一去提升管反应器底部，另一则循环到烧焦罐入口，这种结构称为外循环管式循环流化床，如图 8-11 所示。另一种结构是在第二密相流化床内装几个溢流/淹流漏斗，下面有底部带翼阀的料腿插入烧焦罐下部，靠第一密相流化床的料位自动调节循环再生剂的流量，这种形式称为内溢流管式循环流化床，如图8-12所示。它省掉了外循环管和一个大口径滑阀，但多占了烧焦罐的内部空间。再生催化剂内、外循环管均为溢流入口的典型立管。

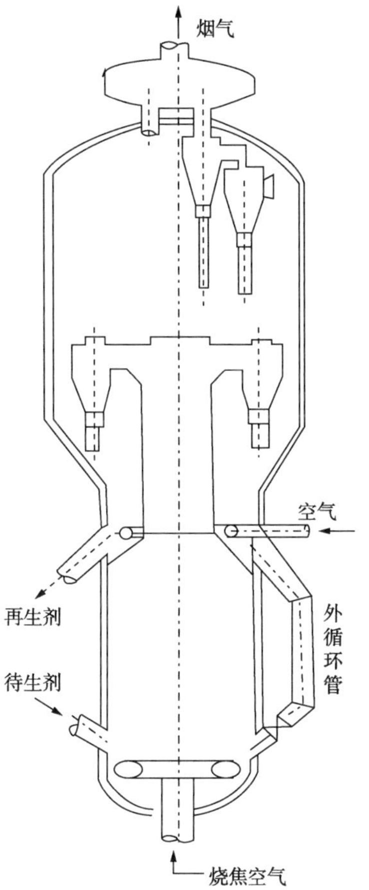

图8-11　带外循环管的循环床再生器

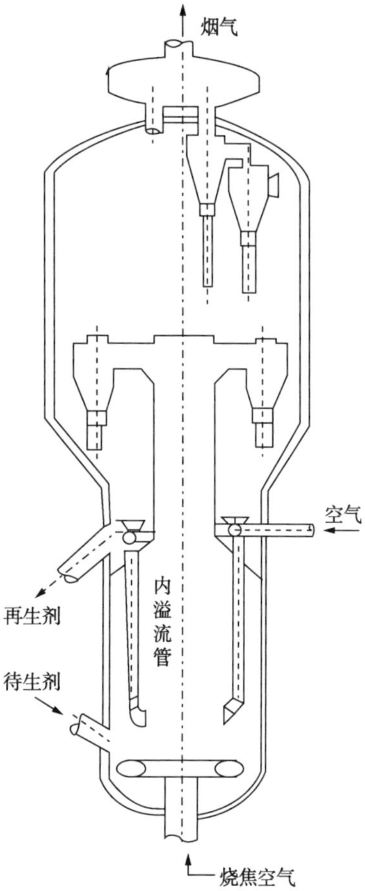

图8-12　带内溢流管的循环床再生器

8.2.3　气-固分离设施

为了将进入稀相区上方被烟气携带的催化剂回收下来，再生器内部设有以旋风分离器为主体的气-固分离设施，详细内容见第3章气固分离。

从高的回收效率以及便于从装卸孔通过出发，单个旋风分离器的直径很少超过1.5m。为此工业规模的再生器内都要设置多组并联的旋风分离器，最多的达到20组以上。因为入口固体浓度高达每立方米数千克，必须采用两级串联才能保证催化剂的损耗符合要求。如此众多的旋风分离器占据了再生器稀相区上部的很大空间，合理的布置和安装就成为再生器设计的一个重要课题。

第一级旋风分离器一般靠近再生器内壁沿圆周布置，各个入口朝向同一圆周方位，使气流沿顺时针或逆时针的切线方向进入。各第二级旋风分离器也按圆周方向布置在第一级的内侧，典型的平面布置如图 8-13 所示。

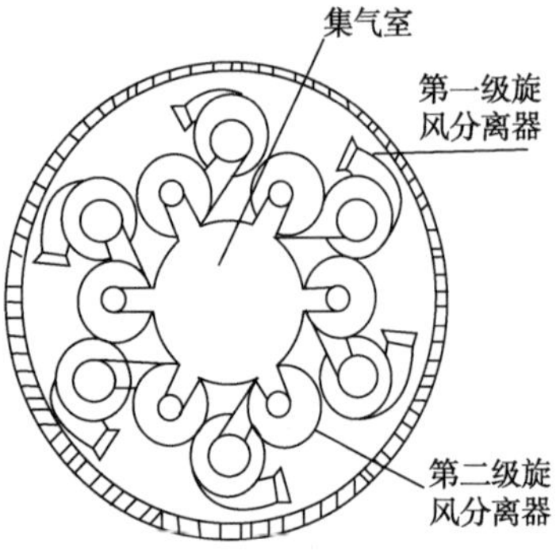

图 8-13　再生器内旋风分离器平面布置

第二级旋风分离器的出口管汇集到再生器内部的内集气室或外部的外集气管。前者占据空间小，重量轻，但集气室承受的荷载较大，不宜在较高温度（>700℃）下长期工作。第一级旋风分离器则吊挂在集气室外的再生器封头部。往往由于吊挂设计不周，热膨胀得不到充分的平衡，在高温下集气室会发生永久性变形，甚至旋风分离器升气管与集气室连接处的焊缝开裂。

外集气室是设置在再生器封头上面的一个高温容器，它可以做成一个单一的扁平容器，也可做成环状集合管，第二级旋风分离器升气管伸出再生器封头与之连接。这种集气室简化了旋风分离器的悬挂系统，整体受力较好。

循环床再生器的烧焦罐出口管周围设有粗旋风分离器，效率 90%左右，其高径比较小，而且属正压操作（内压高于外压），料腿也较短。

各个旋风分离器的灰斗以下均有长度不等的料腿垂直插入密相流化床层，出口处设有伞帽或翼阀，该处要与气体分布器保持一定距离（≮1.2m），并且埋入床层一定距离（≮2m）。不设翼阀或伞帽的一级料腿与气体分布器距离应等于料腿直径（热态）。料腿之间在不同高度的平面位置上要用连杆加固以保持整体稳定性。

8.2.4　催化剂的进出

催化剂进出结构随再生器的本身结构以及与反应器的相互关系有所差别。对于并列式反应-再生系统（包括高低并列和同高并列两类），催化剂进出再生器有两种方式：

（1）上进下出式：进料位置在密相区上方，对于高低并列式反应-再生装置，待生催化剂从汽提段底部经由向下倾斜 30°~35°角的斜管从侧壁开口处进入再生器，也可延伸进再生器内，利用带槽口的分配器将催化剂分布到密相流化床上部，见图 8-14，再生催化剂一般从密相流化床下部的淹流口引出，淹流口也可设置在空气分布器下方，周围有松动空气，再生催化剂从再生器底部引出。

（2）下进上出式：待生催化剂从斜管进入密相区下部的侧壁开口处（高低并列式），或经密相提升管由再生器底部垂直引入分布板上方（同高并列式），再生催化剂或从再生器内的直立喇叭形内溢流管向下引出，或从再生器侧壁的外溢流口引出（外面设脱气罐）。

对于同轴式装置，待生催化剂从垂直的立管下来，经塞阀调节后从中心套筒折向上方，再沿套筒口的外缘分配到密相流化床中上部，催化剂分布较均匀，如图 8-15 所示。再生催化剂从密相流化床下部的淹流口引出。对于两个同轴布置的再生器，第一再生器位于下方，待生催化剂从侧壁引入，半再生催化剂经底部中心的淹流口由塞阀调节流量，然后用增压输送风经垂直立管从底部中心处进入第二再生器，终于密相流化床分布器上方。再生催化剂则从侧壁的外溢流口经脱气罐去再生立管。

再生催化剂从再生器密相流化床的导出主要有三种形式：溢流管、淹流管和脱气罐。其目的有二：其一是降低到反应区去的再生催化剂携带的烟气量，降低干气产品中无用组分；第二是给再生催化剂循环管（立管或斜管）的输送提供较高的催化剂密度，这样既具有较大的蓄压又有良好的流化输送状态。溢流管、淹流管和脱气罐结构详见第 3 章。

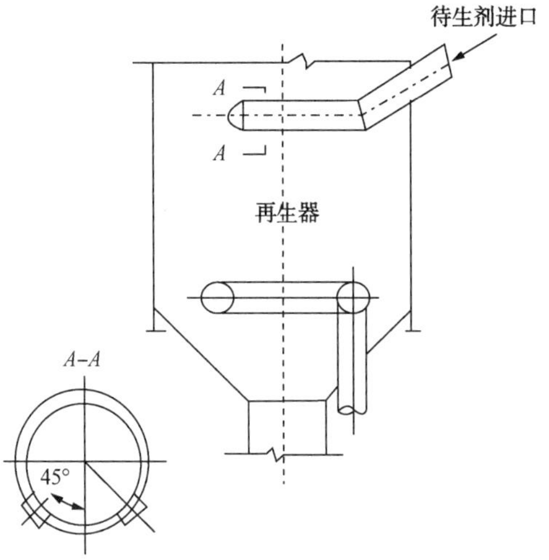

图 8-14　催化剂船形分配器

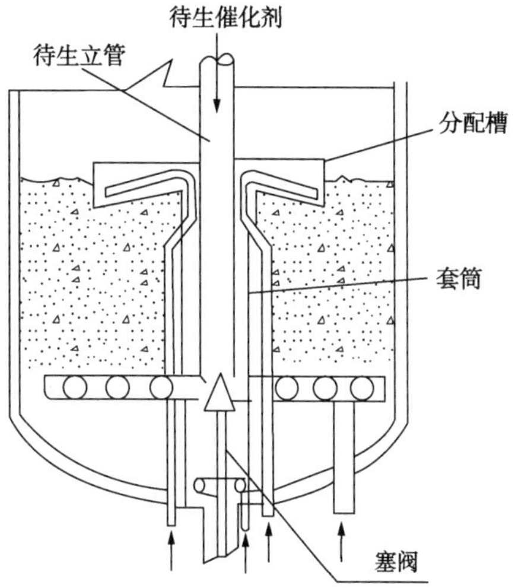

图 8-15　同轴式再生器内的催化剂槽形分配器

逆流两段再生为同轴式布置，第一再生器与第二再生器均为湍流床，前者与常规单段再生相似，半再生催化剂经外溢流管进入第二再生器。第二再生器不设旋风分离系统，稀相段上方烟气连同饱和携带的催化剂从两个再生器连接部的多个圆形通道进入第一再生器底部分布器的周围，然后与补充流化风混合进入密相流化床层。

循环床再生器的待生催化剂入口位于烧焦罐下部侧壁上。该处标高较低，因而反应器和再生器大体为同高并列式。再生催化剂从位置较高的第二密相流化床下部侧面引出到再生立管。快速床-湍流床串联再生时，两器采用并列式布置。待生催化剂进入烧焦罐下部并随主风一起通过大孔分布板进入二密相，然后由二密相侧面引出。

综上所述，催化剂的引进和排出要根据两器总体布置和再生流程的安排而定，但是在大直径设备中，应结合烧焦反应工程的要求尽量做到固体分配均匀。同时要精心设计进料口、溢流口、淹流口和出料斗等，以保证足够的循环量和灵活的调节范围。

8.3　再生工艺

8.3.1　湍动流化床再生工艺

单段再生工艺是使用一个流化床再生器一次完成催化剂的烧焦过程，工艺比较简单，设备也不复杂，这种再生工艺至今仍被广泛地采用。当然在工艺条件、设备结构和催化剂类型等方面已发生了较大的变化。单段再生工艺的催化剂进出再生器的方式可分为“上进下出”和“下进上出”两类。“上进下出”的待生催化剂由侧壁进入再生器密相段之一侧，或用催化剂分布器进入密相段中部。同轴式装置则由待生催化剂套筒进入密相段上部中心，再生催化剂经由设在分布管附近的淹流管排出。“下进上出”的待生催化剂通过待生催化剂密相提升管(或斜管)由再生器底部进入再生器内，再生催化剂由溢流管排出。生产实践证明，上进下出型的密相段内返混少，气固相接触和固体停留时间分布较好，催化剂循环量的调节可不受溢流管高度的限制。

对于湍动流化床单段再生，当再生温度为650~680℃时，再生催化剂上的碳含量可以控制在0.1%~0.12%。改进空气分布器结构和待生催化剂在密相流化床层的分布设施，并将再生温度保持在700℃左右时，则湍动流化床单段再生的烧炭效果明显改善，再生催化剂上的碳含量可降到0.1%以下。采用改进待生催化剂分配和主风形成逆流接触、提高氧传质速度、降低床层的返混影响等技术措施，在不完全再生或再生温度较低时也可将再生催化剂上的碳含量降到0.1%以下。同轴式单段逆流再生 FCC 装置典型控制指标列于表8-7。

表8-7　同轴式单段逆流再生 FCC 装置典型的操作参数

项　　目	操作参数	项　　目	操作参数
沉降器压力/MPa(g)	0.16~0.21	再生烟气过剩氧/%	~3.0
再生器压力/MPa(g)	0.2~0.25	再生器密相温度/℃	680~710
提升管出口温度/℃	500~520	再生器密相密度/(kg/m^3)	240~450
回炼比	0.1~0.3	再生器稀相温度/℃	700~720
剂油比	5~7	再生器稀相密度/(kg/m^3)	5~30
提升管入口线速/(m/s)	~6	再生器烧焦时间/min	~7.0
提升管出口线速/(m/s)	~16	再生器烧焦强度/[kg/(t·h)]	80~120
粗旋入口线速/(m/s)	15~17	再生器密相线速/(m/s)	0.8~1.5
反应时间/s	~3.0	再生器稀相线速/(m/s)	0.4~0.7
提升管压降/MPa	~0.05	再生器旋分入口线速/(m/s)	22~25
汽提蒸汽量/(kg/t)	2~3	再生立管密度/(kg/m^3)	450~550
汽提段密度/(kg/m^3)	500~700	待生立管密度/(kg/m^3)	400~550
沉降器线速/(m/s)	0.5~0.8	待生催化剂上的碳含量/%	0.8~1.6
沉降器旋分入口线速/(m/s)	18~22	再生催化剂上的碳含量/%	≯0.1
焦中氢/%	6~7	催化剂单耗/(kg/t)	≯1.5

在流化床再生器中，焦炭燃烧并非均属化学动力学控制，而在很大程度上受到床层内气体交换和物质传递的限制。湍动床流态化床层内气泡直径小，有激烈的湍动，这些特性有利于物质传递，且设备结构简单，催化剂的循环也较为简单，因此首先获得了较为广泛的应用，可满足再生催化剂碳含量低于0.1%的要求。湍动床流态化的设计主要包括密相流化床、空气分布器、稀相区、待生催化剂的导入和再生催化剂的导出以及旋风分离器系统。

8.3.1.1　密相流化床

密相流化床是焦炭燃烧的主要场所。通常按在密相流化床中除去全部需要烧掉的焦炭计算。根据催化裂化原料的性质、催化剂的化学性能及工艺操作参数，得出焦炭产率。首先按假定的密相流化床表观速度来计算出密相流化床烧焦强度和床层中催化剂的密度。由焦炭产率和烧焦强度来计算出催化剂的藏量和烧焦所需的空气流率。由所需的催化剂藏量和床层中催化剂的密度计算出盛装催化剂的体积。由选定的表观速度和空气流率计算出密相流化床的截面积，确定其直径，然后确定其高度。密相流化床结构尺寸选取基本准则见表8-8[3]。

表 8-8　密相流化床结构尺寸选取基本准则

项　　目	准　　则
操作压力/MPa(a)	0.25~0.4
操作温度/℃	700~730(最高 760)
表观气体速度/(m/s)	0.6~1.2
烧焦强度/[kg/(t·h)]	由烧焦反应工程计算确定
藏量/t	由焦炭产率和烧焦强度计算确定
催化剂密度/(kg/m^3)	由表观速度计算确定
床直径/m	由表观气体速度计算确定
床高/m	一般取 6~10

密相流化床的催化剂密度，对催化剂损失、反应器-再生器之间的压力平衡亦即催化剂循环流率等有重要影响，是操作和设计的主要参数。密相流化床中催化剂密度由于受到气泡运动及乳化相气体的返混、再生催化剂的导出、待生催化剂的导入等多种因素的影响，在床层中不可能是均匀的(径向和轴向)。在不同的表观速度下，再生器内催化剂密度沿轴向分布见图 8-16。

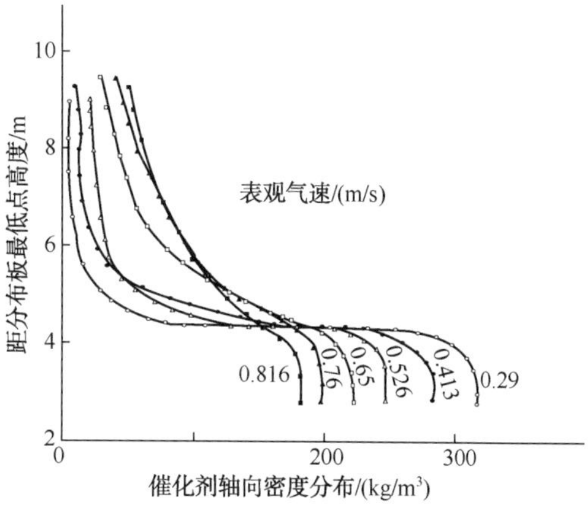

图 8-16　再生器内催化剂密度沿轴向分布

8.3.1.2　空气分布器

再生器主要作用是烧去待生催化剂上的焦炭，恢复催化剂活性，同时尽可能地降低 CO 尾燃和局部催化剂烧结，实现待生催化剂高效再生。空气和待生催化剂均匀分布是待生催化剂高效再生的重要影响因素。流化床气体分布器是保证床层具有良好而稳定流化状态的重要构件，它涉及床层内气泡分布与稀相的浓度分布。由于气固流化床固有的不均匀性和不稳定性，因而研究分布器的流化规律对合理设计与开发有着一定意义。

良好的空气分布器系统具有如下特征：

(1) 使气体均匀分布，与待生催化剂接触烧焦，同时压降小，以节约动力消耗。

(2) 使流化床有一个良好的流化状态，待生催化剂输入床层后应迅速完全流化，并在分布器附近创造一个良好的气-固接触条件，防止经分布器筛出大颗粒催化剂。

(3) 在操作条件下有足够的强度和刚度，以抗变形，并能承受一定的载荷，如压力。能承受一定的热应力，能经受宽范围内各种操作条件的变化，包括开车、停车、正常运转和非正常运转。

(4) 应尽可能减少颗粒的粉碎。

分布器通常不能全部满足上述的要求，但上述内容相互存在着一定关系，随着催化剂性能不同，对分布器的要求也会因之而异。总之，分布器要考虑烧焦反应总体效率，如床层反应(烧焦)接触效率、稀相夹带等。

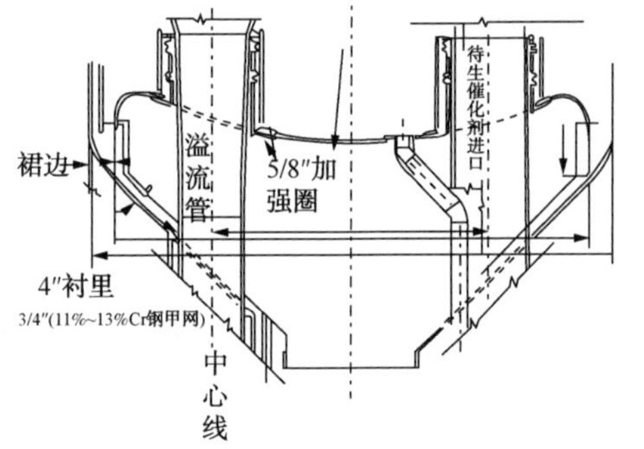

图 8-17　碟形分布板

密相流化床底部设置的空气分布器有多种类型。早期使用过平板形或拱形的分布板，用于Ⅲ型流化催化裂化装置空气和催化剂两相混合气流的分布，但存在着孔的磨蚀问题和均匀布风问题。为了减轻催化剂对孔的磨蚀，将催化剂直接进入输送到分布器上方，分布器只有空气通过，此时采用碟形的板式分布器，开孔直径为 16~25mm，孔数 10~20 个/m^2，如图 8-17 所示。根据再生器内部结构做出合理的布孔，在 7~14kPa 的压降下可以使床层保持良好的分布，但是直径 5m 以上的分布板长时间处于不均匀热应力的作用下可能产生较大的变形，致使空气分布变差，而且检修恢复难度大。改进的平板形分布器具有数千个小孔的大直径分布板，比只有几百个喷口的管式分布器在空气分布上更为均匀，为高流速再生器达到 0.03%的再生催化剂上的碳含量起到重要作用。

管式分布器早期为气-固两相流动设计的立式多分支型。这种形式比板式布风均匀且不要密封结构和另外的支承结构，但仍存在磨蚀的问题。后来为分布空气设计出平面树枝形管式分布器(见图 8-18)和圆环形分布器(见图 8-19)，使用较为广泛。

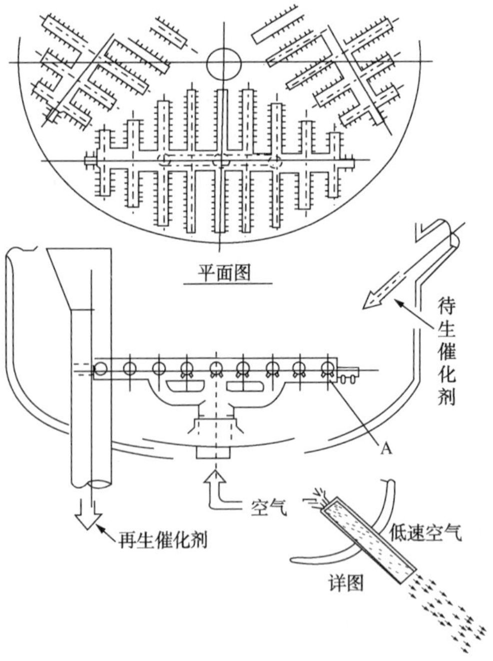

图 8-18　平面树枝形管式分布器

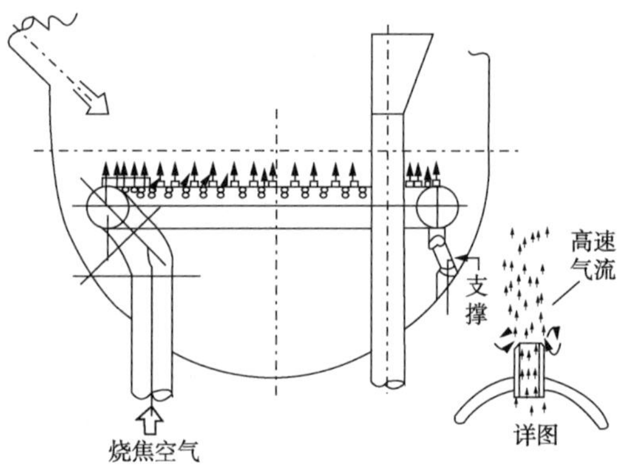

图 8-19　圆环形分布器

平面树枝形管式分布器由进风管、集合管和支管组成，可以分组和分段供风，压降为 7~14kPa。在支管上设置两排斜向下的喷嘴，可根据内件情况在截面装置合理布孔(一般是中心较密，外周较稀)。设置的喷嘴包括一个空气入口的限流孔和喷嘴管。限流孔提供保证空气良好分布的压降。在限流孔之后，空气进入管子，流速降低。因此，离开喷嘴进入密相流化床中的速度不是很高，可降低喷嘴的冲蚀和催化剂的磨损。同一排喷嘴之间的最小距离为125～150mm。支管之间的距离应保证不使支管上喷嘴射流相互干扰。喷嘴产生的射流汇合后由支管间隙上升进入密相流化床，实现了二次分配。在具体设计中要考虑防止催化剂下降而产生磨蚀，需要采用适当的间隙流速。这种形式的分布器制造、安装、检修较为方便，造价低。典型的分布管操作数据列于表8-9。

表8-9 典型的分布管操作数据

项目	1	2	3	4	5
主风量/(m^3/min)	2240	2580	2940	4900	7492
分布管下温度/℃	680	550	550	550	550
喷嘴速度/(m/s)	55	45	67	48	43
分布管压力降/kPa	10	7	14	8	7
床层压力降/kPa	40	15.4	24	15.4	18.5
阻力系数	2.2	2.2	2.2	2.2	2.2

圆环形分布器一般由一个或两个同心圆布置的供风圆环作为分布总管。在圆环上按不同方位和角度设置了数目众多的斜向上方的喷嘴，视其位置采用不同的口径(7～22mm)和喷嘴速度(10～70m/s)。各喷嘴的流量分别用不同的限流孔控制，喷嘴数目为10～20个/m^2。这种形式的分布器上开孔的尺寸、数目、方向和角度都必须仔细设计才能保证良好的空气分布和强化射流效果。要求压降不低于10kPa。缺点是制造、安排和检修均困难，造价高，操作弹性小。

影响空气分布器机械性能的3个主要因素是磨蚀、热膨胀和支架的机械完整性。分布器的设计应反映出在高的催化剂/空气速率下的磨蚀性质、各种操作条件下的热膨胀和能减小热膨胀负荷的相应的支架。空气分布器工艺参数和机械选取准则列于表8-10，其结构简图见图8-20[3,4]。

表8-10 空气分布器工艺参数和机械选取准则

项目	准则
类型	分布管
喷嘴出口速率/(m/s)	30～60
压降/kPa	在设计空气速率下，为10～15kPa。在最小空气速率下及喷嘴方向向下时，为床静压头的10%～30%
材质	304H不锈钢，外衬2.5cm厚的抗磨蚀耐火材料
支管	*L/D* 比小于10，以减少对支架的要求与振动
喷嘴	
类型和方向	双直径喷嘴，在喷嘴背面有孔，向下45°
长度/cm	10
L/D	5/1～6/1
第一喷嘴位置	离支臂槽边20～30cm
排气孔大小	约1cm均匀间隔

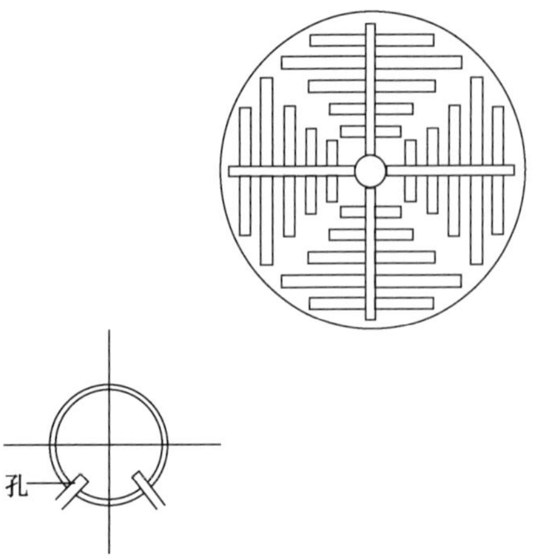

图 8-20 分布管的典型布置图

8.3.1.3 待生催化剂分配器

在湍动密相流化床中，从总体上看气体是向上的平推流，而催化剂是属于典型的返混状态。烧焦空气在向上的流动过程中同时进行烧焦。在这个过程中，氧浓度是逐渐由大变小的，从烧焦反应工程角度来讲，创造高碳浓度的待生催化剂和低氧浓度的烧焦空气混合接触，低碳浓度的待生催化剂和高氧浓度的烧焦空气混合接触是有效烧焦的重要条件。另外，空气和待生催化剂在密相流化床中的均匀分布和均匀接触是有效烧焦、避免后燃和局部过热发生催化剂烧结的另一个重要因素。显而易见，待生催化剂从哪个部位进入密相流化床并进行均匀分布(当然还要再生催化剂导出部位的配合)是十分重要的问题。在湍动流化床中，待生催化剂应从密相流化床层的上部进入并进行均匀分布。具有较佳效果的待生催化剂分配器有船形分配器和槽形分配器两种形式，如图 8-14 及图 8-15 所示。

船形分配器多用于高低并列式催化裂化。待生催化剂从汽提段底部导出，经向下倾斜 30°~35°的待生催化剂斜管从侧壁进入再生器密相流化床层的上部，利用船形分配器从上向下开的槽口将待生催化剂分布于密相流化床上部。

槽形分配器多用于同轴式催化裂化。待生催化剂从立管进入提升管底部，经塞阀调节进入提升管中，在提升管中由提升风将待生催化剂输送到位于密相流化床中上部的槽形分配器。槽形分配器将其分布于密相流化床中，使待生催化剂分布比较均匀。

8.3.1.4 稀相段

密相流化床中的大量气泡上升到床层表面破裂时，将大量的催化剂抛向上部空间。加之流化床中气流的不均匀性，使催化剂带出量很大。表观速度越高，带出量越大。但是，随着高度的增加，气流变得越来越均匀。过量携带的催化剂逐渐沉降和烟气分离，因而携带量越来越少。此后，随着高度的进一步增加，烟气携带的催化剂量基本上保持不变。这时的高度称为输送分离高度(TDH)。烟气中的催化剂浓度称为饱和携带量。烟气中的催化剂密度沿高度的变化，如图 8-16 所示。

对湍动流化床来讲，为了保持密相流化床的平衡操作，降低催化剂损失，就必须在密相流化床上部设置一个稀相段。使烟气和催化剂首先进行沉降分离，进一步在旋风分离器系统分离，并使被分离的催化剂返回到密相流化床中。稀相段流态化设计主要是两个问题：确定稀相段直径和稀相段高度。

稀相段直径的大小取决于表观气体速度和旋风分离器系统平面布置的需要。表观速度的选择，受允许饱和携带量、CO 是否容易发生后燃的制约。由图 8-16 可知，表观速度越高，饱和携带量就越大。相反，表观速度越低，饱和携带量就越小。但烟气表观速度过低，停留时间过长易发生后燃。一般来讲，稀相表观速度取 0.45~0.9m/s。较高的表观速度用于高密度催化剂。稀相段高度取决于 TDH 和旋风分离器系统结构布置所需要的高度。

8.3.1.5　旋风分离器系统

旋风分离器系统由旋风分离器、料腿、拉杆、支撑设施和逆止阀组成。用来分离烟气及烟气携带的再生催化剂，并将被分离的再生催化剂返回到下部的密相流化床中，将催化剂的自然跑损控制在预定的水平上。在密相流化床表观速度比较高的条件下，例如表观速度高于粒子团终端速度较多的情况，对于维持密相流化床中的催化剂密度有重要意义。

湍动流化床再生器一般在稀相段顶部设置两级串联旋风分离器。第一级旋风分离器的出口管直接和第二级旋风分离器的进口相连接。

烟气和其携带的催化剂通过旋风分离器系统进行气-固分离时产生一个压降。因此，旋风分离器内部的压力低于再生器内的压力。为防止再生器内气体从旋风分离器底部进入，干扰甚至破坏旋风分离器的正常操作，在旋风分离器底部设置料腿，以便在料腿中形成一定高度的催化剂相床-料封。带入到第一级旋风分离器的催化剂量等于或大于催化裂化工艺装置的催化剂循环量，且大于 99%的携带的催化剂在第一级旋风分离器中从烟气中除去，通过第一级旋风分离器的料腿返回到密相流化床下部。由于存在大的催化剂流率且料腿足够长，因此一级旋风分离器料腿底部不要求设置逆止阀，将料腿埋入密相流化床中就能提供足够的料封。而第二级旋风分离器则不同，其料腿中催化剂质量流率较小，底部需设置逆止阀。逆止阀常用的有翼阀和重锤阀两种。旋风分离器系统工艺参数选取准则详见第 3 章。

8.3.2　循环流化床高效再生工艺

循环流化床高效再生工艺于 1974 年实现工业化，并得到广泛的应用，具有强大的生命力。其再生器结构形式与常规再生器迥然不同，其工艺简单流程图 8-21，主要包括以下 5 个部分[1]：

（1）第一流化床(快速流化床，又称烧焦罐)；

（2）再生催化剂和烟气并流向上流过的稀相烧焦管；

（3）稀相烧焦管顶部直接连接的粗旋风分离器系统，对气体和催化剂进行分离；

（4）作为再生催化剂缓冲容器兼深度烧焦的第二流化床(亦称密相流化床再生器)；

（5）再生催化剂从第二流化床循环到烧焦罐底部的循环管线。

烧焦罐是实现高效再生的核心设备，气速必须满足过渡到快速床的流态化条件。此外，良好的气-固接触和工艺参数(温度、氧分压、密度、碳含量等)都是十分关键的。下面仅就循环流化床再生器的主要问题叙述如下。

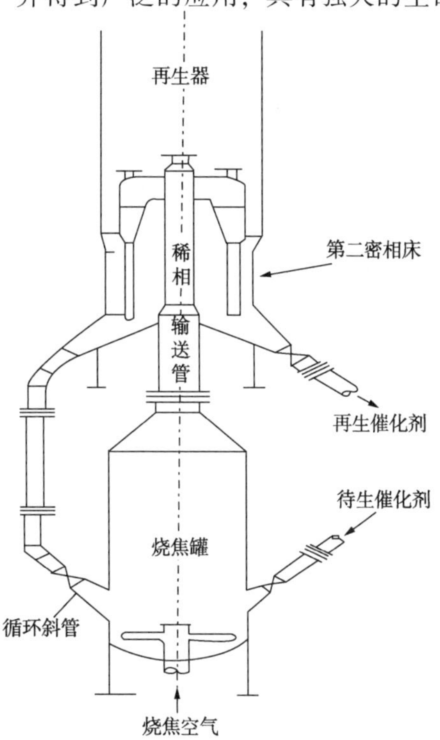

图 8-21　高效循环流化床再生工艺简图

8.3.2.1　烧焦罐

烧焦罐(快速流化床)是循环流化床再生器的

主要烧焦区域。同时又是催化剂循环线路中的重要环节，对实现预想的压力平衡有重要影响。因而烧焦罐中的催化剂密度分布、藏量就备受关注。快速流化床中的密度分布规律与湍动流化床中的密度分布规律有所不同。它除了受催化剂、烟气物性和表观速度影响外，还受从床层底部进入的催化剂质量流率的影响。在一般情况下，快速流化床上部为稀相区，下部为浓相区，表观速度、催化剂质量流率对浓相区的高度，亦即催化剂藏量有着显著的影响。烧焦罐内催化剂密度沿轴向分布如图 8-22 所示[3]。

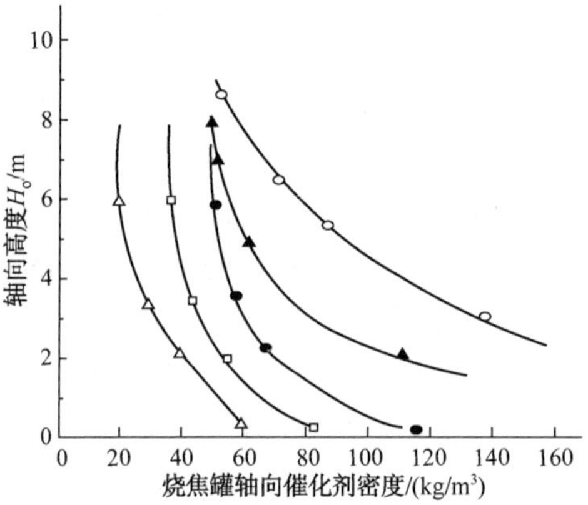

图 8-22 烧焦罐轴向催化剂密度沿轴向分布

A 炼厂，Y-15 催化剂，—○— u_f=1.3m/s，G_s=18kg/(m² · s)；—▲— u_f=1.12m/s，G_s=15kg/(m² · s)。

B 炼厂，CRC 催化剂，—△— u_f=1.5m/s，G_s=14.3kg/(m² · s)；—□— u_f=1.07m/s，G_s=14.6kg/(m² · s)；

—●— u_f=1.4m/s，G_s=21.3kg/(m² · s)

烧焦罐的高度由再生器总烧碳量的经济合理分配决定。一般来说，烧焦罐的高度越高，它烧去的碳占总烧碳量的比例越大，反之亦然。催化剂上的碳含量沿烧焦罐高度变化的情况如图 8-23 所示。烧焦罐烧碳比例太大，则第二密相流化床中的藏量因其烧碳强度太低将会大大增加，技术经济不甚合理。因此，烧焦罐应有一个合理的高度。一般情况下，烧焦罐的烧碳比例约为总烧碳量的 90%，而第二密相流化床和稀相烧焦管的烧碳比例约为 10%，烧焦罐内催化剂上的碳含量沿轴向分布如图 8-23 所示。烧焦罐再生工艺参数选取准则见表 8-11。

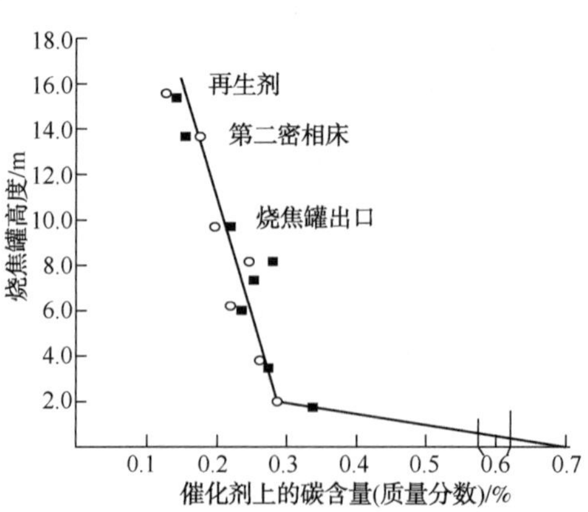

图 8-23 烧焦罐内催化剂上的碳含量沿轴向分布

表 8-11　烧焦罐再生工艺参数选取准则

项　　目	参数范围	项　　目	参数范围
气体表观速度/(m/s)	1.0~2.0	平均催化剂密度/(kg/m^3)	50~115
催化剂质量流率/[kg/(m^2·s)]	15~60	催化剂停留时间/s	35~40
稀相区催化剂密度/(kg/m^3)	20~75	床层直径/m	2~6
浓相区催化剂密度/(kg/m^3)	70~350	床高/m	8~12

烧焦罐是循环流化床再生器的主要烧焦区域，要求烧焦罐的催化剂密度(或藏量)不可过低，也不可过高。按催化剂藏量质量计算的烧焦强度在 450~700kg/(t·h)之间，比湍动流化床高得多。但如果按体积计算的烧焦强度不过 30~50kg/(m^3·h)，和湍动流化床不相上下。若催化剂密度太低，无疑将增加快速流化区的体积，经济上不尽合理，若催化剂密度过高，床层流型可能改变为高速输送床，使烧碳强度降低。

8.3.2.2　空气分布器

循环流化床再生器是根据烧焦比例分配所需的空气量并联分别进入烧焦罐底部及第二密相流化床底部。循环床再生器的空气分布器分为两组，大部分空气(85%~90%)进入烧焦罐下部的平面树枝形管式分布器，其余少部分空气进入第二密相流化床的带有朝下喷嘴的环形分布器，视床径大小可采用一个或两个圆环。因第二密相流化床风量小，喷嘴直径宜小，以保证单位面积上有足够的流化风，防止局部流化不良而影响催化剂的正常循环或旋风分离器料腿的正常排料。

8.3.2.3　第二密相流化床

第二密相流化床是循环流化床再生器的重要组成部分，主要作再生器和反应器之间的缓冲容器，而且也是快速流态化区在工况变化或藏量波动时的缓冲容器，完成最终烧焦，因此需要一定的催化剂藏量。这个量不得小于烧焦分配比例所需的量。另外，再生催化剂要由此直接导出，一路直接输送到提升管反应器底部，一路经再生催化剂循环管输送到快速流态化区底部和待生催化剂、烧焦空气混合，保证此处的温度达到起始烧焦温度。因此第二密相流化床采用典型的鼓泡床，并要有一定的密相流化床高度以满足再生催化剂导出量的要求。第二密相流化床的表观速度为 0.15~0.25m/s。第二密相流化床、粗旋风分离器上部还应根据允许的催化剂自然跑损量设置稀相段和旋风分离器系统。

8.3.2.4　催化剂混合区

烧焦罐的底部温度决定于待生催化剂和烧焦空气的混合温度和罐内的返混程度。在烧焦罐底部的待生催化剂温度一般约为 500℃，和所需的烧焦空气(一般约为 150~200℃)相混合，则混合温度仅约 450℃。考虑烧焦罐加速段的催化剂返混，其混合温度也很难超过 600℃。如此低的温度从烧碳动力学角度来看，远远达不到起始烧焦所需的温度 660~680℃，这就需要采取从第二密相流化床引入一股高温再生催化剂作为热载体与待生催化剂在烧焦罐入口处混合升温的措施，将烧焦罐底部的起始温度提高 50~80℃，达到 660~680℃，满足高效再生起始温度的要求，从而形成了烧焦罐底部的催化剂混合区。催化剂混合区主要解决两个问题：一是引入的再生催化剂量或称再生催化剂与待生催化剂的循环比；二是再生催化剂对待生催化剂的均匀混合问题。

再生催化剂对待生催化剂的循环比越高，则混合剂的起始烧焦温度就越高，这有利于烧焦；但随着这个比例的提高，待生催化剂在混合剂中的含量则降低，即混合催化剂上的焦炭含量被稀释，降低了初始焦炭浓度，从而降低了烧焦速率。因此合理地选择再生催化剂对待生催化剂的循环比将有助于烧焦罐烧焦强度的提高。一般来讲，当循环比小于 1.0 时，烧焦强度随循环比的提高有明显的增加，当循环比由 1.0 逐渐增加到 2.0 时，烧焦强度增加幅度不大，或者说基本上没有什么变化。而当循环比大于 2.0 以后，则烧焦强度随循环比的提高而明显下降。因此，较佳的循环比应选择在 1.0～2.0 之间；这是烧焦罐操作与设计的重要参数之一。再生催化剂对待生催化剂的循环比对烧焦强度的影响见图 8-24。

烧焦罐底部催化剂混合区尽管烧碳强度大，但存在返混，轴线温度分布相对均匀。离开催化剂混合区向上，由于气固流动偏向平推流流动，存在着轴向碳含量和温度梯度。烧焦罐出口温度一般高于入口温度 20～30℃。对于无取热设施的再生系统，烧焦罐出口温度一般低于第二密相流化床温度约为 10～20℃；对于设置有取热设施，根据取热设施的流程，烧焦罐出口温度可以比第二密相流化床温度略高。若最高再生温度限制在 720℃以下，则烧焦罐出口温度为 700～720℃。当烧焦罐出口温度小于 640℃时，再生催化剂上的碳含量在 0.7%以上；当出口温度在 660～670℃时，碳含量可降到 0.25%左右；当出口温度在 690～700℃时，碳含量可降到 0.15%。

再生催化剂和待生催化剂从相隔 180°的方向进入烧焦罐底部，其向上的流动速度为零，要靠空气分布器喷出的流化风向上流动来逐步加速催化剂向上运动，同时对待生与再生催化剂进行混合。要在大直径的床层中达到均匀混合，并均匀地分布在整个床截面上是很困难的。这个不均匀性可以从再生催化剂、待生催化剂各自进入方向沿烧焦罐高度的温度分布可以看出，如图 8-25 所示。

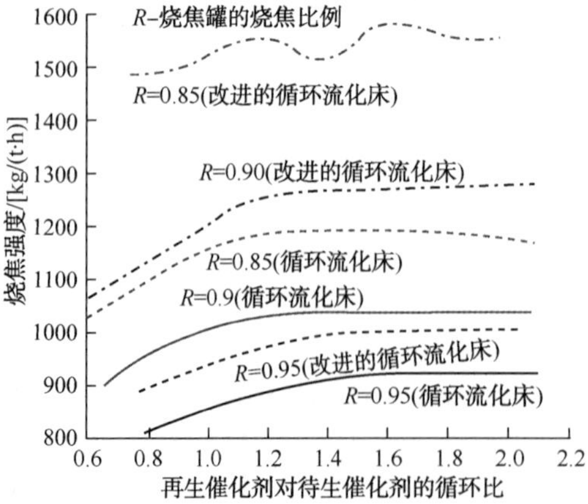

图 8-24　再生催化剂与待生催化剂循环比对烧焦强度的影响

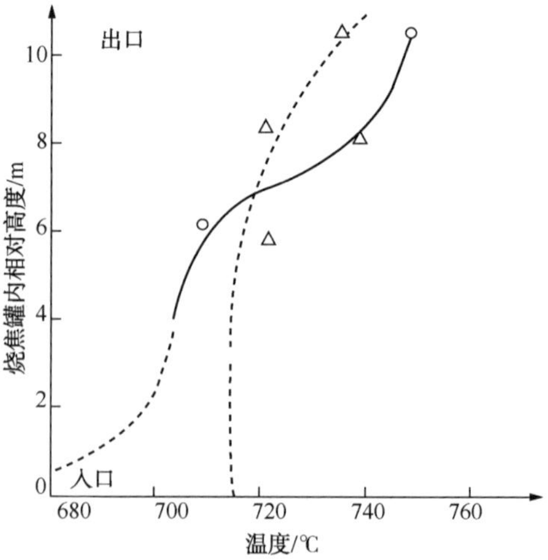

图 8-25　烧焦罐内轴向温度分布
——待生催化剂入口侧；
········循环再生催化剂入口侧

从图 8-25 还可以看出，从烧焦罐底部到顶部的轴向存在最大为 20℃的温差，其中再生催化剂进入方位的下部温度明显高于待生催化剂进入方位的下部温度，但在烧焦罐下部(高约 2m 左右)具有强烈湍动的特性，两者的温度则趋于一致，尽管有这样的不均匀性存在，其平均烧碳强度仍然很高，烧去的碳占总烧碳量的 70%(质量分数)以上，如图 8-23 所示。

烧焦罐中的气体和固体以相同方向流动，返混程度比湍流床小。出口氧含量一般可达 3%~5%以上，烧焦罐处于高氧条件下操作，从而使烧碳速率提高。烧焦罐中的催化剂藏量对焦炭燃烧的影响与常规再生有一定差异。常规再生器中催化剂藏量的变化，对焦炭燃烧的速率和再生催化剂上的碳含量有明显的影响。而烧焦罐中催化剂藏量在一定范围内变化对烧焦效率影响不大。

循环流化床再生器内催化剂总停留时间约为 75~85s，仅为常规再生器的三分之一左右，其中烧焦罐中停留时间约 35~40s(占总停留时间的 40%~50%)，稀相管停留时间 2~3s(占总停留时间的 3%~4%)，第二密相流化床停留时间 35~45s(占总停留时间的 45%~55%)。由此可以看出，循环流化床再生工艺因烧碳强度提高导致催化剂藏量降低。

影响烧碳强度的另一个重要因素是气体速度，在温度换算为 677℃的情况下，某装置不同烧焦罐气体线速时的折算烧碳强度见图 8-26。从图 8-26 可以看到，随着烧焦罐中的气体速度增加，烧碳强度亦增加。气体速度在 1.5m/s 时，烧碳强度接近 460kg/(t·h)；气体速度达 1.7m/s 时，烧碳强度达到 500kg/(t·h)。

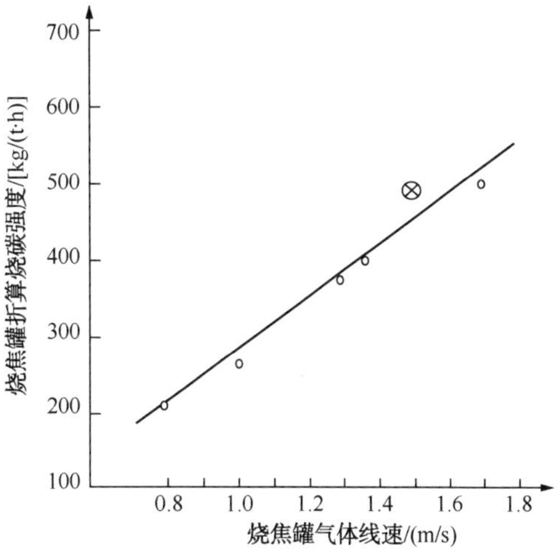

图 8-26　不同气体线速下的烧碳强度

烧焦罐下部的密相区烧焦效率最高，烧去的碳量占总碳量的 70%以上，烧焦罐的其余部分只烧去总碳量的 20%左右。烧焦罐烧碳量约为总碳量的 90%~95%。稀相管和第二密相流化床均有一定的烧焦作用，二者总的烧碳量约为总碳量的 5%~10%。烧焦罐内还进行着氢和一氧化碳的燃烧，它们的燃烧速率一样得到强化。特别提出的是一氧化碳均相燃烧在 700℃以下时难以燃烧。通常，烧焦罐出口的稀相管内发生一氧化碳和碳的进一步燃烧。

烧焦罐的平均密度为 40~70kg/m³，稀相区只有 20~25kg/m³，密相区 70~120kg/m³，比常规湍流床低很多，如果按催化剂质量计算的烧碳强度为 450~700kg/(t·h)，那么按烧焦罐体积计算的烧碳强度不过 30~50kg/(m³·h)，和常规高速湍流床不相上下。为此，烧焦罐的密度不宜过低，尤其当要求再生催化剂上的碳含量低时，催化剂密度宜维持较高的水平，通过增加循环再生催化剂流量来实现。

第二密相流化床主要作为再生器与反应器之间的缓冲容器，同时也是烧焦罐在工况变化或藏量波动时的缓冲容器，因而需要一定的藏量。它的结构要求能容纳包括粗旋风分离器在内的整个再生器旋风分离系统的料腿，还有催化剂的排出口，截面积较大，按最低料面高度计算的藏量也不小，大体占再生器总藏量的 50%~60%。第二密相流化床一般只通入总烧焦用空气的 10%~12%，气体表观速度只有 0.15~0.25m/s，催化剂密度达 500kg/m³以上，属于典型的鼓泡床，烧碳强度只有 30~50kg/(t·h)。

由烧焦罐、稀相再生管(出口连接粗旋风分离器)和第二密相流化床组成的再生系统，可以保证焦炭充分燃烧，且降低催化剂水热失活。烧焦罐中的催化剂密度沿高度呈规律性变化，烧焦罐平均密度主要受气体速度和固体催化剂循环强度的影响。采取高温、高氧和高流速操作的烧焦罐具有比常规再生器高得多的烧焦强度，烧焦负荷在90%以上，自然烧焦强度达713.5kg/(t·h)，折算烧焦强度达500.8kg/(t·h)，第二密相流化床的设计对降低催化剂损失和进一步提高再生器烧焦强度具有重要作用，整个再生系统的综合烧焦强度为200~320kg/(t·h)，再生催化剂上的碳含量可以控制在0.1%左右。

高温完全再生是烧焦罐高效再生工艺的主要操作方式。这种操作方式是将烧焦罐温度控制在675~700℃，使催化剂上的碳大部分烧去，并在烧焦罐上部开始点燃CO。高温完全再生操作关键是要控制好烧焦罐的温度。如果再生温度偏低，焦炭在烧焦罐内燃烧不干净，使碳含量较多的催化剂进入稀相再生管。由于在稀相再生管内停留时间太短，催化剂上的碳仍然难以完全烧掉，同时CO燃烧也全都移至稀相再生管以至第二密相流化床稀相部分，产生后燃现象。因此，一定要控制烧焦罐出口温度大于685℃，最好是700℃，使CO在烧焦罐中就烧起来。烧焦罐温度控制的重要手段是将第二密相流化床中的高温催化剂循环回烧焦罐下部。

助燃剂再生是烧焦罐高效再生工艺另一种操作方式。在烧焦罐高效再生工艺中，CO助燃剂加入后，CO氧化生成CO_2的速度加快，CO在烧焦罐中有可能大部分或者全部转化成CO_2。因此，在采用助燃剂再生时，稀相管只是起到催化剂从烧焦罐输送到第二密相流化床作用。由于烧焦罐催化剂藏量小，补充量少，以及气、固相接触效率的强化，因此助燃剂消耗量也就比其他类型再生器少。由于加助燃剂再生时，烧焦罐和稀相管维持的温度比高温再生时低。因此，再生催化剂上的碳含量可能要高于高温再生工艺。在催化剂耐高温性能和设备材质有保证的情况下，可以不加助燃剂按完全再生操作。

高效再生工业装置实际运行结果表明，烧焦罐下部和上部的温度相差10~40℃，碳含量相差也很明显，说明催化剂返混的程度已大大减少。带有外循环管烧焦罐的高效再生—分子筛催化剂提升管催化裂化装置，在处理能力、轻质油收率、产品质量、催化剂再生效果、两器流化及斜管输送、催化剂损耗、滑阀调节催化剂量等主要方面均达到或超过设计要求，充分显示出“三高、二低、一大”(即处理能力高，轻质油收率高，产品质量高；焦炭产率低，催化剂损失低；生产灵活性大)的特点。因此，高效再生工艺技术特点如下：

(1) 外循环管是高效再生工艺的关键设备。通过外循环管将第二密相流化床内的高温催化剂循环到烧焦罐下部，与待生催化剂和主风混合，提高烧焦罐下部温度，达到烧焦启燃温度。外循环管循环量的作用一是提高了烧焦罐下部温度，二是降低了烧焦罐内催化剂上的平均碳含量，三是提高了烧焦罐催化剂循环质量流率，进而提高了烧焦罐催化剂藏量。提高初始温度和增加催化剂藏量的作用远大于降低催化剂上的碳含量，从而使烧焦速度大大地加快。

(2) 再生烧焦强度较高。由于烧焦罐的再生效率高并烧掉约80%的焦炭，使总的烧焦强度较高，可达200kg/(t·h)以上，这在各种再生技术中属于烧焦强度较高的。

(3) 主风流程比较简单。主风布置分为烧焦罐、第二密相流化床两路。二路主风压力降接近，主风能量利用较好而且容易控制。

(4) 烟气能量利用较好。由于烟气只有一路，而且在再生器前实现了CO完全燃烧，烟气压力能及热能回收流程简单而且完全，是各种再生技术中能量回收较为有效的一种。

(5) 具有较好的操作性能。催化剂循环输送主要是立管和较短的斜管，再加上再生与反应并列布置，从而催化剂循环量调节比较自如。

高效再生工业装置主要操作条件列于表 8-12。高效再生工业装置实际运行过程中存在着两大问题：一是再生强度难以达到理想效果，一般再生催化剂上的碳含量均在 0.2%左右；二是 CO 难以实现完全燃烧，只有使用 CO 助燃剂才来实现 CO 完全燃烧。

表 8-12　高效再生工业装置主要操作条件

项　　目	实 测 值	设 计 值
再生器压力/MPa(g)	0.216	0.25
烧焦量/(kg/h)	7963.5	8100
氢碳比	0.067	0.087
烟风比	1.029	1.05
主风单耗/(Nm^3/kg)	11.98	12.38
烧焦罐烧焦强度/[kg/(t·h)]	709	850.6
烧焦罐线速/(m/s)	1.4	1.35
稀相管线速/(m/s)	10.14	7.6
稀相管停留时间/s	2.18	2.1
稀相线速/(m/s)	0.73	0.67
一旋入口线速/(m/s)	21.74	21.7
二旋入口线速/(m/s)	23.97	23.9
再生、待生斜管质量流速/[t/(m^2·h)]	2610	
分布管压降/MPa	0.013	0.008
再生器表面热损失/(GJ/h)	6.322	8.47
二密相线速/(m/s)	0.195	0.208
烧焦罐密度/(kg/m^3)		
上	50	
下	100	
平均	75	57
二密密度/(kg/m^3)	600	600
二密料位/%	40	
二密藏量/t	24.9	16.2
二密主风量/(Nm^3/h)	8800	10032
二密分布管压降/MPa	0.0045	0.008
再生斜管密度/(kg/m^3)	350	
再生滑阀开度/%	50	
再生滑阀压降/MPa	0.025	
外循环管密度/(kg/m^3)	430~470	550
塞阀开度/%	78(全开)	
塞阀压降/MPa	0.02	
外循环管质量流速/[kg/(m^2·s)]	1000~1172	586~670
外循环管循环量/(t/h)	1200~1400	700~800

8.3.2.5 快速流化床串联再生

在循环床高效再生系统中，第二密相流化床烧焦效率过低导致此再生工艺综合烧碳强度只有烧焦罐的40%~50%。为此提出了强化第二密相流化床烧焦技术措施，就是提高床层气速，降低密相流化床内催化剂密度，减少氧传递阻力。但是流化床面积不可能减少，烧焦空气流量受烧焦比例限制又不可能成倍增加。唯一可行的方案是把烧焦罐出口的烟气全部引入第二密相流化床，使流化床内气体线速达到1.5~2m/s。第二密相流化床从鼓泡床变成快速床的浓相区，气相和颗粒团间的气体交换系数较鼓泡床增大2~3倍。虽然出入口的平均氧分压不到第二密相流化床的一半，但氧气传递能力仍可成倍增加。全部烧焦空气(除去引入外取热器之外)都进入烧焦罐，可使其轴向各处的氧分压较高，尤其在其出口处氧分压较高，使这个低碳低氧的动力学速率的瓶颈部位得到改善，烧焦罐的平均烧碳强度得以提高，或者在烧碳强度不变的条件下，再生催化剂上的碳含量降低[1]。

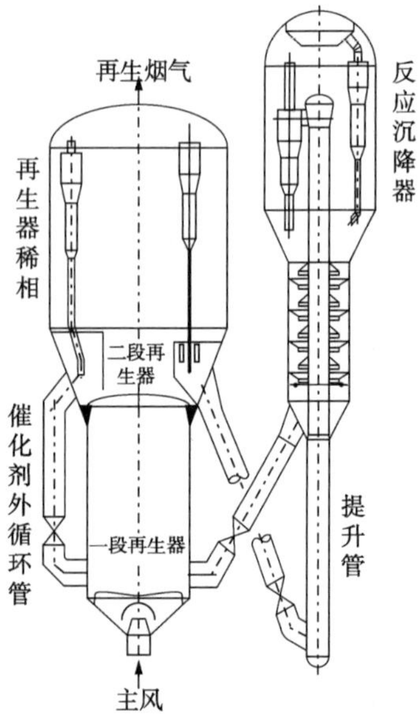

图8-27 烟气串联的快速床再生的反应-再生原则流程

在烧焦罐高效再生工艺基础上，将烧焦罐(快速床)、湍流床的烟气进行串联布局，从而开发出烧焦罐串联再生工艺，其工艺原则流程见图8-27。

从图8-27可以看出，一段再生与二段再生的分界处有一个大孔径、低压降的分布板，第一段实现了快速床再生，第二段处于高速湍流床烧焦状态，两段烧焦强度都得到了强化，从而使再生器的烧焦强度得到了提高。快速流化床串联再生工艺特点如下：

(1) 一段再生为快速流化床，再生温度为690~720℃，气体线速为1.5~1.8m/s，出口过剩氧为4%~5%。一般出口催化剂上的碳含量低于常规烧焦罐再生工艺，并保持了较高的烧焦强度；

(2) 二段内的催化剂向一段流动时，选用溢流-淹流相结合的平衡管，以溢流区的流化风来控制催化剂的循环量。密度较小的再生催化剂经淹流孔进入溢流区，进入外循环管到一段，这种结构不需要滑阀或翼阀，无严重磨损。二段催化剂向一段流动时也可采用直接由滑阀控制来实现；

(3) 一段、二段的主风串联，烧焦空气绝大部分由一段快速床进入。一段快速床内的催化剂在富氧情况下先进行部分烧焦，然后烟气与催化剂一同向上穿过一大孔径低压降分布板后进入二段继续烧焦，此时氧分压尽管很小，但由于气体线速高，催化剂密度小，氧气传递速率高，故烧焦强度仍很大；

(4) 由于采取了减小二段体积，提高二段气体线速和降低二段催化剂密度的措施，因此降低了系统的催化剂藏量。

快速流化床串联再生工艺再生效果好于常规烧焦罐高效再生工艺。再生温度高时，烧碳强度比湍动流化床高一倍左右，但综合烧碳强度的增加给CO完全燃烧带来问题。为此，要保持适当的二段再生温度或者足够的助燃剂浓度；同时第二密相流化床水蒸气分压与常规再生工艺相同，但远高于烧焦罐高效再生工艺的第二密相流化床。为了防止催化剂的水热减活，应根据其水热稳定性决定其最高床层温度，鉴于这一工艺的第二密相流化床藏量和稀相区藏量只有同等规模的常规再生器的30%~50%，且可从此床层取热，所以可维持略高于烧焦罐的再生温度。快速流化床串联和常规快速床再生工艺工业装置操作数据列于表8-13。

表8-13 快速流化床串联和常规快速床再生工艺工业装置操作数据

项　　目	快速床串联再生	常规快速床	项　　目	快速床串联再生	常规快速床
再生压力/MPa(a)	0.34	0.34	二段	2.11	0.82
再生温度/℃			烧焦强度/[kg/(t·h)]		
一段底部	690		一段	588	
一段顶部	716	692	二段	63	
二段床层	727	701	综合烧焦强度	338	126
流化床密度/(kg/m³)			烟气组成/%(v)		
一段底部	346		CO_2	13.7	15.9
一段顶部	75		CO	0.04	0
二段床层	221		O_2	4.7	2.7
表观床层线速/(m/s)			待生催化剂碳含量/%	1.2	0.76
一段	1.58	1.64	再生催化剂碳含量/%	0.05	0.04

快速流化床串联再生工艺可将反应再生系统的催化剂总藏量降低到25kg/(d·t)，再生催化剂上的碳含量降低到0.1%以下。

8.3.3 双器两段再生工艺

双器两段再生工艺是随着渣油催化裂化工艺要求催化剂上的碳含量低于0.1%以下而发展起来的，可分为两器重叠或并列式再生工艺和两段逆流再生工艺，再加上有取热设施与无取热设施两种，从而形成多种不同类型的再生工艺[1]。

8.3.3.1 双器两段错流再生

无取热设施渣油催化裂化的双器两段再生，两段均采用湍流床，一、二段烟气分流，待生催化剂首先在第一再生器内采用常规再生方法，烧去部分催化剂上的部分焦炭，然后半再生催化剂进入第二再生器在高温下完全再生(不用助燃剂)。第二再生器内基本不烧氢，因而气体中水蒸气浓度较低，水热减活不严重，可允许更高的再生温度。按照生焦率和两器热平衡的需要来调节一、二段的烧焦比例，不设取热设施。由于二段温度可达800℃以上，故第二段再生器内无内件(旋风分离器、料腿、翼阀)，专门用于渣油催化裂化装置。设有取热设施的两段双器错流再生工艺，可允许焦炭产率在较大范围内变动(6%~11%)。另外，由于第一再生器的烟气与第二再生器烟气合并，因而烟气能量利用较好，适用于高生焦量的渣油催化裂化装置。无取热设施的双器两段再生工艺称为第Ⅰ类；设有取热设施的双器两段再生工艺称为第Ⅱ类；设有取热设施，且使用CO助燃剂的双器两段再生工艺称为第Ⅲ类。三类双器两段错流再生工艺差别列于表8-14。

表 8-14　不同类型的双器两段错流再生工艺比较

类　型	床层取热设施	是否用助燃剂	CO 燃烧方式		两器烟气流向
			第Ⅰ段	第Ⅱ段	
Ⅰ	无	否	不完全	完全	分流
Ⅱ	有	否	不完全	完全	分流或合流
Ⅲ	有	是	完全	完全	合流

三类双器两段错流再生工艺在设计上应关注两个主要问题：一是压力平衡问题，它取决于两个再生器的布置(同轴或并列；第一再生器也可以与反应沉降器同轴或并列)。两器的压力不宜相差过大，否则不利于全部烟气的压力能回收。还要注意半再生催化剂的输送方式，靠增压机输送或靠主风节流都会增大能耗；二是烧碳负荷分配问题，它受到热平衡条件的制约。对于第Ⅰ类工艺，其烧碳比例主要取决于焦炭产率，要注意到比例的变动将对空气的分布和分布器的操作弹性(主要是第二再生器)带来影响，有时不得不在第二再生器通入过量空气，增加能耗，并降低装置处理能力。对于第Ⅱ类工艺，烧碳比例主要根据半再生催化剂和再生催化剂的碳差计算，此数值一般宜在 0.25%~0.30%，此时两个再生器间的温差为 60~75℃(经取热器冷却后的催化剂返回一再时)，或低于 60℃(冷却后的催化剂进入二再时)。对于第Ⅲ类工艺，烧碳比例则按半再生催化剂上的碳含量为 0.2%~0.25%计算。三类再生工艺的总碳差和各段取热比例对比列于表 8-15。

表 8-15　双器两段再生工艺的总碳差和各段取热比例

类别	焦产率范围	ΔC 范围	第一段再生烧碳比例①	
			ΔC=1.8	ΔC=1.2
Ⅰ	6.0~7.5	1.0~1.2	—	80
Ⅱ	6~10	1.0~1.8	80~95	75~80
Ⅲ	6~10	1.0~1.8	85~90	80~85

① 对第Ⅲ类，C_R=0.05。

(1) 无取热设施的双器两段再生工艺(第Ⅰ类)

两器均采用湍流床，第一再生器用常规再生，密相温度为 650~670℃，稀相温度大体相同。第二再生器为高温热再生，密相温度 700~750℃，稀相温度一般高于密相温度 50~70℃，其温差随密相温度升高而减少。两器的烧碳比例根据热平衡条件调节。例如焦炭产率为 6%(对原料油)时，第一段烧碳比例约为 60%，当焦炭产率为 7.5%时，上述比例要提高到 80%以上。第Ⅰ类再生工艺具有如下优点：

① 再生效果好，再生催化剂上的碳含量低于 0.05%；

② 两器分别在不同的再生温度和水蒸气分压下再生，催化剂失活条件较为缓和；

③ 两段排出的烟气分别回收热能，免除了烟气管线和下游设备的后燃问题。

同时，第Ⅰ类再生工艺存在着下列不足：

① 因焦炭产率被限定在 7.5%以内，对高残炭的原料适应性较差，原料的质量波动容易造成第二段超温；

② 两段在不同的压力下操作，压差为 0.04MPa(同轴式布置方案)或 0.02MPa(并列式布

置方案)，加上两段烟气中 CO 和 O_2 含量的差别，两股烟气不能混合进入烟气轮机回收能量；

③ 两个再生器的综合烧碳强度只有 100kg/(t·h)左右，设备体积庞大，投资高。第Ⅰ类装置典型的反应-再生流程见图 8-28 和图 8-29，工业装置典型的操作数据列于表 8-16。

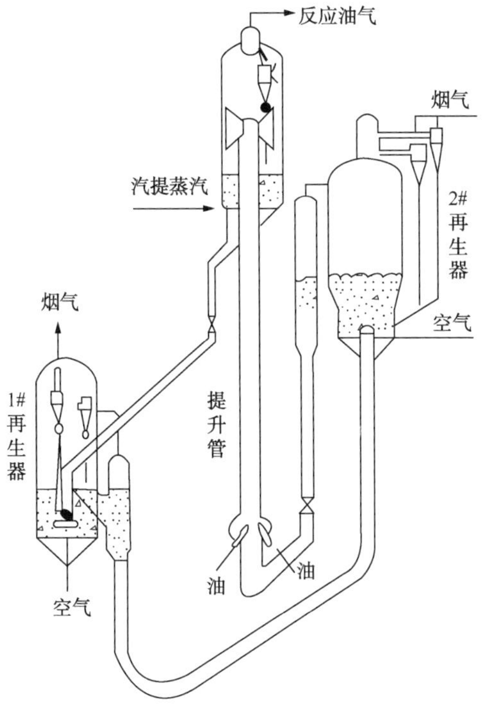

图 8-28 并列式双器两段再生的反应-再生部分简图

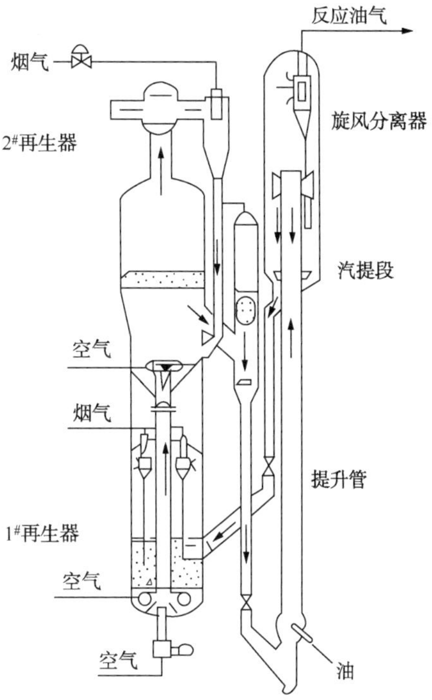

图 8-29 同轴式双器两段再生的反应-再生部分简图

表 8-16 无取热设施的双器两段再生工业装置的典型操作数据

项　目	第一再生器	第二再生器	项　目	第一再生器	第二再生器
顶部压力/MPa(a)	0.37	0.31	烟气组成/%(v)		
密相流化床温度/℃	686	697	CO_2	12.2	12.2
稀相温度/℃	671	753	CO	7.4	—
密相流化床密度/(kg/m^3)	370	642	O_2	0.2	8.6
密相流化床气速/(m/s)	0.89	0.55	出口催化剂碳含量/%	0.24	0.03
			烧碳强度/[kg/(t·h)]	144	40

(2) 设有取热设施的双器两段再生工艺(第Ⅱ类)

由于在第一再生器设置了取热设施，可以灵活地调节取热负荷，可以适应 6%~10%的焦炭产率，对不同性质和掺炼渣油比例的原料均可处理，操作弹性较大。在烟气能量回收方面考虑了把第二再生器的烟气与蒸汽换热降温(蒸汽过热)后与第一再生器的烟气混合，控制合流气体温度不超过 580℃，可以避免 CO 燃烧，然后经第三级旋风分离器进入烟气轮机回收压力能的方案，有利于降低装置能耗。

在第Ⅱ类再生工艺中，可将两个再生器烟气合流，目的在于回收全部烟气压力能，以弥补两段再生能耗偏大的缺点，但也带来了较复杂的操作控制问题。两个再生器烟气合流的工艺流程见图 8-30。维持装置操作稳定的关键在于保持混合烟气中 CO 含量不超过 3%，这样 CO 燃烧后烟气温度不致过高(低于 950℃)。为此应控制第一再生器的烧焦比例，同时调控再生条件，使 CO/CO_2 低于 0.6，第二再生器烟气含氧宜较高，以保证 CO 燃烧完全。两个再生器等压操作和高温取热炉的负荷控制(保持烟机入口温度)都是重要环节。工业装置典型操作数据列于表 8-17。

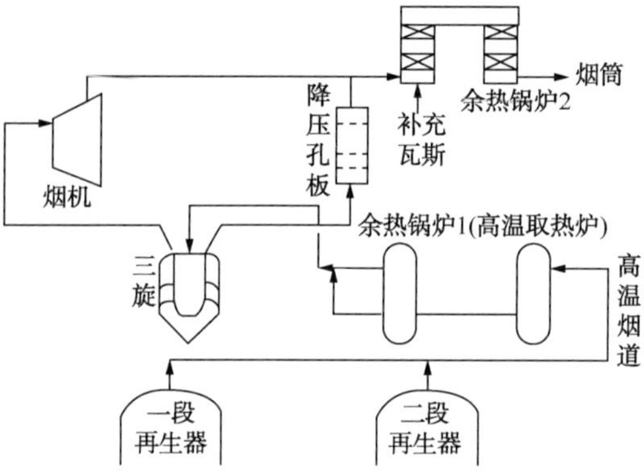

图 8-30 两段再生烟气合流工艺流程

表 8-17 烟气合流的两段再生工业装置的典型操作数据

项目	数据	项目	数据
新鲜原料量/(t/h)	151.8	第二再生器密相温度/℃	710
渣油掺炼率/%	40.3	第二再生器烟气量/($10^3m^3/h$)	48.6
焦炭产率/%	9.0	混合烟气温度/℃	688
烧焦量/(t/h)	13.6	高温取热炉入口温度/℃	912
烧焦比例(一再：二再)	78：22	高温取热炉出口温度/℃	720
第一再生器顶压力/MPa(g)	0.26	高温取热炉蒸汽温度/℃	248
第一再生器密相温度/℃	684	高温取热炉蒸汽产量/(t/h)	20.4
第一再生器烟气量/($10^3m^3/h$)	111.5	三旋入口烟气组成/%	
第一再生器烟气 CO/CO_2	0.59	CO_2	17.4
第二再生器顶压力/MPa(g)	0.25	CO	0.2
		O_2	0.4

(3) 设有取热设施，且采用 CO 助燃剂的双器两段再生工艺(第Ⅲ类)

这类再生工艺操作控制要点是保持第一再生器的烟气氧含量不要过低(例如≮1%)，以免 CO 燃烧不完全引起合流烟气的后燃超温。助燃剂的浓度也不宜过低，以保证密相流化床内 CO 的燃烧。半再生催化剂上的碳含量视第一再生器的结构特点和温度条件而异，但一般在 0.15%~0.25%之间，也就是说第一再生器的烧碳比例应达到 85%~95%，此比值决定于 CO 燃烧条件和热平衡条件，调节的自由度较小。但不同原料的焦炭产率和第Ⅱ类工艺一样，仍可通过第一再生器的取热负荷进行调节。这类再生工艺可实现两个再生器的烟气中的CO含量低于1%，两个再生器烟气直接汇合进行压力能回收。因烟气不必预先冷却，烟机回收功率较第Ⅱ类流程约增多10%。

8.3.3.2 双器逆流两段再生

UOP公司和Ashland公司20世纪70年代末期共同开发的双器逆流两段再生工艺，其工艺流程是将第一再生器设置在第二再生器上部，大约20%的焦炭在第二再生器中烧掉，第二再生器的烟气进入第一再生器继续烧焦，离开第一再生器的烟气含有4%~6%的CO和约1%的O_2。由于两个再生器串联，只有一股烟气，有利于烟气的能量回收，同时也降低了空气的用量。再生催化剂上的碳含量可降至0.05%。取热设施位于第一再生器下部。其流程简图见图8-31。

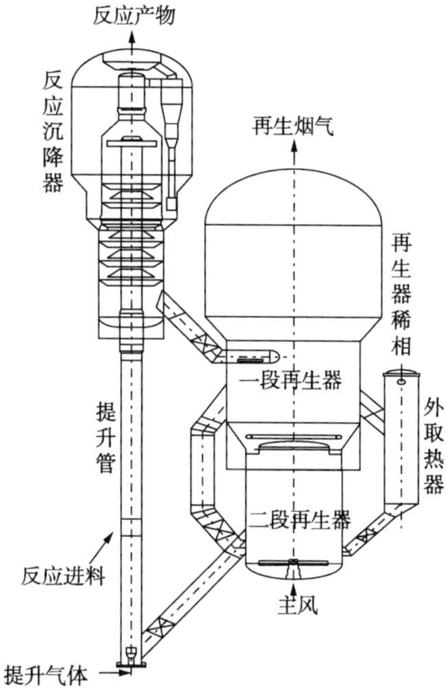

图8-31 双器两段逆流再生工艺（包含反应部分）流程简图

待生催化剂从斜管流入位于上方的第一再生器的密相流化床层，利用第二再生器顶排出的O_2含量为2.5%~3.0%(v)的烟气和进入分布器的补充空气烧去大部分焦炭，一部分半再生催化剂经外取热器后流入第二再生器底部，另一部分直接流入位于下方的第二再生器，利用新鲜空气进行烧焦，得到碳含量低于0.05%的再生催化剂。第二再生器顶部夹带一部分催化剂的烟气进入第一再生器。通过调节外取热器负荷和向两个再生器的供风比例，可以灵活地调节第一段的烧碳比例在60%~80%，烟气中的CO_2/CO比值从3~6，以达到热平衡的要求。逆流两段再生工业装置典型的操作数据列于表8-18。

表8-18 逆流两段再生工业装置典型的操作数据

项　目	第一再生器	第二再生器	项　目	第一再生器	第二再生器
顶部压力/MPa(a)	0.21	0.25	烟气组成/%(v)		
密相流化床温度/℃	693	729	CO_2	11.9	16.5
入口催化剂上的碳含量/%	1.5		CO	4.0	0
出口催化剂上的碳含量/%	0.41	0.05	O_2	0.2	2.5
表观速度/(m/s)	≤1.2	≤0.6			

国内开发的重叠式双器逆流两段再生工艺在流程上与上述的双器两段逆流再生工艺类似，在设备内部结构上有所不同。第二再生器的烟气流过大孔分布板产生足够压降，“托起”第一再生器的全部藏量。重叠式双器逆流两段再生工艺是将两个再生器重叠布置，一段再生器位于二段再生器之上。一再贫氧、CO部分燃烧；二再含过剩氧再生，CO完全燃烧。新鲜空气先进入第二再生器，与第一再生器来的碳含量较低的半再生催化剂充分接触烧焦，产生含有一定过剩氧的二段再生烟气通过分布板进入一段再生器。一段再生烟气过剩氧为

0~0.2%,再生器内烟气无尾燃，采用烟道部分补燃措施，排烟气温度700~730℃，进入三旋除去携带的催化剂细粉后，烟气进入烟机回收烟气压力能，排出的烟气去余热锅炉回收烟气中CO的化学能和热能。双器逆流两段再生工艺特点如下：

(1) 焦炭产率在6%~12%范围内的原料都能适应。

(2) 用逆流再生方式将第一段的CO不完全燃烧和第二段的CO完全燃烧，第一段碳含量高的催化剂与氧含量低的空气，第二段碳含量低的催化剂和氧含量高的空气优化组合，提高了再生效果，降低了再生催化剂上的碳含量。

(3) 两个再生器只排出一股含有CO，但O_2含量甚低的烟气，消除了两股烟气合流产生后燃的威胁，而且能量利用效果很好。

(4) 第二再生器顶部不设置旋风分离器，烟气携带的再生催化剂混入第一再生器的密相流化床层，降低了空气中的氧含量和催化剂上的碳含量，从而降低了第一再生器的烧碳速率。

(5) 沉降器位置很高，器顶部一般高出地面70m以上，投资较大。

双器错流或逆流两段再生工艺在工业催化裂化装置上得到广泛的应用，技术相当成熟，技术特点各有各自的优点与不足。双器错流和逆流两段再生工业催化裂化装置典型的操作参数列于表8-19。

表8-19 双器错流和逆流两段再生工业装置典型的操作参数

再生工艺类型	重叠式	并列式	重叠式逆流两段
操作参数			
沉降器压力/MPa(g)	0.16~0.20	0.16~0.20	0.18~0.26
一再压力/MPa(g)	0.2~0.24	0.2~0.24	0.22~0.30
二再压力/MPa(g)	0.23~0.27	0.23~0.27	0.25~0.34
提升管出口温度/℃	500~520	500~520	500~520
新鲜原料油量/(kg/h)	—	—	—
回炼比	0.1~0.3	0.1~0.3	0.1~0.3
剂油比	5~7	5~7	5~7
提升管入口线速/(m/s)	~6	~6	~6
提升管出口线速/(m/s)	~16	~16	~16
粗旋入口线速/(m/s)	15~17	15~17	15~17
反应时间/s	~3.0	~3.0	~3.0
提升管压降/MPa	~0.05	~0.05	~0.05
汽提蒸汽量/(kg/t)	2~3	2~3	2~3
汽提段密度/(kg/m^3)	500~700	500~700	500~700
沉降器线速/(m/s)	0.5~0.8	0.5~0.8	0.5~0.8
沉降器旋分入口线速/(m/s)	18~22	18~22	18~22
焦中氢/%	5.5~7	5.5~7	5.5~7
烧焦比例(I/II)/%			
无取热设备	70/30	70/30	
有取热设备	80/20	60/40	60/40

续表

再生工艺类型	重叠式	并列式	重叠式逆流两段
取热			
一再烟气过剩氧/%	0.0~0.8	0.0~0.8	0.5~1.0
一再烟气 CO_2/%	12.0~14.0	12.0~14.0	11.0~13.0
一再烟气 CO/%	6.0~10.0	6.0~10.0	5.0~8.0
一再密相温度/℃	650~690	650~690	650~690
一再稀相温度/℃	640~680	640~680	640~690
一再密相密度/(kg/m^3)	200~400	200~400	300~400
一再烧焦时间/min	~5.0	~5.0	~4.0
一再烧焦强度/[kg/(t·h)]	~150	~150	~100
一再密相线速/(m/s)	0.6~0.8	0.6~0.8	0.8~1.2
一再稀相线速/(m/s)	0.6~0.8	0.6~0.8	0.4~0.7
一再旋分入口线速/(m/s)	22~25	22~25	22~25
二再烟气过剩氧/%	5.0~8.0	5.0~8.0	>5.0
二再烟气 CO_2/%	11.0~14.0	11.0~14.0	—
二再烟气 CO/%	0.0	0.0	0.0
二再密相温度/℃	690~720	690~720	650~690
二再稀相温度/℃	710~730	710~730	—
二再密相密度/(kg/m^3)	250~450	250~450	250~400
二再烧焦时间/min	~3.0	~3.0	~3.0
二再烧焦强度/[kg/(t·h)]	~60	~60	~65
二再密相线速/(m/s)	0.5~0.8	0.5~0.8	0.5~0.7
二再稀相线速/(m/s)	0.4~0.7	0.4~0.7	0.5~0.7
二再旋分入口线速/(m/s)	22~25	22~25	22~25
待生催化剂上的碳含量/%	0.8~1.5	0.8~1.5	0.8~1.5
再生催化剂上的碳含量/%	~0.05	~0.05	~0.05
催化剂单耗/(kg/t)	≯1.5	≯1.5	≯1.5

8.4　再生工艺参数

烧焦再生速率是再生温度、氧分压、催化剂藏量、催化剂上的碳含量、流化床类型以及催化剂特性等因素的函数，可用以下动力学式表达：

$$-\frac{dC}{dt}=A_C\exp\left(\frac{E}{RT}\right)P_{O_2}\cdot C \tag{8-15}$$

式中　A_C——反应速度常数的频率因子，$(kPa\cdot s)^{-1}$；

E——活化能，J/mol；

R——气体常数，8.318J/(mol·K)；

T——再生温度，K；

P_{O_2}——氧分压，kPa；

C——催化剂上的碳含量,%。

式(8-15)表明烧碳速度与再生温度、再生压力(氧分压)、催化剂上的碳含量和气体线速相关。再生温度是再生工艺条件的首要因素，其次是再生压力，最后是气体线速[1]。

8.4.1 再生温度

温度是再生工艺条件的首要因素。通过热平衡计算不难看出：除了带取热设施的渣油催化裂化再生器外，再生温度是催化裂化工艺诸多操作参数中的一个非独立变量。它不像反应温度那样在一定范围内可以任意调节，而是随反应温度和焦炭产率而变动。通常，将再生温度形象地比喻为催化裂化装置的"体温计"。

对于自身处于热平衡的装置(即不取热或使用燃烧油供热)，再生温度与反应温度的差值 Δt(两器温差)和待生催化剂上的碳含量与再生催化剂上的碳含量的差值 ΔC(称为碳差)之间存在着近似线性关系。

$$\Delta t = K \cdot \Delta C \tag{8-16}$$

ΔC 数值的高低主要由催化裂化反应生焦动力学所决定。K 值主要是再生烟气中 CO_2/CO 比值和过剩空气率的函数，同时在一定程度上还受到待生催化剂汽提效果、催化剂比热的影响。

早期的无定形硅铝催化剂活性很低，经过几分钟催化裂化反应后，ΔC 值只有 0.5%~0.6%。当时使用一氧化碳不完全燃烧技术，K 值较低，以致 Δt 只有 110~130℃。在较低的再生温度下烧焦效果很差，再生催化剂上的碳含量为 0.4%~0.8%。20 世纪 60 年代后期，高活性的分子筛催化剂得到了推广应用，催化剂在提升管反应器内只经历 6~10s，ΔC 即达到 0.7%~0.9%，与此对应的 Δt 为 150~200℃。这个时期的再生温度较早期提高了 60~80℃，烧碳反应速率加快 5~8 倍，再生催化剂上的碳含量降低到 0.1%~0.2%，为分子筛催化剂活性恢复创造了条件。以后由于采用 CO 完全燃烧技术，再生温度进一步上升，再生催化剂上的碳含量可以降到 0.1%以下，催化剂活性也由此增加了 1.5~4 个单位。再生温度对烧焦效率提高幅度的影响见图 8-32。从图 8-32 可以看出，再生温度在 660~680℃之间，温度升高，烧焦效率增幅较大，随后再提高再生温度，烧焦效率增幅减弱。这是因为，虽然烧碳反应动力学的温度效应十分显著，但流化床的烧碳速率还受温度效应很小的氧传递速率的制约，因而不能指望仅靠提高再生温度去改进再生效果，况且高温下催化剂受到较严重的水热失活影响，单段再生的密相流化床温度很少超过 730℃。

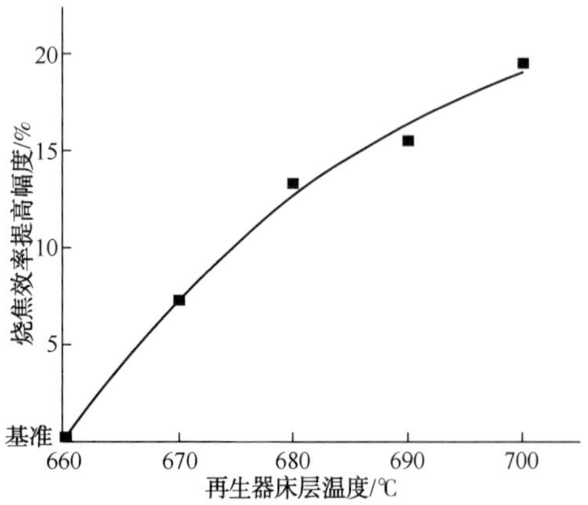

图 8-32 再生温度对烧焦效率提高幅度的影响

不同时期再生温度的典型工业装置数据列于表 8-20。表 8-20 中的烧焦强度是基于不完全燃烧(CO_2/CO 比值为 1~1.2)条件时再生器总藏量计算的，其中稀相藏量约占 20%~25%，稀相的温度一般比密相高出15~30℃。稀相的颗粒分散状态有利于氧传递，所以包括稀相在内的烧碳强度有时高于单纯按密相条件计算的数值。

表8-20　再生温度对烧焦效果的影响

编　号	1	2	3	4
催化剂类型	无定形	分子筛	分子筛	分子筛
再生压力/MPa(a)	0.18	0.22	0.22	0.21
密相温度/℃	600	604	665	670
烟气含氧/%(v)	0.9	0.8	0.8	0.7
催化剂上碳含量/%	0.61	0.41	0.19	0.17
烧焦强度/[kg/(t·h)]	100	118	92	84
密相气速/(m/s)	0.76	0.78	1.17	1.15

8.4.2　再生压力

压力是再生工艺条件的又一关键参数，烧碳动力学对氧为一级反应，即消碳速度和氧分压成正比。密相流化床中氧从气泡相到乳化相的传递速率也与氧分压成正比，因此，烧碳强度与氧分压呈线性关系。氧浓度在流化床中的轴向分布大体属于平推流的模型，如碳在再生床层分布按全返混状态考虑，那么消碳反应的平均氧分压可按床层入口和出口处的对数平均值计算。再生压力对烧焦效率增幅的影响见图8-33。从图8-33可以看出，再生压力对烧焦效率增幅影响很显著，特别在再生压力低于0.3MPa(a)时，再生压力对烧焦效率增幅几乎是线性关系；再生压力超过0.3MPa(a)时，再生压力对烧焦效率增幅减弱。

工业装置通常只分析烟气中的过剩氧浓度(干基)，而不易取得密相流化床出口的数据。当采用常规再生时，为了防止一氧化碳尾燃，当密相流化床再生温度为600℃时，干烟气中过剩氧含量一般为1%~2%，再生温度为670℃时为0.2%~0.5%。干烟气中过剩氧含量对烧焦效率增幅影响见图8-34。从图8-34可以看出，在过剩氧含量低于1.5%时，过剩氧含量对烧焦效率增幅影响很显著；过剩氧含量超过1.5%时，过剩氧含量对烧焦效率增幅影响趋缓。值得注意的是随着干烟气中过剩氧含量增加，烟气中的NO_x含量也直线增加，见图8-35。权衡烧焦效率与烟气中的NO_x含量，烟气中过剩氧含量应控制在2.0%较佳。

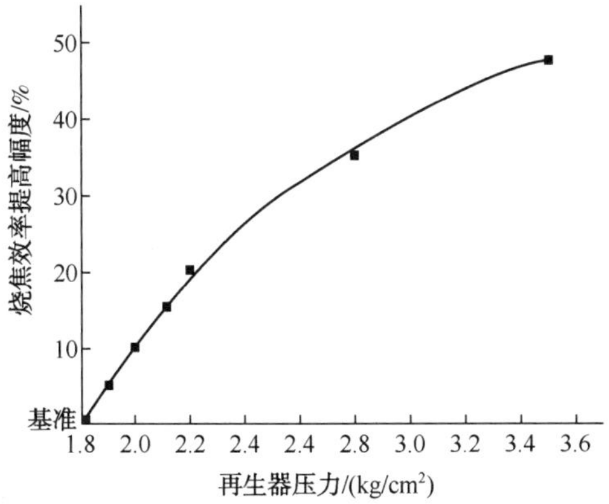

图8-33　再生器压力对烧焦效率的影响

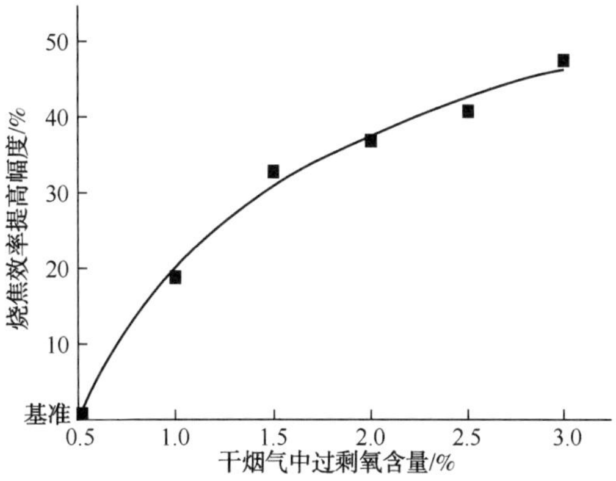

图8-34　干烟气中过剩氧含量对烧焦效率的影响

入口氧浓度即空气中的氧浓度为21%，但个别炼厂附近如有大型空分装置能提供副产品氧气，可以把它混入空气中成为富氧。这样就在不改变原有风机负荷，也不改变再生器床层气体流速的前提下，得以提高已有催化裂化装置的处理能力。或者在主风机供风能力受到季节性变化的影响下，保持装置的处理能力。以配成25%氧浓度的富氧空气为例，在主风量不变时装置能力约提高19%~26%，见图8-36。例如：国内某装置采用了向主风中加入氧气的富氧再生技术，解决主风机能力不足。当烧焦空气氧含量提高到24.4%(v)时，烧焦能力增加21%，使装置掺炼减压渣油的比例从57%提高到85%。超过30%氧浓度将使催化剂表面温度过高，不宜采用。

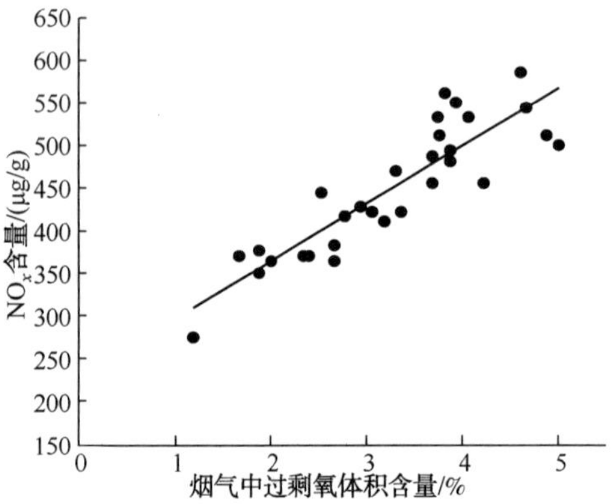

图8-35　烟气中过剩氧含量对烟气中的NO_x含量的影响

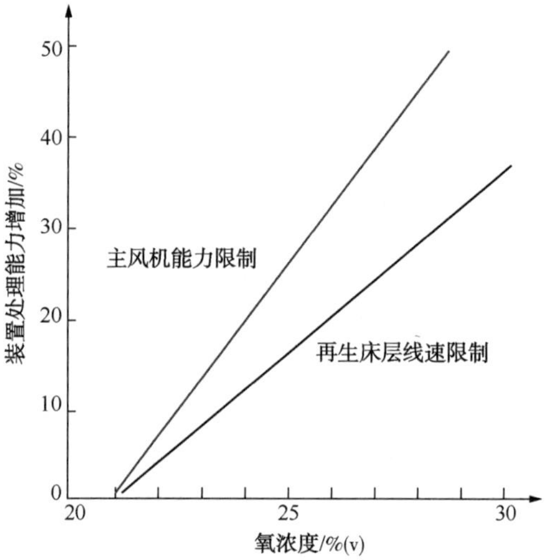

图8-36　富氧再生的限制条件

再生器的顶部压力早期按常压设计，以后提高到0.17~0.20MPa，高的可达0.25~0.40MPa。再生压力提高意味着氧分压提高，而烧碳动力学对氧分压为一级反应，即密相流化床的烧碳强度与氧分压呈线性关系。因此，烧焦能力和装置处理量随再生压力升高呈线性增加。不同时期工业FCC装置再生压力变化列于表8-21。

表8-21　再生压力对烧焦效果的影响

编　　号	1	2	3	4
催化剂类型	无定形	无定形	分子筛	分子筛
再生压力/MPa	0.13	0.18	0.23	0.33
密相温度/℃	596	584	637	704
烟气含氧/%(v)	0.7	0.6	0.5	2.1
再生器碳含量/%	0.50	0.51	0.18	0.05
烧焦强度/[kg/(t·h)]	38	51	56	82

8.4.3　床层流速

烧焦空气通过催化剂床层的流速对再生效率起重要作用。这是因为反应物之一——空气中的氧必须从流化床的气泡相不断输送到乳化相，才能与另一反应物——沉积在催化剂颗粒上的焦炭接触。在气-固流化床进行的非均相反应的特点是大量气体以气泡形式通过床层的时间只需几秒，而催化剂的停留时间却达几分钟，为此要求尽可能高的氧传递速度。理论和实践均证明，提高表观气体流速是一个有效手段。早期的再生器采用 0.2~0.3m/s 的气速，烧碳强度为 20~40kg/(t·h)。此后微球催化剂的应用明显改善了床层流态化条件，气速增至 0.6m/s，达到鼓泡床的上限，烧碳强度达到 100kg/(t·h)左右[t=590℃，p=0.27MPa(a)，C_R=0.7]。20 世纪 50 年代中期经过进一步工作，提出了“高流速再生”的新技术，即流速在已有的 0.6m/s 的基础上再增加一倍，烧碳强度大约也加大一倍。流速若进一步提高到 1.3m/s 以上，而使用的催化剂堆积密度较小，床层膨胀将迅速加大，密相流化床层密度相应降低，烧碳强度虽然增加，但床层单位容积的烧碳能力反而下降，抵消了高线速的优越性。若使用堆积密度较大的催化剂线速可高达 2m/s，床层密度可保持在 160kg/m^{3}左右。

从表 8-22 列举的几组工业装置数据可以看出，其他操作参数大体相当时，床层气速的提高同时带来烧焦强度的增大。表 8-22 中所用催化剂均是堆积密度低的 3A 催化剂。

表 8-22　气体线速对烧焦效果的影响

编　号	1	2	3	4
再生压力/MPa	0.18	0.18	0.20	0.17
密相温度/℃	595	588	582	583
气体线速/(m/s)	0.56	0.80	1.06	1.15
密相密度/(kg/m^3)				126
烟气含氧/%(v)	1.8	1.9	1.6	1.9
催化剂含碳量/%	0.49	0.46	0.70	0.79
烧焦强度/[kg/(t·h)]	64	73	97	173

对于硅铝微球催化剂，再生温度达 700℃时，颗粒表面和内部的气体扩散速度仍然较快，烧焦反应仍属于动力学控制。分子筛催化剂烧焦强度与硅铝微球催化剂存在着一定差异，在中型再生装置对 REY-3 和 3A 催化剂再生效果进行了研究，结果证明了这一点。在不同的操作条件下，REY-3 和 3A 催化剂上的碳含量与烧焦强度之间的关系见图 8-37。

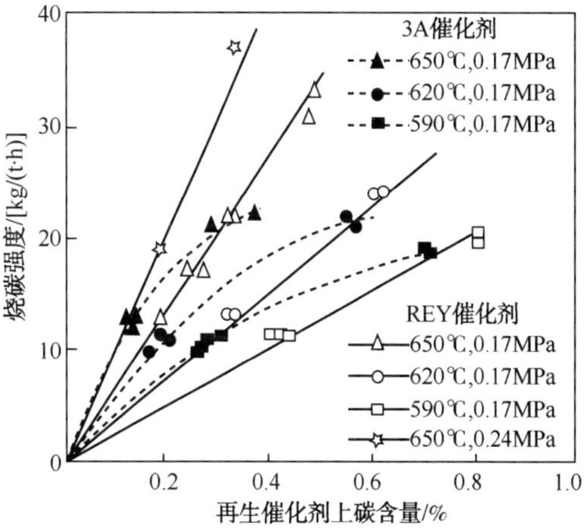

图 8-37　再生催化剂上的碳含量、温度、压力和烧焦强度之间关系

从图 8-37 可以看出，当再生催化剂上的碳含量较低时，3A 催化剂比 REY-3 催化剂烧焦速度快，当再生催化剂上的碳含量较高时，3A 催化剂比 REY-3 催化剂烧焦速度慢。此外，在相同的再生条件下，REY-3 催化剂的 CO_2/CO 比低于 3A 催化剂。从工艺角度来看，分子筛催化剂却需要将再生催化剂上的碳含量降得更低。因此，分子筛催化剂再生需要采用更高的再生温度和压力以提高烧焦速度。由

于中型再生装置床层线速较低，约为0.1m/s，因此，其再生效率远低于工业再生器，工业再生器的再生效率约是中型装置的5~12倍。

8.5 焦炭燃烧产物

焦炭主要是由碳、氢、硫、氮四种元素所组成的，焦炭经燃烧后生成的产物由碳、氢、硫、氮四种元素的氧化物所构成，其组成随再生方式有所差别。

8.5.1 焦炭中的碳燃烧产物

焦炭中的碳燃烧包括以下几种反应过程，一是催化剂上焦炭中的碳与空气中的氧发生反应生成 CO_2，二是生成的 CO_2 与C发生反应生成CO。焦炭燃烧反应过程表示如下，其中碳燃烧机理是先生成中间氧化物，然后再生成CO和 CO_2。

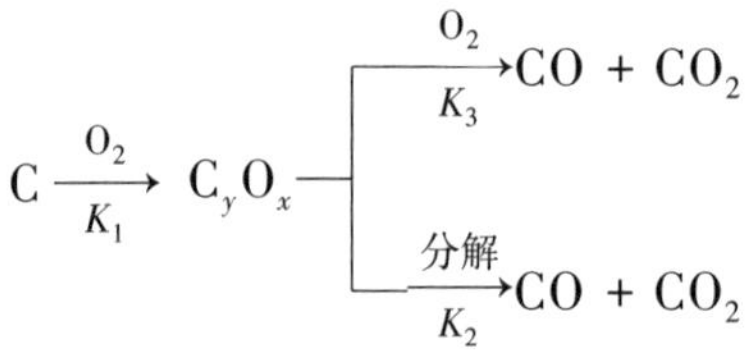

碳和氧反应时，同时生成CO和 CO_2，初次生成的 CO/CO_2 比值是温度的函数，其表达式如下：

$$\frac{CO}{CO_2}\text{比值}=2500\exp[-52000/(R_g T)] \tag{8-17}$$

式(8-17)并不是一个化学平衡的关系，而是具有相同反应级数的生成CO的反应速度与生成 CO_2 的反应速度之比。如果生成CO和 CO_2 两个反应的级数相同，则上述比值即为该两个反应速度常数之比，这两个反应活化能之差($E_{CO}-E_{CO_2}$)为52000kJ/kmol，可见温度越高该比值越大，即越有利于生成CO。

在常规再生温度590~670℃时，再生烟气中 CO_2/CO 比值一般为1.0~1.3，少数可达到2.0。如果不用CO助燃剂，在温度低于680℃时，CO的均相氧化反应进行得很慢，但温度超过680℃，尤其在700℃以上，且 O_2 含量足够时，数秒内CO就可以转化为 CO_2。

在再生器密相段，从空气分布器向上，随着碳燃烧，空气中的氧含量逐渐降低，而CO和 CO_2 同步增加。如为常规再生方式，两者单调地上升，O_2 在密相段内基本消耗掉；若是完全再生方式，待生催化剂从密相上方的催化剂分布器逆流向下与空气接触时，浓度在密相段内会出现一个峰值。剩余CO在稀相继续燃烧，根据情况剩余可达0.01%~0.2%，过剩 O_2 为1%~2%，甚至更高。密相段内CO浓度视助燃剂的催化氧化作用和对NO还原作用有所差别。铂的催化作用使CO燃烧由均相反应为主转为非均相催化反应，其反应速率至少增加两个数量级。采用助燃剂可实现CO完全燃烧，残留于烟气中的CO含量少于0.2%，即氧化率98%以上。在不同类型的再生方式下，再生器内轴向CO和 O_2 浓度分布之间的差异见图8-38。

再生器稀相空间体积很大，离开密相段含有CO和 O_2 的烟气在稀相区的停留时间在10s以上，因而还继续进行CO的氧化反应。稀相中催化剂的浓度一般为4~20kg/m^3，据此计算催化剂的热容量约为烟气的3~15倍，因而烟气夹带的催化剂可以成为CO燃烧释放出来的

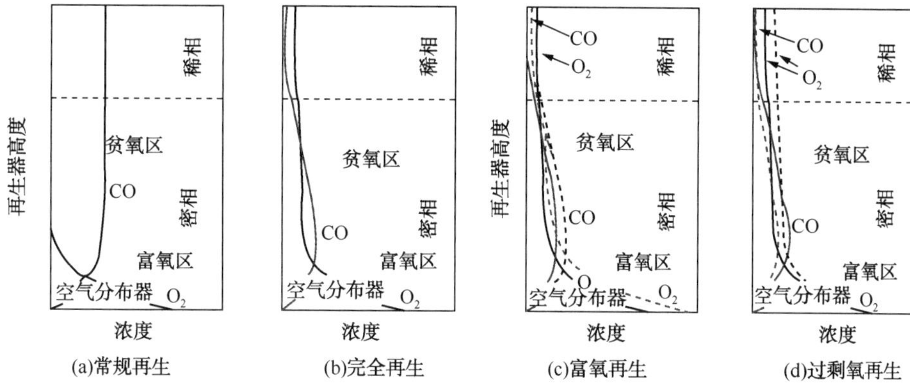

注:虚线表示并流再生工况

图8-38 再生器内轴向CO和O_2浓度分布

巨大热量的热阱，减少了稀相区的温升。

在常规再生温度为600℃左右时，稀相温升并不显著，约在几度到十几度的范围内；当再生温度为650~670℃时，稀相区的CO燃烧十分迅速，尽管氧浓度已经很低(<1%)，但仍有15℃以上甚至35℃的温升，因此必须注意控制烟气的氧含量。

烟气从稀相区进入旋风分离器，在烟气离开第一级旋风分离器之后，催化剂浓度降低到0.1kg/m^3以下，热阱作用不复存在。此处如果烟气中氧含量超过某一上限数值，CO燃烧就会失去控制，使温度大幅度上升，反过来又加速CO的燃烧速率，最终将烟气中的氧全部耗尽，温升可以高达400℃(相当于5%CO和2.5%O_2发生反应)。这一现象称尾燃或二次燃烧，轻者造成操作波动，重者导致设备损坏。

8.5.2 焦炭中的氢燃烧产物

焦炭中的氢燃烧速度比碳快得多。对于分子筛催化剂再生，碳转化率和氢转化率之间关系如图8-39所示。

从图8-39可以看出，当碳烧除60%时，氢烧除接近90%；当碳燃烧率在70%~80%时，氢燃烧率为90%~97%。当碳烧除80%时，氢烧除接近100%。通常焦炭中氢的燃烧速率是烧碳的1.8~2.4倍，这给两段再生工艺提供了开发思路。尽可能在第一段再生过程中烧去所有的氢，使得在第二段再生过程中不产生水蒸气，从而降低烟气中水蒸气分压，以保证更高的再生温度烧去再生催化剂上剩余的碳。

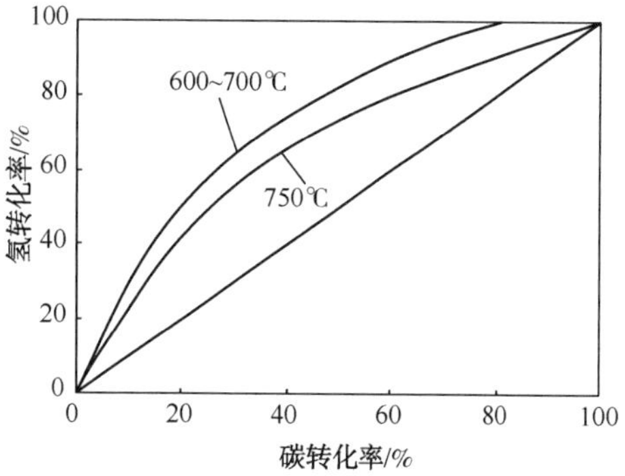

图8-39 催化剂再生时氢转化率和碳转化率之间的关系

8.5.3 焦炭中的氮燃烧产物

原料中的氮化物很容易被吸附在催化剂上经转化进入焦炭，氮化物首先转化成胺基类中间产物，然后再进一步转化，最终由烟气排放带出，部分氮化物在提升管反应器中的还原气氛下被裂解掉一部分，并以氨的形式释放到物流中。FCC 产品中的氮分布及氮平衡列于表 8-23。

表 8-23 FCC 产品中的氮分布及氮平衡

原料氮含量：0.05%~0.5%			
反应部分		再生部分	
产物中的氮分布/%		烟气中的氮分布/%	
气体(NH_3、HCN)	5~10	N_2	40~53
汽油	2~5	NO_x	10~15
LCO	15~25		
油浆	10~18		
合计	32~50	合计	50~68

待生催化剂上的氮化物在再生过程中可转化为 NO、N_2、N_2O、NO_2、HCN 和 NH_3，其 NO_x 的生成和分解的反应网络，见图 8-40。在部分燃烧的条件下，预期有较多相对数量的 NH_3 和 HCN 存在，如果下游有 CO 锅炉则会进一步转化成 NO 和 N_2；在烟气中的过剩氧含量较多的再生条件下，特别是在催化剂和金属(如 Pt)参与下，绝大部分的 HCN 和 NH_3 氧化为 NO 和 N_2O，从而导致烟气中 NO_x 含量增加。降低烟气中 NO_x 排放量技术途径在第 9 章详细论述。

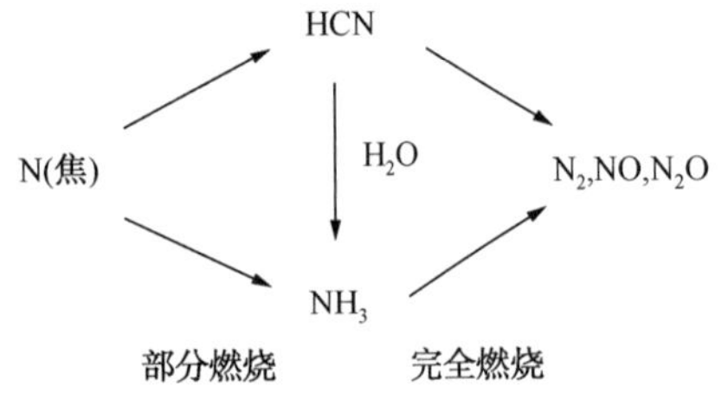

图 8-40 焦炭中的氮在再生器内燃烧所生成的产物

8.5.4 焦炭中的硫燃烧产物

原料中的硫化物不同于氮化物，大部分硫化物在提升管反应器中的还原气氛下被裂解为硫化氢，并以硫化氢形式释放到物流中，少量的硫化物被吸附在催化剂上经转化进入焦炭，在再生器氧化环境下生成 SO_2 和 SO_3，由烟气带走。产品中的硫分布及硫平衡列于表 8-24。

表 8-24 FCC 产品中的硫分布及硫平衡

原料硫含量：0.02%~2.0%			
反 应 部 分		再 生 部 分	
产物中的硫分布/%		烟气中的硫分布/%	
气体(H_2S)	36~45	SO_2	9~13
汽油	2~4	SO_3	1~2
LCO	18~25		
油浆	11~20		
合计	85~90	合计	10~15

在焦炭燃烧过程中，焦炭中的硫的燃烧比碳快，碳和硫相对燃烧速度列于表 8-25。

表 8-25　硫和碳燃烧速度比较

项　目	催化剂碳含量/%	催化剂上硫含量/(μg/g)
待生剂	1.20	115
再生剂	0.61	4

降低烟气中 SO_x 排放量首先要考虑原料中的硫含量，其次可采用其他可行技术途径，见图 8-41。图 8-41 所列的技术特点在第 9 章详细论述。

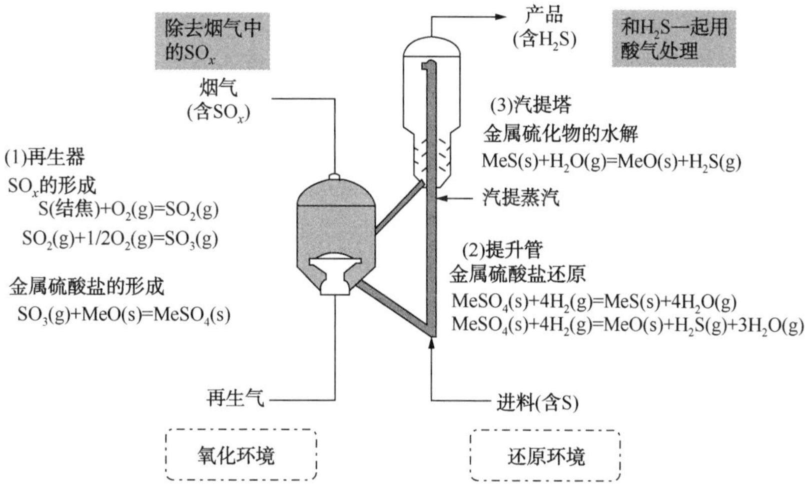

图 8-41　降低烟气中 SO_x 排放的可行技术途径

8.6　小　　结

降低分子筛催化剂上的碳含量这一需求推动着催化剂再生工艺迅速发展，相继开发出高温再生工艺、完全再生工艺、两段再生工艺及高效再生工艺，同时对催化剂上的烧焦反应动力学和再生工艺流程进行了深入广泛的研究。在两段再生工艺中发展了两段错流再生工艺、两段逆流再生工艺等。与之相应的新设备新结构(如内外取热设备)也随之诞生。在工业再生器内实现催化剂的烧焦可由于催化剂和烧焦空气的流程不同(单段或两段；并流，错流或逆流)、流化床类型不同(湍流床、快速床或输送床)、一氧化碳的燃烧程度不同(部分燃烧或完全燃烧)以及工艺条件不同(温度、床层流速、氧浓度等)而组合成多种多样的再生方式。这些再生工艺均可以实现下列目标：

(1) 较低的再生催化剂上的碳含量，一般为 0.05%~0.10%，较好的则低于 0.05%。

(2) 较高的燃烧强度，以再生器内有效藏量为准，一般低值为 100kg(碳)/[t(催化剂藏量)·h]，高者可达 250kg/(t·h)。如果按装置的原料油日处理能力需要的系统催化剂总藏量计算，则其高低值分别为 28kg(催化剂)/[t(原料油)·d]和 15kg/(t·d)。

(3) 催化剂的减活环境和磨损条件比较缓和，在合理的置换速率下，例如 0.4~0.5kg(催化剂)/t(原料)或系统催化剂总藏量的 1.5%~3%，能维持足够的平衡活性。

(4) 操作调节的灵活性，包括循环量调节、温度调节、取热量调节和尾燃防止，以适应处理量和原料性质在一定范围内的变化。

(5) 经济的合理性，能耗较低而投资效益较好。

(6) 能满足环境保护对污染物排放的有关规定。

从催化裂化反应工艺发展历程来看，再生催化剂上的碳含量分别经历着较高、较低、特低和较低。再生催化剂上的碳含量变化完全取决于催化裂化反应对再生催化剂活性的需求。当使用 USY 分子筛催化剂时，要求再生催化剂上的碳含量最好低于 0.05%；而采用变径提升管反应器后，由于反应时间延长，对催化剂活性要求也相应地有所降低，再生催化剂上的碳含量可以大于 0.1%。也就是说，催化裂化反应永远是第一位的，待生催化剂再生只要满足催化裂化反应对催化剂活性要求。即使如此，再生工艺是影响分子筛催化剂性能最重要因素之一，如何改进分子筛催化剂再生工艺一直是催化裂化技术开发的一个关键问题。

参 考 文 献

[1] 陈俊武，许友好．催化裂化工艺与工程[M]. 3 版．北京：中国石化出版社，2015.
[2] 许友好．催化裂化化学与工艺[M]. 北京：科学出版社，2013.
[3] 郭慕孙，李洪钟．流态化手册[M]. 北京：化学工业出版社，2007.
[4] Reza Sadeghbeigi. Fluid Catalytic Cracking Handbook[M]. 3rd Ed. Elsevier Inc，2012.

第9章　生产过程清洁化

9.1　再生烟气组分及排放标准

催化裂化装置是炼油工业重要的二次加工手段，它在提高原油加工深度、创造经济效益的同时，生产过程中产生的废水、废气、固体废物等对环境产生不可忽视的影响，特别是催化裂化再生烟气中的污染物排放成为生产过程清洁化必须面对的难题。再生烟气中的 SO_x、NO_x、氨(NH_3)等污染物组分和颗粒物主要来自原料油和催化剂。在催化剂再生烧焦过程中，待生催化剂上的硫元素大部分转化为 SO_x 进入再生烟气，部分以硫酸盐的形式沉积在催化剂上；氮元素部分转化为 NO_x 或 NH_3，大部分转化成 N_2 进入再生烟气。经锅炉回收热量后的再生烟气通常具有以下特点：

(1) 除氮气、氧气、CO_2 等组分外，还含有少量的 SO_x、NO_x 和颗粒物；

(2) 正常温度为 180～230℃，最高温度为 350～500℃（催化余热锅炉或 CO 锅炉故障时）；

(3) SO_x 浓度一般为 500～4500mg/m^3（标准）[个别最大浓度约为 8000mg/m^3（标准）]，NO_x 浓度一般为 50～400mg/m^3（标准）[个别最大浓度约为 3500mg/m^3（标准）]，颗粒物浓度一般为 150～300mg/m^3（标准）；

(4) 颗粒物大部分为催化剂，粒径分布较小（粒径 0～5μm 约占 75%），硬度大；

(5) 催化余热锅炉或一氧化碳（CO）锅炉定期"吹灰"，烟气中颗粒物浓度波动大，吹灰时最大浓度可达到 3000～4000mg/m^3（标准）[1]。

典型的催化裂化再生烟气组成[2]见表 9-1。

表 9-1　催化裂化装置再生烟气组成

再生形式		主要组分/%(v)					污染物组分浓度/[mg/m^3(标准)]				
		O_2	N_2	CO_2	CO	H_2O	SO_2	SO_3	NO	NO_2	NH_3
装置 A（单段再生工艺，完全再生）		2.32	70.85	13.73		13.1	2160	86	451		
装置 B（烧焦罐+稀相管再生工艺，完全再生）		1.78	74.99	14.13		9.1	309	36	483	55	
装置 C（两段再生工艺，常规再生+完全再生）	第一再生器	1.28	73.02	11.49	2.71	11.5	354			23	445
	第二再生器	6.69	73.78	13.82		6.1	397	29	544	388	
装置 D（两段再生工艺，常规再生+完全再生）	第一再生器	1.06	68.96	11.32	5.51	13.0	1077				1179
	第二再生器	7.04	76.12	9.45		7.4	43	204	494		
装置 E（逆流两段再生，贫氧再生）		0.89	73.56	10.55	4.81	10.19	1555		117		129

美国环境保护局（EPA）于 1984 年对催化裂化装置制定了污染源执行标准（NPSS），SO_x 排放设施的允许 SO_x 含量上限为 300μL/L，或脱除效率 90%（取宽限），无控制设施者允许每

燃烧1000kg焦炭排放98kgSO_2(大约为250~300μL/L)或原料硫含量不大于0.3%。美国EPA在1984年NPSS规定的基础上，1998年提出了属于第Ⅱ类污染物的MACTⅡ标准，已于2002年5月开始实施，关于再生烟气中颗粒物的限制为每烧焦1000kg允许排放1kg，对无机金属物(Sb、Ni等)，以Ni为例，允许排放量0.013kg/h，以上两条任取其一，更为先进指标为每烧焦1000kg允许排放0.5kg。[3]

我国大气污染防治法于1987年制定，1995年、2000年又进行了两次修改，2015年8月29日修订通过最新的《中华人民共和国大气污染防治法》，从立法的角度，强制企业进行有效的环境治理工作。催化裂化装置再生烟气排放标准长期以来执行GB 16297—1996《大气污染物综合排放标准》和HJ 125—2003《清洁生产标准-石油炼制业》标准，水污染物执行GB 8978—1996《污水综合排放标准》。“十二五”期间已被GB 31570—2015《石油炼制工业污染物排放标准》统一替代，要求新建企业从2015年7月1日开始执行，已有企业从2017年7月1日起开始执行。其中的SO_2、NO_x、颗粒物等排放浓度比以上两个标准更加严格，并增加Ni及其化合物控制指标，见表9-2。GB 31570—2015虽未对催化裂化水污染物排放做单独规定，但对企业总排口限值进一步提高。

表9-2 石油炼制工业污染物排放标准 mg/m^3

执行标准	执行时间		SO_2	NO_x	颗粒物	Ni及其化合物
GB 16297—1996《大气污染物综合排放标准》	1997-01-01		1200	420	150	
HJ 125—2003《清洁生产标准-石油炼制业》	2003-06-01	一级	550		100	
		二级	1200		180	
		三级	1600		190	
GB 31570—2015《石油炼制工业污染物排放标准》	2015-07-01 2017-07-01		100	200	50	0.5
GB 31570—2015《石油炼制工业污染物排放标准》①	2015-07-01 2017-07-01		50	100	30	0.3

① 特别排放限值。

据统计，炼油厂潜在的SO_x排放量占总SO_x排放量的6%~7%，其中仅催化裂化再生烟气就占了5%左右。不仅如此，催化裂化再生烟气中还含有大量的NO_x、颗粒物，再生烟气排放带来严重的环境问题。

9.2 再生烟气脱硫技术

原料油中通常含有硫醇、硫醚、环硫醚、硫酚、噻吩等硫化物，在催化裂化反应过程中，部分含硫化合物转化为硫化氢(H_2S)和噻吩等存在于反应油气和油品中，部分含硫化合物则转化成结构复杂且相对分子质量较大的缩合物存在于油浆和焦炭中。焦炭中的硫燃烧生成为硫氧化物(SO_x)，其浓度与原料硫含量、焦炭产率和再生方式等有关。部分催化裂化装置原料油中的硫分布在各产物中的比例见表9-3。

表 9-3　原料油中的硫分布在各产物中的比例

项　目	装置 A	装置 B	装置 C	装置 D	装置 E
装置规模/(Mt/a)	2.80	2.00	2.10	1.61	0.80
掺渣率/%(m)	混合渣油	混合渣油	全蜡油	28.4%	75.6
原料硫含量/%(m)	0.4	0.3	1.23	0.62	0.48
原料是否加氢	渣油加氢	部分渣油加氢	部分蜡油加氢	部分蜡油加氢	未加氢
再生工艺形式	重叠两段再生	快速床-湍流床串联再生	快速床-湍流床串联再生	石伟两段再生	单段富氧再生
硫分布/%(m)					
干气	7.76	4.63	13.35	10.43	22.22
液化气	22.27	21.19	30.40	18.14	9.55
汽油	1.44	3.34	3.04	2.20	2.45
柴油	17.26	20.65	31.06	33.52	18.40
油浆	9.84	21.35	11.37	15.95	13.97
焦炭	32.88	16.13	7.36	11.50	11.95
污水	7.69	7.72	3.42	7.89	21.46

降低再生烟气中的 SO_x 排放主要有三种途径：一是采用催化原料预处理，建设蜡油或渣油加氢装置，降低原料的硫含量；二是采用硫转移剂；三是增上烟气脱硫设施。前两种受到氢源、投资费用或者脱除率的限制而影响了使用，目前已较少作为单独处理措施，第三种方法比较彻底，具有脱除效率高适用范围广等优点，是近年来再生烟气处理的重点方向。

9.2.1　原料加氢处理

催化裂化原料加氢预处理和催化裂化组合工艺可以改善进料的裂化性能和产品分布，提高装置加工能力和轻油收率，降低干气和焦炭产率，同时也是一种有效的 SO_x 控制方式。

通过降低原料的硫含量，催化裂化焦炭的硫含量也相应降低，再生烟气中 SO_x 浓度从而随之下降，但上述两个硫含量之间并非线性关系，因为最难加氢的含硫化合物最容易残留在焦炭上，而当加氢脱硫率达 90%时，再生烟气中的 SO_x 浓度只减少 75%~80%，而加氢脱硫率达到 95%~99%时，再生烟气中的 SO_x 浓度可降低 94%~98%。因为引起 SO_x 排放的含硫化合物很难除去，需要深度脱硫以降低再生烟气中的 SO_x 浓度，所以加氢处理装置的投资和操作费用都很高。但原料加氢处理使原料性质得到改善，其高成本会因 FCC 产品收率和质量的提高而得到补偿。因此，当装置规模大和脱硫深度高时是合算的[4]。该工艺能从根本上解决催化装置 SO_x 排放，又可以提高催化产品质量，从技术上看这是一种最好的方法，但它的不足之处是设备投资及操作费用都比较高，一般不是以控制再生烟气排放为目的，而是为了获得更好的产品质量和经济效益，本书不做详细讨论。

9.2.2　硫转移剂

SO_x 转移剂的研制工作始于 20 世纪 70 年代初期，国外许多大公司在这方面都做了大量工作，1981~1984 年间世界上主要 FCC 催化剂制造商几乎都拥有了成熟的硫转移催化剂或添加剂技术，并且经工业应用取得了成效。该技术是将硫转移剂以助剂的形式加入到催化裂化主催化剂中，随催化剂在反再系统中循环，实现将再生烟气中的硫化物转移到反应产物干气中，从而控制再生烟气中 SO_x 排放浓度以满足达标排放的要求。这种方法既可以大大减少再生烟气排出的 SO_x 对大气的污染，又可将再生烟气中 SO_x 转化成 H_2S 后制成硫黄，变废为宝。[5]

硫转移剂法控制再生烟气中 SO_x 的排放具有设备投资费用少，操作费用低，废物后处理问题少的优点。在一定程度上来说，它是目前最廉价，最方便，最快捷的降低 SO_x 排放的方法。但使用脱 SO_x 助剂有一定局限性，要求再生烟气中含有较高的过剩氧含量，才能充分发挥脱 SO_x 助剂的效果。采用完全再生方式能加快 SO_2 氧化为 SO_3 的反应速度，提高 SO_x 脱除效率；而采用不完全再生方式，SO_x 脱除效率很低。如果 FCCU 采用两段再生技术，脱 SO_x 助剂的应用效果一般为完全再生的 1/2[6]。此外随着环保控制标准的进一步提升，及原料油的进一步劣质化，硫转移剂法作为单独手段降低再生烟气 SO_x 的排放使之满足环保指标要求已较难实现，但作为一种补充手段仍能发挥较大的作用。

9.2.2.1 硫转移剂作用机理

硫转移助剂脱硫是在 FCC 反再系统中原位进行 SO_x 的转移脱除，具体过程是：硫转移剂与催化剂一起在反应器和再生器中连续循环，利用 FCC 再生器中的氧化气氛，将 SO_2 转化为 SO_3，然后化学吸附于硫转移助剂上，并与硫转移助剂中的金属形成稳定的金属硫酸盐[7]。具体反应过程如式(9-1)至式(9-3)所示，M 表示硫转移剂中的金属。

$$2S(焦炭中)+5/2O_2 \longrightarrow SO_2(90\%)+SO_3(10\%) \tag{9-1}$$

$$2SO_2+O_2 \longrightarrow 2SO_3 \tag{9-2}$$

$$MO+SO_3 \longrightarrow MSO_4 \tag{9-3}$$

当硫酸盐化的硫转移助剂再次返回到 FCC 反应器中时，由于低碳烃类、氢气及蒸汽的存在，利用其中的还原气氛，将助剂上的金属硫酸盐还原，直接释放出 H_2S 或转化为金属硫化物，随后在汽提段中转化为 H_2S 并释放，同时硫转移助剂得到再生，返回到再生器中继续作用。在提升管反应器中的具体反应过程如式(9-4)至式(9-6)所示：

$$MSO_4+4H_2(或烃类) \longrightarrow MS+4H_2O \tag{9-4}$$

$$MSO_4+4H_2(或烃类) \longrightarrow MO+H_2S+3H_2O \tag{9-5}$$

$$汽提段中：MS+H_2O \longrightarrow MO+H_2S \tag{9-6}$$

从再生烟气中转移到提升管反应器中的硫以 H_2S 的形式同催化裂化产物(干气)一起被分离出来，经下游的硫回收装置处理，以硫黄的形式回收，从而达到降低 SO_x 污染同时变废为宝的目的。硫转移剂作用机理详见图 9-1。

从硫转移助剂的作用机理可以看出，优良的硫转移助剂必须具有高温氧化条件下吸收硫效果好、还原条件下容易还原并迅速释放出 H_2S、高的活性及稳定性等特点。同时，硫转移助剂本身对催化反应无副作用，对裂化产物的质量和分布没有不良影响。此外，硫转移助剂必须具有高的强度、优异的水热稳定性、良好的筛分组成等 FCC 催化剂所必须具备的理化特性，而且在使用过程中能够适应催化裂化装置的流化操作，同时不增加其他污染物的排放[8]。

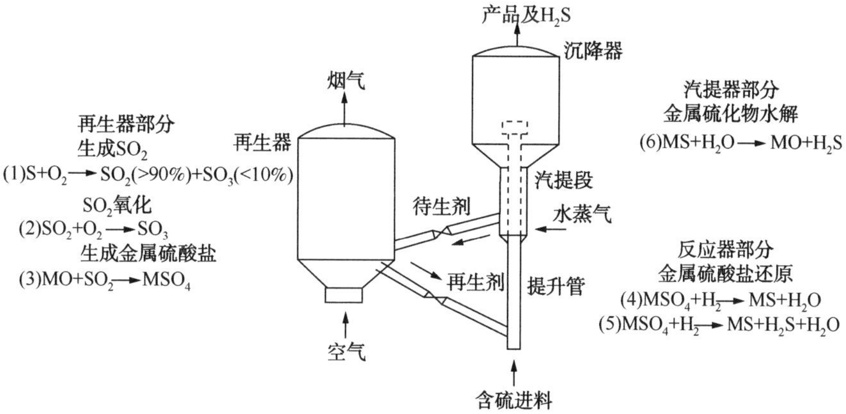

图 9-1 硫转移剂作用机理

9.2.2.2 硫转移剂的研究进展

硫转移剂大致可归纳为两类：一类是脱硫催化剂，即催化裂化催化剂本身就包含有硫转移活性组分；另一类是添加剂类型的硫转移剂，它与 FCC 催化剂的物性相似。目前第二类硫转移剂得到广泛使用，相比单一颗粒脱硫催化剂，双颗粒硫转移剂可以根据加工原料的变化、再生烟气中 SO_2的浓度以及脱硫助剂的活性和烟气排放要求等添加不同性质的脱硫助剂和不同量的脱硫助剂。这比单颗粒的硫转移剂技术操作更灵活，选择空间更大。

20 世纪 70 年代以来，随着环保法规的日益严格，国外硫转移技术的发展相当迅速，世界各大石油公司相继开发出了各自的硫转移助剂，如 Intercat 公司开发的 SOxGETTER，Engelhard 公司开发的 SOx CAT Extra，Katalistiks 公司开发的 DeSOx(生产专利权已于 1995 年转让给 Grace Davision)，广泛应用于各大炼厂的催化裂化装置，详见表 9-4[9]。

表 9-4 国外硫转移剂的应用

公 司	产 品	载 体	活性组分	应 用
Amoco	HRD276、HRD277	镁铝尖晶石	Ce；$CeO_2/MgAl_2O_4 \cdot MgO$	1983 年实现工业化；1984 年推向市场，占比 0.7%~3%，脱硫率达 70%
Albemarle	KDSOx 2000	镁铝尖晶石		对液收没有影响，也不增加再生器的 NO_x，有很好的流化性能，跑损率少
Albemarle	RESOLVE 800	镁铝尖晶石		汽油脱硫、再生器中烟气脱 SO_x的两用助剂，汽油的脱硫率可达 25%，减少 SO_x排放量约 80%
Engelhard	SOx CAT Extra	镁铝尖晶石		
Grace Davison	DESOx、Super DESOx	镁铝尖晶石	$Al_2O_3$48%，MgO38%，$V_2O_5$2.5%	中石化海南炼化等，70 多个炼厂使用
Intercat	SOxGETTER、Super SOx GETTER、Ultra Lo SOx	多水高岭石	$Al_2O_3$13.1%，MgO39%，$V_2O_5$2.8%，$CeO_2$11.4%	脱除 SO_x至<50mg/m^3

其中 DeSOx 剂占据了绝大部分市场份额，表 9-5 是 DeSOx 硫转移剂在南加州某炼厂使用的工业数据。

表 9-5 DeSOx 硫转移剂工业数据

DeSOx 剂加入量/(kg/d)	烟囱 SO_2 排放		SO_2 体积排放降低率/%	SO_2 吸附量/(kg/kgDeSOx)
	μL/L	kg/100m^{3}进料		
20.4	80	21.5	56	30
31.8	70	19.0	63	21
72.6	44	12	77	11
113	25	6.3	88	8
148	10	2.5	95	7

注：SO_2排放下降和吸附量计算以进料 1%硫含量、进料硫的 2.8%进入焦炭为基准。

目前工业应用的大部分硫转移助剂主要成分为镁铝尖晶石。镁铝尖晶石是一种与 $\gamma-Al_2O_3$具有相似结构的氧化物，尖晶石中氧化物呈立方紧密堆积排列。所不同的是在镁铝尖晶石的结构中共有 24 个阳离子填充在氧离子的空隙中，而 $\gamma-Al_2O_3$的结构中却只有 1/3 个空隙无序地被 Al^{3+}占据。饱和结构的镁铝尖晶石具有更好的热稳定性，即使在很高的操作温度下也不会发生晶相转变，而且镁铝尖晶石的表面酸性较弱，机械强度比 $\gamma-Al_2O_3$要高得多。镁铝尖晶石集合了氧化镁和氧化铝两种材料的优点，具有较高的吸硫能力，形成的硫酸盐又比较稳定，在 H_2还原条件下容易还原再生，其耐磨强度与典型的 FCC 催化剂相近。正因为镁铝尖晶石的独特性能，硫转移剂的研究多以尖晶石为基础展开。

除了镁铝尖晶石型硫转移剂外，也存在一些非尖晶石助剂，例如 $MgO-La_2O_3-Al_2O_3$和 $MgO-(La/Nd)_2O_3-Al_2O_3$的这种三元氧化物等。此材料以氧化铈和氧化钒作为活性组分时，脱除 SO_2的效果也比较显著，但是需要使用大量的、价格相对比较昂贵的稀土金属。此外，钒氧化物在制备和使用中都会造成不同程度的污染，所以这种材料的应用前景有限[4]。

硫转移剂的另一个主要研究方向是在具有层状结构的水滑石的基础上开展的一些工作。Mg-Al 水滑石由类水滑石层组成，通式是$[Mg_8-xAl_x(OH)_{16}(CO_3^{2-})_x/2]_nH_2O$。一个 Mg^{2+}由 6 个 OH^-呈八面体包围，不同的八面体相互共边形成层状化合物。当 Mg^{2+}被 Al^{3+}取代时，类水滑石层带正电，位于夹层中的碳酸根起补偿电荷的作用。在 455~500℃的温度下对水滑石进行热处理，水滑石会脱水、脱羟基，形成氧化镁结构和碱性的 Mg-Al 混合氧化物。在 827℃下处理，能形成 $Mg·Al_2O_4$尖晶石结构。据报道水滑石型复合物具有比表面积大、粒子小、热稳定性高、金属离子分散均匀的特点。另外，这种层状结构更有利于 SO_2的吸附和还原产物的脱除。

9.2.2.3 国内硫转移助剂的研究应用情况

国内硫转移剂的研究主要分为固体硫转移剂和液体硫转移剂两类。固体硫转移剂以助剂的形式与催化裂化催化剂一起加入到再生器中。液体硫转移剂以液体形式存在，使用时将液体随原料油一起注入反应器，有效组分吸附并沉积在催化剂表面，形成类似单颗粒型的硫转移剂，随催化剂一起在反再系统间循环。

20世纪80年代末，石油化工科学研究院研制了RSOx-7型硫转移剂并在ARCO小型提升管FCC装置上进行了试验，再生烟气中SO_x浓度随着加入RSO_X型硫转移剂量的增加而降低。当加入量增加5%时，再生烟气中SO_x减少了83%，对催化剂的反应性能、产品性质无明显负面影响，在工业试验后投入规模使用。在此期间，石油化工科学研究院建立了研究硫转移剂的实验室制备、评价方法、小试载体研究以及中试放大和评价方法等，为我国硫转移剂研究工作的进一步发展奠定了坚实的基础。20世纪90年代末石油化工科学院又相继开发以改性镁铝尖晶石微球为载体，浸渍氧化铈等金属氧化物为活性组分的CE系列及以采用共胶法直接成型RFS系列硫转移剂，国产硫转移剂CE-001(齐鲁催化剂厂生产)和RFS-C(长岭催化剂厂生产)先后在两套重油催化裂化装置进行了工业试验，其结果见表9-6和表9-7。[10]试验结果表明国产固体硫转移剂已达到相当高的水平。

表9-6 CE-001硫转移剂在某装置应用的工业数据

试验日期	2000-08-01	2000-08-09		2000-08-10	
原料油硫/%	1.03	0.83		0.99	
硫转移剂藏量/%	0	2.5		2.5	
烟气SO_2/(μL/L)	3772	596	1596	1784	1764
烟气SO_x减少率/%	0.0	84.1	57.7	52.7	53.2

表9-7 RFS-C硫转移剂在某装置应用的工业数据

日 期	原料油硫/%	主剂藏量/t	硫转移剂藏量/t	烟气SO_2/(μL/L)
2000-12-05	0.54	300	0	2000
2000-12-26	—		2	1558
2000-12-27	—		4	207
2000-12-28	—		6	278
2000-12-29	—		8	312
2000-12-30	0.56		8	88
2001-01-06	—		8	154

近几年，石油化工科学研究院、兰州石化公司催化剂厂、中国石油大学等单位又相继开发了多种固体硫转移助剂及多功能脱硫脱硝助燃三效助剂并取得工业应用，详见表9-8。

表9-8 国产硫转移剂的应用

公 司	产 品	应 用
石油化工科学研究院	RFS09型固体硫转移剂	于2010年4月在九江分公司Ⅱ套FCC装置进行工业试验，添加量占比2.3%，烟气中SO_3和SO_2的转移率分别达到84.1%和79.0%，产物分布变化不大
兰州石化公司催化剂厂	LRS-25型固体硫转移剂	于2010年11月在大连石化公司3.5Mt/a重油催化裂化装置进行工业试验，添加量占比5.0%，LRS-25硫转移剂能满足环保对烟气二氧化硫排放要求，对催化裂化产品质量和产物分布没有不利影响

续表

公司	产品	应用
天津拓得石油技术公司	TUD-DNS 型固体烟气硫转移剂	于 2014 年 1 月在北海炼化 1.70Mt/a 催化裂化装置，添加量占比 4.5%，SO_3去除率为 95.24%，对催化裂化产品质量和产物分布没有不利影响
天津拓得石油技术公司	TUD-DNS 型固体烟气硫转移剂和 TUDDNS3 型固体脱硫脱硝助燃三效助剂	于 2014 年 1 月在中国石化天津分公司的 1.3Mt/a 催化裂化装置进行工业试用，硫转移剂和三效助剂按 1.5：1 添加比例协同使用，添加量占总藏量的 3%，烟气中 SO_2去除率达 63.1%，SO_3去除率达 87.0%；烟气中 NO_x含量由 103.6mg/m^{3}下降至 58.1mg/m^3，再生稀密相温差由空白标定的 3.5℃降至 1.5℃左右，对产品未发生任何负面影响，汽油收率略有提高
北京三聚环保新材料股份有限公司	FP-DS 型固体硫转化剂	于 2001 年 8~10 月于锦西炼化总厂进行了工业应用试验，添加量占比 1%，一再 SO_x脱除率达 64.6%，二再 SO_x脱除率达 81.1%。对催化剂的选择性、产品分布无任何负面影响
北京三聚环保新材料股份有限公司	FP-DSN 型固体转硫、脱氮、助燃三功能的催化剂	于 2001 年 8 月在锦西石化分公司的 1.4Mt/a 的重油催化裂化装置，一再 SO_x由 780.93t/a 降至 275.96t/a，一再 NO_x由 14.10t/a 降至 2.86t/a，二再 SO_x由 9.62t/a 降至 1.82t/a，二再 NO_x由 106.04t/a 降至 8.48t/a，对产品质量和产物分布没有不利影响
中石化炼化工程集团洛阳技术研发中心	固体三效助剂 LTA-1	于 2007 年 9 月在济南分公司重油催化裂化装置进行工业应用试验，添加量占比 2.5%，SO_x脱除率为 69.9%，NO_x脱除率为 21.3%，对产品性质没有不利影响

除固体硫转移剂外，液体硫转移剂也有应用报道。如洛阳石油化工工程公司炼制研究所开发了 LST-1 型液体硫转移剂，该助剂由氧化剂、吸附剂和分解促进剂三部分组成。此硫转移剂于 1999 年下半年在茂名石化公司和镇海炼油化工股份公司进行了工业应用试验。结果表明，LST-1 型液体硫转移剂有效组分负载率为 89%~93%，脱硫率为 40%~75%，加入该助剂对裂化产品的分布没有影响[11]。虽然液体硫转移剂已有较多的研究，但与固体助剂相比，液体运输和存储都非常不便。另外，液体助剂的加入也比较麻烦，需要与原料混合或单独用一个喷嘴，增加了加剂过程的复杂程度。另外，液体硫转移剂最后是负载在催化裂化催化剂上，可能会与单颗粒助剂一样会破坏催化裂化催化剂的性质。

9.2.3 湿法洗涤脱硫技术

9.2.3.1 再生烟气脱硫技术

再生烟气脱硫技术按照脱硫剂状态，脱硫方法可分为干法、半干法和湿法三种。湿法脱硫技术是利用碱性的吸收剂溶液脱除烟气中的 SO_2，通常带有除尘功能，形成脱硫、除尘一体化技术，其最大优点是脱硫率高达 95%，装置运行可靠性高，操作简单，SO_2吨处理成本低。在世界各国现有的烟气脱硫技术中，湿法脱硫约占 85%，以湿法脱硫为主的国家有日本(占 98%)、美国(占 92%)和德国(占 90%)。根据吸收剂和工艺的不同特点，湿法烟气脱硫技术可分为抛弃法和可再生循环吸收法。抛弃法是将脱硫过程中形成的液体、固体产物废弃，需要连续不断地加入新鲜吸收剂。抛弃法的优势在于一次性投资低，装置流程简单可靠，脱硫除尘同步完成，SO_2吨处理成本及能耗均较低。而抛弃法的主要缺点在于二次污染量较大。回收法的最大优势在于可将SO_2进行回收和资源化利用，同时可大大减少液体、固体废弃物的排放量。相对于抛弃法，回收法为了不污染吸收剂，烟气的冷却除尘和溶剂脱硫一般要分开进行，同时还要考虑脱除溶剂中累积的热稳定盐，并且由于增加再生系统，相应地投资费用要高得多，同时流程更为复杂，装置能耗也相对较高[12]。

国外工业运行的催化裂化再生烟气脱SO_x技术以湿法为主，吸收剂(洗涤液)有钠碱、氢氧化镁[$Mg(OH)_2$]和海水等。湿法洗涤脱SO_x设施一般由吸收(洗涤)单元和废液净化处理单元组成，前者是烟气脱硫技术的核心，主要技术和专利商见表9-9。应用较多的抛弃法湿法脱硫技术有DuPont-BELCO公司的EDV®、ExxonMobil公司的WGS技术，已工业化可再生湿法洗涤(回收法)工艺有DuPont-BELCO公司的LABSORB™工艺和Shell公司的CANSOLV工艺，分别以无机缓冲液和有机缓冲液作为吸收剂。国内自1999年引进EDV®技术以来，大部分催化裂化装置已增设脱硫设施，其中大部分采用湿法脱硫技术。2012年中石化在国内率先开发了用于催化裂化装置除尘脱硫的湍冲文丘里湿法除尘钠法脱硫技术，并成功进行了工业化应用，至今已有20几套工业应用业绩。2014年，中石化洛阳工程有限公司(LPEC)开发出可再生湿法催化烟气脱硫成套技术，并在济南炼化1.4Mt/a重油催化装置顺利建成投产。

表9-9　主要的催化裂化烟气脱硫技术和专利商

技　　术	专利商	方法	吸收剂	SO_2脱除效率/%	首套工业化时间
EDV®	DuPont™ BELCO®	湿法洗涤	NaOH或$Mg(OH)_2$	≥95	1994年
LABSORB™	DuPont™ BELCO®	湿法洗涤	$NaOH+H_3PO_4$	90~95	2003年
WGS	ExxonMobil	湿法洗涤	NaOH	90~99	1974年
DynaWave™	MECS®	湿法洗涤	NaOH	90~95	2003年
CANSOLV	Shell Global Solutions	湿法洗涤	有机胺	≥95	2006年
双循环湍冲文丘里湿法除尘钠法脱硫技术	中国石化	湿法洗涤	NaOH	≥98	2012年
RASOC	中国石化	湿法洗涤	专用的LAS吸收剂		2014年

9.2.3.2　EDV®湿法洗涤脱硫技术

EDV®湿法洗涤技术自1994年开始工业应用以来，已显示出其优异的操作性和可靠性，迄今国外已超过80套催化裂化装置，国内20多套催化裂化装置已采用EDV®湿法洗涤技术，最大的能力为5Mt/a。EDV®系统是由烟气洗涤系统和排液处理系统两部分所组成的，关键设备为洗涤塔。洗涤塔内结构简单，系统压降小，除尘效率高，能耗较低，装置操作弹性大，可以在50%~110%负荷下有效运行。洗涤塔采用模块化设计，内部结构近似空塔，即使出现操作工况波动，也不会产生堵塞情况[13]。

(1) 反应机理

由于再生烟气中含有SO_2，同时还含有大量的CO_2，用NaOH溶液洗涤气体时，首先发

生 CO_2与 NaOH 的反应，导致了吸收液的 pH 值降低，且脱硫效率很低。随着时间的延长，pH 值降至 7.6 以下时，发生吸收 SO_2的反应。随主要吸收剂 Na_2SO_3的不断生成，SO_2的脱除效率也不断升高，当吸收液中的 Na_2SO_3全部转变成 $NaHSO_3$时，吸收反应将不再发生，此时 pH 值降至 4.4。但随 SO_2在溶液中进行物理溶解，pH 值仍继续下降，此时 SO_2不发生吸附反应。因此，吸收液有效吸收 SO_2的 pH 值范围为 4.4~7.6，在实际吸收过程中，吸收液的 pH 值应控制在此范围内。

① 吸收反应

再生烟气与喷嘴喷出的循环碱液在吸收塔内有效接触，循环碱液吸收大部分 SO_2，反应如下：

$$SO_2+H_2O \longrightarrow SO_2(l)+H_2O(\text{传质}) \tag{9-7}$$

$$SO_2+H_2O \longrightarrow H_2SO_3(\text{溶解}) \tag{9-8}$$

$$SO_2+H_2O \longrightarrow H^++HSO_3^-(\text{电离}) \tag{9-9}$$

$$H_2SO_3 \rightleftharpoons H^++HSO_3^-(\text{电离}) \tag{9-10}$$

② 中和反应

吸收剂碱液保持一定的 pH 值，在吸收塔内发生中和反应，中和后的碱液在吸收塔内再循环，中和反应如下：

$$NaOH \longrightarrow Na^++OH^- \tag{9-11}$$

$$2NaOH+H_2SO_3 \longrightarrow Na_2SO_3+2H_2O \tag{9-12}$$

$$Na_2SO_3+H_2O+SO_2(l) \longrightarrow 2NaHSO_3 \tag{9-13}$$

$$NaOH+NaHSO_3 \longrightarrow Na_2SO_3+H_2O \tag{9-14}$$

$$Na^++HSO_3^- \longrightarrow NaHSO_3 \tag{9-15}$$

$$2Na^++CO_3^{2-} \longrightarrow Na_2CO_3 \tag{9-16}$$

$$2H^++CO_3^{2-} \longrightarrow H_2O+CO_2\uparrow \tag{9-17}$$

中和反应本身并不困难，吸收开始时主要生成 Na_2SO_3，而 Na_2SO_3具有脱硫能力，能继续从气体中吸收 SO_2转变成 $NaHSO_3$。当 Na_2SO_3 全部转化为 $NaHSO_3$ 时，吸收反应将不再发生，因为 $NaHSO_3$不再具有吸收 SO_2的能力，而实际的吸收剂为 Na_2SO_3。

③ 氧化反应

部分 HSO_3^-在洗涤塔吸收区被再生烟气中的氧所氧化，其他的 HSO_3^-在氧化塔中被空气完全氧化，反应如下：

$$HSO_3^-+1/2O_2 \longrightarrow HSO_4^- \tag{9-18}$$

$$HSO_4^- \rightleftharpoons H^++SO_4^{2-} \tag{9-19}$$

④ 其他副反应

再生烟气中的其他污染物如 SO_3、HCl、HF 和灰尘都被循环浆液吸收和捕集。SO_3、HCl、HF 在悬浮液中发生反应如下：

$$SO_3+H_2O \longrightarrow 2H^++SO_4^{2-} \tag{9-20}$$

$$Na^++HCl \rightleftharpoons NaCl+H^+ \tag{9-21}$$

$$Na^++HF \rightleftharpoons NaF+H^+ \tag{9-22}$$

脱硫反应是一个比较复杂的反应过程，其中有些副反应有利于反应的进程，有些会阻碍反应的发生，应予以重视。Al 主要来源于再生烟气中的催化剂，可溶解的 Al 在 F 离子浓度达到一定条件下，会形成氟化铝络合物(胶状絮凝物)。同时，从烟气中吸收溶解的氯化物，在氯离子的浓度较高时，会发生腐蚀，应予以重视。

(2) 工艺过程简述

洗涤系统是烟气脱硫系统的核心，洗涤塔分为急冷区、吸收区、滤清模块区、气液分离区以及烟囱等部分。烟气水平地进入到洗涤塔的喷淋急冷区，在此设急冷喷嘴喷淋循环浆液，对烟气进行急冷。烟气经过高密度的水帘，与雾化水滴以交叉流的方式移动，将烟气流的整个横截面覆盖，大大降低烟气温度并脱除较大颗粒粉尘，并均匀地冲洗整个内壁。降温并饱和后的烟气上升到吸收区。主要洗涤 3μm 以上的催化剂颗粒、吸收烟气中二氧化硫及其他酸性气体。脱硫后的烟气上升进入滤清模块区，过滤模块以环状布置在吸收塔的上部内。在此烟气被分成若干股，分别通过各个通道上升，饱和烟气进入每个滤清模块的文氏管会降温、降压而膨胀被加速，之后再减速而使水气浓缩，在烟气中的细小颗粒和雾气上会形成一层水膜使其体积和质量增加。变大并凝聚的颗粒和雾气由位于每一个模块尾部(顶部)的喷嘴所产生的高密度喷淋进行过滤，循环洗涤液通过滤清模块循环泵送入喷嘴，将烟气中在吸收区没有被除去的 1~3μm 的固体颗粒及少量酸性气体洗涤吸收，烟气得到进一步充分净化。脱硫后的烟气上升进入旋转水珠分离器，其入口处的固定导叶让烟气旋转，通过离心分离的方式，将烟气中的水滴分离。分离的水均匀地冲洗管道内壁进行自清洁，并在分离器底部聚集返回滤清模块区，脱水后的净烟气经上部烟囱排入大气。吸收塔结构及专用喷嘴结构详见图 9-2 和图 9-3[14]。

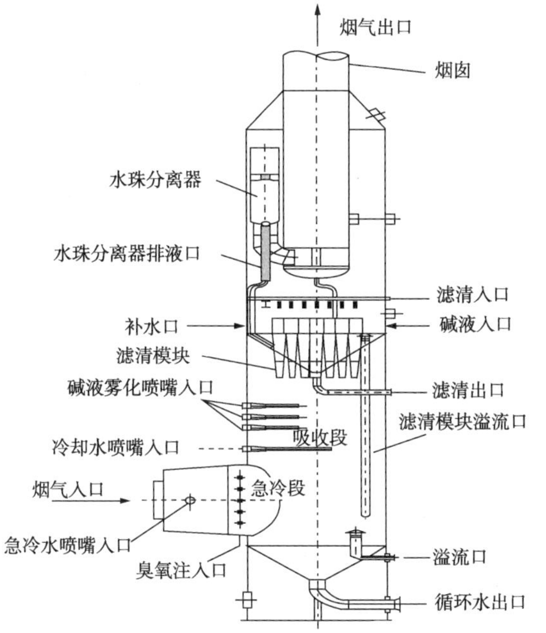

图 9-2　EDV 吸收塔结构

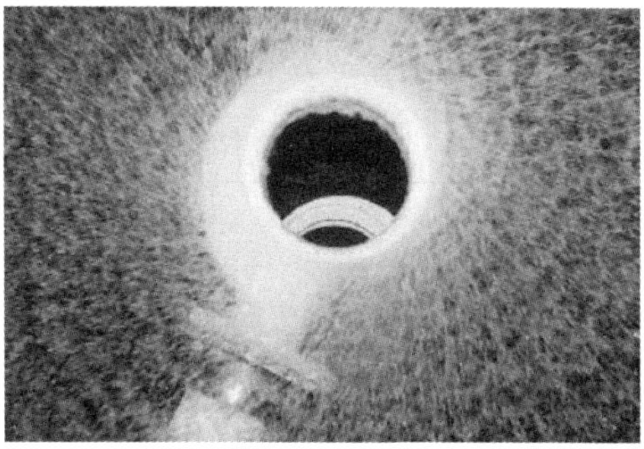

图 9-3　EDV 喷嘴结构

吸收液捕集到的污染物，包括悬浮的催化剂细粉和因吸收 SO_x 和 NO_x 产生的溶解性亚硫酸盐/硫酸盐($NaHSO_3$、Na_2SO_3 和 Na_2SO_4)，需要被排放到洗涤塔循环之外以维持正常的平衡操作。废水处理设施一般和主吸收装置相对独立，根据工艺选择有不同的处理方式，主要是通过过滤或沉淀去除所含有的催化剂悬浮物，其次通过空气氧化将排放液中的亚硫酸盐转化为硫酸盐降低化学耗氧量(COD)。进入污水系统洗涤液中若加入苛性钠，最终变成硫酸钠随废水排出；若加入石灰，最终变成石膏，经处置后作为副产品。EDV®湿法除尘钠法脱硫技术工艺流程示意见图9-4。

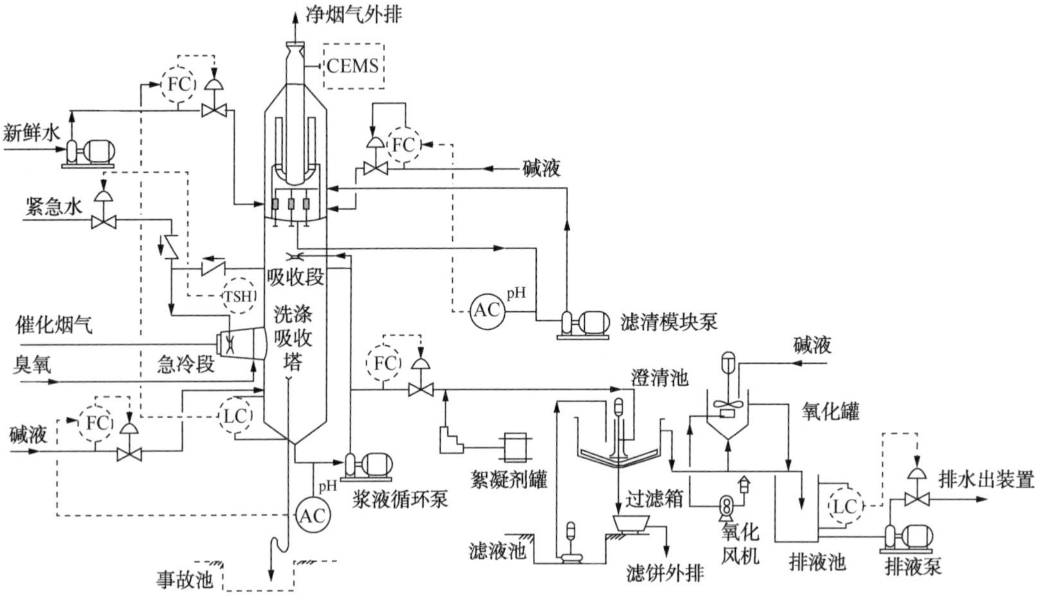

图9-4　EDV®湿法除尘钠法脱硫技术工艺流程

(3) 工业应用情况

国内首套EDV®湿法洗涤技术引进时，大气污染物执行HJ 125—2003《清洁生产标准 石油炼制业》标准，水污染物执行GB 8978—1996《污水综合排放标准》，SO_2排放浓度指标为550mg/Nm^{3}和粉尘浓度为120mg/Nm^3，目前污染物排放标准已统一执行GB 31570—2015《石油炼制工业污染物排放标准》，要求特别排放地区，SO_2排放浓度小于50mg/Nm^{3}和粉尘浓度小于30mg/Nm^3。从国内运行的EDV®湿法除尘钠法脱硫装置的运行统计情况看，基本满足最新排放指标要求，部分装置运行数据如表9-10所列。

表9-10　EDV湿法洗涤脱硫系统运行效果

项　　目	装置A	装置B	装置C	装置D	装置E
催化裂化装置规模/(Mt/a)	1.15	1.3	2.5	1.4	3.0
烟脱设计规模/($10^4m^3/h$)	13.2	16.2	26.6	20.65	44.4
实际烟气量/($10^4m^3/h$)	11.4	14.5	—	15.4	33.1
脱前烟气					
烟气温度/℃	159	155	160	194	190
烟气SO_2浓度/(mg/m^3)	3049	686	2020	1524	555
粉尘浓度/(mg/m^3)	218	163	150	241	—
净化烟气					
烟气SO_2浓度/(mg/m^3)	3	25	35	8	7.17

续表

项　　目	装置 A	装置 B	装置 C	装置 D	装置 E
粉尘浓度/(mg/m³)	10.3	31	20	28	—
外排废水					—
流量/(t/h)	10	11	21	5.27	—
TSS/(mg/L)	—	53	30	69	—
pH 值	7.4	8.5	7.5	7.8	—
COD/(mg/L)	31.2	96	25	238	—

从 EDV®湿法脱硫装置工业运行数据看，净化烟气 SO_2 排放浓度均能满足最新的 GB 31570—2015《石油炼制工业污染物排放标准》要求，但净化烟气排放粉尘排放浓度部分装置接近 GB 31570—2015《石油炼制工业污染物排放标准》特别排放限值(30mg/Nm³)，但目前对粉尘排放浓度的检测分析仍有较大争议，从实际调研情况看，部分装置净化烟气粉尘分析检测中含有部分盐类物质，对粉尘排放结果有较大的影响。目前国内部分电站烟气脱硫设施已进行新一轮超低排放改造，对再生烟气脱硫设施升级有一定的借鉴意义。

9.2.3.3　WGS 湿法洗涤脱硫技术

WGS 湿法洗涤技术是 ExxonMobil 公司 20 世纪 70 年代开发的，1974 年首次进行工业应用。北美洲已建成 25 套 WGS 装置，其中美国 Baton Rouge 炼油厂两套 6.00Mt/a FCC 装置共用一套目前全球最大的 WGS 脱硫系统，2012 年中国石油引进美国 ExxonMobil 公司 WGS 湿法脱硫技术，并在中国石油锦西石化分公司 1Mt/a 催化裂化装置烟气脱硫项目中首次应用。截至 2017 年，WGS 在中国已有 10 套左右的应用业绩。同 EDV 技术类似，WGS 技术可靠性较高、投资较低，而且稍作改动即可变为 WGS+技术，具有同时实现再生烟气脱硫和脱硝功能；其缺点与 EDV 技术相同，所排含盐污水难以处理。

(1) 反应机理及技术特点

WGS 湿法洗涤技术吸收原理与 EDV 技术基本相同。两者差异在于工艺流程和关键设备。WGS 湿法洗涤系统的洗涤液由文丘里管喉部上部注入，通过文丘里管咽喉段时压力下降而形成雾化的液体，要求气液比(进口烟气体积与循环洗涤液体积比)在 370~1400，锅炉出口烟气压力应大于 10kPa。若锅炉出口烟气压力小于 10kPa，文丘里管洗涤器只能是 JEV 洗涤器，采用较小的气液比，约为 75~150。雾化的液体与烟气并流通过 2 或 4 个文丘里管式洗涤器进行液/气接触，吸收烟气中的 SO_x 并转化为亚硫酸钠和硫酸钠，夹带的粉尘通过缓冲溶液进行洗涤。吸收过程发生在文丘里管湍流部分，洗涤液体在收缩段内壁形成一层薄膜，然后在咽喉段的入口处被剪切为细小液滴，由于相对速度差的存在，气体与液滴间发生惯性碰撞，催化剂颗粒在咽喉段被捕捉而进入缓冲溶液，SO_2 也因强烈的气液接触在咽喉段和扩张段转入液相。扩张段内同时发生液滴的聚合。夹带有大量液滴的烟气靠分离罐内的高效(效率 99.99%以上)分液设施分出。分离塔中的脱夹带设施(丝网除雾器)具有高效、低堵塞、低压力降的特点，将气体夹带的吸收剂液体脱除，净化后烟气通过分离器上部的烟囱排入大气。其洗涤原则流程和吸收原理见图 9-5。

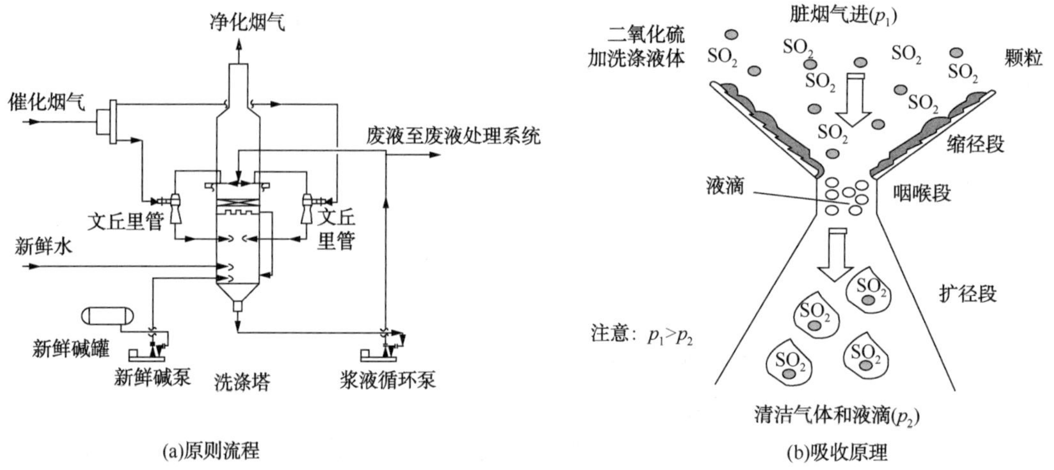

图 9-5　WGS 湿法洗涤原则流程和吸收原理

(2) 工艺过程简述

WGS 湿法脱硫技术由脱硫洗涤单元及 PTU 废水处理单元组成。脱硫洗涤单元由文丘里喷射系统(含 JEV 喷嘴)、脱硫洗涤塔、浆液循环泵、补水补碱系统等部分组成。PTU 单元由澄清器、氧化罐、过滤箱等部分组成。一般采用 NaOH 溶液为脱硫剂。原则流程见图 9-6[15,16]。

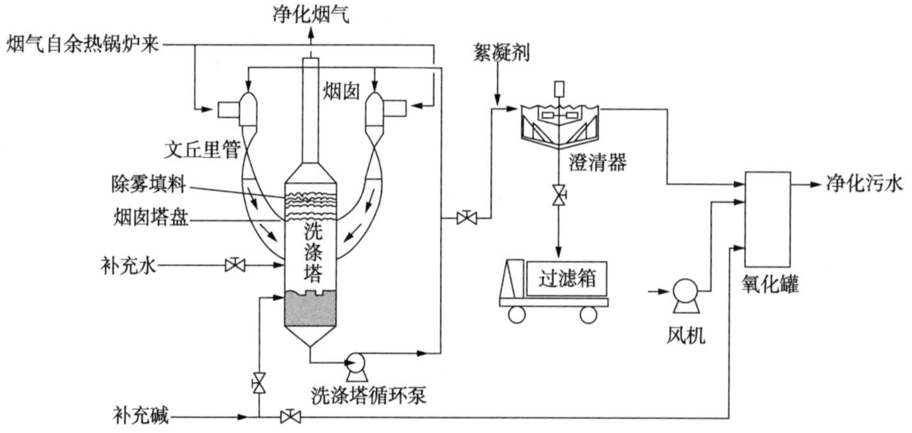

图 9-6　WGS 湿法烟气脱硫的工艺流程示意

循环浆液通过浆液泵送至上部文丘里管中 JEV 喷嘴进行喷射，形成微负压，将再生烟气以水平方式吸入喷射文丘里管。由于液体压力的作用，再生烟气与循环液在喷嘴喉径处剧烈混合，经扩散段进入弯头处脱除 SO_2 和颗粒物，再生烟气与循环液继续以水平切线方式进入洗涤塔。洗涤塔中气体(烟气降温/水汽化)向上经烟囱填料塔盘分液后，合格排入大气。再生烟气遇浆液降温，导致浆液中的水分不断蒸发损失，需要向洗涤塔内不断补充新水。同时，为保持塔内 pH 值，需向塔内补充碱液。随着循环及水分蒸发，浆液不断浓缩，塔内氯离子、颗粒物(废催化剂)浓度增高，因此，要向 PTU 单元排液(含泥污水)，以降低悬浮颗粒、可溶物以及氯离子含量。自洗涤塔排出的含泥污水与加注絮凝剂混合，送至澄清器。颗粒物(水质量分数 75%)在澄清器内沉降并自底部排出，经过滤箱自然沉淀过滤，污泥作为固废外输送出装置。澄清器顶部的澄清液自流送至氧化罐，进行吹风氧化脱除化学需氧量(COD)处理；氧化后的废液自氧化罐罐顶溢流，至外排污水缓冲罐合格外送。

(3) 工业应用情况

WGS湿法脱硫技术在国外的工业应用较早，1974年便首次进行工业应用。国内应用起步于2012年，大部分装置集中在中石油系统。WGS湿法脱硫技术在主流再生工艺上均有配套业绩。从国内各套装置运行情况看，基本满足最新排放指标要求，部分装置运行数据如表9-11所列。

表9-11　WGS湿法洗涤脱硫系统运行效果

项　目	装置A	装置B	装置C	装置D
催化裂化装置规模/(Mt/a)	1.0	3.5	1.0	2.6
烟脱设计规模/($10^4m^3/h$)	16.5	52.1	12.5	39.1
实际烟气量/($10^4m^3/h$)	13.8	50.7	12.5	—
脱前烟气				
烟气温度/℃	155~205	274	132	—
锅炉出口压力(kPa)	-0.7	0.09	-0.04	
烟气SO_2浓度/(mg/m^3)	300	2044	144	408.7
粉尘浓度/(mg/m^3)	155	88	48	186
净化烟气				—
烟气SO_2浓度/(mg/m^3)	10	12.7	6	8.75
粉尘浓度/(mg/m^3)	8	15.0	3	26.82
外排废水				
流量/(t/h)	5	22	3.3	—
TSS/(mg/L)	50	59	—	—
pH值	7.32	7.4	—	—
COD/(mg/L)	95.2	47.8	—	

从应用情况看，WGS湿法脱硫技术相比EDV脱硫技术从脱硫和除尘效果上看并无明显差别。但相比EDV脱硫技术，WGS技术具有以下特点：①长周期运行。WGS技术对催化裂化装置的各种事故工况有较强的适应性，目前国外单套装置连续运行的最长时间为12年。②系统压降不大于1.0kPa，甚至产生负压降。正常操作工况下不影响烟机做功，不需要对余热锅炉进行改造。③烟气不夹带碱液。WGS技术采用3段脱液设计，可有效地避免碱液夹带：第一步，烟气与循环碱液的混合物沿切线方向进入洗涤塔筒体，在离心力的作用下脱除一部分液体；第二步，洗涤塔筒体的上部设有一层烟囱塔盘，气体通过烟囱塔盘时，夹带的液体被截留下来回到塔釜内；第三步，气体经过烟囱塔盘后再经过特种填料，此填料可以将气体中夹带的微小水珠捕捉下来。④内件便于维护。WGS技术洗涤塔内件结构比较简单，包括一层烟囱塔盘和一层填料，便于日常管理及维护。⑤设备投资低。与同类技术相比，WGS技术所使用的所有设备均可实现国产化，投资较低[16]。

9.2.3.4 湍冲文丘里湿法除尘钠法脱硫技术

湍冲文丘里湿法除尘钠法脱硫技术是中石化自主开发的拥有自主产权的国产化烟气脱硫成套技术，首套工业装置于2012年建成投产，目前国内已接近20套工业应用业绩。从工业应用情况看，湍冲文丘里湿法除尘钠法脱硫技术各项指标和EDV®接近，但同规模催化裂化装置再生烟气脱硫设置总体投资费用相比EDV®少22%。中石化自主研发的新型湍冲文丘里技术，能适应国内催化裂化再生烟气除尘脱硫处理要求，较好地解决了国外技术在工业装置运行过程中存在的问题，污染物达标排放效果较好，满足新出台的国家标准《石油炼制工业污染物排放标准》的要求，能满足催化裂化装置长周期、清洁生产的要求，大幅度降低了工程投资，打破了国外技术垄断[14]。

（1）反应机理及技术特点

湍冲文丘里湿法除尘钠法脱硫技术吸收反应原理与EDV®技术基本相同，但其物理过程不尽相同，EDV洗涤除尘脱硫系统急冷和吸收段均采用BELCO公司专利G400喷嘴，无论是急冷段还是吸收段，烟气与喷嘴喷射浆液形成的水帘成垂直方向碰撞接触，将烟气中的颗粒物洗涤并吸收SO_2，为防止薄雾形成，喷嘴喷射出的液滴相对较大。湍冲文丘里湿法除尘钠法脱硫技术主要原理是根据撞击学理论。其基本构思是使两股气体或气液——颗粒或滴粒两相沿着同轴相向流动撞冲，由于惯性颗粒穿过撞击面渗向反向流，并来回做减幅振荡运动。其结果，颗粒经历相向相对速度极高的条件并延长了在气流中停留的时间，这种方法对强化热、质传递过程非常有效。技术关键是利用设计独特的喷头和合理的装置，从喷嘴口喷出的液体，由于在截面上不同位置而不同的自身旋转离心力的作用下，均匀呈辐射状扩散，由中向外封住逆喷塔筒体，并且使液体在微观上旋转翻腾，提高表面更新能力，同时与气体强烈湍冲接触，充分分散、乳化在合理的装置中和一定的工作参数下，有效地利用液相能量和气相能量，建立动态平衡的泡沫区。在泡沫区上游只有气体，没有液体；在泡沫区内，气体被分散在液体之中；在泡沫区下游，液体分散在气体之中。在泡沫区，由于气体与极大的且迅速更新的液体表面湍冲接触，便产生颗粒捕集、反应吸收和气体急冷等作用，达到气体净化处理的目的，能同时完成几项任务，并且节能、高效和可靠。泡沫区的形成和操作范围如图9-7所示。

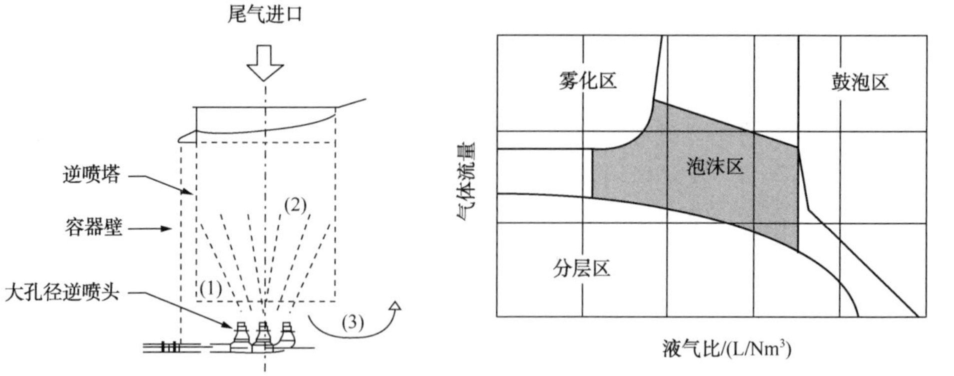

图9-7 湍冲文丘里技术泡沫区的形成和操作范围

（2）工艺过程简述

湍冲文丘里湿法除尘钠法脱硫技术由脱硫洗涤单元及 PTU 废水处理单元组成。

脱硫洗涤单元包括激冷段、逆喷区、消泡器、电除尘器等。来自 FCCU 余热锅炉来的烟气送入除尘激冷塔，烟气由上向下分别经过激冷段和逆喷区，烟气在此被激冷、降温至饱和状态，气液各个微团发生强烈的碰撞接触，从而有效地洗涤烟气中的烟尘和颗粒物。经除尘激冷塔后的烟气进入综合塔，上升进入消泡器，进一步洗涤在吸收段没有被脱除的细小粉尘颗粒和酸性液滴，使烟气得到进一步净化。净化后的烟气经洗涤塔上部设置的除沫器、电除尘器、烟囱顶部设置的除水器除去烟气中携带的液滴，通过塔顶烟囱排入大气。NaOH 碱液分别补充在塔底循环浆液槽和消泡器集液槽内，通过浆液循环，在洗涤粉尘的同时，用于吸收烟气中的 SO_2 和 SO_3，NaOH 由装置内设置的碱液罐提供。为防止催化剂粉尘的积累，并保证吸收效率和设备安全，正常运行时，须控制洗涤塔内循环浆液中总悬浮固体（TSS）、Cl^-、总溶解性盐（TDS，包括 Na_2SO_4，Na_2SO_3，$NaHSO_4$ 等）含量，洗涤塔浆液循环系统需要连续外排部分浆液去脱硫废水处理单元。

工艺流程简图如图 9-8 所示。

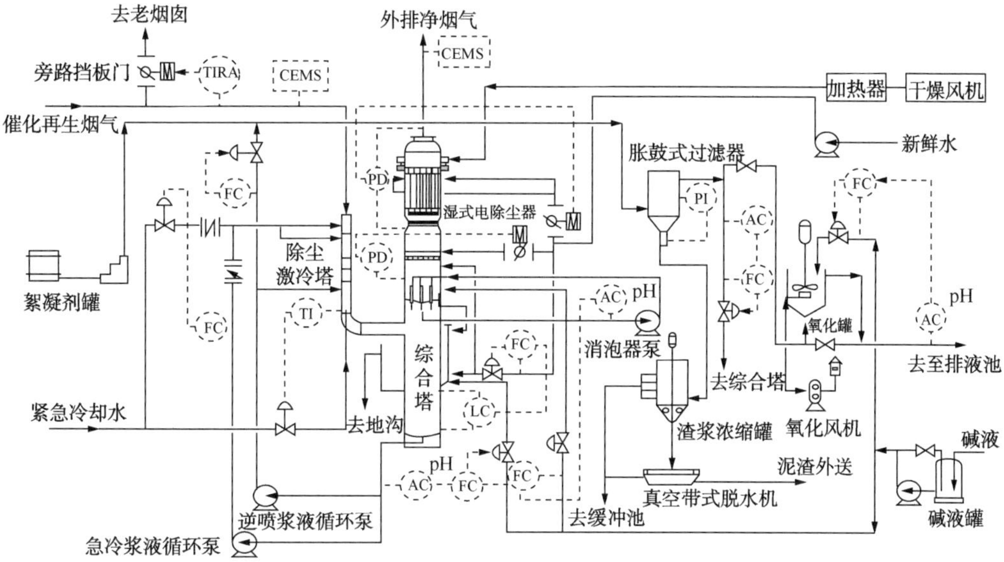

图 9-8　湍冲文丘里湿法除尘钠法脱硫技术的工艺流程示意

（3）工业应用情况

湍冲文丘里湿法除尘钠法脱硫技术是较为成功的国产化技术，自 2012 年首次工业化以来已有接近 20 套的工业应用业绩，基本覆盖目前国内催化裂化主流工艺，体现出良好的适应性，从各工业装置应用数据看，满足新出台的国家标准《石油炼制工业污染物排放标准》的要求。部分装置运行数据如表 9-12 所列。

表 9-12　湍冲文丘里湿法除尘钠法脱硫装置运行效果

项　　目	装置 A	装置 B
催化规模/(Mt/a)	1.8	1.3
烟脱设计规模/($10^4 m^3/h$)	19.0	—

续表

项　　目	装置 A	装置 B
实际烟气量/($10^4m^3/h$)	18.5	—
脱前烟气		
烟气温度/℃	175	—
锅炉出口压力/kPa	3.5	—
烟气 SO_2浓度/(mg/m^3)	900	592
粉尘浓度/(mg/m^3)	300	420
净化烟气		
烟气 SO_2浓度/(mg/m^3)	12	8
粉尘浓度/(mg/m^3)	20	20
外排废水		
流量/(t/h)	17.2	—
TSS/(mg/L)	17.0	50
pH 值	7.22	7.5
COD/(mg/L)	19.8	40

从应用情况看，国产湿法脱硫技术相比国外主流技术并无明显差别，实际应用中均能满足催化裂化烟气处理的要求。湍冲文丘里湿法除尘钠法脱硫技术加装湿法静电除尘(雾)器的装置运行结果来看，粉尘含量小于 10mg/m^3，已经达到重点区域粉尘 20mg/m^3标准要求，且能有效提高脱除 SO_3效率，减缓烟囱腐蚀及烟气拖尾现象。

9.2.3.5 LABSORB™可再生湿法脱硫技术

DuPont-BELCO 公司的 LABSORB™工艺是一种可再生湿法脱硫技术，在国外有 10 几套工业应用案例。LABSORB™工艺采用一种可再生的非有机溶剂——磷酸钠溶液来吸收 SO_2，富含 SO_2的溶液送入再生系统再生，不产生二次污染。LABSORB™工艺的优点为烟气净化度高，溶剂为常规的化工原料($NaOH+H_3PO_4$)，价格便宜，热稳定性和化学稳定性好，年消耗量仅为开工用量的 2%。缺点为流程较复杂，投资较高，操作较复杂。因 SO_2纯度仅为 90%，不能直接生产 SO_2成品，只能采用硫黄回收或生产硫酸的工艺处理，成本较高。同时因脱硫设施对烟气中粉尘含量有一定的要求必须配套烟气预除尘设施，操作难度高于抛弃法湿法脱硫工艺。目前国内尚无应用业绩。

(1) 反应机理

① 缓冲液制备

LABSORB™工艺使用磷酸钠作为吸收剂，磷酸钠的制备主要通过苛性钠和磷酸反应制备。在缓冲液混合槽中苛性钠和磷酸反应生成磷酸氢二钠-磷酸二氢钠缓冲溶液。

$$3NaOH+2H_3PO_4 \rightleftharpoons Na_2HPO_4+NaH_2PO_4+3H_2O \qquad (9-23)$$

② 洗涤-吸收

LABSORB™工艺急冷和吸收在 SO_2洗涤器中同时进行，在洗涤器中烟气和贫液逆流接触，其中的 SO_2 与无机缓冲溶液（磷酸氢二钠-磷酸二氢钠缓冲溶液）发生如下反应[17]：

$$HPO_4^{2-}+SO_2+H_2O \longrightarrow H_2PO_4^-+HSO_3^- \tag{9-24}$$

③ 再生-净化

富含 SO_2 的缓冲溶液经过一系列换热器加热，加热后的富液经汽提塔汽提出高纯度的 SO_2 气体，经过再生后的贫吸收剂回到洗涤器循环使用。汽提塔中发生如下反应：

$$H_2PO_4^-+HSO_3^- \longrightarrow HPO_4^{2-}+SO_2+H_2O \tag{9-25}$$

（2）工艺过程简述

LABSORB™装置主要由洗涤系统和再生系统组成。磷酸氢二钠-磷酸二氢钠缓冲溶液在 SO_2 洗涤器中循环，与烟气中 SO_2 反应将其脱除，富含 SO_2 的溶液送入再生系统再生。富含 SO_2 的溶液再生之前，先与再生后的贫溶液换热并用蒸汽进一步加热后送入双循环蒸发系统，通过两次加热、分离，蒸发后的水分和 SO_2 再进入汽提塔，汽提塔顶设置冷凝装置，气体被冷凝液冷却，冷却后 SO_2 浓度达到 90%，送到硫黄回收装置，汽提塔底排出的贫溶液返回洗涤系统。消耗的缓冲液从缓冲液混合槽补充，缓冲液由苛性钠和磷酸反应生产。工艺原则流程如图 9-9 所示[18]。

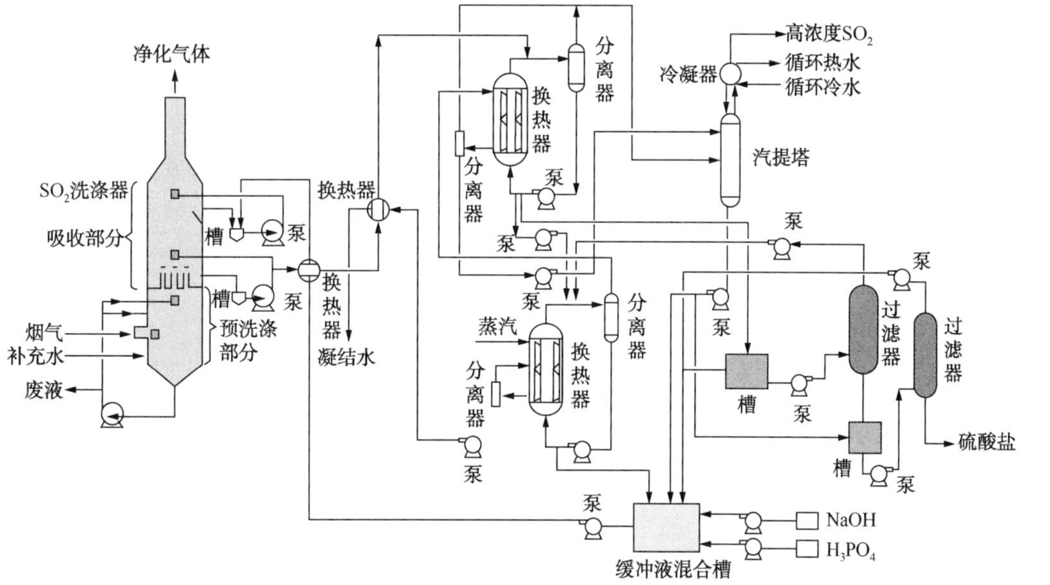

图 9-9 LABSORB™工艺原则流程

9.2.3.6 CANSOLV 可再生湿法脱硫技术

壳牌 CANSOLV 清洁可再生脱硫技术采用有机胺缓冲液吸收烟气中的 SO_2，SO_2 脱除率可高达 99%以上。该技术 2001 年首次实现工业化应用，2006 年在美国特拉华炼油厂催化裂化装置作为配套烟气脱硫装置运行，设计为连续不间断运行 5 年[19]。从工业应用情况看，CANSOLV 技术有如下特点：①满足催化裂化装置再生烟气脱硫的要求，操作弹性较大，可以应对未来更加严格的环保排放指标。②工艺流程较简单，但对于入口烟气的要求较高，需要配套预处理设施、废水处理设施等，一次性投资较大。有机胺液再生汽提需消耗蒸汽、除盐水等，对炼厂总体能耗有所影响。③ SO_2 送往硫黄回收装置回收利用，可以制造产品销售，无其他废弃物及二次污染，实现了清洁处理[20]。

(1) 反应机理

有机胺液是氨的一种衍生物，其中有一个或多个 H^+ 被其他官能团置换。烟气中的 SO_2 在吸收塔内与有机胺贫液发生如下反应：

$$R_1R_2NH^+—R_3—NR_4R_5+SO_2+H_2O \longrightarrow R_1R_2NH^+—R_3—NH^+R_4R_5+HSO_3^- \quad (9-26)$$

吸收 SO_2 后的有机胺富液进入再生塔，利用蒸汽汽提富胺液，使其中的 SO_2 解吸，反应方程式如下：

$$R_1R_2NH^+—R_3—NH^+R_4R_5+HSO_3^- \longrightarrow R_1R_2NH^+—R_3—NR_4R_5+SO_2+H_2O \quad (9-27)$$

(2) 工艺过程简述

CANSOLV 再生脱硫技术工艺流程主要包括烟气预洗涤、吸收剂吸收 SO_2、吸收剂再生、吸收剂净化等单元，采用有机胺作为吸收剂，其工艺流程见图 9-10。自催化裂化装置来的高温再生烟气在预洗涤塔内与急冷水直接逆向接触，再生烟气被急冷并饱和，其中的大部分粉尘及部分强酸性气体被吸收。急冷水循环使用，少量急冷水作为废水排出，经沉降、中和处理后排入污水处理场集中处理或单独处理后排放。急冷后的烟气由吸收塔下部进入与贫胺液逆向接触，烟气中的 SO_2 被胺液吸收，净化后的烟气由塔顶排入烟囱放空。吸收了 SO_2 的富胺液由胺液泵打入贫富胺换热器与解吸后的贫胺液换热后，由再生塔上部进入，与重沸器产生的蒸汽逆向接触进行解吸再生。塔顶 SO_2 气体经冷却后进入汽液分离器，分离出的 SO_2 饱和气(干基纯度大于 99.9%)送至硫黄回收装置生产硫黄；分离出的酸性液作为回流液经泵打回再生塔。塔底贫胺液经贫富胺换热器换热并进一步冷却后送至吸收塔循环使用。在贫胺液进吸收塔前，分流出少量的贫胺液送入胺液净化单元，对累积的颗粒物和热稳定性盐进行脱除。

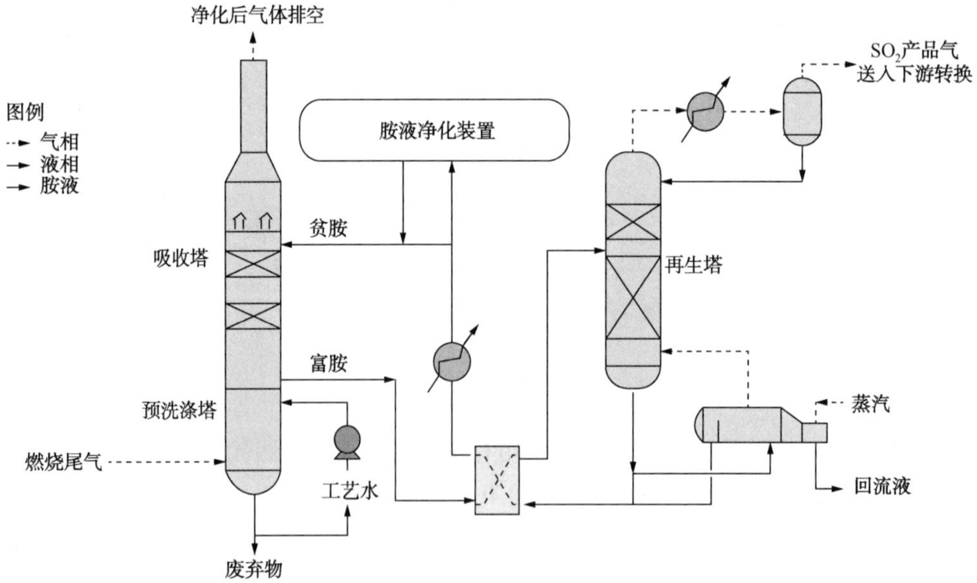

图 9-10 CANSOLV 工艺原则流程

(3) 工业应用情况

CANSOLV 工艺优点为烟气净化度高，溶剂热稳定性和化学稳定性好，年消耗量为开工用量的20%~30%，降低了运行费用。缺点为能耗较高，再生1t溶剂需要低压蒸汽200~300kg/h；系统压降大，对于固体含量在200mg/m³的烟气，系统压降为550mmH_2O（5.40kPa）；投资较高。该工艺应用于FCC再生烟气脱硫在国外有多套应用案例，在国内于2014年首套应用装置开车成功，指标满足最新的排放要求，详见表9-13。

表9-13　CANSOLV工艺脱硫装置运行效果

项　目	装置A	项　目	装置A
催化规模/(Mt/a)	1.2	粉尘浓度/(mg/m³)	≤20
烟脱设计规模/(10^4m^3/h)	15.0	外排废水	
脱前烟气		流量/(t/h)	—
烟气SO_2浓度/(mg/m³)	860	TSS/(mg/L)	70
粉尘浓度/(mg/m³)	—	pH值	6~9
净化烟气		COD/(mg/L)	<60
烟气SO_2浓度/(mg/m³)	22.2		

9.2.3.7　其他FCC烟气脱硫技术

近年来国内也开发了多种再生烟气脱硫技术，如中国石化洛阳石油化工工程公司开发的RASOC可再生湿法烟气脱硫技术、中国石化燕山分公司和北京七零一所合作开发的双碱法除尘脱硫工艺等。

RASOC可再生湿法烟气脱硫技术采用专用的LAS吸收剂，同时开发了与LAS吸收剂相适应的吸收-再生工艺，于2007年3月进行了再生烟气脱硫侧线试验，SO_2脱除率达95%以上。LAS吸收剂是一种特殊的双胺官能团的有机胺衍生物，具有吸附容量大、再生效果好、沸点高、蒸发损失小等特点。RASOC技术具有脱硫效率高、含盐污水排放少的技术优点，尤其是不产生二次污染等优点，可适用于FCC再生烟气脱硫及燃煤烟气净化处理。但由于工艺流程复杂、能耗高、投资大，一般适用于SO_2浓度(大于3000mg/m³)较高烟气净化[12]。

中国石化燕山分公司和北京七零一所合作开发的双碱法除尘脱硫工艺以石灰浆液作为主脱硫剂，钠碱反复循环利用。由于在吸收过程中以钠碱为吸收液，脱硫系统不会出现结垢等问题，运行安全可靠。由于钠碱吸收液和二氧化硫反应的速率比钙碱快很多，能在较小的液气比条件下，达到较高的二氧化硫脱除率。

9.2.4　FCC烟气脱硫设施技术经济比较

以上介绍了各种催化裂化烟气脱硫技术特点及应用情况，从国内目前的应用情况看，湿法脱硫占了绝大多数，干法脱硫技术目前尚处于研发及工业实验阶段，湿法脱硫中抛弃法工业应用套数较多，可再生法也有部分企业逐步应用并取得不错的应用效果。各种脱硫技术从报道的情况看，其脱硫效果均达到目前最新的环保指标要求，但或多或少也存在问题，比如“蓝羽”、腐蚀、废水污染及达标等问题。从操作便捷性、工艺流程简易程度、脱硫效果、投资等因素考虑，EDV®湿法洗涤技术、WGS湿法洗涤技术及湍冲文丘里脱硫技术均是较为经济合理的选择，但这几种也存在废水的二次污染、脱硫剂资源消耗等问题，特别是内陆地区高盐废水排放也存在限制；从绿色环保发展角度考虑，可再生法不存在二次污染和资源浪费问题，是一种环保合理的选择。

几种湿法洗涤技术综合比较列于表9-14。

表9-14 湿法工艺技术综合比较

项 目	EDV	双湍冲文丘里	WGS	LABSORB	CANSOLV
脱硫率/%	≥95	≥95	≥95	≥90	≥99
除尘率	满足要求	满足要求	满足要求	满足要求	满足要求
吸收剂	碱性水溶液	NaOH	NaOH	NaOH和H_3PO_4	有机胺
副产物及处理方式	可溶性废液氧化处理后COD≤60	可溶性废液氧化处理后COD≤60	可溶性废液氧化处理后COD≤60	≥90纯度SO_2送回收装置	≥99纯度SO_2送回收装置
烟气压降/kPa	<5	<5	负压	1.8~4.0	4.5
运转周期/a	>3	>3	>3	>3	>3
化学药剂消耗量	大	大	较少	较少	较少
公用工程消耗	水耗大	水耗大	水耗、电耗大	蒸汽消耗大	蒸汽消耗大
当量操作费用/tSO_2	1	1	>1	0.65	0.65~1.0
相对投资	1	0.7	<1	2.4	2.0
烟气硫含量	低	低	低	高	高
工程业绩	超过100套	约20套	超过35套	约10套	约3套

9.3 催化裂化烟气脱硝技术

在催化裂化装置排放的烟气中，NO_x含量是空气污染控制的重要指标之一。特别是GB 31570—2015《石油炼制工业污染物排放标准》发布后，对NO_x的排放要求更加严格，其中要求特别限制地区的排放指标小于100mg/Nm^3，从而要求企业必须对催化裂化装置增设烟气脱硝设施，目前国内大部分企业已完成脱硝设施的改造。通常有三种途径可以控制FCC工艺中NO_x的排放：①原料油加氢脱氮；②使用脱NO_x助剂；③再生烟气脱氮工艺。前两种受到氢源、投资费用或者脱除率的限制而影响了使用，烟气脱氮工艺目前主要采用臭氧氧化或还原法(包括催化还原法和非催化还原法)，这种方法比较彻底，具有脱除效率高、适用范围广等优点。

催化原料含有大量的芳香族化合物和含氮杂环化合物，其氮质量分数一般为0.05%~0.50%，碱氮化合物和非碱氮化合物都可以通过物理或化学作用吸附于催化剂的表面(吸附氮焦)，也可以通过催化反应沉积在催化剂上(缩合氮焦)[21]。碱氮化合物是待生催化剂上氮的主要贡献者，非碱氮化合物也有一定贡献。原料中的含氮化合物在催化裂化反应过程中被吸附到催化剂酸性位上，以芳香环的形式存在于焦炭中，一部分有机氮成为催化剂结焦的母体。原料中30%~50%氮进入焦炭被待生催化剂带入再生器，在烧焦过程中10%~30%的氮转化为NO_x，其余以N_2形式释放。FCC再生烟气中NO_x的生成主要包括热解、氧化和还原三个过程[21,22]：

(1) 热解：在焦炭燃烧过程中，焦炭上的含氮化合物(吡啶氮、吡咯氮)热解生成含氮中间化合物(HCN，NH_3等)。

(2) 氧化：在有过剩氧和金属催化剂的典型催化剂再生条件下，绝大部分的含氮中间化合物被氧化为NO_x。CO助燃剂(含Pt或Pd)和催化剂上的重金属(V，Ni，Fe等)可有效地促进含氮中间化合物氧化生成NO_x，其中Pt或Pd在高温和富氧条件下会吸附氧原子形成PtO或PdO，它们进一步再吸附CO，使CO和O_2反应生成CO_2。

(3) 还原：CO和焦炭中的C等直接与NO反应生成N_2和CO_2。焦炭中C和N元素的燃烧从表面分子开始，且C元素比N元素更易发生氧化，因此待生催化剂表面的C元素首先发生氧化反应生成CO和CO_2；表层含氮物质(吡咯氮)发生氧化反应生成NO_x。CO和焦炭中的C可以有效地将NO_x还原为N_2，因此焦炭燃烧最初阶段主要生成物是N_2。

这三个过程，在贫氧再生中体现较为明显，表9-15为某催化裂化装置半再生烟气的组成，从表中可以看到，在催化裂化半再生烟气中存在大量的HCN、NH_3等含氮的中间产物。值得注意的是在催化裂化半再生烟气经过CO锅炉燃烧后，烟气中的NO_x呈上升趋势，有些装置甚至在燃烧后比燃烧前NO_x浓度高一倍左右，而NO_x生成的条件要求炉膛温度大于1300℃，在CO锅炉炉膛内几乎无热力型NO_x产生。由此可见，HCN、NH_3等含氮的中间产物燃烧生成NO_x是CO锅炉产生NO_x的主要成因。同时也在部分无SCR脱硝装置的烟气脱硫外排废水中检测出了氨氮的存在，且浓度受炉膛温度的影响，侧面佐证了炉膛内NH_3的燃烧过程的存在。

表9-15　某催化裂化半再生烟气组成

组成	NO	N_2O	SO_2	CO	H_2O	CO_2	O_2	N_2
μL/L	3	3	68.5					
%(v)				3.01	7.6	12.9	3.6	72.7
组成	CH_4	C_2H_4	C_2H_6	HCl	HCN	NH_3	COS	
μL/L	1016	70	10	9	209	27	3.4	

9.3.1　催化再生烟气降低NOx排放技术

从上述分析可以看出催化裂化再生烟气中NO_x量与原料中N含量、再生方式、工艺参数(如过剩氧含量)以及一氧化碳焚烧炉燃烧状况和燃料气中的含氮化物关系密切，单段逆流再生器优于快速床再生器；半再生工艺NO_x生成少于完全再生工艺；在完全再生情况下，再生烟气中较多的过剩氧会产生相对较多的氮氧化物，在半再生工艺中调节CO/CO_2比例能抑制NO_x的生成；Pt基和非Pt基助燃剂均可以有效降低HCN的生成而将其转化为N_2或NO，HCN在Pt基助燃剂上主要转化为NO，而在非Pt基助燃剂上主要转化为N_2[23]。例如两套加工原料油性质相同的FCC装置，再生烟气中的NO_x浓度差别却很大，单段再生烟气中因为CO含量低、过剩氧含量高、密相床层温度低、CO助燃剂用量较多等因素，从而其烟气中NO_x含量高，其浓度为250~400mg/Nm^3，而两段再生烟气中NO_x浓度为50mg/Nm^3以下。

通常，再生烟气中NO_x浓度约为100~1000mg/Nm^3，主要为NO和NO_2，其中NO约占NO_x总量的90%以上，而NO相对较稳定，因而NO脱除难度较大。脱除再生烟气中的NO_x，首先从催化裂化技术自身入手加以解决，其技术手段主要体现在以下几方面：

① 再生烟气中 NO_x 含量的决定因素是原料中的氮含量，因此在合理的范围内降低原料中的氮含量能够最有效地降低再生烟气中 NO_x 含量；

② 根据 NO_x 的反应机理可知，通过加注助剂可改变反应过程，因此使用助剂也是较好的降低氮氧化物措施；

③ 在能够满足生产操作情况下，加入 Pt 基 CO 助燃剂要尽可能少；

④ 通过设计手段改善再生器床层烧焦状况也可以降低再生烟气中 NO_x 含量；

⑤ 优化和改进汽提段设计，使尽可能少的氮化物随待生催化剂进入再生器，也有利于降低再生烟气中的 NO_x 含量；

⑥ 再生器和余热锅炉需尽可能控制较低的过剩氧含量以降低再生烟气中的 NO_x 含量。

但随着环保标准的逐步提高，大部分催化裂化装置仅通过操作的调整难以满足环保排放的要求，再生烟气的治理成为必需的选择。FCC 再生烟气脱硝工艺主要包括氧化法、还原法、吸附法、电子束法等。吸附法存在压降大、吸附剂磨损等问题，电子束法则存在技术不成熟等问题，因而应用较少。在 FCC 再生烟气脱硝中已广泛应用的技术有臭氧氧化技术（$LoTO_x^{TM}$）和选择性催化还原技术（SCR），而非选择性催化还原技术（SNCR）只能在再生器 CO 燃烧锅炉上使用，且 CO 燃烧锅炉温度处于 SNCR 技术要求的温度下限，也就是说，SNCR 不是用于再生器 CO 燃烧锅炉脱硝的最佳技术[24]。

9.3.2 原料加氢处理

催化裂化原料加氢预处理和催化裂化组合工艺不仅是 SO_x 控制，也是 NO_x 控制的方式之一。通过降低原料的 N 含量，催化裂化焦炭的氮含量也相应降低，加氢处理脱氮率一般为 44%~79%，可使 FCC 再生烟气 NO_x 排放减少。在脱硫章节已讨论原料加氢处理的优缺点，本章不再重复叙述。

9.3.3 脱硝助剂技术

使用脱硝助剂可有效降低再生烟气 NO_x 含量，其突出特点是几乎不用增加设备投资，调节灵活，但是该方法存在着限制条件，如对再生形式的要求、NO_x 浓度的限制等，而且其抗波动能力较差，容易出现间断性排放指标超标，所以单独通过脱硝助剂实现 NO_x 的达标排放较为困难，但作为烟气脱硝设施的补充降低操作费用和延长开工周期是合理的选择。

（1）反应机理

不同脱硝助剂作用机理有所不同，从作用原理上大致可以分为三类：

第一类：脱硝助剂通过促进 CO 对 NO 还原作用，实现降低烟气脱硝的目的。焦炭中的氮化物在再生器中所涉及的反应如下：

$$R\text{-}N+1/2O_2 \longrightarrow NO \tag{9-28}$$

$$2C+2NO \longrightarrow 2CO+N_2 \tag{9-29}$$

$$2CO+2NO \longrightarrow 2CO_2+N_2 \tag{9-30}$$

如 FP-DN 脱硝助剂，以 La（镧）、Sr（锶）、Co（钴）、Mn（锰）等含稀土元素的复合氧化物为活性组分，可以有效促进反应式（9-30）的进行，同时还对 CO 有良好的助燃作用[25]。

第二类：利用的是某些金属化合物对 O_2 和 NH_3/NR_3 的吸附、配位和化合能力将 NO_x 还原剂还原为 N_2 的过程。如 LZ 系列脱硝剂利用贵金属、稀有金属和稀土金属氧化物，通过不

同元素对 O_2 和 NH_3/NR_3 的不同的吸附配位化合能力，协同完成脱硝过程[26]。

用 Pr 和 Rx 表示不同的金属元素，反应机理如下：

$$Rx+NR_3 \longrightarrow Rx: NR_3 \tag{9-31}$$

$$Pr+NO_x \longrightarrow Pr: N-O_x \tag{9-32}$$

$$Pr: N-O_x+CO \longrightarrow Pr+CO_2\uparrow+N_2\uparrow \tag{9-33}$$

$$Rx: NR_3+Pr: N-O_x \longrightarrow Pr+Rx+N_2\uparrow+R-R \tag{9-34}$$

第三类适用于半再生系统，主要机理是利用助剂减少再生烟气中 HCN、NH_3 等含氮的中间产物产生。如 TUDDS ODEP 脱硝助剂在一段再生器贫氧操作条件下，在再生器内将中间物 HCN 和 NH_3 催化转化成 N_2，减少进入 CO 焚烧炉烟气中的该中间物含量，也即减少了在 CO 焚烧炉富氧补燃过程中由 HCN 和 NH_3 转化为 NO_x 的含量，最终达到降低烟囱外排烟气中 NO_x 浓度的目的。

（2）工业应用情况

使用脱硝助剂，投资相对较低，操作灵活，加注比例一般为催化裂化催化剂的 1%～3%。脱硝助剂的选择要考虑再生器型式、再生方式和操作条件等因素，如何选择不影响催化裂化反应又能降低再生烟气中 NO_x 的助剂成为难点。表 9-16 列出部分脱硝助剂的工业应用情况，NO_x 脱除率为 40%～90%[27]。

表 9-16　脱硝助剂工业应用

项　　目	三效助剂 LTA-1	脱硝助剂 LDN-1	脱硝助剂 FP-DN	脱硝助剂 TUDDS ODEP	脱硝助剂 LZ-G5
应用企业	济南炼化	独山子石化	惠州炼化	广州石化	中蓝石化
加注比例/%	2.5	3.0	1.5	2.54	0.6
NO_x 脱除率/%	40.4	75	86.9	48	80

9.3.4　烟气脱硝技术

催化裂化装置再生烟气脱硝技术根据作用原理可分为还原法和氧化法两种。这两种方法是采用相关的物理化学手段，使烟气中的 NO_x 发生氧化还原反应，生成 N_2O_5 或氮气，从而实现去除 NO_x 的效果。其中，氧化法是采用臭氧法脱除 NO_x。由于碱法洗涤的脱除效果不佳，而难溶于水的 NO 能够在强氧化剂的作用下，转化为 N_2O_5 等高价态的氮氧化物[28]。由于其易溶于水，在通过洗涤塔时便于吸收溶解，所以该方法一般配套相应的烟气脱硫工艺。还原法主要利用氨、尿素等还原剂，同 NO_x 与之进行选择性反应生成 N_2，达到脱硝目的，这种工艺可独立设置。

9.3.5　还原法烟气脱硝技术

还原法包括两种，即选择性催化还原法（SCR）、选择性非催化还原法（SNCR）。两种技术的作用原理基本相同，使用含氨或尿素等的还原剂，和 NO_x 还原反应，得到 H_2O 和 N_2，理论上这是一种理想的脱硝工艺，生产物完全清洁无污染，但两种工艺均会不同程度有氨逃逸现象并和再生烟气中的 SO_x 发生反应生产氨盐，影响设备的长周期运行以及二次污染问题。

选择性非催化还原技术(SNCR)是用液氨、尿素等还原剂喷入炉内与 NO_x 进行选择性反应，还原剂喷入炉膛温度为800~1000℃的区域，该还原剂(尿素)迅速热分解成 NH_3，并与烟气中的 NO_x 进行还原反应生成 N_2 和 H_2O。虽然该工艺具有设备简单，操作简单，占地小，投资运行费用低等优点，但由于其对反应温度有一定要求，所以只能在CO燃烧锅炉上使用。CO燃烧锅炉温度处于SNCR技术要求的温度下限，其脱硝效率仅为30%~50%，并且氨逃逸率较高，一般在15~20mg/Nm^3，因此技术的应用受到了极大的限制，国内FCC很少单独采用该工艺用于烟气脱硝，仅有少数作为其他工艺的补充手段。

选择性催化还原法(SCR)是在专有的反应器中，加入氨或尿素等的还原剂，在催化剂的作用下，NO_x会发生选择性还原反应，得到 H_2O 和 N_2。选择性催化还原法的应用较多，且脱硝效率高达90%以上。SCR工艺被证明是应用最多且 NO_x脱除效率最高、最为成熟的脱NO_x技术，美国政府也将SCR技术作为主要的火电厂控制 NO_x排放技术。SCR工艺一般分为高温(450~600℃)SCR、中温(320~450℃)SCR和低温(120~300℃)SCR。目前，商业上应用比较广泛的是中温SCR催化剂，中温SCR反应器对催化余热锅炉或CO锅炉结构影响较大，在有的催化余热锅炉或CO锅炉上实施中温SCR技术难度很大。开发低温SCR催化剂，将低温SCR反应器设置在催化余热锅炉或CO锅炉后部，可以降低工程实施的难度。与催化余热锅炉或CO锅炉排烟温度(180~230℃)匹配的低温SCR催化剂开发是目前研究热点。国外FCC再生烟气SCR脱硝工艺主要专利商为丹麦TOPSOE公司，其以板式脱硝催化剂为核心的氨选择性催化还原(NH_3-SCR)法在国内外有大于30套的应用业绩。2012年中国石化抚顺石油化工研究院成功开发国产FCC再生烟气SCR技术，打破了国外的技术垄断，目前已有20多套FCC装置业绩。

9.3.5.1 选择性催化还原法(SCR)反应机理及影响因素

SCR技术的关键是SCR反应器的设计和SCR催化剂，SCR反应器及SCR催化剂如图9-11所示。SCR反应机理是利用氨或尿素等还原性物质，在一定反应条件下，将再生烟气中的NO_x直接还原为N_2。在有氧情况下，NH_3与再生烟气中NO_x在催化剂上发生气固反应，催化剂的活性位吸附的氨与气相中的NO_x发生反应，生成N_2和H_2O，产物N_2分子中一个原子N来自NH_3，另一个来自于NO_x，其还原反应式如下[29]：

$$4NO+4NH_3+O_2 \longrightarrow 4N_2+6H_2O \tag{9-35}$$

$$NO+NO_2+2NH_3 \longrightarrow 2N_2+3H_2O \tag{9-36}$$

在NO/NH_3(摩尔比)接近1，氧气所占比例较小时，式(9-35)是主要反应，即N_2是主要产物，因此可用N_2的产生率表示催化剂的选择性。对于选择性较高的催化剂，N_2的产生率应近似于100%。此外NO和NH_3还可以生成温室气体N_2O，式(9-37)是不希望发生的反应：

$$4NO+4NH_3+3O_2 \longrightarrow 4N_2O+6H_2O \tag{9-37}$$

当$NO/NH_3<1$，除了式(9-35)、式(9-36)外，NH_3还可以通过下述反应与氧气发生氧化反应。

$$2NH_3+3/2O_2 \longrightarrow N_2+3H_2O \tag{9-38}$$

$$2NH_3+2O_2 \longrightarrow N_2O+3H_2O \tag{9-39}$$

$$2NH_3+5/2O_2 \longrightarrow 2NO+3H_2O \tag{9-40}$$

图 9-11 SCR 反应器和 SCR 催化剂

当 SO_2 存在时，还发生下列副反应：

$$2SO_2+O_2 \longrightarrow 2SO_3 \tag{9-41}$$

$$NH_3+SO_3+H_2O \longrightarrow NH_4HSO_4 \tag{9-42}$$

$$2NH_3+SO_3+H_2O \longrightarrow (NH_4)_2SO_4 \tag{9-43}$$

反应式(9-35)、式(9-36)是期望发生的反应，影响脱硝反应的主要因素主要是反应温度、脱硝催化剂的活性以及注氨的浓度和分配，同时 SCR 反应器流场的设计也非常关键。对于 FCC 再生烟气脱硝反应一般要求反应窗口温度在 300～420℃之间，反应温度过低会降低脱硝转化率增加氨逃逸量。提高反应温度有利于脱硝反应，但温度过高 NO_2 生成量增大，反而影响脱硝效率，同时也会促进副反应的反应速度，此外也容易造成催化剂的烧结和失活。图 9-12 是脱硝反应温度对脱硝反应和副反应的影响曲线[30]。

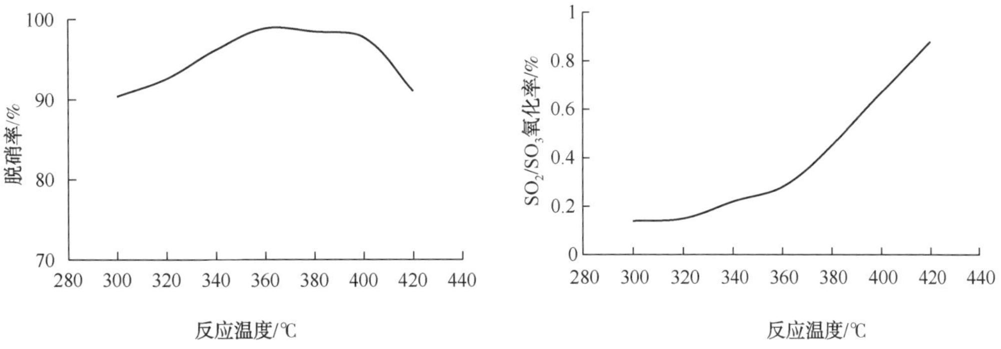

图 9-12 脱硝反应温度对脱硝反应和副反应的影响

催化剂是 SCR 烟气脱硝技术的核心，其组成、结构和相关参数直接影响 SCR 系统的整体脱硝效果。目前，广泛应用于 SCR 过程的商业催化剂是 V_2O_5/TiO_2 基催化剂。高比表面积

(BET 70~100m^2/g)的锐钛矿 TiO_2作为催化剂的载体，V_2O_5作为催化剂的活性组分。WO_3或 MoO_3作为“化学”和“结构”助剂，能够增强催化剂的酸性，扩大 SCR 脱硝反应的温度窗口，抑制锐钛矿向金红石转化，减少 SO_2向 SO_3的转化，提高催化剂的抗中毒能力等[31]。为提高催化剂强度，中石化研发的脱硝催化剂通过高强度、高表面 SiO_2为基体，采用络合浸渍法在其表面负载纳米 TiO_2，制备出高强度的核壳结构 TiO_2-SiO_2复合载体，使脱硝催化剂端部的抗磨损性能显著增强[32]。在 SCR 系统运行的过程中，催化剂不可避免地因为各种物理化学作用(中毒、磨蚀、热烧结、堵塞/沾污等)而失效，导致其使用寿命缩短，催化剂的更换速度加快，这不仅对 SCR 系统的脱硝效果和经济成本造成巨大的影响，而且还影响催化裂化主装置的运行，所以一般要求脱硝催化剂的运行周期在 3 年以上。尽管 V_2O_5/TiO_2基 SCR 催化剂工业应用多年，但是仍存在一定的问题。例如，高灰布置易造成催化剂失活；高钒负载量和高温时 SO_2向 SO_3氧化严重；高温时易生成 N_2O；活性组分 V_2O_5有剧毒。因此，根据我国国情，在充分利用 V_2O_5/TiO_2基 SCR 催化剂解决当前 NO_x排放问题的基础上，大力发展环境友好的新型非钒基 SCR 催化剂体系，实现其规模化推广应用，是未来脱硝领域主要的发展方向之一。

在 SCR 脱硝系统中为提升脱除效率，提高 NH_3注入量是简单有效的方法，但如果控制不好会导致喷入量过剩。除此之外，催化剂层的分布不均及实际运行中由多因素引起的催化剂性能的降低都会造成反应器内过剩，这部分未参与反应的 NH_3 随烟气进入反应器后部烟道和空预器形成逃逸。所以，脱硝反应器流场模拟计算和内构件是脱硝系统设计的关键技术，某装置喷氨组件和反应器流场模拟如图 9-13 所示。脱硝反应器的布置一般采用两种方式，一种是在原有锅炉基础上外置增加 SCR 脱硝模块，脱硝催化剂装填量不受空间限制，缺点是占地大、压降高；另一种是采用一体化工艺，其占地小、压降低，目前一体化工艺占大多数。两种布置方式见图 9-14。

图 9-13　脱硝反应器流场模拟示意和喷氨组件

工业应用中副反应式(9-41)是限制 SCR 技术应用的关键之一。目前脱硝系统最常用的

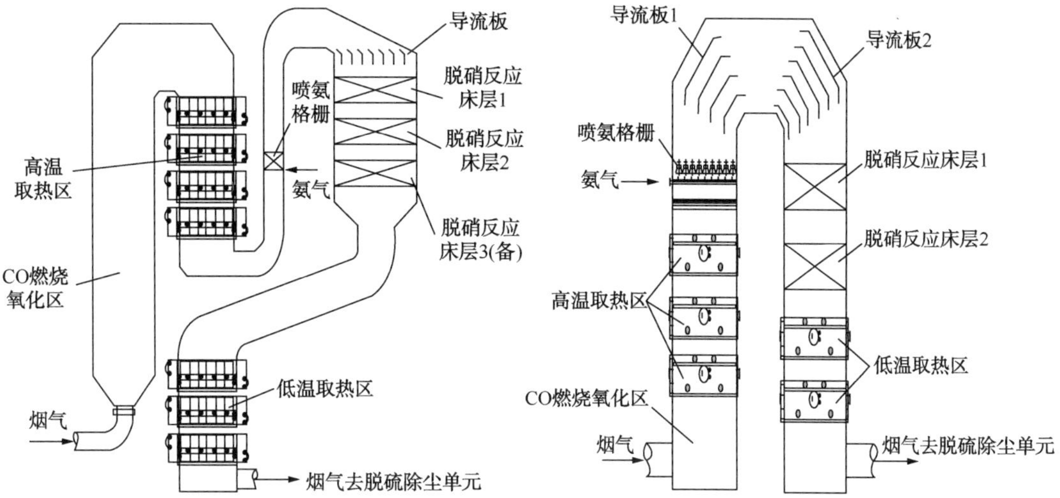

图 9-14 SCR 反应器布置示意

催化剂介质为 V_2O_5，这类催化剂在拥有高水平脱硝效率的同时对烟道烟气中 SO_2 等气体的氧化过程也起到一定促进作用，对 FCC 再生烟气 SO_2/SO_3转化率往往能达到 1%左右。该催化过程导致烟气中的 SO_3 含量大量增加，使烟气露点温度大幅提升；其次是促进了反应式(9-43)的发生增加了锅炉省煤器结盐的倾向，且过多 SO_3 还会增大烟囱排烟的不透明度，同时在排烟时已经转化为硫酸的 SO_3 会直接造成酸雨污染。并且加剧了湿法烟气脱硫的蓝羽问题。

反应式(9-42)、式(9-43)中产生的$(NH_4)_2SO_4$和 NH_4HSO_4导致省煤器结盐压降上升是目前影响 SCR 装置长周期运行的主要原因，硫酸氢铵的沸点为 350℃，熔点为 147℃。所以在此温度范围内，硫酸氢铵正好处于由液态向固态转化的过程。多数余热锅炉中低温省煤器各段的操作温度为 160~230℃，正是硫酸氢铵的液化温度区间。当烟气中粉尘比例较少时，液相区的硫酸氢铵主要以液滴形式存在于烟气中，部分硫酸氢铵可以被烟气中的催化剂粉尘吸附，此时催化剂颗粒的黏性很大，会和一部分纯液滴一同吸附至省煤器管束表面上(图 9-15)；在再生烟气催化剂粉尘含量较大情况下，烟气中的灰分可以大量吸附烟气中的硫酸氢铵液滴[32]。处于液相区的硫酸氢铵的黏附性极强，会迅速黏附于换热元件表面，进而吸附大量烟气中的催化剂颗粒，最终导致大量的催化剂粉尘沉积于金属壁面或卡在层间，使得省煤器烟气侧流通截面积减少，导致省煤器堵塞，进而 FCC 锅炉运行阻力增加，这不但影响催化烟机做功，而且影响装置长周期运行。特别是近年来环保要求日益趋严，脱硝等环保设施的运行周期还影响到主装置，所以省煤器结盐是 SCR 脱硝工艺必须解决的问题。

9.3.5.2 选择性催化还原法(SCR)工艺及工业应用情况

SCR 脱硝工艺流程并不复杂，商业上常用的技术工艺仅在供氨形式、混氨设施、流场技术等方面稍有不同，现以某催化裂化装置 SCR 工艺为例：引自余热锅炉蒸发段的锅炉烟气，经烟道进入 SCR 脱硝反应器，来自脱硝剂制备单元氨气缓冲罐的氨气进入氨/空气混合器，与来自稀释风机的空气按一定比例混合，氨/空气(也可采用氮气)混合气体经氨喷射系统自 SCR 脱硝反应器前部烟道喷入烟气中，并与烟气均匀混合，然后进入 SCR 脱硝反应器，

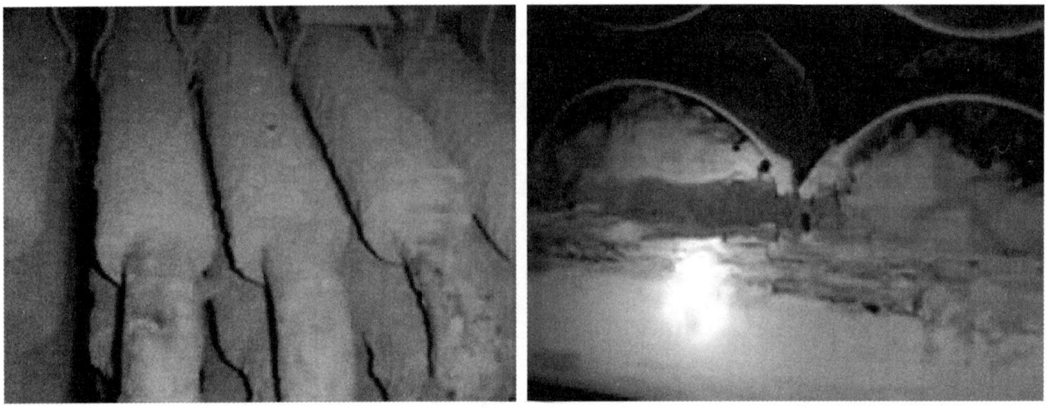

图 9-15 某催化裂化锅炉省煤器结盐及喷氨组件结盐图片

在 SCR 脱硝反应器中，氨与烟气中的 NO_x 在催化剂的作用下发生还原反应，生成 N_2 和 H_2O，净化后的烟气经 SCR 脱硝反应器后部烟道返回余热锅炉省煤器前。催化剂为蜂窝式催化剂，采用“2+1”方式布置，初始安装 2 层，预留 1 层位置。为防止积灰，为每层催化剂设置蒸汽吹灰器和声波吹灰器。设置氮气吹扫系统，在脱硝系统启停时对管道中的氨进行置换，防止事故发生，工艺流程如图 9-16 所示[33]。

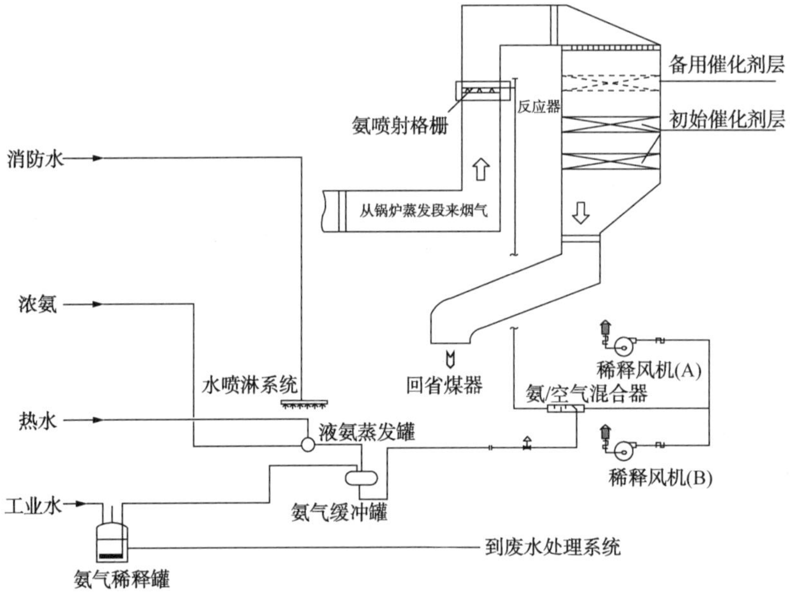

图 9-16 SCR 脱硝工艺流程示意

脱硝还原剂可选择液氨、氨水和尿素三种。还原剂的选择非常重要，直接影响装置运行的操作费用。尿素法是先将尿素固体颗粒在容器中完全溶解，然后将溶液用泵送到水解槽中，通过热交换器将溶液加热至反应温度后与水反应生成氨气；尿素虽然价格较高，但是其运输安全性高，存储方便，存储设备安全要求低。氨水法是将 25% 的氨水溶液通过加热装置使其蒸发，形成氨气和水蒸气。25% 氨水价格较高，且为有害液体，运输费用高，存储条件较苛刻。纯氨法是将液氨在蒸发器中加热成氨气，然后与稀释空气混合成氨气体积分数为

5%的混合气体后，送入烟气系统。纯液氨价格低廉，其对设备储存要求较高。三种脱硝剂使用性能比较列于表9-17。由于国内对液氨储存的技术已经非常成熟，因此采用液氨作为吸收剂是最合理的选择。

表9-17 脱硝剂使用性能对比

项　目	液　氨	氨　水	尿　素
反应剂费用	便宜	较贵	最贵
运输费用	便宜	贵	便宜
安全性	有毒	有害	无害
存储条件	高压	常压	常压，干态
储存方式	液态	液态	微粒状
初投资费用	便宜	贵	贵
运行费用	便宜	贵	贵
设备安全要求	有法律规定	需要	基本上不需要

当前在FCC领域工业应用业绩较多的SCR脱硝技术是丹麦TOPSOE公司的SCR脱硝技术和中国石化抚顺石油化工研究院的国产SCR技术。两家技术均具有脱硝率高、氨逃逸率低等特点，且运行周期达到3年；此外其操作弹性大，调节灵活，能快速应对FCC再生烟气组成的变化，是较为有效的烟气脱硝手段。从国内运行的SCR脱硝装置的运行统计情况看，能满足最新排放指标要求，部分装置运行数据如表9-18所列。

表9-18 SCR脱硝系统运行效果

项　目	装置A(独山子)	装置C(大庆石化)	装置C	装置D
SCR技术专利商	TOPSOE	TOPSOE	中石化	中石化
催化规模/(Mt/a)	0.8	1.0	3.0	1.8
烟脱设计规模/($10^4m^3/h$)	7	12.5	27.1	19
实际烟气量/($10^4m^3/h$)	6.4	12.5	23.2	18.5
还原剂	液氨	液氨	液氨	液氨
SCR操作条件				
床层布置	2+1层	3层	2层	2+1层
反应温度/℃	一段330；二段325	入口316；出口317	入口358；出口320	入口287；出口280
床层压降/kPa	0.3	0.49	0.46	0.5
入口NO_x浓度/(mg/m^3)	745	1286	282	160
出口NO_x浓度/(mg/m^3)	22	117	12.5	36
脱硝率/%	97	90.9	81	77.5
注氨量/(mg/h)	12	58	19.4	11.8
氨逃逸量/(mg/Nm^3)	<5	3.2	0.17	<3

9.3.6 氧化法烟气脱硝技术

FCC 再生烟气中的 NO_x以 NO 为主，由于其难溶于水，直接通过碱法洗涤对再生烟气中的 NO_x脱除效果不明显。在 FCC 领域普遍采用的是臭氧氧化法。臭氧法脱硝的原理是，利用强氧化剂将难溶于水的 NO_x 氧化为易溶于水的高价态的氮氧化物并通过洗涤塔吸收溶解。臭氧的氧化还原电位仅次于氟，臭氧的反应产物是氧气，是一种高效清洁的强氧化剂。BELCO 公司的 $LoTO_x$™(Low Temperature Oxidation)工艺就是最具代表性的臭氧氧化脱硝技术。此外，ExxonMobil 公司的 WGS 湿法洗涤技术可以在洗涤塔内预留脱硝空间，此时 WGS 就变为 WGS^+技术，具有同时实现烟气脱硫和脱硝功能。WGS^+技术采用氧化法，采用强氧化剂($NaClO_2$或 NaClO)，氧化剂的费用较高，但操作简单、运行平稳，国内目前无应用业绩。

目前，应用最多的臭氧氧化脱硝技术是 $LoTO_x$™技术，现国内已有超过 10 套装置运行或在建。其优点是不增加系统压降，对 FCC 装置无影响，不需要对余热锅炉进行改造，可与脱硫技术结合，形成整体的脱硫脱硝技术方案，适应能力强，相比 SCR 技术不存在氨逃逸问题。但该工艺有两个明显的缺点：①将 NO_x转化为硝酸盐，把氮带入废水中，易导致废水中总氮量指标超标。为满足废水排放指标，需对废水进行处理。只有污水处理能力强，可接纳脱硝废水的炼油厂才能选用 $LoTO_x$™臭氧氧化技术；②臭氧发生是利用高压放电，将氧气转化为臭氧，其转化效率非常低。采用 95%纯度的氧气作为原料，制得的产品中臭氧含量仅有 10%左右，其余仍为氧气。理论上产生 1kg 臭氧约需 0.8kW · h 电能，实际上工业用臭氧发生器消耗更多的电能，部分过剩的电能被转化为热能。为维持臭氧发生器温度，控制臭氧分解速度，需对臭氧发生器进行冷却，导致消耗更多的能量，造成运行成本较高，从而在一定程度上限制了臭氧法的应用。

9.3.6.1 $LoTO_x$™技术反应机理及影响因素

$LoTO_x$™技术可以集成在湿法洗涤脱硫除尘系统中，利用臭氧将再生烟气中的 NO_x氧化为水溶性 N_2O_5并生成 HNO_3，随后经洗涤器的喷嘴洗涤脱除并被装置中的碱性物质中和。由于 $LoTO_x$™技术反应温度低(<150℃)，脱硝效果不受 SO_2和粉尘的影响，可稳定达到 80%以上。

(1) 反应机理

$LoTO_x$™原理在于臭氧可以将难溶于水的 NO 氧化成易溶于水的 NO_2、NO_3、N_2O_5等高价态氮氧化物。在实际脱硝过程中，再生烟气中的 H_2O、N_2O 和 HNO_3也会参与反应，其过程主要发生以下化学反应[34,35]：

$$NO+O_3 \longrightarrow NO_2+O_2 \tag{9-44}$$

$$2NO_2+O_3 \longrightarrow N_2O_5+O_2 \tag{9-45}$$

$$N_2O_5+H_2O \longrightarrow 2HNO_3 \tag{9-46}$$

$$HNO_3+NaOH \longrightarrow NaNO_3+H_2O \tag{9-47}$$

O_3对 NO 在理论上可以发生以下总括反应：

$$1.5O_3(g)+NO(g)+0.5H_2O(l) \longrightarrow HNO_3(l)+1.5O_2(g) \tag{9-48}$$

N_2O_5是高溶解性气体，可以与水瞬时发生反应。因此 N_2O_5很容易在 SO_2之前被系统脱除，这是由于 N_2O_5的溶解性至少是 SO_2的 100 倍。与湿式洗涤系统一体化时，NO 被 O_3氧化为 N_2O_5，与 H_2O 发生反应生成 HNO_3，与 NaOH 发生反应生成 $NaNO_3$和 H_2O。此外，尽管 O_3对 SO_2的氧化效率较低，但臭氧对溶于水的 SO_2具有氧化作用，其氧化反应式如下：

$$O_3+SO_2 \cdot H_2O(aq) \longrightarrow H_2SO_4+O_2 \tag{9-49}$$

$$O_3+H_2SO_3^- \longrightarrow H_2SO_4^-+O_2 \tag{9-50}$$

$$O_3+SO_3^{2-} \longrightarrow SO_4^{2-}+O_2 \tag{9-51}$$

如果 O_3对 SO_2的反应程度较高，一方面会促进 SO_2在湿法洗涤中的吸收，但另一方面也会参与 NO 和 O_3的反应，加速 O_3的消耗。从降低能耗的角度出发，希望 O_3和 SO_2的反应程度越低越好。SO_2主要在湿法洗涤装置中脱除，在水相介质中生成亚硫酸盐或亚硫酸。而亚硫酸盐或亚硫酸也是除臭氧剂，使再生烟气中任何未反应的或过量的臭氧迅速被洗涤器中的水介质吸收，从而实现离开脱除系统的烟气中的臭氧含量达到可忽略的程度。

（2）工艺参数对脱 NO_x效率的影响

影响臭氧脱硝效率的工艺参数主要有 O_3/NO 摩尔比、反应温度、反应时间、吸收液性质等，这些工艺参数对脱 NO_x效率都有不同程度的影响[35]。

① O_3/NO 摩尔比

O_3/NO 摩尔比是指 O_3与 NO 之间摩尔数的比值，它反映了臭氧量相对于 NO 量的高低。NO 的氧化率随 O_3/NO 的升高直线上升。在 $0.9 \leqslant O_3/NO < 1$ 的情况下，脱硝率可达到 85%以上，有的甚至达到 100%。按反应式(9-44)，O_3与 NO 完全反应的摩尔比理论值为 1，但在实际中，由于其他物质的干扰，可发生一系列其他反应，如式(9-45)至式(9-47)，使得 O_3不能 100%与 NO 进行反应。

② 反应温度

臭氧分解关系到脱硝效率的高低，在 25℃时，臭氧的分解率只有 0.5%；在 150℃条件下，臭氧的分解率也不高；当温度高于 200℃时，分解率显著增加；随着温度增加到 250℃甚至更高时，臭氧分解速度明显加快。

③ 反应时间

臭氧在烟气中的停留时间只要能够保证氧化反应的完成即可，反应时间在 $1 \sim 10^4$s 之间对反应器出口的 NO 摩尔数没有什么影响，而且增加停留时间并不能增大 NO 的脱除率。这主要是因为关键反应平衡在很短时间内即可达到，不需要较长的臭氧停留时间。

④ 吸收液性质

利用臭氧将 NO 氧化为高价态的氮氧化物后，再用吸收液吸收。常用的吸收液有 NaOH、$Ca(OH)_2$等碱液。不同的吸收剂产生的脱除效果会有一定的差异。采用水吸收尾气时，NO 和 SO_2的脱除效率分别达到 86.27%和 100%；采用 Na_2S 和 NaOH 溶液作为吸收剂，NO_x的去除率高达 95%，SO_2去除率约 100%，但存在吸收液消耗量大的问题。

9.3.6.2　LoTO$_x$™技术工艺及工业应用情况

Belco 公司 LoTO$_x$™技术一般与该公司的 EDV®湿法洗涤技术组合形成湿法烟气脱硫脱硝组合技术。该组合工艺的流程如下：将臭氧发生单元产生的臭氧注入到冷却吸收塔的入口段

与再生烟气中的 NO_x 发生反应，将其转化为 N_2O_5。N_2O_5 结合烟气中的水蒸气形成硝酸。以上变化发生在注入点到冷却吸收塔入口段之间的区域。在反应区烟气被 4 层雾化喷嘴洗涤，用 NaOH 溶液与硝酸发生中和反应。雾化喷嘴同时从烟气中脱除未反应的臭氧，完成 NO_x 控制工艺的最后一步。EDV®+$LoTO_x$™湿法烟气脱硫脱氮技术工艺示意见图 9-17。

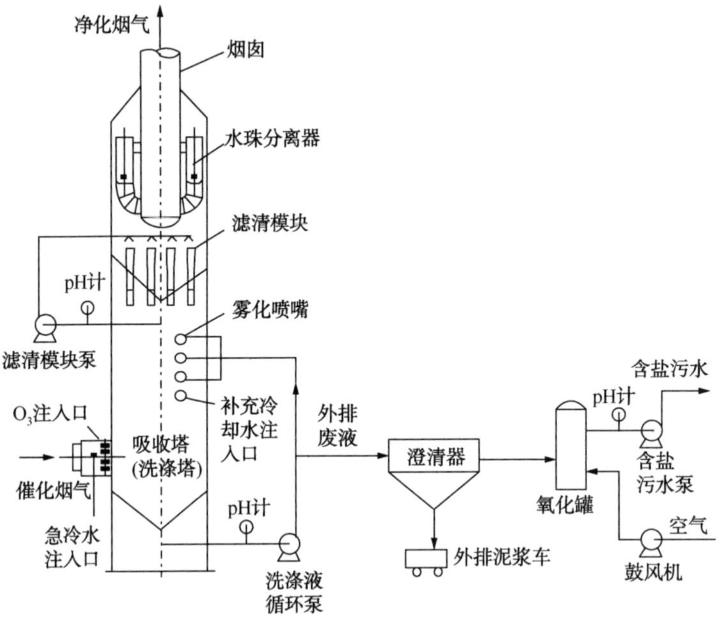

图 9-17 EDV®+$LoTO_x$™湿法烟气脱硫脱氮技术工艺示意

目前，EDV®+$LoTO_x$™湿法烟气脱硫脱氮技术在国内已有 10 余套运行装置，从国内运行的装置看，除部分装置受全厂污水总氮影响被迫改造外，其余装置运行正常，可灵活调节出口 NO_x 浓度，满足最新排放指标要求，部分装置运行数据如表 9-19 所列。

表 9-19 $LoTO_x$™脱硝系统运行效果

项目	装置 A	装置 B	装置 C
催化裂化装置规模/(Mt/a)	2.5	2.0	3.5
烟脱设计规模/(10^4m^3/h)	26.6	26.3	49.7
实际烟气量/(10^4m^3/h)		27.5	35
吸收塔入口温度/℃		160	200
洗涤塔 pH 值	7.0~7.5	6.9	6~9
入口 NO_x浓度/(mg/m^3)	300	276	190
出口 NO_x浓度/(mg/m^3)	26	15.4	49.3
脱硝率/%	91.3	94.4	74.0
氧气消耗/(m^3/h)		829.8	
臭氧消耗/t			76
电耗(含 EDV®)/kW		1753	

9.3.7 其他 FCC 再生烟气脱硝技术

9.3.7.1 富氧燃烧技术(CONOx)

CONOx 再生烟气脱硝技术由美国普莱克斯气体公司研发，并于 2012 年成功应用于美国 Ardmore 炼厂催化装置。其主要用于脱除非完全燃烧条件下再生烟气中的氮氧化物。工作原理是利用富氧喷枪，向再生器出口烟道中喷入高温燃烧的氧气和燃料，将再生烟气中的氮氧化物的前驱物转化为氮气，从而有效避免再生烟气中的氮基化合物在 CO 锅炉中燃烧产生氮氧化物。其氮氧化物脱除率为 40%~60%。CONOx 再生烟气脱硝技术适合于两段再生系统，并且需要 CO 锅炉为还原反应的进行提供场所，CONOx 热氧喷枪示意图如图 9-18 所示[36]。

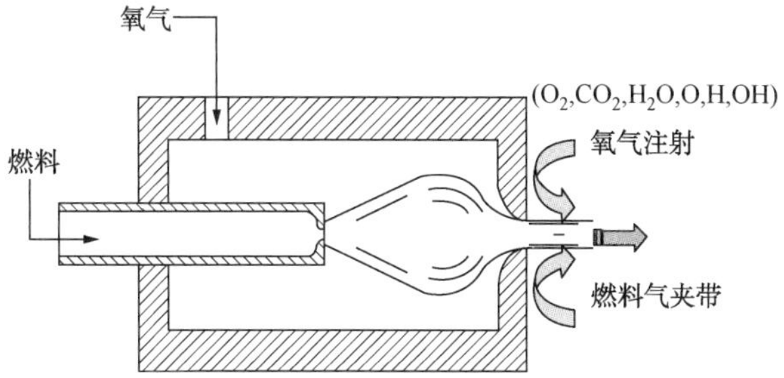

图 9-18　CONOx 热氧喷枪示意图

9.3.7.2 有机催化烟气综合清洁(Lextran)技术

Lextran 技术由以色列开发，采用 Lextran 公司生产的专利有机化合物，具有高效脱除 SO_x 和 NO_x 的优越性能，结合氨法湿法烟气脱硫工艺形成“多效合一”(具有脱硫、脱硝、脱重金属、二次除尘的功能)的新一代湿法烟气综合清洁技术，工艺流程见图 9-19。

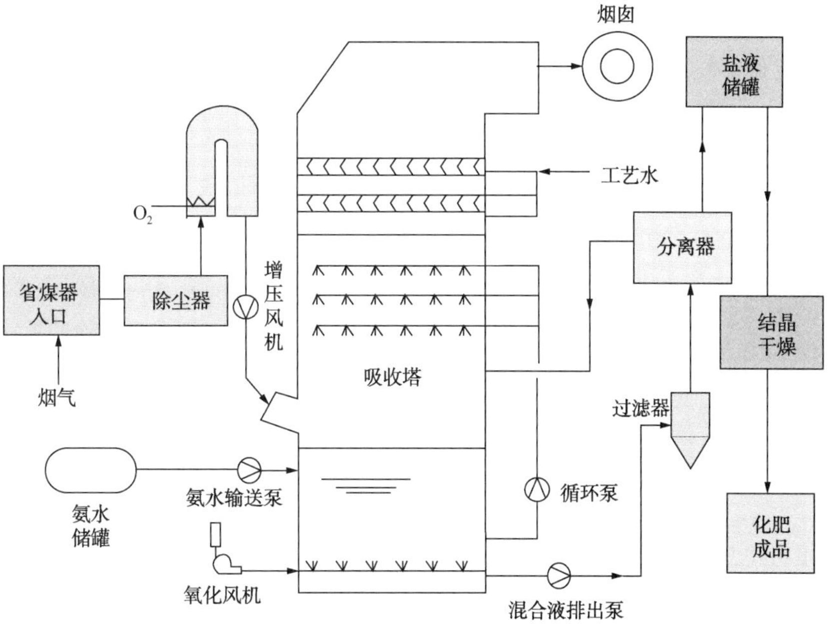

图 9-19　Lextran 工艺流程

9.3.8 FCC 烟气脱硝技术经济比较

催化裂化再生烟气脱硝技术在国内尚处于起步阶段，大部分技术均借鉴于燃煤锅炉烟气脱硝技术，但由于 FCC 再生烟气和燃煤锅炉烟气组成有较大不同，且 FCC 装置本身原料、再生形式、操作条件等多变，再生烟气脱硝技术难度及复杂性远大于燃煤锅炉，目前所采用的技术或多或少存在问题，如 SCR 的省煤器结盐和腐蚀问题、烟气蓝羽问题、$LoTO_x$™能耗和二次污染问题。几种 FCC 再生烟气脱硝技术综合对比结果见表 9-20。

表 9-20 FCC 再生烟气脱硝技术综合对比

项目	实施途径	脱硝率/%	系统压降	运行成本	建设投资	环境因素	潜在风险
原料加氢	催化原料加氢处理，脱除硫、氮、重金属等杂质			很大	很大	减少 SO_x 和 NO_x 排放	①受工程投资、占地及 H_2 资源等多因素限制；②降低催化原料多元化的灵活性
脱硝助剂	在再生系统中加入系统总藏量 1%~3% 的脱硝助剂	40~90		很小	很小	减少 SO_x 和 NO_x 排放	NO_x 总量和浓度超标
SCR	在催化剂作用下将 NO_x 还原为 H_2O 和 N_2	90	0.4~1	较小	较大	反应生成物为 H_2O 和 N_2	①增加省煤器结盐风险；②SO_3 转化导致外排烟气蓝羽、酸雨问题；③氨逃逸导致废水氨氮问题
$LoTO_x$™技术	利用 O_3 与 NO_x 氧化反应生成 N_2O_5，与 NaOH 反应生成 $NaNO_3$	90		较大	较大	污染物转化成盐进入含盐污水外排	①含盐污水排放未来可能受限；②含盐污水总氮、氨氮超标；③需加大外排含盐污水量
CONOx 技术	在烟气管道上安装 CONOx 专用喷枪并注入 O_2	60		小	小	减少 NO_x 排放	
Lextran 技术	利用 O_3 将 NO 氧化生成 NO_2，在催化剂的作用下进一步氧化成 HNO_3，并与 $NH_3 \cdot H_2O$ 反应生成 NH_4NO_3	60		较小	较大	硫和氮回收率高，较好地解决 NH_3 逃逸问题，没有污水排放	①烟气需先除尘净化，否则影响产品质量；②需落实 $(NH_4)_2SO_4$ 市场销售问题

9.4 催化裂化再生烟气除尘技术

催化裂化再生烟气粉尘的来源主要是在再生过程中的催化剂损耗，一般催化装置在再生器中的跑剂单耗在 0.2~0.6kg/t 之间，即加工 1t 原料损失约 0.2~0.6kg。以一套 1.0Mt/a 催化裂化装置为例，一年的跑剂损耗约 200~800t。这些催化剂当中大部分通过三旋和四旋回收下来，以固废形式处理，其他大部分细粉随烟气排入大气。这些细粉中绝大部分粒径小于5μm，是PM2.5的来源，且颗粒中沉积原料中带来的重金属(如镍、钒等)以及催化剂本身所含的放射性稀土元素，不但对环境造成污染，而且危害人体健康，某FCC装置三旋出口烟气粉尘的数据见表9-21。此外，催化裂化部分CO锅炉燃烧器中会产生一些未完全燃烧的烃类物质，以黑烟形式排入大气，也会对环境造成污染。

表9-21 某催化裂化三旋出口烟气粉尘数据

项　目	数　据	项　目	数　据
粒径分布/%(v)		金属含量/(mg/kg)	
0~3μm	98.18	铁	3612
3~5μm	1.7	钠	1122
5~10μm	0.04	锑	2411
>10μm	0	镍	10595
浓度/(mg/m^3)	137	钒	3060
		钙	1816

GB 31570—2015《石油炼制工业污染物排放标准》发布之前，催化裂化烟气排放一般参考GB 16297—1996《大气污染物综合排放标准》和HJ 125—2003《清洁生产标准-石油炼制业》两个国家标准。前者对粉尘排放的要求最大不超过150mg/m^3，后者最低要求为不大于190mg/m^3。对催化裂化装置而言，通过三级旋风分离器的处理能基本满足该排放标准要求，但部分装置在运行末期三旋效率下降，出口粉尘浓度会出现超标现象。GB 31570—2015《石油炼制工业污染物排放标准》发布后，对催化烟气粉尘的排放有了强制性要求，最低标准要求烟气粉尘浓度小于50mg/m^3，而对于特别排放地区更是要求排放浓度小于30mg/m^3，这就要求催化裂化装置必须增设除尘设施。同时，国内部分地区已率先要求燃煤锅炉实现超净排放，烟尘指标下降至5mg/m^3。可以预见，对催化裂化装置烟气粉尘的指标会进一步下降。

再生烟气颗粒物控制技术主要采用多级旋风除尘器技术、静电除尘器技术(ESP)、反吹式陶瓷或烧结金属过滤器技术和湿法洗涤器技术，此外从源头治理角度提高催化剂的抗磨损性能也是减少烟气粉尘排放的有效手段。通常，湿法洗涤技术控制FCC再生烟气粉尘排放效果明显，可以同时除去SO_x和颗粒物，脱除效率高，经过这几年FCC再生烟气脱硫的改造，大部分装置已采用该技术。部分再生烟气脱硫工艺因本身对粉尘有严格要求，如LAB-SORB™工艺和Lextran技术，采用ESP作为前置工艺，还有部分装置采用脱硫脱硝助剂配合ESP完成催化裂化再生烟气的环保排放。近年来，许多公司对原有的三级旋风分离器进行技术改进，如KPR的切向和轴向Cyclofins™系统、UOP的轴向TSS系统、Shell的TSS/FSS系统，但因旋风分离器存在粒级效率瓶颈，单纯通过优化与改进达到环保要求任务基本无法完成，该技术本章不做详细阐述。反吹式陶瓷或烧结金属过滤器技术只在再生烟气局部区域存在应用价值，如催化剂储罐、四旋等，作为处理催化再生烟气的手段存在技术局限性。目前已广泛采用的是湿法洗涤技术和静电除尘器技术[37]。

9.4.1 湿法洗涤技术

湿法洗涤技术在再生烟气脱硫章节已详细介绍，一般和再生烟气脱硫同时进行。目前常用的湿法脱硫技术如 BELCO®公司的 EDV®、ExxonMobil 公司的 WGS 技术、Shell 公司的 CANSOLV 技术、中石化的双湍冲文丘里湿法脱硫技术均兼具除尘功能，其除尘效果见表 9-22。

表 9-22　主要的催化裂化再生烟气湿法洗涤技术除尘效果及特点

技　术	除尘效率/%	首套工业化时间	技术特点
EDV®	≥85	1994 年	①塔内有多层喷射喷嘴和急冷喷嘴，独特设计使喷嘴具有不堵塞、耐磨、耐腐蚀，能处理高浓度浆液的特点； ②滤清模块中设置文丘里管，烟气通过文丘里管和吸收浆液逆流接触，水气以微细粉尘为核心凝结，实现对细粉的脱除； ③旋液分离器进一步脱除烟气中的细微液滴
WGS	≥85	1974 年	①喷射式文丘里洗涤器(JEV)中的浆液喷射形成微负压，烟气与循环液在喷嘴喉径处剧烈混合； ②特殊的气液分离结构，使气液混合物切向进入洗涤塔，增加分离和减少腐蚀； ③洗涤塔中部设置气液分离器和除雾格栅，完成分离
CANSOLV	≥95	2006 年	①设置预洗涤塔，脱除大部分粉尘； ②填料吸收塔胺液设置胺液净化器
双循环湍冲文丘里湿法除尘钠法脱硫技术	≥90	2012 年	①文丘里气液接触，气流和浆液湍冲撞击，充分分散、乳化，捕集颗粒； ②预留 WEPS，可捕集微细、潮湿、黏性或高比电阻烟尘，可控制 PM2.5 和 SO_3 酸雾

值得注意的是，对于湿法洗涤技术而言，其技术难点大部分来自于粉尘的处理。由于催化剂粉尘一般颗粒直径小于 10μm，且其基质组成为 SiO_2、Al_2O_3，由此带来的磨损、堵塞、结块等问题影响湿法洗涤设施长周期运行。

9.4.2　静电除尘技术(ESP)

静电除尘器通常安装在烟气冷却系统和烟囱之间，适宜的温度范围为 200~400℃左右，由于较高的可靠性和投资的合理性，在国外催化裂化装置应用较为广泛，国内采用此技术的装置较少，目前主要应用于两个场合，一个是作为部分再生烟气脱硫设施的前置工艺，另外是配合脱硫脱硝助剂完成烟气环保排放。静电除尘器包括荷电、集尘和除尘三个过程，主要的设备有放电极、集尘板、电磁脉冲振打机构、高压变压器系统和收尘料斗或筒仓等。静电除尘器用于催化裂化装置的原则流程见图 9-20。含催化剂粉尘的再生烟气经中压锅炉出口进入电除尘入口，后依次经过串联电场。在高压电场的作用下，将粉尘荷电。大部分带负电荷的粉尘吸附在阳极板上，少部分带正电荷的粉尘吸附在阴极线上，在振打系统的作用下，将吸附的粉尘振打下来分别落入四个电场的灰斗内。经过除尘后的合格烟气经电除尘出口进入烟囱。落入灰斗的粉尘在输灰系统的控制下，周期性进行输灰，灰斗内的粉尘经下料阀落入输灰管线后，再在输送风的作用下，将落入输灰管线的粉尘吹扫进灰库，最后对灰库内的粉尘进行收灰处理。再生烟气中 SO_x、NO_x 以及水蒸气和氨分子很容易吸收电荷，因此通常在静电除尘器上游注入水或氨以便提高除尘效率。静电除尘器的去除效率与烟气的停留时间、颗粒物的电阻系数、粒径、电场强度、烟气温度、水分含量等有关。出于安全考虑，静电除尘器采取了一系列的安全措施，如箱体内正压保护，除尘器入口 CO 浓度和氧浓度的检测，以及联锁切断电源的自动控制系统等。

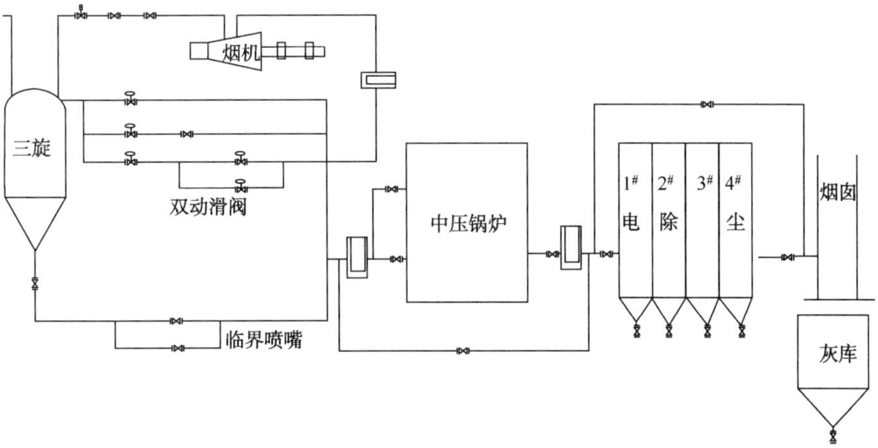

图 9-20　静电除尘器的流程示意图

静电除尘器产生较低的压降和电力消耗，去除效率通常大于 90%，颗粒物排放浓度可以达到 20~30mg/Nm^3，在 CO 锅炉吹灰的情况下也可达到低于 50mg/Nm^3，镍、锑、钒等总重金属的含量低于 1mg/Nm^3，镍的含量可降低到 0.3mg/Nm^3。欧洲 22 家炼油厂中有 17 套催化裂化装置采用了 Hamon 公司开发的 HiR 静电除尘技术，可满足再生烟气中颗粒物和重金属排放限值的要求[38]。

静电除尘器和湿法洗涤两种技术各种费用详细比较列于表 9-23。

表 9-23　静电除尘器和湿法洗涤除尘经济对比(2.5Mt/a FCCU)　　10^3美元

项　目	静电除尘器	湿法除尘设施	项　目	静电除尘器	湿法除尘设施
投资	3500	4500	年污水处理费用	0	25
年投资回收费用	460	559	年固体处置费用	35	70
年电力与人工费用	70	57	年维修费用	70	90
年新鲜水费用	0	5	年总成本	635	839

参 考 文 献

[1] 梁凤印. 流化催化裂化[M]. 北京：中国石化出版社，2015.
[2] 胡敏. 催化裂化烟气排放控制技术现状及面临问题的分析[J]. 中外能源，2012，5(17)：77-83.
[3] 陈俊武，许友好. 催化裂化工艺与工程[M]. 第 3 版. 北京：中国石化出版社，2015.
[4] 崔秋凯，山红红. 催化裂化硫转移剂研究[D]. 青岛：中国石油大学，2010：7.
[5] 刘奎. 炼油厂 SO_2 排放控制[J]. 炼油技术与工程，2007，37(9)：54-58.
[6] 齐文义，丁全福，郝代军. 催化裂化再生烟气中污染物助剂的研究进展[J]. 炼油技术与工程，2008，38(6)：53-56.

[7] Bhattacharyya J A, Woltermann G M, Yoo J S, et al. Catalytic SO_x abatement: The role of magnesium aluminate spinel in the removal of SO_x from fluid catalytic cracking(FCC) flue gas[J]. Ind Eng Chem Res, 1988, 27(8): 1356-1360.
[8] 刘涛，孙书红，庞新梅，等. 催化裂化烟气硫转移助剂的研究进展[J]. 中外能源，2007，12(2)：64-67.
[9] 许鹏，张忠东，张涛，等. FCC 再生烟气硫转移助剂的研究现状和工业应用[J]. 应用化工. 2016，45(9)：1752-1759.
[10] 梁凤印. 流化催化裂化[M]. 北京：中国石化出版社，2006.
[11] 齐文义，王龙延，郭海卿，等. LST-1 液体硫转移助剂的研究[J]. 炼油设计，2000，30(9)：5-8.
[12] 汤红年. 几种催化裂化装置湿法烟气脱硫技术浅析[J]. 炼油技术与工程，2012，42(3)：1-5.
[13] Weaver E, Confuor N. FCCU wet scrubbing system modifications to reduce air emissios[C]//AFPM Annual Meeting, AM-13-16. San Antoio, Texas.
[14] 陈昕. EDV®湿法除尘钠法脱硫与湍冲文丘里除尘脱硫技术对比[J]. 炼油技术与工程，2015，45(6)：28-32.
[15] 丁大一. WGS 技术在催化裂化装置烟气脱硫中的首次应用[J]. 炼油技术与工程，2016，46(5)：23-27.
[16] 刘威，田晓良. WGS 湿法烟气脱硫技术在催化裂化装置上的应用[J]. 石油炼制与化工，2015，46(5)：53-55.
[17] 吴基荣，李晋睿. 可再生无机缓冲溶液烟气脱硫技术概述[J]. 硫酸工业，2009(3)：13-16.
[18] 胡敏，郭宏昶，胡永龙，等. 催化裂化可再生湿法烟气脱硫工艺应关注的工程问题[J]. 炼油技术与工程，2016，42(5)：1-7.
[19] 刘瑜，康世富可再生胺法脱硫技术的应用[J]. 硫黄工业，2007(1)：39-45.
[20] 王宝珊. 壳牌 CANSOLV 清洁可再生脱硫技术在催化裂化装置上的应用[J]. 石油化工安全环保技术，2015，31(3)：23-25.
[21] 于道永，徐海，阙国和. 催化裂化催化剂再生过程中的氮化学进展[J]. 化工进展，2009，28(12)：2146-2151；2159.
[22] 朴佳锐，王骞，刘其武，等. 催化法降低氮氧化物排放量的研究进展[J]. 石化技术与应用，2013，31(1)：74-77.
[23] 胡敏. 催化烟气氮氧化物排放控制技术分析[J]. 炼油技术与工程，2014，44(6)：1-5.
[24] 王刻文，胡敏，郭宏昶，等. 催化烟气脱硝工艺选择探讨[J]. 山东化工，2013，42(10)：213-217.
[25] 丁书文，慕星华，刘明. FP-DN 脱硝助剂在催化裂化装置的应用[J]. 石油化工安全环保技术，2014，30(6)：56-61.
[26] 周贵仁. 助燃脱硝助剂在 DCC 装置上的工业应用[J]. 石化技术，2017(10)：19-21.
[27] 陈海霞. 论脱硝脱硫在催化装置中的应用[J]. 化学工程与装备，2016(7)：63-67.
[28] Busca G, Lietti L, Ramis G, et al. Chmecal and mechanistic aspect of the selective catalytic reduction of NO by ammonia over oxide catalysts: a review[J]. Applied Catalysis B: Environmental, 1998, 18(1/2): 1-36.
[29] 梁亮，仝明. 浅析催化裂化装置余热锅炉烟气脱硝的技术要点[J]. 石油化工安全环保技术，2012，28(4)：52-64.
[30] 姜烨，高翔，吴卫红. 选择性催化还原脱硝催化剂失活研究综述[J]. 中国电机工程学报，2013，33(14)：18-32.
[31] 刘忠生，王学海，齐慧敏. 催化裂化烟气脱硝脱硫除尘新技术[J]. 石油炼制与化工，2018，48(1)：103-108.

[32] 梁登科，孙仲奉．脱硝过程伴生硫酸氢氨对于烟气灰颗粒性质影响的实验研究[D]．山东：山东大学，2014：5.

[33] 花小兵，胡明，黄新梅．SCR+EDV 组合工艺在催化裂化装置再生烟气环保治理中的应用[J]．炼油技术与工程，2016，46(1)：57-60.

[34] Young Sun Mok，Heon-Ju Lee. Removal of sulfur dioxide andnitrogen oxides by using ozone injection and absorption reductiontechnique[J]. Fuel Processing Technology，2006，87：591-597.

[35] ISHWAR K. PURI. The Removal of NO by Low-Temperature O_3 Oxidation[J]. COMBUSTION AND FLAME，1995，102：512-518.

[36] P Nestor U S J，Migob V P，Matsumura M. Ozonized vegetable oil as pour point depressant for neat biodiesel[J]. FUEL，2006，85：25-31.

[37] 郭珺，魏寿祥，郭天龄．催化裂化再生烟气粉尘排放控制技术进展[J]．石油化工技术与经济，2008，24(1)：54-57.

[38] 尹士武．催化裂化装置烟气颗粒物治理方案的探讨[C]//2013 年中国石油炼制技术大会论文集．北京：中国石化出版社，2013.